气象标准汇编

2018

（下）

中国气象局政策法规司 编

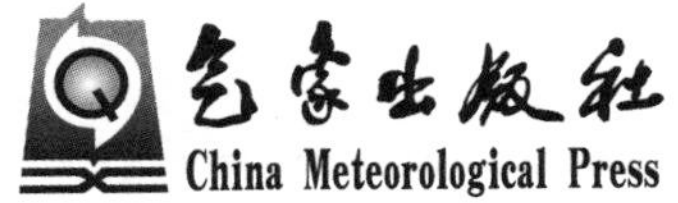

图书在版编目(CIP)数据

气象标准汇编. 2018 / 中国气象局政策法规司编
. — 北京 ：气象出版社，2019.11
ISBN 978-7-5029-7097-0

Ⅰ.①气…　Ⅱ.①中…　Ⅲ.①气象-标准-汇编-中国-2018　Ⅳ.①P4-65

中国版本图书馆 CIP 数据核字(2019)第 249071 号

气象标准汇编 2018

中国气象局政策法规司　编

出版发行:气象出版社
地　　址:北京市海淀区中关村南大街 46 号　　**邮政编码**:100081
电　　话:010-68407112(总编室)　010-68408042(发行部)
网　　址:http://www.qxcbs.com　　**E-mail**:　qxcbs@cma.gov.cn
责任编辑:王萃萃　　**终　　审**:吴晓鹏
责任校对:王丽梅　　**责任技编**:赵相宁
封面设计:王　伟
印　　刷:三河市君旺印务有限公司
开　　本:880mm×1230mm　1/16　　**印　　张**:92.25
字　　数:2980 千字　　**彩　　插**:5
版　　次:2019 年 11 月第 1 版　　**印　　次**:2019 年 11 月第 1 次印刷
定　　价:258.00 元(上下册)

目　　录

上　册

下　册

ICS 07.060
A 47
备案号：64762—2018

中华人民共和国气象行业标准

QX/T 434—2018

雪深自动观测规范

Specifications for snow depth automatic observation

2018-07-11 发布 2018-12-01 实施

中 国 气 象 局 发 布

前 言

本标准按照 GB/T 1.1—2009 给出的规则起草。

本标准由全国气象仪器与观测方法标准化技术委员会(SAC/TC 507)提出并归口。

本标准起草单位:河北省气象技术装备中心、中国华云气象科技集团公司、江苏省无线电科学研究所有限公司、中国气象局气象探测中心。

本标准主要起草人:刘文忠、王柏林、梁如意、刘宇、关彦华、冯冬霞、花卫东、阳艳红、敬颖。

雪深自动观测规范

1 范围

本标准规定了雪深自动观测方法和仪器的要求、安装、检查与维护。

本标准适用于采用超声波或激光测距原理的观测仪进行雪深自动观测。采用其他原理的观测仪进行雪深自动观测时可参照本标准。

2 规范性引用文件

下列文件对于本文件的应用是必不可少的。凡是注日期的引用文件,仅注日期的版本适用于本文件。凡是不注日期的引用文件,其最新版本(包括所有的修改单)适用于本文件。

GB/T 31221—2014 气象探测环境保护规范 地面气象观测站

GB/T 35221—2017 地面气象观测规范 总则

3 术语和定义

下列术语和定义适用于本文件。

3.1

雪深 snow depth

积雪表面到下垫面的垂直深度。

[GB/T 35229—2017,定义 3.1]

3.2

雪深自动观测仪 snow depth automatic observation instrument

用于自动进行雪深气象要素观测、处理、存储和传输的仪器。

3.3

基准面 datum plane

用于自动观测雪深固定的夯实、平整的裸地面。

3.4

基准测量高度 datum measure height

雪深自动观测仪传感器测量起始点距基准面的垂直距离。

4 观测方法

4.1 观测地段

应符合以下要求:

——能反映本地较大范围内的降雪特点;

——平坦、开阔的自然下垫面;

——避开低洼、风口、易发生积水的地段;

——应布设在最多风向的上风方;

——安装在国家级地面气象观测站时，探测环境应符合 GB/T 31221—2014 中 3.1 的要求；

——安装在非国家级地面气象观测站时，宜根据服务对象需求确定探测环境保护要求。

4.2 时制和日界

应符合 GB/T 35221—2017 中 4.2 的要求。

4.3 启用与停用

4.3.1 从当地历史最早初雪日的前一个月初启用观测，当地历史最晚终雪日的后一个月末停用观测。

4.3.2 停用期间，预期或突发降雪时应启用观测。

4.4 观测任务

在启用到停用期间每日应进行 24 h 连续观测。

4.5 数据采样

每 6 s 应采样一次，得到雪深采样值。雪深采样值通过公式(1)计算。

$$d = h_0 - h_1 \qquad \cdots\cdots(1)$$

式中：

d ——雪深采样值，单位为厘米(cm)；

h_0——基准测量高度，单位为厘米(cm)；

h_1——传感器测量起始点距积雪表面垂直距离，单位为厘米(cm)。

4.6 数据处理

4.6.1 雪深采样值数据质量控制

应按附录 A 中 A.3 的方法对雪深采样值进行数据质量控制。

4.6.2 计算雪深分钟值

一分钟内应有不少于 7 个“正确”的雪深采样值才可计算雪深分钟值，否则当前雪深分钟数据(雪深分钟值)标识为“缺失”。

雪深分钟值应按公式(2)计算。

$$\overline{d} = \frac{1}{m}\sum_{i=1}^{N} d_i \qquad \cdots\cdots(2)$$

式中：

$\overline{d}$ ——雪深分钟值，单位为厘米(cm)；

d_i——分钟内第 i 个雪深采样值(样本)，单位为厘米(cm)，当 d_i 的数据质量控制结果为“错误”“可疑”等非“正确”的样本时应舍弃而不用于计算，即令 $d_i = 0$；

N——分钟内的样本总数；

m——分钟内“正确”的样本总数($m \leqslant N$)。

4.6.3 雪深分钟值数据质量控制

应按 A.4 的方法对计算的雪深分钟值进行数据质量控制。

4.7 观测记录

应按下列要求记录：

——每分钟记录一个雪深分钟值,以厘米(cm)为单位,保留一位小数;
——无积雪时,异常数据应删除;
——有积雪时,异常数据应按缺测处理;
——雪面被破坏期间,数据应按缺测处理;
——观测地段与周边积雪状况有差异时,应备注。

5 雪深自动观测仪要求

5.1 功能

5.1.1 数据采集

应符合4.5的要求。

5.1.2 数据处理

应符合4.6的要求。

5.1.3 数据存储

应能存储不少于最近180 d的雪深分钟数据。

5.1.4 数据传输

应符合下列要求:
——具有通用数据通信接口,支持有线和无线数据传输;
——支持主动传输和被动响应传输;
——数据更新速率应达到每分钟一次。

5.1.5 状态信息

至少应自动获取和传输下列信息:
——传感器连接状态;
——传感器信号状态;
——工作电源;
——主板/腔体温度;
——蓄电池电压。

5.1.6 远程控制

应具有下列功能:
——远程复位;
——远程设置相关参数;
——远程升级采集程序。

5.2 测量性能

5.2.1 测量范围:0 cm~150 cm(可根据服务需求或历史最大雪深情况扩展)。
5.2.2 分辨力:0.1 cm。
5.2.3 最大允许误差:±1 cm。

5.3 校时

具有自动校时和响应命令校时的功能，以北京时为准，误差不大于 30 s。

5.4 工作电源

应符合下列要求：

——直流(DC)，9 V～15 V；

——无供电情况下，蓄电池应能维持仪器稳定运行不少于 15 d。

6 雪深自动观测仪安装、检查与维护要求

6.1 安装

6.1.1 基准面应与观测地段周边地面齐平，位于仪器安装支架处最多风向的上风方，大小以不小于 120 cm×120 cm 为宜。基准面也可用与观测位置土壤热容量相当的辅助面构成。

6.1.2 传感器测量起始点应对准基准面中心，基准测量高度宜为 200 cm(可根据服务需求或历史最大雪深情况增加)。

6.1.3 仪器应防雷接地，接地电阻应不大于 4 Ω。

6.2 检查与参数设置

6.2.1 仪器安装后应对安装状态、供电、线路连接、测量性能等进行检查。

6.2.1 应设置区站号、日期、时间、经度、纬度、海拔高度等基本参数。

6.2.2 应设置数据质量控制参数。

6.3 维护

6.3.1 启用前的维护

应按下列要求进行：

——检查仪器检定证书或校准证书，并在有效期内；

——按 6.1.1 的要求检查、维护基准面；

——按 6.1.2 的要求检查、调整仪器安装状态；

——按 6.1.3 的要求检查仪器防雷接地；

——按 6.2 的要求检查仪器性能和相关参数；

——及时记载维护情况。

6.3.2 使用期间的不定期维护

应按下列要求进行：

——检查仪器检定证书或校准证书，并在有效期内；

——检查清除传感器上的雪、霜、灰尘等附着物；

——无积雪时检查、维护基准面并清除异物；

——有积雪时检查、维护积雪表面并清除异物；

——仪器故障时及时修复；

——检测接地电阻；

——及时记载维护情况。

6.3.3 停用期间的维护

应按下列要求进行：

——断开仪器直流供电，加装防护罩；

——保持蓄电池供电；

——检查防雷部件，检测接地电阻；

——及时记载维护情况。

附　录　A
（规范性附录）
雪深自动观测数据质量控制方法

A.1　概述

雪深自动观测数据质量控制包括雪深采样值以及分钟值的质量控制。

A.2　数据质量控制标识

标识的要求见表A.1。

表A.1　数据质量控制标识

标识代码值	描述
0	“正确”：数据没有超过给定界限。
1	“可疑”：不可信的。
2	“错误”：错误数据，已超过给定界限。
8	“缺失”：缺失数据。
9	“没有检查”：该变量没有经过任何质量控制检查。
N	没有传感器，无数据。

A.3　雪深采样值数据质量控制

A.3.1　“正确”数据的基本条件

基本条件见表A.2。

表A.2　“正确”的雪深采样值数据质量控制参数

气象变量	下限 cm	上限 cm	允许最大变化值 cm
雪深	0	基准测量高度	1

A.3.2　范围检查

验证每个雪深采样值，应在上限和下限范围内。未超出范围的，标识“正确”；超出范围的，标识“错误”。标识“错误”的，不可用于计算雪深分钟值。

A.3.3　变化量检查

应按下列方法验证相邻雪深采样值之间的变化量，检查出不符合实际的跳变：

a) 每次采样后，将当前采样值与前一个采样值做比较。若变化量未超出允许的最大变化值，标识“正确”；若超出，标识“可疑”。

b) 标识“可疑”的，不能用于计算雪深分钟值，但仍用于下一次的变化量检查（即将下一次的采样值与该“可疑”值做比较）。

A.4 雪深分钟值数据质量控制

A.4.1 数据质量控制参数

数据质量控制参数见表 A.3。

表 A.3 雪深分钟值数据质量控制参数

气象变量	下限 cm	上限 cm	可疑的变化量 cm	错误的变化量 cm
雪深	0	测量范围上限	2～6	＞6

A.4.2 范围检查

验证雪深分钟值，应在表 A.3 给出的下限和上限范围内。未超出范围的，标识“正确”；超出范围的，标识“错误”。

A.4.3 变化量检查

当前雪深分钟值与前一个雪深分钟值的变化量若在表 A.3 中“可疑的变化量”范围内，则当前雪深分钟值标识为“可疑”；若在表 A.3 中“错误的变化量”范围内，则当前雪深分钟值标识为“错误”。

参 考 文 献

[1] GB/T 33703—2017 自动气象站观测规范
[2] GB/T 35229—2017 地面气象观测规范 雪深与雪压
[3] QX/T 1—2000 Ⅱ型自动气象站
[4] QX 4—2015 气象台(站)防雷技术规范
[5] QX/T 8—2002 气象仪器术语
[6] QX 30—2004 自动气象站场室防雷技术规范
[7] 中国气象局.自动雪深观测仪功能需求书(试验版)[Z],2010年9月
[8] 中国气象局.雪深自动观测规范(试行)[Z],2012年12月19日
[9] WMO. Guide to Meteorological Instruments and Methods of Observation, WMO-No. 8 [Z],2014

ICS 07.060
B 18
备案号：64763—2018

中华人民共和国气象行业标准

QX/T 435—2018

农业气象数据库设计规范

Specification of agrometeorological database design

2018-07-11 发布　　2018-12-01 实施

中 国 气 象 局　发 布

前　言

本标准按照 GB/T 1.1—2009 给出的规则起草。

本标准由全国农业气象标准化技术委员会(SAC/TC 539)提出并归口。

本标准起草单位:国家气象中心、武汉区域气候中心、贵州省气候中心、国家气象信息中心。

本标准主要起草人:庄立伟、吴门新、王颖、刘可群、徐永灵、李轩、姜月清。

农业气象数据库设计规范

1 范围

本标准规定了农业气象数据库设计的基本原则、数据库实例与对象命名规则、数据库字段设计规则，给出了数据库表结构说明。

本标准适用于农业气象数据库的设计、开发与应用。

2 规范性引用文件

下列文件对于本文件的应用是必不可少的。凡是注日期的引用文件，仅注日期的版本适用于本文件。凡是不注日期的引用文件，其最新版本(包括所有的修改单)适用于本文件。

QX/T 133—2011 气象要素分类与编码

QX/T 233—2014 气象数据库存储管理命名

QX/T 292—2015 农业气象观测资料传输文件格式

3 基本原则

采用关系数据库设计技术，消除数据库数据冗余，遵循第三范式(the third normal form，简称 3NF)规定的设计要求。

注：第三范式要求一个数据表中不包含已在其他表中已包含的非主关键字信息。

4 数据库实例命名规则

农业气象数据库实例命名按照 QX/T 233—2014 中第 5 章的规定执行，农业气象数据库特征代码为“AGMEDB”。

农业气象数据库实例命名示例参见附录 A 的 A.1。

5 数据库对象命名规则

数据库对象命名按照 QX/T 233—2014 中第 8 章的规定执行，扩展函数数据库对象的标识码为“FUN”。

农业气象观测资料分类和代码参照 QX/T 102—2009 中 5.7 的规定编制，农业气象观测资料内容属性分类和代码见表 1。

有关农业气象数据库表命名按照 QX/T 233—2014 中第 6 章的规定执行。其中，农业气象观测数据库表命名见附录 B；相关的地面气象观测与数值天气预报数据库表命名参见附录 C。

表1 农业气象观测资料内容属性分类与代码

内容属性分类	代码	说明
作物要素	CROP	作物生长发育、植株生长量、植株干物质重量、植株分器官干物质重量、作物产量因素、作物产量结构、关键农事活动、大田基本情况调查、大田生育状况调查、作物产量水平等
土壤水分要素	SOIL	土壤水文物理特性、土壤相对湿度、土壤重量含水率、土壤体积含水量、土壤有效水分贮存量、土壤水分总贮存量、土壤冻结与解冻、干土层与地下水位、降水灌溉与渗透等
自然物候要素	SEAS	植物候鸟昆虫和动物物候期、气象水文现象等
畜牧气象要素	PAST	牧草发育期、牧草生长高度、牧草草层高度、牧草分种产量、牧草覆盖度及家畜采食度、灌木及半灌木密度、家畜膘情等级调查、家畜羯羊重调查、畜群基本情况调查、牧事活动调查等
农业小气候要素	AMCL	农田、特色农业、设施农业等近地气层中的辐射、空气温度和湿度、风、二氧化碳,以及土壤温度和湿度等
林木要素	FROE	林木物候、生长状况,以及森林群落结构、凋落物等
果树要素	FRUI	果树物候、生长状况、产量、品质等
蔬菜要素	VEGE	蔬菜发育期、生长状况等
养殖渔业要素	FISH	养殖水面生态环境条件,以及养殖对象的生长检查、产量分析、生产活动等
农业气象灾害要素	DISA	农业气象灾害观测与调查、牧草灾害、家畜灾害、植物灾害、森林气象灾害、森林火灾等
荒漠生物要素	DESO	荒漠的农作物、草本植物、木本植物和荒漠植被生长状况等
湖泊与湿地要素	WETL	湖泊浮游植物的现存量、初级生产力,湿地植物、动物,以及水环境等
土壤水分自动观测要素	ASM	土壤相对湿度、土壤重量含水率、土壤体积含水量、土壤有效水分贮存量等
作物生长发育自动观测要素	ACP	作物发育期、作物冠层高度、作物生长状况、植株覆盖度(密度)、作物特征图像等

6 数据库字段设计规则

6.1 字段类型前缀规则

农业气象数据库对象相关字段,采用以V、Q、C和D等字母作为前缀,用以表示其数据类型,见表2。

表2 字段类型前缀说明

字段类型前缀	字段数据类型含义
V	LONG(整数型数据);NUMBER(小数型数据)
Q	相应V类型字段的质量控制段
C	VARCHAR(变长字符型数据);CHAR(定长字符型数据)
D	DATE(日期型数据)

6.2 气象要素相关字段命名

气象要素代码由5位数字组成，表示为XXYYY。

XX为要素类型码，农业气象要素类型码为“48”，YYY为要素码。农业气象要素代码见附录D中表D.1至表D.5。

其他气象要素代码遵照QX/T 133—2011中第4章的规定执行。

农业气象要素字段名称由字段类型前缀和要素代码组成，其要素字段命名示例参见附录A的A.2。

6.3 气象要素以外字段命名

气象要素以外的其他要素字段采用帕斯卡(Pascal)命名规则执行，即当变数名和函式名称是由两个或两个以上单字连结在一起，而构成的唯一识别字段时，为了增加变数和函式的可读性，单字之间不应以空格断开或连接号(-)、底线(_)连结，第一个单字首字母采用大写字母，后续单字的首字母亦用大写字母，每一个单字的首字母都采用大写字母的命名格式。

气象要素以外字段命名示例参见附录A的A.3。

7 数据库表结构说明

7.1 农业气象观测数据

7.1.1 农业气象人工观测包括作物、土壤水分、自然物候、畜牧气象、农业气象灾害五类要素，观测资料内容见QX/T 292—2015中4.2的规定，其数据表结构见附录E中表E.1至表E.35。

7.1.2 农业气象自动观测包括作物生长发育和土壤水分要素，其数据表结构见附录E中表E.36和表E.37。

7.2 观测项目基础编码

农业气象观测项目基础编码数据表存储作物名称、动植物名称以及观测项目等要素的有关编码数据，其数据表结构见附录E中表E.38至表E.55。

附 录 A
(资料性附录)
农业气象数据库存储管理命名示例

A.1 农业气象数据库实例命名示例

“国家气象中心农业气象数据库”命名为“N_BABJ_S_AGMEDB”;
“湖北省农业气象数据库”命名为“P_BCWH_S_AGMEDB”。

A.2 农业气象要素字段命名示例

“作物名称”命名为“C48000”;
“牧草名称”命名为“C48300”;
“灌浆速度”命名为“V48015”。

A.3 气象要素以外字段命名示例

“学名”为“ScientificName”;
“水文”为“Hydr”;
“水文现象名称”为“HydrName”。

附 录 B
（规范性附录）
农业气象观测数据库表命名

B.1 农业气象人工观测数据表

表 B.1 给出了作物、土壤水分、自然物候、畜牧气象和农业气象灾害等人工观测数据表清单。

表 B.1 农业气象人工观测数据表清单

中文表名	表标识	说明
作物生长发育	AGME_CHN_CROP_DEVELOP	存储作物生长发育数据
植株生长量	AGME_CHN_CROP_GROWTH	存储作物生长量相关分析数据
植株干物质重量	AGME_CHN_CROP_FILLING	存储植株千粒重、籽粒灌浆速度等数据
植株分器官干物质重量	AGME_CHN_CROP_DRY	存储植株分器官干物质测量数据
作物产量因素	AGME_CHN_CROP_FACTORS	存储作物产量因素数据
作物产量结构	AGME_CHN_CROP_STRUCTURE	存储作物产量结构数据
关键农事活动	AGME_CHN_CROP_FARMING	存储关键农事活动数据
大田基本情况调查	AGME_CHN_CROP_BASE	存储大田基本情况调查数据
大田生育状况调查	AGME_CHN_CROP_FIELD	存储大田生育状况调查数据
作物产量水平	AGME_CHN_CROP_YIELD	存储测站和县作物产量水平数据
土壤水文物理特性	AGME_CHN_SOIL_CONSTANT	存储土壤水文物理特性数据
土壤相对湿度表	AGME_CHN_SOIL_RH	存储土壤相对湿度数据
土壤水分总贮存量	AGME_CHN_SOIL_TWC	存储水分总贮存量数据
土壤有效水分贮存量	AGME_CHN_SOIL_AWC	存储有效水分贮存量数据
土壤重量含水率	AGME_CHN_SOIL_WMC	存储土壤重量含水率数据
土壤冻结与解冻	AGME_CHN_SOIL_FREEZE	存储土壤冻结与解冻数据
干土层与地下水位	AGME_CHN_SOIL_DSL	存储干土层厚度和地下水位深度数据
降水灌溉与渗透	AGME_CHN_SOIL_RII	存储降水、灌溉量或渗透深度数据
植物候鸟昆虫和动物物候期	AGME_CHN_SEAS_PHENO	存储动植物物候期数据
气象水文现象	AGME_CHN_SEAS_HYDRO	存储气象、水文现象数据
牧草发育期	AGME_CHN_PAST_GROWTH	存储牧草发育期数据
牧草生长高度	AGME_CHN_PAST_HEIGH	存储牧草生长高度数据
牧草分种产量	AGME_CHN_PAST_YIELD	存储牧草分品种产量数据
牧草覆盖度及家畜采食度	AGME_CHN_PAST_COVER	存储牧草覆盖度及放牧场家畜采食度数据
灌木及半灌木密度	AGME_CHN_PAST_DENSITY	存储灌木、半灌木密度数据
家畜膘情等级调查	AGME_CHN_PAST_GRADE	存储家畜膘情等级调查数据

表 B.1　农业气象人工观测数据表清单(续)

中文表名	表标识	说明
家畜羯羊重调查	AGME_CHN_PAST_JIEYANG	存储家畜羯羊重调查数据
畜群基本情况调查	AGME_CHN_PAST_BASE	存储畜群基本情况调查数据
牧事活动调查	AGME_CHN_PAST_ACTIVITY	存储牧事活动调查数据
牧草草层高度	AGME_CHN_PAST_GLH	存储高、低层草高度数据
农业气象灾害观测	AGME_CHN_DISA_OBSE	存储农业气象灾害观测数据
农业气象灾害调查	AGME_CHN_DISA_INVES	存储农业气象灾害调查数据
牧草灾害	AGME_CHN_DISA_PAST	存储牧草灾害数据
家畜灾害	AGME_CHN_DISA_LIVESTOCK	存储家畜灾害数据
植物灾害	AGME_CHN_DISA_PLANT	存储植物灾害数据

B.2　农业气象自动观测数据表

表 B.2 给出了作物生长发育和土壤水分自动观测数据表清单。

表 B.2　农业气象自动观测数据表清单

中文表名	表标识	说明
作物生长发育自动观测数据	AGME_CHN_ACP_DEVELOP	存储作物发育期、冠层高度、植株覆盖度(密度)等数据
土壤水分自动观测数据	AGME_CHN_ASM_HOR	存储每小时土壤水分数据

B.3　农业气象观测项目基础编码表

表 B.3 给出了农业气象观测项目基础编码数据表清单。

表 B.3　农业气象观测项目基础编码数据表清单

中文表名	表标识	说明
作物名称编码	AGME_CHN_PARA_CROP_NAME_COD	存储作物名称编码
牧草名称编码	AGME_CHN_PARA_PAST_NAME_COD	存储牧草名称编码
植物及动物名称编码	AGME_CHN_PARA_PLANT_NAME_COD	存储植物、候鸟、昆虫和动物名称编码
灾害名称编码	AGME_CHN_PARA_DISA_COD	存储灾害名称编码
气象水文现象编码	AGME_CHN_PARA_HYDR_COD	存储气象、水文现象编码
作物产量因素编码	AGME_CHN_PARA_FACTOR_COD	存储作物产量因素编码
作物产量结构编码	AGME_CHN_PARA_STRUCTURE_COD	存储作物产量结构编码
田间工作项目编码	AGME_CHN_PARA_FARMING_COD	存储田间工作项目编码

表 B.3　农业气象观测项目基础编码数据表清单(续)

中文表名	表标识	说明
作物发育期编码	AGME_CHN_PARA_DEVELOP_COD	存储作物发育期编码
物候期编码	AGME_CHN_PARA_PHENO_COD	存储物候期编码
地段类型编码	AGME_CHN_PARA_SOIL_LOACTION_COD	存储地段类型编码
土层状态编码	AGME_CHN_PARA_SOIL_STATUS_COD	存储土层状态编码
预计对产量的影响编码	AGME_CHN_PARA_OUTPUT_EFFECT_COD	存储预计对产量影响编码
畜牧灾害等级编码	AGME_CHN_PARA_LIVESTOCK_DISA_COD	存储畜牧灾害等级编码
草层状况评价编码	AGME_CHN_PARA_PAST_EVALUATE_COD	存储草层状况评价编码
家畜采食度编码	AGME_CHN_PARA_PAST_DEGREE_COD	存储家畜采食度编码
家畜膘情等级编码	AGME_CHN_PARA_LIVESTOCK_DEGREE_COD	存储家畜膘情等级编码
牧畜活动项目编码	AGME_CHN_PARA_LIVESTOCK_ACTIVIT_COD	存储牧畜活动项目编码

附　录　C
（资料性附录）
地面气象观测与数值天气预报数据库表命名

C.1　地面气象观测数据

表C.1给出了地面气象观测数据表清单。

表C.1　地面气象观测数据表清单

中文表名	表标识	说明
中国地面日值数据	SURF_CHN_MUL_DAY	中国逐日地面气象数据
中国地面累年日值数据	SURF_CHN_MUL_DAY_MMUT	中国30年气候标准逐日地面气象数据
中国地面逐小时数据	SURF_CHN_MUL_HOR	中国逐小时地面气象数据
中国地面日照数据	SURF_CHN_SSD_HOR	中国逐小时日照时数数据
中国土壤温度数据	SURF_CHN_GST_HOR	中国逐小时土壤温度数据
全球地面日值数据	SURF_GLB_MUL_DAY	全球逐日地面气象数据

C.2　数值天气预报数据

表C.2给出了数值天气预报数据表清单。

表C.2　数值天气预报数据表清单

中文表名	表标识	说明
MOS数值天气预报数据	NAFD_CHN_MOS_FOR	每天08时、20时起报未来7天的精细化预报产品

附　录　D
(规范性附录)
农业气象要素代码

表 D.1 至表 D.5 给出了作物、土壤水分、自然物候、畜牧气象和农业气象灾害要素代码。

果树、林木、养殖渔业、农业小气候和生态气象要素代码为 500～899，其中：

——500～549：果树、林木要素；

——550～599：养殖渔业要素；

——600～649：农业小气候要素；

——650～899：生态气象要素；

用户自由扩展的要素代码为 900～999。

表 D.1　作物要素代码

要素代码 XXYYY	要素名称
48000	作物名称
48001	发育期
48002	作物观测面积
48003	生长量
48004	发育期距平
48005	植株高度
48006	生长状况
48007	植株密度
48008	植株覆盖率(覆盖度)
48009	发育期百分率
48010	叶面积指数
48011	籽粒含水率
48012	器官或株(茎)含水率
48013	生长率
48014	千粒重
48015	灌浆速度
48016	产量因素
48017	产量结构
48018	农事活动名称
48019	田间作业质量
48020	农事活动方法和工具
48021	大田水平

表 D.1 作物要素代码(续)

要素代码 XXYYY	要素名称
48022	大田单产
48023	测站单产
48024	县平均单产
48025	县产量增减产百分率
48026	器官名称
48027	株(茎)鲜重
48028	株(茎)干重
48029	平方米株(茎)鲜重
48030	平方米株(茎)干重
48031	作物冠层高度
48032	作物特征图像
48033	作物特征图像格式

表 D.2 土壤水分要素代码

要素代码 XXYYY	要素名称
48100	土壤水分观测地段类型
48101	土层深度
48102	土层状态
48103	干土层厚度
48104	地下水位深度
48105	降水灌溉量或渗透深度
48106	降水灌溉或渗透出现时段
48107	土壤容重
48108	凋萎湿度
48109	田间持水量
48110	土壤相对湿度
48111	土壤重量含水率
48112	土壤体积含水量
48113	土壤水分总贮存量
48114	土壤有效水分贮存量
48115	土壤热通量
48116	灌溉或降水标志

表 D.3 自然物候要素代码

要素代码 XXYYY	要素名称
48200	木本植物、草本植物、候鸟、昆虫和动物名称
48201	草本植物名称
48202	木本植物名称
48203	候鸟(昆虫)名称
48204	动物名称
48205	物候期名称
48206	气象水文现象

表 D.4 畜牧气象要素代码

要素代码 XXYYY	要素名称
48300	牧草名称
48301	牧草发育期
48302	牧草发育百分率
48303	牧草生长(草层)高度
48304	场地类型
48305	草层类型
48306	牧草干重
48307	牧草鲜重
48308	牧草干鲜比
48309	牧草覆盖度
48310	草层状况评价
48311	家畜采食度
48312	家畜采食率
48313	每公顷株(丛)数
48314	每公顷总株(丛)数
48315	膘情等级
48316	成畜头数
48317	幼畜头数
48318	羯羊体重
48319	羯羊平均体重
48320	牧事活动名称

表 D.4　畜牧气象要素代码(续)

要素代码 XXYYY	要素名称
48321	牧事活动生产性能
48322	畜群家畜名称
48323	家畜品种
48324	放牧时数
48325	畜群有无棚舍
48326	畜群棚舍数量
48327	畜群棚舍长
48328	畜群棚舍宽
48329	畜群棚舍高
48330	畜群棚舍结构
48331	畜群棚舍型式
48332	畜群棚舍门窗开向
48333	畜群所属单位

表 D.5　农业气象灾害要素代码

要素代码 XXYYY	要素名称
48400	灾害名称
48401	受灾对象(作物、牧草、植物、林木、果树、家畜等)
48402	受害程度
48403	受害等级
48404	预计对产量影响
48405	减产百分率
48406	减产成数
48407	受害症状
48408	灾害影响情况
48409	成灾面积
48410	成灾比例

附 录 E
(规范性附录)
农业气象数据表结构说明

E.1 农业气象人工观测数据表结构

表 E.1 至表 E.35 给出了作物、土壤水分、自然物候、畜牧气象和农业气象灾害观测数据表结构说明。

表 E.1 作物生长发育表结构说明

要素名称	字段编码	数据类型	约束	说明
区站号	V01000	NUMBER(6)	P、N	
创建时间	CreatedTime	DATE	N	插入数据时的系统时间
更新时间	UpdatedTime	DATE	N	更新数据时的系统时间
修改次数	Frequency	NUMBER(5)	N	更新数据频次
作物名称	C48000	CHAR(6)	P、N	编码
发育期	C48001	CHAR(2)	P、N	编码
发育时间	D04300	DATE	P、N	长日期
发育期距平	V48004	NUMBER(4)		天(d)
发育期百分率	V48009	NUMBER(4)		百分率(%)
生长状况	V48006	NUMBER(1)		1、2、3 等级
植株高度	V48005	NUMBER(4)		厘米(cm)
植株密度	V48007	NUMBER(8)		株(茎)数每平方米,精确到 0.01
注:P 字段主键、N 字段非空约束。				

表 E.2 植株生长量表结构说明

要素名称	字段编码	数据类型	约束	说明
区站号	V01000	NUMBER(6)	P、N	
创建时间	CreatedTime	DATE	N	插入数据时的系统时间
更新时间	UpdatedTime	DATE	N	更新数据时的系统时间
修改次数	Frequency	NUMBER(5)	N	更新数据频次
测定时间	D04300	DATE	P、N	长日期
作物名称	C48000	CHAR (6)	P、N	编码
发育期	C48001	CHAR (2)	P、N	编码
生长率	V48013	NUMBER(6)		克每平方米日,精确到 0.1
株(茎)含水率	V48012	NUMBER(6)	N	百分率(%),精确到 0.01
叶面积指数	V48010	NUMBER(6)		单位一,精确到 0.1

表 E.3 植株干物质重量表结构说明

要素名称	字段编码	数据类型	约束	说明
区站号	V01000	NUMBER(6)	P、N	
创建时间	CreatedTime	DATE	N	插入数据时的系统时间
更新时间	UpdatedTime	DATE	N	更新数据时的系统时间
修改次数	Frequency	NUMBER(5)	N	更新数据频次
测定时间	D04300	DATE	P、N	长日期
作物名称	C48000	CHAR (6)	P、N	编码
籽粒含水率	V48011	NUMBER(6)	N	百分率(%),精确到 0.01
千粒重	V48014	NUMBER(6)		克(g),精确到 0.01
灌浆速度	V48015	NUMBER(6)		克每千粒日,精确到 0.01

表 E.4 植株分器官干物质重量表结构说明

要素名称	字段编码	数据类型	约束	说明
区站号	V01000	NUMBER(6)	P、N	
创建时间	CreatedTime	DATE	N	插入数据时的系统时间
更新时间	UpdatedTime	DATE	N	更新数据时的系统时间
修改次数	Frequency	NUMBER(5)	N	更新数据频次
测定时间	D04300	DATE	P、N	长日期
作物名称	C48000	CHAR(6)	P、N	编码
发育期	C48001	CHAR(2)	P、N	编码
器官名称	C48026	CHAR(1)	P、N	编码
株(茎)鲜重	V48027	NUMBER(7)	N	克(g),精确到 0.001
株(茎)干重	V48028	NUMBER(7)	N	克(g),精确到 0.001
平方米株(茎)鲜重	V48029	NUMBER(6)		克每平方米,精确到 0.1
平方米株(茎)干重	V48030	NUMBER(6)		克每平方米,精确到 0.1
器官含水率	V48012	NUMBER(6)		百分率(%),精确到 0.1
生长率	V48013	NUMBER(6)		克每平方米日,精确到 0.1
灌浆速度	V48015	NUMBER(6)		克每千粒日,精确到 0.01

表 E.5 作物产量因素表结构说明

要素名称	字段编码	数据类型	约束	说明
区站号	V01000	NUMBER(6)	P、N	
创建时间	CreatedTime	DATE	N	插入数据时的系统时间
更新时间	UpdatedTime	DATE	N	更新数据时的系统时间

表 E.5 作物产量因素表结构说明(续)

要素名称	字段编码	数据类型	约束	说明
修改次数	Frequency	NUMBER(5)	N	更新数据频次
测定时间	D04300	DATE	P、N	长日期
作物名称	C48000	CHAR(6)	P、N	编码
发育期	C48001	CHAR(2)	P、N	编码
产量因素名称	C48016	CHAR(2)	P、N	编码
产量因素测定值	V48016	NUMBER(8)	N	单位因项目不同,见《农业气象观测规范》,精确到 0.01

表 E.6 作物产量结构表结构说明

要素名称	字段编码	数据类型	约束	说明
区站号	V01000	NUMBER(6)	P、N	
创建时间	CreatedTime	DATE	N	插入数据时的系统时间
更新时间	UpdatedTime	DATE	N	更新数据时的系统时间
修改次数	Frequency	NUMBER(5)	N	更新数据频次
测定时间	D04300	DATE	P、N	长日期
作物名称	C48000	CHAR(6)	P、N	编码
产量结构名称	C48017	CHAR(2)	P、N	编码
产量结构测定值	V48017	NUMBER(8)	N	单位因项目不同,见《农业气象观测规范》,精确到 0.01

表 E.7 关键农事活动表结构说明

要素名称	字段编码	数据类型	约束	说明
区站号	V01000	NUMBER(6)	P、N	
创建时间	CreatedTime	DATE	N	插入数据时的系统时间
更新时间	UpdatedTime	DATE	N	更新数据时的系统时间
修改次数	Frequency	NUMBER(5)	N	更新数据频次
起始时间	D04334	DATE	P、N	长日期
结束时间	D04335	DATE	P、N	长日期
作物名称	C48000	CHAR(6)	P、N	编码
农事活动名称	C48018	CHAR(4)	N	编码
田间作业质量	V48019	NUMBER(1)	N	编码
农事活动方法和工具	C48020	VARCHAR(200)	N	

表 E.8 大田基本情况调查表结构说明

要素名称	字段编码	数据类型	约束	说明
区站号	V01000	NUMBER(6)	P、N	
创建时间	CreatedTime	DATE	N	插入数据时的系统时间
更新时间	UpdatedTime	DATE	N	更新数据时的系统时间
修改次数	Frequency	NUMBER(5)	N	更新数据频次
作物名称	C48000	CHAR(6)	P、N	编码
大田水平	C48021	CHAR(1)	N	编码
播种时间	D04334	DATE	N	长日期
收获时间	D04335	DATE	N	长日期
大田单产	V48022	NUMBER(6)	N	千克每公顷,精确到 0.1

表 E.9 大田生育状况调查表结构说明

要素名称	字段编码	数据类型	约束	说明
区站号	V01000	NUMBER(6)	P、N	
创建时间	CreatedTime	DATE	N	插入数据时的系统时间
更新时间	UpdatedTime	DATE	N	更新数据时的系统时间
修改次数	Frequency	NUMBER(5)	N	更新数据频次
观测日期	D04300	DATE	N	长日期
作物名称	C48000	CHAR(6)	P、N	编码
大田水平	C48021	CHAR(1)	N	编码
发育期	C48001	CHAR(2)	P、N	编码
植株高度	V48005	NUMBER(4)		厘米(cm)
植株密度	V48007	NUMBER(8)		株(茎)数每平方米,精确到 0.01
生长状况	V48006	CHAR(1)	N	
产量因素名称 1	C48016_001	CHAR(2)		编码,第一组
产量因素测定值 1	V48016_001	NUMBER(6)		单位因项目不同,见《农业气象观测规范》,精确到 0.1
产量因素名称 2	C48016_002	CHAR(2)		编码,第二组
产量因素测定值 2	V48016_002	NUMBER(6)		单位因项目不同,见《农业气象观测规范》,精确到 0.1
产量因素名称 3	C48016_003	CHAR(2)		编码,第三组
产量因素测定值 3	V48016_003	NUMBER(6)		单位因项目不同,见《农业气象观测规范》,精确到 0.1
产量因素名称 4	C48016_004	CHAR(2)		编码,第四组
产量因素测定值 4	V48016_004	NUMBER(6)		单位因项目不同,见《农业气象观测规范》,精确到 0.1

表 E.10 作物产量水平表结构说明

要素名称	字段编码	数据类型	约束	说明
区站号	V01000	NUMBER(6)	P、N	
创建时间	CreatedTime	DATE	N	插入数据时的系统时间
更新时间	UpdatedTime	DATE	N	更新数据时的系统时间
修改次数	Frequency	NUMBER(5)	N	更新数据频次
年度	V04001	NUMBER(4)	P、N	
作物名称	C48000	CHAR(6)	P、N	编码
测站单产	V48023	NUMBER(6)	N	千克每公顷，精确到 0.1
县平均单产	V48024	NUMBER(6)		千克每公顷，精确到 0.1
县产量增减产百分率	V48025	NUMBER(6)		百分率(%)，精确到 0.1

表 E.11 土壤水文物理特性表结构说明

要素名称	字段编码	数据类型	约束	说明
区站号	V01000	NUMBER(6)	P、N	
创建时间	CreatedTime	DATE	N	插入数据时的系统时间
更新时间	UpdatedTime	DATE	N	更新数据时的系统时间
修改次数	Frequency	NUMBER(5)	N	更新数据频次
测定时间	D04300	DATE	P、N	长日期
地段类型	C48100	CHAR (1)	P、N	编码
土层深度	V48101	NUMBER(3)	P、N	厘米(cm)
土壤容重	V48107	NUMBER(4)		克每立方厘米，精确到 0.01
凋萎湿度	V48108	NUMBER(4)		百分率(%)，精确到 0.1
田间持水量	V48109	NUMBER(4)	N	百分率(%)，精确到 0.1

表 E.12 土壤相对湿度表结构说明

要素名称	字段编码	数据类型	约束	说明
区站号	V01000	NUMBER(6)	P、N	
创建时间	CreatedTime	DATE	N	插入数据时的系统时间
更新时间	UpdatedTime	DATE	N	更新数据时的系统时间
修改次数	Frequency	NUMBER(5)	N	更新数据频次
测定时间	D04300	DATE	P、N	长日期
地段类型	C48100	CHAR (1)	P、N	编码
作物名称	C48000	CHAR (6)	P、N	编码
发育期	C48001	CHAR (2)	N	编码

表 E.12 土壤相对湿度表结构说明(续)

要素名称	字段编码	数据类型	约束	说明
10 cm 土壤相对湿度	V48110_010	NUMBER(6)	N	百分率(%)
20 cm 土壤相对湿度	V48110_020	NUMBER(6)	N	百分率(%)
30 cm 土壤相对湿度	V48110_030	NUMBER(6)	N	百分率(%)
40 cm 土壤相对湿度	V48110_040	NUMBER(6)		百分率(%)
50 cm 土壤相对湿度	V48110_050	NUMBER(6)	N	百分率(%)
60 cm 土壤相对湿度	V48110_060	NUMBER(6)		百分率(%)
70 cm 土壤相对湿度	V48110_070	NUMBER(6)		百分率(%)
80 cm 土壤相对湿度	V48110_080	NUMBER(6)		百分率(%)
90 cm 土壤相对湿度	V48110_090	NUMBER(6)		百分率(%)
100 cm 土壤相对湿度	V48110_100	NUMBER(6)		百分率(%)
灌溉或降水标志	V48116	CHAR (1)		0 为“无”、1 为“有”

表 E.13 土壤水分总贮存量表结构说明

要素名称	字段编码	数据类型	约束	说明
区站号	V01000	NUMBER(6)	P、N	
创建时间	CreatedTime	DATE	N	插入数据时的系统时间
更新时间	UpdatedTime	DATE	N	更新数据时的系统时间
修改次数	Frequency	NUMBER(5)	N	更新数据频次
测定时间	D04300	DATE	P、N	长日期
地段类型	C48100	CHAR (1)	P、N	编码
作物名称	C48000	CHAR (6)	P、N	编码
发育期	C48001	CHAR (2)	N	编码
10 cm 土壤水分总贮存量	V48113_010	NUMBER(4)		毫米(mm)
20 cm 土壤水分总贮存量	V48113_020	NUMBER(4)		毫米(mm)
30 cm 土壤水分总贮存量	V48113_030	NUMBER(4)		毫米(mm)
40 cm 土壤水分总贮存量	V48113_040	NUMBER(4)		毫米(mm)
50 cm 土壤水分总贮存量	V48113_050	NUMBER(4)		毫米(mm)
60 cm 土壤水分总贮存量	V48113_060	NUMBER(4)		毫米(mm)
70 cm 土壤水分总贮存量	V48113_070	NUMBER(4)		毫米(mm)
80 cm 土壤水分总贮存量	V48113_080	NUMBER(4)		毫米(mm)
90 cm 土壤水分总贮存量	V48113_090	NUMBER(4)		毫米(mm)
100 cm 土壤水分总贮存量	V48113_100	NUMBER(4)		毫米(mm)

表 E.14　土壤有效水分贮存量表结构说明

要素名称	字段编码	数据类型	约束	说明
区站号	V01000	NUMBER(6)	P、N	
创建时间	CreatedTime	DATE	N	插入数据时的系统时间
更新时间	UpdatedTime	DATE	N	更新数据时的系统时间
修改次数	Frequency	NUMBER(5)	N	更新数据频次
测定时间	D04300	DATE	P、N	长日期
地段类型	C48100	CHAR (1)	P、N	编码
作物名称	C48000	CHAR (6)	P、N	编码
发育期	C48001	CHAR (2)	N	编码
10 cm 土壤有效水分贮存量	V48114_010	NUMBER(4)		毫米(mm)
20 cm 土壤有效水分贮存量	V48114_020	NUMBER(4)		毫米(mm)
30 cm 土壤有效水分贮存量	V48114_030	NUMBER(4)		毫米(mm)
40 cm 土壤有效水分贮存量	V48114_040	NUMBER(4)		毫米(mm)
50 cm 土壤有效水分贮存量	V48114_050	NUMBER(4)		毫米(mm)
60 cm 土壤有效水分贮存量	V48114_060	NUMBER(4)		毫米(mm)
70 cm 土壤有效水分贮存量	V48114_070	NUMBER(4)		毫米(mm)
80 cm 土壤有效水分贮存量	V48114_080	NUMBER(4)		毫米(mm)
90 cm 土壤有效水分贮存量	V48114_090	NUMBER(4)		毫米(mm)
100 cm 土壤有效水分贮存量	V48114_100	NUMBER(4)		毫米(mm)

表 E.15　土壤重量含水率表结构说明

要素名称	字段编码	数据类型	约束	说明
区站号	V01000	NUMBER(6)	P、N	
创建时间	CreatedTime	DATE	N	插入数据时的系统时间
更新时间	UpdatedTime	DATE	N	更新数据时的系统时间
修改次数	Frequency	NUMBER(5)	N	更新数据频次
测定时间	D04300	DATE	P、N	长日期
地段类型	C48100	CHAR (1)	P、N	编码
作物名称	C48000	CHAR (6)	P、N	编码
发育期	C48001	CHAR (2)	N	编码
10 cm 土壤重量含水率	V48111_010	NUMBER(6)		百分率(%),精确到 0.1
20 cm 土壤重量含水率	V48111_020	NUMBER(6)		百分率(%),精确到 0.1
30 cm 土壤重量含水率	V48111_030	NUMBER(6)		百分率(%),精确到 0.1
40 cm 土壤重量含水率	V48111_040	NUMBER(6)		百分率(%),精确到 0.1

表 E.15 土壤重量含水率表结构说明(续)

要素名称	字段编码	数据类型	约束	说明
50 cm 土壤重量含水率	V48111_050	NUMBER(6)		百分率(%),精确到 0.1
60 cm 土壤重量含水率	V48111_060	NUMBER(6)		百分率(%),精确到 0.1
70 cm 土壤重量含水率	V48111_070	NUMBER(6)		百分率(%),精确到 0.1
80 cm 土壤重量含水率	V48111_080	NUMBER(6)		百分率(%),精确到 0.1
90 cm 土壤重量含水率	V48111_090	NUMBER(6)		百分率(%),精确到 0.1
100 cm 土壤重量含水率	V48111_100	NUMBER(6)		百分率(%),精确到 0.1

表 E.16 土壤冻结与解冻表结构说明

要素名称	字段编码	数据类型	约束	说明
区站号	V01000	NUMBER(6)	P、N	
创建时间	CreatedTime	DATE	N	插入数据时的系统时间
更新时间	UpdatedTime	DATE	N	更新数据时的系统时间
修改次数	Frequency	NUMBER(5)	N	更新数据频次
地段类型	C48100	CHAR (1)	P、N	编码
土层深度	V48101	NUMBER(2)	P、N	厘米(cm)
土层状态	C48102	CHAR (1)	P、N	编码,冻结或解冻
冻结或解冻时间	D04300	DATE	N	长日期

表 E.17 干土层与地下水位表结构说明

要素名称	字段编码	数据类型	约束	说明
区站号	V01000	NUMBER(6)	P、N	
创建时间	CreatedTime	DATE	N	插入数据时的系统时间
更新时间	UpdatedTime	DATE	N	更新数据时的系统时间
修改次数	Frequency	NUMBER(5)	N	更新数据频次
地段类型	C48100	CHAR (1)	P、N	编码
作物名称	C48000	CHAR (6)	P、N	编码
干土层厚度	V48103	NUMBER(4)	N	厘米(cm)
地下水位深度	V48104	NUMBER(4)		米(m),精确到 0.01;大于 2 m 未测量时编 9200

表 E.18 降水灌溉与渗透表结构说明

要素名称	字段编码	数据类型	约束	说明
区站号	V01000	NUMBER(6)	P、N	
创建时间	CreatedTime	DATE	N	插入数据时的系统时间
更新时间	UpdatedTime	DATE	N	更新数据时的系统时间
修改次数	Frequency	NUMBER(5)	N	更新数据频次
地段类型	C48100	CHAR (1)	P、N	编码
作物名称	C48000	CHAR (6)	P、N	编码
降水灌溉与渗透	C48105	CHAR (1)	N	0 为“降水”,1 为“灌溉”,2 为“渗透”
降水灌溉量或渗透深度	V48105	NUMBER(4)	N	降水单位为毫米(mm),精确到 0.1,灌溉单位为立方米(m^3),渗透单位为厘米(cm),透雨或接墒编 9998
降水灌溉或渗透出现日期	C48106	CHAR (50)	N	降水、灌溉或渗透出现日期表述

表 E.19 植物候鸟昆虫和动物物候期表结构说明

要素名称	字段编码	数据类型	约束	说明
区站号	V01000	NUMBER(6)	P、N	
创建时间	CreatedTime	DATE	N	插入数据时的系统时间
更新时间	UpdatedTime	DATE	N	更新数据时的系统时间
修改次数	Frequency	NUMBER(5)	N	更新数据频次
出现时间	D04300	DATE	P、N	长日期
木本植物、草本植物、候鸟、昆虫和动物名称	C48200	CHAR (8)	P、N	编码
物候期名称	C48205	CHAR (2)	P、N	编码

表 E.20 气象水文现象表结构说明

要素名称	字段编码	数据类型	约束	说明
区站号	V01000	NUMBER(6)	P、N	
创建时间	CreatedTime	DATE	N	插入数据时的系统时间
更新时间	UpdatedTime	DATE	N	更新数据时的系统时间
修改次数	Frequency	NUMBER(5)	N	更新数据频次
出现时间	D04300	DATE	P、N	长日期
气象水文现象	C48206	CHAR (4)	P、N	编码

表 E.21　牧草发育期表结构说明

要素名称	字段编码	数据类型	约束	说明
区站号	V01000	NUMBER(6)	P、N	
创建时间	CreatedTime	DATE	N	插入数据时的系统时间
更新时间	UpdatedTime	DATE	N	更新数据时的系统时间
修改次数	Frequency	NUMBER(5)	N	更新数据频次
观测时间	D04300	DATE	P、N	长日期
牧草名称	C48300	CHAR (8)	P、N	编码
牧草发育期	C48301	CHAR (2)	P、N	编码
牧草发育百分率	V48302	NUMBER(4)		百分率(%)

表 E.22　牧草生长高度表结构说明

要素名称	字段编码	数据类型	约束	说明
区站号	V01000	NUMBER(6)	P、N	
创建时间	CreatedTime	DATE	N	插入数据时的系统时间
更新时间	UpdatedTime	DATE	N	更新数据时的系统时间
修改次数	Frequency	NUMBER(5)	N	更新数据频次
观测时间	D04300	DATE	P、N	长日期
牧草名称	C48300	CHAR (8)	P、N	编码
牧草生长高度	V48303	NUMBER(4)	N	厘米(cm)

表 E.23　牧草草层高度表结构说明

要素名称	字段编码	数据类型	约束	说明
区站号	V01000	NUMBER(6)	P、N	
创建时间	CreatedTime	DATE	N	插入数据时的系统时间
更新时间	UpdatedTime	DATE	N	更新数据时的系统时间
修改次数	Frequency	NUMBER(5)	N	更新数据频次
场地类型	C48304	CHAR(1)	P、N	0 为“观测地段”,1 为“放牧场”
草层类型	C48305	CHAR(1)	P、N	0 为“高草层”,1 为“低草层”
草层高度	V48303	NUMBER(4)	N	厘米(cm)

表 E.24　牧草分种产量表结构说明

要素名称	字段编码	数据类型	约束	说明
区站号	V01000	NUMBER(6)	P、N	
创建时间	CreatedTime	DATE	N	插入数据时的系统时间
更新时间	UpdatedTime	DATE	N	更新数据时的系统时间
修改次数	Frequency	NUMBER(5)	N	更新数据频次
测定时间	D04300	DATE	P、N	长日期
牧草名称	C48300	CHAR (8)	P、N	编码
牧草干重	V48306	NUMBER(6)	N	千克每公顷，精确到 0.1
牧草鲜重	V48307	NUMBER(6)	N	千克每公顷，精确到 0.1
牧草干鲜比	V48308	NUMBER(4)	N	百分率(%)

表 E.25　牧草覆盖度及家畜采食度表结构说明

要素名称	字段编码	数据类型	约束	说明
区站号	V01000	NUMBER(6)	P、N	
创建时间	CreatedTime	DATE	N	插入数据时的系统时间
更新时间	UpdatedTime	DATE	N	更新数据时的系统时间
修改次数	Frequency	NUMBER(5)	N	更新数据频次
测定时间	D04300	DATE	P、N	长日期
牧草覆盖度	V48309	NUMBER(4)		百分率(%)
草层状况评价	V48310	NUMBER(1)	N	编码
家畜采食度	V48311	NUMBER(1)		编码
家畜采食率	V48312	NUMBER(4)		百分率(%)

表 E.26　灌木及半灌木密度表结构说明

要素名称	字段编码	数据类型	约束	说明
区站号	V01000	NUMBER(6)	P、N	
创建时间	CreatedTime	DATE	N	插入数据时的系统时间
更新时间	UpdatedTime	DATE	N	更新数据时的系统时间
修改次数	Frequency	NUMBER(5)	N	更新数据频次
测定时间	D04300	DATE	P、N	长日期
牧草名称	C48300	CHAR (8)	P、N	编码
每公顷株(丛)数	V48313	NUMBER(6)	N	株(丛)数每公顷
每公顷总株(丛)数	V48314	NUMBER(6)	N	株(丛)数每公顷

表 E.27　家畜膘情等级调查表结构说明

要素名称	字段编码	数据类型	约束	说明
区站号	V01000	NUMBER(6)	P、N	
创建时间	CreatedTime	DATE	N	插入数据时的系统时间
更新时间	UpdatedTime	DATE	N	更新数据时的系统时间
修改次数	Frequency	NUMBER(5)	N	更新数据频次
调查时间	D04300	DATE	P、N	长日期
膘情等级	V48315	NUMBER(1)	P、N	编码
成畜头数	V48316	NUMBER(4)	N	头
幼畜头数	V48317	NUMBER(4)	N	头

表 E.28　家畜羯羊重调查表结构说明

要素名称	字段编码	数据类型	约束	说明
区站号	V01000	NUMBER(6)	P、N	
创建时间	CreatedTime	DATE	N	插入数据时的系统时间
更新时间	UpdatedTime	DATE	N	更新数据时的系统时间
修改次数	Frequency	NUMBER(5)	N	更新数据频次
调查时间	D04300	DATE	P、N	长日期
羯羊体重 1	V48318_001	NUMBER(4)	N	千克，精确到 0.1
羯羊体重 2	V48318_002	NUMBER(4)	N	千克，精确到 0.1
羯羊体重 3	V48318_003	NUMBER(4)	N	千克，精确到 0.1
羯羊体重 4	V48318_004	NUMBER(4)	N	千克，精确到 0.1
羯羊体重 5	V48318_005	NUMBER(4)	N	千克，精确到 0.1
羯羊平均体重	V48319	NUMBER(4)	N	千克，精确到 0.1

表 E.29　畜群基本情况调查表结构说明

要素名称	字段编码	数据类型	约束	说明
区站号	V01000	NUMBER(6)	P、N	
创建时间	CreatedTime	DATE	N	插入数据时的系统时间
更新时间	UpdatedTime	DATE	N	更新数据时的系统时间
修改次数	Frequency	NUMBER(5)	N	更新数据频次
调查时间	D04300	DATE	P、N	长日期
畜群家畜名称	C48322	VARCHAR(20)	N	
家畜品种	C48323	VARCHAR (20)		
春季日平均放牧时数	V48324_001	NUMBER(2)		小时(h)

表 E.29　畜群基本情况调查表结构说明(续)

要素名称	字段编码	数据类型	约束	说明
夏季日平均放牧时数	V48324_002	NUMBER(2)		小时(h)
秋季日平均放牧时数	V48324_003	NUMBER(2)		小时(h)
冬季日平均放牧时数	V48324_004	NUMBER(2)		小时(h)
有无棚舍	V48325	CHAR(1)		0为“无”,1为“有”
棚舍数量	V48326	NUMBER(4)		个
棚舍长	V48327	NUMBER(4)		米(m),精确到0.1
棚舍宽	V48328	NUMBER(4)		米(m),精确到0.1
棚舍高	V48329	NUMBER(4)		米(m),精确到0.1
棚舍结构	C48330	VARCHAR (20)		
棚舍型式	C48331	VARCHAR (20)		
棚舍门窗开向	C48332	VARCHAR (10)		
畜群所属单位	C48333	VARCHAR (100)		

表 E.30　牧事活动调查表结构说明

要素名称	字段编码	数据类型	约束	说明
区站号	V01000	NUMBER(6)	P、N	
创建时间	CreatedTime	DATE	N	插入数据时的系统时间
更新时间	UpdatedTime	DATE	N	更新数据时的系统时间
修改次数	Frequency	NUMBER(5)	N	更新数据频次
调查起始时间	D04332	DATE	P、N	长日期
调查终止时间	D04333	DATE	P、N	长日期
牧事活动名称	C48320	NUMBER(2)	P、N	编码
牧事活动生产性能	C48321	VARCHAR (200)		

表 E.31　农业气象灾害观测表结构说明

要素名称	字段编码	数据类型	约束	说明
区站号	V01000	NUMBER(6)	P、N	
创建时间	CreatedTime	DATE	N	插入数据时的系统时间
更新时间	UpdatedTime	DATE	N	更新数据时的系统时间
修改次数	Frequency	NUMBER(5)	N	更新数据频次
观测时间	D04300	DATE	P、N	长日期
灾害名称	C48400	CHAR (4)	P、N	编码
受灾作物	C48401	CHAR (6)	P、N	编码

表 E.31 农业气象灾害观测表结构说明(续)

要素名称	字段编码	数据类型	约束	说明
器官受害程度	V48402	NUMBER(4)		百分率(%)
预计对产量影响	V48404	NUMBER(1)		编码
减产成数	V48406	NUMBER(2)		成
受害症状	C48407	VARCHAR (200)		

表 E.32 农业气象灾害调查表结构说明

要素名称	字段编码	数据类型	约束	说明
区站号	V01000	NUMBER(6)	P、N	
创建时间	CreatedTime	DATE	N	插入数据时的系统时间
更新时间	UpdatedTime	DATE	N	更新数据时的系统时间
修改次数	Frequency	NUMBER(5)	N	更新数据频次
调查时间	D04300	DATE	P、N	长日期
灾害名称	C48400	CHAR (4)	P、N	编码
受灾作物	C48401	CHAR (6)	P、N	编码
器官受害程度	V48402	NUMBER(4)		百分率(%)
成灾面积	V48409	NUMBER(6)		公顷,精确到0.1
成灾比例	V48410	NUMBER(4)		百分率(%),精确到0.1
减产百分率	V48405	NUMBER(4)		百分率(%)
受害症状	C48407	VARCHAR (200)		

表 E.33 牧草灾害表结构说明

要素名称	字段编码	数据类型	约束	说明
区站号	V01000	NUMBER(6)	P、N	
创建时间	CreatedTime	DATE	N	插入数据时的系统时间
更新时间	UpdatedTime	DATE	N	更新数据时的系统时间
修改次数	Frequency	NUMBER(5)	N	更新数据频次
观测时间	D04300	DATE	N	长日期
起始时间	D04332	DATE	P、N	长日期
终止时间	D04333	DATE	P、N	长日期
灾害名称	C48400	CHAR (4)	P、N	编码
受害等级	V48403	NUMBER(1)		编码
受害症状	C48407	VARCHAR (200)		

表 E.34 家畜灾害表结构说明

要素名称	字段编码	数据类型	约束	说明
区站号	V01000	NUMBER(6)	P、N	
创建时间	CreatedTime	DATE	N	插入数据时的系统时间
更新时间	UpdatedTime	DATE	N	更新数据时的系统时间
修改次数	Frequency	NUMBER(5)	N	更新数据频次
观测时间	D04300	DATE	N	长日期
起始时间	D04332	DATE	P、N	长日期
终止时间	D04333	DATE	P、N	长日期
灾害名称	C48400	CHAR (4)	P、N	编码
受害等级	C48403	CHAR (1)		编码
受害症状	C48407	VARCHAR (200)		

表 E.35 植物灾害表结构说明

要素名称	字段编码	数据类型	约束	说明
区站号	V01000	NUMBER(6)	P、N	
创建时间	CreatedTime	DATE	N	插入数据时的系统时间
更新时间	UpdatedTime	DATE	N	更新数据时的系统时间
修改次数	Frequency	NUMBER(5)	N	更新数据频次
观测时间	D04300	DATE	N	长日期
起始时间	D04332	DATE	P、N	长日期
终止时间	D04333	DATE	P、N	长日期
灾害名称	C48400	CHAR (4)	P、N	编码
受灾植物	C48401	CHAR (8)	P、N	编码
受害程度	V48402	NUMBER(4)		%
灾害影响情况	C48408	VARCHAR (200)		灾害影响描述

E.2 农业气象自动观测数据表结构

表 E.36、表 E.37 给出了作物生长发育和土壤水分自动观测数据表结构说明。

表 E.36 作物生长发育自动观测数据表结构说明

要素名称	字段编码	数据类型	约束	说明
区站号	V01000	NUMBER(6)	P、N	
测量地段标示数字	V56001	NUMBER(8)	N	

表 E.36　作物生长发育自动观测数据表结构说明(续)

要素名称	字段编码	数据类型	约束	说明
创建时间	CreatedTime	DATE	N	插入数据时的系统时间
更新时间	UpdatedTime	DATE	N	更新数据时的系统时间
修改次数	Frequency	NUMBER(5)	N	更新数据频次
观测时间(年)	V04001	NUMBER(4)	N	
观测时间(月)	V04002	NUMBER(2)	N	
观测时间(日)	V04003	NUMBER(2)	N	
观测时间(时)	V04004	NUMBER(2)	N	
作物名称	C48000	CHAR(6)	P、N	编码
作物发育期	C48001	CHAR(2)	P、N	编码
作物发育时间	D04300	DATE	P、N	长日期
作物冠层高度	V48031	NUMBER(4)		厘米(cm)
作物生长状况	V48006	NUMBER(1)		1、2、3 等级
植株覆盖度	V48008	NUMBER(4)		百分率(%),精确到 0.1
作物特征图像	V48032	BLOB		二进制对象存储
作物特征图像格式	C48033	VARCHAR(10)		JPEG、TIFF、BMP 等

表 E.37　土壤水分自动观测数据表结构说明

要素名称	字段编码	数据类型	约束	说明
区站号	V01000	NUMBER(6)	P、N	
测量地段标示数字	V56001	NUMBER(8)	P、N	
创建时间	CreatedTime	DATE	N	插入数据时的系统时间
更新时间	UpdatedTime	DATE	N	更新数据时的系统时间
修改次数	Frequency	NUMBER(5)	N	更新数据频次
观测时间(年)	V04001	NUMBER(4)	N	
观测时间(月)	V04002	NUMBER(2)	N	
观测时间(日)	V04003	NUMBER(2)	N	
观测时间(时)	V04004	NUMBER(2)	N	
观测时间(分)	V04005	NUMBER(2)	N	
观测时间(秒)	V04006	NUMBER(2)	N	
土层深度	V48101	NUMBER(3)	P、N	厘米(cm)
土壤相对湿度	V48110	NUMBER(4)		百分率(%),精确到 0.1
土壤重量含水率	V48111	NUMBER(4)		百分率(%),精确到 0.1
土壤体积含水量	V48112	NUMBER(4)	N	克(g),精确到 0.1
土壤有效水分贮存量	V48114	NUMBER(4)		毫米(mm)

E.3 农业气象观测项目基础编码表结构

表 E.38 至表 E.55 给出了各类农业气象观测项目基础编码表结构说明。

表 E.38 作物名称编码表结构说明

要素名称	字段编码	数据类型
作物	Crop	VARCHAR(10)
作物名称	CropName	VARCHAR(10)
作物品种	CropVirteties	VARCHAR(10)
作物熟性	CropMature	VARCHAR(10)
编码	Code	CHAR(6)

表 E.39 牧草名称编码表结构说明

要素名称	字段编码	数据类型
牧草名称	HerbageName	VARCHAR(20)
科别	Family	VARCHAR(10)
学名	ScientificName	VARCHAR(100)
编码	Code	CHAR(8)

表 E.40 植物及动物名称编码表结构说明

要素名称	字段编码	数据类型
名称	Name	VARCHAR(20)
类别	Class	VARCHAR(10)
科别	Family	VARCHAR(10)
学名	ScientificName	VARCHAR(100)
编码	Code	CHAR(8)

表 E.41 灾害名称编码表结构说明

要素名称	字段编码	数据类型
灾害名称	DisasterName	NUMBER(20)
灾害类别	DisasterClass	VARCHAR(20)
编码	Code	CHAR(4)

表 E.42 气象水文现象编码表结构说明

要素名称	字段编码	数据类型
气象水文现象名称	HydrName	VARCHAR(20)
气象子水文现象名称	ChildHydrName	VARCHAR(20)
编码	Code	CHAR(4)

表 E.43 作物产量因素编码表结构说明

要素名称	字段编码	数据类型
作物	Crop	VARCHAR(10)
作物产量因素	YieldFactor	VARCHAR(20)
编码	Code	CHAR(2)

表 E.44 作物产量结构编码表结构说明

要素名称	字段编码	数据类型
作物	Crop	VARCHAR(10)
作物产量结构	YieldStruct	VARCHAR(20)
编码	Code	CHAR(2)

表 E.45 田间工作项目编码表结构说明

要素名称	字段编码	数据类型
工作类别	WorkClass	VARCHAR(10)
项目名称	ProjectName	VARCHAR(20)
编码	Code	CHAR(4)

表 E.46 作物发育期编码表结构说明

要素名称	字段编码	数据类型
作物	Crop	VARCHAR(10)
发育期	CropGrowth	VARCHAR(10)
编码	Code	CHAR(2)

表 E.47 物候期编码表结构说明

要素名称	字段编码	数据类型
类别	PhenoClass	VARCHAR(8)
物候期	PhenoPeriod	VARCHAR(20)
子物候期	ChildPhenoPeriod	VARCHAR(20)
编码	Code	CHAR(2)

表 E.48 地段类型编码表结构说明

要素名称	字段编码	数据类型
编码	Code	CHAR(1)
地段类型	Location	VARCHAR(10)

表 E.49 土层状态编码表结构说明

要素名称	字段编码	数据类型
编码	Code	CHAR(1)
土层状态	SoilStatus	VARCHAR (4)

表 E.50 预计对产量的影响编码表结构说明

要素名称	字段编码	数据类型
编码	Code	CHAR(1)
预计对产量的影响	OutputEffect	VARCHAR (6)

表 E.51 畜牧灾害等级编码表结构说明

要素名称	字段编码	数据类型
编码	Code	CHAR(1)
畜牧灾害等级	DisasterClass	VARCHAR(4)

表 E.52 草层状况评价编码表结构说明

要素名称	字段编码	数据类型
编码	Code	CHAR(1)
草层状况评价	GrassLayerEvaluate	VARCHAR(4)

表 E.53　家畜采食度编码表结构说明

要素名称	字段编码	数据类型
编码	Code	CHAR(1)
家畜采食度	FeedDegree	VARCHAR(4)

表 E.54　家畜膘情等级编码表结构说明

要素名称	字段编码	数据类型
编码	Code	CHAR(1)
家畜膘情等级	LivestockBodyDegree	VARCHAR(4)

表 E.55　牧畜活动项目编码表结构说明

要素名称	字段编码	数据类型
编码	Code	CHAR(2)
牧畜活动名称	LivestockActivity	VARCHAR(20)

参 考 文 献

［1］ QX/T 102—2009 气象资料分类与编码
［2］ 国家气象局.农业气象观测规范:上卷[M].北京:气象出版社,1993

ICS 07.060
A 47
备案号：64764—2018

中华人民共和国气象行业标准

QX/T 436—2018

气候可行性论证规范　抗风参数计算

Specifications for climatic feasibility demonstration—Wind-resistant parameters calculation

2018-07-11 发布　　　　2018-12-01 实施

中 国 气 象 局　发 布

前　　言

本标准按照 GB/T 1.1—2009 给出的规则起草。

本标准由全国气候与气候变化标准化技术委员会(SAC/TC 540)提出并归口。

本标准起草单位:广东省气象局、中国气象局公共气象服务中心、广东粤电阳江海上风电有限公司。

本标准主要起草人:黄浩辉、秦鹏、蒋承霖、全利红、王丙兰、张淇宣。

气候可行性论证规范 抗风参数计算

1 范围

本标准规定了工程建设项目抗风气候可行性论证中数据收集、风切变指数计算、湍流强度计算、阵风系数计算、重现期风速和风压计算的方法。

本标准适用于工程建设项目气候可行性论证中抗风参数的计算，其他工程设计可参考应用。

2 规范性引用文件

下列文件对于本文件的应用是必不可少的。凡是注日期的引用文件，仅注日期的版本适用于本文件。凡是不注日期的引用文件，其最新版本(包括所有的修改单)适用于本文件。

GB/T 18710－2002 风电场风能资源评估方法

GB 50009—2012 建筑结构荷载规范

3 术语和定义

下列术语和定义适用于本文件。

3.1

抗风参数 wind-resistant parameter

用于工程建设项目抗风设计的参数。

注：气候可行性论证中的抗风参数主要包括风切变指数、湍流强度、阵风系数、重现期风速和风压等。

3.2

风速时距 wind speed interval

计算平均风速所采用的时间间隔。

3.3

重现期 return period

某一事件重复出现的平均间隔时间。

3.4

参证气象站 reference meteorological station

气象分析计算所参照具有长年代气象数据的国家气象观测站。

注：国家气象观测站包括 GB 31221—2014 中定义的国家基准气候站、国家基本气象站、国家一般气象站。

3.5

专用气象站 dedicated meteorological station

为获取规划和建设项目场址所在区域气象特征的实际气象资料而设立的专用气象观测站，包括地面气象观测场、观测塔和其他特种观测设施等。

3.6

风切变指数 wind shear exponent

用于描述风速随高度变化的幂函数中的指数。

3.7

风速标准差　standard deviation of wind speed

一组风速值与其平均值的离差平方和的算术平均数的平方根。

注：它反映一组风速值的离散程度。

3.8

湍流强度　turbulence intensity

风速标准差与平均风速的比率。

注：用同一组测量数据和规定的周期进行计算。

3.9

阵风风速　gust speed

1 s～3 s时距的瞬时风速值。

3.10

阵风系数　gust factor

由平均风速推算阵风风速的比例系数，通常采用3 s最大阵风风速与10 min平均风速的比值。

3.11

风压　wind pressure

垂直于风向的平面上所受到的风的压强。

3.12

基本风压　reference wind pressure

由当地空旷平坦地面上10 m高度50年一遇的10 min平均风速及相应的空气密度计算确定的风压。

4　数据收集

4.1　参证气象站测风数据收集

4.1.1　参证气象站选择

根据以下原则，选择参证气象站：

a）具有30年以上的风观测资料；

b）与工程场址距离较近，地形、地貌较为相似；

c）测风环境基本保持长年不变或具备完整的迁站对比测风记录；

d）与专用气象站同期强风风速样本（宜为10 m/s以上）的相关显著性应通过0.05信度检验。

4.1.2　参证气象站测风数据收集

应收集参证气象站30年以上历年最大风速数据，以及与专用气象站同期观测的逐日最大10 min平均风速、逐时风速和风向数据，有效数据完整率应大于或等于90%。有效数据完整率的计算方法见GB/T 18710—2002的5.2.4。

4.2　专用气象站测风数据收集

应收集专用气象站至少一年的测风数据，包括：逐10 min平均风速和风向、逐10 min风速标准差和最大阵风风速数据，有效数据完整率应大于或等于90%。有效数据完整率的计算方法见GB/T 18710—2002的5.2.4。

5 风切变指数计算

从风梯度观测数据中，根据项目需求选取风速样本，计算各高度层的平均风速值，然后宜根据下垫面状况、风速大小状况、不同方向风切变的差异状况进行分类计算。计算方法见附录A。

6 湍流强度计算

6.1 从风观测数据中，根据项目需求选取10 min平均风速及对应风速标准差样本，宜根据下垫面状况、风速大小状况、不同方向湍流的差异状况进行分类计算。

6.2 湍流强度计算方法见式(1)：

$$I=\frac{\sigma}{V} \qquad \cdots\cdots(1)$$

式中：

I——湍流强度，无量纲数；

σ——10 min风速标准差，单位为米每秒(m/s)；

V——10 min平均风速，单位为米每秒(m/s)。

7 阵风系数计算

7.1 从风观测数据中，根据项目需求选取10 min平均风速及对应最大阵风风速样本，宜根据下垫面状况、风速大小状况、不同方向风的阵性的差异状况分类计算阵风系数；用于重现期风速计算时，宜选取平均风速在15 m/s以上的样本，同时关注最大风速样本时的阵风系数。

7.2 阵风系数计算方法见式(2)：

$$G=\frac{V_{max}}{V} \qquad \cdots\cdots(2)$$

式中：

G——阵风系数，无量纲数；

V_{max}——10 min时距内阵风风速最大值，单位为米每秒(m/s)；

V——10 min平均风速，单位为米每秒(m/s)。

8 重现期风速、风压计算

8.1 建立参证气象站年最大风速序列

8.1.1 初始序列

从参证气象站逐时或定时风速观测数据中选取年最大值构成全方位年最大风速初始序列，从参证气象站逐时风速观测数据中按风向方位选取年最大值构成分方位年最大风速初始序列。

8.1.2 时距订正

当年最大风速取自时距为2 min的定时观测资料时，应将其订正到10 min时距。利用定时观测的年最大2 min平均风速和逐时观测的年最大10 min平均风速的同步样本(当样本数小于15时，宜从月最大风速中选取样本)拟合的线性回归方程进行订正。

8.1.3 高度订正

当风速仪距观测场地面高度不等于 10 m，且观测场区域处于开阔平坦地表时(A 类或 B 类地表，参见附录 B 中表 B.1)，可按照幂指数公式(见附录 A)将年最大风速订正到 10 m 高度。

8.1.4 迁站订正

对迁站前、后两段年最大 10 min 平均风速样本数据，采用 t 检验方法(参见附录 C)进行差异显著性检验，若无显著性差异，则迁站前、后两段数据可合并使用，无需订正。若存在显著性差异，可从迁站对比观测的日最大 10 min 平均风速中选取较大值样本(宜为 10 m/s 以上)构成全方位风速订正样本，采用 GB/T 18710—2002 中附录 A 的方法，构成分方位风速订正样本，以此计算比值系数，采用比值订正法进行订正(见附录 D)。

8.1.5 测风环境变化订正

若参证气象站受测风环境变化影响导致年最大风速序列存在明显的突变时，宜采用适当的检验技术(如 t 检验方法，参见附录 C)，找出突变点，并对其原因进行考察分析确认，利用突变点前后两段年最大风速的平均值的比例关系进行订正。

8.2 重现期风速计算

8.2.1 参证气象站重现期风速计算

利用参证气象站距地面 10 m 高度的年最大 10 min 平均风速序列，采用极值 I 型概率分布函数(参见附录 E)计算其不同重现期的 10 min 平均风速。

8.2.2 工程场址重现期风速计算

8.2.2.1 当工程场址缺乏测风数据，但参证气象站与工程场址距离较近且地形地貌相似时，可将参证气象站重现期风速通过风速地表修正系数(参见附录 B)换算为工程场址 10 m 高度重现期风速，然后根据工程场址地表状况，参照附录 B 确定工程场址风切变指数，按照幂指数公式(见附录 A)将工程场址 10 m 高度重现期风速推算到工程项目需求的不同高度层，得出工程场址重现期风速。

8.2.2.2 当参证气象站与工程场址距离较远或地形地貌相差较大时，应设立专用气象站，在与参证气象站同期风速观测数据相关分析的基础上，推算工程场址重现期风速。

8.2.2.2.1 从专用气象站 10 m 高测风层与参证气象站至少一年同步观测的日最大 10 min 平均风速中选取较大值样本(宜为 10 m/s 以上)构成全方位风速样本，采用 GB/T 18710－2002 中附录 A 的方法，构成分方位风速样本，以此计算比值系数，根据工程需求推荐合适的比值系数与参证气象站重现期风速相乘，得出专用气象站 10 m 高度的重现期风速。

8.2.2.2.2 当专用气象站 10 m 高度测风数据受下垫面影响较大，不具备代表性时，可选取专用气象站最高测风层数据，按照 8.2.2.2.1 的方法计算得出专用气象站最高测风层的重现期风速。

8.2.2.2.3 利用专用气象站至少一年的 10 min 平均风速的较大值样本(宜为 10 m/s 以上)，计算确定工程场址的风切变指数(见附录 A)，按照幂指数公式(见附录 A)将 8.2.2.2.1 或 8.2.2.2.2 的计算结果推算到工程项目需求的不同高度层，得出工程场址重现期风速。

8.3 重现期风压计算

8.3.1 工程场址重现期风压计算

按工程场址各高度各重现期的 10 min 平均风速及相应空气密度计算工程场址重现期风压，计算方法参见附录F。其中空气密度应考虑当地的控制性大风(冷空气大风、强对流大风、台风等)季节的空气密度。

8.3.2 基本风压计算

计算参证气象站或工程场址的基本风压时,应先考察其地表状况,若属于B类地表(参见附录B),则直接采用其10 m高度50年一遇的10 min平均风速及相应空气密度计算得出其基本风压,否则应通过风速地表修正系数(参见附录B)将其10 m高度50年一遇的10 min平均风速换算到B类地表,再结合相应空气密度计算得出其基本风压。

8.4 计算结果合理性分析

重现期风速、风压计算结果按照GB 50009—2012(公路桥梁工程可参考JTG/T D60-01—2004)关于全国基本风速、风压的数据并结合工程场址的地理、地形和地貌条件进行合理性对比分析。

附 录 A
（规范性附录）
风切变指数计算方法

A.1 风速随高度变化幂指数公式见式(A.1)：

$$v_2 = v_1 (\frac{z_2}{z_1})^{\alpha} \qquad \cdots\cdots\cdots\cdots(A.1)$$

式中：

v_2 ——高度 z_2 处的风速，单位为米每秒(m/s)；

v_1 ——高度 z_1 处的风速，单位为米每秒(m/s)；

z_2 ——第2层高度，单位为米(m)；

z_1 ——第1层高度，单位为米(m)；

α ——风切变指数，无量纲数。

A.2 利用两层风速计算 α 值见式(A.2)：

$$\alpha = \frac{\lg(v_2/v_1)}{\lg(z_2/z_1)} \qquad \cdots\cdots\cdots\cdots(A.2)$$

A.3 利用两层以上风速进行 α 值拟合计算时，宜采用最小二乘法，首先绘制实测风廓线，然后选择某一高度层作为拟合基准层（一般为最低层），利用拟合基准层风速和其他任一层风速按式(A.2)逐次计算 α 值，确定其最小值和最大值区间，在该区间内按0.001为步长不断调整 α 值，使实测风廓线和拟合风廓线（拟合风廓线不同高度层的风速是根据拟合基准层风速按式(A.1)进行推算）对应各高度层风速的残差平方和达到最小，得出 α 值。

附　录　B
（资料性附录）
地表分类

表 B.1　地表分类

地表类别	地表状况	风切变指数	风速地表修正系数
A	海面、海岸、开阔水面、沙漠	0.12	1.13
B	田野、乡村、开阔平坦地及低层建筑物稀疏地区	0.15	1.00
C	树木及低层建筑物等密集地区、中高层建筑物稀疏地区、平缓的丘陵地	0.22	0.81
D	中高层建筑物密集地区、起伏较大的丘陵地	0.30	0.71
注：改写 JTG/T D60-01—2004 的表 3.2.2 和 GB 50009—2012 的表 8.2.1。			

附 录 C
（资料性附录）
t 检验方法

检验假设：$\overline{X}_1=\overline{X}_2$

按式(C.1)计算统计量：

$$t=\frac{\overline{X}_1-\overline{X}_2}{\sqrt{(n_1-1)S_1^2+(n_2-1)S_2^2}}\sqrt{\frac{n_1n_2(n_1+n_2-2)}{n_1+n_2}} \qquad \cdots\cdots\cdots\cdots(\text{C.1})$$

式中：

t ——t 检验值，无量纲数；

$\overline{X}_1$——前一段随机要素的平均值，单位为该随机要素的单位；

$\overline{X}_2$——后一段随机要素的平均值，单位为该随机要素的单位；

n_1 ——前一段随机要素的样本数，无量纲数；

n_2 ——后一段随机要素的样本数，无量纲数；

S_1 ——前一段随机要素的标准差，单位为该随机要素的单位；

S_2 ——后一段随机要素的标准差，单位为该随机要素的单位。

$|t|$ 反映在给定信度 α 条件下两段随机要素的平均值差异的显著程度，当 $|t|>|t_\alpha|$ 时拒绝原假设。

附　录　D
（规范性附录）
比值订正法

相邻两测站风速 y 与 x 之间通常构成以下关系：

$$\frac{y}{x} = k(x) \qquad \cdots\cdots\cdots\cdots\cdots\cdots(D.1)$$

式中：

y ——测站 1 风速，单位为米每秒(m/s)；

x ——测站 2 风速，单位为米每秒(m/s)；

k ——比值系数，无量纲数。

当 x 较大时，k 趋于常数，通过 x 和 k ，即可得出 y 的订正值。

附 录 E
（资料性附录）
极值 I 型概率分布函数

E.1 极值 I 型概率分布函数 $F(x)$ 见式(E.1)：

$$F(x) = \exp(-\exp(-a(x-u))) \qquad a > 0, -\infty < u < \infty \qquad \cdots\cdots(E.1)$$

式中：

a ——尺度参数，无量纲数；

u ——位置参数，无量纲数。

E.2 T 年重现期的随机变量极值 X_T 计算见式(E.2)：

$$X_T = u - \frac{1}{a}\ln[-\ln(1-\frac{1}{T})] \qquad \cdots\cdots(E.2)$$

E.3 参数 a 及 u 的估计采用耿贝尔法：

假定随机变量极值有序序列：$x_1 \leqslant x_2 \leqslant \cdots \leqslant x_n$，则经验分布函数 $F^*(x_i)$ 见式(E.3)：

$$F^*(x_i) = \frac{i}{n+1} \qquad i = 1,2,\cdots,n \qquad \cdots\cdots(E.3)$$

按式(E.4)作序列变换：

$$y_i = -\ln(-\ln(F^*(x_i))) \qquad i = 1,2,\cdots,n \qquad \cdots\cdots(E.4)$$

可得参数 a 及 u 的估计值分别见式(E.5)和式(E.6)：

$$a = \frac{\sigma(y)}{\sigma(x)} \qquad \cdots\cdots(E.5)$$

$$u = E(x) - \frac{E(y)}{a} \qquad \cdots\cdots(E.6)$$

式中：

$\sigma(x)$ ——序列 x_i 的均方差，单位为 x_i 的单位；

$\sigma(y)$ ——序列 y_i 的均方差，单位为 y_i 的单位；

$E(x)$ ——序列 x_i 的数学期望，单位为 x_i 的单位；

$E(y)$ ——序列 y_i 的数学期望，单位为 y_i 的单位。

在实际计算中可用有限样本容量的均值和标准差作为 $E(x)$ 和 $\sigma(x)$ 的估计值。

附　录　F
（资料性附录）
风压计算方法

F.1　风压计算见式(F.1)：

$$w = \frac{1}{2}\rho v^2 \qquad \cdots\cdots\cdots\cdots(F.1)$$

式中：

w ——风压，单位为千牛每平方米（kN/m^2）；

ρ ——空气密度，单位为吨每立方米（t/m^3）；

v ——风速，单位为米每秒（m/s）。

F.2　在观测现场有气温、气压、水汽压记录的情况下，空气密度 ρ 计算见式(F.2)：

$$\rho = \frac{0.001276}{1+0.00366t}\left(\frac{p-0.378e}{1000}\right) \qquad \cdots\cdots\cdots\cdots(F.2)$$

式中：

ρ——空气密度，单位为吨每立方米（t/m^3）；

p——平均大气压，单位为百帕（hPa）；

e——平均水汽压，单位为百帕（hPa）；

t——平均气温，单位为摄氏度（℃）。

F.3　在观测现场仅有气温、气压记录的情况下，空气密度 ρ 计算见式(F.3)：

$$\rho = \frac{P}{RT} \qquad \cdots\cdots\cdots\cdots(F.3)$$

式中：

ρ ——空气密度，单位为千克每立方米（kg/m^3）；

P ——平均大气压，单位为帕（Pa）；

R ——气体常数（287 J/kg·K）；

T ——平均气温，单位为开尔文（K）。

F.4　计算不同高度的风压需采用对应高度的空气密度，空气密度向不同高度推算见式(F.4)：

$$\rho_z = \rho_h e^{-0.0001(z-h)} \qquad \cdots\cdots\cdots\cdots(F.4)$$

式中：

ρ_z ——海拔高度为 z 处的空气密度，单位为吨每立方米（t/m^3）；

ρ_h ——温度、气压等传感器安装高度处（海拔高度为 h）的空气密度，单位为吨每立方米（t/m^3）；

z ——需要推算空气密度的海拔高度，单位为米（m）；

h ——温度、气压等传感器安装处的海拔高度，单位为米（m）。

参 考 文 献

[1] JTG/T D60-01—2004 公路桥梁抗风设计规范

[2] QX/T 51—2007 地面气象观测规范 第7部分:风向和风速观测

[3] 屠其璞,等.气象应用概率统计学[M].北京:气象出版社,1984

ICS 07.060
A 47
备案号：64765—2018

中华人民共和国气象行业标准

QX/T 437—2018

气候可行性论证规范　城市通风廊道

Specifications for climatic feasibility demonstration—Urban ventilation corridor

2018-07-11 发布　　2018-12-01 实施

中　国　气　象　局　发布

前　言

本标准按照 GB/T 1.1—2009 给出的规则起草。

本标准由全国气候与气候变化标准化技术委员会(SAC/TC 540)提出并归口。

本标准起草单位:北京市气象局、北京市城市规划设计研究院、香港中文大学、中国城市规划设计研究院、厦门大学。

本标准主要起草人:杜吴鹏、房小怡、程宸、刘勇洪、何永、任超、贺健、任希岩、党冰、邢佩、张硕、刘姝宇、杨若子、赵丹、马京津。

气候可行性论证规范　城市通风廊道

1　范围

本标准规定了城市通风廊道气候可行性论证的资料收集与处理、论证内容和技术方法、报告书编制的要求。

本标准适用于城镇体系规划、城市总体规划以及相关专题规划通风廊道气候可行性论证。

2　规范性引用文件

下列文件对于本文件的应用是必不可少的。凡是注日期的引用文件，仅注日期的版本适用于本文件。凡是不注日期的引用文件，其最新版本(包括所有的修改单)适用于本文件。

QX/T 118—2010　地面气象观测资料质量控制

3　术语和定义

下列术语和定义适用于本文件。

3.1

城市通风廊道　urban ventilation corridor

由空气动力学粗糙度较低、气流阻力较小的城市开敞空间组成的空气引导通道。

3.2

混合层高度　mixing layer height

从地面算起至大气湍流不连续界面的气层高度。

[QX/T 242—2014，定义 3.11]

3.3

通风量　ventilation volume

单位时间单位面积空气的流量。

注：以大气混合层内水平风速在垂直方向的积分来表示。

3.4

软轻风　soft and light breeze

风速在 0.3 m/s～3.3 m/s 之间的风，风力为 1 级和 2 级。

3.5

主导风向　predominant wind direction

盛行风向

给定时段内出现频率最高的风向。

注：给定时段可包括时、日、月、年等。

3.6

城市热岛强度　urban heat island intensity

城区温度与郊区温度的差。

3.7

天空开阔度　sky openness

天穹可见度

天空可视因子

受周边建筑或环境遮蔽的程度。

注：反映了城市中不同的街渠几何形态，可影响地表能量平衡关系，改变局地空气流通。

3.8

粗糙度长度　roughness length

粗糙度

表征下垫面粗糙程度的一个量，代表近地面平均风速（扣除湍流脉动之后的风速）为零处的高度。

注：具有长度的量纲。

[GB/T 31724—2015，定义 2.45]

3.9

通风潜力　ventilation potential

由地表植被、建筑覆盖及天空开阔度确定的空气流通能力。

3.10

绿源　green source

城区或郊区中有一定面积、能改善气象环境的水体、林地、农田以及城市绿地。

4　资料收集与处理

4.1　需求调研

实地考察规划城市的大型水体、绿地、林地、农田、公园、主要道路、河流、工业区、大型住宅小区等；与城市规划、城市建设、气象、环保、国土等相关部门座谈，了解规划区域内的气候环境问题，确定收集资料的范围和重点。

4.2　资料收集

4.2.1　气象资料

4.2.1.1　历史资料收集

主要包括：

a）规划城市及其郊区所有国家级气象站至少最近 30 a 气候资料；

b）规划城市及其郊区高密度自动气象站建站以来全部观测的逐小时或逐分钟风向、风速、气温、相对湿度资料；

c）作为数值模拟边界条件的大气再分析资料，空间分辨率不低于 20 km，时间分辨率不低于 6 h。

4.2.1.2　现场观测

针对拟规划的通风廊道周围无可用气象观测资料的区域，或下垫面较为复杂时，开展现场观测，观测时间不少于 1 a。

4.2.2　规划和土地利用资料

主要包括：

a） 带比例尺的现状和规划用地类型图，或根据规划范围处理后的现状和规划用地类型电子数据（矢量）；
b） 控制性详细规划中的容积率等城市建设强度相关数据。

4.2.3 遥感和地理信息资料

主要包括：
a） 覆盖规划城市的高分辨率卫星遥感数据，空间分辨率应不低于 30 m；
b） 覆盖规划城市的高分辨率建筑物信息数据，应包括规划城市建筑物高度和建筑物密度，空间分辨率应不低于 30 m；
c） 地理信息数据：覆盖规划城市的 1∶5 万的地理信息数据，或规划方提供的更高分辨率的数据。

4.2.4 其他资料

与城市通风廊道气候可行性论证有关的其他资料，包括至少最近 3 a 的年度环境空气质量报告书、大气环境监测资料、统计年鉴、重大规划或工程项目大气环境影响评价报告等权威可靠的关于规划城市通风廊道、生态环境、产业发展、重点污染企业等方面的资料。

4.3 资料处理

4.3.1 气象站选择

4.3.1.1 气候背景分析所用站选择

应选择能代表区域气候背景特征的气象站，序列连续观测应不少于 30 a，测风环境基本保持长年不变或具备完整的迁站对比测风记录，观测数据经过了气象部门的质量控制。

4.3.1.2 城市通风廊道分析所用站选择

应选择位于或邻近拟规划通风廊道的气象站，其中邻近通风廊道的站直线距离廊道宜小于 2 km，选择的站及分布应有局地代表性；若无符合条件的站，则应建站观测。

4.3.2 资料质量控制

应按照 QX/T 118—2010 的要求对所用气象资料进行质量控制。对于规划、土地利用和遥感资料，如果规划范围包含两景以上影像，应进行拼接处理；如果影像定位不准，应至少选择 20 个以上控制点进行几何位置校正，并通过投影和裁剪功能，处理成与规划范围一致、基于 2000 国家大地坐标系的栅格数据。

5 论证内容和技术方法

5.1 风况特征分析

5.1.1 软轻风风况

5.1.1.1 风频分析

统计软轻风各风向风频，对静风频率和软轻风频率进行分析。

5.1.1.2 软轻风玫瑰图

应根据软轻风条件下各风向频率，绘制全年、不同季节及白天和夜间的 16 方位软轻风玫瑰图。

5.1.1.3 风速时空分布

对规划城市内的所有气象站软轻风风速资料进行统计，资料时间长度至少为最近 3 a，获得软轻风风速的年、季节、月、日时间变化特征；选择合理的风速插值方法，获得风速间隔为 0.5 m/s 左右、分辨率不低于 1 km 的软轻风风速空间分布。

5.1.2 数值模拟

选择被行业或同行专家评议认可的中尺度数值模式，模式的边界层方案中应考虑地形和城市冠层作用。通过多重嵌套或耦合小尺度气象模式进行降尺度，模拟得到规划城市软轻风频率高的典型月，以及无雨、软轻风日频率高的典型天气过程下的风场，从而获取用以通风廊道规划的背景风场模拟结果，风场的水平分辨率不应低于 1 km，时间分辨率不低于 1 h，且经过本地实测资料检验和校正。

5.1.3 局地环流风场分析

采用统计和数值模拟方法对规划区域不同时间尺度局地环流风场（包括山谷风、海陆风、河（湖）陆风等）进行分析，得到主要风向及其起止时间和影响范围。

5.2 通风量计算

以水平风速在大气混合层内随高度的积分来计算通风量。

$$V_E = \int_0^H u(z)\mathrm{d}z \qquad \cdots\cdots(1)$$

式中：

V_E——通风量，单位为平方米每秒（m^2/s）；

H ——大气混合层高度，单位为米（m）；

z ——垂直方向上高度，单位为米（m）；

u ——垂直方向上高度 z 所对应的水平风速，单位为米每秒（m/s）。

通过分析通风量的季节和日变化特征，以及与城市外围郊区通风量大小的比较，获得规划城市范围内通风量的空间分布，辨识城市通风能力强弱。

5.3 通风潜力计算

由天空开阔度和粗糙度长度共同确定通风潜力等级，如表 1 所示。天空开阔度和粗糙度长度的计算方法分别见附录 A 中 A.1 和 A.2。不同类型城市和不同等级通风廊道规划时，通风潜力的分级标准可适当调整。

表 1 通风潜力等级划分表

通风潜力等级	通风潜力含义	粗糙度长度（Z_0） m	天空开阔度（F）
1 级	无或很低	$Z_0>1.0$	—
2 级	较低	$0.5<Z_0\leqslant1.0$	$F<0.65$
3 级	一般	$0.5<Z_0\leqslant1.0$	$F\geqslant0.65$
4 级	较高	$Z_0\leqslant0.5$	$F<0.65$
5 级	高	$Z_0\leqslant0.5$	$F\geqslant0.65$

5.4 城市热岛强度等级划分

采用卫星影像反演得到的地表温度来计算城市热岛强度。城市热岛强度的计算方法见附录A中A.3，分为日热岛强度和月、季热岛强度，并按照表2进行等级划分，得到不同等级热岛强度的空间分布。

表2 热岛强度等级划分

热岛强度等级	热岛强度含义	日热岛强度($I_{日}$) ℃	月、季热岛强度($I_{月,季}$) ℃
1级	强冷岛	$I_{日} \leqslant -7.0$	$I_{月,季} \leqslant -5.0$
2级	较强冷岛	$-7.0 < I_{日} \leqslant -5.0$	$-5.0 < I_{月,季} \leqslant -3.0$
3级	弱冷岛	$-5.0 < I_{日} \leqslant -3.0$	$-3.0 < I_{月,季} \leqslant -1.0$
4级	无热岛	$-3.0 < I_{日} \leqslant 3.0$	$-1.0 < I_{月,季} \leqslant 1.0$
5级	弱热岛	$3.0 < I_{日} \leqslant 5.0$	$1.0 < I_{月,季} \leqslant 3.0$
6级	较强热岛	$5.0 < I_{日} \leqslant 7.0$	$3.0 < I_{月,季} \leqslant 5.0$
7级	强热岛	$I_{日} > 7.0$	$I_{月,季} > 5.0$

5.5 绿源等级划分

采用卫星遥感提取的土地利用类型和绿量这两个指标共同确定绿源等级，并按表3进行等级划分。根据所选卫星影像季节差异，绿源等级划分标准可适当调整，其中绿量的计算方法见A.4。

表3 绿源等级划分

绿源等级	绿源含义	土地利用类型	绿量(S) m^2
1级	强绿源	水体	$S \geqslant 3600$
2级	较强绿源	林地或绿地	$S \geqslant 20000$
3级	一般绿源	林地或绿地	$16000 \leqslant S < 20000$
4级	弱绿源	林地或绿地	$12000 \leqslant S < 16000$
		农田	$S \geqslant 12000$

5.6 通风廊道初步确定

5.6.1 确定原则

在城市用地现状或规划图上利用地理信息技术叠加背景风况、通风潜力、通风量、城市热岛强度、绿源空间分布，在城市总体规划或区域规划层面(结合生态安全格局构建)初步确定城市主通风廊道和次通风廊道。

5.6.2 主通风廊道

城市主通风廊道宜贯穿整个城市，应沿低地表粗糙度区域和通风潜力较大的区域进行规划，应连通绿源与城市中心、郊区通风量大与城区通风量小的区域，打通城市中心通风量弱、热岛强度强的区域。在用地上，除增加通风廊道用地外，宜依托城市现有交通干道、河道、公园、绿地、高压线走廊、相连的休憩用地以及其他类型的空旷地作为廊道载体。其中：

a） 最优方案：城市主通风廊道应与区域软轻风主导风向近似一致，两者夹角不应大于30°，廊道宽度宜大于500 m，通风潜力等级值不小于4，宜将等级值不大于2的绿源区或通风量处于规划区最大通风量20％范围的区域与城市热岛强度等级值不小于6或通风量处于规划区最小通风量20％范围的区域连通。

b） 次优方案：城市主通风廊道应与区域软轻风主导风向近似一致，两者夹角不应大于30°，廊道宽度宜大于200 m，通风潜力等级值不小于3，宜将等级值不大于3的绿源区或通风量处于规划区最大通风量40％范围的区域与城市热岛强度等级值不小于5或通风量处于规划区最小通风量40％范围的区域连通。

5.6.3 次通风廊道

次通风廊道应沿通风潜力较大的区域进行规划，应连通绿源与密集建成区以及相邻的通风量差异较大的区域，弥补城市主通风廊道没有贯通的通风量较小、热岛强度较强的区域。次通风廊道走向应尽可能辅助和延展主通风廊道的通风效能，宜将城市现有街道、河道、公园、绿地以及低密度较通透建筑群等作为廊道载体。其中：

a） 最优方案：城市次通风廊道与局地软轻风的主导风向夹角应小于45°，廊道宽度宜大于80 m，廊道内垂直于气流方向的障碍物宽度应小于廊道宽度的10％，廊道长度宜大于2000 m，通风潜力等级值不小于3，宜将等级值不大于3的绿源区或通风量处于规划区最大通风量40％范围的区域与城市热岛强度等级值不小于5或通风量处于规划区最小通风量40％范围的区域连通。

b） 次优方案：城市次通风廊道与局地软轻风的主导风向夹角应小于45°，廊道宽度宜大于50 m，廊道内垂直于气流方向的障碍物宽度应小于廊道宽度的20％，廊道长度宜大于1000 m，通风潜力等级值不小于2，宜将等级值不大于4的绿源区或通风量处于平均值以上的区域与城市热岛强度等级值不小于5或通风量处于平均值以下的区域连通。

5.7 通风廊道规划方案完善

通过与相关专业部门研讨，对廊道走向、宽度、边界等加以完善，确定最终的通风廊道规划方案。

6 报告书编制

6.1 编制要求

主要包括：

a） 应反映城市通风廊道气候可行性论证的全部工作，论点明确，论据充分，论述清晰；

b） 结论宜采用图文并茂的形式，将建议和意见纳入城乡规划文本及图纸中；

c） 如规划方案有多次反复，应保留历次方案的论证结果，作为规划方案完善和取舍的客观记录；

d） 应列出委托方、承担方、承担单位负责人、项目负责人、参加人员。

6.2 编制内容

主要包括：

a） 数据来源和技术方法；

b) 风况特征分析、通风量计算、通风潜力计算、城市热岛强度计算、绿源识别、通风廊道初步确定、通风廊道规划方案完善；
c) 宜包含项目背景介绍、模式介绍和设置、参考文献、附录；
d) 其他需要补充说明的内容。

6.3 构成

报告书的构成示例参见附录 B。

附　录　A
（规范性附录）
指标计算方法

A.1　天空开阔度

采用基于数字高程的栅格计算模型来估算天空开阔度，计算示意图见图 A.1，计算公式如下：

$$F = 1 - \frac{\sum_{i=1}^{M} \sin\gamma_i}{M} \quad \cdots\cdots\cdots\cdots(A.1)$$

式中：

F ——天空开阔度，值为 0～1.0，无量纲；

γ_i ——第 i 个方位角时的地形高度[平面]角，单位为弧度(rad)；

M——计算的方位角数目，单位为个，建议 M 取值应不小于 36。

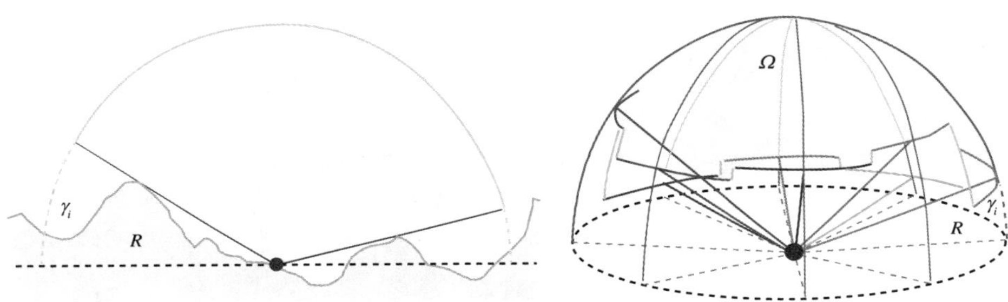

a)　受地形影响的天空开阔度截面示意图　　b)　受地形影响的天空开阔度空间示意图

说明：

R——地形影响半径，单位为米(m)，R 取值宜不小于 20 倍栅格分辨率；

Ω——天空可视立体角，单位为球面度(sr)。

图 A.1　天空开阔度计算示意图

A.2　粗糙度长度

城市地区粗糙度长度的计算公式为：

$$Z_0 = Z_h \times \left(1.0 - \frac{Z_d}{Z_h}\right)\exp\left(-0.4 \times \frac{U_h}{u_*} + 0.193\right) \quad \cdots\cdots\cdots\cdots(A.2)$$

$$Z_d = Z_h \times \left(1.0 - \frac{1.0 - \exp[-(7.5 \times 2 \times \lambda_F)^{0.5}]}{(7.5 \times 2 \times \lambda_F)^{0.5}}\right) \quad \cdots\cdots\cdots\cdots(A.3)$$

$$\frac{u_*}{U_h} = \min[(0.003 + 0.3 \times \lambda_F)^{0.5}, 0.3] \quad \cdots\cdots\cdots\cdots(A.4)$$

式中：

Z_0 ——粗糙度长度，单位为米(m)；

Z_h ——建筑物高度，单位为米(m)；
Z_d ——零平面位移高度，单位为米(m)；
U_h ——建筑物高度处的风速，单位为米每秒(m/s)；
u_* ——摩阻速度(或剪切速度)，单位为米每秒(m/s)；
λ_F ——建筑迎风截面积指数。

建筑迎风截面积指数 λ_F 的计算示意图见图 A.2，计算公式如下：

$$\lambda_{F(\theta)} = \frac{A_{(\theta)\ \mathrm{proj}(\Delta z)}}{B} \quad \cdots\cdots\cdots\cdots\cdots\cdots (A.5)$$

$$\lambda_F = \sum_{i=1}^{n} \lambda_{F(\theta)} P_{(\theta,i)} \quad \cdots\cdots\cdots\cdots\cdots\cdots (A.6)$$

式中：

$\lambda_{F(\theta)}$ ——某个方位的建筑迎风截面积指数；
$A_{(\theta)\ \mathrm{proj}(\Delta z)}$——建筑迎风投影面积，单位为平方米($m^2$)；
θ ——风的不同方位的方向角度，单位为度(°)；
B ——计算的地块面积，单位为平方米(m^2)；
Δz ——计算投影面积高度方向的计算范围；
$P_{(\theta,i)}$ ——第 i 个方位的风向年均出现频率，以百分比(%)表示；
n ——气象站统计的风向方位数，在这里 n 取 16。

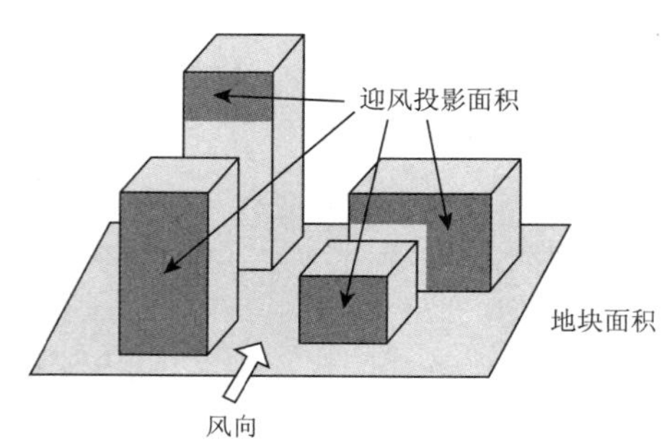

图 A.2 建筑迎风截面积指数的计算示意图

A.3 城市热岛强度

A.3.1 热岛强度计算

参考相关文献和城市生态建设环境绩效评估导则，采用卫星影像反演得到的地表温度来计算城市热岛强度。

具体计算如下：

$$I_i = T_i - \frac{1}{N}\sum_{j=1}^{N} T_{\mathrm{crop}_j} \quad \cdots\cdots\cdots\cdots\cdots\cdots (A.7)$$

式中：

I_i ——图像上第 i 个像元所对应的热岛强度，单位为摄氏度(℃)；
T_i ——第 i 个像元的地表温度，单位为摄氏度(℃)；
T_{crop_j}——郊区农田地区第 j 个像元的地表温度，单位为摄氏度(℃)；
N ——郊区农田地区所有有效像元的总个数，单位为个。

郊区农田的选择可遵循以下原则：

——平原(城市与平原海拔差小于50 m)；

——远郊区农田类型；

——植被覆盖度≥80%；

——不透水盖度≤20%。

对月、季热岛强度计算，建议采用MODIS 1 km分辨率卫星资料；对典型日精细化热岛强度计算，建议采用Landsat系列卫星资料(空间分辨率约100 m)。

A.3.2 植被覆盖度和不透水盖度计算

基于Landsat系列卫星或同等分辨率的卫星资料，利用植被-不透水表面-土壤组分模型(V-I-S-W模型)进行下垫面反射率估算时，地表像元(通常为混合像元)反射率为植被、不透水表面(含高反照率不透水表面和低反照率不透水表面)、裸土和水体等组分反射率的线性组合，具体计算公式如下：

$$R_i = f_{low}R_{low,i} + f_{high}R_{high,i} + f_{veg}R_{veg,i} + f_{soil}R_{soil,i} + e_i \quad \cdots\cdots(A.8)$$

式中：

R_i ——像元反射率；

f_{low} ——低反照率不透水组分在像元中所占面积百分比；

f_{high} ——高反照率不透水组分在像元中所占面积百分比；

f_{veg} ——植被组分在像元中所占面积百分比；

f_{soil} ——裸土组分在像元中所占面积百分比；

R_{low} ——低反照率不透水组分反射率；

R_{high} ——高反照率不透水组分反射率；

R_{veg} ——植被组分反射率；

R_{soil} ——裸土组分反射率；

e_i ——反射率随机误差；

i ——像元序列号。

其中，植被组分反射率R_{veg}用来表示植被覆盖度，而城市区域的低反照率不透水组分在像元中所占面积百分比f_{low}和高反照率不透水组分在像元中所占面积百分比f_{high}之和用来表示不透水盖度。

A.4 绿量

利用Landsat归一化差分植被指数(NDVI)数据可估算城市地区绿量S：

$$S = 1/(1/30000 + 0.0002 \times 0.03^V) \quad \cdots\cdots(A.9)$$

$$V = (R_{nir} - R_{red})/(R_{nir} + R_{red}) \quad \cdots\cdots(A.10)$$

式中：

S ——绿量，单位为平方米(m^2)；

V ——植被指数；

R_{nir} ——Landsat卫星近红外波段反射率；

R_{red} ——Landsat卫星红光波段反射率。

附　录　B
（资料性附录）
报告书构成示例

1　引言
1.1　背景及意义
1.2　数据资料
1.3　技术路线及方法
2　××城市通风廊道气候可行性论证
2.1　××城市概述
2.1.1　××城市地理特征
2.1.2　××城市气候特征
2.1.3　××城市发展现状和未来展望
2.2　××城市风况特征分析
2.2.1　风速
2.2.2　风向
2.2.3　软轻风风况
2.2.4　污染系数
2.2.5　山谷风
2.2.6　海陆风
2.2.7　热岛环流
2.2.8　大气边界层特征
2.2.9　空气质量
2.2.10　背景风环境数值模拟
2.3　通风量计算
2.3.1　通风量时间变化
2.3.2　通风量空间分布
2.4　通风潜力计算
2.4.1　天空开阔度计算
2.4.2　地表粗糙度长度计算
2.4.3　通风潜力计算和分级
2.4.4　通风潜力空间分布
2.5　城市热岛强度
2.5.1　植被覆盖度计算
2.5.2　不透水盖度计算
2.5.3　热岛强度时间变化
2.5.4　热岛强度空间分布
2.6　绿源等级
2.6.1　土地利用空间分布
2.6.2　绿源量估算
2.6.3　绿源等级空间分布

2.7 小结
3 ××城市通风廊道规划
3.1 城市通风廊道初步确定
3.1.1 规划原则
3.1.2 一级通风廊道规划
3.1.3 二级通风廊道规划
3.1.4 三级及以下通风廊道规划
3.2 城市通风廊道规划方案完善
3.2.1 廊道走向完善
3.2.2 廊道宽度完善
3.2.3 廊道长度完善
3.2.4 廊道边界完善
3.2.5 廊道空间布局完善
3.3 小结
4 ××城市通风廊道规划策略与建议
4.1 问题分析
4.2 产业布局建议
4.3 绿地布局建议
4.4 水体布局建议
4.5 气候环境改善建议

参 考 文 献

［1］ GB/T 3840—1991　制定地方大气污染物排放标准的技术方法

［2］ GB 31221—2014　气象探测环境保护规范　地面气象观测站

［3］ GB/T 31724—2015　风能资源术语

［4］ QX/T 51—2007　地面气象观测规范　第7部分：风向和风速观测

［5］ QX/T 242—2014　城市总体规划气候可行性论证技术规范

［6］《大气科学辞典》编委会．大气科学辞典［M］．北京：气象出版社，1994

［7］ 大气科学名词审定委员会．大气科学名词：第三版［M］．北京：科学出版社，2009

［8］ 任超．城市风环境评估与风道规划：打造“呼吸城市”［M］．北京：中国建筑工业出版社，2016

［9］ 汪光焘．气象、环境与城市规划［M］．北京：北京出版社，2004

［10］汪光焘，焦舰，包延慧，等．城市生态建设环境绩效评估导则技术指南［M］．北京：中国建筑工业出版社，2016

ICS 07.060
A 47
备案号：65653—2018

中华人民共和国气象行业标准

QX/T 438—2018

桥梁设计风速计算规范

Specifications for bridge design wind speed calculation

2018-09-20 发布　　　　2019-02-01 实施

中 国 气 象 局　发 布

前　　言

本标准按照 GB/T 1.1—2009 给出的规则起草。

本标准由全国气象防灾减灾标准化技术委员会(SAC/TC 345)提出并归口。

本标准起草单位:广东省气象局、中国气象局公共气象服务中心。

本标准主要起草人:黄浩辉、宋丽莉、吕勇平、刘锦銮、植石群、王丙兰、张永山。

桥梁设计风速计算规范

1 范围

本标准规定了桥梁设计风速的计算方法。

本标准适用于桥梁抗风设计论证。

2 术语和定义

下列术语和定义适用于本文件。

2.1

风速时距 wind speed interval

计算平均风速所使用的时间间隔。

2.2

地面粗糙度 surface roughness

反映地表起伏或地物、植被等高矮、稀疏的程度。

2.3

桥梁设计风速 bridge design wind speed

桥址地面或水面以上 10 m 高度处，100 年重现期的年最大 10 min 平均风速。

2.4

重现期 return period

某一事件重复出现的平均间隔时间。

2.5

参证气象站 reference meteorological station

气象分析计算所参照具有长年代气象数据的国家气象观测站。

注：国家气象观测站包括 GB 31221—2014 中定义的国家基准气候站、国家基本气象站、国家一般气象站。

[QX/T 423—2018，定义 3.1]

2.6

桥址气象站 meteorological station at bridge site

在桥址处设立的，风观测时间大于一年的专用气象观测站。

3 参证气象站选择

按照以下原则，选择参证气象站：

a) 具有 30 年以上风观测资料；

b) 与桥址距离较近，地形地貌较为相似；

c) 测风环境基本保持长年不变或具备完整的迁站对比测风记录；

d) 与桥址气象站同期强风风速样本（宜为 10 m/s 以上）的相关显著性应通过 0.05 信度检验。

4　参证气象站年最大风速序列一致性订正

4.1　时距订正

当年最大风速取自时距为 2 min 的定时观测资料时，应将其订正到 10 min 时距。利用定时观测的年最大 2 min 平均风速和逐时观测的年最大 10 min 平均风速的同步观测样本（当样本数小于 15 时，宜从月最大风速中选取样本）拟合的线性回归方程进行订正。

4.2　高度订正

当风速仪距观测场地面高度不等于 10 m，且观测场区域处于开阔平坦地表时（A 类或 B 类地表，见附录 A 中表 A.1），应按照幂指数公式（见附录 B）将年最大风速订正到 10 m 高度。

4.3　迁站订正

对迁站前、后两段年最大 10 min 平均风速样本数据，可采用 t 检验方法（参见附录 C）进行差异显著性检验，若无显著性差异，则迁站前、后两段数据可合并使用，无需订正。若存在显著性差异，应从迁站对比观测的日最大 10 min 平均风速中选取较大值样本（宜为 10 m/s 以上）计算比值系数，采用比值订正法进行订正（见附录 D）。

4.4　测风环境变化订正

若受测风环境变化影响导致年最大风速序列存在明显的突变时，宜采用适当的检验技术（如 t 检验方法，参见附录 C），找出突变点，并对其原因进行考察分析确认，利用突变点前后两段年最大风速的平均值的比例关系进行订正。

5　桥梁设计风速计算

5.1　参证气象站基础风速

根据参证气象站距地面 10 m 高度的年最大 10 min 平均风速序列，采用极值 I 型概率分布函数（见附录 E）计算得出其 100 年重现期的 10 min 平均风速。

5.2　桥梁设计风速

5.2.1　当桥址处缺乏测风数据，但参证气象站与桥址距离较近且地形地貌相似时，可将参证气象站基础风速通过风速地表修正系数（见附录 A）换算为桥梁设计风速。

5.2.2　当参证气象站与桥址距离较远或地形地貌相差较大时，应设立桥址气象站，在与参证气象站风速观测数据相关分析的基础上，推算桥梁设计风速。推算方法如下：

a)　选取桥址气象站 10 m 高测风层与参证气象站至少一年同步观测的日最大 10 min 平均风速的较大值样本（宜为 10 m/s 以上）进行线性相关分析，相关显著性应通过 0.05 信度检验，计算桥址气象站与参证气象站风速样本之比作为比值系数，根据工程需求推荐合适的比值系数与参证气象站基础风速相乘，得出桥梁设计风速；

b)　当桥址气象站 10 m 高度测风数据受下垫面影响较大，不具备代表性时，应选取桥址气象站最高测风层数据，按照 5.2.2 a）的方法计算得出桥址气象站最高测风层 100 年重现期的 10 min 平均风速，然后利用桥址气象站至少一年的 10 min 平均风速的较大值样本（宜为 10 m/s 以上），计算确定桥址区地面粗糙度系数（见附录 B），按照幂指数公式（见附录 B）将桥址气象站最高测风层 100 年重现期的 10 min 平均风速推算到桥址距地面（或水面）10 m 高度处，得出桥梁设计风速。

附 录 A
(规范性附录)
地表分类

表 A.1 地表分类

地表类别	地表状况	地面粗糙度系数	风速地表修正系数
A	海面、海岸、开阔水面、沙漠	0.12	1.13
B	田野、乡村、开阔平坦地及低层建筑物稀少地区	0.15	1.00
C	树木及低层建筑物等密集地区、中高层建筑物稀少地区、平缓的丘陵地	0.22	0.81
D	中高层建筑物密集地区、起伏较大的丘陵地	0.30	0.71
注:本表内容引自 JTG/T D60-01—2004 中表 3.2.2 和 GB 50009—2012 中表 8.2.1。			

附 录 B
（规范性附录）
地面粗糙度系数计算方法

风速随高度变化幂指数公式见式(B.1)。

$$v_2 = v_1 (\frac{z_2}{z_1})^{\alpha} \qquad \cdots\cdots\cdots\cdots(B.1)$$

式中：

v_2——高度 z_2 处的风速，单位为米每秒(m/s)；

v_1——高度 z_1 处的风速，单位为米每秒(m/s)；

z_2——第 2 层高度，单位为米(m)；

z_1——第 1 层高度，单位为米(m)；

α——地面粗糙度系数，无量纲数。

利用两层风速计算 α 值采用式(B.2)。

$$\alpha = \frac{\lg(v_2/v_1)}{\lg(z_2/z_1)} \qquad \cdots\cdots\cdots\cdots(B.2)$$

利用两层以上风速进行 α 值拟合计算时，宜采用最小二乘法，首先绘制实测风廓线，然后选择某一高度层作为拟合基准层(一般为最低层)，利用拟合基准层风速和其他任一层风速按式(B.2)逐次计算 α 值，确定其最小值和最大值区间，在该区间内按 0.001 为步长不断调整 α 值，使实测风廓线和拟合风廓线(拟合风廓线不同高度层的风速是根据拟合基准层风速按式(B.1)进行推算)对应各高度层风速的残差平方和达到最小，此时的 α 值即为所求。

附　录　C
(资料性附录)
t 检验方法

检验假设：$\overline{X_1}=\overline{X_2}$。

按式(C.1)计算统计量。

$$t=\frac{\overline{X_1}-\overline{X_2}}{\sqrt{(n_1-1)S_1^2+(n_2-1)S_2^2}}\sqrt{\frac{n_1n_2(n_1+n_2-2)}{n_1+n_2}} \qquad \cdots\cdots(C.1)$$

式中：

t ——t 检验值，无量纲数；

$\overline{X_1}$ ——前一段随机要素的平均值，单位为该随机要素的单位；

$\overline{X_2}$ ——后一段随机要素的平均值，单位为该随机要素的单位；

n_1 ——前一段随机要素的样本数，无量纲数；

n_2 ——后一段随机要素的样本数，无量纲数；

S_1 ——前一段随机要素的标准差，单位为该随机要素的单位；

S_2 ——后一段随机要素的标准差，单位为该随机要素的单位；

$|t|$ 反映在给定信度 α 条件下两段随机要素的平均值差异的显著程度，当 $|t|>|t_\alpha|$ 时拒绝原假设。

附　录　D
(规范性附录)
比值订正法

相邻两测站风速 y 与 x 之间通常构成如式(D.1)的关系。

$$\frac{y}{x}=k(x) \qquad \cdots\cdots(D.1)$$

式中:

y,x——相邻两测站风速;

k　——比值系数。

当 x 较大时,k 趋于常数。

通过 x 和 k,即可得出 y 的订正值。

附　录　E
（规范性附录）
极值Ⅰ型概率分布函数

极值Ⅰ型概率分布函数表达式为(E.1)。

$$F(x)=\exp\{-\exp[-a(x-u)]\}\quad a>0,-\infty<u<\infty \qquad\cdots\cdots(E.1)$$

式中：

a——尺度参数,无量纲数；

u——位置参数,无量纲数。

T 年重现期的随机变量极值按式(E.2)计算。

$$X_T=u-\frac{1}{a}\ln[-\ln(1-\frac{1}{T})] \qquad\cdots\cdots(E.2)$$

参数 a 及 u 的估计采用耿贝尔法。

假定随机变量极值有序序列：$x_1\leqslant x_2\leqslant\cdots\leqslant x_n$,则经验分布函数表达式为式(E.3)。

$$F^*(x_i)=\frac{i}{n+1}\qquad i=1,2,\cdots,n \qquad\cdots\cdots(E.3)$$

按式(E.4)作序列变换：

$$y_i=-\ln\{-\ln[F^*(x_i)]\}\qquad i=1,2,\cdots,n \qquad\cdots\cdots(E.4)$$

可得参数 a 及 u 的估计值如式(E.5)和(E.6)：

$$a=\frac{\sigma(y)}{\sigma(x)} \qquad\cdots\cdots(E.5)$$

$$u=E(x)-\frac{E(y)}{a} \qquad\cdots\cdots(E.6)$$

式中：

$\sigma(x)$——序列 x_i 的均方差,单位为 x_i 的单位；

$\sigma(y)$——序列 y_i 的均方差,单位为 y_i 的单位；

$E(x)$——序列 x_i 的数学期望,单位为 x_i 的单位；

$E(y)$——序列 y_i 的数学期望,单位为 y_i 的单位。

在实际计算中可用有限样本容量的均值和标准差作为 $E(x)$和 $\sigma(x)$的估计值。

参 考 文 献

[1] GB 31221—2014 气象探测环境保护规范 地面气象观测站
[2] GB 50009—2012 建筑结构荷载规范
[3] JTG/T D60-01—2004 公路桥梁抗风设计规范
[4] QX/T 51—2007 地面气象观测规范 第7部分:风向和风速观测
[5] QX/T 423—2018 气候可行性论证规范 报告编制
[6] 屠其璞.气象应用概率统计学[M].北京:气象出版社,1984

ICS 07.060
A 47
备案号：65089—2018

中华人民共和国气象行业标准

QX/T 439—2018

大型活动气象服务指南　气象灾害风险承受与控制能力评估

Meteorological services guideline for events—Assessment on the capability of risk resistence and risk control of meteorological disaster

2018-09-20 发布　　2019-02-01 实施

中国气象局　发布

前　　言

本标准按照 GB/T 1.1—2009 给出的规则起草。

本标准由全国气象防灾减灾标准化技术委员会(SAC/TC 345)提出并归口。

本标准起草单位:中国气象局北京城市气象研究所。

本标准主要起草人:扈海波、张西雅、苗世光、曹伟华、张艳莉。

大型活动气象服务指南　气象灾害风险承受与控制能力评估

1　范围

本标准给出了大型活动气象灾害风险承受与控制能力的评估范围和评估内容、评估指标及评估流程。

本标准适用于大型活动气象灾害风险承受与控制能力的评估工作。

2　术语和定义

下列术语和定义适用于本文件。

2.1

大型活动　event

单场次参加人数在1000人以上，或由国家、地方人民政府组织，具有一定社会影响的政治、经济、体育、文化等活动。

[QX/T 274—2015，定义2.1]

2.2

气象灾害风险　meteorological disaster risk

由气象因素导致人员伤亡、财产损失和经济活动中断的预期损失。

2.3

风险承受能力　capability of risk resistence

承灾体不丧失基本功能的情况下，对某类风险源所能导致的未来不利事件的最大可承受能力或最大可容忍度。

2.4

风险控制能力　capability of risk control

采取某种措施降低风险水平，减轻破坏程度或影响，减少人员伤亡的能力。

3　评估范围和评估内容

3.1　评估范围

3.1.1　时间范围

大型活动举办期间及前后延展的合理期限内。

3.1.2　空间范围

活动举办地的行政区域范围（宜到县级），注重活动场地、活动场地的服务支持区域、参与活动人员的重点行动区域。

3.1.3　灾害类别

评估时间范围和空间范围内的主要气象灾害风险源及其他对活动可能产生影响的气象灾害风险源。

3.2 评估内容

气象灾害风险承受与控制能力评估以气象灾害风险识别及风险分析为基础，综合评估大型活动对各类气象灾害的风险承受与控制能力大小。

4 评估指标体系

4.1 概述

建立合理、完备、易于量化的评估指标体系是大型活动气象灾害风险承受与控制能力评估的重要组成部分。

4.2 评估指标

4.2.1 风险承受能力指标

4.2.1.1 灾害影响人群的承受能力。人群所受影响包括气象灾害对活动举办地所有活动参与人员的人身健康安全产生的影响、对人员出行产生的影响等。

4.2.1.2 灾害影响经济的承受能力。经济所受影响包括气象灾害造成活动举办地的直接经济损失和间接经济损失，其中间接损失包括“限制通行对城市交通产生的经济损失”“企业停产的经济损失”等。

4.2.1.3 灾害影响活动的承受能力。活动所受影响包括气象灾害对活动场地及设施的影响、对活动正常开展的影响、对活动举办效果的影响等。

4.2.2 风险控制能力指标

包括：

a) 风险预估与风险预警能力；

b) 风险防范与人工影响能力；

c) “风险规避与风险转移”措施能力。

4.3 评估指标体系结构

评估指标体系采用树状的数据结构，见图 1。评估指标体系的层次约束至“准则层 2”，各地区根据活动开展的具体情况增加准则层数并制定相应的评估指标。

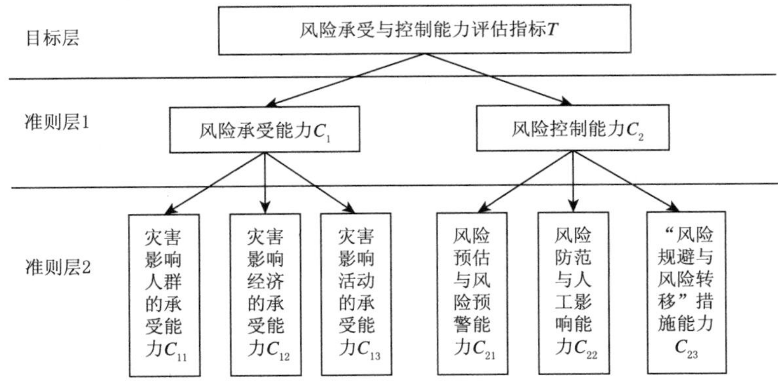

图 1 评估指标体系结构图

5 评估工作流程

5.1 建立评估指标体系

5.1.1 风险源识别

依据活动时间范围内灾害性天气在活动空间范围内的影响特点,确定气象灾害风险源。

5.1.2 气象灾害风险分析

依据孕灾环境条件及各类气象灾害在活动空间范围内的危害特点及影响特征,分析承灾体脆弱性及风险暴露状况,评估气象灾害风险。

5.1.3 评估指标体系

根据各类气象灾害的风险评估结果,对照图1评估指标体系结构及内容,细化各项风险承受能力指标与风险控制能力指标。

5.2 风险承受能力与风险控制能力综合评估

5.2.1 指标量化

定量化各类气象灾害的风险承受能力指标与风险控制能力指标,确定各评估指标的分值。

5.2.2 评估指标权重系数的确定

宜选用层次分析等模型方法(参见附录A),依据不同地区、不同种类气象灾害对各活动的影响,推算各种气象灾害的风险承受能力指标与风险控制能力指标的权重系数。

5.2.3 综合评估分值计算

依据各指标分值和权重系数,分析风险承受与控制能力(参见附录B中表B.1),由各项指标分值与权重系数乘积后求和,得到大型活动的气象灾害风险承受与控制能力的综合评估分值。

5.3 风险承受与控制能力分级及排序

将得到的风险承受与控制能力综合评估分值进行分级、排序(分级标准参见附录A中表A.1)。

5.4 制定措施

依据风险承受与控制能力的各项指标值,制定风险预警、风险规避及风险应对措施。风险承受与控制能力的评估等级在中等及以上水平的,需提出增强风险承受与控制能力的措施方法,降低大型活动的气象灾害风险,将风险降低到可承受及可控制的能力范围。风险承受与控制能力的评估等级在中等以下水平的,需提出风险预警、风险规避及风险应对等措施及建议。

5.5 评估流程图

大型活动气象灾害风险承受与控制能力评估的工作流程见图2。

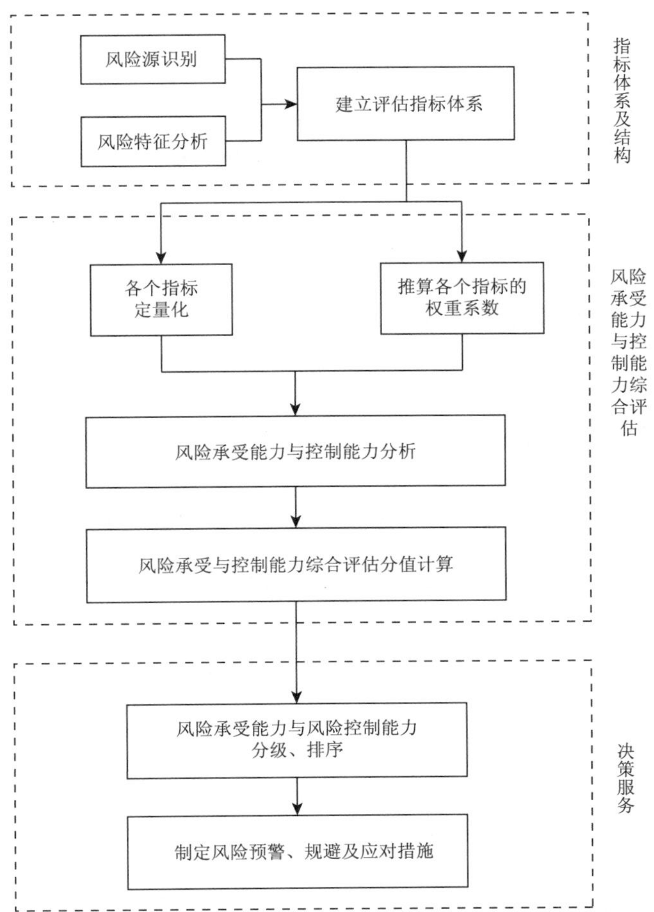
风险源识别
风险特征分析
建立评估指标体系
指标体系及结构
各个指标定量化
推算各个指标的权重系数
风险承受能力与控制能力分析
风险承受与控制能力综合评估分值计算
风险承受能力与控制能力综合评估
风险承受能力与风险控制能力分级、排序
制定风险预警、规避及应对措施
决策服务

图 2　工作流程图

附　录　A
（资料性附录）
采用层次分析模型的气象灾害风险承受与控制能力评估方法范例

A.1　定量化评估指标

借鉴灰色关联分析中设定评语集的方法，对评估指标进行量化分析。即先给分析指标拟定合适的评语集并赋予相应的等级值，由有经验的专家选定评语，最后通过评语来确定各指标的量值。

A.2　层次分析法确定评估指标的权重系数

A.2.1　建立气象灾害风险承受与控制能力在层次分析模型中的对比矩阵

建立风险承受与控制能力各层指标直接的对比矩阵，分析各指标在风险承受与控制能力上的重要性，用作指标权重计算。

A.2.2　推算气象灾害风险承受与控制能力的各项指标的权重系数矩阵值

计算各层指标对比矩阵的特征值，即为风险承受与控制能力各层指标的权重值。

A.3　大型活动气象灾害风险承受与控制能力评估

A.3.1　单灾种风险承受与控制能力评估

风险承受与控制能力的评估采用10分值（参见表B.1）。各项指标分值与权重系数乘积后求和，得到综合评估分值，即：

$$T = W_{C_1} \cdot (W_{C_{11}} \cdot C_{11} + W_{C_{12}} \cdot C_{12} + W_{C_{13}} \cdot C_{13}) + W_{C_2} \cdot (W_{C_{21}} \cdot C_{21} + W_{C_{22}} \cdot C_{22} + W_{C_{23}} \cdot C_{23}) \quad \cdots\cdots\cdots\cdots (A.1)$$

式中：

T ——风险承受与控制能力的评估分值；

C_i ——指标体系准则层1第 i 项指标的分值；

C_{ij} ——指标体系准则层2第 i、j 项指标的分值；

W_{C_i}——对应指标体系准则层1第 i 项指标的权重值；

$W_{C_{ij}}$——对应指标体系准则层2第 i、j 项指标的权重值。

A.3.2　多灾种风险承受与控制能力评估

n（$n=1,2,\cdots,N$）类灾种重叠时，风险承受能力与风险控制能力取 n 类灾种的最小值。

A.4　风险承受与控制能力等级

依据风险承受与控制能力评估分值做等级划分，等级标准见表A.1。

表 A.1 风险承受与控制能力的等级划分

等级	划分标准	风险承受与控制能力评估
1 级	$8 < T \leqslant 10$	极强
2 级	$6 < T \leqslant 8$	强
3 级	$4 < T \leqslant 6$	中等
4 级	$2 < T \leqslant 4$	弱
5 级	$0 < T \leqslant 2$	极弱

附 录 B
（资料性附录）
气象灾害风险承受能力与风险控制能力分析例表

表 B.1 气象灾害风险承受能力与风险控制能力分析

<table>
<tr><td colspan="2" rowspan="3">该项得分</td><td colspan="6">项目</td><td rowspan="3">系数</td></tr>
<tr><td colspan="3">风险承受能力指标 C_1（权重 W_{C_1}＝0.67）</td><td colspan="3">风险控制能力指标 C_2（权重 W_{C_2}＝0.33）</td></tr>
<tr><td>灾害影响人群的承受能力 C_{11}（$W_{C_{11}}$＝0.4）</td><td>灾害影响经济的承受能力 C_{12}（$W_{C_{12}}$＝0.2）</td><td>灾害影响活动的承受能力 C_{13}（$W_{C_{13}}$＝0.4）</td><td>风险预估与风险预警能力 C_{21}（$W_{C_{21}}$＝0.4）</td><td>风险防范与人工影响能力 C_{22}（$W_{C_{22}}$＝0.2）</td><td>“风险规避与风险转移”措施能力 C_{23}（$W_{C_{23}}$＝0.4）</td></tr>
<tr><td rowspan="9">灾情</td><td>大风</td><td>3</td><td>6</td><td>3</td><td>7</td><td>0</td><td>7</td><td>4.662</td></tr>
<tr><td>高温</td><td>3</td><td>5</td><td>2</td><td>8</td><td>0</td><td>8</td><td>4.524</td></tr>
<tr><td>霾</td><td>6</td><td>8</td><td>2</td><td>6</td><td>0</td><td>4</td><td>5.34</td></tr>
<tr><td>大雾</td><td>6</td><td>5</td><td>3</td><td>5</td><td>0</td><td>2</td><td>4.274</td></tr>
<tr><td>低温冰雪</td><td>3</td><td>5</td><td>2</td><td>6</td><td>1</td><td>7</td><td>4.194</td></tr>
<tr><td>降雨</td><td>3</td><td>5</td><td>1</td><td>7</td><td>2</td><td>5</td><td>3.994</td></tr>
<tr><td>雷电</td><td>3</td><td>4</td><td>1</td><td>5</td><td>0</td><td>7</td><td>3.594</td></tr>
<tr><td>冰雹</td><td>2</td><td>2</td><td>1</td><td>3</td><td>1</td><td>2</td><td>1.932</td></tr>
<tr><td>台风</td><td>1</td><td>1</td><td>1</td><td>7</td><td>1</td><td>3</td><td>2.056</td></tr>
<tr><td colspan="9">注 1：每项分值根据专家打分得到，建议各地区酌情打分。
注 2：可以对准则层 2 继续细分，然后根据不同地区的不同情况给出准则层 3 的分值。</td></tr>
</table>

参 考 文 献

[1] GB/T 23694—2013 风险管理 术语

[2] GB/T 27921—2011 风险管理 风险评估技术

[3] QX/T 274—2015 大型活动气象服务指南 工作流程

[4] DB/T 583.1—2015 气象灾害风险评估技术规范 第1部分:暴雨

[5] 郭虎,熊亚军,扈海波.北京市奥运期间气象灾害风险承受与控制能力分析[J].气象,2008,34(2):77-82

[6] 扈海波.北京奥运期间(6—9月)气象灾害风险评估[M].北京:气象出版社,2009

[7] 黄崇福.自然灾害风险评价:理论与实践[M].北京:科学出版社,2005

[8] 张继权,李宁.主要气象灾害风险评价与管理的数量化方法及其应用[M].北京:北京师范大学出版社,2007

[9] 王迎春,郑大玮,李青春.城市气象灾害[M].北京:气象出版社,2009

[10] 章国材.气象灾害风险评估与区划方法[M].北京:气象出版社,2010

[11] 章国材.自然灾害风险评估与区划原理和方法[M].北京:气象出版社,2014

[12] Levy J K. Multiple criteria decision making and decision support systems for flood risk management[J]. Stochastic Environmental Research & Risk Assessment, 2005, 19(6):438-447

[13] Carreño M L, Cardona O D, Barbat A H. A disaster risk management performance index [J]. Natural Hazards, 2007, 41(1):1-20

ICS 07.060
A 47
备案号：65090—2018

中华人民共和国气象行业标准

QX/T 440—2018

县域气象灾害监测预警体系建设指南

Guidelines for the construction of meteorological disaster monitoring and warning systems in county

2018-09-20 发布　　2019-02-01 实施

中国气象局　发布

前　言

本标准按照 GB/T 1.1—2009 给出的规则起草。

本标准由全国气象防灾减灾标准化技术委员会(SAC/TC 345)提出并归口。

本标准起草单位:浙江省气象学会、浙江省气象局、重庆市气象局、江西省气象局、河北省气象局。

本标准主要起草人:王东法、张力、张克中、张梅、万奎、李嘉鹏、徐亚芬、常月华、宋亚、张纪伟、吴静、张眉、柳苗、乐益龙、王琳莉、叶传伟。

县域气象灾害监测预警体系建设指南

1 范围

本标准给出了县域范围内气象灾害监测、气象灾害预警、预警信息发布与传播接收、气象灾害预警响应、体系运行保障等方面的建设指南。

本标准适用于建制县(市、区)的气象灾害监测预警体系建设。

2 规范性引用文件

下列文件对于本文件的应用是必不可少的。凡是注日期的引用文件,仅注日期的版本适用于本文件。凡是不注日期的引用文件,其最新版本(包括所有的修改单)适用于本文件。

GB/T 20481 气象干旱等级

GB/T 27962 气象灾害预警信号图标

GB/T 27966 灾害性天气预报警报指南

GB 31221 气象探测环境保护规范 地面气象观测站

GB/T 35221 地面气象观测规范 总则

QX/T 315 气象预报传播规范

QX/T 336 气象灾害防御重点单位气象安全保障规范

3 术语和定义

下列术语和定义适用于本文件。

3.1

气象灾害 meteorological disaster

由气象原因直接或间接引起的给人类和社会经济造成损失的灾害现象,主要指台风、暴雨(雪)、寒潮、大风(沙尘暴)、低温、高温、干旱、雷电、冰雹、霜冻和大雾等所造成的灾害。

[QX/T 356—2016,定义 2.2]

3.2

气象次生灾害 derivative meteorological disaster

因气象因素引发的旱涝灾害、地质灾害、海洋灾害、森林火灾等灾害。

[QX/T 336—2016,定义 3.3]

3.3

气象灾害风险 meteorological disaster risk

气象灾害造成人员伤亡、财产损失以及对社会和环境产生不利影响的可能性和量级。

[QX/T 356—2016,定义 2.5]

3.4

气象灾害监测预警体系 meteorological disaster monitoring and warning system

由气象灾害监测、气象灾害预警、预警信息发布与传播接收、预警响应、运行保障等相互联系而构成的整体。

3.5

气象灾害防御重点单位　key organizations of meteorological disaster prevention

由于单位所处的地理位置、地形、地质、地貌、气候环境条件和单位的重要性及其工作特征，在遭遇气象灾害时，可能遭受气象灾害及其次生灾害较大影响，并可能造成较大人员伤亡、财产损失或发生较严重安全事故的单位。

注 1：包括但不限于交通、通信、广播、电视、网络、供水、排水、供电、供气、供油、危险化学品生产储存等重要设施和机场、港口、车站、景区、学校、医院、大型商场、文化体育场（馆）、宾馆等公共场所以及其他人员密集场所的经营、管理单位。

注 2：改写 QX/T 336—2016，定义 3.4。

4　气象灾害监测

4.1　监测站网

4.1.1　在国家气象观测站网布局的基础上，加密建设区域自动气象站、应用气象观测站、天气实景视频监控点、气象卫星和雷达信息接收设施，并共享上级或周边气象台站的各类气象灾害监测信息，满足本县域内可能发生的气象灾害和次生灾害的监测需要。

4.1.2　国家气象观测站（含骨干站）每个县域至少建设 1 个。国家气象观测站探测环境符合 GB 31221 的要求，地面气象观测按照 GB/T 35221 的要求开展。

4.1.3　区域自动气象站每个乡镇宜建设 1 个及以上，在气象灾害敏感区、人口密集区、易发多发区以及监测设施稀疏区宜加密建设。县域内重要交通干线、著名风景名胜区、重要产业集聚区、设施农业园区、重要海岛和面积超过 50 km^2 并有人群居住的中小流域，区域自动气象站覆盖率达 100%。区域自动气象站至少能测定温度、雨量、风向、风速四要素，探测环境相对空旷、通风，占地面积 10 m×10 m（使用风杆缆线），受地形限制可适当缩小占地面积。

4.1.4　应用气象观测站宜根据当地农业生产和电力、交通、海洋、生态、旅游等的发展需求和服务保障需要，按照统一规划布局设置农业气象、农田小气候、大气电场、闪电定位、天气现象、能见度、大气成分、酸雨、沙尘暴、太阳辐射、气溶胶、负氧离子等监测设施。

4.1.5　天气实景视频监控点宜布设在气象灾害多发、频发并容易造成人民生命和财产损失的气象灾害防御重点区域。县域面积 1000 km^2 以上的，至少布设 10 个天气实景视频监控点，监控点地址宜选择具有代表本地气象灾害和地理环境特点的区域；县域面积小于 1000 km^2 的，视频监控点按照气象灾害监测需求进行布设。

4.1.6　部门（行业）气象监测设施符合国家相关要求，并与气象监测站点规划布局相协调。

4.1.7　落实气象探测环境保护和网络安全运行职责，各类气象监测设施宜指定人员或以政府购买服务方式定期开展维护。

4.2　监测信息共享

4.2.1　县域视需求情况，统一建设气象灾害监测信息共享网络平台，或部门共建监测数据云平台，接入并共享气象、水利、应急管理、自然资源、民政、交通运输、环保、电力、旅游等重点行业的气象灾害监测及次生灾害监测信息。相关部门和单位的监测数据接入共享平台前宜作数据对比分析或修正。

4.2.2　健全气象灾害监测信息共享平台日常维护机制，完善信息汇总与共享的组织管理。

4.2.3　建立县乡两级视频会商系统，也可依托县级政府联通乡镇、部门的视频会议系统，或无线对讲、电话等其他通信设施，开展气象灾害监测信息、灾情信息的通报。

4.2.4　地质灾害、小流域山洪易发区等监测重点区域，相关部门宜开展灾害联合监测。

4.2.5　气象信息员做好灾害实况监测、灾情收集工作，及时通过便捷渠道上报灾害视频、图像和文字信息等。

4.2.6 开通气象灾害公众实拍报送渠道和信息汇集平台,鼓励公众上报目击信息。

5 气象灾害预警

5.1 精细化预报

5.1.1 县域宜基于上级精细化预报指导产品,形成由市级气象台站订正或本级台站适时补充订正并适用于本地的临近(0 h~2 h)、短时(0 h~12 h)、短期(12 h~72 h)、中期(72 h~240 h)和延伸期(11 d~30 d)精细化预报服务产品体系。

5.1.2 提高精细化预报产品的时空分辨率和更新频率,临近预报产品宜至少包括降水等基本要素,空间分辨率小于或等于 1 km,时间分辨率小于或等于 10 min,预报更新频率小于或等于 10 min;短时预报产品宜包括降水、气温、风向风速等基本要素,空间分辨率小于或等于 3 km,时间分辨率小于或等于 1 h,预报更新频率小于或等于 1 h;短期预报产品应至少包括降水、气温、风向风速等基本要素,空间分辨率小于或等于 3 km,时间分辨率小于或等于 3 h,预报更新频率为每天至少 2 次。

5.1.3 县域应根据社会需求和防灾减灾需要,针对有关部门、重点行业、企事业单位和公众开展气象精细化预报服务。

5.2 气象灾害预警

5.2.1 气象灾害预警信息由各级气象主管机构所属的气象台站按照职责向社会统一发布。

5.2.2 气象灾害预警信号按照气象灾害预警信号发布规定,实行属地分级、分类和分区域(乡镇)发布。灾害性天气警报业务符合 GB/T 27966 的要求。因气象因素引发的水灾害、地质灾害、海洋灾害、森林火灾等气象次生灾害,可按相关规定和防御工作需要,与相关部门合作开展气象次生灾害联合预警。

5.2.3 及时向有关灾害防御、救助部门和单位通报气象灾害预警信号、灾害性天气警报;及时向应急管理、自然资源、交通运输、水利、农业、建设、旅游等部门通报大风(龙卷)、雷电、冰雹、短时突发暴雨等强对流天气的重要风险研判信息。

5.2.4 广播、电视、网站、新媒体等有明确版面(画时段)播发气象灾害预警信号。气象灾害预警信号以图标形式发布的,保证图标刊播位置相对固定、图案清晰;以文字或语音形式发布的,明确指出预警信号名称、含义及相关防御指南。

5.2.5 气象灾害预警信号发布业务流程包括信息采集、业务会商、预警研判、信号制作、审核签发、信号发布、信号变更与解除。预警信号图标按照 GB/T 27962 或各地规定的要求制作。

5.2.6 开展气象次生灾害联合预警,宜建立部门联席会商制度,明确联合预警方案和联合发布业务流程。气象灾害联合预警的业务系统宜具备信息显示、自动报警、产品制作、预警发送、信息发布和全流程监控等功能。

5.3 气象灾害评估

5.3.1 根据气象灾害预报预警及灾害发生情况,适时开展灾前预评估、灾中跟踪评估、灾后影响评估,分析评估气象灾害的发生机理、风险程度、可控条件及影响等级等。

5.3.2 灾前对未来灾害天气可能产生的灾害风险进行预评估。预评估主要包括气象预报预测、可能灾情和风险分析、防灾建议等。

5.3.3 灾中根据实况灾情和灾害风险的加重或减弱情况进行跟踪评估。跟踪评估主要包括前期灾情和气象分析、未来天气分析、可能灾情和风险再分析、防灾救灾对策建议等。

5.3.4 灾后根据雨情、水情、墒情、风情、旱情等气象情况和灾情进行影响评估。影响评估主要包括天气气候概况、灾情及变化、致灾成因分析、前期风险评估评价、气象服务及效益综合评价、存在问题及改进措施、灾后重建和恢复生产对策建议等。

6 预警信息发布与传播接收

6.1 信息发布

6.1.1 "一键式"发布

6.1.1.1 依托网络信息技术，建立具有资料和数据实时共享、监测信息自动识别报警、预报产品订正、预警信息制作以及各类预报预警服务产品多渠道"一键式"发布等功能的气象综合业务平台。

6.1.1.2 优化集成网站、短信、大喇叭、显示屏、微博、微信等多种气象信息发布渠道。

6.1.1.3 建立气象信息发布运行监控系统、电子显示装置，实时监视信息发布状态。

6.1.2 突发事件预警信息发布

6.1.2.1 建设具有基础信息显示、预警信息发布、灾害风险管理等功能的突发事件预警信息发布平台。

6.1.2.2 设立突发事件预警信息发布中心，制定突发公共事件预警信息发布管理办法，明确突发事件预警信息发布职责、预警范围、预警类别、发布权限、审批程序、发布流程、发布渠道、保障措施等。

6.1.2.3 县级平台按照上级相关建设规范，集成多渠道发布手段，接入相关部门和乡镇，并与国家、省、市级平台对接。

6.1.2.4 按照当地政府管理办法的发布流程开展业务服务，通过各种渠道和手段向全社会及时发布气象灾害等突发事件预警信息。

6.2 信息传播

6.2.1 全网传播

6.2.1.1 建立广播电视、通信运营企业气象灾害预警信息全网传播机制，公众覆盖率达到95%以上。

6.2.1.2 气象台站与广播电视、通信运营企业建立快速传播运作方式和审批流程，利用广播、电视、短信向社会公众发布气象灾害预警信息。气象预报传播符合 QX/T 315 的要求。

6.2.1.3 对台风、暴雨、暴雪、道路结冰等红色、橙色预警信号和对当地有重大影响的其他预警信号，以及雷电、大风、冰雹等强对流天气的预警信号，广播、电视等媒体和通信运营企业采用滚动字幕、加开视频窗口以及插播、短信提示、信息推送等方式即时传播。

6.2.2 社会传播

6.2.2.1 建立气象灾害预警信息社会传播机制，乡村气象服务组织、企事业单位、社会组织等的工作人员作为社会传播节点，依法开展气象灾害预警信息传播工作。

6.2.2.2 传播节点接收到当地气象台站发布的气象灾害预警信息后，可利用自有传播渠道向本地、本单位群众进行传递；收到台风、暴雨、大风（龙卷）、暴雪、雷电、冰雹等橙色以上级别或可能给当地造成影响的气象灾害预警信号（含更新、解除信息）后，快速完成传递。

6.2.2.3 气象灾害防御重点单位通过电话、短信、显示屏、大喇叭等多种手段及时传播气象灾害预警信息。在气象灾害发生期间气象灾害防御工作人员 24 小时值班，保证气象灾害预警信息能在本单位、本行业及时传播分发。

6.2.2.4 对乡村气象信息员、气象灾害防御重点单位联系人、气象志愿者等重要社会传播节点开展预警信息传递的培训和指导。

6.3 信息接收

6.3.1 设施共建共享

6.3.1.1 统一布局县域范围内的气象灾害预警信息接收设施建设。气象灾害防御重点区域、信息盲区或设施稀疏区宜加密布设必要的预警大喇叭、气象电子显示屏、气象预警接收机、网络接收终端、卫星接收终端等气象预警信息接收设施。

6.3.1.2 协调广播、电视、报纸、网络等媒体和通信、户外媒体、车载信息终端等运营企业，统一将接收传播设施纳入布局建设方案。

6.3.1.3 发挥社会和公共服务设施作用，制定气象灾害预警信息接收传播服务设施共享办法，共享农村应急广播、电子显示屏装置、户外媒体、车载信息终端等设施资源传播气象预警信息。

6.3.1.4 气象灾害预警信息接收传播设施（广播、电子屏、网络终端等）乡村普及率达 80%以上。

6.3.2 传播接收渠道类别和时效

6.3.2.1 广播类宜满足：

a) 农村预警大喇叭即时接收播发气象灾害预警信息，覆盖县域主要乡村人员密集区；
b) 调频广播由当地广播电台进行即时或定时广播；
c) IP 应急广播系统定点定向实时传播；
d) 气象专用预警广播系统即时定点通过警报接收机，播发气象灾害预警信息；
e) 气象应急流动广播通过安装在气象应急车或公交车、出租车等之上的广播设施，即时播发气象灾害预警信息。

6.3.2.2 电视类宜满足：

a) 在当地频道定时播放日常气象影视节目，电视频道覆盖率达 100%；
b) 遇重大气象灾害等紧急情况时，气象台站在数字电视直接插播气象实时预警信息，并覆盖所有电视频道和电视用户终端。

6.3.2.3 短信类宜满足：

a) 公众手机短信全网发布平台推送预警信息宜覆盖各移动通信运营企业，遇可能遭到重大气象灾害影响时，根据当地相关管理办法和时效要求发布气象灾害预警信息，公众手机用户接收覆盖率达 90%以上；
b) 日常气象短信平台由上级气象业务部门集约定时统一发布，公众定制的气象短信由当地气象台站制作；
c) 决策短信发布平台宜覆盖县域各级各类气象防灾减灾等决策服务人员，快速发送至各传播节点；
d) 基层分发平台利用乡镇或部门转发气象预警信息的短信平台，各传播节点收到当地气象台站气象预警信息后，快速传递至本辖区或本部门、本单位相关人员。

6.3.2.4 电子屏类宜满足：

a) 根据防灾减灾需要或在乡村气象灾害防御标准化示范区安装必要的气象电子屏，具备文字、图标及多媒体播发功能，即时发布气象灾害预警信息；
b) 公共电子屏具有气象预警信息推送功能，即时通过公共场所电子屏幕、楼宇及交通显示屏播发气象灾害预警信息。

6.3.2.5 网络类宜满足：

a) 气象官方网站及时发布日常天气预报，即时更新气象灾害预警信息；
b) 地方政府门户网站具有气象信息显示区域，即时自动获取和更新气象灾害预警信息；

c) 县乡视频会商系统定期远程通报各地气象情况。

6.3.2.6 声讯电话类宜满足：

a) 气象声讯电话咨询平台的气象信息由上级气象业务部门集约，或由当地气象台站统一制作发布和更新；

b) 气象声讯电话咨询平台分类别、分信箱制作符合当地生产生活需求的气象服务产品；

c) 气象灾害影响时即时滚动发布和更新气象预报预警信息；

d) 遇重大气象灾害时及时启动电话呼叫功能，将灾害防御信息通知到相关责任人。

6.3.2.7 新媒体类宜满足：

a) 气象微博和微信推送的气象信息内容文字流畅、插图精美，并突出即时性；

b) 气象智能手机客户端针对农业气象、灾害群测群防等重点人群需求，即时开展服务。

7 气象灾害预警响应

7.1 应急联动

7.1.1 根据天气预报、气象灾害预警信息或上级应急指令，及时进入应急工作状态。

7.1.2 对照当地气象灾害应急预案启动标准，及时启动气象灾害应急预案。

7.1.3 遇气象灾害可能影响时，相关岗位安排专人值班并保持通信畅通，并采取以下应急措施：

a) 通过各类渠道发布气象灾害监测预报警报信息，在可能发生或多发重大气象灾害的重点区域，提醒乡村气象服务组织向群众增发防灾避险明白卡，明白卡宜载明气象灾害的种类、可能受危害的类型、预警信号以及紧急状态下人员撤离和转移路线、避灾安置场所、应急联系方式等内容；

b) 气象灾害红色预警信号或对本地区可能有重大影响的其他级别的气象灾害预警信号发布后，加强警戒并关注易发生危害地区的工厂学校停工停课、人员转移安置、应急物资保障和自救互救等应急处置工作；

c) 通知气象预警传播节点利用农村应急广播、手机短信、电话、微信、微博等各类渠道由点到面迅速向群众传递预警信息，遇断电等紧急情况宜使用对讲机、锣鼓、入户通知等方式将预警信息及时传播到每户村(居)民；

d) 做好上下联动并及时向上级政府、有关部门报告气象灾害情况。

7.1.4 气象灾害趋于减轻或者影响结束时，及时变更或者解除气象灾害预警，并做出调整气象灾害应急响应级别或者解除气象灾害应急响应的决定。

7.2 社会响应

7.2.1 密切关注、主动了解气象灾害发生发展情况，通过各类渠道获取最新的气象灾害预警信息。仔细阅读气象防灾避险明白卡，知晓气象灾害预警信息的含义，以及紧急状态下人员撤离和转移路线、避灾安置场所、应急联系方式等。

7.2.2 气象灾害红色预警信号或对本地区可能有重大影响的其他级别的气象灾害预警信号发布后，合理安排出行计划，并根据当地有关极端天气停工停课、人员转移安置等规定，采取相应的防灾应急措施。

7.2.3 气象灾害防御重点单位按照 QX/T 336 做好气象灾害应急响应。

7.2.4 气象灾害预警信号发布后，大型群众性活动的承办者、场所管理者立即按照活动安全工作方案，采取相应的应急处置措施。

7.2.5 配合政府及有关部门采取的应急处置措施，受灾害影响时积极开展自救工作，并在确保安全、力所能及的情况下做好气象灾害互救互助工作。

8 体系运行保障

8.1 组织管理

8.1.1 建立气象灾害防御组织协调机构(领导小组或指挥部,以下简称协调机构)。明确分管领导和各部门工作职责。建立健全气象防灾减灾部门联席会议制度和气象灾害应急响应机制。

8.1.2 明确乡镇(街道)气象分管领导和气象灾害防御职责。乡镇(街道)按照"五有"(有职能、有人员、有场所、有装备、有制度)要求,建设气象工作站,并融入乡镇(街道)公共服务中心统一管理,覆盖率达100%。村(社区)根据人口密度、灾害风险等级、经济状况等因素,量力而行建立气象服务站。

8.1.3 健全部门气象联络员、乡村气象信息(协理)员、重点单位联系人等基层气象服务人员队伍,有条件的地方可支持和鼓励组建气象志愿者队伍,明确气象服务工作职责。乡镇(街道)配备1名至2名气象协理员,由相关工作人员担任或兼任。村(社区)至少配备1名气象信息员,由村主职干部或相关人员兼任。农业园区(基地)、社会组织按照工作实际要求配备1名以上气象信息员。气象灾害防御重点单位配备1名以上联系人,由单位分管安全的人员兼任。

8.1.4 建立健全气象灾害群体监测、群体防范的工作机制。明确乡镇(街道)在预警信息传递、灾情调查报送、气象设施维护等方面的工作流程。气象灾害防御责任人工作宜延伸村(社区)和气象灾害重点防御区域。气象灾害监测预警体系宜融入当地自然灾害群测群防体系建设。

8.1.5 组织开展乡镇(街道)、村(社区)、气象灾害防御重点单位等基层气象防灾减灾标准化建设。

8.2 风险管理

8.2.1 组织开展影响本地主要气象灾害和影响主要行业的风险普查,建立气象灾害数据库,对灾害进行分类。开展气象灾害隐患区域及危害程度的分析,判明县域范围内存在的灾害风险,研究灾害风险发生的诱因,分析和判别灾害风险前兆与风险程度。

8.2.2 针对影响当地的气象灾害和承灾体的脆弱性,结合灾害风险的气象要素,划定气象灾害风险区,制作台风、暴雨、干旱、低温冻害等气象灾害风险区划图。气象干旱等级划分符合GB/T 20481要求。

8.2.3 根据可能发生的气象灾害对承灾体的损害及对人类社会的负面影响程度,划分气象灾害的等级。界定致灾临界条件,划定可能造成灾害风险的气象要素临界值,建立适合本地区域的气象致灾预警指标。

8.2.4 基层气象灾害风险管理重点对县域城乡可能发生的气象灾害及次生灾害风险程度进行权衡评估并采取科学应对措施,主要包括气象灾害的风险识别、风险防控、风险规避三部分内容:

a) 气象灾害的风险识别是指监测评估气象灾害对经济社会可能造成的影响,并开展气象灾害风险区划。宜满足:
   ——推动全社会气象观测一张网建设,基本形成多灾种、全方位、立体式的综合监测网格局;
   ——开展以中小河流、山洪沟、地质灾害为重点的气象灾害风险普查业务;
   ——定期更新气象灾害数据库,制定道路和轨道交通、通信、供水、排水、供电等基础设施建设标准和技术规范时,使用相关的气象灾害风险数据;
   ——针对当地灾害和农作物生产特点,分灾种划定县域农作物气象灾害风险图;
   ——指导和协助乡村绘制当地气象防灾减灾风险地图,规范标注自然环境、社会环境、气象防灾减灾资源等内容和图标。

b) 气象灾害的风险防控是指在基层网格化管理框架下,增强对气象灾害预防的组织保障和科技支撑。宜满足:
   ——气象灾害防御宜采取县域网格化管理,科学合理划分网格,将精细预报、应急预案、组织机构落实到乡镇(街道)一级总网格；

——服务队伍、传播节点、防灾计划落实到村(社区)二级片组网格；

——风险调查、预警信息传递、灾情收集宜层层分解到自然村(小区)三级单元网格责任人，形成风险防控网格化服务管理机制。

c) 气象灾害的风险规避是指掌握并运用正确的防御措施，有效规避气象灾害风险。宜满足：

——县域气象预报服务业务从传统天气预报向影响预报和风险预警转变；

——针对中小河流、山洪、地质灾害开展以评(预)估可能造成的灾害损失为核心内容的气象灾害预报预警业务；

——参与制定并实施应对极端天气停工停课处理办法和社会组织、公众主动防御规则；

——为保险机构发展天气指数保险、巨灾保险等风险转移产品提供必要的气象技术支持。

8.3 应急准备

8.3.1 结合当地气象灾害的特点和可能造成的危害，分灾害种类制定本地区的气象灾害应急预案。气象灾害应急预案按照气象灾害监测预报预警信息、人员伤亡、经济损失等设定预案启动标准，明确应急组织与职责、预防与预警机制、应急管理、应急指挥、应急处置及保障措施等。协调机构定期组织开展气象灾害应急演练，每年组织不少于1次。

8.3.2 协调机构应指导乡镇(街道)和相关行业根据本区域、各行业特点制定气象灾害应急预案，建立防御重点部位和关键环节检查制度，及时消除气象灾害隐患。协调机构指导村(社区)和气象灾害防御重点单位，根据当地气象灾害发生特点，编制气象灾害应急预案或方案(计划)，明确重大气象灾害发生时的组织领导、应急响应、处置措施及责任人、风险隐患点、转移安置对象、紧急转移路线、避灾场所等。

8.3.3 健全气象预警为先导的全社会应急响应机制，制定气象灾害预警信号生效期间人员密集场所、重点防御单位和社会公众安全相应的应急处置措施；宜出台重大气象灾害预警信号生效期间企业、学校的停工、停课实施办法。

8.3.4 会同有关部门，根据当地气象灾害的种类、特点以及防御措施等内容，编制气象灾害防御指南，并组织乡村在相应的气象灾害风险区域发放，指导公众有效应对各类气象灾害。

8.3.5 每年至少开展面向基层气象服务队伍的气象灾害防御科普知识培训。组织乡村相关人员学习气象灾害防御知识，每年举办气象灾害防御培训不少于1次。

8.3.6 指导乡镇(街道)气象服务组织，对当年公布的气象灾害防御重点单位宜在两年内开展并通过气象灾害应急准备工作认证，相关电子台帐向当地气象主管机构报备。

8.3.7 每年更新县域辖区内防灾责任人数据库，将相关部门气象工作联络员和乡镇(街道)、村(社区)主职干部、气象信息(协理)员、气象灾害防御重点单位联系人等传播节点，以及农业合作社、农业企业、农业大户、农家乐业主等农业经营主体的手机号码群组统一纳入气象决策服务短信发布平台。

8.4 长效保障

8.4.1 气象防灾减灾工作纳入县(市、区)、乡镇(街道)两级政府经济社会发展规划和工作目标考核内容。

8.4.2 建立健全气象基层队伍信息管理、定期考评、培训、保障、奖励等制度。

8.4.3 统筹安排气象灾害监测预警体系建设所需资金，并纳入当地县级公共财政综合预算。

8.4.4 乡镇(街道)、村(社区)投入必要的气象防灾减灾保障资金，确保工作正常开展，服务组织稳定运行。

8.4.5 定期组织气象灾害监测预警体系建设评估，评估细则参见附录A。

附 录 A
(资料性附录)
县域气象灾害监测预警体系建设评估细则

A.1 评估说明

A.1.1 县域气象灾害监测预警体系建设评估分为5类共14项，总分100分。评估前需提供佐证电子版材料。

A.1.2 体系建设评估达到或超过85分且低于90分，视为初步构建了气象灾害监测预警体系；达到或超过90分且低于95分，视为基本实现了气象灾害监测预警体系建设要求；达到或超过95分，视为基本完成了气象灾害监测预警体系建设任务。

A.2 评估细则

县域气象灾害监测预警体系建设评估细则见表A.1。

表A.1 县域气象灾害监测预警体系建设评估细则表

标准类别		建设评估内容	评分标准	佐证要求	分值
一、气象灾害监测（20分）	监测站网	提升气象灾害监测能力，建成或共享各类气象监测设施信息资料，并保持站点稳定。	按要求建成或共享监测设施得2分，未完成扣1分；各类气象监测站站址少于1个迁址得1分，大于或等于2个迁址的按站点个数扣分，扣完为止。	提供建设布局说明和辖区内站点个数、探测环境保护和迁站情况说明。	3
		气象灾害防御重点区域建有天气实景视频监控系统或实时共享其他监控系统。	县域面积超1000 km² 建成10个及以上监控系统，小于1000 km² 县域按上级业务单位要求布设的得2分，每少1个扣0.5分，扣完为止。	提供自建数量、共享数量以及建设布局一览表或示意图。	2
		按当地需求建有农业气象、电力气象、交通气象、旅游气象、海洋气象和生态环境等应用气象观测站。	完成或共享农业气象、农田小气候、大气电场、闪电定位、天气现象、能见度、大气成分、酸雨、沙尘暴、太阳辐射、气溶胶、负氧离子等监测设施建设，其中建成4类以上得3分，少于4类的每少1类扣0.5分。	提供每类监测设施布点一览表情况。	3
		能够接收上级台站气象卫星、雷达和共享周边台站的各种气象观测信息。	能实时接收云图和雷达图文信息，并能共享周边台站监测资料得2分，否则相应扣分。	提供本地应用云图、雷达和共享周边台站监测资料截图。	2
		按乡镇空间分布密度要求，建设区域自动气象站。	乡镇至少建成1个，人口密集乡镇建2个得3分，每少建1个扣0.5分，扣完为止。	提供自动气象站布点布局详表及分布图。	3
		重要交通干线、著名风景名胜区、重要产业集聚区、重要海岛、面积达50 km² 以上的中小流域建有自动气象站。	完成区域站点全覆盖得2分，否则按比例扣分，扣完为止。	提供重要区域情况说明和具体覆盖情况说明。	2

表 A.1　县域气象灾害监测预警体系建设评估细则表(续)

标准类别		建设评估内容	评分标准	佐证要求	分值
一、气象灾害监测(20分)	监测信息共享	实现气象、水利、应急管理、自然资源、民政、交通运输、环保、电力、旅游等部门共建共享气象灾害监测相关信息。	实现多部门资料交换共享(部门达到4个及以上)得2分,建有统一共享平台得1分,未完成前项扣1分,后项扣0.5分。	提供资料共享部门名单、资料标准化存储平台的佐证材料。	3
		气象视频会商系统接入政府相关部门及乡镇;开展气象灾害监测预警视频通报业务。	视频接入政府相关部门和乡镇得1分,每月开展气象通报得1分。否则按比例扣分。	提供每月通报情况。	2
二、气象灾害预警(20分)	精细化预报	基于上级精细化气象预报指导产品,完善适合本地的预报产品加工体系。	建立临近、短时、短期、中期和延伸期的精细化预报服务产品体系得5分,不合要求每项扣1分,扣完为止。	提供对公众的精细预报服务产品表单。	5
	灾害预警	气象灾害预警信号、灾害性天气警报和强对流天气重要风险研判信息按要求向相关部门及时通报。	建立通报制度得3分,无内部管理制度扣2分,未通报扣1分。	提供重大预警信息通报制度文本。	3
		分级、分类和分区域(乡镇)发布灾害预警。	按要求发布得3分,未实现分级、分类预警和预警产品未精细到乡镇,每项扣1分。	提供灾害预警发布样本。	3
		气象灾害预警信号发布按业务流程运作。	建立预警信号发布业务流程得2分,未建立扣2分,无序漏发1次扣1分。	提供预警信号发布业务流程相关制度。	2
		与涉灾管理部门联合发布气象次生灾害联合预警。	至少与1个相关部门建立气象次生灾害联合预警发布机制得2分,尚未开展不得分。	提供与相关部门的合作协议或方案。	2
	灾害评估	灾前对未来灾害天气可能产生的灾害风险进行预评估。	开展灾前预估得2分,未开展不得分。	提供当(近)年气象灾害评估报告等佐证材料。	2
		灾中根据实况灾情和灾害风险的加重或减弱情况进行跟踪评估。	开展灾中跟踪预估得1分,未开展不得分。	提供当(近)年气象灾害评估报告等佐证材料。	1
		灾后根据雨情、水情、墒情、风情、旱情等气象情况和灾情进行影响评估。	开展灾后分类影响评估得2分,未开展不得分。	提供当(近)年气象灾害评估报告等佐证材料。	2
三、信息发布与传播接收(20分)	信息发布	按要求建成县级气象综合业务平台,实现"一键式"发布。	基于气象综合业务平台,实现预报预警服务产品的制作和"一键式"发布得4分,未建成该平台扣2分,未实现"一键式"发布扣2分。	提供上级验收报告(或确认书)和"一键式"发布截图说明。	4
		按要求建成突发事件预警信息发布系统。	有政府授权批复或相关文件依据得3分;平台常态运行得3分。未建扣4分,未开展服务扣1分,未实现与国家、省、市级平台对接扣1分。	提供地方政府相关批复、管理办法等文件和发布实例。	6

表 A.1 县域气象灾害监测预警体系建设评估细则表(续)

标准类别		建设评估内容	评分标准	佐证要求	分值
三、信息发布与传播接收(20分)	信息传播	建立气象灾害预警信息全网传播机制。	广播、电视、网络等媒体和通信运营企业能实现插播、短信提示、信息推送等方式实时播发得2分。不合要求一项扣1分,扣完为止。	提供全网传播机制相关资料和信息发布截图。	2
		建立由部门合作、社会组织参与的气象灾害预警信息社会传播机制。	信息员队伍发挥作用年度实例3个以上得1分;有传播节点责任人数据库得1分;信息传播常态化得1分。否则相应扣分。	提供预警信息社会传播节点责任人清单、更新机制和工作实例等。	3
	信息接收	采用共享或自建方式,合理布设气象预警信息接收设施。制定气象灾害预警信息传播接收服务设施共建共享管理办法。	制定气象灾害预警信息传播接收服务设施共建共享管理办法得2分,否则不得分。	提供接收设施布点示意图、一览表和政府颁布管理办法相关文件。	2
		传播接收渠道类别基本齐全。	类别基本齐全,发布时效能满足需求得3分,否则相应扣分。	按实际运行的类别、时效列表说明。	3
四、气象灾害预警响应(15分)	应急联动	根据天气预报、气象灾害预警信息或上级应急指令,及时进入应急工作状态。	按上级或预案要求启动气象服务应急响应得2分,否则不得分。	按照实际运行情况提供应急响应命令等。	2
		对照气象灾害应急预案启动标准,及时启动气象灾害应急预案。适时调整应急响应等级或解除应急响应。	按要求规范开展得2分,否则不得分。	按照实际运行情况提供应急响应命令等。	2
		遇气象灾害可能影响时,积极采取四类应急措施。	规范开展应急措施得4分,少一类扣1分。	按照实际运行情况提供说明材料。	4
	社会响应	社会公众能通过各类渠道获取最新的气象灾害预警信息并采取相应的防灾应急措施。	按要求开展得2分,引导不力扣1分。	提供采访、调查、问卷等相关资料。	2
		气象灾害防御重点单位根据气象灾害情况和本单位气象灾害应急预案,组织实施本单位的应急处置工作。	按要求开展得2分,引导不力扣1分。	提供气象灾害防御重点单位的应急处置照片等佐证材料。	2
		配合政府及有关部门采取的应急处置措施,在力所能及的情况下做好气象灾害互救互助工作。	按要求开展得3分,否则不得分。	提供自救互救佐证材料。	3

表 A.1 县域气象灾害监测预警体系建设评估细则表(续)

标准类别		建设评估内容	评分标准	佐证要求	分值
五、体系运行保障(25分)	组织管理	县域气象灾害防御组织管理规范化。	建立气象灾害防御工作指挥或组织协调机构得1分;建立部门联席会议制度并常态运行得1分;乡村气象服务组融入当地公共服务组织运行得1分。否则各项不得分。	提供指挥或组织协调机构、联席会议相关文件,乡村服务组织运行情况。	3
		健全基层气象服务人员队伍。	按要求配齐基层气象服务人员队伍并组织年度培训得1分;明确乡村信息员职责并发挥作用得1分。否则相应扣分。	提供基层队伍职责和信息一览表;信息员培训情况说明。	2
		气象灾害监测预警体系融入当地自然灾害群测群防体系。	建立健全气象灾害群体监测、群体防范工作机制得1分;防御责任人工作延伸至村(社区)和气象灾害重点防御区域得1分。不合要求相应扣分。	基层防御责任人参与群测群防的相关资料。	2
		开展基层气象防灾减灾标准化建设。	组织乡镇(街道)、村(社区)、气象灾害防御重点单位等基层气象防灾减灾标准化建设有成效得2分。不合要求相应扣分。	提供标准化建设相关佐证材料。	2
	风险管理	灾前组织开展风险普查分析,建立气象灾害数据库,对灾害进行分类。	建立灾前普查数据库并分类得2分,未普查扣1分,数据库未分类扣1分。	提供普查实例图和数数据库分类截图。	2
		划定气象灾害风险区,制作气象灾害风险区划图。	制作主要影响本县域的分灾种风险区划图不少于2类得1分,无风险区划图不得分。	提供本县域的区划图。	1
		建立适合本地区域的气象致灾预警指标。	建立气象致灾预警指标得1分,未建立扣1分。	提供本县域的气象致灾预警指标。	1
		开展气象灾害风险管理。	按气象灾害的风险识别、风险防控、风险规避三部分基本要求实施风险管理得1分,每项不合要求各扣1分。	提供相关佐证材料。	1
	应急准备	建立县、乡两级气象灾害应急预案并有演练;健全气象预警为先导的全社会应急响应机制。	县、乡两级有预案有演练得2分;有预警为先导的应急响应实例(如停工停课等)得1分。以上少一项各扣1分。	提供预案演练情况、应急响应实例及文件依据和应急准备相关资料。	3
		开展气象灾害应急准备工作认证。	有气象灾害应急准备工作认证制度得1分;规范开展应急准备工作认证得1分。	提供应急准备工作认证制度文本及相关工作资料。	2

表 A.1 县域气象灾害监测预警体系建设评估细则表(续)

标准类别		建设评估内容	评分标准	佐证要求	分值
五、体系运行保障(25分)	应急准备	加强气象灾害防御科普知识宣传与培训。	编制气象灾害防御指南并发放得0.5分;每年举办气象灾害防御培训得0.5分。	提供气象灾害防御指南、气象灾害防御科普宣传和培训照片等相关资料。	1
	长效保障	气象防灾减灾工作长效保障常态化。	气象防灾减灾工作纳入县、乡两级经济发展规划和工作考核得2分;监测预警服务体系建设所需资金纳入当地公共财政综合预算得2分;组织气象灾害监测预警体系建设评估工作得1分。不合要求各项相应扣分。	提供考核、保障、评估等长效管理相关佐证材料。	5
总得分		—	—	—	100

参 考 文 献

[1] QX/T 356—2016 气象防灾减灾示范社区建设导则

ICS 07.060
A 47
备案号：65091—2018

中华人民共和国气象行业标准

QX/T 441—2018

城市内涝风险普查技术规范

Specifications for urban waterlogging risk investigation

2018-09-20 发布 2019-02-01 实施

中 国 气 象 局 发 布

前　　言

本标准按照 GB/T 1.1—2009 给出的规则起草。

本标准由全国气象防灾减灾标准化技术委员会(SAC/TC 345)提出并归口。

本标准起草单位:广东省气候中心、国家气候中心、武汉区域气候中心、天津气象科学研究所。

本标准主要起草人:李春梅、唐力生、高歌、刘蔚琴、史瑞琴、解以扬、郑璟。

城市内涝风险普查技术规范

1 范围

本标准规定了城市内涝风险普查的基本要求、数据内容、数据收集途径与数据核查要求。

本标准适用于城市内涝风险普查工作。

2 规范性引用文件

下列文件对于本文件的应用是必不可少的。凡是注日期的引用文件，仅注日期的版本适用于本文件。凡是不注日期的引用文件，其最新版本(包括所有的修改单)适用于本文件。

GB/T 2260 中华人民共和国行政区划代码

3 术语和定义

下列术语和定义适用于本文件。

3.1

城市内涝 urban waterlog

因强降水或连续性降水超过城市消纳雨水和排水能力致使城市内产生积水灾害的现象。

3.2

风险普查 risk investigation

对产生风险的致灾因子及其危险性、承灾体及其暴露度和脆弱性、防灾抗灾能力等重要相关信息的收集、调查。

3.3

内涝隐患点 hidden danger point of waterlog

易发生积水，可能造成较大损失或影响的地点。

4 基本要求

4.1 数据应细化到城市社区(街道)。

4.2 数据填报中涉及行政区划代码应按照 GB/T 2260 填报。

4.3 应记载数据具体来源及填报、收集时间。

4.4 数据应定期更新，当发生重大变化时，及时更新。

4.5 应按附录 A 收集普查数据。

4.6 应建立逐级审核制度，确保数据质量和填报规范。

5 数据内容

5.1 地理信息

5.1.1 应收集以下基础地理信息，包括：

——城市1:250 000以上行政区划图；
——城市1:10 000～1:50 000水系图；
——城市1:10 000～1:50 000地形图或数字地形图；
——城市1:10 000～1:50 000土地利用图；
——城市1:10 000以上道路地理信息(含道路标高)图；
——内涝隐患点分布的地理位置,包括经纬度和海拔高度。

5.1.2 宜收集其他相关的地理信息,包括：
——城市社区(街道)地表覆盖类型、居民分布、建筑分布、基础设施；
——城市排水管网及排水设施分布资料；
——城市空间分辨率不低于4 m的遥感影像资料。

5.2 城市基本情况

收集城市基本情况,包括：
——城市社区基本概况(含人口分布、周边道路),见附录B；
——城市土地利用情况,见附录C；
——城市水体基本情况,参见附录D；
——城市道路基本情况,参见附录E；
——城市雨污水管网基本情况,参见附录F；
——城市规划,包括土地利用规划、道路规划、建筑群规划、给排水规划等。

5.3 内涝隐患点及周边基本情况

收集内涝隐患点及周边承灾体信息,包括：
——内涝隐患点基本情况,见附录G中的表G.1；
——内涝隐患点涉及的人口及社会经济情况,见附录G中的表G.2；
——内涝隐患点涉及主要承灾体的地理位置、数量、价值量等情况,见附录G中的表G.3。

5.4 历史灾情信息

收集城市内涝的历史灾情信息,包括：
——历次城市内涝过程发生时间、淹没情况、雨水情况及影响,见附录H中的表H.1；
——历次城市内涝过程各内涝点降雨量和淹没情况及损失,见附录H中的表H.2。

5.5 气象、水文资料

收集气象、水文资料,包括：
——城市现有雨量站(包括气象部门、水文部门建设)基本信息,参见附录I；
——城市现有雨量站逐小时的雨量资料；
——城市河道及上下游水文站逐小时的水位、流量资料；
——城市现有积水观测及视频资料。

5.6 内涝防灾措施情况

收集以下信息：
——排水运作规则及能力；
——城市内涝防灾措施,参见附录J。

6 数据收集途径

根据情况采用不同途径获取可靠的信息，主要包括：

——部门合作；

——文献调研；

——已有普查成果收集；

——实地调查和专家咨询；

——基于专题地图及遥感影像解译；

——基于基础地理信息分析加工制作提取。

7 数据核查要求

7.1 收集数据应仔细核查，录入的数据应与原始资料进行核查对比。

7.2 检查数据的量级与单位、经纬度信息。

7.3 根据字段上下限值进行初步质量控制，对相关字段进行逻辑关系检查。

7.4 根据排水能力改变、城市气象水文环境变化、社会经济发展、隐患点增减等相关变化情况，应按年度采集最新资料或经实时实地调查进行信息不定期更新。如行政区划发生变化，应记载具体变化情况，便于检查。

附　录　A
（规范性附录）
城市内涝风险普查数据内容收集

应按照表A.1进行城市内涝风险普查数据内容收集并在第三列中填写相应的资料来源。

表A.1　城市内涝风险普查数据内容收集用途和说明一览表

资料名称	用途	资料来源	说明
行政区划图	用于按区域查询或作为相关信息图层的底图		必选。按照表B.1内容填报
水系图	用于水体统计、排水口位置、水位等计算		必选。宜参照表D.1内容填报
地形图	用于了解城市地形，计算地表径流、排水管网水流向、地下水流向、显示相关地形状况及估算内涝隐患点		必选
土地利用图	用于了解城市土地利用情况、城市区划、城市内涝模型地表概化计算等		必选。如无，应说明原因，并按照表C.1内容填报
城市道路信息图	城市内涝模型重要参数图层：用于计算地表径流、水流向等		必选。如无，应说明原因，并获取城市排水管网数据，参照表E.1内容填报
城市内涝灾情资料	用于获取城市内涝隐患点分布，计算城市内涝点致灾临界雨量和开展风险评估		必选。按照附录G和附录H填报
遥感影像	用于了解城市地表覆盖		可选
城市规划图	用于了解城市规划状况，必要时可作为模型排水能力计算参数		可选
城市道路规划	城市内涝风险评估承灾体之一		可选
城市排水管网	用于了解城市排水井位置、管线布置、排洪能力等		可选。如无，宜获取城市给排水规划图，并参照表F.1内容填报
城市给排水规划	用于计算和了解城市最大排水能力		可选
排水运作规则	用于了解城市内涝防灾减灾措施状况及估算抗灾能力		可选
城市人口分布图	城市内涝风险评估承灾体之一		可选。如无，应按照表H.1内容填报
城市建筑群规划	城市内涝风险评估承灾体之一		可选。如无，应按照表H.1内容填报

填表人：________　　复核人：________　　审查人：________　　联系电话：________

填写单位：________省________市________县气象局　　填表日期：20____年____月____日

附 录 B
(规范性附录)
城市社区(街道)基本情况表

城市社区(街道)基本概况收集数据字段见表 B.1。

表 B.1 城市社区(街道)基本情况表

填表字段	社区 1	社区 2	…	填表说明
社区(街道)名称				
社区(街道)类型				A、单位型社区:人群主体由本单位职工及家属构成,有独立管辖界限,封闭式管理。 B、小区型社区:成建制开发的封闭式小区,功能设施配套,独立物业管理。 C、板块型社区:主要是以三级以上马路砍块划定的社区,多在老城区,是目前城市社区的主要类型。 D、功能型社区:除地域管辖因素外,具有特色功能的社区,如商贸、文化、公众等比较集中的区域,但一般没有常住居民
社区(街道)代码				按照 GB/T 2260 填写
省名				
省代码				按照 GB/T 2260 填写
市(地区/州)名				
市(地区/州)代码				按照 GB/T 2260 填写
区(县)名				
区(县)代码				按照 GB/T 2260 填写
社区(街道)人口				
社区(街道)经度				00°00′00″,以几何中心点为准
社区(街道)纬度				00°00′00″,以几何中心点为准
社区(街道)地形				简要描述街道地形描述(表述:A 平地、B 斜坡、C 凹地、D 凸地)
社区(街道)平均标高				米(收集有地理信息图层,可选填,但需注明出处)
社区(街道)周边道路名称				填写社区(街道)周边各条道路名称(可选填)
社区(街道)周边道路长度				米。社区(街道)周边各条道路的长度(可选填)
基本概况				用文字简单描述街道沿途各社区(街道)的地理位置、经济、文化、历史以及水文、气象、内涝点、隐患点、防灾救灾能力、主要交通设施等情况
资料来源				

填表人:________ 复核人:________ 审查人:________ 联系电话:________

填写单位:________省________市________县气象局 填表日期:20____年____月____日

附　录　C
（规范性附录）
城市土地利用调查表

城市土地利用情况收集数据字段见表C.1。

表C.1　城市土地利用调查表

填表字段	单位	记录1	记录2	…	填表说明
社区（街道）名称					
社区（街道）代码					按照GB/T 2260填写
调查年份	—				
总面积	平方千米				
（一）城市绿地	平方千米				
（二）硬化地面	平方千米				
（三）城市水网	平方千米				
河流	平方千米				
湖泊	平方千米				
沟渠	平方千米				
（四）裸露地表	平方千米				
面积	平方千米				
土壤类型					可参考《中国土壤》，采用其中土类划分方法。例：红壤、棕壤、褐土、黑土、栗钙土、漠土、潮土（包括砂姜黑土）、灌淤土、水稻土、湿土（草甸、沼泽土）、盐碱土、岩性土和高山土等
土壤质地					指土壤颗粒的组合特征，分为砂土、壤土和黏土
资料来源					

填表人：________　　复核人：________　　审查人：________　　联系电话：________

填写单位：________省________市________县气象局　　填表日期：20____年____月____日

附 录 D
(资料性附录)
城市水体基本情况调查表

城市水体基本情况收集数据字段见表D.1。该表数据为水体基础地理信息数据，如收集到水系图可不用逐一填写经纬度等信息，只用填写相关水位、流量和排水设施等信息。

表D.1 城市水体基本情况调查表

填表字段	单位	水体名称1			水体名称2			…	填表说明
水体类型	—								明渠、暗渠、湖泊、河流其他等
起点经度	度分秒	段1	段2	…	段1	段2	…		00°00′00″
起点纬度	度分秒								00°00′00″
终点经度	度分秒								00°00′00″
终点纬度	度分秒								00°00′00″
水体面积	平方千米								江河、湖泊、水库等水面面积
常水位	米								如能获取实况水位，则填写实况水位增加说明
水体堤坝高	米								如有堤坝，填写堤坝高度
设计水位	米								指堤防遇设计内涝时，在指定断面测点处达到的最高水位
保证水位	米								指保证堤防(段)及其附属建筑物在汛期安全运用的上限水位
警戒水位	米								指防汛部门根据堤防具体情况确定的，需密切观察险点、险段的特征水位
设计流量	立方米/秒								指设计水位对应的流量
保证流量	立方米/秒								指保证水位对应的流量
警戒流量	立方米/秒								指警戒水位对应的流量
水闸开启条件									如有水闸，填写水闸位置和水闸的开启条件
水泵开启条件									如有水泵，填写水泵位置和水泵的开启条件及泵水能力
资料来源									

填表人：________ 复核人：________ 审查人：________ 联系电话：________

填写单位：________省________市________县气象局 填表日期：20____年____月____日

附 录 E
（资料性附录）
城市道路基本情况调查表

城市道路基本情况收集数据字段见表 E.1。该表数据为道路基础地理信息数据，如收集到城市道路信息图，该表可不填写。

表 E.1 城市道路基本情况调查表

填表字段	单位	记录 1			记录 2			…	填表说明
道路名称	—								例：广州市越秀区东风东路
道路类型									单选，A 高速公路、B 快速路、C 主干路、D 次干路、E 支路，当同时满足多个条件时，首选 A、次选 B、后选 C，依次递推
道路宽度	米								道路设计宽度或实际宽度，以实际宽度为准
道路长度	米								
道路最高标高	米								
道路最低标高	米								
道路设计最大排水	立方米/秒								
（一）道路桥梁		桥梁 1	桥梁 2	…	桥梁 1	桥梁 2	…	…	多个道路桥梁，自行添加
开始经度	度分秒								00°00′00″
开始纬度	度分秒								00°00′00″
结束经度	度分秒								00°00′00″
结束纬度	度分秒								00°00′00″
路桥最低标高	米								填写桥梁最底层路面最低处标高
（二）道路隧道		隧道 1	隧道 2	…	隧道 1	隧道 2	…	…	多个道路隧道，自行添加
开始经度	度分秒								00°00′00″
开始纬度	度分秒								00°00′00″
结束经度	度分秒								00°00′00″
结束纬度	度分秒								00°00′00″
隧道最低标高	—								

表 E.1　城市道路基本情况调查表(续)

填表字段	单位	记录 1			记录 2			…	填表说明
(三)道路交叉口	—	交叉口 1	交叉口 2	…	交叉口 1	交叉口 2	…	…	多个交叉口，自行添加
交叉口中心经度	度分秒								00°00′00″
交叉口中心纬度	度分秒								00°00′00″
交叉口涉及道路名称									
交叉口形状									按照交叉涉及道路数计，例：三岔口、四岔口(十字口)
资料来源									

填表人：________　　复核人：________　　审查人：________　　联系电话：________

填写单位：________省________市________县气象局　　填表日期：20____年____月____日

附　录　F
（资料性附录）
城市雨污水管网基本情况调查表

城市雨污水管网基本情况收集数据字段见表 F.1。该表数据为排水管网基础数据，如收集到城市排水管网该表可不用填写。

表 F.1　城市雨污水管网基本情况调查表

填表字段	单位	记录 1		记录 2		填表说明
管渠类别						明渠、暗渠
沿线道路						指排水管渠沿线的道路
管渠最大设计流量	立方米/秒					参考室外排水设计规范
管渠最大设计流速	米/秒					参考室外排水设计规范
管渠材质						用于判断渗透性
管渠入水口		入水口 1	入水口 2	入水口 1	入水口 2	
管渠入水口经度	度分秒					00°00′00″
管渠入水口纬度	度分秒					00°00′00″
管渠入水口标高	米					按地方坐标系或国家坐标系填写
管渠出水口		出水口 1	出水口 2	出水口 1	出水口 2	
管渠出水口经度	度分秒					00°00′00″
管渠出水口纬度	度分秒					00°00′00″
管渠出水口标高	米					
排水设施						如有，文字说明
资料来源						

填表人：________　　复核人：________　　审查人：________　　联系电话：________

填写单位：________省________市________县气象局　　填表日期：20____年____月____日

附　录　G
（规范性附录）
城市内涝隐患点及周边承灾体基本情况表

城市内涝承灾体包含但不限于以下：

——人群聚集地：居民区、学校、医院等；

——社会经济活动集中点：工业企业、商铺、农贸市场、停车场等；

——地下设施：地铁、下穿隧道、下凹式立交桥等；

——城市生命线：道路、桥梁、电网、通信网等；

——危险场所：高压电、危化品所在地等。

内涝隐患点基本情况收集数据字段见表 G.1，内涝隐患点涉及的人口及社会经济情况收集数据字段见表 G.2，内涝隐患点基础设施情况收集数据字段见表 G.3。

表 G.1　内涝隐患点基本情况表

填表字段	单位	内涝隐患点 1	内涝隐患点 2	…	填表说明
内涝隐患点名称	—				
内涝隐患点经度	度分秒				00°00′00″
内涝隐患点纬度	度分秒				00°00′00″
内涝隐患点高程	米				
隐患点排水设计能力	立方米/秒				
社区（街道）名					
社区（街道）代码					按照 GB/T 2260 填写
隐患点图片（视频）					可呈现城市内涝隐患点情况（补充图片视频格式）

填表人：________　　复核人：________　　审查人：________　　联系电话：________

填写单位：________省________市________县气象局　　填表日期：20____年____月____日

表 G.2　内涝隐患点涉及的人口及社会经济情况调查表

填表字段	单位	内涝隐患点 1	内涝隐患点 2	…	填表说明
内涝隐患点名称	—				
调查年份	—	2010	2010	…	人口及社会经济情况以 2000 年和 2010 年两个基准年统计
土地面积	平方千米				国土面积
常住人口数	人				

表 G.2 内涝隐患点涉及的人口及社会经济情况调查表(续)

填表字段	单位	内涝隐患点 1	内涝隐患点 2	…	填表说明
总人口数	人				
家庭户数	户				
房屋数	间				
地区生产总值	万元				
工业总产值	万元				
资料来源					

填表人:________ 复核人:________ 审查人:________ 联系电话:________

填写单位:________省________市________县气象局 填表日期:20____年____月____日

表 G.3 内涝隐患点基础设施调查表

填表字段	单位	内涝隐患点 1			内涝隐患点 2			…	填表说明
内涝隐患点名称									
(一)受影响的道路主干道	—	道路 1	道路 2	…	道路 1	道路 2	…	…	指城市范围内主要交通干道
道路总长度	米								指可以通车的街道总长度
受影响长度	千米								受水浸影响的道路长度
中心点经度	度分秒								受影响到路中间段的经度,“00°00′00″”
中心点纬度	度分秒								受影响到路中间段的纬度,“00°00′00″”
受影响路段平均标高	米								如收集到城市道路信息图,该字段可不用填写
(二)受影响的地下铁路	—	地铁 1	地铁 2	…	地铁 1	地铁 2	…	…	
地铁入口高度	米								指地铁站入口的海拔高度,附近多个入口可填写海拔高度较低的入口
地下铁路总长度	千米								
地下铁路固定资产	万元								如无原始资料,根据单价及长度估算

表 G.3 内涝隐患点基础设施调查表(续)

填表字段	单位	内涝隐患点1			内涝隐患点2			…	填表说明
(三)受影响的路桥、隧道	—	路桥、隧道1	路桥、隧道2	…	路桥、隧道1	路桥、隧道2	…	…	
路桥名称									包括立交桥和过街走道
受影响路桥经度	度分秒								中心点附近的经度,“00°00′00″”
受影响路桥纬度	度分秒								中心点附近的纬度,“00°00′00″”
路桥、隧道高程	米								填写最低高程
隧道名称									
受影响隧道经度	度分秒								中心点附近的经度,“00°00′00″”
受影响隧道纬度	度分秒								中心点附近的纬度,“00°00′00″”
隧道高程	米								填写最低高程
(四)受影响的通信网	—	通信网1	通信网2	…	通信网1	通信网2	…	—	
通信网设备数量	台(套)								通信网设备包括交换设备、接入设备等
通信网设备固定资产	万元								如无法获取准确数据,可根据通信网设备设计(建成)等级估算
通信传输设备数量	皮长公里								通信传输设备包括光缆、电缆等
通信传输设备固定资产	万元								如无法获取准确数据,可根据通信传输设备设计(建成)等级估算
基站数	个								
基站固定资产	万元								
通信总固定资产	万元								
(五)受影响的学校	—	学校1	学校2	…	学校1	学校2	…	—	
受影响学校经度	度分秒								00°00′00″
受影响学校纬度	度分秒								00°00′00″
受影响学校海拔高度	米								
校园人数	人								
校园面积	平方千米								
校园固定资产	万元								
(六)受影响的企业		企业1	企业2	…	企业1	企业2	…		
受影响企业经度	度分秒								00°00′00″
受影响企业纬度	度分秒								00°00′00″
受影响企业海拔高度	米								

表 G.3 内涝隐患点基础设施调查表(续)

填表字段	单位	内涝隐患点 1			内涝隐患点 2			…	填表说明
企业人数	人								
企业面积	平方千米								
企业固定资产	万元								
(七)停车场		停车场 1	停车场 2	…	停车场 1	停车场 2	…		
受影响停车场经度	度分秒								00°00′00″
受影响停车场纬度	度分秒								00°00′00″
受影响停车场海拔高度	米								精确到小数点后两位
停车场类型	/								
停车场容纳车辆数	辆								
(八)仓储		仓储 1	仓储 2	…	仓储 1	仓储 2	…		
受影响仓储经度	度分秒								00°00′00″
受影响仓储纬度	度分秒								00°00′00″
受影响停仓储海拔高度	米								精确到小数点后两位
仓储面积	平方米								
仓储固定资产	万元								
(九)其他承灾体名称	—	承灾体 1	承灾体 2	…	承灾体 1	承灾体 2	…	…	内涝隐患点附近受影响的人员聚集或非常重要的其他承灾体。例如:村庄、医院、公园、广场、体育馆、变电站等
承灾体经度	度分秒								00°00′00″
承灾体纬度	度分秒								00°00′00″
承灾体海拔高度	米								若为道路,需考虑路基填写最低海拔高度,精确到小数点后两位
人数*	人								隐患点涉及人口数
固定资产*	万元								选填项
防灾减灾措施	—								有,文字简要说明具体措施及运行情况;没有填无
资料来源									

注:“*”为根据承灾体类型,选填。

填表人:________ 复核人:________ 审查人:________ 联系电话:________

填写单位:________省________市________县气象局 填表日期:20____年____月____日

附　录　H
（规范性附录）
城市历次内涝灾情损失调查表

历次内涝灾情损失情况收集数据字段见表H.1，各内涝点降雨量和淹没情况及损失情况收集数据字段见表H.2。其中，表H.2中的内涝点（内涝点隐患点）与表H.1中内涝过程中的内涝点应表述一致。

表H.1　历次内涝灾情损失调查表

填表字段	单位	内涝过程1			内涝过程2			…	填表说明
内涝开始时间	年月日时								积水深度超过20 cm，认为是一次内涝的开始，填写格式为“yyyymmddhh”，如1958年1月1日00时则记为1958010100；若内涝发生具体时间不详，可通过反查历史资料确定大致的具体时间，至少要精确到日，若只有年月的，如6月就按6月00日00时填写
内涝结束时间	年月日时								内涝发生后，积水排空认为是一次内涝的结束，格式同上
（一）内涝淹没情况									收集内涝淹没信息，按过程、乡镇、采集点逐级填写，此信息用于淹没模拟验证
内涝点名称		点1	点2	…	点1	点2	…	…	填写淹没时采集点的名称
内涝点经度	度分秒								00°00′00″
内涝点纬度	度分秒								00°00′00″
内涝点海拔高度	米								精确到小数点后两位
淹没开始时间	年月日时								yyyymmddhh
淹没结束时间	年月日时								yyyymmddhh
过程淹没持续时间	小时								基于内涝隐患点内涝过程填写
最大淹没水深	米								精确到小数点后两位
最大淹没水深的时间	年月日时								若无法准确确定，可以填写内涝淹没过程的中间时间
过程最大淹没面积	平方千米								基于内涝过程填写
（二）居民区受灾情况	—								如历史灾情无法细化到内涝点，可按照内涝过程填写
居民区受灾面积	平方千米								

表 H.1　历次内涝灾情损失调查表(续)

填表字段	单位	内涝过程1			内涝过程2			…	填表说明
损坏房屋	间								
倒塌房屋	间								
受灾人口	人								
紧急转移安置人口	人								
死亡人口	人								
失踪人口	人								
受淹社区(街道)信息	—								文字描述受淹社区(街道)名称、受淹程度等
经济损失	万元								
(三)车辆受损情况									
受影响停车场									文字描述停车场位置、受灾信息
水浸车辆	辆								
(三)企业受灾情况	—								
主要受灾企业信息	—								文字描述受灾企业名称、是否有潜在危害等
经济损失	万元								
(三)学校受灾情况	—								
主要受灾学校									
学校受灾情况	—								文字描述学校位置、受灾信息
(五)受灾情况汇总	—								
直接经济损失	万元								一次灾情的全部经济损失
雨情水情描述									文字描述降水、水情过程等,包括降水、流量、水位等信息
详细灾情描述									提供图片(视频),并用文字描述农业、工业、交通、通信、能源、旅游、基础设施等社会经济各方面的损失和影响,尽量多给些定量数据,以及典型事件的溃口位置(经纬度信息)和发生时间,分蓄洪区的泄洪情况等
资料来源									

填表人:________　　复核人:________　　审查人:________　　联系电话:________

填写单位:________省________市________县气象局　　填表日期:20____年____月____日

表 H.2 各内涝点降雨量和淹没情况及损失调查表

填表字段	单位	内涝点 1（内涝隐患点 1）			内涝点 2（内涝隐患点 2）			…	填表说明
内涝灾害开始时间	年月日时	过程 1	过程 2	…	过程 1	过程 2	…	…	积水深度超过 20 cm，认为是一次内涝的开始，填写格式为“yyyymmddhh”，如 1958 年 6 月 1 日 00 时则记为 1958060100；若内涝发生具体时间不详，可通过反查历史资料确定大致的具体时间，至少要精确到日，若只有年月的，如 6 月就按 6 月 00 日 00 时填写
内涝灾害结束时间	年月日时								内涝发生后，积水排空认为是一次内涝的结束，格式同上
最大淹没水深	米								精确到小数点后两位
最大淹没面积	平方千米								基于内涝过程填写
内涝发生时最大 1 小时雨量	毫米								精确到小数点后一位
内涝发生时最大 2 小时雨量	毫米								精确到小数点后一位
内涝发生时最大 3 小时雨量	毫米								如内涝发生时间较短，可不用填写超过内涝持续时间的降水量
内涝发生时最大 6 小时雨量	毫米								精确到小数点后一位
内涝发生时最大 12 小时雨量	毫米								精确到小数点后一位
内涝发生时最大 24 小时雨量	毫米								精确到小数点后一位
…									如内涝过程持续时间长，可补充填写 24 小时以后的雨量
直接经济损失	万元								一次灾情的全部经济损失
雨情水情描述									文字描述降水、水情过程等，包括降水、流量、水位等信息
详细灾情描述									提供图片或视频，并用文字描述农业、工业、交通、通信、能源、旅游、基础设施等社会经济损失和影响，尽量多给些定量数据，以及典型事件的溃口位置(经纬度信息)和发生时间，分蓄洪区的泄洪情况等
资料来源									

填表人：________ 复核人：________ 审查人：________ 联系电话：________

填写单位：________省________市________县气象局 填表日期：20____年____月____日

附　录　I
（资料性附录）
城市气象（雨量）站调查表

城市气象（雨量）站情况收集数据字段见表 I.1。

表 I.1　城市气象（雨量）站调查表

填表字段	单位	站点 1	站点 2	…	填表说明
站点名称	—	站 1	站 2	…	
站号	—				指气象（雨量）站的编号，如：G1001
站点经度	度分秒				00°00′00″
站点纬度	度分秒				00°00′00″
站点海拔高度	米				精确到小数点后两位
台站类型	—				单选。A 国家自动站；B 区域自动站；C 雨量站
观测要素	—				气温、气压、湿度、风、降水量、日照时数、辐射等，变量之间用顿号隔开
建站时间	年月				如 1958 年 1 月建站就填写 195801；若只有建站年信息，“月”用 00 代替
观测年限	—				如果仍在观测，填写“建站至今”；如果已经撤站，填写撤站时间，填写规则同上
站点归属部门	—				水文、国土、气象或其他

填表人：________　　复核人：________　　审查人：________　　联系电话：________

填写单位：________省________市________县气象局　　填表日期：20____年____月____日

附　录　J
（资料性附录）
城市内涝防灾措施调查汇总表

城市内涝防灾措施情况收集数据字段见表 J.1。

表 J.1　城市内涝防灾措施调查汇总表

填表字段	社区（街道）1	社区（街道）2	…	填表说明
社区（街道）名	—			
社区（街道）代码	—			
监测手段				有或无，如摄像头、人工观测（信息员）、自动站等，文字填写具体信息
预警手段				有或无，如大喇叭、广播、手机平台、锣鼓、哨子等填写具体信息
防涝工程				有或无，并说明排水设备、排水能力等情况及下水道疏通情况
应急救灾预案及执行				填写有或无，并说明物资储备、抢险队伍、应急演练等预案等执行情况
救灾社会团体				填写有或无，如红十字会等
政策法规				填写有或无
备注				文字描述通信网的覆盖范围、尚未覆盖范围，当前的警报措施是否满足防治需要，以及目前在防治方面已制定的防灾预案、防灾经验、采取的一些救灾措施、存在的问题等

填表人：________　　复核人：________　　审查人：________　　联系电话：________

填写单位：________省________市________县气象局　　填表日期：20____年____月____日

参 考 文 献

[1] GB/T 13923—2006 基础地理信息要素分类与代码

[2] GB/T 13989—2012 国家基本比例尺地形图分幅和编号

[3] GB/T 28592—2012 降水量等级

[4] GB 50014—2006 室外排水设计规范(2016 年版)

[5] QX/T 102—2009 气象资料分类与编码

[6] 李春梅,等.城市内涝灾害风险预警服务业务技术指南[M].北京:气象出版社,2015

ICS 07.060
A 47
备案号：65092—2018

中华人民共和国气象行业标准

QX/T 442—2018

持续性暴雨事件

Persistent rainstorm event

2018-09-20 发布

2019-02-01 实施

中 国 气 象 局 发 布

前　言

本标准按照 GB/T 1.1—2009 给出的规则起草。

本标准由全国气候与气候变化标准化技术委员会(SAC/TC 540)提出并归口。

本标准起草单位:中国气象科学研究院、福建省气候中心。

本标准主要起草人:翟盘茂、陈阳、周佰铨、邹燕。

持续性暴雨事件

1 范围

本标准规定了持续性暴雨事件的识别方法。

本标准适用于持续性暴雨事件的监测、影响评估和服务等工作。

2 术语和定义

下列术语和定义适用于本文件。

2.1

地面气象观测站 surface meteorological observation station

为开展长期连续地面气象观测，由国务院气象主管机构、地方各级气象主管机构以及国务院其他有关部门和省、自治区、直辖市其他有关部门设立的地面气象观测场所。

注1：改写GB 31221—2014，定义2.1。

注2：在本文件中将地面气象观测站简称为观测站，单个地面气象观测站称为单站或站点。

2.2

暴雨事件 rainstorm event

24小时（当日08时至次日08时或前日20时至当日20时）降雨量达到或超过50 mm的降水事件。

2.3

单站持续性暴雨事件 individual station persistent rainstorm event

某观测站发生连续三日及以上的暴雨事件。

2.4

区域持续性暴雨事件 regional persistent rainstorm event

在某一区域内，至少有三个相邻（距离小于200 km）的观测站均发生了单站持续性暴雨事件，且各观测站发生的单站持续性暴雨事件在其持续时段内至少有一日与其邻站的持续性暴雨事件时段重合。

3 单站持续性暴雨事件识别

3.1 开始日

某观测站持续性暴雨事件发生的首日。

3.2 结束日

单站持续性暴雨事件维持三天以后，如有连续两日降水强度达不到暴雨级别，则判定事件结束，该两日的前一日判定为单站持续性暴雨事件的结束日。

3.3 持续天数

单站持续性暴雨事件开始日到结束日之间维持的天数，单位为天(d)。

3.4 累积降水量

单站持续性暴雨事件持续时段内逐日降水量的总和。

3.5 平均强度

单站持续性暴雨事件累积降水量与持续天数的比值。

4 区域持续性暴雨事件识别

4.1 开始日

发生区域持续性暴雨事件时,最早发生单站持续性暴雨事件的观测站的开始日为区域持续性暴雨事件的开始日。

4.2 结束日

区域持续性暴雨事件发生后,该事件所包含的观测站中最晚结束单站持续性暴雨事件的观测站的结束日为区域持续性暴雨事件的结束日。

4.3 持续天数

区域持续性暴雨事件开始日和结束日之间的维持的天数,单位为天(d)。

4.4 累积降水量

4.4.1 最小累积降水量

某区域持续性暴雨事件共包括 n 个观测站,在区域持续性暴雨事件的持续时段内,这 n 个观测站中,最小的累积降水量做为此区域持续性暴雨事件的最小累积降水量。

注:最小的累积降水量是指某单站的累积降水量在 n 个观测站中的值最小。

4.4.2 最大累积降水量

某区域持续性暴雨事件共包括 n 个观测站,在区域持续性暴雨事件的持续时段内,这 n 个观测站中,最大的累积降水量做为此区域持续性暴雨事件的最大累积降水量。

注:最大的累积降水量是指某单站的累积降水量在 n 个观测站中的值最大。

4.4.3 平均累积降水量

某区域持续性暴雨事件共包括 n 个观测站,在区域持续性暴雨事件的持续时段内,这 n 个观测站累积降水量的平均值为区域持续性暴雨事件的平均累积降水量,计算为 n 个观测站累积降水量的总和与观测站数 n 的比值。

4.5 平均强度

4.5.1 区域最小

某区域持续性暴雨事件共包括 n 个观测站,在区域持续性暴雨事件的持续时段内,这 n 个观测站中,最小的平均强度。

4.5.2 区域最大

某区域持续性暴雨事件共包括 n 个观测站,在区域持续性暴雨事件的持续时段内,这 n 个观测站中,最大的平均强度。

4.5.3 区域平均

某区域持续性暴雨事件共包括 n 个观测站，在区域持续性暴雨事件的持续时段内，这 n 个观测站的平均强度的平均值。

4.6 影响面积

将中国大陆范围(70°E—136°E，15°N—55°N)分成 2°×2°的经纬网格，第 i 个网格的面积记为 D_i，计算公式见附录 A，共包含 n_i 个站点，其中有 n_e 个站点发生了持续性暴雨事件，一次区域持续性暴雨事件中有 k 个网格内存在至少一个观测站发生过单站持续性暴雨事件，则影响面积 E 按式(1)计算：

$$E=\sum_{i=1}^{i=k}\left(\frac{n_e}{n_i}\times D_i\right) \qquad (1)$$

式中：

E ——一次区域持续性暴雨事件的影响面积，单位为平方千米(km^2)；

D_i —— 第 i 个网格的面积，单位为平方千米(km^2)。

4.7 区域持续性暴雨事件识别示例

依据事件的发生区域、发生时间和主要影响系统，将发生在我国南方(35°N 以南)的 70 例区域持续性暴雨事件(1961—2010 年)划分为江淮—江南型、华南型和台风影响型。具体信息参见附录 B—D 的表 B.1、表 C.1 和表 D.1。根据选择区域的不同，区域持续性暴雨事件的识别方法可做适应性的改进，具体方法参见附录 E。

附　录　A
（规范性附录）
2°×2°经纬度网格面积计算公式

对任一经纬度网格 i，其面积 D_i 按式（A.1）计算：

$$D_i = 2 \times 2 \times 110 \times 110 \times \cos(\theta_{\mathrm{lat},i}) \qquad \text{(A.1)}$$

式中：

$\theta_{\mathrm{lat},i}$ ——第 i 个网格的中心纬度，单位为度（°）。

附 录 B
(资料性附录)
江淮—江南型区域持续性暴雨事件基本信息

表 B.1 江淮—江南型区域持续性暴雨事件基本信息

年份	起始日	结束日	持续天数 d	影响站数	影响面积 10^4 km²	北界 °N	南界 °N	西界 °E	东界 °E	最大累积降水量 mm	最小累积降水量 mm
1954	7月4日	7月7日	4	3	3.23	32.55	32.10	115.37	117.23	430.20	265.40
1955	6月18日	6月23日	6	6	5.70	29.44	28.41	115.59	119.39	516.80	265.40
1961	6月7日	6月11日	5	3	2.59	31.26	28.18	117.13	119.29	264.90	172.00
1964	6月24日	6月29日	6	5	5.29	30.44	29.24	110.10	115.40	574.90	262.20
1967	6月17日	6月22日	6	3	2.59	29.00	27.03	114.55	118.54	358.90	197.60
1968	6月16日	6月19日	4	3	1.82	27.03	26.39	118.10	118.59	424.50	303.90
1968	7月13日	7月20日	8	5	4.84	33.36	30.40	113.10	119.02	565.90	305.50
1970	7月8日	7月14日	7	4	3.47	30.08	27.55	115.59	118.32	295.60	177.60
1974	7月14日	7月17日	4	3	2.59	30.08	29.18	117.12	118.17	279.50	238.70
1982	6月13日	6月19日	7	9	9.16	28.04	27.03	111.28	118.32	551.50	240.80
1989	6月29日	7月3日	5	4	3.80	29.00	27.48	114.23	118.54	379.30	302.80
1991	6月12日	6月15日	4	4	3.80	32.33	31.53	115.37	120.53	370.40	231.60
1991	7月1日	7月11日	11	9	9.05	32.52	30.21	112.09	120.19	742.20	369.90
1992	7月4日	7月8日	5	4	3.47	28.04	25.31	117.28	119.47	447.90	215.30
1995	6月21日	6月26日	6	3	2.07	30.08	28.41	118.09	118.54	469.00	286.00
1996	6月29日	7月2日	4	4	2.77	30.21	29.43	118.09	120.10	619.90	291.20
1997	7月7日	7月12日	6	5	4.66	30.44	26.51	116.20	122.27	389.10	275.10
1998	6月12日	6月27日	16	12	10.78	30.37	23.48	113.32	118.59	1053.90	283.60
1999	6月24日	7月1日	8	7	4.84	31.09	29.37	113.55	120.10	813.50	313.80
2000	6月9日	6月12日	4	6	4.68	28.04	25.31	118.02	120.12	376.50	204.20
2002	6月14日	6月17日	4	3	2.54	26.54	26.39	116.20	118.10	551.30	378.80
2003	7月8日	7月10日	3	5	5.57	31.11	28.50	108.46	115.01	481.70	197.20
2005	6月18日	6月24日	7	9	7.26	27.55	23.48	114.44	120.12	706.80	295.10
2006	6月4日	6月7日	4	5	3.47	28.04	26.55	116.39	119.08	421.10	219.00
2010	6月17日	6月25日	9	6	5.08	27.55	26.54	116.39	118.32	754.40	441.10

注:此表中持续性暴雨事件均未受到台风影响。

附 录 C
(资料性附录)
华南型区域持续性暴雨事件基本信息

表 C.1 华南型区域持续性暴雨事件基本信息

年份	起始日	结束日	持续天数 d	影响站数	影响面积 10^4 km²	北界 °N	南界 °N	西界 °E	东界 °E	最大累积降水量 mm	最小累积降水量 mm
1955	7月17日	7月25日	9	5	6.37	25.48	22.39	110.10	117.30	482.90	310.30
1956	8月7日	8月9日	3	3	7.26	21.57	21.27	107.58	109.08	389.40	223.30
1957	5月12日	5月14日	3	3	2.74	23.52	23.05	113.32	114.44	311.30	210.60
1959	6月11日	6月15日	5	9	9.03	23.48	22.21	110.05	116.41	737.00	298.80
1964	6月9日	6月16日	8	5	4.89	25.31	21.50	111.58	119.47	662.20	307.00
1968	6月10日	6月14日	5	3	3.15	23.48	22.48	114.44	116.41	612.40	319.30
1969	4月13日	4月16日	4	3	6.78	22.21	21.44	110.56	112.46	395.50	293.90
1972	6月15日	6月17日	3	5	5.81	23.47	22.48	115.22	117.30	341.90	220.80
1991	6月7日	6月12日	6	3	10.89	21.57	21.32	107.58	112.46	679.30	358.40
1994	6月13日	6月17日	5	3	3.39	25.13	22.21	109.24	110.56	583.90	306.00
1994	7月14日	7月21日	8	4	8.47	21.57	21.02	107.58	109.08	1156.60	387.30
1995	6月5日	6月8日	4	4	11.86	21.50	21.32	107.58	112.46	807.50	251.40
1997	7月2日	7月9日	8	3	2.98	24.12	22.32	110.31	114.00	434.70	288.60
1997	7月19日	7月24日	6	4	9.68	21.57	18.30	107.58	110.02	584.50	192.90
1998	7月1日	7月9日	9	5	10.89	21.57	18.14	107.58	110.02	863.20	263.30
2000	7月17日	7月22日	6	6	10.08	23.20	21.44	108.21	113.50	435.00	230.80
2000	8月1日	8月4日	4	4	12.10	21.57	21.32	107.58	112.46	410.40	269.50
2008	7月7日	7月12日	6	3	7.26	23.24	21.44	112.46	116.41	323.90	288.80

注:此表中持续性暴雨事件均未受到台风影响。

附 录 D
（资料性附录）
台风影响型区域持续性暴雨事件基本信息

表 D.1 台风影响型区域持续性暴雨事件基本信息

年份	起始日	结束日	持续天数 d	影响站数	影响面积 10^4 km^2	北界 °N	南界 °N	西界 °E	东界 °E	最大累积降水量 mm	最小累积降水量 mm
1956	9月17日	9月24日	8	3	3.39	27.20	24.54	118.06	120.12	491.30	412.90
1957	10月12日	10月14日	3	3	4.84	19.31	19.02	109.35	110.28	636.90	178.60
1960	8月24日	8月28日	5	3	3.15	23.48	23.02	114.25	116.18	390.70	298.10
1965	9月27日	9月30日	4	3	6.86	23.02	21.44	112.27	116.18	612.30	218.80
1967	8月4日	8月7日	4	3	3.63	24.42	22.25	107.02	109.18	558.10	331.70
1967	9月13日	9月19日	7	3	4.60	20.00	18.30	109.50	110.15	494.30	369.30
1972	8月18日	8月21日	4	5	5.81	23.47	21.50	111.58	117.30	384.30	223.20
1974	10月18日	10月21日	4	3	6.78	22.48	21.44	112.46	115.22	399.10	244.60
1976	9月19日	9月23日	5	5	5.08	22.46	21.09	108.37	111.58	482.30	340.40
1979	9月20日	9月23日	4	3	4.84	19.02	18.14	109.31	110.02	565.10	354.20
1981	9月28日	10月4日	7	4	11.45	22.15	21.30	107.58	112.47	558.60	403.30
1985	8月26日	8月31日	6	6	11.05	23.25	21.02	105.50	112.46	612.10	306.30
1990	7月30日	8月4日	6	5	5.45	26.05	23.02	116.18	119.17	537.50	330.90
1990	8月19日	8月23日	5	6	5.31	28.49	23.26	117.02	120.55	516.40	225.00
1990	10月3日	10月6日	4	3	4.60	20.20	18.30	109.50	110.11	452.70	330.60
1993	9月24日	9月27日	4	3	6.78	22.48	21.44	112.46	115.22	641.90	247.30
1994	8月4日	8月6日	3	3	3.11	24.30	23.24	116.41	118.04	410.60	193.50
1995	7月31日	8月4日	5	3	3.39	23.47	22.48	115.22	117.30	390.70	342.70
1996	8月11日	8月15日	5	3	3.63	21.47	21.02	108.21	109.08	379.50	239.10
2000	10月13日	10月19日	7	4	5.81	20.00	19.02	109.35	110.28	819.00	596.70
2001	8月29日	9月5日	8	5	4.76	23.10	21.50	111.58	116.18	671.90	329.50
2002	9月12日	9月17日	6	3	2.90	22.32	21.09	110.18	114.00	557.90	294.40
2008	7月28日	8月1日	5	3	2.51	30.08	24.54	118.09	119.31	394.00	252.60
2008	8月7日	8月9日	3	4	4.84	21.57	21.02	108.21	109.08	484.70	301.10
2009	8月5日	8月10日	6	3	3.39	21.27	19.06	108.37	110.18	604.20	234.00
2010	10月1日	10月9日	9	6	9.20	20.20	18.14	109.31	110.28	1488.10	528.80
2010	10月15日	10月18日	4	3	6.05	19.14	18.30	109.50	110.28	521.50	369.60

附 录 E
(资料性附录)
区域持续性暴雨事件识别方法适应性改进

E.1 依据所选用站点数据的不同观测网密度,可适当调节区域持续性暴雨事件中"相邻站点"的个数及相邻站判别条件,或采用发生持续性暴雨站点所占总站数的比例。

E.2 根据不同地区的气候条件,可适当调节"暴雨强度"的阈值,也可使用基于百分位(percentile)的相对阈值。

E.3 对于有连续的逐小时降水观测记录的地区而言,持续性暴雨事件的监测和评估也可不采用固定日界(08 时—08 时,20 时—20 时等),而考虑用连续 24 小时代表 1 天,连续 72 小时代表 3 天。

参 考 文 献

[1] GB/T 28592—2012 降水量等级

[2] GB 31221—2014 气象探测环境保护规范 地面气象观测站

[3] 陶诗言.中国之暴雨[M].北京:科学出版社,1980

[4] Chen Y,Zhai P M. Persistent extreme precipitation events in China during 1951—2010[J]. Clim Res,2013,57:143-155

ICS 07.060
A 47
备案号：65093—2018

中华人民共和国气象行业标准

QX/T 443—2018

气象行业标志

Meteorological industry sign

2018-09-20 发布 2019-02-01 实施

中 国 气 象 局 发 布

前　言

本标准按照 GB/T 1.1—2009 给出的规则起草。

本标准由全国气象防灾减灾标准化技术委员会(SAC/TC 345)提出并归口。

本标准起草单位:湖北省气象局。

本标准主要起草人:向世团、丁俊峰、刘立成、周芳、谢赛、郑运斌。

气象行业标志

1 范围

本标准规定了气象行业标志的构成与组合形式。

本标准适用于气象行业标志的制作与使用。

2 规范性引用文件

下列文件对于本文件的应用是必不可少的。凡是注日期的引用文件，仅注日期的版本适用于本文件。凡是不注日期的引用文件，其最新版本(包括所有的修改单)适用于本文件。

GB/T 18721—2002 印刷技术 印前数据交换 CMYK标准彩色图像数据(CMYK/SCID)

3 术语和定义

下列术语和定义适用于本文件。

3.1

标志 sign

由符号、文字、颜色和几何形状(或边框)等组合形成的传递特定信息的视觉形象。

[GB/T 15565.2—2008,定义2.1.1]

3.2

文字符号 letter symbol

由字母、数字、汉字或其组合形成的符号。

[GB/T 15565.1—2008,定义2.4]

3.3

图形符号 graphical symbol

由图形为主要特征，信息传递不依赖于语言的符号。

[GB/T 15565.1—2008,定义2.5]

3.4

色值 colour value

与每个像素有关的彩色数值。

[GB/T 18721—2002,定义3.3]

4 构成

4.1 图形符号

示意图见图1(彩)，制图所用坐标网格图见附录A的图A.1(彩)。

图 1(彩)　图形示意图

4.2　文字符号

4.2.1　内容

中文:中国气象。

英文:CHINA METEOROLOGY。

4.2.2　字体

中文文字的字体应为汉仪综艺简体,示意图见图 2(彩)。

图 2(彩)　中文字体示意图

英文文字的字体应为 Arial Bold,示意图见图 3(彩)。

CHINA METEOROLOGY

图 3(彩)　英文字体示意图

4.3　颜色

标志的颜色为蓝色和白色:

a)　蓝色色值应符合 GB/T 18721—2002 中规定的色值 C100 M85 Y00 K00;

b)　白色色值应符合 GB/T 18721—2002 中规定的色值 C00 M00 Y00 K00。

5　组合规定

5.1　横式组合

5.1.1　横式组合 1 见图 4(彩),制图所用坐标网格图见附录 A 的图 A.2(彩)。

图 4(彩) 横式组合 1 示意图

5.1.2 横式组合 2 见图 5(彩),制图所用坐标网格图见附录 A 的图 A.3(彩)。

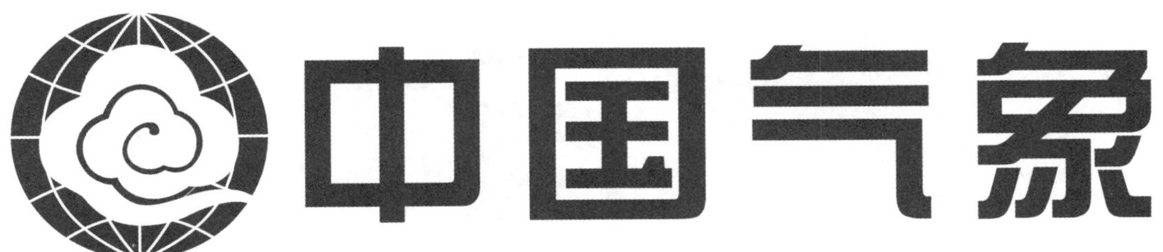

图 5(彩) 横式组合 2 示意图

5.1.3 横式组合 3 见图 6(彩),制图所用坐标网格图参见附录 A 的图 A.4(彩)。

图 6(彩) 横式组合 3 示意图

5.2 竖式组合

5.2.1 竖式组合 1 见图 7(彩),制图所用坐标网格图见附录 A 的图 A.5(彩)。

图 7(彩) 竖式组合 1 示意图

5.2.2 竖式组合 2 见图 8(彩),制图所用坐标网格图见附录 A 的图 A.6(彩)。

图 8(彩)　竖式组合 2 示意图

5.3　中置式组合

5.3.1　中置式组合 1 见图 9(彩),制图所用坐标网格图见附录 A 的图 A.7(彩)。

图 9(彩) 中置式组合 1 示意图

5.3.2 中置式组合 2 见图 10(彩),制图所用坐标网格图见附录 A 的图 A.8(彩)。

图 10(彩) 中置式组合 2 示意图

5.4 同心圆式组合示意图

同心圆式组合的标志由图形标志、文字和边框组成。示意图见图 11(彩),制图所用坐标网格图见附录 A 的图 A.9(彩)。

说明：

A——图形标志；

B1——文字部分上区；

B2——文字部分下区；

C——边框。

图 11(彩) 同心圆式组合示意图

附　录　A
（规范性附录）
气象行业标志制图规范

A.1　图形的坐标网格图

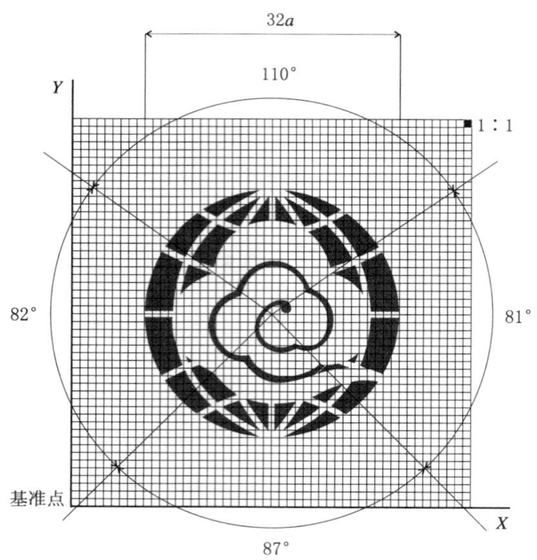

说明：a——绘图基础单元格。

图 A.1（彩）　图形的坐标网格图

A.2　横式组合坐标网格图

A.2.1　横式组合1的坐标网格图

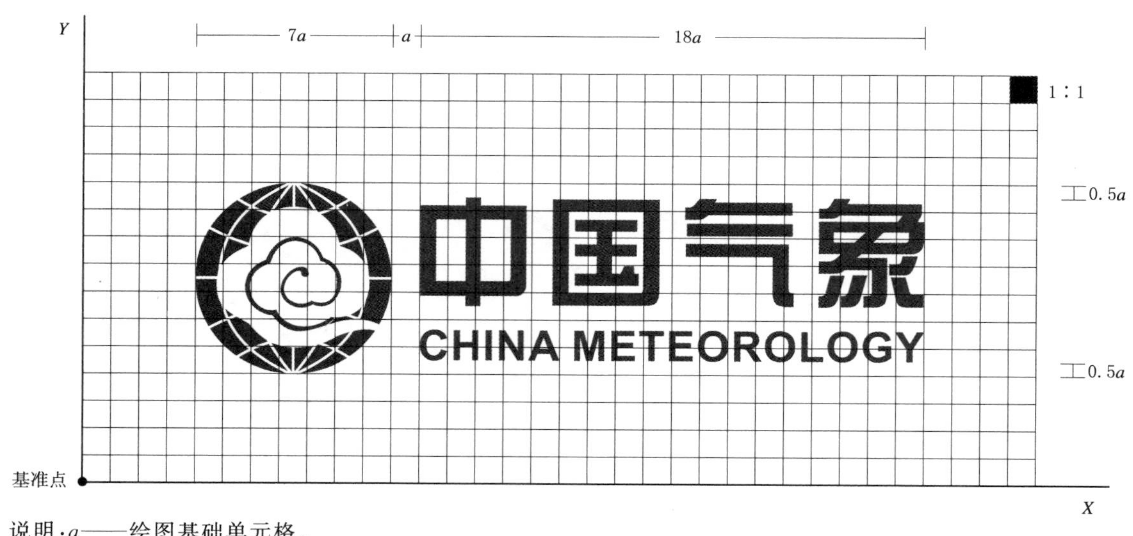

说明：a——绘图基础单元格。

图 A.2（彩）　横式组合1的坐标网格图

A.2.2　横式组合 2 的坐标网格图

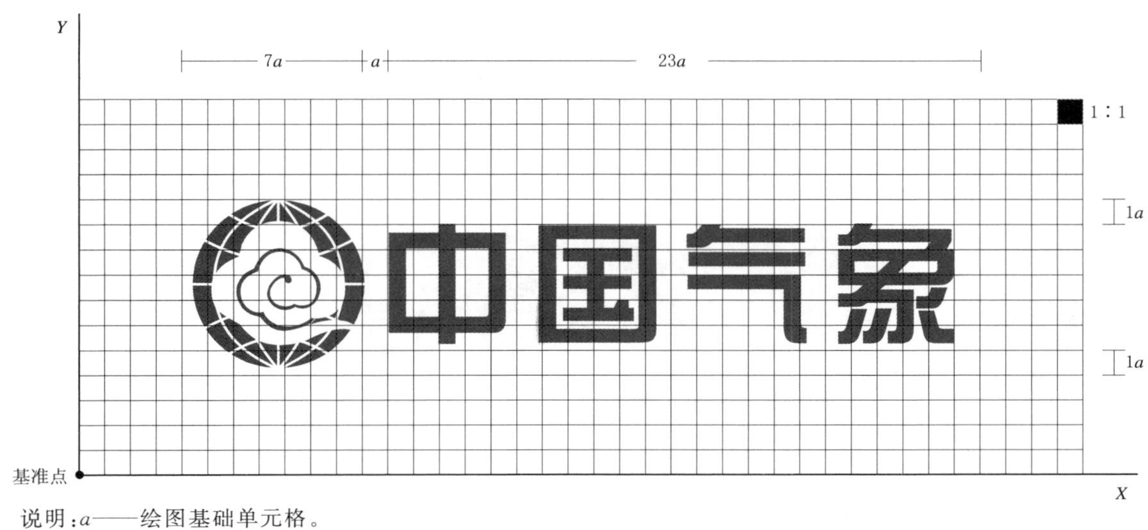

说明：a——绘图基础单元格。

图 A.3(彩)　横式组合 2 的坐标网格图

A.2.3　横式组合 3 的坐标网格图

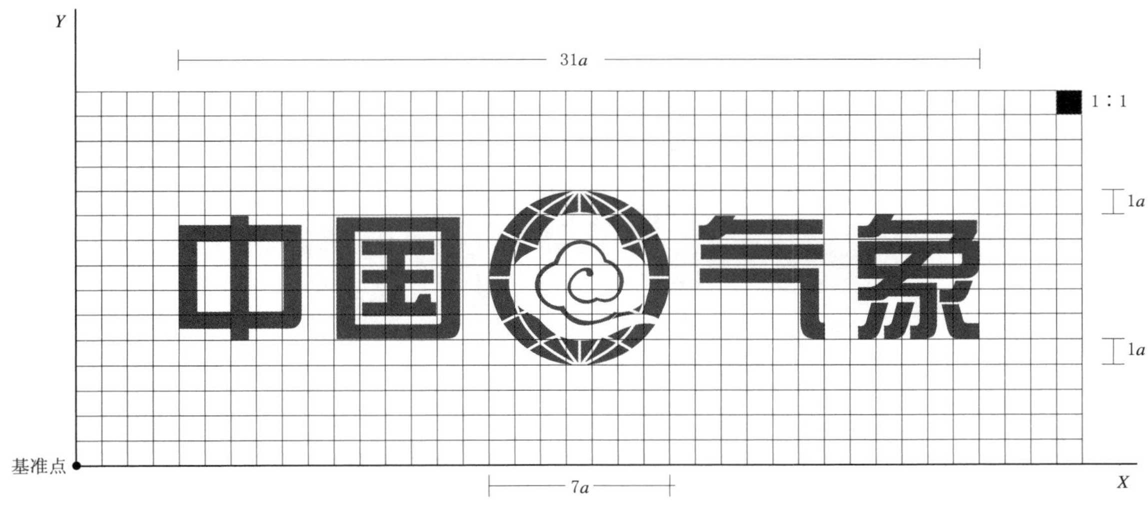

图 A.4(彩)　横式组合 3 的坐标网格图

A.3 竖式组合坐标网格图

A.3.1 竖式组合1的坐标网格图

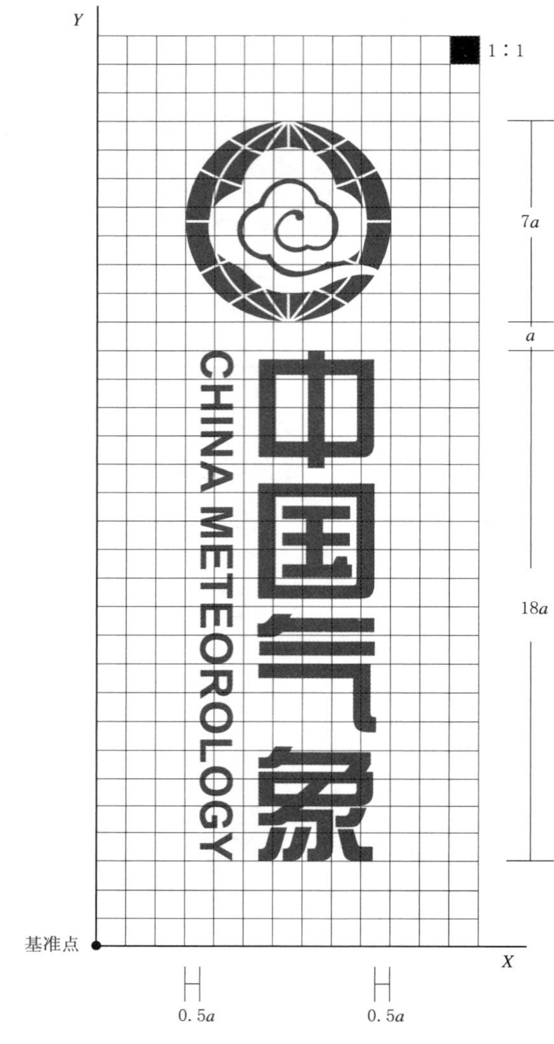

图 A.5(彩) 竖式组合1的坐标网格图

A.3.2 竖式组合 2 的坐标网格图

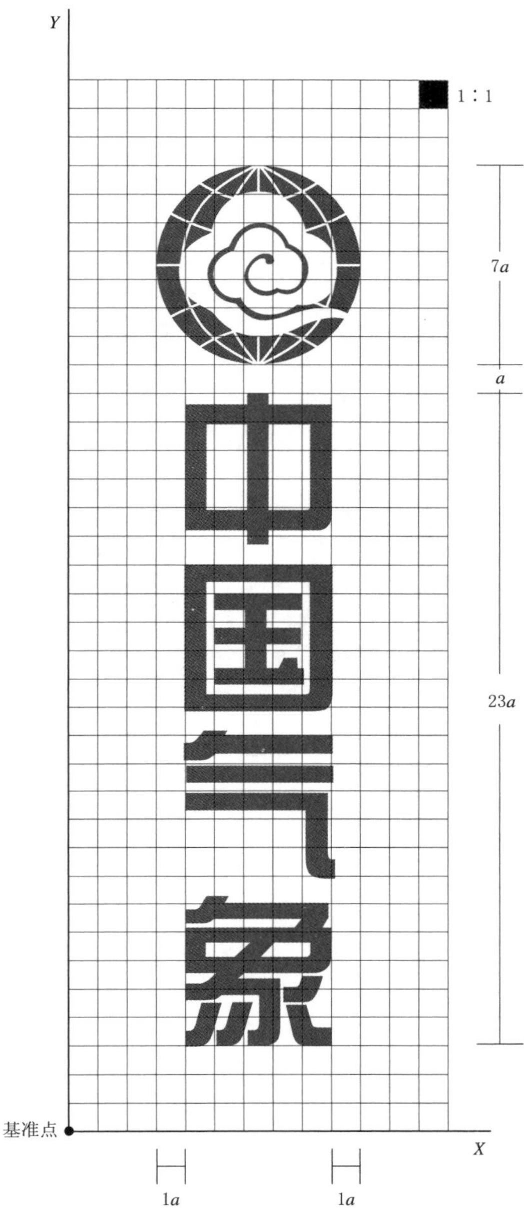

图 A.6(彩) 竖式组合 2 的坐标网格图

A.4 中置式组合

A.4.1 中置式组合 1 的坐标网格图

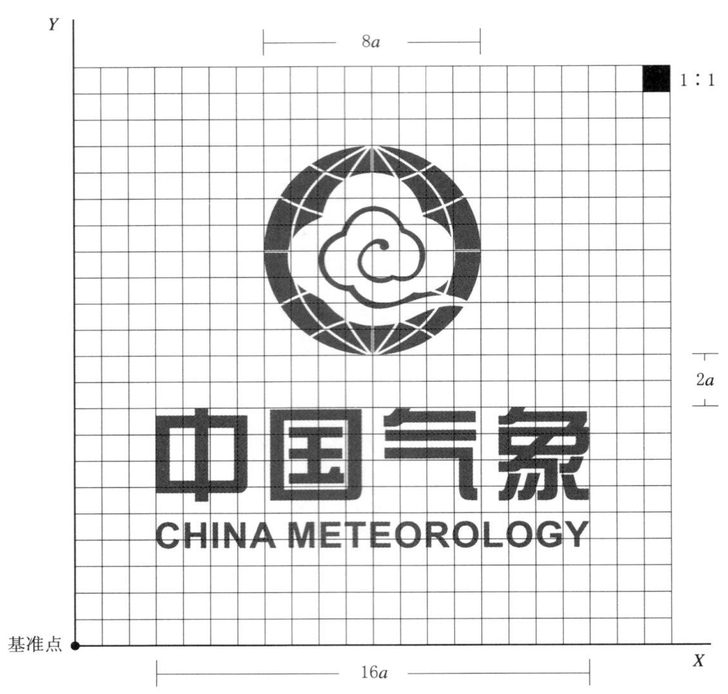

图 A.7(彩) 中置式组合 1 的坐标网格图

A.4.2 中置式组合 2 的坐标网格图

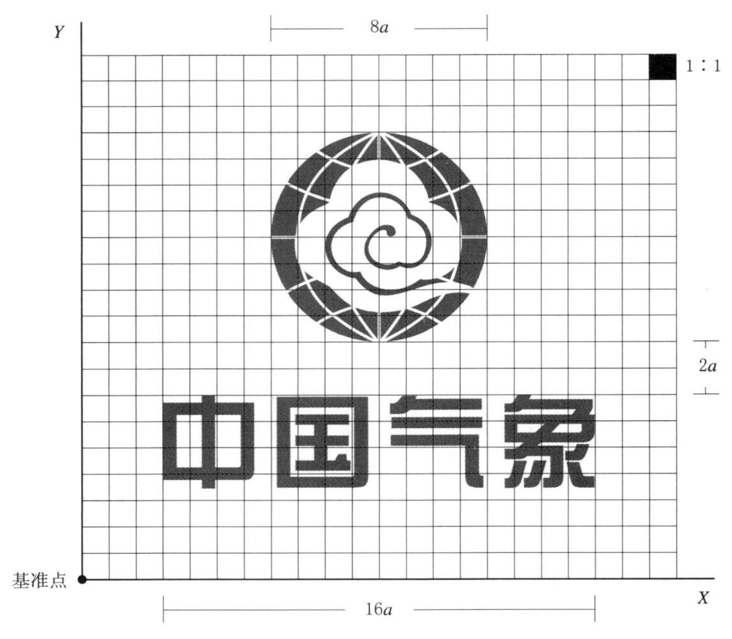

图 A.8(彩) 中置式组合 2 的坐标网格图

A.5 同心圆式组合

A.5.1 同心圆式组合坐标网格图

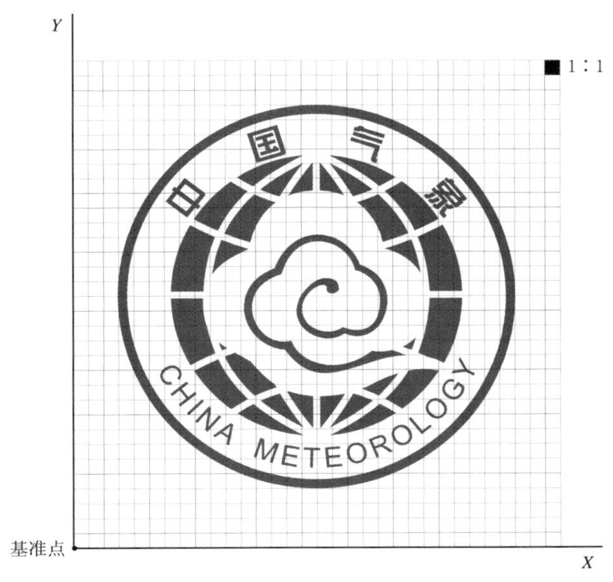

图 A.9(彩) 同心圆式组合的坐标网格图

A.5.2 同心圆式各组成要素的半径及定位角要求

同心圆式各组成要素的半径、分布角度示意图见图 A.10(彩)。各要素半径比例见表 A.1,文字部分各要素定位角度值见表 A.2。

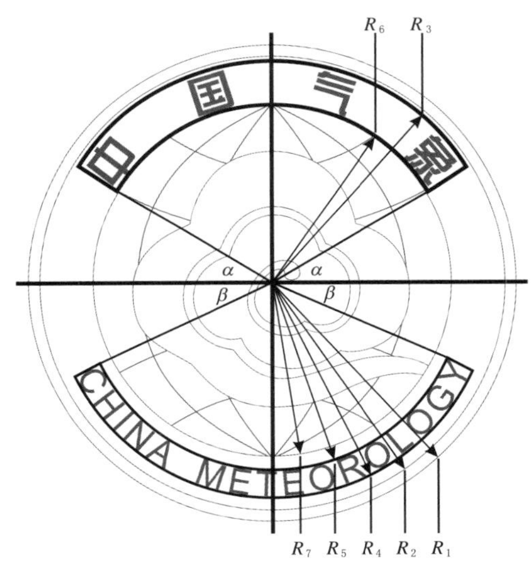

说明:

R_i ——标志内各组成要素半径,其中 $i=1,2\cdots,7$;

α ——中文定位角度;

β ——英文定位角度。

图 A.10(彩) 同心圆式各组成要素的半径、定位角示意图

表 A.1　同心圆式各组成要素半径比例

字母符号	要素	半径比例
R_1	标志半径	100
R_2	边框内圈半径	95.3
R_3	中文外圈半径	92.3
R_4	英文外圈半径	91
R_5	英文内圈半径	80.2
R_6	中文内圈半径	75.2
R_7	图案半径	72.8

表 A.2　同心圆式文字部分各要素定位角

字母符号	要素	角度值(度)
α	中文定位角	30
β	英文定位角	25

参 考 文 献

[1] GB/T 15565.1—2008 图形符号 术语 第1部分:通用
[2] GB/T 15565.2—2008 图形符号 术语 第2部分:标志及导向系统
[3] GB/T 18721—2002 印刷技术 印前数据交换 CMYK标准彩色图像数据(CMYK/SCID)
[4] GB/T 25601—2010 中国文化遗产标志
[5] 中国气象局.关于正式启用气象标志的通知:中气办发〔1999〕28号[Z],1999
[6] 中国气象局.地面气象观测站标牌制作设置方案:中气函〔2008〕268号[Z],2008
[7] 中国气象局.地面气象观测场值班室建设规范:气发〔2008〕491号[Z],2008
[8] 中国气象局.中国气象局VIS视觉识别手册[Z],2014
[9] World meteorological organization. WMO corporate visual identity guidelines[Z],2016

ICS 07.060
A 47
备案号：65094—2018

中华人民共和国气象行业标准

QX/T 444—2018

近地层通量数据文件格式

Data format for surface layer flux measurement

2018-09-20 发布　　2019-02-01 实施

中国气象局　发布

前　言

本标准按照 GB/T 1.1—2009 给出的规则起草。

本标准由全国气象基本信息标准化技术委员会(SAC/TC 346)提出并归口。

本标准起草单位:中国气象局气象探测中心、中国气象局综合观测司、湖北省气象局、河南省气象局。

本标准主要起草人:王建凯、张帆、杨志彪、杨大生、余辉、曹铁。

近地层通量数据文件格式

1 范围

本标准规定了近地层通量数据文件种类、记录方式及基本要求，湍流数据与通量数据的文件内容、生成规则、结构、格式和命名方法。

本标准适用于近地层通量数据文件的存储与应用。

2 术语和定义

下列术语和定义适用于本文件。

2.1

近地层 surface layer

近地面层

地面边界层

表面边界层

从地面到离地面 50 m 左右厚的气层。

注：近地层各种属性（动量、热量等）的湍流铅直通量近似为常数。

2.2

大气湍流 atmospheric turbulence

在时间上和空间上不规则运动的大气运动形态。

注：通常利用大气的速度、物理属性等在时间与空间上的脉动来表征。

2.3

通量 flux

单位时间内通过一定面积输送的动量、热量（能量）或物质等物理量的总称。

2.4

湍流数据 turbulence data

通过测量仪器获取风速、水汽浓度、湿度、气温和二氧化碳脉动的高频采样数据。

2.5

通量数据 flux data

对湍流观测数据，利用涡动协方差方法计算得到的通量，以及计算中所需要的各种统计量和能量平衡中常规传感器的测量结果的数据。

3 概述

3.1 数据文件种类

近地层通量数据包括湍流数据文件和通量数据文件两类。

3.2 数据文件记录方式

采用定长文件的方式记录。

3.3 数据文件格式基本要求

数据文件中的所有数据均用 ASCII 字符写入，观测要素数据高位不足时，用半角空格补齐。每条记录尾部用回车换行结束。

4 湍流数据文件

4.1 内容

文件应包含以下数据：

——观测站参数；

——观测站气压；

——三维超声风温仪观测数据；

——三维超声风温仪传感器诊断值；

——红外 H_2O/CO_2 分析仪高频采样数据；

——红外 H_2O/CO_2 分析仪诊断值；

——红外 H_2O/CO_2 分析仪运行状态(AGC)值。

4.2 生成规则

每个观测站每小时生成 1 个文件。

4.3 结构

文件由参数段、数据段两部分组成。第 1 条记录为参数段。从第 2 条记录开始至文件结尾为数据段，每条记录 77 个字节。文件末尾添加结束符(=)。

4.4 格式

见附录 A。

4.5 命名

文件名为：Z_SURF_PBL_FLUX_O_IIiii_YYYYMMDDHH.TXT。

其中：

Z ——固定代码，表示后段编码方式；

SURF ——固定代码，表示地面气象类别观测数据文件；

PBL ——固定代码，表示近地层观测；

FLUX ——固定代码，表示通量类观测数据；

O ——固定代码，表示原始观测数据；

注："O"为英文字母。

IIiii ——区站号；

YYYY——年；

MM ——月，不足 2 位时，高位补"0"；

DD ——日，不足 2 位时，高位补"0"；

HH ——时(01 时—24 时)，不足 2 位时，高位补"0"；

TXT ——固定编码，表示此文件为 ASCII 格式。

5 通量数据文件

5.1 内容

文件应包含以下数据：

——观测站参数；

——数据采集器利用涡动协方差方法计算得到的通量数据；

——计算所需要的各种统计量；

——能量平衡中常规传感器获取的测量数据；

——设备状态值。

5.2 生成规则

每个观测站每小时生成1个。

5.3 结构

文件由参数段和数据段2部分组成。第1条记录为参数段。从第2条记录开始至文件结尾是数据段，每条记录440个字节。文件末尾添加结束符(=)。

5.4 格式

见附录B。

5.5 命名方法

文件名为：Z_SURF_PBL_FLUX_S_IIiii_YYYYMMDDHH.TXT。

其中：

Z ——固定代码，表示后段编码方式；

SURF ——固定代码，表示地面气象类别观测数据文件；

PBL ——固定代码，表示近地层观测；

FLUX ——固定代码，表示通量类观测数据；

S ——固定代码，表示统计值；

IIiii ——区站号；

YYYY——年；

MM ——月，不足2位时，高位补“0”；

DD ——日，不足2位时，高位补“0”；

HH ——时(01时—24时)，不足2位时，高位补“0”；

TXT ——固定编码，表示此文件为ASCII格式。

附　录　A
（规范性附录）
湍流数据文件格式

A.1　参数段

A.1.1　格式

参数段数据的存储顺序、单位和字符长度见表 A.1。

表 A.1　湍流数据文件参数段格式

序号	参数内容	单位	字符长度
1	区站号		5
2	年		4
3	月		2
4	日		2
5	时		2
6	铁塔所在位置经度	°′″	8
7	铁塔所在位置纬度	°′″	7
8	梯度塔所处地（湖、海）面海拔高度	m	7
9	三维超声风温仪距地（湖、海）面高度	m	5
10	三维超声风温仪安装角度	°	3
11	红外 H_2O/CO_2 分析仪距地（湖、海）面高度	m	5
12	气压传感器海拔高度	m	7
13	采集器型号		10
14	保留		5
15	版本号		6
16	回车换行		2

A.1.2　记录规则

应符合：

a) 经度和纬度按度分秒（°′″）格式存储。经度和纬度的度（°）分别为 3 位和 2 位，分（′）和秒（″）均为 2 位，高位不足补“0”。数值后加东经（E）、西经（W）、北纬（N）、南纬（S）标识符；

示例：

东经 109°02′03″，存储格式为 1090203E。北纬 32°02′03″，存储格式为 320203N。

b) 梯度塔所处地（湖、海）面海拔高度和传感器距地（湖、海）面高度或海拔高度，以米（m）为单位，保留 1 位小数；

c) 三维超声风温仪安装角度以传感器方位基准与正北按顺时针方向的夹角为准，以度（°）为单位，取整数，用 000～359 表示；

d) 采集器型号：10 个半角字符，若型号超长，只取主要型号予以标识；

e) 保留字符用“-”填充；

f) 版本号：首次版本号为 V1.00。

A.2 数据段

A.2.1 内容与格式

每条记录 77 个字节，各要素或变量的内容、存储顺序和字长见表 A.2。

表 A.2 湍流观测数据文件数据段内容与格式

序号	要素或变量名	单位	字符长度	记录格式说明
1	时间时分秒	北京时	10	格式：hh：mm：ss.s
2	水平风速（x 轴）	m/s	9	整数 2 位，小数 5 位，小数点 1 位，当为负值时前面加“-”号
3	水平风速（y 轴）	m/s	9	整数 2 位，小数 5 位，小数点 1 位，当为负值时前面加“-”号
4	垂向风速（z 轴）	m/s	9	整数 2 位，小数 5 位，小数点 1 位，当为负值时前面加“-”号
5	二氧化碳绝对密度	mg/m^3	8	整数 4 位，小数 3 位，小数点 1 位
6	水蒸气绝对密度	mg/m^3	8	整数 3 位，小数 4 位，小数点 1 位
7	超声虚温	℃	8	整数 2 位，小数 4 位，小数点 1 位，当为负值时前面加“-”号
8	脉动温度	℃	8	整数 2 位，小数 4 位，小数点 1 位，当为负值时前面加“-”号
9	本站气压	hPa	7	整数 4 位，小数 2 位，小数点 1 位
10	超声风温仪传感器诊断值		1	指示超声风温仪传感器运行状态
11	红外 H_2O/CO_2 分析仪诊断值		1	指示红外 H_2O/CO_2 分析仪传感器运行状态
12	红外 H_2O/CO_2 分析仪 AGC 值		2	指示分析仪传感器光路运行状态
13	回车换行		2	

A.2.2 记录规则

应符合：

a) “时分秒”为记录识别标志。时、分各 2 位，高位不足补“0”，秒为 4 位，取 1 位小数，时、分、秒之间用“：”分隔；

示例：

1 时 8 分 0.1 秒，应存储为 01：08：00.1。

b) 要素或变量缺测时，则应按约定的字长，每个字节位存入 1 个“/”字符。

附　录　B
（规范性附录）
通量数据文件内容与格式

B.1　参数段

B.1.1　内容与格式

参数段内容、存储顺序和字长见表 B.1。

表 B.1　通量数据文件参数段内容与格式

序号	参数内容	单位	字符长度
1	区站号		5
2	年		4
3	月		2
4	日		2
5	时		2
4	铁塔所在位置经度	° ′ ″	8
5	铁塔所在位置纬度	° ′ ″	7
6	梯度塔所处地（湖、海）面海拔高度	m	7
7	三维超声风温仪距地（湖、海）面高度	m	5
8	三维超声风温仪安装角度	°	3
9	红外 H_2O/CO_2 分析仪距地（湖、海）面高度	m	5
10	气压传感器海拔高度	m	7
11	采集器型号		10
12	三维超声风温仪型号		8
13	红外 H_2O/CO_2 分析仪型号		8
14	下垫面状况编码		1
15	植被高度	m	4
16	保留		347
17	版本号		5
18	回车换行		2

B.1.2　记录规则

应符合：

a）经度和纬度：见 A.1.2 a)；

b）梯度塔所处地（湖、海）面海拔高度、传感器距地（湖、海）面或海拔高度和植被高度：见 A.1.2 b)；

c) 三维超声风温仪安装角度是指传感器方位基准与正北按顺时针方向的夹角：见 A.1.2 c)；
d) 采集器型号：见 A.1.2 d)；
e) 三维超声风温仪和红外 H_2O/CO_2 分析仪型号：参见 A.1.2 d)；
f) 下垫面状况编码见表 B.2；
g) 植被高度：与 A.1.2 b)相同，无植被时，植被高度按 0.0 处理；
h) 保留字符用“-”填充。

表 B.2 下垫面状况编码

下垫面状况	沙漠	戈壁	草原	农田	森林	水面	洋面	自然草坪	湿地	冰雪	沙地	礁石（岩石或海上平台）
编码	0	1	2	3	4	5	6	7	8	9	A	B

B.2 数据段

B.2.1 内容与格式

每 30 分钟计算一次通量数据，每条记录 440 个字节，存储 61 个观测要素的统计值。各要素的内容、存储顺序和字长见表 B.3。

表 B.3 通量观测数据文件数据段内容与格式

序号	要素名	单位	字符长度	存储格式说明
1	年月日时分(北京时)		16	格式：YYYY-MM-DD hh:mm
2	经过 WPL 变换的二氧化碳通量	$mg/(m^2 \cdot s)$	8	应有小数点，为负值时前面加“-”号，位数不足时低位补“0”
3	经过 WPL 变换的潜热通量	W/m^2	8	
4	用超声虚温计算得到的显热通量	W/m^2	8	
5	动量通量	$kg/(m^2 \cdot s)$	8	
6	摩擦风速	m/s	8	应有小数点，位数不足时低位补“0”
7	未经过 WPL 修正的二氧化碳通量	$mg/(m^2 \cdot s)$	8	应有小数点，为负值时前面加“-”号，位数不足时低位补“0”
8	未经过 WPL 修正的潜热通量	W/m^2	8	
9	二氧化碳通量 WPL 变换的潜热修正项	$mg/(m^2 \cdot s)$	8	
10	二氧化碳通量 WPL 变换的显热修正项	$mg/(m^2 \cdot s)$	8	
11	潜热通量 WPL 变换的潜热修正项	W/m^2	8	
12	潜热通量 WPL 变换的显热修正项	W/m^2	8	
13	垂直风速 U_z 的方差	$(m/s)^2$	8	应有小数点，位数不足时低位补“0”
14	垂直风速 U_z 和水平风速 U_x 的协方差	$(m/s)^2$	8	应有小数点，为负值时前面加“-”号，位数不足时低位补“0”
15	垂直风速 U_z 和水平风速 U_y 的协方差	$(m/s)^2$	8	
16	垂直风速和二氧化碳密度的协方差	$mg/(m^2 \cdot s)$	8	
17	垂直风速 U_z 和水蒸气密度的协方差	$g/(m^2 \cdot s)$	8	
18	垂直风速 U_z 和超声虚温的协方差	(m·℃)/s	8	

表 B.3 通量观测数据文件数据段内容与格式(续)

序号	要素名	单位	字符长度	存储格式说明
19	水平风速 U_x 的方差	$(m/s)^2$	8	应有小数点,位数不足时低位补“0”
20	水平风速 U_x 和 U_y 的协方差	$(m/s)^2$	8	应有小数点,为负值时前面加“-”号,位数不足时低位补“0”
21	水平风速 U_x 和二氧化碳密度的协方差	mg/(m² · s)	8	
22	水平风速 U_x 和水蒸气密度的协方差	g/(m² · s)	8	
23	水平风速 U_x 和超声虚温的协方差	(m · ℃)/s	8	
24	水平风速 U_y 的方差	$(m/s)^2$	8	应有小数点,位数不足时低位补“0”
25	水平风速 U_y 和二氧化碳密度的协方差	mg/(m² · s)	8	应有小数点,为负值时前面加“-”号,位数不足时低位补“0”
26	水平风速 U_y 和水蒸气密度的协方差	g/(m² · s)	8	
27	水平风速 U_y 和超声虚温的协方差	(m · ℃)/s	8	
28	二氧化碳密度的方差	$(mg/m^3)^2$	8	应有小数点,位数不足时低位补“0”
29	水蒸气密度的方差	$(mg/m^3)^2$	8	
30	超声虚温的方差	℃²	8	
31	水平风速 U_x 均值	m/s	7	
32	水平风速 U_y 均值	m/s	7	
33	垂直风速 U_z 均值	m/s	7	
34	二氧化碳密度均值	mg/m³	7	
35	水蒸气密度均值	mg/m³	7	
36	超声虚温均值	℃	7	
37	本站气压均值	hPa	7	
38	空气密度均值	kg/m³	7	
39	由同高度上气温和湿度计算得到的水汽密度均值	g/m³	7	
40	由同高度上气温计算得到的空气温度均值	℃	7	应有小数点,为负值时前面加“-”号,位数不足时低位补“0”
41	由同高度上相对湿度计算得到的空气相对湿度均值	%	7	应有小数点,位数不足时低位补“0”
42	由同高度上气温和湿度计算得到的水汽压均值	hPa	7	
43	平均水平风速	m/s	7	
44	矢量合成水平风速	m/s	7	
45	罗盘坐标系下的风向方位角	°	7	
46	合成风向的标准偏差	°	7	应有小数点,为负值时前面加“-”号,位数不足时低位补“0”
47	超声风坐标系下的风向角度	°	7	

表 B.3 通量观测数据文件数据段内容与格式(续)

序号	要素名	单位	字符长度	存储格式说明
48	协方差计算中有效样本总数		7	取整数,位数不足时高位补空
49	超声风传感器警告的总次数		7	
50	H_2O/CO_2 分析仪警告的总次数		5	
51	超声风传感器虚温温度差警告总次数		5	
52	超声风传感器信号锁定警告总次数		5	
53	超声风传感器信号放大高警告总次数		5	
54	超声风传感器信号放大低警告总次数		5	
55	H_2O/CO_2 分析仪断路器警告总次数		5	
56	H_2O/CO_2 分析仪检测器警告总次数		5	
57	H_2O/CO_2 分析仪相位锁定循环		5	
58	H_2O/CO_2 分析仪同步警告总次数		5	
59	H_2O/CO_2 分析仪 AGC 均值		5	
60	电池电压均值	V	4	取 1 位小数,位数不足高位补空格
61	面板温度均值	℃	5	
62	回车换行		2	

B.2.2 记录规则

应符合:

a) “年月日时分”为记录识别标志。格式为 YYYY-MM-DD hh:mm,月、日、时、分高位不足补“0”,时、分之间用“:”分隔;

b) 要素缺测时,则应按约定的字长,每个字节位均存入 1 个“/”字符。

参 考 文 献

[1] 《大气科学辞典》编委会. 大气科学辞典[M]. 北京:气象出版社,1994

[2] 中国气象局. 地面气象观测规范[M]. 北京:气象出版社,2003

[3] WMO. Guide to Meteorological Instruments and Methods of Observation: Eighth edition, WMO No. 8[M]. Geneva(Switzerland): WMO,2015

ICS 07.060
A 47
备案号：65095—2018

中华人民共和国气象行业标准

QX/T 445—2018

人工影响天气用火箭弹验收通用规范

General acceptance specifications for cloud-seeding rocket

2018-09-20 发布　　2019-02-01 实施

中　国　气　象　局　发　布

前　　言

本标准按照 GB/T 1.1—2009 给出的规则起草。

本标准由全国人工影响天气标准化技术委员会(SAC/TC 538)提出并归口。

本标准起草单位:中国气象局上海物资管理处、中国气象局应急减灾与公共服务司、陕西中天火箭技术股份有限公司、江西新余国科科技股份有限公司、内蒙古北方保安民爆器材有限公司。

本标准主要起草人:刘伟、孟旭、卢怡、曹烤、夏璐怡、王大旺、陆建君、王宁、范鹏程、金卫平、侯保通。

人工影响天气用火箭弹验收通用规范

1 范围

本标准规定了人工影响天气用火箭弹的验收内容、检验方法、产品抽样、合格判定以及验收报告的要求。

本标准适用于人工影响天气用火箭弹的验收。

本标准不适用于人工影响天气用火箭弹的型式检验。

2 规范性引用文件

下列文件对于本文件的应用是必不可少的。凡是注日期的引用文件，仅注日期的版本适用于本文件。凡是不注日期的引用文件，其最新版本(包括所有的修改单)适用于本文件。

GB 190　危险货物包装标志

GB 191　包装储运图示标志

GB/T 2828.1　计数抽样检验程序　第1部分：按接收质量限(AQL)检索的逐批检验抽样计划

GB 12463　危险货物运输包装通用技术条件

QX/T 359—2016　增雨防雹火箭系统技术要求

3 术语和定义

下列术语和定义适用于本文件。

3.1

交验文档　inspection document

产品交验时，生产方提供的火箭弹质量证明文件和技术资料。

3.2

箭体　rocket body

由载荷舱、发动机和尾翼组成的火箭弹的壳体装置。

3.3

爆炸式火箭弹　explosive rocket

爆炸式火箭弹是指播撒完毕，采用爆炸自毁方式回收残骸的人工影响天气火箭弹。

3.4

伞降式火箭弹　parachute rocket

伞降式火箭弹是指播撒完毕，采用降落伞方式回收残骸的人工影响天气火箭弹。

4 验收内容

4.1 交验文档

交验文档应包括：

a) 交验通知单(参见附录A)；

b） 交验产品的企业标准；

c） 主要外购外协件及重要原材料合格证明文件；

d） 火箭弹发动机内弹道试验进厂后验收结果；

e） 分系统抽样报告及重大质量问题处理情况。

4.2 包装

4.2.1 火箭弹的包装应符合产品图样及产品技术标准。

4.2.2 包装箱应符合 GB 12463 的要求，产品类别、危险等级标识、防潮、生产厂家、型号、批次、序列号及生产年月等按 GB 190、GB 191 执行。

4.2.3 产品装箱应固定、牢靠。

4.2.4 产品说明书及保险说明、产品质量信息反馈单一并随产品装入箱内。

4.3 火箭弹外观及标识

4.3.1 火箭弹外表面漆层、镀层应清洁、牢固、完好；补涂漆的颜色允许与火箭弹外表面有色差。

4.3.2 火箭弹外表面不应有影响使用的裂纹、碰伤等缺陷。

4.3.3 火箭弹上的所有标识应清晰、准确，应包含条形码或二维码、增雨防雹标识及有关安全注意事项等提示。

4.4 火箭弹尺寸

4.4.1 火箭弹的直径、长度、发火触点位置的尺寸及其偏差应满足 4.1 中 b)的要求。

4.4.2 火箭弹箭体的直线度(跳动量)应满足 4.1 中 b)的要求。

4.5 火箭弹重量

火箭弹重量应满足 4.1 中 b)的要求。

4.6 火箭弹电性能指标

火箭弹电性能指标应满足 4.1 中 b)的要求。

4.7 破片要求

爆炸式火箭弹的破片大小应符合 QX/T 359—2016 中 3.3.6 及本标准 4.1 中 b)的要求。

4.8 飞行要求

4.8.1 点火正常，顺利出架。

4.8.2 火箭弹飞行稳定，弹道偏差应符合 QX/T 359—2016 中 3.3.2 的规定。

4.8.3 催化剂撒播正常，伞降式火箭弹降落伞的打开时间符合 4.1 中 b)的要求，爆炸式火箭弹的自毁时间符合 4.1 中 b)的要求。

4.9 催化剂性能指标

催化剂成核率应符合 GB/T 359－2016 中 3.3.9 的要求。

5 检验方法

5.1 交验文档

检查交验材料，应符合 4.1 的要求。

5.2 包装检验

采用目测方法检查，应符合 4.2 的要求。

5.3 外观及标识检查

采用目测方法检查，应符合 4.3 的要求。

5.4 尺寸检测

5.4.1 火箭弹的直径、发火触点位置采用符合精度要求的专用量具测量，所用量具需在检定周期内，测量结果应符合 4.4.1 的要求。

5.4.2 火箭弹箭体圆柱部分的直线度采用符合精度要求的专用量具测量，测量结果应符合 4.4.2 的要求。

5.4.3 火箭弹箭体头部相对箭体轴线的径向圆跳动采用符合精度要求的专用量具或设备测量，测量结果应符合 4.4.3 的要求。

5.5 重量检验

采用符合精度要求的电子秤测量，测量结果应符合 4.5 的要求。

5.6 电性能指标检验

采用符合精度要求的专用仪器测量，测量结果应符合 4.6 的要求。

5.7 破片检验

采用箭体自毁试验，试验结果应符合 4.7 的要求。

5.8 飞行检验

5.8.1 采用目测方法观察火箭弹点火及出架，应符合 4.8.1 要求。

5.8.2 3 发同角度连续射击，目测弹道无明显偏离，应符合 4.8.2 要求。

5.8.3 天气晴朗时，应采用目测方法，阴天时，应采用听回声方法。采用上述方法判断催化剂撒播、开伞或自毁情况；采用秒表记录时间，测试结果应符合 4.8.3 要求。

6 产品抽样

6.1 检验项目

产品抽样按 GB/T 2828.1 执行，4.2—4.3 为检查项目，4.4—4.6 为一般检验项目，4.7—4.8 破片检验和飞行试验为特殊检验项目，特殊检验项目抽样应在一般验收项目检验合格后进行(见表 1)。

表 1 检验项目表

序号	检验项目	条目	检验水平	接收质量限（%）
1	包装	4.2	Ⅱ	4.0
2	外观	4.3	Ⅱ	4.0
3	尺寸	4.4	Ⅱ	4.0
4	重量	4.5	Ⅱ	4.0
5	电性能指标	4.6	Ⅱ	2.5
6	破片及飞行试验	4.7、4.8	S-3	1.5
注：伞降式火箭不做破片检验，飞行试验的抽样方案应符合序号 6 的要求。爆炸式火箭的抽样方案为破片及飞行试验两项之和符合序号 6 的要求。				

6.2 抽样方案

具体抽样方案应符合 GB/T 2828.1 规定。

6.3 转移规则

火箭弹抽试样本量应符合 GB/T 2828.1 中的转移规则和程序：

a） 规定开始批试验时采用正常检验。

b） 不应转移到放宽检验。

7 合格判定

7.1 合格判据

7.1.1 所有验收项目合格或经返工后消除了所有缺陷的产品，判为合格。

7.1.2 一次抽样飞行试验未通过，加倍复试，复试通过，判为合格。复试未通过，判为不合格，禁止出厂。

7.2 超差品处理

7.2.1 当产品质量稳定，超差原因明确时，检查项目中某些项目若有超差，但并不影响产品性能，不需要返工或不能返工的产品，经用户代表认可作为合格品处理，超差情况应写入验收报告。

7.2.2 重量、电性能指标、外观、产品标识、包装检验不合格的产品，经返修合格，重新交验。

7.2.3 对飞行试验不合格的批次，经过分析若能找到确切的原因，并能进行返修的，经返修后可重新交验，仍不合格，该批产品报废。

8 验收结论

8.1 验收合格批次的火箭弹，用户代表在产品交验通知单上填写检验结论并签字后，办理合格证，参见附录 B。

8.2 合格证应包括验收时间、产品批次号、用户代表签字、产品有效期等内容。

附　录　A
（资料性附录）
交验通知单

图 A.1 给出了交验通知单的格式。

申请单位：

联系人及联系方式：

序号	装备名称	批次	数量	备注
1				
2				
3				
4				
5				
…				

（单位盖章）

年　月　日

图 A.1　交验通知单格式

附　录　B
（资料性附录）
验收报告

图 B.1 给出了验收报告的参考格式。

验收报告

____年__月__日收到__________厂的__________型火箭弹出厂验收申请，验收人员于__月__日至__月__日对其提交的产品进行了出厂验收。验收具体情况报告如下：

一、验收依据

主要依据行业标准《增雨防雹火箭系统技术要求》（QX/T 359—2016）和企业标准《××××》等相关技术指标。

二、火箭弹验收

1. 静态检验

____年__月__日，在__________（地点）对每一批火箭弹随机抽取____发，对（测试项目）以及进行了测试。主要指标测试情况见下表。

__________型静态测试主要内容

测试内容	技术要求	测试结果	结论
外观	清洁、完好、无明显缺陷	清洁、完好、无明显缺陷	符合要求
直径	$^{+×.××}_{-×.××}$ mm	最小值××.×× mm 最大值××.×× mm	符合要求
…			

2. 地面试验

____年__月__日，在________（地点）进行地面试验，对________型火箭弹的__________（测试项目）进行测试。

__________型地面试验主要内容

测试内容	技术要求	测试结果	结论
催化剂播撒时间	大于×× s	最大值××.× s 最小值××.× s	符合要求
…			

3. 飞行试验

____年__月__日，在__________（地点）进行飞行测试，对火箭的弹道进行测试。

弹道偏差：（情况描述）

三、不合格情况说明（存在不合格情况时应进行说明，合格时略）

其中________厂________型火箭弹______年第____批次（批次号________—________）验收不合格。

图 B.1　验收报告格式

不合格证据：在________试验中，出现________现象，……

不合格原因分析：经________分析，……，

纠正及整改措施：目前正督促生产厂家进行改进，……

四、结论

（做出合格、不合格、部分合格或者整改后合格的结论）

验收人员：____________

日期：______年____月____日

图 B.1　验收报告格式（续）

参考文献

[1] QX/T 151—2012 人工影响天气作业术语

ICS 07.060
B 18
备案号：65096—2018

中华人民共和国气象行业标准

QX/T 446—2018

大豆干旱等级

Grade of soybean drought

2018-09-20 发布　　2019-02-01 实施

中　国　气　象　局　　发　布

前　　言

本标准按照 GB/T 1.1—2009 给出的规则起草。

本标准由全国农业气象标准化技术委员会(SAC/TC 539)提出并归口。

本标准起草单位:国家气象中心、吉林省气象台、黑龙江省气象科学研究所。

本标准主要起草人:赵秀兰、马树庆、姜丽霞、王纯枝、王文峰。

大豆干旱等级

1 范围

本标准规定了大豆干旱的等级划分与指标。

本标准适用于我国大豆产区开展大豆干旱的调查、监测、预警和评估工作。

2 规范性引用文件

下列文件对于本文件的应用是必不可少的。凡是注日期的引用文件，仅注日期的版本适用于本文件。凡是不注日期的引用文件，其最新版本(包括所有的修改单)适用于本文件。

GB/T 32136—2015 农业干旱等级

3 术语和定义

下列术语和定义适用于本文件。

3.1

大豆干旱 soybean drought

因土壤水分供应不足，导致大豆生长发育、产量与品质形成受到影响甚至出现植株死亡的现象。

3.2

生长阻滞湿度 growth critical moisture

毛管断裂水量

作物最适土壤含水量的下限。

注：这时毛管悬着水出现不连续状态，作物根系虽仍能吸收水分，但土壤水分难以得到补充，植物生长受阻。

[QX/T 381.1—2017，定义 3.83]

3.3

土壤水分贮存量 soil water storage

一定深度(厚度)土壤中总的含水量。

注：以水层深度毫米(mm)表示。

4 大豆干旱等级划分与指标

4.1 将大豆播种—出苗、三真叶—分枝、开花—结荚、鼓粒、成熟 5 个生育阶段的干旱分为无旱、轻旱、中旱、重旱、特旱 5 个等级。各等级对应的农田状态及作物形态表征参见附录 A。

注：播种—出苗阶段包括播种、种子萌发和出苗；三真叶—分枝阶段包括三真叶、幼苗生长至分枝期(花芽分化期)；开花—结荚阶段包括始花期、盛花期、始荚期、盛荚期；鼓粒阶段包括始粒期至绿熟期；成熟阶段包括黄熟期至完熟期。

4.2 采用大豆水分亏缺量指标确定大豆干旱等级，划分结果见表 1。大豆水分亏缺量(Q_d)计算方法见附录 B。

表1　基于大豆水分亏缺量的大豆干旱等级划分表

土壤质地	等级	各生育阶段的大豆水分亏缺量(Q_d)/mm				
沙土		播种—出苗	三真叶—分枝	开花—结荚	鼓粒	成熟
	无旱	$Q_d>-0.6$	$Q_d>-1.5$	$Q_d>-2.5$	$Q_d>-2.5$	$Q_d>-2.5$
	轻旱	$-6<Q_d\leqslant-0.6$	$-6<Q_d\leqslant-1.5$	$-10<Q_d\leqslant-2.5$	$-10<Q_d\leqslant-2.5$	$-10<Q_d\leqslant-2.5$
	中旱	$-12<Q_d\leqslant-6$	$-12<Q_d\leqslant-6$	$-20<Q_d\leqslant-10$	$-20<Q_d\leqslant-10$	$-20<Q_d\leqslant-10$
	重旱	$-18<Q_d\leqslant-12$	$-18<Q_d\leqslant-12$	$-30<Q_d\leqslant-20$	$-30<Q_d\leqslant-20$	$-30<Q_d\leqslant-20$
	特旱	$Q_d\leqslant-18$	$Q_d\leqslant-18$	$Q_d\leqslant-30$	$Q_d\leqslant-30$	$Q_d\leqslant-30$
壤土		播种—出苗	三真叶—分枝	开花—结荚	鼓粒	成熟
	无旱	$Q_d>-0.6$	$Q_d>-1.2$	$Q_d>-2$	$Q_d>-4$	$Q_d>-4$
	轻旱	$-12<Q_d\leqslant-0.6$	$-12<Q_d\leqslant-1.2$	$-20<Q_d\leqslant-2$	$-20<Q_d\leqslant-4$	$-20<Q_d\leqslant-4$
	中旱	$-24<Q_d\leqslant-12$	$-24<Q_d\leqslant-12$	$-30<Q_d\leqslant-20$	$-35<Q_d\leqslant-20$	$-35<Q_d\leqslant-20$
	重旱	$-30<Q_d\leqslant-24$	$-30<Q_d\leqslant-24$	$-40<Q_d\leqslant-30$	$-50<Q_d\leqslant-35$	$-50<Q_d\leqslant-35$
	特旱	$Q_d\leqslant-30$	$Q_d\leqslant-30$	$Q_d\leqslant-40$	$Q_d\leqslant-50$	$Q_d\leqslant-50$
黏土		播种—出苗	三真叶—分枝	开花—结荚	鼓粒	成熟
	无旱	$Q_d>-1.5$	$Q_d>-1.5$	$Q_d>-2.5$	$Q_d>-5$	$Q_d>-5$
	轻旱	$-9<Q_d\leqslant-1.5$	$-9<Q_d\leqslant-1.5$	$-15<Q_d\leqslant-2.5$	$-15<Q_d\leqslant-5$	$-15<Q_d\leqslant-5$
	中旱	$-15<Q_d\leqslant-9$	$-15<Q_d\leqslant-9$	$-25<Q_d\leqslant-15$	$-25<Q_d\leqslant-15$	$-25<Q_d\leqslant-15$
	重旱	$-21<Q_d\leqslant-15$	$-21<Q_d\leqslant-15$	$-35<Q_d\leqslant-25$	$-35<Q_d\leqslant-25$	$-35<Q_d\leqslant-25$
	特旱	$Q_d\leqslant-21$	$Q_d\leqslant-21$	$Q_d\leqslant-35$	$Q_d\leqslant-35$	$Q_d\leqslant-35$

注：根据大豆不同生育阶段根系分布规律，播种—出苗、三真叶—分枝阶段计算0～30 cm土层深度水分亏缺量累计值，开花—结荚、鼓粒、成熟阶段计算0～50 cm土层深度水分亏缺量累计值。

附　录　A
（资料性附录）
大豆干旱的农田状态及作物形态表征

干旱发生时，大豆田的干土层厚度、叶片、花荚、籽粒等农田状态和植株生长发育形态状况能直观反映干旱的程度，其农田状态及作物形态表征见表A.1。

表A.1　大豆干旱的农田状态及作物形态表征

等级	农田状态	大豆各生育阶段形态				
		播种—出苗	三真叶—分枝	开花—结荚	鼓粒	成熟
无旱	无干土层，表层略潮湿	按时播种，出苗率在90%以上。出苗时间正常；苗齐、苗壮	叶片自然伸展；长势和色泽正常	植株生长和开花结荚正常	植株正常，荚皮发育和鼓粒正常	植株正常，豆荚饱满
轻旱	有干土层且厚度小于3 cm，拨开干土层下面土壤潮湿	基本能按时播种，出苗率为75%～90%。出苗时间有所延长；出苗略有不齐	叶片上部卷起；长势一般	叶片上部卷起；开花结荚正常	叶片上部卷起；荚皮发育和鼓粒正常	叶片上部卷起；豆荚饱满
中旱	干土层厚度为3 cm～6 cm	播种较困难，出苗率为50%～75%。出苗缓慢，缺苗断垄较明显。幼苗叶片卷起	多数叶片白天卷起，午后萎蔫，但夜间可恢复；长势偏差	多数叶片白天萎蔫，夜间大部分可恢复；开花结荚延迟，结荚数量偏少	多数叶片白天萎蔫，夜间大部分可恢复；荚皮发育和鼓粒缓慢	多数叶片白天萎蔫，夜间大部分可恢复；豆荚不够饱满
重旱	干土层厚度为7 cm～12 cm	播种十分困难，出苗率为30%～50%。缺苗断垄严重。幼苗叶片普遍萎蔫下垂，不易恢复	多数叶片萎蔫下垂，不易恢复，部分叶子枯死	多数叶片萎蔫下垂，不易恢复；部分叶片枯死，花荚脱落	多数叶片萎蔫下垂，不易恢复。部分叶片枯死，豆荚脱落。豆荚中籽粒偏小	多数叶片萎蔫下垂，不易恢复。多数豆荚较瘪，部分豆荚提早脱落，植株早衰
特旱	干土层厚度大于12 cm	无法播种；播种后出苗率低于30%，或不发芽、不出苗。出苗后幼苗大面积干枯死亡	植株萎蔫，不可恢复，甚至整株枯死	植株萎蔫，多数叶片干枯，花荚脱落，甚至整株枯死	植株萎蔫，多数叶片干枯，豆荚脱落，甚至整株枯死	大部分豆荚提早脱落，甚至整株提早枯死

附　录　B
（规范性附录）
大豆水分亏缺量计算方法

当土壤湿度低于生长阻滞湿度时，两者土壤水分贮存量之差即为作物水分亏缺量。

大豆水分亏缺量计算如下：

$$Q_d = G - G_Z \qquad \text{(B.1)}$$

$$G = 0.1 \times \rho \times h \times w \qquad \text{(B.2)}$$

$$G_Z = 0.1 \times \rho \times h \times w_z \qquad \text{(B.3)}$$

$$w_z = af_c \qquad \text{(B.4)}$$

$$w = \frac{m_w - m_d}{m_d} \times 100\% \qquad \text{(B.5)}$$

式中：

Q_d——大豆水分亏缺量，单位为毫米（mm）；

G ——土壤水分贮存量，单位为毫米（mm）；

G_Z——当土壤湿度为生长阻滞湿度时的土壤水分贮存量，单位为毫米（mm）；

h ——土层厚度，单位为厘米（cm）；

ρ ——土壤容重，单位为克每立方厘米（g/cm^3）；

w ——土壤湿度，即土壤重量含水率，以百分率（%）表示；

w_z——生长阻滞湿度，以百分率（%）表示；

f_c ——田间持水量，以百分率（%）表示；

a ——土壤质地参数，壤土取65%，黏土取70%，沙土取55%，当无土壤质地观测资料时，依据附录C的规定确定土壤质地；

m_w——湿土重量，单位为克（g）；

m_d——干土重量，单位为克（g）。

根据生育阶段分别计算0～10 cm、10 cm～20 cm、20 cm～30 cm、30 cm～40 cm、40 cm～50 cm土层实际观测土壤湿度、生长阻滞湿度时的土壤水分贮存量及两者差值，并进行0～30 cm或0～50 cm深度的累计求和，累计求和值为负值时，即为0～30 cm或0～50 cm深度的大豆水分亏缺量。

附 录 C
(规范性附录)
我国土壤质地分类和室外鉴别指标

我国土壤质地分类标准见 GB/T 32136—2015 附录 A 中表 A.1，我国土壤质地室外鉴别指标见表 C.1。

表 C.1 我国土壤质地室外鉴别指标

质地组	质地名称	手指研磨土壤时的感觉	手指研磨土壤时的声音	手指搓成土团(直径约 1.5 cm)时的状态	手指捏成薄片时的状态	放大镜或直接用肉眼观测	土壤干燥时的状态	土壤潮湿时的状态
沙土	粗沙土	很粗糙	沙沙声强	不能搓成土团	不能捏成薄片	基本为沙粒	散粒	形成流沙
	细沙土	粗糙		不能搓成土团	不能捏成薄片	主要为沙粒	散粒	形成流沙
	面沙土	较粗糙		不能搓成土团	不能捏成薄片	沙粒细而均匀	散粒	形成流沙
壤土	粉沙土	细滑和含沙的感觉	沙沙声中	土团松而不光滑	薄片短,不光滑	主要为粉粒,还有沙粒	土块松散	易淀浆
	粉土	细滑感,如摸面粉一样		土团松而不光滑	薄片短,不光滑	主要为粉粒,沙粒较少	土块松散	易淀浆
	粉壤土	细滑均质感		土团较松,不光滑	薄片短,不光滑	有粉粒,也有沙粒	稍用力可弄碎土块	易淀浆
	黏壤土	均质、微黏的感觉		土团较松,不光滑	薄片短,不光滑	有粉粒,沙粒较少	稍用力可弄碎土块	易淀浆
黏土	沙黏土	沙及黏的感觉	沙沙声弱	土团较松,不光滑	薄片短,不光滑	有沙粒及黏粒	稍用力可弄碎土块	易淀浆
	粉黏土	较细而黏的感觉		土团较紧,较光滑	薄片较长,边缘微裂	土块较坚硬	主要为黏粒,还有粉粒	形成泥浆
	壤黏土	细而黏的感觉		土团紧,光滑	薄片长,边缘有裂痕	主要为黏粒,粉粒较少	土块坚硬	形成泥浆
	黏土	很细而黏的感觉		土团很紧,很光滑	薄片很长、很光滑,无裂痕	主要为黏粒	土块很坚硬,用工具才能弄碎土块	形成泥浆

参 考 文 献

[1] GB 1352—2009 大豆

[2] GB/T 32136—2015 农业干旱等级

[3] QX/T 259—2015 北方春玉米干旱等级

[4] QX/T 381.1—2017 农业气象术语 第1部分:农业气象基础

[5] 中国农业百科全书总编辑委员会农业气象卷编辑委员会,中国农业百科全书编辑部.中国农业百科全书:农业气象卷[M].北京:农业出版社,1986

[6] 国家气象局.农业气象观测规范:上卷[M].北京:气象出版社,1993

[7] 谢晨,谢皓,陈学珍.大豆抗旱形态和生理生化指标研究进展[J].北京农学院学报,2008,23(4):74-76

[8] 王敏,杨万明,侯燕平,等.不同类型大豆花荚期抗旱性形态指标及其综合评价[J].核农学报2010,24(1):154-159

[9] 赵桂范.干旱对不同大豆品种叶片的影响[J].黑龙江农业科学,2010(10):19-21

[10] 赵秀兰,邹立尧.黑龙江省农田土壤蓄水量盈亏值时空变化规律研究[J].中国农业气象,2003,24(3):44-47

ICS 07.060
B 18
备案号：65097—2018

中华人民共和国气象行业标准

QX/T 447—2018

黄淮海地区冬小麦越冬期冻害指标

Indices for freezing injury of winter wheat during wintering period in Huang-Huai-Hai Plain

2018-09-20 发布　　　　2019-02-01 实施

中 国 气 象 局　发 布

前　　言

本标准按照 GB/T 1.1—2009 给出的规则起草。

本标准由全国农业气象标准化技术委员会(SAC/TC 539)提出并归口。

本标准起草单位:中国农业大学、辽宁省沈阳市气象局、河北省气象科学研究所、河北省遵化市气象局、河南省气象科学研究所、山东省气候中心、宁夏回族自治区气象科学研究所、宁夏回族自治区隆德县气象局。

本标准主要起草人:杨晓光、郑冬晓、慕臣英、刘志娟、郑大玮、姚树然、龚宇、薛昌颖、薛晓萍、张晓煜、王静、田倍齐。

黄淮海地区冬小麦越冬期冻害指标

1 范围

本标准规定了黄淮海地区冬小麦越冬期冻害指标。

本标准适用于黄淮海地区冬小麦越冬期冻害监测、预警和评估,以及品种合理布局等。

2 术语和定义

下列术语和定义适用于本文件。

2.1

冬小麦越冬期 wintering period of winter wheat

从初冬气温下降至一定程度时冬小麦地上部停止生长或基本停止生长,到翌春气温回升返青生长,冬小麦处于休眠或半休眠状态的一段时期。

2.2

冬小麦冻害 freezing injury of winter wheat

冬小麦越冬期遇到 0 ℃以下较强低温或剧烈变温,引起细胞组织结冰和原生质脱水,造成植株冻伤或死亡的现象。

2.3

春化现象 vernalization

一、二年生种子作物在苗期需要经过一段低温时期,才能开花结实的现象。

注 1:这个发育阶段称为春化阶段。根据春化阶段的时间长短和所需的低温强度,将小麦分为强冬性、冬性和半冬性等类型。

注 2:改写 QX/T 381.1—2017,定义 3.60。

2.4

强冬性 strong winter type

春化反应敏感,适宜春化温度为 0 ℃～3 ℃,春化阶段为 50 d～60 d 的冬小麦类型。

2.5

冬性 winter type

适宜春化温度为 0 ℃～7 ℃,春化阶段为 30 d～50 d 的冬小麦类型。

2.6

半冬性 semi-winter type

适宜春化温度为 0 ℃～7 ℃,春化阶段为 15 d～40 d 的冬小麦类型。

2.7

分蘖节深度 depth of tillering node

禾本科植物在地下或近地面处着生叶和分蘖部分的入土深度。

3 冬小麦越冬期冻害指标

冬小麦越冬期冻害指标以分蘖节深度处土壤最低温度表示。分蘖节深度处土壤最低温度可以直接测定;若无测定条件可通过公式计算获得,计算方法见附录A。

不同类型小麦越冬期冻害等级指标见表1。

表1 不同类型小麦越冬期冻害指标

小麦类型	冻害等级			
	轻度	中度	重度	特重
强冬性	$-15.1\leqslant T_S\leqslant-12.7$	$-16.2\leqslant T_S<-15.1$	$-17.3\leqslant T_S<-16.2$	$T_S<-17.3$
冬性	$-14.3\leqslant T_S\leqslant-11.7$	$-15.5\leqslant T_S<-14.3$	$-16.8\leqslant T_S<-15.5$	$T_S<-16.8$
半冬性	$-13.4\leqslant T_S\leqslant-11.6$	$-14.2\leqslant T_S<-13.4$	$-15.0\leqslant T_S<-14.2$	$T_S<-15.0$
本指标适用于冬前经过抗寒锻炼,生长发育和土壤水分状况正常的麦田一次冻害过程,当发生多次冻害过程时以越冬期分蘖节深度处土壤最低温度的最小值为准。在实际生产中冬小麦冬前抗寒锻炼较差年份,或冬前旺苗、晚播弱苗、浅播苗,或反复多次剧烈降温或变温,以及大风和干旱等不利条件的影响,实际发生冻害时分蘖节深度处土壤最低温度与本指标有差异,在使用时应结合其他条件综合判断。 **注**:T_S 为分蘖节深度处土壤最低温度,单位为摄氏度(℃)。				

附 录 A
(规范性附录)
分蘖节深度处土壤最低温度计算方法

冬小麦越冬期冻害指标以分蘖节深度处土壤最低温度表示,用户在使用时,若未观测分蘖节深度处的土壤最低温度,可利用逐日08时0 cm、5 cm、10 cm、15 cm和20 cm土壤温度观测值以及拉格朗日插值方法计算,计算公式见式(A.1)。

$$T_S = A_{S0} \times T_0 + A_{S5} \times T_5 + A_{S10} \times T_{10} + A_{S15} \times T_{15} + A_{S20} \times T_{20} \quad \cdots\cdots\cdots\cdots(A.1)$$

式中:

T_S ——分蘖节深度处土壤最低温度,单位为摄氏度(℃);

T_0 ——08时0 cm深度土壤温度,单位为摄氏度(℃);

T_5 ——08时5 cm深度土壤温度,单位为摄氏度(℃);

T_{10} ——08时10 cm深度土壤温度,单位为摄氏度(℃);

T_{15} ——08时15 cm深度土壤温度,单位为摄氏度(℃);

T_{20} ——08时20 cm深度土壤温度,单位为摄氏度(℃)。

A_{S0},A_{S5},A_{S10},A_{S15},A_{S20} ——0 cm、5 cm、10 cm、15 cm、20 cm深度土壤温度订正系数,计算公式见式(A.2)~式(A.6)。

$$A_{S0} = \frac{(S-5)\times(S-10)\times(S-15)\times(S-20)}{(0-5)\times(0-10)\times(0-15)\times(0-20)} \quad \cdots\cdots\cdots\cdots(A.2)$$

$$A_{S5} = \frac{(S-0)\times(S-10)\times(S-15)\times(S-20)}{(5-0)\times(5-10)\times(5-15)\times(5-20)} \quad \cdots\cdots\cdots\cdots(A.3)$$

$$A_{S10} = \frac{(S-0)\times(S-5)\times(S-15)\times(S-20)}{(10-0)\times(10-5)\times(10-15)\times(10-20)} \quad \cdots\cdots\cdots\cdots(A.4)$$

$$A_{S15} = \frac{(S-0)\times(S-5)\times(S-10)\times(S-20)}{(15-0)\times(15-5)\times(15-10)\times(15-20)} \quad \cdots\cdots\cdots\cdots(A.5)$$

$$A_{S20} = \frac{(S-0)\times(S-5)\times(S-10)\times(S-15)}{(20-0)\times(20-5)\times(20-10)\times(20-15)} \quad \cdots\cdots\cdots\cdots(A.6)$$

式中:

S ——分蘖节深度,单位为厘米(cm)。

当分蘖节深度为2.0 cm,2.5 cm,3.0 cm,3.5 cm时,订正系数A_{S0},A_{S5},A_{S10},A_{S15},A_{S20}参考值见表A.1。

表A.1 订正系数参考值

分蘖节深度 cm	A_{S0}	A_{S5}	A_{S10}	A_{S15}	A_{S20}
2.0	0.3744	0.9984	−0.5616	0.2304	−0.0416
2.5	0.2734	1.0938	−0.5469	0.2188	−0.0391
3.0	0.1904	1.1424	−0.4896	0.1904	−0.0336
3.5	0.1233	1.1512	−0.3985	0.1502	−0.0262

参 考 文 献

[1] QX/T 381.1—2017 农业气象术语 第1部分:农业气象基础

[2] 北京农业大学农业气象专业农业气候教学组. 农业气候学[M]. 北京：农业出版社，1987

[3] 中国农业百科全书总编辑委员会农业气象卷编辑委员会,中国农业百科全书编辑部. 中国农业百科全书:农业气象卷[M]. 北京：农业出版社，1986

[4] 龚绍先，张林，顾煜时. 冬小麦越冬冻害的模拟研究[J]. 气象，1982(11)：30-32

[5] 慕臣英，杨晓光，杨婕，等. 黄淮海地区不同冬春性小麦抗冻能力及冻害指标研究Ⅰ. 隆冬期不同冬春性小麦抗冻能力比较[J]. 应用生态学报，2015，26(10)：3119-3125

[6] 农业大词典编辑委员会. 农业大词典[M]. 北京:中国农业出版社，1998

[7] 张淑霞，钟阳和，魏淑秋. 实验室冷冻法鉴定2个冬小麦品种抗寒性研究[J]. 中国生态农业学报，2003，11(3)：38-40

[8] 张养才，何维勋，李世奎. 中国农业气象灾害概论[M].北京:气象出版社，1991

[9] 郑大玮，龚绍先，郑维，等. 小麦冻害及其防御[M].北京:气象出版社，1985

[10] 郑维. 冬小麦越冬冻害的数学模式[J]. 农业气象，1981(3)：35-43

ICS 07.060
B 18
备案号：65098—2018

中华人民共和国气象行业标准

QX/T 448—2018

农业气象观测规范　油菜

Specifications for agrometeorological observation—Rape

2018-09-20 发布　　　　2019-02-01 实施

中　国　气　象　局　发布

前　言

本标准按照 GB/T 1.1—2009 给出的规则起草。

本标准由全国农业气象标准化技术委员会(SAC/TC 539)提出并归口。

本标准起草单位:武汉农业气象试验站、国家气象中心、中国气象科学研究院、武汉区域气候中心、合肥市气象局、黄石市气象局。

本标准主要起草人:杨文刚、王涵、刘世玺、刘可群、刘敏、郑昌玲、孟翠丽、马玉平、柳军、柯凡。

农业气象观测规范　油菜

1　范围

本标准规定了油菜的农业气象观测原则、观测地段和油菜发育期、生长状况、生长量、产量结构及主要品质、田间环境要素、主要农业气象灾害、主要病虫害等项目的观测分析内容，及其观测时次、形态特征指标、观测方法和观测结果的记载记录格式等。

本标准适用于油菜的农业气象观测。

2　规范性引用文件

下列文件对于本文件的应用是必不可少的。凡是注日期的引用文件，仅注日期的版本适用于本文件。凡是不注日期的引用文件，其最新版本(包括所有的修改单)适用于本文件。

GB/T 14488.1—2008　植物油料　含油量测定

3　术语和定义

下列术语和定义适用于本文件。

3.1

平行观测　parallel observation

观测作物发育进程、生长状况和产量构成要素的同时，观测作物生长环境的物理要素。

[QX/T 299—2015，定义 3.1]

3.2

观测地段　observation plot

定期进行作物发育进程、生长状况和产量构成要素观测的相对固定的田间样地。

注：改写 QX/T 299—2015，定义 3.2。

3.3

品种春化特性　vernalization characteristics

油菜必须经过一定时期的低温刺激，生殖器官才能开始分化和生长的特性。按照所需低温强度和持续时间的不同，油菜品种分为冬性型、半冬性型、春性型。

注：改写 QX/T 299—2015，定义 3.3。

3.4

植株密度　plant density

单位土地面积上植株的数量。

注 1：单位以株每平方米表示。

注 2：改写 QX/T 299—2015，定义 3.4。

3.5

植株含水率　plant water content

作物植株所含水分重量占其鲜重的百分数。

[QX/T 299—2015，定义 3.6]

3.6

含油量 oil content

净油菜籽中粗脂肪含量(以标准水分计)。

[GB/T 11762—2006,定义 3.3]

3.7

一次分枝 primary branching

植株主茎叶腋的腋芽直接长成的分枝。

4 观测原则和观测地段要求

4.1 观测原则

4.1.1 平行观测原则

油菜农业气象观测应遵从平行观测的原则。当地气象观测站的基本气象观测,一般可作为平行观测的气象部分,油菜观测地段的气象条件应与气象观测场保持基本一致。油菜田间小气候的观测应在观测地段的农田中进行。

4.1.2 点面结合原则

在固定的观测地段进行系统观测,同时在油菜发育的关键时期以及在气象灾害、病虫害发生时,应进行较大范围的农业气象调查,以弥补观测地段的局限、增强观测的代表性。

4.2 观测地段要求

4.2.1 观测地段选择要求

观测地段的选择应符合以下要求:

a) 应具有典型性,代表当地气候、土壤、地形、地势、主要耕作制度、种植管理方式和产量水平。地段要保持相对稳定,如需调整应选择与原来观测地段条件较为一致的农田。

b) 观测品种应为当地的主栽品种。

c) 面积一般应有 1 hm^2,不小于 0.1 hm^2。确有困难可选择在同一种作物成片种植的较小地块上。通常应选择在大面积的种植区域内观测。

d) 距林缘、建筑物、道路(公路和铁路)、水塘等的最短距离应在 20 m 以上。应远离河流、水库等大型水体,尽量减少小气候的影响,避开灌溉机井。

e) 发育状况调查应选择能反映当地油菜生长状况和产量水平的不同类型的田块。农业气象灾害和病虫害的调查应在能反映不同受灾程度的田块上进行,不限于观测地段的油菜品种。

4.2.2 观测地段分区

将观测地段按其田块形状分成面积基本相等的 4 个区,作为 4 个重复,按顺序编号,各项观测在 4 个区内分别进行;应绘制观测地段分区和各类观测的分布示意图。

4.2.3 观测地段资料

观测地段资料内容如下:

a) 观测地段综合平面示意图,内容包括:

1) 观测地段的位置、编号;

2） 气象观测场的位置；
3） 观测地段的环境条件，如村庄、树林、果园、山坡、河流、沟渠、湖泊、水库及铁路、公路和田间大道的位置；
4） 其他建筑物和障碍物的方位和高度。

b） 观测地段说明，内容包括：
1） 地段编号；
2） 土地使用单位名称或个人姓名；
3） 地段所在地的地形（山地、丘陵、平原或盆地）、地势（坡地的坡向、坡度等）及面积（hm^2）；
4） 地段距气象观测场的直线距离、方位和海拔高度差；
5） 地段环境条件，如房屋、树林、水体、道路等的方位和距离；
6） 地段的种植制度及前茬作物，包括熟制、轮作作物和前茬名称；
7） 地段灌溉条件：包括有无灌溉条件、保证程度及水源和灌溉设施；
8） 地段地下水位深度（埋深），记“大于或等于 2 m”或“小于 2 m”；
9） 地段土壤状况，包括土壤质地（砂土、壤土、黏土、沙壤土等）、土壤酸碱度（酸性、中性、碱性）和肥力（上、中、下）情况等；
10） 地段产量水平：分上、中上、中、中下、下五级记载；约高于当地近 5 年平均产量 20%为上（含 20%），高于平均产量 10%～20%为中上（含 10%），高于或低于平均产量 10%以内为中，低于平均产量 10%～20%为中下（含 10 %），低于平均产量 20%为下（含 20%）。

c） 观测地段综合平面示意图和地段情况说明，按照台站基本档案的有关规定存档。观测地段如重新选定，应编制相应的地段资料。

5 发育期观测

5.1 观测的发育期

播种期、出苗期、五真叶期、移栽期、成活期、现蕾期、抽薹期、开花期、开花盛期、绿熟期、成熟期。穴播、直播油菜不观测移栽期、成活期。

5.2 各发育期的形态特征

各发育期相应的形态特征见表 1。

表 1 油菜各发育期的形态特征

序号	发育期	形 态 特 征
1	出苗期	两片子叶在土壤表面展开。
2	五真叶期	第五真叶展开。
3	成活期	叶片舒展，在阳光的直射下不再凋萎。
4	现蕾期	植株顶部出现花苞（拨开幼叶检查）。
5	抽薹期	植株主茎伸长，出现薹子，长约 2 cm。
6	开花期	植株主序上有花朵开放。
7	开花盛期	全田半数以上植株，2/3 的分枝花开放。
8	绿熟期	主序的角果由绿色转黄绿色，大部分分枝上角果仍为正常绿色。种子的种皮转为淡绿色。
9	成熟期	植株大部分叶片干枯脱落。主序的角果已显现正常的黄色，籽粒颜色转深、饱满。大部分分枝角果开始褪色，转成黄绿色并富有光泽。植株外观表现“半青半黄”。

5.3 观测要求

5.3.1 观测点位置

在观测地段4个区内,各选有代表性的一个点,做上标记并编号,发育期观测在此进行。观测点之间应保持一定距离,使之不在同一行上,测点距田地边缘的最近距离大于2 m,尽量避免边际影响。不能将测点选在田头、道路旁和入水口、排水口处。

5.3.2 观测点面积

移栽:移栽前1 m×1 m,移栽后宽2行~3行、每行长包括15株~20株;

穴播:宽2行~3行、每行长包括15穴~20穴;

撒播:1 m×1 m。

5.3.3 观测时间

从播种当日开始到成熟期结束。一般隔日观测,旬末进行巡视观测。若规定观测的相邻两个发育期间隔时间较长,在不漏测发育期的前提下,可逢5和旬末巡视观测,临近发育期时立即恢复隔日观测。一般发育期在下午观测,开花期在上午观测。非目测确定的发育期观测到普遍期为止。

5.3.4 观测植株选择

移栽(或定苗)前,观测植株不固定,每个观测点连续观测25株,移栽(或定苗)后,固定植株观测,每个观测点连续选取10株。

5.4 发育期的确定

各发育期分别按下述方法确定:

a) 播种期以实际播种日期,移栽期以实际移栽日期记载;
b) 出苗期、成活期、绿熟期、成熟期根据表1中的形态特征目测确定,以整个地段油菜为对象,目测判断50%的植株进入该发育期的日期;开花盛期以目测判断50%的植株2/3的分枝花朵开放的日期;
c) 五真叶期、现蕾期、抽薹期、开花期以进入发育期的百分率确定。当观测植株上出现某一发育期特征时,即为该个体进入了某一发育期。地段油菜群体进入发育期,以观测的总株数中进入发育期的株数所占的百分率确定,记载时取整数,小数四舍五入。第一次大于或等于10%时为发育始期,大于或等于50%时为发育普遍期。

5.5 特殊情况处理

如遇下述特殊情况分别处理,并记入备注栏:

a) 油菜因品种等原因,进入某发育期的植株比例达不到10%或50%时,如果连续3次观测进入该发育期的植株数总增长量不超过5%则停止观测,因天气原因所造成的上述情况,仍应观测记载;
b) 如油菜冬前开花,进行观测后,因采取打薹措施而中断,春季仍应进行开花观测,簿表记录以后一次观测结果为准,早花情况予以记载;
c) 如某次观测结果出现发育期百分率有倒退现象,应立即重新观测,检查观测是否有误或观测植株是否缺乏代表性或是否受灾,以后一次观测结果为准;
d) 因品种、栽培措施、灾害等原因,有的发育期未出现或发育期出现异常现象,应予记载;

e) 固定观测植株如失去代表性，应在测点内重新固定植株观测，当测点内观测植株有3株或以上失去代表性，应另选测点；

f) 在规定的观测时间遇有妨碍田间观测的天气或旱地灌溉时可推迟观测，过后应及时进行补测。

5.6 观测方法

一般采用人工观测。

6 生长状况观测与评定

6.1 观测项目

观测项目包括植株高度、植株密度、产量因素和大田生长观测调查。

6.2 观测时间

各项目的观测时间及相关规定如下：

a) 在五真叶期、成活(定苗)期、绿熟期进行植株密度观测；

b) 在抽薹期、绿熟期进行植株高度观测；

c) 在绿熟期进行一次分枝数、株荚果数观测。

6.3 观测方法

一般采用人工观测。

6.4 植株高度的测量方法

6.4.1 一般规定

高度测量值以厘米(cm)为单位，小数四舍五入，取整数记载。

6.4.2 植株高度的测量

在观测地段4个区中各选择距田地边缘2 m以上、植株生长高度具有代表性的1个测点，每个测点随机取10株，共40株，从土壤表面量至主茎顶端(包括花序)。

6.5 植株密度的测定

6.5.1 一般规定

测定每平方米株数，密度测定运算过程及计算结果均取二位小数。

6.5.2 穴播(栽)密度测定

6.5.2.1 测点选择

第一次密度测定时在每个发育期测点附近，各选有代表性的一个测点，做上标志(标记)，以后每次密度测定都在此进行。测点距田地边缘需在2 m以上。如果测点失去代表性，应另选测点，并注明原因。

6.5.2.2 1 m内行数

平作地段每个测点量出10个行距(1行～11行)的宽度；畦作地段应量出3个畦的宽度，然后数出其中的行距数;间套作量取包括两个组合以上的总宽度,数出油菜行距数;宽度以米(m)为单位,4 个测点总行距数除以所量总宽度,即为平均 1 m 内行数。

6.5.2.3 1 m 内株数

每个测点连续量出 10 个株距的长度(测量方法同 1 m 内行数测定),数出其中的株数, 各测点株数之和除以所量的总长度,即为 1 m 内株数。

6.5.2.4 1 m² 株数

平均 1 m 内行数乘以平均 1 m 内株数。

6.5.3 撒播密度测定

6.5.3.1 平方米株数

在每个发育期观测点附近选择 1 个测点,每个测点取 0.25 m^2(0.5 m×0.5 m),数其中株数,由4 个测点之和计算 1 m^2 内株数。

6.5.3.2 密度订正

第一次密度测定时,在地段观测点附近, 各量出 2 畦以上的长度和宽度,求出总面积及相应的实播面积(不包括畦、沟),4 个点的平均,计算订正系数,取一位小数。测定记录记入密度测定记录页内。

$$R = \frac{A_1}{A_2} \qquad \cdots\cdots(1)$$

式中:

R ——订正系数;

A_1 ——实播面积,单位为平方米(m^2);

A_2 ——地段总面积,单位为平方米(m^2);

订正后 1 m^2 的株数为订正系数乘以 1 m^2 株数。

6.6 产量因素测定

6.6.1 取样地点和取样数量

在观测地段 4 个发育期观测点附近,每个测点连续取有代表性的 10 株。

6.6.2 一次分枝数的测定

对 40 株样品分别计数每株分枝的数量,计算平均单株分枝数,以个为单位,取一位小数。

6.6.3 荚果数的测定

对 40 株样品分别计数每株荚果数的数量,计算平均单株荚果数,以个为单位,取一位小数。

6.7 生长状况评定

6.7.1 评定时间和方法

评定时间:生长状况评定在每个发育普遍期进行。

评定方法:目测评定。以整个观测地段全部油菜为对象,与全县(市、区)范围对比,当年与历年对比,综合评定油菜生长状况,按照 6.7.2 的苗情评定标准进行评定。前后两次评定结果出现变化时,应注明原因。

6.7.2 评定标准

油菜苗情分为以下三种类型：

a） 一类：生长状况优良。植株健壮，密度均匀适中，高度整齐，叶色正常，分枝数多，荚果数多且饱满；没有或仅有轻微病虫害和气象灾害，对生长影响极小；预计可达到丰产年景的水平；
b） 二类：生长状况较好或中等。植株密度不太均匀，有少量缺苗现象，生长高度欠整齐，分枝数较少，荚果数较少；植株遭受病虫害或气象灾害较轻；预计可达到近5年平均产量年景的水平；
c） 三类：生长状况不好或较差。植株密度不均匀，植株矮小，高度不整齐，缺苗严重；分枝数明显偏少，荚果数少、籽粒不饱满；病虫害或气象灾害对其有明显的抑制或产生严重危害；预计产量很低，是减产年景。

6.8 大田生长状况观测调查

6.8.1 观测调查地点

在县级范围内，作物高、中、低产量水平的地区选择三类有代表性的地块（以观测地段代表一种产量水平，另选两种产量水平地块）。可结合农业部门苗情调查分片点进行，调查点选定后保持相对固定。

6.8.2 观测调查时间和项目

在观测地段作物进入某发育普遍期后3天内进行，抽薹期调查高度、密度；绿熟期调查高度、一次分枝数、株荚果数。

6.8.3 调查方法

各项目的观测调查方法按6.4、6.5、6.6的规定执行。

7 生长量观测

7.1 观测项目

叶面积、地上生物量。

7.2 观测时间

各项目的观测时间及相关规定如下：

a） 叶面积、地上生物量测定均在五真叶期、移栽期前三天内、现蕾期、抽薹期、开花期、绿熟期进行；
b） 取样时间为上午06时—12时。

7.3 观测仪器和工具

恒温干燥箱，电子天平（规格：感量0.01 g、载重100 g～3000 g），叶面积仪，直尺，铲，剪刀，样品袋，标签。

7.4 取样方法及数量

在观测地段上，在各区发育期测点附近根据高度或一次分枝数分等级按比例取样。在田间每个区连续量出10株高度或数出一次分枝数，按数据的离散程度分成数据范围相等的几个组，确定好取样总数(至少5株),各组按比例取样。取样植株沿茎基部剪下,装入样品袋内包好,取样后半小时内运回,及时分析处理。当天测定每株样本叶面积,然后将叶片放回样本中进行生物量的测定。

$$N_i = \frac{N_1 \times m}{N_2} \qquad \cdots\cdots(2)$$

式中:

N_i——各组取样数;

m——各组株数;

N_1——$N_1=5$,取样总株数;

N_2——$N_2=40$,测量总株数。

7.5 叶面积测定

7.5.1 面积系数法

7.5.1.1 叶面积校正系数

当观测地段更换品种时,需要进行叶面积校正系数的测定。在油菜现蕾至开花期间,在地段中间连续取10株,取其展开的绿色完整叶30片,按无柄叶、长柄叶、短柄叶三种类型各取10片。用直尺量取每片叶的长度和叶片最宽处的宽度,求出各叶片长宽乘积之和,再用坐标纸法、求积仪法或扫描法测定所有叶片的叶面积。所有叶片叶面积之和除以叶片长宽乘积之和即为叶面积校正系数,取两位小数。

叶面积校正系数按式(3)计算:

$$K = \frac{1}{n}\sum_{i=1}^{n}\frac{S_i}{L_i \times D_i} \qquad \cdots\cdots(3)$$

式中:

K——叶面积校正系数;

n——叶片数,单位为片;

S_i——叶面积,单位为平方厘米(cm^2);

L_i——叶片长度,单位为厘米(cm);

D_i——叶片宽度,单位为厘米(cm)。

叶片长度、叶片宽度、叶面积均取一位小数。叶面积校正系数计算结果取两位小数。

在没有实际测算叶面积校正系数的情况下,可以采用经验值0.80。

7.5.1.2 叶面积测量与计算

7.5.1.2.1 将5株样本中每片完全展开的绿色叶片剪下,分别量取叶片的长度和最大宽度,将各叶片长宽乘积之和与校正系数相乘,长、宽以厘米(cm)为单位,结果取一位小数。

7.5.1.2.2 分株测量绿色叶片长、宽,方法同7.5.1.1,单株叶面积按式(4)计算:

$$S_1 = \frac{1}{m}\sum_{i=1}^{n}L_i \times D_i \times K \qquad \cdots\cdots(4)$$

式中:

S_1——单株叶面积,单位为平方厘米每株;

m——取样株数,单位为株;

n——取样植株的全部叶片数,单位为片;

L_i——叶片长度,单位为厘米(cm);

D_i——叶片宽度,单位为厘米(cm);

K——叶面积校正系数。

单株叶面积取一位小数。

7.5.1.2.3 1 m^2 叶面积按式(5)计算：

$$S_2 = S_1 \times D_p \qquad \cdots\cdots(5)$$

式中：

S_2 ——1 m^2 叶面积，单位为平方厘米每平方米(cm^2/m^2)；

S_1 ——单株叶面积，单位为平方厘米每株；

D_p ——植株密度，单位为株每平方米。

1 m^2 叶面积取一位小数。

7.5.1.3 叶面积指数的计算

叶面积指数按式(6)计算：

$$LAI = \frac{S_2}{S} \qquad \cdots\cdots(6)$$

式中：

LAI —— 叶面积指数；

S_2 ——1 m^2 叶面积值，单位为平方厘米每平方米(cm^2/m^2)。

S ——S=10000，单位为平方厘米每平方米(cm^2/m^2)。

叶面积指数取一位小数。

7.5.2 叶面积仪测定法

将5株样本绿色叶片剪下，用叶面积仪扫描测量累计所有叶片面积；或采用便携式叶面积仪不离体扫描测量。以平方厘米(cm^2)为单位，取一位小数。计算单株叶面积、1 m^2 叶面积和叶面积指数。

7.6 地上生物量测定

7.6.1 测定方法

7.6.1.1 分器官测量鲜重

将取样植株按绿叶、黄叶、叶柄、茎(分枝)、荚果各器官进行分类，分别放入挂上标签经过称重的样品袋内称重，其重量减去样品袋重即为器官样本鲜重。每个样本袋标签上记明品种名称、器官、袋重。如一个器官有几个袋应加以注明。样品袋应选用透气性的纸袋等，不应选用塑料型样品袋。

7.6.1.2 分器官烘干、称重

将样本袋放入恒温干燥箱内加温，在105 ℃杀青1 h，以后维持在70 ℃～80 ℃，6 h～12 h后进行第一次称重，以后每小时称重一次，当样本前后两次重量差小于或等于5‰时，该样本不再烘烤。烘烤温度和时间根据样本大小、老嫩程度等掌握。开始时1 h，以后2 h通风翻动一次，尽量排出箱内水分，如样本较多、恒温干燥箱容积小，可称出鲜重后先杀青，然后分批烘干。烘干后样本称出连袋干重。以最后一次重量减去样品袋重为器官样本干重。

7.6.2 计算

7.6.2.1 株器官鲜、干重

样本分器官鲜、干总重，其合计为样本总鲜、干重，单位为克(g)，取两位小数。

7.6.2.2 株鲜、干重

样本分器官鲜、干总重除样本数，其合计为株鲜、干重。单位为克(g)，取一位小数。

7.6.2.3 1 m^2 植株地上生物量

株鲜、干重乘以 1 m^2 株数为 1 m^2 植株地上鲜、干生物重，单位为克每平方米(g/m^2)，取一位小数。

7.6.2.4 植株含水率

植株含水率分器官含水率和植株地上部含水率，计算公式分别见式(7)、式(8)：

$$OWC = \frac{FWO - DWO}{FWO} \times 100\% \qquad \cdots\cdots(7)$$

式中：

OWC ——器官含水率，以%表示；

FWO ——株(茎)器官鲜重，单位为克(g)；

DWO ——株(茎)器官干重，单位为克(g)。

器官含水率取一位小数。

$$PWC = \frac{FWP - DWP}{FWP} \times 100\% \qquad \cdots\cdots(8)$$

式中：

PWC —— 植株地上部含水率，以%表示；

FWP —— 株(茎)鲜重，单位为克(g)；

DWP —— 株(茎)干重，单位为克(g)。

植株地上部含水率取一位小数。

7.6.2.5 生长率

生长率以 1 m^2 土地上每日植株地上干生物增长量表示，计算公式见式(9)：

$$GR_i = \frac{DW_i - DW_{i-1}}{DN} \qquad \cdots\cdots(9)$$

式中：

GR_i —— 第 i 次测定时的生长率，单位为克每平方米天($g/(m^2 \cdot d)$)；

DW_i —— 第 i 次测定的 1 m^2 植株地上干生物重，单位为克(g)；

DW_{i-1} —— 第 $i-1$ 次测定的 1 m^2 植株地上干生物重，单位为克(g)；

DN —— 第 $i-1$ 次至第 i 次测定的间隔日数，单位为天(d)。

生长率取一位小数。

8 产量结构和品质分析

8.1 一般规定

8.1.1 分析项目

产量结构分析项目包括株荚果数、株籽粒重、千粒重、理论产量、茎秆重、籽粒与茎秆比，并调查地段实产。品质分析主要是含油量分析。

8.1.2 取样时间、数量和方法

在油菜成熟后，在4个密度测点中，每个测点区取10株，沿茎基部剪下取回。先进行数量和长度测定，然后与其他样品合并晾晒、脱粒用于其他项目分析。从晾晒干燥的籽粒中取500 g用于品质分析。应十分注意观测样本的保管，及时进行各项分析。

8.1.3 仪器和用具

感量0.01 g、载重3000 g的天平一台。收获、脱粒、晾晒等加工必需的工具。

8.2 分析方法与计算

8.2.1 株荚果数

数出40株样本植株荚果数，求出平均株荚果数，单位为个，取一位小数。

8.2.2 株有效荚果数

数出40株样本植株有效荚果数，求出平均株有效荚果数，单位为个，取一位小数。

8.2.3 株籽粒重

40株样本植株脱粒晒干后，称其籽粒重量，求出平均株籽粒重，单位为克(g)，取两位小数。

8.2.4 茎秆重

40株样本植株脱粒晒干后，称其茎秆重量，求出平均株茎秆重，乘以最后一次测定的1 m^2 株数，单位为克(g)，取两位小数。

8.2.5 千粒重

样本籽粒晾晒后，于其中不加选择的取两组1000粒，分别称重。两组重量相差不大于平均值的3%时，平均重即为千粒重。如差值超过3%，再取1000粒称重，用最为接近的两组重量平均作为千粒重，单位为克(g)，取两位小数。

8.2.6 理论产量

理论产量为根据产量构成要素计算的产量，由平均株籽粒重乘以1 m^2 株数得出，单位为克每平方米(g/m^2)，取两位小数。

8.2.7 地段实产

地段实产是观测地段平均实际单产，由观测地段实际收获籽粒产量除以地段面积得出，单位为千克每公顷(kg/hm^2)，取一位小数。

8.2.8 籽粒茎秆比

由40株样品籽粒干重与样品茎秆干重按式(10)计算籽粒茎秆比，取两位小数：

$$GSR = \frac{DWG}{DWS} \qquad (10)$$

式中：

GSR —— 籽粒茎秆比；

DWG—— 取样 40 株籽粒干重，单位为克(g)；

DWS—— 取样 40 株茎秆干重，单位为克(g)。

8.2.9 油菜籽含油量

测定油菜籽含油量。

取样和测定按照 GB/T 14488.1—2008 的规定进行。

9 主要田间工作记载

9.1 观测记载时间

在发育期观测的同时，进行观测地段上的田间工作记载。观测人员到达观测地段时，如果田间操作已经结束，应立即向操作人员详细了解，并结合观测地段内作物状况的变化及时补记。

9.2 记载项目和内容

田间工作记载按表 2 的记载项目和内容进行记载，同一项目进行多次的，分别记载。

表 2 油菜田间工作记载项目和内容

记载项目	整地	播种	移栽	施肥	灌溉	喷药	混合喷施	排水	收获
记载内容	日期、深度(cm)、方式、是否均匀	开始与结束日期，播种量(kg/hm^2)、播种深度(cm)，播种方式(撒播，穴播)	开始与结束日期	日期、数量(kg/hm^2)、肥料名称、施肥方式(底肥或追肥、撒或喷)、当日天气	日期、方式(漫灌、喷灌、滴灌)、灌溉量(mm)	日期、目的(防病、治虫、除草、生长调节剂)、浓度与数量、当日天气	日期、目的(防病、治虫、除草、生长调节剂)、成分与剂量、当日天气	日期、方式	日期、收割方式(机收、人收)、收割质量、当日天气

10 主要农业气象灾害、病虫害的观测和调查

10.1 主要农业气象灾害观测

10.1.1 观测种类

重点观测对油菜危害大、涉及范围广、发生频率高的主要农业气象灾害，包括：干旱、湿渍害、连阴雨、风灾、雹灾、冻害。

10.1.2 观测地点和时间

地点：在作物观测地段进行。

时间：灾害发生后及时进行，至受害症状不再加重为止，隔天观测 1 次。

10.1.3 观测记载项目

发生灾害的名称、灾害的开始日期和终止日期、受害症状(植株形态特征)、受害程度(危害等级)、受

灾期间天气气候情况。

10.1.4 观测和记载方法

见附录A。

10.2 主要油菜病虫害观测

10.2.1 一般规定

病虫害观测主要以油菜是否受害为依据。病害观测发病情况，虫害则主要观测危害情况，一般不作病虫繁殖过程的追踪观测。

10.2.2 观测种类

对发生范围广，危害严重的主要病虫害进行观测：菌核病、霜霉病、白锈病、病毒病、蚜虫等。

10.2.3 观测地点和时间

地点：在作物观测地段上进行。

时间：有病虫害发生应当立即进行观测记载，直至该病虫害不再蔓延或加重为止，同时记载地段周围情况。

10.2.4 观测方法

观测地段目测到有病虫害发生时，在4个区内每区随机选择25株(或茎)观测油菜的病情虫害。计算受病虫危害的株百分率。

10.2.5 记载内容

10.2.5.1 受害的发育期及病虫害名称

记载病虫害发生时的油菜所处发育期，病虫害名称记载中文学名，不应记录成当地的俗名。

10.2.5.2 受害症状

记载受害器官(分根、茎、叶、花、荚果、籽粒等)及受害特征。各种病虫害的危害特点和作物受害特征应以文字简单描述。

10.2.5.3 受害程度

记载地段受害株百分率；如果地段受害不均匀，还应估计和记载受害、死亡面积占整个地段面积的比例。

10.2.5.4 防治措施

记载灾前灾后采取的主要措施。

10.3 农业气象灾害和病虫害调查

10.3.1 一般规定

当在县级行政区域内发生对油菜生产影响大、范围广的气象灾害及主要病虫害时应开展农业气象灾害和病虫害调查。

10.3.2 调查项目

10.3.2.1 调查点受灾情况

灾害名称、受害期、代表灾情类型、受害症状、受害程度、成灾面积和比例、灾前灾后采取的主要措施、预计对产量的影响、成灾的其他原因、减产趋势估计、调查地块实产等。

10.3.2.2 县级行政区域内受灾情况

县级行政区域内灾情类型、受灾主要乡镇、成灾面积和比例、并发的主要灾害、造成的其他损失、资料来源。

10.3.2.3 调查点及调查作物的基本情况

调查日期、地点、位于气象站的方向和距离、地形、地势、前茬作物、油菜品种类型、所处发育期、生产水平等。

10.3.3 调查方法

采用实地调查和访问相结合的方法。在灾害发生后选择能反映本次灾害的不同灾情等级(轻、中、重)的自然村进行实地调查(如观测地段代表某一灾情等级,则只需另选两种调查点)。调查在灾情有代表性的田块上进行。受害症状和受害程度见附录A的规定。调查时间以不漏测所应调查的内容,并能满足气象服务需要为原则,根据不同季节、不同灾害由台站自行掌握,一般在灾害发生的当天(或第二天)及受害症状不再变化时各进行一次。

11 观测簿表填写及各发育期观测项目

所有观测和分析内容均应按规定填写农气观测簿和表,并按规定时间上报主管部门。具体填写方法见附录B。各发育期观测项目参见附录C。簿表样式参见附录D。

附　录　A
（规范性附录）
主要农业气象灾害记载方法和内容

A.1　受害起止日期

A.1.1　干旱、涝渍害以作物出现受害症状时记为作物受害开始期，受害部位症状消失或不再加重时记为终止日期，其中灾害如有加重应进行记载。

A.1.2　风灾、雹灾以灾害性天气发生日期记为灾害开始日期，以灾害现象停止日期记为灾害终止日期。

A.1.3　连阴雨、冻害以气象条件达到当地灾害指标首日为灾害开始日期，以气象条件回到当地灾害指标以外的首日记为灾害终止日期。

A.2　受害症状和受害程度

A.2.1　干旱

记录油菜受害的器官（根、茎、叶、花、荚果等）外部形态、颜色的变化，生长动态的变化，并按表A.1判断受害程度。

表A.1　油菜干旱灾害受害等级和症状

受害程度	受害症状
轻	出现干土层，且干土层厚度小于3 cm。播种到出苗期：出苗时间有所推迟，因干旱出苗率高于或等于60%且低于80%；移栽一成活期：移栽后成活期稍有推迟；现蕾一抽薹期：现蕾和抽薹稍迟，下部叶片枯黄，株高略偏矮，因干旱上部叶片卷起；开花一绿熟期：中午少数植株上部叶片轻度萎蔫，但很快恢复正常。
中	干土层厚度大于或等于3 cm且小于6 cm。播种一出苗期：播后出苗不整齐，有缺苗，因干旱出苗率高于或等于40%且低于60%，幼苗生长缓慢；移栽一成活期：移栽后成活期推迟，成活率有所降低；现蕾一抽薹期：现蕾和抽薹推迟，中下部叶片枯黄，株高偏矮，因干旱叶片白天凋萎；开花期：部分植株中午叶片萎蔫卷缩，失去光泽，傍晚可基本恢复正常；分枝数稍有减少，部分花朵提早脱落，空荚数量较多；绿熟期：部分植株中午叶片萎蔫卷缩，但晚间可恢复正常，籽粒偏小。
重	干土层厚度大于或等于6 cm。播种一出苗期：因干旱不能适时播种，即使深播也难以发芽，出苗率很低，因干旱出苗率低于40%，幼苗生长很慢；移栽一成活期：因旱不能适时移栽，成活率明显降低；现蕾一抽薹期：现蕾和抽薹明显推迟，大部叶片枯黄，株高明显偏矮，因干旱造成叶片枯萎、植株死亡；开花期：大部分植株中午至晚间叶片明显萎蔫，卷缩；分枝数明显减少，花朵提早大量脱落，空荚数量多；绿熟期：中午至晚间叶片萎蔫；植株大部叶片过早枯黄，籽粒偏小，荚果脱落。

A.2.2　涝渍害

记录田间积水情况及油菜受害的器官（根、茎、叶、荚果等）外部形态、颜色及生长动态的变化，并按表A.2判断受害程度。

表 A.2 油菜涝渍害受害等级和症状

受害程度	水分状况和受害症状
轻	80%的田间有积水大于或等于 3 天且小于 5 天。冬前:根系发育受阻,油菜苗发僵,叶片发黄;现蕾一抽薹期:下部叶片发黄,植株变矮,茎粗较小;开花一绿熟期,有效分枝数较少,荚果数较少。
中	80%的田间有积水大于或等于 5 天且小于 10 天。冬前:根系发育受阻,黄叶指数增加、株高降低;现蕾一抽薹期:中下部叶片发黄,植株变矮,茎粗较小,容易倒伏;开花一绿熟期,有效分枝数明显较少,荚果数明显较少。
重	80%的田间有明显积水大于 10 天。冬前:出现死苗;现蕾一抽薹期:中下部叶片发黄,植株变矮,茎粗较小,已出现倒伏;开花一绿熟期,花器脱落,有效分枝数明显较少,荚果数明显较少,空荚数较多。

A.2.3 风灾

记录油菜倒伏情况,并按表 A.3 判断受害程度。

表 A.3 油菜风灾受害等级和症状

受害程度	受害症状
轻	油菜出现轻微倒伏,植株倾斜角度小于 20°,受害面积占全田面积小于 10%。
中	油菜倒伏,植株倾斜角度为大于或等于 20°且小于 45°,受害面积占全田面积大于等于 10%且小于 30%。
重	油菜倒伏,植株倾斜角度大于或等于 45°,直至全部平铺,受害面积占全田面积大于或等于 30%。

A.2.4 雹灾

记录油菜荚果、叶受损情况,并按表 A.4 判断受害程度。

表 A.4 油菜雹灾受害等级和症状

受害程度	受害症状
轻	部分叶片被击破、撕裂;部分荚果被砸伤、少数荚果被砸掉。
中	大部分叶片被击破,部分被打落;有较多的荚果被砸掉。
重	叶片几乎被全部打落;大部分荚果被砸掉。

A.2.5 连阴雨

记录油菜受害的器官(茎、叶、花、荚果等)外部形态、颜色及生长动态的变化,并按表 A.5 判断受害程度。

表 A.5 油菜连阴雨受害等级和症状

受害程度	受害症状
轻	出苗期:出苗缓慢。 开花期:开花不畅,影响授粉,空荚数较多。 绿熟期:角果籽粒充实较慢。
中	出苗期:出苗缓慢,油菜苗生长瘦弱。 开花期:开花不畅,延长生育期,部分花粉脱落、影响授粉,空荚数明显增多。 绿熟期:角果籽粒充实慢。
重	出苗期:出现烂苗、死苗。 开花期:大雨洗花,花瓣脱落、影响授粉,推迟成熟,空荚数明显增多。 绿熟期:角果籽粒发芽或霉变。

A.2.6 冻害

记录油菜受害的器官外部形态、颜色及生长动态的变化,并按表 A.6 判断受害程度。

表 A.6 油菜冻害受害等级和症状

受害程度	受害症状
轻	个别大叶受害,受害叶层局部萎缩呈灰白色。
中	有半数叶片受害,受害叶层局部或大部萎缩、焦枯,心叶正常或受轻微冻害,植株尚能恢复生长。
重	全部叶片受害,受害叶局部或大部萎缩、焦枯,心叶均受冻害,趋向死亡。

A.3 受灾期间天气气候情况

灾害发生后,记载实际出现使油菜受害的天气和土壤情况,过程持续时间和特征量。各种灾害的记载内容见表 A.7。

表 A.7 油菜农业气象灾害期间的天气气候情况

灾害名称	天气气候情况记载内容
干旱	最长连续无降水日数、干旱期间的降水量和天数、地段最大干土层厚度(cm)、平均土壤相对湿度(%)
涝渍害	过程降水量、连续降水日数、田间积水日数
风灾	过程平均风速、最大风速及日期
冰雹	最大冰雹直径(mm)、冰雹密度(个/米^2)或积雹厚度(cm)
连阴雨	连续阴雨日数、过程降水量
冻害	过程平均最低温度、极端最低气温及日期、持续日数

A.4 灾害调查记载方法

如本次灾害进行了县级范围受灾数据的调查，则记载县级范围受灾情况。记载内容参照“气象灾情收集上报调查和评估规定(2016 年)”，并根据调查实际情况记载，以文字和数字的方式记录调查获取到的详细资料。如以上数据资料来自其他部门，应注明资料来源。

附　录　B
（规范性附录）
农气观测簿表的填写

B.1　农气簿-1-1 的填写

B.1.1　总则

农气簿-1-1 供填写油菜生育状况观测原始记录用，应随身携带边观测边记录。

B.1.2　封面

封面按下述规定填写：

a）省、自治区、直辖市和台站名称：填写台站所在的省、自治区、直辖市，台站名称应按上级业务主管部门命名填写。

b）品种名称：按照农业科技部门鉴定的名称填写。

c）品种春化特性：填写油菜（冬性、半冬性、春性）。

d）栽培方式：按当地实际栽培方式填写“穴播、平作或穴播、套作”“移栽、平作或移栽、套作”“撒播、平作或撒播、套作”六种栽培方式任意一种。如为间套作，记载间套作作物名称，如油菜、蔬菜套作。

e）起止日期：第一次使用簿的日期为开始日期；最后一次使用簿的日期为结束日期。

B.1.3　观测地段说明和测点分布图

观测地段填写规定如下：

a）观测地段说明：按照 4.2.3 规定的观测地段资料内容逐项填入。

b）地段分区和测点分布图：将地段的形状、分区及发育期、植株高度、密度、产量因素等测点标在图上，以便观测。

B.1.4　发育期观测记录

发育期观测记录规定如下：

a）发育期：记载发育期名称，观测时未出现下一发育期记“未”。

b）观测总株数：应统计百分率的发育期记载 4 个测点观测的总株数。

c）进入发育期株数：分别填写 4 个测点观测植株中，进入发育期的株数，并计算总和及百分率。

d）生长状况评定：按照 6.7 的规定记录。

B.1.5　植株高度测量记录

高度测量记录规定如下：

a）记录高度测量时所处的发育期。

b）分 4 个区按序逐株测量植株高度，记入植株高度记录栏的相应序号下，并计算合计及平均植株高度。

B.1.6　植株密度测定记录

密度测定记录规定如下：

a) 记录密度测定时所处的发育期。
b) 测定过程项目按如下要求记录：
   1) 撒播或移栽前：填写“所含株数”和“测定面积”，中间用斜线分开；
   2) 测点下各列分别填写各测点相应测值；
   3) 穴播或移栽后：1 m 内行、株数：双线上填写通过“量取长度”和“所含行距数”总和计算的 1 m内行数。双线下填通过“量取长度”和“所含行距数”总和计算的 1 m 内株数。
c) 1 m 内行数、株数：相应行内填写计算的 1 m 内行数和 1 m 内株数。

B.1.7 产量因素测定记录

产量因素测定记录规定如下：
a) 项目：记载产量因素测定项目名称；
b) 单株测定值：规定应分株测定的项目则分株记载，不应分株测定的项目可分区记载。

B.1.8 大田生育状况观测调查记录

大田生育状况观测调查记录规定如下：
a) 地点：填写观测调查所在乡、村、组及田地所在单位或个人名称；
b) 田地生产水平：按照上、中、下三级填写；
c) 播种、收获日期、单产：填写田地所在单位或个人调查记录资料；
d) 日期：实际观测调查日期；
e) 发育期：目测记载观测调查田地作物所处发育期，以未进入某发育期、始期、普遍期、发育期已过等记载；
f) 高度、密度(株)和产量因素：测定项目，分别记于植株高度、密度和产量因素测定记录页，备注栏注明为大田生育状况观测调查记录。测定结果抄入大田生育状况观测调查页内。备注栏应注明品种类型、熟性、栽培方式；
g) 生长状况评定：记载观测调查田地生长状况评定结果。

B.1.9 产量结构及品质分析记录

产量结构及品质分析记录规定如下：
a) 株荚果数进行逐株测量后填入产量结构分析单项记录表内；
b) 各项分析记录按照 8.1.1 分析项目的先后次序逐项填入产量结构及品质分析记录表；
c) 分析计算过程记入分析计算步骤栏，计算最后结果记入分析结果栏；
d) 地段实收面积、总产量：地段实收面积以公顷(hm^2)为单位，其总产量以千克(kg)为单位；
e) 籽粒品质分析结果记录分析项目名称、单位、分析方法和结果。

B.1.10 主要田间工作记载

按 9.2 的规定进行。

B.1.11 观测地段农业气象灾害和病虫害观测记录

观测地段农业气象灾害和病虫害观测记录规定如下：
a) 灾害名称：农业气象灾害按 10.1 规定和普遍采用的名称进行记载，病虫害按 10.2 规定和植物保护植物检疫部门的名称进行记载，不得采用俗名。农业气象灾害和病虫害按出现先后次序记载。如果同时出现两种或以上灾害，按先重后轻记载，或分不清，可综合记载。
b) 受害起止日期：记载农业气象灾害或病虫害发生的开始期、终止期。有的灾害受害过程中有发展也应观测记载，以便确定农业气象灾害严重日期和病虫害猖獗期。突发性灾害天气，以时或分记录。

c） 天气气候情况：农业气象灾害按表A.3中规定内容记载，病虫害不记载此项。

B.1.12 农业气象灾害和病虫害调查记录

农业气象灾害和病虫害调查记录规定如下：

a） 按“农业气象灾害和病虫害调查记录”表格的要求，参照观测地段灾害填写有关规定，逐项记载。未包括的但对造成灾害有影响的内容，在成灾的其他原因栏中进行分析记载。

b） 灾害在县级行政区域内的分布，分别记载各种灾害不同为害等级的区（乡镇）名。

c） 成灾面积和比例，统计记录县级行政区域成灾面积和比例，受害未成灾则不统计。

d） 并发自然灾害，记录由于某种灾害发生而引发的其他灾害。

B.2 农气簿-1-2的填写

B.2.1 植株叶面积测定记录

叶面积测定记录规定如下：

a） 测定时期：填写测定时的发育期。

b） 校正系数：根据测定结果填写。

c） 株号：填写样本号。

d） 长、宽、面积：采用面积法测定时，填写长、宽和叶面积。

e） 合计：填写单株各叶片面积之和。

f） 单株叶面积、$1m^2$ 叶面积和叶面积指数：当所有样本株测定结束后，统计记载。

g） 计算叶面积校正系数的测定记录，记入植株叶面积测定记录页，在备注栏中注明。

B.2.2 植株干、鲜生物量测定记录

干、鲜生物量测定记录规定如下：

a） 样本数：填写测定的样本株数。

b） 袋重：填写分装器官样本的空袋重量，若某器官样本量大、采用多个袋装时，填写各袋总重量。

c） 样本总重：填写分器官的总鲜重和总干重，其合计为样本总鲜重和总干重。干重称量多次，依次填入，最后一次为干重记录，并计算合计。

d） 株重：填写分器官重除样本株数所得值，其合计为株鲜、干重。

e） $1\ m^2$ 株重：填写株分器官鲜、干重分别乘 $1\ m^2$ 株数的积，其合计为 $1\ m^2$ 株鲜、干重。

f） 植株地上部含水率：以样本分器官总鲜、干重计算分器官含水率记入相应栏，以样本总鲜、干重计算株含水率并记入合计栏。

g） 生长率：以单株分器官干重计算分器官生长率并记入相应栏，以单株干重计算单株生长率，并记入合计栏。

B.3 农气表-1的填写

农气表-1按以下规定填写：

a） 一般规定：

1） 农气表-1的内容抄自农气簿-1-1和农气簿-1-2相应栏；

  2） 地址、北纬、东经、观测场海拔高度抄自台站气表-1；
  3） 各项记录统计填写最后的结果。

b） 发育期：
  1） 按照发育期出现的先后次序填写发育期名称，并填写始期、普遍期的日期；
  2） 播种到成熟天数，从播种的第二天算起至成熟期的当天的天数。

c） 生长高度、密度、生长状况：抄自农气簿-1-1 观测地段植株高度测量、密度测定、生长状况评定记录页。各项测定值填入规定测定的发育期相应栏下。

d） 产量因素：发育期栏填写产量因素测定时所处的发育期名称，项目栏按 6.6 规定填入测定项目和单位，数值栏抄自农气簿-1-1 有关产量因素的测定结果。

e） 产量结构：项目栏按 8.1.1 规定项目顺序填入并注明单位。测定值栏抄自农气簿-1-1 分析结果栏的数值。地段实产抄自农气簿-1-1 相应栏。

f） 观测地段农业气象灾害和病虫害：
  1） 农业气象灾害和病虫害观测记录根据农气簿-1-1 相应栏的记录，对同一灾害过程先进行归纳整理，再抄入记录表，先填农业气象灾害，再填病虫害，中间以横线隔开；
  2） 受害起止日期，大多数灾害记载开始和终止日期，有的灾害有发展、加重，农业气象灾害填写灾害严重的日期，病虫害填写猖獗期。突发性天气灾害应记到小时或分。

g） 主要田间工作记载：逐项抄自农气簿-1-1 相应栏。若某项田间工作进行多次，且无差异，可归纳在同一栏填写。

h） 生长量测定：抄自农气簿-1-2 相应栏。植株或器官鲜、干重记入同一栏内，上面为鲜重，下面为干重，中间以斜线分开。

i） 农业气象灾害和病虫害调查：
  1） 按照农气表-1 的格式内容，将农气簿-1-1 同一过程的农业气象灾害或病虫害各点调查内容综合整理填写在一个日期内；
  2） 调查日期：各点如不是同一天调查，则记录调查起止日期；
  3） 灾害在县级行政区域内的分布应分别注明此次灾害受害轻、中、重的区（乡镇）的名称；
  4） 灾情综合评定：就县级范围内本次灾情与历年比较及其对产量的影响，按轻、中、重记载；
  5） 资料来源：注明提供县级范围调查资料的单位名称。

j） 观测地段说明：抄自农气簿-1-1。

附　录　C
（资料性附录）
各发育期观测项目

表C.1给出了各发育期观测项目。

表C.1　各发育期观测项目

序号	发育期	观测记录项目
1	播种	播种日期
2	出苗期	发育期、生长状况评定
3	五真叶期	发育期、生长状况评定、叶面积、地上生物量
4	移栽期	发育期、生长状况评定、叶面积、地上生物量
5	成活期	发育期、生长状况评定、植株密度
6	现蕾期	发育期、生长状况评定、叶面积、地上生物量
7	抽薹期	发育期、生长状况评定、植株高度、叶面积、大田生长状况调查、地上生物量
8	开花期	发育期、生长状况评定、叶面积、地上生物量
9	开花盛期	发育期、生长状况评定
10	绿熟期	发育期、生长状况评定、植株高度、植株密度、叶面积、大田生长状况调查、地上生物量、一次分枝数、荚果数
11	成熟期	发育期、生长状况评定
12	收获期	产量结构及品质分析、地段实产调查
注：农业气象灾害和病虫害在出现后进行地段观测和大田调查；在观测发育期的同时作田间工作记载。		

附　录　D
（资料性附录）
油菜农业气象观测簿及报表样式

D.1　图 D.1 给出了农气簿-1-1 的样式。

农气簿-1-1

作物生育状况观测记录簿

省、自治区、直辖市 ____________________

台站名称 ____________________

作物名称 ____________________

品种名称 ____________________

品种春化特性 ____________________

栽培方式 ____________________

开始日期 ____________________

结束日期 ____________________

年　月　日至　年　月　日

印制单位

图 D.1　农气簿-1-1 样式

观 测 地 段 说 明

1. ______________________________

2. ______________________________

3. ______________________________

4. ______________________________

5. ______________________________

6. ______________________________

7. ______________________________

8. ______________________________

9. ______________________________

10. ______________________________

图 D.1　农气簿-1-1 样式(续)

图 D.1　农气簿-1-1 样式(续)

发育期观测记录

观测日期（月.日）	发育期	观测总株数	进入发育期株数						生长状况评定（类）	观测	校对
			1	2	3	4	总和	（%）			
备注											

图 D.1　农气簿-1-1 样式（续）

植株高度测量记录

测量日期	月　日				月　日			
发育期								
观测项目	植株高度(cm)				植株高度(cm)			
测点与株号	1	2	3	4	1	2	3	4
1								
2								
3								
4								
5								
6								
7								
8								
9								
10								
合计								
总和								
平均								
备注								

观测员 ________ ________

校对员 ________ ________

图 D.1　农气簿-1-1 样式(续)

植株密度测定记录

测定日期（月.日）	发育期	测定过程项目	测点				总和	1 m内行株数	1 m^2 株数
			1	2	3	4			
备注									

观测员 ________ ________ ________ ________ ________

校对员 ________ ________ ________ ________ ________

图 D.1 农气簿-1-1样式（续）

油菜产量因素测定记录

<table>
<tr><td>日期
月/日</td><td>项目
（单位）</td><td>测点</td><td colspan="10">单株测定值</td></tr>
<tr><td rowspan="5"></td><td rowspan="5"></td><td>1</td><td></td><td></td><td></td><td></td><td></td><td></td><td></td><td></td><td></td><td></td></tr>
<tr><td>2</td><td></td><td></td><td></td><td></td><td></td><td></td><td></td><td></td><td></td><td></td></tr>
<tr><td>3</td><td></td><td></td><td></td><td></td><td></td><td></td><td></td><td></td><td></td><td></td></tr>
<tr><td>4</td><td></td><td></td><td></td><td></td><td></td><td></td><td></td><td></td><td></td><td></td></tr>
<tr><td colspan="2">合　计</td><td colspan="4"></td><td colspan="2">平　均</td><td colspan="3"></td></tr>
<tr><td rowspan="5"></td><td rowspan="5"></td><td>1</td><td></td><td></td><td></td><td></td><td></td><td></td><td></td><td></td><td></td><td></td></tr>
<tr><td>2</td><td></td><td></td><td></td><td></td><td></td><td></td><td></td><td></td><td></td><td></td></tr>
<tr><td>3</td><td></td><td></td><td></td><td></td><td></td><td></td><td></td><td></td><td></td><td></td></tr>
<tr><td>4</td><td></td><td></td><td></td><td></td><td></td><td></td><td></td><td></td><td></td><td></td></tr>
<tr><td colspan="2">合　计</td><td colspan="4"></td><td colspan="2">平　均</td><td colspan="3"></td></tr>
<tr><td colspan="13"></td></tr>
<tr><td rowspan="2">苗情
评定</td><td>发育期</td><td></td><td></td><td></td><td></td><td></td></tr>
<tr><td>分　类</td><td></td><td></td><td></td><td></td><td></td></tr>
<tr><td>备注</td><td colspan="12"></td></tr>
</table>

观测员 ________ ________

校对员 ________ ________

图 D.1　农气簿-1-1 样式（续）

大田生育状况观测调查记录

地点 ______________________________

田地生产水平 ______________________________

作物品种名称 ______________________________

播种日期 ______________________ 收获日期 ______________________

收获单产(kg/hm^2) ______________________________

日期 月/日	观测调查项目									生长状况 评定(类)
	发育期	高度 (cm)	密度 (株/米^2)	产量因素						
				项目 (单位)	数值	项目 (单位)	数值	项目 (单位)	数值	
备注										

观测员 __________ __________ __________

校对员 __________ __________ __________

图 D.1 农气簿-1-1 样式(续)

产量结构及品质分析单项记录

项目			项目			项目		
单位			单位			单位		
合计			合计			合计		
平均			平均			平均		
备注								

分析日期________年____月________日至________月________日

分析　__________　__________　__________

校对　__________　__________　__________

图 D.1　农气簿-1-1 样式(续)

产量结构及品质分析记录

项目	单位	分析计算步骤				分析
地段实收面积(hm^2)		地段总产量(kg)		地段实收单产(kg/hm^2)		

分析 ________ ________ ________

校对 ________ ________ ________

田间工作记载

项目	日期	方法和工具	数量、质量和效果	观测	校对

图 D.1　农气簿-1-1 样式(续)

观测地段农业气象灾害和病虫害观测记录

观测日期（月.日）	灾害名称	受害起止日期	天气气候情况	受害症状	受害程度 受害、死亡株数/总株数					器官受害程度（%）	灾前灾后采取的主要措施	预计对产量的影响	地段代表灾情类型	此种灾情类型在县级范围内分布及灾害的主要区乡镇名称、数量，受灾面积及比例
					1	2	3	4	平均					

观测 __________ __________ __________　　　　校对 __________ __________ __________

图 D.1　农气簿-1-1 样式（续）

农业气象灾害和病虫害调查记录

调查日期（月.日）			县级行政区域内成灾面积和比例（单作物和多种作物）		
灾害名称			并发的自然灾害		
受害起止日期			造成的其他损失		
调查点灾情类型（轻、中、重）			资料来源		
受灾症状			调查点名称（乡、村），位于气象站的方向、距离（km）		
受害程度（植株、器官）			地形、地势		
成灾面积和比例			作物品种名称		
灾前、灾后采取的主要措施			播种期及前茬作物		
对减产趋势估计（%）			所处发育期		
成灾的其他原因			土壤状况（质地、酸碱度）		
实产（户主姓名）			产量水平（上、中、下）		
此种灾害类型在县级行政区域内分布及受灾害的主要区、乡名称、数量			品种冬春性、栽培方式		
			备注		

图 D.1　农气簿-1-1 样式（续）

D.2 图 D.2 给出了农气簿-1-2 的样式。

农气簿-1-2

植株叶面积测定记录

测定日期____________ 测定时期____________ 校正系数____________

株号											
长	宽	面积	长	宽	面积	长	宽	面积	长	宽	面积
合计			合计			合计			合计		
单株叶面积(cm^2)					1 m^2 株数			叶面积指数			
备注											

观测 ________ ________ 校对 ________ ________

图 D.2 农气簿-1-2 样式

植株地上生物量测定记录

测定时期 __________　　样本数 __________　　重量单位：克

<table>
<tr><td>测定项目</td><td colspan="2">分器官</td><td>绿 叶</td><td>黄 叶</td><td>叶 鞘</td><td>茎</td><td>荚果</td><td>合 计</td></tr>
<tr><td rowspan="5">样本
总重</td><td colspan="2">袋重</td><td></td><td></td><td></td><td></td><td></td><td></td></tr>
<tr><td colspan="2">鲜重</td><td></td><td></td><td></td><td></td><td></td><td></td></tr>
<tr><td rowspan="3">干重</td><td>1 次</td><td></td><td></td><td></td><td></td><td></td><td></td></tr>
<tr><td>2 次</td><td></td><td></td><td></td><td></td><td></td><td></td></tr>
<tr><td>3 次</td><td></td><td></td><td></td><td></td><td></td><td></td></tr>
<tr><td rowspan="2">株重</td><td colspan="2"></td><td></td><td></td><td></td><td></td><td></td><td></td></tr>
<tr><td colspan="2"></td><td></td><td></td><td></td><td></td><td></td><td></td></tr>
<tr><td rowspan="2">1 m^2 株重</td><td colspan="2"></td><td></td><td></td><td></td><td></td><td></td><td></td></tr>
<tr><td colspan="2"></td><td></td><td></td><td></td><td></td><td></td><td></td></tr>
<tr><td colspan="3">植株含水率（%）</td><td></td><td></td><td></td><td></td><td></td><td></td></tr>
<tr><td colspan="3">生长率（g/（m^2 · d））</td><td></td><td></td><td></td><td></td><td></td><td></td></tr>
</table>

观测 __________ __________　　校对 __________ __________

图 D.2　农气簿-1-2 样式（续）

D.3 图 D.3 给出了农气表-1 的样式。

农气表－1
区站号
档案号

作物生育状况观测记录报表

作物名称 ________________ 品种名称 ________________

品种春化特性、栽培方式 ________________________________

__________ 年

省、自治区、直辖市 ________________________________

台站名称 ________________________________

地　　址 ________________________________

北　　纬 ________° ________′ 东　　经 ________° ________′

海拔高度 ________________________ m

台 站 长 ____________ 抄　　录 ____________

观　　测 ____________ 校　　对 ____________

预　　审 ____________ 审　　核 ____________

寄出时间　　　　年　　　月　　　日

图 D.3　农气表-1 样式

<table>
<tr><td rowspan="4">发育期
（月.日）</td><td>名称</td><td></td><td></td><td></td><td></td><td></td><td></td><td></td><td></td><td></td><td></td><td></td><td rowspan="2">播种
到成
熟天数</td><td colspan="4">主要田间工作记录</td></tr>
<tr><td>始期</td><td></td><td></td><td></td><td></td><td></td><td></td><td></td><td></td><td></td><td></td><td></td><td>项目</td><td>起止
日期</td><td>方法和
工具</td><td>数量、
质量、
效果</td></tr>
<tr><td>普遍期</td><td></td><td></td><td></td><td></td><td></td><td></td><td></td><td></td><td></td><td></td><td></td><td rowspan="2"></td><td></td><td></td><td></td><td></td></tr>
<tr><td>末期</td><td></td><td></td><td></td><td></td><td></td><td></td><td></td><td></td><td></td><td></td><td></td><td></td><td></td><td></td><td></td></tr>
<tr><td colspan="2">生长状况（类）</td><td></td><td></td><td></td><td></td><td></td><td></td><td></td><td></td><td></td><td></td><td></td><td rowspan="2">地段实
收面积
（hm^2）</td><td></td><td></td><td></td><td></td></tr>
<tr><td colspan="2">生长高度（cm）</td><td></td><td></td><td></td><td></td><td></td><td></td><td></td><td></td><td></td><td></td><td></td><td></td><td></td><td></td><td></td></tr>
<tr><td colspan="2">密度（株/米^2）</td><td></td><td></td><td></td><td></td><td></td><td></td><td></td><td></td><td></td><td></td><td></td><td></td><td></td><td></td><td></td><td></td></tr>
<tr><td rowspan="3">产量
因素</td><td>发育期</td><td></td><td></td><td></td><td></td><td></td><td></td><td></td><td></td><td></td><td></td><td></td><td rowspan="3">地段实
收单产
（kg/hm^2）</td><td></td><td></td><td></td><td></td></tr>
<tr><td>项目
（单位）</td><td></td><td></td><td></td><td></td><td></td><td></td><td></td><td></td><td></td><td></td><td></td><td></td><td></td><td></td><td></td></tr>
<tr><td>数值</td><td></td><td></td><td></td><td></td><td></td><td></td><td></td><td></td><td></td><td></td><td></td><td></td><td></td><td></td><td></td></tr>
<tr><td rowspan="2">产量
结构</td><td>项目
（单位）</td><td></td><td></td><td></td><td></td><td></td><td></td><td></td><td></td><td></td><td></td><td></td><td rowspan="2"></td><td></td><td></td><td></td><td></td></tr>
<tr><td>数值</td><td></td><td></td><td></td><td></td><td></td><td></td><td></td><td></td><td></td><td></td><td></td><td></td><td></td><td></td><td></td></tr>
</table>

<table>
<tr><td rowspan="2">观测
地段
农业
气象
灾害
和病
虫害</td><td>观测
日期
（月.日）</td><td>灾害
名称</td><td>受害起止
日期</td><td>天气气候
情况</td><td>受害症状</td><td>受害程度</td><td>灾前灾后采取
的主要措施</td><td>对产量的
影响情况</td></tr>
<tr><td></td><td></td><td></td><td></td><td></td><td></td><td></td><td></td></tr>
</table>

图 D.3　农气表-1 样式（续）

<table>
<tr><td colspan="6">农业气象灾害和病虫害调查</td><td rowspan="11">观测地段说明</td></tr>
<tr><td>调查日期
（月.日）</td><td></td><td></td><td></td><td></td><td></td></tr>
<tr><td>灾害名称</td><td></td><td></td><td></td><td></td><td></td></tr>
<tr><td>受害起止日期</td><td></td><td></td><td></td><td></td><td></td></tr>
<tr><td>灾害分布在县级行政区域内哪些主要区、乡</td><td></td><td></td><td></td><td></td><td></td></tr>
<tr><td>本县级行政区域成灾面积及其面积比例（单项和各种作物）</td><td></td><td></td><td></td><td></td><td></td></tr>
<tr><td>作物受害症状</td><td></td><td></td><td></td><td></td><td></td></tr>
<tr><td>受害程度</td><td></td><td></td><td></td><td></td><td></td></tr>
<tr><td>灾前灾后采取的主要措施</td><td></td><td></td><td></td><td></td><td></td></tr>
<tr><td>灾情综合评定</td><td></td><td></td><td></td><td></td><td></td></tr>
<tr><td>减产情况</td><td></td><td></td><td></td><td></td><td></td></tr>
<tr><td>其他损失</td><td></td><td></td><td></td><td></td><td></td><td rowspan="3">纪要</td></tr>
<tr><td>成灾其他原因分析</td><td></td><td></td><td></td><td></td><td></td></tr>
<tr><td>资料来源</td><td></td><td></td><td></td><td></td><td></td></tr>
</table>

图 D.3　农气表-1 样式（续）

<table>
<tr><td colspan="13">生 长 量 测 定</td></tr>
<tr><td rowspan="2">测定
日期
(月/日)</td><td colspan="2">叶面积
(cm²)</td><td colspan="9">植株鲜/干重(g)</td><td>县级行政区域
平均产量
(kg/hm²)</td></tr>
<tr><td>单
株</td><td>叶
面
积
指
数</td><td>绿
叶</td><td>黄
叶</td><td>叶
柄</td><td>茎</td><td>荚
果</td><td>株
(合计)</td><td>1 m²</td><td>含水率
(%)</td><td>生长率
(g/(m²·d))</td><td></td></tr>
<tr><td></td><td></td><td></td><td></td><td></td><td></td><td></td><td></td><td></td><td></td><td></td><td></td><td>与上年比增
减产百分比</td></tr>
<tr><td></td><td></td><td></td><td></td><td></td><td></td><td></td><td></td><td></td><td></td><td></td><td></td><td rowspan="4"></td></tr>
<tr><td></td><td></td><td></td><td></td><td></td><td></td><td></td><td></td><td></td><td></td><td></td><td></td></tr>
<tr><td></td><td></td><td></td><td></td><td></td><td></td><td></td><td></td><td></td><td></td><td></td><td></td></tr>
<tr><td></td><td></td><td></td><td></td><td></td><td></td><td></td><td></td><td></td><td></td><td></td><td></td></tr>
<tr><td colspan="13">生育期间农业气象条件鉴定:</td></tr>
</table>

图 D.3 农气表-1 样式(续)

参 考 文 献

[1] GB/T 11762—2006 油菜籽

[2] GB/T 20481—2006 气象干旱等级

[3] QX/T 88—2008 作物霜冻害等级

[4] QX/T 107—2009 冬小麦、油菜涝渍等级

[5] QX/T 299—2015 农业气象观测规范 冬小麦

[6] 国家气象局.农业气象观测规范[M].北京:气象出版社,1993

[7] 郑大玮,郑大琼,刘虎城.农业减灾实用技术手册[M].杭州:浙江科学技术出版社,2005

[8] 杨文钰,屠乃美.作物栽培学各论[M].北京:中国农业出版社,2011

[9] 王建林.西藏高原油菜栽培学[M].北京:中国农业出版社,2013

[10] 韩湘玲.作物生态学[M].北京:气象出版社,1991

[11] 黄义德,姚维传.作物栽培学[M].北京:中国农业出版社,2002

[12] 霍治国,王石立.农业和生物气象灾害[M].北京:气象出版社,2009

ICS 07.060
A 47
备案号：65099—2018

中华人民共和国气象行业标准

QX/T 449—2018

气候可行性论证规范　现场观测

Specifications for climatic feasibility demonstration—in-situ observation

2018-09-20 发布　　2019-02-01 实施

中 国 气 象 局　发 布

前　　言

本标准按照 GB/T 1.1—2009 给出的规则起草。

本标准由全国气候与气候变化标准化技术委员会(SAC/TC 540)提出并归口。

本标准起草单位:广东省气象局、中国气象局公共气象服务中心。

本标准主要起草人:植石群、陈雯超、王丙兰、黄浩辉、刘爱君、张羽、杨振斌、蒋承霖、王志春。

气候可行性论证规范　现场观测

1　范围

本标准规定了开展气候可行性论证现场观测的要素，专用气象站选址、设计和建设，仪器，竣工验收，数据采集和审核，运行管理等要求。

本标准适用于气候可行性论证项目论证过程中，参证气象站数据无法满足项目气候可行性论证需要、项目相关工程气象参数在现有规范无法涵盖或超出规范范围，或项目行业有需求的所需的现场气象观测。

2　规范性引用文件

下列文件对于本文件的应用是必不可少的。凡是注日期的引用文件，仅注日期的版本适用于本文件。凡是不注日期的引用文件，其最新版本（包括所有的修改单）适用于本文件。

GB/T 35221—2017　地面气象观测规范　总则

GB/T 35226—2017　地面气象观测规范　空气温度和湿度

GB 50057—2010　建筑物防雷设计规范

GB 50135—2006　高耸结构设计规范

QX/T 162—2012　风廓线雷达站防雷技术规范

3　术语和定义

下列术语和定义适用于本文件。

3.1

现场观测　in-situ observation

根据气候可行性论证项目对气象资料的需求，在项目拟规划或建设现场进行的气象测量。

3.2

专用气象站　dedicated meteorological station

为工程项目选址或者其建设项目获取气象要素值而设立的气象观测站。

注：专用气象站的观测项目和年限根据设站目的而定，包括地面气象观测场、观测塔和其他特种观测设施等。

［QX/T 423—2018，定义 3.2］

3.3

气象观测塔　meteorological observation mast

可在多个高度层次安装气象观测仪器的塔桅结构物。

3.4

主导风向　dominant wind direction

在给定的时间段，出现频率最多的风向。

3.5

有效数据完整率　effective data integrity rate

一定时间段内，可信数据的数目占该时段内应测数据总数目的百分比。

注：可按下式计算：

$$\eta = \frac{N_Y - N_Q - N_W}{N_Y} \times 100\%$$

式中：

η ——有效数据完整率，用百分数表示（%）；

N_Y ——应测数目；

N_Q ——缺测数目；

N_W ——无效数据数目。

3.6

联合获取率　joint acquisition rate

一定时间段内，两个以上要素同步获取的可信数据数目占该时段内应测数据总数目的百分比。

4　观测要素

4.1　选取原则

根据气候可行性论证项目的特点、相关规范要求、当地气候条件和气象灾害特征，选取观测的气象要素。

4.2　地面观测要素

4.2.1　根据气候可行性论证项目的要求选择地面气象观测要素，主要包括：气温、气压、相对湿度、风速、风向、蒸发量、日照、降水量、地温、气象能见度、总辐射、净辐射、天气现象、积雪深度、冻土深度等。

4.2.2　湿球温度、露点温度、水汽压等要素，可采用现场观测的温度、相对湿度观测资料，按照 GB/T 35226—2017 附录 A 进行换算。

4.3　特种观测要素

根据气候可行性论证项目的需求选择特种观测要素，包括：二维风速、三维风速、梯度式要素、通量要素、大气成分等。

5　专用气象站选址、设计和建设

5.1　选址

5.1.1　选址原则

5.1.1.1　应具有项目区域代表性，周围环境应相对空旷平坦。

5.1.1.2　地面气象观测场四周障碍物的影子不应投射到日照和辐射观测仪器的受光面上，在日出日落方向障碍物的高度角应小于或等于 5°，附近应无强反光物体。

5.1.1.3　风廓线雷达观测站址四周的障碍物对探测系统天线形成的遮蔽仰角应小于 30°，宜远离高压线、变电站、发射天线等强电场、磁场物体。

5.1.1.4　应考虑施工建设的可行性、观测运行管理的可操作性。

5.1.2 站址勘察

5.1.2.1 勘察准备

应预先收集项目区域的地形图、交通图、附近国家气象站主导风向、项目规划图等资料;海上项目,应预先收集项目海域的海洋、海事、航运等资料。

5.1.2.2 勘察方案

应包括现场踏勘路线、时间、地点、内容、拟参加查勘的单位及人员名单。

5.1.2.3 勘察人员

应由承担方、委托方和当地政府相关部门人员组成,应共同进行现场踏勘并选定观测站址。

5.1.2.4 勘察设备

应包括卫星定位仪、手持测风仪、照相机、指南针及其他必要的安全防护工具。

5.1.2.5 勘察内容

应包括预选址的地形、地貌、障碍物、植被等下垫面条件,各方位的环境照片;测量并记录观测场地面积、经纬度和海拔高度、无线通信信号状况等。

5.1.2.6 比选确定

根据项目规划和现场查勘结果,综合分析对比各预选站址的区域代表性、土地性质、周围环境,由委托方、承担方和当地政府相关部门共同确定观测站址。

5.1.2.7 备案

气象观测站址和观测方案确定后,应按属地管理原则向当地气象主管机构备案。

5.2 设计和建设

5.2.1 地面气象观测场

5.2.1.1 地面气象观测场一般为25 m×25 m的平坦场地;确因条件限制,也可取16 m(东西向)×20 m(南北向);需要安装辐射观测仪器的,可将地面气象观测场南北向扩展10 m;只采用自动气象站观测而没有人工器测项目时地面气象观测场可取7 m(东西向)×10 m(南北向);建在高山、海岛等特殊环境或观测项目较少的地面气象观测站其地面气象观测场可按需要确定。

5.2.1.2 地面气象观测场四周应设置稀疏围栏,围栏不宜采用发光太强或颜色太暗的材料,围栏门宜开在北面,高度应在1.2 m以下。

5.2.1.3 地面气象观测场场地应保持有均匀草层(不长草的地区除外),草高不超过20 cm。

5.2.1.4 根据地面气象观测场内仪器布局敷设仪器线缆,宜在观测小路下修建电缆沟(管),电缆沟(管)应做到防水、防鼠等,便于维护。

5.2.1.5 地面气象观测场防雷设计和施工应符合相关标准的要求。

5.2.1.6 风廓线雷达防雷设计和施工应符合QX/T 162—2012。

5.2.2 气象观测塔

5.2.2.1 气象观测塔设计和建造施工应选择具有国家相关行业资质的单位或企业。

5.2.2.2 气象观测塔结构应为桅杆式或立杆式，塔体结构强度应按照 GB 50135—2006 设计。

5.2.2.3 根据 GB 50057—2010 的要求安装专用避雷系统，气象观测塔接地电阻宜小于 4 Ω。

5.2.2.4 气象观测塔应悬挂明显的安全警示标志。观测塔位于航线下方时，应根据航空部门的要求决定是否安装航空信号灯。

6 观测仪器

6.1 布设及安装

6.1.1 地面观测场仪器

气压、气温、湿度、降水量、辐射、日照、蒸发、能见度、风速、风向等常用传感器的布设及安装按照 GB/T 35221—2017 进行。

6.1.2 观测塔仪器

6.1.2.1 按照项目需求确定观测层次及关键高度层，布设仪器。

6.1.2.2 安装风速、风向传感器的伸臂应与当地主导风向垂直，伸臂长度应不小于桅杆式结构观测塔直径的 2.5 倍、立杆式结构观测塔直径的 6 倍以上，并进行水平校正。

6.1.2.3 气温、湿度传感器的伸臂长度应不小于观测塔直径的 1.5 倍，并应设置小型百叶箱或防辐射罩。

6.1.2.4 超声测风仪等特种观测仪器应使用专用安装支架牢固安装在关键高度层附近，并进行方向、水平校准。

6.2 性能和检定

6.2.1 性能参数

观测仪器性能应满足项目需求，仪器性能基本参数应考虑测量范围、分辨力、采样频率、最大允许误差、灵敏度等。

6.2.2 检定

观测仪器在安装之前，应经国家授权的气象仪器计量检定机构检定或校准，并取得设备检定、测试、校准文件。

观测期间，观测仪器应定期检定或校准，使之达到项目需求的性能指标。

如出现以下情况，应立即进行检定或校准：

——经历过可能影响仪器性能的极端气象事件；

——经过拆卸修理；

——遭到人为损坏；

——对仪器示值有疑问。

7 竣工验收

7.1 基本要求

建设后应进行竣工验收，包括现场验收和文件验收两部分。

7.2 现场验收

现场测试观测设备运行是否正常，检查建设设施是否与设计文件相符、数据记录与存储是否正确、备品备件是否齐全、后备电源是否满足设计要求等。

7.3 文件验收

应对建设过程的设计文件、过程记录文件、设备检定和校准报告等进行审查，主要文件参见附录 A。

8 观测数据的采集和审核

8.1 采集

采取实时传输的方式逐时(或更短间隔)传输和采集数据。

采用无线传输方式将现场观测数据实时传送到数据采集中心站。

8.2 观测期限

观测期限设置应满足项目需求。观测期限宜不少于 1 周年或一个完整观测季，当不满足项目关键气象要素代表性时，应延长观测。

8.3 观测数据文件和报表格式

观测数据文件和报表格式应满足项目和相关行业要求。

8.4 审核

8.4.1 资料合理性

依据 GB/T 35221—2017 相关技术指标，按照各气象要素可能出现的极值范围、内部一致性、时间一致性进行要素合理性审核。

8.4.2 数据完整性

关键要素的有效数据完整率和联合获取率不低于 90%。

8.5 汇交

所获取的气象资料应当按照国家有关规定向观测站(点)所在省、自治区、直辖市的气象主管机构汇交。

9 观测运行管理

9.1 巡查

应定期巡视观测场地，检查观测仪器和辅助设备运行状态，对巡查过程作详细记录。

9.2 设备维护

应定期维护观测仪器和观测塔，对维护过程作详细记录。

9.3 运行监控

应制定观测运行监控值班制度，安排专业技术人员定期监控设备运行状态，检查观测数据接收情况并及时对数据进行审核、处理。若遇无线数据远程传输故障，应及时派人到观测现场下载和备份数据。作详细值班日志。

附 录 A
（资料性附录）
专用气象站竣工验收文件

A.1 设计文件

具有相应资质单位设计的气象站设计图、观测塔及防雷工程设计图等。

A.2 现场土建施工过程记录文件

主要包括如下文件：

a) 各种规格钢筋材料材质单；
b) 水泥、沙、石等材料出厂检验报告；
c) 混凝土配比试验报告；
d) 混凝土试块施压报告；
e) 观测塔、观测房土建施工过程中的钢筋、混凝土浇筑等施工质量检验文件。

A.3 观测塔施工过程记录文件

主要包括如下文件：

a) 施工单位资质证明文件；
b) 铁塔施工方案；
c) 原材料的质保单、产品合格证；
d) 钢结构（钢构件焊接）质量验收记录；
e) 钢结构（预拼装）质量验收记录；
f) 焊缝超声波检测报告；
g) 焊接材料检验和验收记录单；
h) 钢材切割质量检验记录单；
i) 制孔质量检验记录单；
j) 钢结构镀层质量检验记录单；
k) 铁塔制作质量监理验收表；
l) 铁塔出厂合格证。

A.4 防雷施工过程记录文件

主要包括如下文件：

a) 地网开挖、地网材料焊接质量记录单；
b) 防雷器材产品合格证；
c) 防雷钢带角钢材质单；
d) 防雷竣工接地电阻检测报告。

A.5 设备安装调试文件

主要包括如下文件：

a） 观测设备合格证；

b） 观测设备检定、校准和测试报告；

c） 系统操作使用说明。

参 考 文 献

[1] GB/T 18709—2002 风电场风能资源测量方法

[2] GB 31221—2014 气象探测环境保护规范 地面气象观测站

[3] GB/T 33703—2017 自动气象站观测规范

[4] GB/T 35237—2017 地面气象观测规范 自动观测

[5] MH/T 4016.1—2008 民用航空气象 第1部分:观测与报告

[6] MH/T 4016.4—2004 民用航空气象 第4部分:设备配备

[7] QX/T 74—2007 风电场气象观测及资料审核、订正技术规范

[8] QX/T 369—2016 核电厂气象观测规范

[9] QX/T 423—2018 气候可行性论证规范 报告编制

[10] DB14/T 639—2011 发电机组空冷系统环境气象观测塔层观测法

[11] 中国民用航空局空管行业管理办公室.民用航空气象地面观测规范:AP-117-TM-02RI[Z],2012年2月28日

[12] 宋丽莉.气候可行性论证技术指南汇编[M].北京:气象出版社,2014

ICS 07.060
A 47
备案号：65100—2018

中华人民共和国气象行业标准

QX/T 450—2018

阻隔防爆橇装式加油(气)装置防雷技术规范

Technical specifications for lightning protection of separate and explosion-proof skid-mounted refueling device

2018-09-20 发布　　2019-02-01 实施

中 国 气 象 局　发 布

前　言

本标准按照 GB/T 1.1—2009 给出的规则起草。

本标准由全国雷电灾害防御行业标准化技术委员会提出并归口。

本标准起草单位：重庆市气象安全技术中心、辽宁省防雷技术服务中心、深圳市气象公共安全技术支持中心。

本标准主要起草人：覃彬全、李良福、刘俊、余蜀豫、林楠、邱宗旭、任艳、栾健、杨悦新、罗声悦、李承昊、何静、林巧、刘青松、高荣生、秦健。

阻隔防爆橇装式加油(气)装置防雷技术规范

1 范围

本标准规定了阻隔防爆橇装式加油(气)装置防雷的基本规定、防雷技术措施和维护。

本标准适用于阻隔防爆橇装式加油(气)装置的防雷设计、施工和维护。

2 规范性引用文件

下列文件对于本文件的应用是必不可少的。凡是注日期的引用文件,仅注日期的版本适用于本文件。凡是不注日期的引用文件,其最新版本(包括所有的修改单)适用于本文件。

GB 50057—2010 建筑物防雷设计规范

3 术语和定义

下列术语和定义适用于本文件。

3.1

阻隔防爆橇装式加油(气)装置 separate and explosion-proof skid-mounted refueling device

一种集阻隔防爆储油(气)罐、加油(气)机、自动灭火器为一体的地面加油(气)系统。

3.2

防雷装置 lightning protection system;LPS

用于减少闪击击于建(构)筑物上或建(构)筑物附近造成的物质性损害和人身伤亡,由外部防雷装置和内部防雷装置组成。

[GB 50057—2010,定义 2.0.5]

3.3

接闪器 air-termination system

由拦截闪击的接闪杆、接闪带、接闪线、接闪网以及金属屋面、金属构件等组成。

[GB 50057—2010,定义 2.0.8]

3.4

接地装置 earth-termination system

接地体和接地线的总合,用于传导雷电流并将其流散入大地。

[GB 50057—2010,定义 2.0.10]

3.5

接地线 earthing conductor

从引下线断接卡或换线处至接地体的连接导体;或从接地端子、等电位连接带至接地体的连接导体。

[GB 50057—2010,定义 2.0.12]

3.6

直击雷 direct lightning flash

闪电直接击于建(构)筑物、其他物体、大地或外部防雷装置上,产生电效应、热效应和机械力者。

[GB 50057—2010,定义 2.0.13]

3.7

雷击电磁脉冲　lightning electromagnetic impulse;LEMP

雷电流经电阻、电感、电容耦合产生的电磁效应,包含闪电电涌和辐射电磁场。

[GB 50057—2010,定义 2.0.25]

3.8

电涌保护器　surge protective device;SPD

用于限制瞬态过电压和分泄电涌电流的器件。它至少含有一个非线性元件。

[GB 50057—2010,定义 2.0.29]

3.9

共用接地系统　common earthing system

将防雷系统的接地装置、建筑物金属构件、低压配电保护线(PE)、等电位连接端子板或连接带、设备保护地、屏蔽体接地、防静电接地、功能性接地等连接在一起构成共用的接地系统。

[GB 50343—2012,定义 2.0.6]

4　基本规定

4.1　阻隔防爆橇装式加油(气)装置(以下简称橇装站)防雷设计应在综合调查其所处的地理位置、环境条件、地质情况和雷电活动规律的基础上,详细研究并确定防雷装置的形式及其布置。

4.2　橇装站选址宜满足以下要求:

a)　与高于橇装站的树木间距不宜小于 5 m;

b)　宜避开雷电高风险区域;

c)　接地装置易于施工。

4.3　橇装站防雷施工时,施工单位应做好施工记录,其中隐蔽记录应有建设或监理单位代表确认签字。施工记录参见附录 A。

5　防雷技术措施

5.1　直击雷防护

5.1.1　橇装站油罐呼吸阀应处于接闪杆的保护范围内,当呼吸阀装设有阻火器时,可不设接闪杆。

5.1.2　当橇装站顶棚为非金属材料时,应在顶棚上敷设接闪带(网),接闪网网格尺寸宜不大于 5 m×5 m,其材型规格应符合 GB 50057—2010 的表 5.2.1 的要求。

5.1.3　当橇装站顶棚为金属材料时,可利用其作为接闪器,但应符合下列规定:

a)　板间的连接应是持久的电气贯通,可采用铜锌合金焊、熔焊、卷边压接、缝接、螺钉或螺栓连接;

b)　当顶面为多层金属板,且上层为金属板,其下为阻燃的夹层、吊顶材料时,不锈钢、热镀锌钢和铜板的厚度不应小于 0.5 mm,铝板的厚度不应小于 0.65 mm;

c)　当顶棚为单层金属板时,不锈钢、热镀锌钢的厚度不应小于 4 mm,铜板的厚度不应小于 5 mm,铝板的厚度不应小于 7 mm;

d)　金属板无绝缘被覆层。

5.1.4　当橇装站顶棚为金属材料且厚度不满足 5.1.3 要求时,应按 5.1.2 要求设置接闪网,接闪网固定支架的高度宜大于 200 mm。

5.1.5　当橇装站附近有金属电线杆、路灯杆以及其他较大固定金属体时,金属电线杆、路灯杆以及其他较大固定金属体应接地，且撬装站与上述金属体间距不宜小于 3 m。

5.1.6　橇装站油罐的呼吸阀、液位仪孔、量油孔、人孔、法兰盘及其附着的金属构件均应与罐体保持电气贯通，活动性金属附着构件宜采用截面积不小于 50 mm^2 的软铜带与其附着体进行等电位连接。

5.1.7　橇装站顶部的金属板、人行栈桥、爬梯、装饰架等各类金属物应保持电气贯通并就近接地。

5.1.8　橇装站防雷接地、防静电接地、电气设备的工作接地、保护接地及电子系统的接地等应采用共用接地系统，其工频接地电阻值宜不大于 4 Ω。

5.1.9　橇装站宜利用其基础内钢筋作为接地装置，但应满足下列条件：

a)　用作接地的基础内钢筋应焊接连通形成网状；

b)　应在橇装站轮廓线外沿四角和中部，从基础内作为接地装置的钢筋焊接引出预留接地端子与橇装站箱体底座连接，其接地端子为截面积不小于 100 mm^2 的扁钢，接地连接线为截面积不小于 50 mm^2 的软铜带；

c)　四周设置有吸油坑且吸油坑围堰内布置有钢筋的，围堰钢筋应就近与用作接地的基础内钢筋作等电位连接；橇装站四周设置有金属防撞栏的，应通过在防撞栏下预埋截面积不小于 50 mm^2 的扁钢或圆钢作接地干线将各金属防撞栏连通并与橇装站地网连通。

5.1.10　当无法利用橇装站基础内钢筋作为接地装置，或利用橇装站基础内钢筋作为接地装置无法满足条件时，应沿橇装站轮廓线外沿布设闭合环形的人工接地体，人工接地体应符合以下要求：

a)　人工垂直接地体可布置于地基轮廓线外边沿，沿周长水平间隔不小于人工垂直接地体长度的 2 倍，外边沿四角应有人工垂直接地体；

b)　人工接地体的材型规格应符合 GB 50057—2010 的表 5.4.1 的要求；

c)　人工接地体的埋设深度，不应小于 0.5 m，并敷设在当地冻土层以下；

d)　当利用橇装站基础内钢筋作为接地装置时，人工垂直接地体的顶部应与用作接地的基础内钢筋焊接连通，连接线宜采用直径不小于 12 mm 的圆钢；

e)　当无法利用橇装站基础内钢筋作为接地装置时，应在橇装站轮廓线外沿四角和中部，从人工接地装置引出预留接地端子与橇装站箱体底座连接，其接地端子为截面积不小于 50 mm^2 的扁钢，接地连接线为截面积不小于 50 mm^2 的软铜带。

5.1.11　接地装置应按照 GB 50057—2010 的 4.5.6 的规定采取防接触电压和跨步电压措施。

5.2　雷击电磁脉冲防护

5.2.1　橇装站箱体底部承重钢梁与油罐底部鞍座应用截面不小于 50 mm^2 的软铜带跨接，且跨接点不少于 2 处。

5.2.2　橇装站箱体底部承重钢梁与加油机除用螺栓连接外，并用截面不小于 16 mm^2 的铜线跨接。加油机应就近接地，加油枪与加油机之间应保持电气贯通。箱体所有金属外壳物件（包括铝合金门窗、百叶、装饰板、铰链等）应保证电气贯通，并应就近接地。用于箱体底部调高的金属垫片应与箱体金属底座焊接。

5.2.3　橇装站电气系统、电子系统接地的预留接地端子应分别引出，接地端子宜采用截面积不小于 50 mm^2 的铜带且预留足够孔位。

5.2.4　橇装站的电气系统、电子系统线缆宜埋地敷设，并应采用铠装电缆或导线穿钢管配线，在进出箱体的交界面处，线缆金属外皮两端、保护钢管两端均应接地。

5.2.5　应在橇装站电源线路适当位置装设相应等级的 SPD。

5.2.6　橇装站电子系统配电线路首、末段与电子器件连接时，应装设与电子器件耐压水平相适应的 SPD。

5.2.7　电源 SPD 的相线连接线截面积不应小于 6 mm^2，接地连接线截面积不应小于 10 mm^2。电源 SPD 连接导线长度不宜大于 0.5 m。

5.2.8 橇装站的输油管线应保持首尾电气贯通，并与底座钢梁作不少于2处等电位连接，连接线应为截面积不小于16 mm^2 的软铜带。管道上的法兰应用软铜带跨接，当法兰的连接螺栓不少于5颗时，在非腐蚀环境下，可不跨接。

6 维护

应在每次雷电天气之后进行维护。在雷电活动强烈的地区，对橇装站的防雷装置应随时进行检查、维护。维护重点检查以下内容：

a) 接地端子与箱体底座、加油机与箱体底座、加油机与加油枪、罐体与箱体底座等橇装站内部金属件之间的电气连续性，接地连接线与箱体底座、橇装站金属门与箱体之间、罐体与箱体底座钢梁应进行电气连续性测量。当发现有脱焊、松动和锈蚀等情况时，应进行相应的处理；

b) SPD的运行情况，是否接触不良，是否发热，是否积尘过多等，出现故障应及时排除。

附　录　A
（资料性附录）
施工记录表

A.1　防雷接地装置施工记录表

防雷接地装置施工记录表见表 A.1。

表 A.1　防雷接地装置施工记录表

<table>
<tr><td>橇装站名称</td><td colspan="2"></td><td>施工单位</td><td colspan="2"></td></tr>
<tr><td colspan="2">测试仪器型号及编号</td><td colspan="4"></td></tr>
<tr><td colspan="2">接地体材型规格</td><td colspan="2"></td><td>埋设深度</td><td></td></tr>
<tr><td colspan="2">水平接地体与垂直接地体的连接方式</td><td colspan="4"></td></tr>
<tr><td colspan="2">防地电位反击、跨步电压措施</td><td colspan="4"></td></tr>
<tr><td colspan="2">接地干线材型规格及连接方式</td><td colspan="4"></td></tr>
<tr><td colspan="2">橇装站必驻点的接地预留端子的材型规格及连接方式</td><td colspan="4"></td></tr>
<tr><td colspan="4" rowspan="9">说明及简图：</td><td colspan="2">接地电阻测试</td></tr>
<tr><td>测试点编号
或部位</td><td>接地电阻值
Ω</td></tr>
<tr><td></td><td></td></tr>
<tr><td></td><td></td></tr>
<tr><td></td><td></td></tr>
<tr><td></td><td></td></tr>
<tr><td></td><td></td></tr>
<tr><td></td><td></td></tr>
<tr><td></td><td></td></tr>
<tr><td>施工
单位</td><td>项目技术负责人：

记录人：

年　月　日</td><td>监理
（建设）
单位</td><td>监理工程师（建设单位代表）：

年　月　日</td><td>其他
单位</td><td>代表：

年　月　日</td></tr>
</table>

A.2 雷击电磁脉冲防护及等电位连接装置施工记录表

雷击电磁脉冲防护及等电位连接装置施工记录表见表 A.2。

表 A.2 雷击电磁脉冲防护及等电位连接装置施工记录表

<table>
<tr><td colspan="2">橇装站名称</td><td colspan="2"></td><td>施工单位</td><td colspan="2"></td></tr>
<tr><td colspan="3">测试仪器型号及编号</td><td colspan="4"></td></tr>
<tr><td colspan="3">接地端子与箱体底座连接情况</td><td colspan="4"></td></tr>
<tr><td colspan="3">加油机与箱体、罐体与箱体的连接情况</td><td colspan="4"></td></tr>
<tr><td colspan="3">箱体及其他金属设施的等电位连接情况</td><td colspan="4"></td></tr>
<tr><td colspan="3">电气、电子系统接地端子材型规格及连接情况</td><td colspan="4"></td></tr>
<tr><td colspan="3">各类线缆等电位连接情况</td><td colspan="4"></td></tr>
<tr><td colspan="3">电涌保护器安装位置及连接情况</td><td colspan="4"></td></tr>
<tr><td colspan="5" rowspan="9">说明及简图：</td><td colspan="2">电阻测试</td></tr>
<tr><td>测试点编号或部位</td><td>接地电阻值
Ω</td></tr>
<tr><td></td><td></td></tr>
<tr><td></td><td></td></tr>
<tr><td></td><td></td></tr>
<tr><td></td><td></td></tr>
<tr><td></td><td></td></tr>
<tr><td></td><td></td></tr>
<tr><td></td><td></td></tr>
<tr><td>检查结果</td><td colspan="6"></td></tr>
<tr><td>施工单位</td><td>项目技术负责人：
记录人：
年 月 日</td><td>监理（建设）单位</td><td colspan="2">监理工程师（建设单位代表）：
年 月 日</td><td>其他单位</td><td>代表：
年 月 日</td></tr>
</table>

A.3 接闪器施工记录表

接闪器施工记录表见表 A.3。

表 A.3 接闪器施工记录表

<table>
<tr><td>橇装站名称</td><td colspan="2"></td><td>施工单位</td><td colspan="2"></td></tr>
<tr><td colspan="2">测试仪器型号及编号</td><td colspan="4"></td></tr>
<tr><td colspan="2">接闪器类型</td><td colspan="4"></td></tr>
<tr><td colspan="2">高度</td><td colspan="4"></td></tr>
<tr><td colspan="2">与接地装置的连接情况</td><td colspan="4"></td></tr>
<tr><td colspan="4" rowspan="9">说明及简图：</td><td colspan="2">接地电阻测试</td></tr>
<tr><td>测试点编号
或部位</td><td>接地电阻值
Ω</td></tr>
<tr><td></td><td></td></tr>
<tr><td></td><td></td></tr>
<tr><td></td><td></td></tr>
<tr><td></td><td></td></tr>
<tr><td></td><td></td></tr>
<tr><td></td><td></td></tr>
<tr><td></td><td></td></tr>
<tr><td>检查
结果</td><td colspan="5"></td></tr>
<tr><td>施工
单位</td><td>项目技术负责人：

记录人：

年　月　日</td><td>监理
（建设）
单位</td><td>监理工程师（建设单位代表）：

年　月　日</td><td>其他
单位</td><td>代表：

年　月　日</td></tr>
</table>

参 考 文 献

[1] GB 50156—2012 汽车加油加气站设计与施工规范(2014 年版)
[2] GB 50343—2012 建筑物电子信息系统防雷技术规范
[3] AQ 3001 汽车加油(气)站、轻质燃油和液化石油气汽车罐车用阻隔防爆储罐技术要求
[4] AQ 3002 阻隔防爆橇装式汽车加油(气)装置技术要求

ICS 07.060
A 47
备案号：65847—2019

中华人民共和国气象行业标准

QX/T 451—2018

暴雨诱发的中小河流洪水气象风险预警等级

Meteorological risk warning levels of small and medium-sized rivers flood induced by torrential rain

2018-11-30 发布 2019-03-01 实施

中 国 气 象 局 发 布

前 言

本标准按照 GB/T 1.1—2009 给出的规则起草。

本标准由全国气象防灾减灾标准化技术委员会(SAC/TC 345)提出并归口。

本标准起草单位:国家气象中心、国家气候中心。

本标准主要起草人:包红军、高歌、许凤雯、狄靖月、李宇梅、谌芸、徐辉、杨寅、徐成鹏、刘海知。

暴雨诱发的中小河流洪水气象风险预警等级

1 范围

本标准规定了暴雨诱发的中小河流洪水气象风险预警的等级及划分。

本标准适用于暴雨诱发的中小河流洪水气象风险预警服务业务与科学研究。

2 术语和定义

下列术语和定义适用于本文件。

2.1

中小河流　small and medium-sized rivers

集水面积大于 200 km^2 且小于 3000 km^2 的河流。

2.2

气象风险　meteorological risk

气象因素诱发洪水等灾害的预期损失。

注：风险是一种可能的状态，而不是真实发生的状况。

2.3

RGB 值　RGB value

红(R)、绿(G)、蓝(B)3 种基色，取值范围从 0(黑色)到 255(白色)。

[QX/T 180—2013，定义 2.2]

2.4

水文特征值　hydrologic characteristic value

反映水文要素变化的特点和性质的数据。

[GB/T 50095—2014，定义 5.2.10]

注：常用在水位上的水文特征值有警戒水位、保证水位、防洪高水位、设计洪水位等。

2.5

警戒水位　warning stage

可能造成防洪工程或者防护区出现险情的河流和其他水体的水位。

[GB/T 50095—2014，定义 6.1.16]

2.6

保证水位　highest safety stage

能保证防洪工程或防护区安全运行的最高洪水位。

[GB/T 50095—2014，定义 6.1.17]

2.7

漫堤水位　water level over the embankment

达到河道堤防工程高度，可能发生顶部漫溢泄流的水位。

2.8

防洪高水位　upper water level for flood control

水库或者其他水工建筑物遇到下游防护对象设防洪水时，在坝前或者建筑物前达到的最高水位。

[GB/T 50095—2014,定义 2.9.17.4]

2.9

设计洪水 design flood

符合防洪设计标准要求,以洪峰流量、洪水总量和洪水过程线等特征值表示的洪水。

[GB/T 50095—2014,定义 7.3.1]

2.10

设计洪水位 design flood level

水库或者其他水工建筑物遇到设计洪水时,在坝前或者建筑物前达到的最高水位。

[GB/T 50095—2014,定义 2.9.17.5]

2.11

校核洪水 check flood

工程在非常运用条件下符合校核标准的设计洪水。

[GB/T 50095—2014,定义 7.3.2]

2.12

校核洪水位 check flood level

水库或者其他水工建筑物遇到校核洪水时,在坝前或者建筑物前达到的最高水位。

[GB/T 50095—2014,定义 2.9.17.6]

2.13

漫坝水位 water level over the dam

达到水库坝体高度,可能发生坝顶漫溢泄流的水位。

2.14

重现期 recurrence interval

等于及大于(或者等于及小于)一定量级的水文要素值出现一次的平均间隔年数,由该量级频率的倒数计。

[GB/T 50095—2014,定义 7.2.13]

2.15

流域 valley

河流的集水区域。流域的四周为分水线,分水线有山岭或者高地的脊线组成,分水线所包围的区域即是河流的集水区域。

[GB/T 20486—2017,定义 2.1]

2.16

面雨量 areal precipitation

某一时段内特定区域或者流域的平均降雨量。

[GB/T 20486—2017,定义 2.4]

3 划分等级

暴雨诱发的中小河流洪水气象风险预警等级分为Ⅰ级、Ⅱ级、Ⅲ级、Ⅳ级,分别用红、橙、黄、蓝四种颜色标示,级别含义见表1。

表 1 暴雨诱发的中小河流洪水气象风险预警等级、含义和颜色

预警等级	含义	表征颜色	颜色 RGB 值
Ⅰ级	气象风险很高	红色	255,0,0
Ⅱ级	气象风险高	橙色	255,126,0
Ⅲ级	气象风险较高	黄色	255,250,0
Ⅳ级	有一定气象风险	蓝色	0,102,255

4 划分方法

4.1 有水文特征值的中小河流

4.1.1 不含水库的中小河流

不含水库的中小河流洪水气象风险预警等级，按表 2 来划分。

表 2 不含水库的中小河流洪水气象风险预警等级和级别划分标准

预警等级	划分标准	含义
Ⅰ级	达到Ⅰ级气象条件	将导致河道水位达到或者超过漫堤水位
Ⅱ级	达到Ⅱ级气象条件	将导致河道水位达到或者超过保证水位并低于漫堤水位
Ⅲ级	达到Ⅲ级气象条件	将导致河道水位达到或者超过警戒水位并低于保证水位
Ⅳ级	达到Ⅳ级气象条件	将导致河道水位接近警戒水位并上涨
“接近”因流域而定，一般为 0.01 m～1.0 m，本标准取 0.5 m。		

4.1.2 含水库的中小河流

含水库的中小河流洪水气象风险预警等级，按表 3 来划分。

表 3 含水库的中小河流洪水气象风险预警等级和级别划分标准

预警等级	划分标准	含义
Ⅰ级	达到Ⅰ级气象条件	将导致水库水位达到或者超过漫坝水位
Ⅱ级	达到Ⅱ级气象条件	将导致水库水位达到或者超过校核洪水位小于漫坝水位
Ⅲ级	达到Ⅲ级气象条件	将导致水库水位达到或者超过设计洪水位小于校核洪水位
Ⅳ级	达到Ⅳ级气象条件	将导致水库水位达到或者超过防洪高水位小于设计洪水位

4.2 无水文特征值的中小河流

无水文特征值的中小河流洪水气象风险预警等级，按表 4 来划分。

表 4　无水文特征值的中小河流洪水气象风险预警等级和级别划分标准

预警等级	划分标准	含义
Ⅰ级	达到Ⅰ级气象条件	将导致洪峰水位(或流量)大于或等于重现期为 50 a 的洪水
Ⅱ级	达到Ⅱ级气象条件	将导致洪峰水位(或流量)大于或等于重现期为 20 a 小于重现期为 50 a 的洪水
Ⅲ级	达到Ⅲ级气象条件	将导致洪峰水位(或流量)大于或等于重现期为 5 a 小于重现期为 20 a 的洪水
Ⅳ级	达到Ⅳ级气象条件	将导致洪峰水位(或流量)接近重现期为 5 a 的洪水
根据 GB/T 50095—2014,特大洪水为重现期大于或等于 50 a 的洪水,大洪水为重现期大于或等于 20 a 且小于 50 a的洪水,中等洪水为重现期大于或等于 5 a 且小于 20 a 的洪水,小洪水为重现期小于 5 a 的洪水;“接近”因流域而定,一般为接近重现期为 5 a 洪水洪峰水位 0.01 m～1.0 m,本标准取 0.5 m。		

5　预警等级气象条件推求

暴雨诱发的中小河流洪水气象风险预警等级对应的气象条件,是指对于表 2 至表 4 中的某一预警等级,未来一定时效内,中小河流流域预报面雨量大于或者等于达到流域该预警等级的致洪动态临界面雨量阈值。推求气象条件的方法参见附录 A。

附　录　A
（资料性附录）
气象条件推求方法

A.1　中小河流动态临界面雨量阈值推求方法

A.1.1　概述

这里以不含水库的中小河流达到Ⅲ级预警等级时的动态临界面雨量阈值为例介绍推求方法，其他预警等级动态临界面雨量阈值推求可参照推求。

A.1.2　有长序列降水、水文（流量与水位）资料流域

根据流域多场历史洪水，应用流域水文模型（率定后，达到 GB/T 22482—2008 中 6.5.5 的甲等预报方案）以流域实况降水为模型输入，驱动水文模型获取流域土壤含水量，反推出一定时效内（24 h、12 h、6 h 等）河道水位达到或者超过警戒水位并低于保证水位（水文特征值示意图见图 A.1、图 A.2）的流域面雨量值。

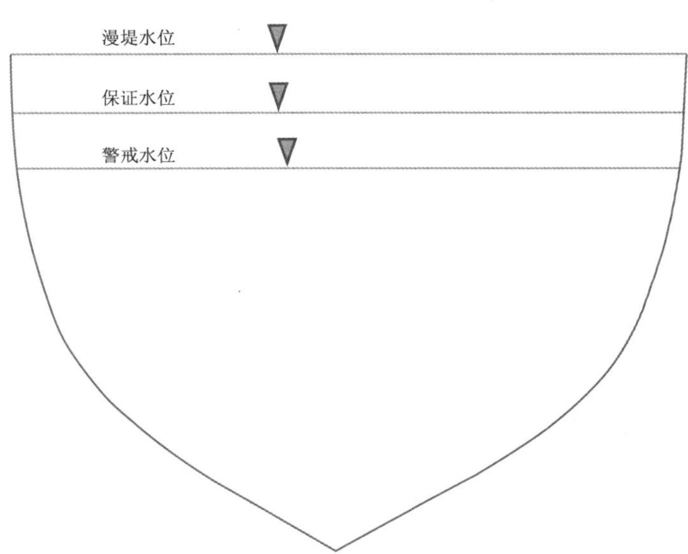

图 A.1　不含水库的中小河流水位特征值示意图

将得到的多组流域土壤含水量与面雨量值制作散点图，建立非线性判别函数（这里选用幂函数），保证最小误判准则分离出超警戒水位且未超保证水位的样本与未超警戒水位的样本。此判别函数即为考虑流域土壤含水量的该中小河流洪水气象风险预警等级（Ⅲ级）动态临界面雨量。

基于幂函数的非线性判别函数为：

$$d(z) = w_1 z^a + w_2 \qquad \cdots\cdots\cdots\cdots(A.1)$$

式中：

$d(z)$ ——判别函数；

z ——样本；

a、w_1、w_2 ——待定参数。

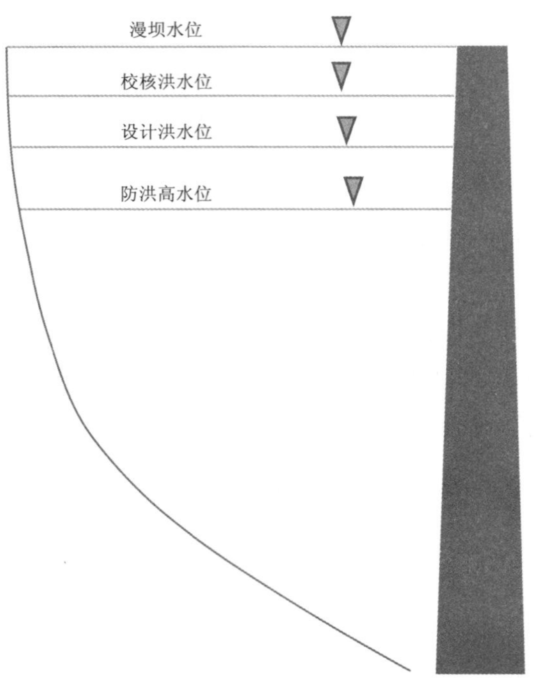

图 A.2　含水库的中小河流水位特征值示意图

在保证最小误判准则下，推求出安徽屯溪流域 24 h 时效Ⅲ级动态临界面雨量阈值(图 A.3 为安徽屯溪流域 24 h 时效Ⅲ级动态临界面雨量阈值)：

$$y = -211.83x^{0.71} + 320 \quad \cdots\cdots\cdots\cdots(A.2)$$

式中：

y ——临界面雨量阈值；

x ——流域土壤含水量。

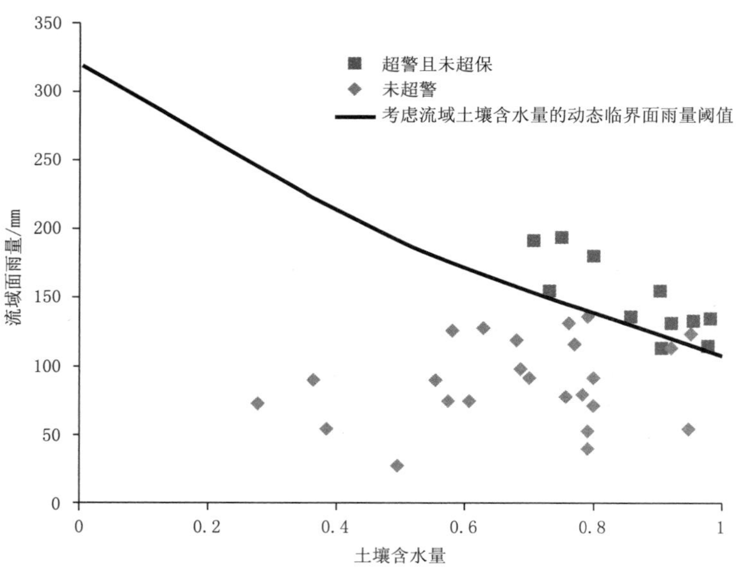

图 A.3　安徽屯溪流域 24 h 时效Ⅲ级动态临界面雨量阈值示意图

A.1.3 仅有长序列完整降水资料流域

根据流域多场历史洪水或者强降水过程，应用流域水文模型（参数由长序列降水与水文（流量与水位）资料的相似流域参数移植）以流域实况降水为模型输入，驱动水文模型获取流域土壤含水量，反推出一定时效内（24 h、12 h、6 h 等）达到表 2 至表 4 预警等级划分标准（水文特征值示意图见图 A.1、图 A.2）的流域面雨量。根据 A.1.2 推求考虑流域土壤含水量的仅有长序列完整降水资料的中小河流洪水致洪动态临界面雨量。

A.1.4 无资料与少资料流域

通过移植有长序列降水、水文（流量与水位）资料的中小河流致洪动态临界面雨量阈值，获取无资料与少资料中小河流致洪动态临界面雨量阈值。

中小河流致洪临界面雨量阈值与流域面积、流域坡度、流域土地利用类型和土壤类型存在下列关系：

$$P_t = b_1 A^{b_2} S_l^{b_3} L^{b_4} S_i^{b_5} \qquad \cdots\cdots\cdots\cdots\cdots\cdots (A.3)$$

式中：

P_t ——有长序列降水、水文（流量与水位）资料的中小河流致洪动态临界面雨量阈值；

A ——有长序列降水、水文（流量与水位）资料的中小河流集水面积；

S_l ——有长序列降水、水文（流量与水位）资料的中小河流流域平均坡度；

L ——有长序列降水、水文（流量与水位）资料的中小河流流域陆面覆盖；

S_i ——有长序列降水、水文（流量与水位）资料的中小河流流域土壤类型；

b_1、b_2、b_3、b_4、b_5 ——待定参数。

根据公式（A.3），建立有长序列降水、水文（流量与水位）资料的中小河流致洪动态临界面雨量阈值与流域面积、流域坡度、流域土地利用类型和土壤类型关系，利用回归分析方法计算出参数 b_1、b_2、b_3、b_4、b_5，结合无资料与少资料流域面积、流域坡度、流域土地利用类型和土壤类型，代入公式（A.3），推求出无资料与少资料中小河流致洪动态临界面雨量阈值。

A.2 面雨量预报计算方法

A.2.1 概述

本标准宜使用算术平均法与泰森多边形法推求面雨量预报。当降水预报为网格点预报时，采用算术平均法；当降水预报为站点或者落区预报时，采用泰森多边形法。

A.2.2 算术平均法

流域内所有预报网格点的同期雨量之和，除以网格点总数。计算公式为：

$$\bar{P} = \sum_{j=1}^{n} P_j / n \qquad \cdots\cdots\cdots\cdots\cdots\cdots (A.4)$$

式中：

$\bar{P}$ ——流域面雨量；

P_j ——流域内第 j 个网格点的同期雨量；

n ——流域网格点数。

A.2.3 泰森多边形法

将流域内各相邻预报站点（如为落区预报，将落区预报转化为站点预报）用直线相连，作各连线的垂直平分线，这些垂直平分线相交把流域划分为若干个多边形，每个多边形内都有一个雨量站。设每个雨量站都以其所在的最小多边形为控制面积，则流域面雨量为各雨量站点的雨量乘以各自的控制面积的总和除以流域的总面积。计算公式为：

$$\overline{P}=\sum_{k=1}^{m}P_kS_k/S \qquad \cdots\cdots(A.5)$$

式中：

$\overline{P}$ ——流域面雨量；

P_k——流域内第 k 个预报站点的同期雨量；

S_k——流域内第 k 个预报站点的控制面积；

S ——流域的总面积；

m ——流域预报站点数。

参 考 文 献

［1］ GB/T 20486—2017 江河流域面雨量等级

［2］ GB/T 22482—2008 水文情报预报规范

［3］ GB/T 50095—2014 水文基本术语和符号标准

［4］ QX/T 180—2013 气象服务图形产品色域

［5］ 中华人民共和国国务院. 全国山洪灾害防治规划［Z］,2006.

［6］ 国家防汛抗旱总指挥部办公室. 山洪灾害防御预案编制大纲［Z］,2005

［7］ 中国气象局. 关于印发《暴雨诱发中小河流洪水和山洪地质灾害气象风险预警服务业务规范（试行）》的通知:气减函〔2013〕34 号［Z］,2013.

［8］ 中国气象局. 关于印发《暴雨诱发中小河流洪水气象风险预警业务规范（暂行）》和《暴雨诱发地质灾害气象风险预警业务规范》的通知:气减函〔2016〕65 号［Z］,2016

［9］ 姜弘道,唐洪武. 水利大词典［M］. 南京:河海大学出版社,2015

［10］ 章国材. 气象灾害风险评估与区划方法［M］. 北京:气象出版社,2009

［11］ 周月华,田红,李兰. 暴雨诱发的中小河流洪水风险预警服务业务技术指南［M］//矫梅燕. 气象灾害风险预警服务业务技术指南丛书. 北京:气象出版社,2015

［12］ 水利部水文局（水利信息中心）. 中小河流山洪监测与预警预测技术研究［M］. 北京:科学出版社,2010

［13］ Georgakakos K P. Analytical results for operational flash flood guidance［J］. Journal of Hydrology, 2006, 317(1):81-103

［14］ Daniele Norbiato, Marco Borga, Silvia DegliEsposti, et al. Flash flood warning based on rainfall thresholds and soil moisture conditions: An assessment for gauged and ungauged basins［J］. Journal of Hydrology, 2008, 362: 274-290

［15］ Norbiato D, Borga M, Dinale R. Flash flood warning in ungauged basins by use of the flash flood guidance and model－based runoff thresholds［J］. Meteorological Applications, 2010, 16 (1):65-75

［16］ Clark R A, Gourley J J, Flamig Z L, et al. CONUS-wide evaluation of national weather service flash flood guidance products［J］. weather & Forecasting, 2014, 29(2):377-392

ICS 07.060
A 47
备案号：65848—2019

中华人民共和国气象行业标准

QX/T 452—2018

基本气象资料和产品提供规范

Specifications for provision of basic meteorological data and product

2018-11-30 发布　　2019-03-01 实施

中　国　气　象　局　　发　布

前　言

本标准按照 GB/T 1.1—2009 给出的规则起草。

本标准由全国气象防灾减灾标准化技术委员会(SAC/TC 345)提出并归口。

本标准起草单位:湖北省气象信息与技术保障中心、湖北省气象局、国家气象信息中心、中国气象局公共气象服务中心。

本标准主要起草人:王海军、王丽、张强、向芬、刘莹、王新、向华、张蒙蒙、李鑫。

引　言

本标准是气象信息服务市场监督管理标准体系的标准之一。为规范基本气象资料和产品的提供，制定本标准。

基本气象资料和产品提供规范

1 范围

本标准规定了基本气象资料和产品的提供内容、方式与流程。

本标准适用于基本气象资料和产品的提供。

2 规范性引用文件

下列文件对于本文件的应用是必不可少的。凡是注日期的引用文件，仅注日期的版本适用于本文件。凡是不注日期的引用文件，其最新版本(包括所有的修改单)适用于本文件。

QX/T 102—2009 气象资料分类与编码

QX/T 313—2016 气象信息服务基础术语

3 术语和定义

QX/T 313—2016 界定的以及下列术语和定义适用于本文件。

3.1

基本气象资料和产品 basic meteorological data and product

国务院气象主管机构批准的并向社会提供的气象资料和气象产品。

注：国务院气象主管机构批准的基本气象资料和产品共享目录参见附录 A。

3.2

气象资料和产品提供单位 meteorological data and product providing unit

省、自治区、直辖市气象主管机构或国务院气象主管机构指定的负责提供基本气象资料和产品的单位。

4 提供内容

4.1 范围

由国务院气象主管机构定期向社会公布的基本气象资料和产品共享目录。共享目录包括基本气象资料和产品的名称、空间属性、内容、更新频率及获取方式等。参见附录 A 中表 A.1。

4.2 内容

基本气象资料和产品以及相应的数据说明信息。数据说明信息包括：

a) 观测属性：获取气象资料的观测、探测手段性质。当所提供的基本气象资料和产品是原始资料或由其统计的产品时，提供观测属性。

b) 区域属性：气象资料各数据所覆盖的地理范围性质。各类资料的区域属性见 QX/T 102—2009 中表 2。

c) 时间属性：气象资料各数据所代表的时间点或时间段性质。各类资料的时间属性见 QX/T 102—2009 中表 3。

d）产品信息：包含产品名称、制作人、制作时间等信息。

e）质量状况：标注数据质量状况，注明是否进行过质量控制。

f）加工处理方法：当提供的资料为统计值时，注明统计方法；当提供的资料为加工产品时，注明加工处理方法，并提供简要说明。

g）说明文档：包含数据格式、存储目录结构、数据特征值、质量控制与评估报告等内容。

5 提供方式与流程

5.1 方式

提供基本气象资料和产品时，可根据用户需求，采取在线或离线服务方式。

在线服务的数据服务网应提供数据检索、定制下载、数据接口等方式。离线服务应在气象资料和产品提供单位与用户签订相关协议后提供。

5.2 流程

5.2.1 气象资料和产品提供单位应在相关网站上公开数据服务的提供流程，为用户提供在线申请注册、检索、下载及数据接口访问等服务。

用户在线申请注册流程如下：

a）在线填写申请注册信息（参见附录B），并提交相关资料；

b）在线签订使用协议；

c）获得用户密码；

d）等待注册信息审核；

e）审核通过，则可获得在线服务，审核不通过，则可根据不通过原因补充修改注册信息后，再进行注册信息审核。

5.2.2 当通过离线方式提供基本气象资料和产品时，用户申请流程一般包括提交资料、等待审核、签订协议、获取资料和产品等。

附 录 A
（资料性附录）
基本气象资料和产品共享目录

表 A.1 列出了根据《气象信息服务管理办法》（中国气象局令第 27 号）公布的基本气象资料和产品共享目录，公众可通过中国气象数据网（http://data.cma.cn）、风云卫星遥感数据服务网（http://satellite.nsmc.org.cn）获取目录所列资料和产品。

表 A.1 基本气象资料和产品共享目录清单

种类	名称	空间属性	内容	更新频率	获取方式
1.气象观测资料					
地面气象资料	中国地面气象站基本气象要素观测资料	国家地面站	气温、气压、湿度、风、降水观测资料	每小时更新	中国气象数据网在线获取
	中国地面气候标准值数据集	国家地面站	气温、气压、湿度、风、降水 30 a 气候标准值	每 10 a 更新	
	国外地面气象站观测资料	全球地面站	气温、气压、湿度、风、降水资料	每 3 h 更新	
高空气象资料	中国高空气象站观测资料	国家探空站	气温、气压、风向风速、位势高度、露点温度观测资料	每 12 h 更新	中国气象数据网在线获取
	中国高空气候标准值数据集	国家探空站	气温、气压、风向风速、位势高度、露点温度 30 a 气候标准值	每 10 a 更新	
	国外高空气象站观测资料	全球探空站	气温、气压、风向风速、位势高度、露点温度观测资料	每 12 h 更新	
卫星探测资料	中国风云静止气象卫星云图和定量产品	0.1°～1°	全圆盘压缩/展宽图像数据、标称图像文件，云顶温度、地面温度、平均相当黑体亮度温度等产品	每小时更新	风云卫星遥感数据服务网在线获取
	中国风云极轨气象卫星定量产品	0.05°～0.5°	中分辨率成像光谱辐射仪、扫描辐射计、红外分光计、FY-3C 掩星探测仪等产品	每日更新	
	中国风云静止气象卫星历史数据产品	0.1°～1°	地面入射太阳辐射、对流层上中层水汽含量、云量、平均雪覆盖、沙尘监测等产品	不定期更新	
	中国风云极轨气象卫星历史定量产品	0.05°～0.5°	大雾日、射出长波辐射、沙尘监测日、海上气溶胶日、火点日、陆表温度日等产品	不定期更新	
	国外静止气象卫星云图	0.05°～1°	MTSAT 全圆盘标称图像文件，中国陆地区域、海区云图等产品	每小时更新	
	国外极轨气象卫星定量产品	0.05°～1°	NOAA、MODIS 一级数据，区域日/候/旬/月平均射出长波辐射等产品	每日更新	
	国外静止气象卫星历史云图	0.05°～1°	GOES9 与 METEOSAT5 多星拼图产品	不定期更新	
	国外极轨气象卫星历史定量产品	0.05°～1°	中国云参数云总量反演、中国环境监测数据集、区域平均射出长波辐射、平均海面温度、积雪图像等产品	不定期更新	

表 A.1 基本气象资料和产品共享目录清单(续)

种类	名称	空间属性	内容	更新频率	获取方式
天气雷达探测资料	新一代天气雷达图像产品	全国	基本反射率、垂直累积液态水含量、组合反射率、降水估测等产品	每 6 min 更新	中国气象数据网在线获取
2. 数值模式天气预报产品					
数值预报模式产品	T639 全球中期天气数值预报系统模式产品	30 km×30 km	预报时效 240 h,要素包括位势高度、温度、风、涡度、散度、比湿、相对湿度、地表温度、气压、土壤温度、降水、云量、地表通量、露点温度等	每 6 h 更新	中国气象数据网在线获取
	GRAPES_MESO 中国及周边区域数值预报产品	10 km×10 km	预报时效 72 h,要素包括散度、风、降水量、总降水量、位势高度、气压、水汽通量散度、水汽通量、相对湿度、温度、相当位温、温度露点差、地面温度、涡度、垂直速度等	每 12 h 更新	

附 录 B
（资料性附录）
用户详细注册信息

表 B.1 列出了用户在线申请注册时需提供的信息。

表 B.1 用户详细注册信息

	个人实名注册用户	单位实名注册用户	教育科研实名注册用户
用户名（有效邮箱）	▲	▲	▲
用户真实姓名	▲		
国家	▲	▲	▲
省	▲	▲	▲
E-mail	▲	▲	▲
学历	▲		
专业	▲		
领域分类	▲	▲	▲
行业	▲	▲	▲
工作单位	▲	▲	▲
单位性质	▲	▲	▲
通信地址	▲	▲	▲
邮政编码	▲	▲	▲
联系电话	△	▲	▲
手机	▲	▲	▲
传真	△	▲	▲
证件类型	▲		
证件号码	▲		
手持证件照	▲		
证件扫描件		▲	▲
使用目的	▲	▲	▲
项目编号	△	△	△
项目名称	△	△	△
项目性质	△	△	△
项目开始时间	△	△	△
项目结束时间	△	△	△
项目任务书	△	△	△
单位名称		▲	▲
单位证件类型		▲	▲

表 B.1　用户详细注册信息(续)

	个人实名注册用户	单位实名注册用户	教育科研实名注册用户
单位证件号码		▲	▲
法人代表身份证号码		▲	▲
法人代表身份证证件扫描件		▲	▲
联系人		▲	▲
联系人身份证号码		▲	▲
联系人身份证手持证件照		▲	▲
提供方式和范围说明		△	△
主要技术人员信息		△	△
备案号		△	△
注:“▲”为必填,“△”为选填,“空白”为无该选项。			

参 考 文 献

［1］ 全国人民代表大会常务委员会.中华人民共和国气象法:2016年修订[Z],2016

［2］ 中国气象局.气象资料共享管理办法:中国气象局令第4号[Z],2001

［3］ 中国气象局.涉外气象探测和资料管理办法:中国气象局令第13号[Z],2007

［4］ 中国气象局.气象预报发布与传播管理办法:中国气象局令第26号[Z],2015

［5］ 中国气象局.气象信息服务管理办法:中国气象局令第27号[Z],2015

ICS 07.060
A 47
备案号：65849—2019

中华人民共和国气象行业标准

QX/T 453—2018

基本气象资料和产品使用规范

Specifications for application of basic meteorological data and product

2018-11-30 发布　　2019-03-01 实施

中 国 气 象 局　发 布

前　言

本标准按照GB/T 1.1—2009给出的规则起草。

本标准由全国气象防灾减灾标准化技术委员会(SAC/TC 345)提出并归口。

本标准起草单位:河北省气象信息中心。

本标准主要起草人:范增禄、刘焕莉、李婵、韩明稚。

引　　言

本标准是气象信息服务市场监督管理标准体系的标准之一。为规范各类用户对基本气象资料和产品的使用,制定本标准。

基本气象资料和产品使用规范

1 范围

本标准规定了基本气象资料和产品的获取、应用和传播要求。

本标准适用于基本气象资料和产品的使用。

2 规范性引用文件

下列文件对于本文件的应用是必不可少的。凡是注日期的引用文件，仅注日期的版本适用于本文件。凡是不注日期的引用文件，其最新版本（包括所有的修改单）适用于本文件。

QX/T 313—2016 气象信息服务基础术语

3 术语和定义

QX/T 313—2016 界定的以及下列术语和定义适用于本文件。

3.1

基本气象资料和产品 basic meteorological data and product

国务院气象主管机构批准的并向社会提供的气象资料和气象产品。

注：国务院气象主管机构批准的基本气象资料和产品共享目录参见附录A。

3.2

气象资料和产品提供单位 meteorological data and product providing unit

省、自治区、直辖市气象主管机构或国务院气象主管机构指定的负责提供基本气象资料和产品的单位。

4 获取

4.1 用户

公众用户、单位用户、教育科研用户，以及获得国务院气象主管机构或省、自治区、直辖市气象主管机构批准的境外组织、机构和个人。

4.2 程序

4.2.1 各类用户获取基本气象资料和产品，应向气象资料和产品提供单位申请，不应通过其他单位或个人获取。

4.2.2 用户申请获取基本气象资料和产品前，应向气象资料和产品提供单位提供真实、准确、完整的用户信息，且信息变更时应及时更新。用户信息表见附录B。

4.2.3 用户信息通过审核后，应与气象资料和产品提供单位签订基本气象资料和产品使用协议，签订完成方可获取数据。协议样式参见附录C。

4.3 方式

用户可通过中国气象数据网（http://data.cma.cn）、风云卫星遥感数据服务网（http://satellite.

nsmc. org. cn)获取或与气象资料和产品提供单位联系。

5 应用

5.1 要求

5.1.1 用户获取的基本气象资料和产品，只享有有限的、不排他的使用权。

5.1.2 用户在公开发表和传播基本气象资料和产品时应注明该资料和产品的来源情况。

5.1.3 用户在使用基于基本气象资料和产品制作的气象信息服务产品时，应注明制作该产品所用到的基本气象资料和产品的来源情况。

5.1.4 基本气象资料和产品为从其他国家气象部门交换来的气象资料和产品时，用户应遵守有关国家气象部门提供交换资料时规定的使用限制条件。

5.1.5 用户在应用数据前，应仔细阅读数据说明文档中对数据质量的描述，并承担可能存在的错误数据造成的不良影响。

5.1.6 用户在应用数据过程中，可进行科研开发和成果推广应用，不应危害国家安全和泄露国家秘密，应接受气象主管机构的业务指导和检查。

5.1.7 用户通过在线方式获取基本气象资料和产品时，应妥善保管并正确、安全地使用其账号及密码。

5.2 反馈

5.2.1 用户发现数据质量问题时，应及时反馈给提供该数据的单位，反馈可采用官方热线电话、邮件、网站互动功能、微信、微博等方式。

5.2.2 用户应配合气象资料和产品提供单位开展的有关调查。基本气象资料和产品服务质量评价反馈应按照附录 D 中表 D. 1 填写。单位用户应按照表 D. 2 登记基本气象资料和产品使用情况，教育科研用户应按照表 D. 3 及时反馈对基本气象资料和产品阶段性的使用情况。

6 传播

6.1 单位用户获取的基本气象资料和产品，可在其单位内部分发，可存放在仅供本单位使用的局域网上，但不应与广域网、互联网相连接。

6.2 用户不应直接将其获取的基本气象资料和产品，用作向外分发或供外部使用的数据库、产品和服务的一部分。

6.3 用户不应向国内外其他单位和个人有偿或无偿转让其获取的基本气象资料和产品，包括用户对其进行单位换算、介质转换、量度变换形成的新资料。

附 录 A
(资料性附录)
基本气象资料和产品共享目录

表 A.1 列出了根据《气象信息服务管理办法》(中国气象局令第 27 号)公布的基本气象资料和产品共享目录,用户可通过中国气象数据网(http://data.cma.cn)、风云卫星遥感数据服务网(http://satellite.nsmc.org.cn)获取目录所列资料和产品。

表 A.1 基本气象资料和产品共享目录清单

种类	名称	空间属性	内容	更新频率	获取方式
1. 气象观测资料					
地面气象资料	中国地面气象站基本气象要素观测资料	国家地面站	气温、气压、湿度、风、降水观测资料	每小时更新	中国气象数据网在线获取
	中国地面气候标准值数据集	国家地面站	气温、气压、湿度、风、降水 30 a 气候标准值	每 10 a 更新	
	国外地面气象站观测资料	全球地面站	气温、气压、湿度、风、降水资料	每 3 h 更新	
高空气象资料	中国高空气象站观测资料	国家探空站	气温、气压、风向风速、位势高度、露点温度观测资料	每 12 h 更新	中国气象数据网在线获取
	中国高空气候标准值数据集	国家探空站	气温、气压、风向风速、位势高度、露点温度 30 a 气候标准值	每 10 a 更新	
	国外高空气象站观测资料	全球探空站	气温、气压、风向风速、位势高度、露点温度观测资料	每 12 h 更新	
卫星探测资料	中国风云静止气象卫星云图和定量产品	0.1°～1°	全圆盘压缩/展宽图像数据、标称图像文件,云顶温度、地面温度、平均相当黑体亮度温度等产品	每小时更新	风云卫星遥感数据服务网在线获取
	中国风云极轨气象卫星定量产品	0.05°～0.5°	中分辨率成像光谱辐射仪、扫描辐射计、红外分光计、FY-3C 掩星探测仪等产品	每日更新	
	中国风云静止气象卫星历史数据产品	0.1°～1°	地面入射太阳辐射、对流层上中层水汽含量、云量、平均雪覆盖、沙尘监测等产品	不定期更新	
	中国风云极轨气象卫星历史定量产品	0.05°～0.5°	大雾日、射出长波辐射、沙尘监测日、海上气溶胶日、火点日、陆表温度日等产品	不定期更新	
	国外静止气象卫星云图	0.05°～1°	MTSAT 全圆盘标称图像文件,中国陆地区域、海区云图等产品	每小时更新	
	国外极轨气象卫星定量产品	0.05°～1°	NOAA、MODIS 一级数据,区域日/候/旬/月平均射出长波辐射等产品	每日更新	
	国外静止气象卫星历史云图	0.05°～1°	GOES9 与 METEOSAT 5 多星拼图产品	不定期更新	
	国外极轨气象卫星历史定量产品	0.05°～1°	中国云参数云总量反演、中国环境监测数据集、区域平均射出长波辐射、平均海面温度、积雪图像等产品	不定期更新	

表 A.1 基本气象资料和产品共享目录清单(续)

种类	名称	空间属性	内容	更新频率	获取方式
天气雷达探测资料	新一代天气雷达图像产品	全国	基本反射率、垂直累积液态水含量、组合反射率、降水估测等产品	每 6 min 更新	中国气象数据网在线获取
2. 数值模式天气预报产品					
数值预报模式产品	T639 全球中期天气数值预报系统模式产品	30 km×30 km	预报时效 240 h,要素包括位势高度、温度、风、涡度、散度、比湿、相对湿度、地表温度、气压、土壤温度、降水、云量、地表通量、露点温度等	每 6 h 更新	中国气象数据网在线获取
	GRAPES_MESO 中国及周边区域数值预报产品	10 km×10 km	预报时效 72 h,要素包括散度、风、降水量、总降水量、位势高度、气压、水汽通量散度、水汽通量、相对湿度、温度、相当位温、温度露点差、地面温度、涡度、垂直速度等	每 12 h 更新	

附　录　B
（规范性附录）
用户信息表

用户申请获取基本气象资料和产品前应提供的用户信息见表B.1—表B.4，其中：公众用户信息见表B.1，还应提供用户手持证件照；单位用户和教育科研用户信息见表B.2，还应提供单位证件扫描件、法人代表身份证扫描件、联系人身份证手持证件照；境外组织和机构用户信息见表B.3，还应提供单位证件扫描件、法人代表身份证扫描件、联系人身份证手持证件照、气象主管机构批准使用的许可证明；境外个人用户信息见表B.4，还应提供用户手持证件照、气象主管机构批准使用的许可证明。

表B.1　公众用户信息表

姓名		证件类型		证件号	
省份		学历		专业	
工作单位		单位性质		手机	
通信地址		邮政编码		电子邮箱	
资料用途					
所属领域	□信息科学技术　□地球科学　□生命科学　□化学与工业　□材料科学技术　□能源科学技术　□工程与技术　□交通科学技术　□环境科学技术　□前沿与交叉　□其他	所属行业	□教育　□地球科学　□农业科学　□畜牧兽医业科学　□医药卫生　□通信工程　□水利工程　□航空航天　□金融保险　□服务业　□军事国防　□生物科学　□林业科学　□水产业科学　□工程与技术科学　□土木建筑工程　□交通运输工程　□环境与安全　□司法　□气象　□其他		
注1：请在相应栏目划“√”或直接填写。 注2：证件类型包括居民身份证、军官证。 注3：单位性质包括企业、事业单位、政府机关、军队、社会团体、院校、其他。 注4：学历包括高中及以下、大学专科、大学本科、硕士研究生、博士研究生。					

表 B.2　单位用户和教育科研用户信息表

单位名称		单位证件类型		单位证件号码	
省份		法人身份证号码		单位性质	
联系人		联系人身份证号码		联系电话	
通信地址		邮政编码		电子邮箱	
传真		资料用途			
所属领域	□信息科学技术　□地球科学　□生命科学　□化学与工业　□材料科学技术　□能源科学技术　□工程与技术　□交通科学技术　□环境科学技术　□前沿与交叉　□其他	所属行业	□教育　□地球科学　□农业科学　□畜牧　□兽医业科学　□医药卫生　□通信工程　□水利工程　□航空航天　□金融保险　□服务业　□军事国防　□生物科学　□林业科学　□水产业科学　□工程与技术科学　□土木建筑工程　□交通运输工程　□环境与安全　□司法　□气象　□其他		

注 1:请在相应栏目划"√"或直接填写。

注 2:证件类型包括组织机构代码证、营业执照。

注 3:单位性质包括企业、事业单位、政府机关、军队、社会团体、院校、其他。

表 B.3　境外组织和机构用户信息表

名称		所在国家		单位性质	
联系人		联系人电话		传真	
电子邮箱		手机			
通信地址		资料用途			
所属领域	□信息科学技术　□地球科学　□生命科学　□化学与工业　□材料科学技术　□能源科学技术　□工程与技术　□交通科学技术　□环境科学技术　□前沿与交叉　□其他	所属行业	□教育　□地球科学　□农业科学　□畜牧　□兽医业科学　□医药卫生　□通信工程　□水利工程　□航空航天　□金融保险　□服务业　□军事国防　□生物科学　□林业科学　□水产业科学　□工程与技术科学　□土木建筑工程　□交通运输工程　□环境与安全　□司法　□气象　□其他		

注 1:请在相应栏目划"√"或直接填写。

注 2:单位性质包括企业、事业单位、政府机关、军队、社会团体、院校、其他。

表 B.4　境外个人用户信息表

<table>
<tr><td colspan="2">姓名</td><td colspan="2"></td><td>证件类型</td><td colspan="2"></td><td>证件号</td><td colspan="2"></td></tr>
<tr><td colspan="2">所在国家</td><td colspan="2"></td><td>学历</td><td colspan="2"></td><td>专业</td><td colspan="2"></td></tr>
<tr><td colspan="2">工作单位</td><td colspan="2"></td><td>单位性质</td><td colspan="2"></td><td>座机</td><td colspan="2"></td></tr>
<tr><td colspan="2">通信地址</td><td colspan="3"></td><td colspan="2">邮政编码</td><td></td><td>电子邮箱</td><td></td></tr>
<tr><td colspan="2">资料用途</td><td colspan="8"></td></tr>
<tr><td>所属领域</td><td colspan="3">□信息科学技术　□地球科学　□生命科学　□化学与工业　□材料科学技术　□能源科学技术　□工程与技术　□交通科学技术　□环境科学技术　□前沿与交叉　□其他</td><td>所属行业</td><td colspan="5">□教育　□地球科学　□农业科学　□畜牧　□兽医业科学　□医药卫生　□通信工程　□水利工程　□航空航天　□金融保险　□服务业　□军事国防　□生物科学　□林业科学　□水产业科学　□工程与技术科学　□土木建筑工程　□交通运输工程　□环境与安全　□司法　□气象　□其他</td></tr>
<tr><td colspan="10">注 1：请在相应栏目划“√”或直接填写。
注 2：证件类型包括居民身份证、军官证。
注 3：单位性质包括企业、事业单位、政府机关、军队、社会团体、院校、其他。
注 4：学历包括高中及以下、大学专科、大学本科、硕士研究生、博士研究生。</td></tr>
</table>

附 录 C
（资料性附录）
基本气象资料和产品使用协议样式

基本气象资料和产品使用协议正文样式参见图 C.1，附件样式参见图 C.2。

基本气象资料和产品使用协议

甲方：

乙方：

为保证基本气象资料和产品的安全管理，提高基本气象资料和产品的使用效益，根据《中华人民共和国气象法》《中华人民共和国保守国家秘密法》《气象资料共享管理办法》（中国气象局令第 4 号）、《涉外气象探测和资料管理办法》（中国气象局令第 13 号）和《气象信息服务管理办法》（中国气象局令第 27 号）的有关规定，甲方与乙方，经协商，签订基本气象资料和产品使用协议如下：

第一条　乙方须通过网站或有效的书面材料提供真实、准确、完整的用户信息，甲方须对乙方提供的用户信息进行有效保护，除开展有关调查评估使用外，未经乙方许可不得向第三方提供和披露用户的任何信息。

第二条　乙方对从甲方获取的基本气象资料和产品，只享有有限的、不排他的使用权，不得与广域网、互联网相连接。

第三条　乙方不得直接将从甲方获取的基本气象资料和产品用于经营性活动，不得直接用作向外分发或供外部使用的数据库、产品和服务的一部分。

第四条　乙方不得向其他任何单位和个人有偿或无偿转让其从甲方获取的基本气象资料和产品，包括对其进行单位换算、介质转换、量度变换形成的新资料。

第五条　乙方不得私自向国外提供、或者在与国外有关机构和个人的合作中提供从甲方获取的基本气象资料和产品，严禁资料流失，以保障国家安全和利益。

第六条　乙方在使用数据前应知悉数据说明文档中的数据质量描述，由于潜在的数据质量问题产生的任何损失，甲方不承担相应责任。

第七条　乙方承诺，在数据使用过程中遵守气象行业标准《基本气象资料和产品使用规范》中的各项规定。

第八条　乙方承诺，在所产生的教育科研成果中注明资料来源，并根据甲方需要寄送成果样本到甲方存档。

第九条　乙方承诺，接受并积极配合甲方开展有关的调查评估，向甲方提供其产生和收集的气象及其相关领域资料（可保留资料所有权并附加使用限制）。

第十条　乙方如违反本协议以上所列条款规定，按以下规定处理：

（1）由于乙方违反协议导致任何法律后果的发生，由乙方独立承担相应的法律责任；

（2）甲方有权取消乙方使用资格并终止本协议；

（3）视乙方违规情节轻重，甲方有权采取适当的形式追究乙方的法律责任。

第十一条　乙方由于不可抗力的原因不能正常履行本协议，需要延期履行、部分履行或者不履行协议时，应及时向甲方通报，并说明理由、递交有效的证明文件。

第十二条　本协议自基本气象资料和产品提供之日起生效。本协议正本一式二份，甲乙双方各执一份。

甲方：________________　　　　乙方：________________

代表人：________（签字/签章）　　　　代表人：________（签字/签章）

年　　月　　日　　　　年　　月　　日

图 C.1　基本气象资料和产品使用协议正文样式

附件 1:乙方用户信息证明材料

附件 2:乙方从甲方获取的基本气象资料和产品清单

序号	资料种类	资料名称	空间属性	内容	范围	数量	获取方式	资料用户

附件 3:教育科研用户项目信息

<table>
<tr><td>项目编号</td><td></td><td>项目名称</td><td></td></tr>
<tr><td>项目性质</td><td colspan="3">□ 国家计划　计划名称:
□ 部门计划　计划名称:
□ 地方计划　计划名称:
□ 部门基金　基金名称:
□ 地方基金　基金名称:
□ 民间基金　基金名称:
□ 国际合作　项目类型名称:
□ 横向委托　项目类型名称:
□ 自选</td></tr>
<tr><td>开始时间</td><td></td><td>结束时间</td><td></td></tr>
<tr><td>项目任务书</td><td colspan="3"></td></tr>
<tr><td colspan="4">注 1:项目性质请在所属类型前打“√”。
注 2:项目任务书应提供盖章的复印件或原件扫描件。</td></tr>
</table>

附件 4:气象主管机构批准使用的许可证明(国外用户提供)

图 C.2　基本气象资料和产品使用协议附件样式

附 录 D
(规范性附录)
基本气象资料和产品使用情况调查表

基本气象资料和产品使用情况调查表见表 D.1—表 D.3。

表 D.1 基本气象资料和产品服务质量评价反馈表

<table>
<tr><td rowspan="2">评价指标项目</td><td colspan="5">满意度</td><td rowspan="2">不满意原因及建议</td></tr>
<tr><td>非常不满意</td><td>不满意</td><td>尚可</td><td>满意</td><td>很满意</td></tr>
<tr><td>获取及时性</td><td></td><td></td><td></td><td></td><td></td><td></td></tr>
<tr><td>规范性</td><td></td><td></td><td></td><td></td><td></td><td></td></tr>
<tr><td>质量可靠性</td><td></td><td></td><td></td><td></td><td></td><td></td></tr>
<tr><td>满足需要情况</td><td></td><td></td><td></td><td></td><td></td><td></td></tr>
<tr><td>使用气象资料和产品的需求</td><td colspan="6"></td></tr>
<tr><td>用户类型</td><td colspan="6">□ 公众用户 □ 单位用户 □ 教育科研用户 □ 境外组织和机构及个人</td></tr>
<tr><td colspan="7">注：请在相应栏目划“√”或直接填写。</td></tr>
</table>

表 D.2 单位用户使用基本气象资料和产品情况登记表

<table>
<tr><td>单位序号</td><td colspan="4">单位信息</td></tr>
<tr><td rowspan="4"></td><td>单位名称</td><td colspan="3"></td></tr>
<tr><td>单位性质</td><td>□企业 □事业单位 □政府机关 □军队 □社会团体 □院校 □其他</td><td>成立时间</td><td></td></tr>
<tr><td>是否高新企业</td><td>□是 □否</td><td>所属行业</td><td>□教育 □地球科学 □农业科学 □畜牧 □兽医业科学 □医药卫生 □通信工程 □水利工程 □航空航天 □金融保险 □服务业 □军事国防 □生物科学 □林业科学 □水产业科学 □工程与技术科学 □土木建筑工程 □交通运输工程 □环境与安全 □司法 □气象 □其他</td></tr>
<tr><td>所属领域</td><td>□信息科学技术 □地球科学 □生命科学 □化学与工业 □材料科学技术 □能源科学技术 □工程与技术 □交通科学技术 □环境科学技术 □前沿与交叉 □其他</td><td>员工人数</td><td></td></tr>
</table>

表 D.2　单位用户使用基本气象资料和产品情况登记表（续）

<table>
<tr><td colspan="4">资料使用情况</td></tr>
<tr><td>资料用途</td><td></td><td>是否新业务</td><td>□是　　□否</td></tr>
<tr><td>使用资料种类</td><td colspan="3">□地面气象资料　□高空气象资料　□卫星探测资料
□天气雷达探测资料　□数值预报模式产品</td></tr>
<tr><td>使用效益估计</td><td></td><td>效益百分比</td><td></td></tr>
<tr><td>产生效益所需年数</td><td></td><td>已产生效益的年数</td><td></td></tr>
<tr><td>到目前作用评价</td><td colspan="3"></td></tr>
<tr><td colspan="4">注：请在相应栏目划“√”或直接填写。</td></tr>
</table>

表 D.3　教育科研用户使用基本气象资料和产品情况调查表

<table>
<tr><td>指标</td><td>序号</td><td>项目名称及编号</td><td>项目类型</td><td>开始时间及结束时间</td></tr>
<tr><td rowspan="5">科研项目</td><td>1</td><td></td><td></td><td></td></tr>
<tr><td>2</td><td></td><td></td><td></td></tr>
<tr><td>3</td><td></td><td></td><td></td></tr>
<tr><td>4</td><td></td><td></td><td></td></tr>
<tr><td>5</td><td></td><td></td><td></td></tr>
<tr><td rowspan="6">发表论文/论著情况</td><td>序号</td><td>标题</td><td>索引类型</td><td>刊物名称及发表时间</td></tr>
<tr><td>1</td><td></td><td></td><td></td></tr>
<tr><td>2</td><td></td><td></td><td></td></tr>
<tr><td>3</td><td></td><td></td><td></td></tr>
<tr><td>4</td><td></td><td></td><td></td></tr>
<tr><td>5</td><td></td><td></td><td></td></tr>
<tr><td rowspan="6">标准情况</td><td>序号</td><td>标准名称</td><td>标准类型</td><td>发布日期</td></tr>
<tr><td>1</td><td></td><td></td><td></td></tr>
<tr><td>2</td><td></td><td></td><td></td></tr>
<tr><td>3</td><td></td><td></td><td></td></tr>
<tr><td>4</td><td></td><td></td><td></td></tr>
<tr><td>5</td><td></td><td></td><td></td></tr>
</table>

表 D.3 教育科研用户使用基本气象资料和产品情况调查表(续)

指标	序号	获奖成果名称	获奖名称及等级	获奖时间
科技成果及获奖情况	1			
	2			
	3			
	4			
	5			
获取专利数量情况	序号	专利名称	专利类型	专利授权号
	1			
	2			
	3			
	4			
	5			
其他成果情况	序号	成果名称	产出时间	成果简介
	1			
	2			
	3			
	4			
	5			

参考文献

[1] QX/T 22—2004 地面气候资料30年整编常规项目及其统计方法

[2] QX/T 39—2005 气象数据集核心元数据

[3] QX/T 102—2009 气象资料分类与编码

[4] QX/T 117—2010 地面气象辐射观测资料质量控制

[5] QX/T 118—2010 地面气象观测资料质量控制

[6] QX/T 123—2011 无线电探空资料质量控制

[7] 全国人民代表大会常务委员会. 中华人民共和国气象法:2016年修订[Z],2016

[8] 中国气象局. 气象资料共享管理办法:中国气象局令第4号[Z],2001

[9] 中国气象局. 涉外气象探测和资料管理办法:中国气象局令第13号[Z],2007

[10] 中国气象局. 气象预报发布与传播管理办法:中国气象局令第26号[Z],2015

[11] 中国气象局. 气象信息服务管理办法:中国气象局令第27号[Z],2015

[12] 中国气象局. 气候资料统计整编方法(1981—2010):发布版[Z],2011

[13] 中国气象局. 地面气象资料实时统计处理业务规定[Z],2015

[14] 中国气象局. 常规高空气象观测业务规范[M]. 北京:气象出版社,2010

[15] WMO. WMO Policy and Practice for the Exchange of Meteorological and Related Data and Products Including Guidelines on Relationships in Commercial Meteorological Activities[Z],1995

ICS 07.060
A 47
备案号：65850—2019

中华人民共和国气象行业标准

QX/T 454—2018

卫星遥感秸秆焚烧过火区面积估算技术导则

Technical directive on satellite remote sensing of straw burned area estimating

2018-11-30 发布　　2019-03-01 实施

中国气象局　发布

前　　言

本标准按照 GB/T 1.1—2009 给出的规则起草。

本标准由全国卫星气象与空间天气标准化技术委员会(SAC/TC 347)提出并归口。

本标准起草单位:国家卫星气象中心。

本标准主要起草人:陈洁、刘诚、郑伟、赵长海、高浩、邵佳丽。

引　言

中国是农业大国，秸秆资源丰富，直接焚烧不仅造成了资源浪费，而且焚烧产生的大量烟雾容易导致大面积空气污染，给生态环境、空气质量带来极大的影响。利用卫星遥感技术可获取秸秆焚烧过火区面积信息，同时，卫星具有监测覆盖范围宽广、观测频次高的特点，在秸秆焚烧过火区面积估算中具有独特的优势。

本标准提出了基于多源卫星资料的秸秆焚烧过火区面积估算方法和处理规范，为气象、环保、农业等有关行业遥感部门开展卫星遥感秸秆焚烧过火区面积估算提供技术参考。

卫星遥感秸秆焚烧过火区面积估算技术导则

1 范围

本标准规定了卫星遥感秸秆焚烧过火区面积估算的数据要求、估算方法、处理流程等。

本标准适用于利用卫星遥感数据开展秸秆焚烧过火区面积估算的业务或研究。

2 术语和定义

下列术语和定义适用于本文件。

2.1

过火区 burned area

作物秸秆焚烧过的区域。

2.2

过火程度 ratio of burned area

卫星遥感估算的像元内秸秆焚烧过火区面积占像元面积比例。

2.3

农田面积比例 ratio of cropland

卫星遥感单位像元内农田所占的面积比例。

3 符号

下列符号适用于本文件。

$NDVI$:被监测像元的归一化植被指数。

$NDVI_{th}$:归一化植被指数过火区判识阈值。

P_c:农田面积比例。

P_{cf}:气象卫星像元的过火程度。

P_{cfi}:第 i 个气象卫星像元的过火程度。

R_{Nir}:近红外通道反射率。

R_{Nirth}:近红外通道过火区判识反射率阈值。

R_{Vis}:可见光通道反射率。

S_f:过火区总面积。

S_i:第 i 个像元的面积。

T_{far}:远红外通道亮温。

T_{farth}:远红外通道过火区判识阈值。

4 数据源要求与前期数据处理

4.1 数据源

4.1.1 卫星数据

数据源应来自携载有可见光、近红外、远红外等波段探测仪器的遥感卫星。卫星探测仪器特性参数参见附录 A。

4.1.2 辅助数据

辅助数据为土地利用分类数据。

4.2 前期数据处理

4.2.1 一般要求

本标准涉及各级别的气象卫星数据，气象卫星数据分级标准参见 QX/T 158—2012。

4.2.2 气象卫星数据前期处理

在过火区面积计算前，气象卫星轨道数据应经过以下技术处理：

a） 经过卫星原始数据预处理，所生成的预处理数据格式见《风云二号卫星业务产品与卫星数据格式实用手册》；

b） 对预处理后的数据进行地图等经纬度投影变换，生成 LDF 格式的局域图像，分辨率为 0.0025°，并附有太阳天顶角、太阳方位角、卫星天顶角、卫星方位角信息；

c） 图像定位经过地标检验，定位精度要求为 1 个像元以内。

4.2.3 陆地卫星数据前期处理

在过火区面积计算前，陆地卫星数据应经过以下技术处理：

a） 卫星原始数据经过定位和定标预处理；

b） 对预处理后的数据进行地图等经纬度投影变换，生成待监测区域的 LDF 格式局域图像，分辨率为 0.00025°，并附有太阳天顶角、太阳方位角、卫星天顶角、卫星方位角信息；

c） 图像定位经过地标检验，定位精度优于 0.0025°。

5 卫星像元尺度农田面积计算方法

5.1 多源卫星数据空间匹配

气象卫星和陆地卫星图像投影分辨率比例应为整数倍关系，如气象卫星分辨率为 0.0025°，陆地卫星分辨率为 0.00025°。

5.2 农田信息提取

利用陆地卫星数据，计算归一化植被指数数据，通过决策树算法（参见附录 B）提取监测区内的农田、水体、人工建筑像元信息，分辨率为 0.00025°。归一化植被指数计算公式见式(1)。

$$NDVI=(R_{Nir}-R_{Vis})/(R_{Nir}+R_{Vis}) \quad \cdots\cdots\cdots\cdots(1)$$

5.3 农田面积比例计算

利用陆地卫星数据生成的监测区农田像元信息，参考土地覆盖类型数据，计算监测区气象卫星像元尺度的农田面积比例，分辨率为0.0025°。农田面积比例计算公式见式(2)。

$$P_c = N_c/100 \qquad \cdots\cdots(2)$$

式中：

N_c——在气象卫星像元尺度内，利用陆地卫星数据提取的农田像元个数。

6 过火区判识方法

6.1 利用土地覆盖类型数据，判断过火区像元是否位于农田区内，当监测像元确定为农田内像元，并满足式(3)的条件时，确认为过火区。

$$T_{far} > T_{farth} \text{且} R_{Nir} < R_{Nirth} \text{且} NDVI < NDVI_{th} \text{且} P_c > 0 \qquad \cdots\cdots(3)$$

6.2 上述阈值根据季节和区域的变化而变化(参见附录C)。

7 过火区面积估算方法

7.1 过火程度计算

过火程度即过火区像元内实际过火面积占纯农田像元面积的比例，反映该像元的农田过火程度。过火程度计算公式见式(4)。

$$P_{cf} = (R_{NIR\_m} - R_{NIR\_mf})/(R_{NIR\_c} - R_{NIR\_cf}) \qquad \cdots\cdots(4)$$

式中：

R_{NIR_m} ——过火前的近红外通道反射率；

R_{NIR_mf} ——过火后的近红外通道反射率；

R_{NIR_c} ——过火前的纯农田像元近红外通道反射率；

R_{NIR_cf} ——完全过火的纯农田像元近红外通道反射率。

过火程度公式计算方法参见附录D。

7.2 过火区面积统计

7.2.1 过火区总面积计算公式见式(5)。

$$S_f = \sum(S_i \times P_{cfi}) \qquad \cdots\cdots(5)$$

7.2.2 等经纬度投影像元计算公式参见附录E。

8 过火区面积估算处理流程

8.1 过火区面积估算处理步骤如下：

a) 气象卫星数据前期处理，包括局域图像投影变换，几何精校正等；

b) 陆地卫星数据前期处理，包括局域图像投影变换，几何精校正等；

c) 多源卫星数据时空匹配；

d) 陆地卫星农田等土地覆盖类型分类；

e) 气象卫星像元尺度农田面积比例计算；

f) 气象卫星数据过火区判识；

g） 气象卫星像元过火程度计算；

h） 气象卫星像元过火区面积计算；

i） 监测区过火区面积结果生成。

8.2 过火区面积估算处理流程见图1。

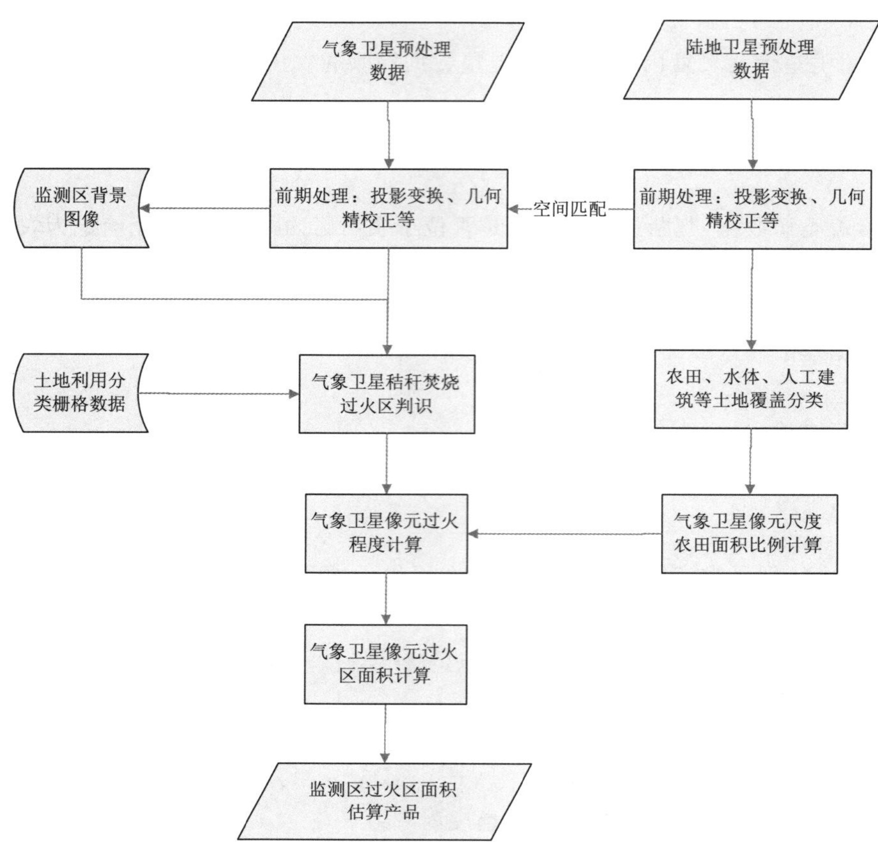

图1 过火区面积估算处理流程图

附 录 A
（资料性附录）
主要卫星通道参数

表 A.1—表 A.7 列出了可用于秸秆焚烧过火面积估算的主要在轨运行卫星的主要参数。

表 A.1 FY-3A/B/C MERSI（中分辨率光谱成像仪）通道参数

通道	波长 μm	波段	星下点分辨率 m
1	0.445～0.495	可见光（Visible）	250
2	0.525～0.575	可见光（Visible）	250
3	0.625～0.675	可见光（Visible）	250
4	0.835～0.885	近红外（Near Infrared）	250
5	10.50～12.50	远红外（Far Infrared）	250
6	0.402～0.422	可见光（Visible）	1000
7	0.433～0.453	可见光（Visible）	1000
8	0.480～0.500	可见光（Visible）	1000
9	0.510～0.530	可见光（Visible）	1000
10	0.525～0.575	可见光（Visible）	1000
11	0.640～0.660	可见光（Visible）	1000
12	0.675～0.695	可见光（Visible）	1000
13	0.755～0.775	可见光（Visible）	1000
14	0.855～0.875	近红外（Near Infrared）	1000
15	0.895～0.915	近红外（Near Infrared）	1000
16	0.930～0.950	近红外（Near Infrared）	1000
17	0.970～0.990	近红外（Near Infrared）	1000
18	1.020～1.040	近红外（Near Infrared）	1000
19	1.615～1.665	短波红外（Short Infrared）	1000
20	2.105～2.255	短波红外（Short Infrared）	1000

表 A.2 FY-3D/MERSI（中分辨率光谱成像仪）通道参数

通道	中心波长 μm	波段	星下点分辨率 m
1	0.47	可见光（Visible）	250
2	0.55	可见光（Visible）	250
3	0.64	可见光（Visible）	250

表 A.2 FY-3D/MERSI(中分辨率光谱成像仪)通道参数(续)

通道	中心波长 μm	波段	星下点分辨率 m
4	0.865	近红外(Near Infrared)	250
5	1.38	近红外(Near Infrared)	1000
6	1.64	近红外(Near Infrared)	1000
7	2.13	近红外(Near Infrared)	1000
8	0.412	可见光(Visible)	1000
9	0.443	可见光(Visible)	1000
10	0.490	可见光(Visible)	1000
11	0.555	可见光(Visible)	1000
12	0.67	可见光(Visible)	1000
13	0.709	近红外(Near Infrared)	1000
14	0.746	近红外(Near Infrared)	1000
15	0.865	近红外(Near Infrared)	1000
16	0.905	近红外(Near Infrared)	1000
17	0.936	近红外(Near Infrared)	1000
18	0.940	近红外(Near Infrared)	1000
19	1.03	短波红外(Short Infrared)	1000
20	3.80	中波红外(Middle infrared)	1000
21	4.05	中波红外(Middle infrared)	1000
22	7.23	中波红外(Middle infrared)	1000
23	8.56	中波红外(Middle infrared)	1000
24	10.7	远红外(Far infrared)	250
25	11.9	远红外(Far infrared)	250

表 A.3 Suomi-NPP/VIIRS(可见光/红外辐射成像仪)通道参数

通道	中心波长 μm	波段	星下点分辨率 m
M1	0.412	可见光(Visible)	750
M2	0.445	可见光(Visible)	750
M3	0.488	可见光(Visible)	750
M4	0.555	近红外(Near Infrared)	750
M5	0.672	近红外(Near Infrared)	750
M6	0.746	近红外(Near Infrared)	750

表 A.3 Suomi-NPP/VIIRS(可见光/红外辐射成像仪)通道参数(续)

通道	中心波长 μm	波段	星下点分辨率 m
M7	0.865	近红外(Near Infrared)	750
M8	1.24	可见光(Visible)	750
M9	1.378	可见光(Visible)	750
M10	1.61	可见光(Visible)	750
M11	2.25	可见光(Visible)	750
M12	3.70	可见光(Visible)	750
M13	4.05	近红外(Near Infrared)	750
M14	8.55	近红外(Near Infrared)	750
M15	10.763	近红外(Near Infrared)	750
M16	10.013	近红外(Near Infrared)	750
I1	0.64	近红外(Near Infrared)	375
I2	0.865	近红外(Near Infrared)	375
I3	1.61	短波红外(Short Infrared)	375
I4	3.74	中波红外(Middle infrared)	375
I5	11.45	中波红外(Middle infrared)	375

表 A.4 EOS/MODIS(中分辨率光谱成像仪)通道参数

通道	波长 μm	波段	星下点分辨率 m
1	0.62～0.67	可见光(Visible)	250
2	0.841～0.876	可见光(Visible)	250
3	0.459～0.479	可见光(Visible)	500
4	0.545～0.565	可见光(Visible)	500
5	1.230～1.250	近红外(Near infrared)	500
6	1.628～1.652	短波红外(Short infrared)	500
7	2.105～2.155	短波红外(Short infrared)	500
8	0.405～0.420	可见光(Visible)	1000
9	0.438～0.448	可见光(Visible)	1000
10	0.483～0.493	可见光(Visible)	1000
11	0.526～0.536	可见光(Visible)	1000
12	0.546～0.556	可见光(Visible)	1000
13	0.662～0.672	可见光(Visible)	1000

表 A.4　EOS/MODIS(中分辨率光谱成像仪)通道参数(续)

通道	波长 μm	波段	星下点分辨率 m
14	0.673～0.683	可见光(Visible)	1000
15	0.743～0.753	可见光(Visible)	1000
16	0.862～0.877	近红外(Near infrared)	1000
17	0.890～0.920	近红外(Near infrared)	1000
18	0.931～0.941	近红外(Near infrared)	1000
19	0.915～0.965	近红外(Near infrared)	1000
20	3.660～3.840	中波红外(Middle infrared)	1000
21	3.929～3.989	中波红外(Middle infrared)	1000
22	3.929～3.989	中波红外(Middle infrared)	1000
23	4.020～4.080	中波红外(Middle infrared)	1000
24	4.433～4.498	中波红外(Middle infrared)	1000
25	4.482～4.549	中波红外(Middle infrared)	1000
26	1.360～1.390	短波红外(Short infrared)	1000
27	6.535～6.895	中波红外(Middle infrared)	1000
28	7.175～7.475	中波红外(Middle infrared)	1000
29	8.400～8.700	远红外(Far infrared)	1000
30	9.580～9.880	远红外(Far infrared)	1000
31	10.780～11.280	远红外(Far infrared)	1000
32	11.770～12.270	远红外(Far infrared)	1000
33	13.185～13.485	远红外 Far infrared)	1000
34	13.485～13.785	远红外(Far infrared)	1000
35	13.785～14.085	远红外(Far infrared)	1000
36	14.085～14.385	远红外(Far infrared)	1000

表 A.5　HJ-1A/1B 卫星传感器通道参数

卫星	通道	波长 μm	波段	星下点分辨率 m
HJ-1A	1	0.43～0.52	可见光(Visible)	30
	2	0.52～0.60	可见光(Visible)	30
	3	0.63～0.69	可见光(Visible)	30
	4	0.76～0.90	近红外(Near Infrared)	30
	—	0.45～0.95 (110～128 个谱段)		100

表 A.5　HJ-1A/1B 卫星传感器通道参数(续)

卫星	通道	波长 μm	波段	星下点分辨率 m
HJ-1B	1	0.43～0.52	可见光(Visible)	30
	2	0.52～0.60	可见光(Visible)	30
	3	0.63～0.69	可见光(Visible)	30
	4	0.76～0.90	近红外(Near Infrared)	30
	5	0.75～1.10	近红外(Near Infrared)	150

表 A.6　GF-1 卫星传感器通道参数

通道	波长 μm	星下点分辨率 m
1	0.45～0.90	2
2	0.45～0.52	8
3	0.52～0.59	8
4	0.63～0.69	8
5	0.77～0.89	8
6	0.45～0.52	16
7	0.52～0.59	16
8	0.63～0.69	16
9	0.77～0.89	16

表 A.7　GF-2 卫星传感器通道参数

通道	波长 μm	星下点分辨率 m
1	0.45～0.90	1
2	0.45～0.52	4
3	0.52～0.59	4
4	0.63～0.69	4
5	0.77～0.89	4

附 录 B
（资料性附录）
决策树分类算法

B.1 决策树算法是一种逼近离散函数值的方法。它是一种典型的分类方法，首先对数据进行处理，利用归纳算法生成可读的规则和决策树，然后使用决策对新数据进行分析。本质上决策树是通过一系列规则对数据进行分类的过程。

B.2 决策树构造可以分两步进行。第一步，决策树的生成：由训练样本集生成决策树的过程。一般情况下，训练样本数据集是根据实际需要有历史的、有一定综合程度的，用于数据分析处理的数据集。第二步，决策树的剪枝：决策树的剪枝是对上一阶段生成的决策树进行检验、校正和修下的过程，主要是用新的样本数据集（称为测试数据集）中的数据校验决策树生成过程中产生的初步规则，将那些影响预衡准确性的分枝剪除。

B.3 利用卫星遥感图像中农田、水体、人工建筑的 NDVI 差异，使用决策树法，可区分图像中的农田、水体、人工建筑像元信息。

附 录 C
（资料性附录）
农田过火区判识阈值

由于各种农作物的光谱特性差异，对不同类型农作物的过火区判识需要使用相应的阈值。对黄淮地区的冬小麦过火区判识，可参考阈值见表C.1。

表C.1 黄淮地区冬小麦过火区判识阈值参数表

卫星	判识参数	参考阈值	阈值范围
FY-3/MERSI	T_{farth}	300 K	298～302
	R_{Nirth}	0.17	0.16～0.18
	$NDVI_{\mathrm{th}}$	0.05	0.04～0.06
EOS/MODIS	T_{farth}	304 K	302～306
	R_{Nirth}	0.15	0.14～0.16
	$NDVI_{\mathrm{th}}$	0.045	0.035～0.055

附 录 D
（资料性附录）
过火程度公式计算方法

过火程度计算根据混合像元分解原理计算得到，假设每个像元由农田（纯未过火农田）、水体和人工建筑组成，则背景混合像元近红外通道反射率 R_{NIR_m} 可表示为：

$$R_{NIR\_m}=P_c\times R_{NIR\_c}+P_w\times R_{NIR\_w}+P_n\times R_{NIR\_n} \quad \cdots\cdots\cdots\cdots(D.1)$$

且

$$P_c+P_w+P_n=1 \quad \cdots\cdots\cdots\cdots(D.2)$$

式中：

R_{NIR_m} ——过火前的近红外通道反射率；

R_{NIR_c} ——过火前的纯农田像元近红外通道反射率；

P_w ——水体面积比例；

R_{NIR_w} ——近红外通道水体反射率；

P_n ——人工建筑面积比例；

R_{NIR_n} ——近红外通道人工建筑反射率。

同理，对于过火后的该像元，过火后的混合像元反射率 R_{mf} 可表示为：

$$R_{mf}=(P_{cf}\times R_{NIR\_cf}+P_{cn}\times R_{NIR\_cn})+P_w\times R_{NIR\_w}+P_n\times R_{NIR\_n} \quad \cdots\cdots\cdots\cdots(D.3)$$

且

$$P_{cn}+P_{cf}=P_c \quad \cdots\cdots\cdots\cdots(D.4)$$

式中：

R_{NIR_mf} ——过火后的近红外通道反射率；

R_{NIR_cf} ——完全过火的纯农田像元近红外通道反射率；

P_{cn} ——未过火农田面积比例；

R_{NIR_cn} ——未过火农田近红外通道反射率。

假设过火前后该像元内的水体和人工建筑面积比例没有变化，卫星获取的过火前后两景影像间隔时间较短，植被自然变化引起的反射率不发生变化，将公式（D.2）和公式（D.4）代入公式（D.3）中，并与公式（D.1）相减，可得到公式（D.5）：

$$R_{NIR\_m}-R_{NIR\_mf}=R_{NIR\_c}\times P_c-R_{NIR\_cf}\times P_{cf}-R_{NIR\_c}\times(P_c-P_{cf}) \quad \cdots\cdots\cdots\cdots(D.5)$$

经整理，公式（D.5）可转换为：

$$P_{cf}=(R_{NIR\_m}-R_{NIR\_mf})/(R_{NIR\_c}-R_{NIR\_cf}) \quad \cdots\cdots\cdots\cdots(D.6)$$

附　录　E
（资料性附录）
等经纬度投影像元面积计算公式

$$Long = Res_{\mathrm{Long}} \times \left[\frac{2\pi ac}{360}\sqrt{\frac{1}{c^2 + a^2 \times \tan^2\varphi}}\right] \qquad \cdots\cdots(E.1)$$

$$Lat = Res_{\mathrm{Lat}} \times d \qquad \cdots\cdots(E.2)$$

像元面积为：

$$S_{I,J} = Long \times Lat \qquad \cdots\cdots(E.3)$$

式中：

$Long$ ——经度方向的长度，单位为千米(km)；

Res_{Long} ——图像分辨率，单位为度(°)；

a ——6378.164，单位为千米(km)；

c ——6356.779，单位为千米(km)；

φ ——像元所在纬度，单位为弧度；

Lat ——纬度方向的长度，单位为千米(km)；

Res_{Lat} ——图像分辨率，单位为度(°)；

d —— 111.13，单位为千米每度(km/(°))；

$S_{I,J}$ ——单个像元面积。

参 考 文 献

[1] QX/T 158—2012 气象卫星数据分级

[2] 许健民，张文建，杨军，等. 风云二号卫星业务产品与卫星数据格式实用手册[M]. 北京：气象出版社，2008

[3] 杨军，董超华，等. 新一代风云极轨气象卫星业务产品及应用[M]. 北京：科学出版社，2011

ICS 07.060
A 47
备案号：65851—2019

中华人民共和国气象行业标准

QX/T 455—2018

便携式自动气象站

Portable automatic weather station

2018-11-30 发布　　2019-03-01 实施

中 国 气 象 局　发 布

前　言

本标准按照 GB/T 1.1—2009 给出的规则起草。

本标准由全国气象仪器与观测方法标准化技术委员会(SAC/TC 507)提出并归口。

本标准起草单位:黑龙江省气象局、中国华云气象科技集团有限公司、中国气象局气象探测中心、江西省气象局。

本标准主要起草人:高宪双、王柏林、刘兴丽、冯冬霞、阳艳红、张丽娟、王荣、张帆、张新兴、刘春雪、邱馨蕊。

便携式自动气象站

1 范围

本标准规定了便携式自动气象站的组成,技术要求,试验方法,检验规则,标志、包装、运输和贮存等内容。

本标准适用于便携式自动气象站研制、生产、验收。

2 规范性引用文件

下列文件对于本文件的应用是必不可少的。凡是注日期的引用文件,仅注日期的版本适用于本文件。凡是不注日期的引用文件,其最新版本(包括所有的修改单)适用于本文件。

GB/T 191—2008 包装储运图示标志

GB/T 2423.10—2008 电工电子产品环境试验 第2部分:试验方法 试验Fc:振动(正弦)

GB/T 2423.17—2008 电工电子产品环境试验 第2部分:试验方法 试验Ka:盐雾

GB/T 2423.38—2008 电工电子产品环境试验 第2部分:试验方法 试验R:水试验方法和导则

GB 4208—2008 外壳防护等级

GB/T 6587—2012 电子测量仪器通用规范

GB/T 11463—1989 电子测量仪器可靠性试验

GB/T 17626.2 电磁兼容 试验和测量技术 抗扰度试验总论

GB/T 17626.4 电磁兼容 试验和测量技术 静电放电抗扰度试验

GB/T 17626.5 电磁兼容 试验和测量技术 电快速瞬变脉冲群抗扰度试验

GB/T 33703—2017 自动气象站观测规范

JJG(气象)001—2015 自动气象站气压传感器

JJG(气象)002—2015 自动气象站铂电阻温度传感器

JJG(气象)003—2011 自动气象站湿度传感器

JJG(气象)004—2011 自动气象站风向风速传感器

JJG(气象)005—2015 自动气象站翻斗式雨量传感器

QX/T 61—2007 地面气象观测规范 第17部分:自动气象站观测

3 术语和定义

下列术语和定义适用于本文件。

3.1

自动气象站 automatic weather station

一种能自动地观测、存储和传输地面气象观测数据的设备。

3.2

便携式自动气象站 portable automatic weather station

便于携带、拆装的自动气象站。主要用于应急、灾备等临时性地面气象观测任务。

4 组成

便携式自动气象站由自动气象站和外围部件组成，各部件用途如下：

——自动气象站用于获取地面气象观测数据；

——外围部件主要用来安装和固定便携式自动气象站，含三角支架、横臂、自然通风防辐射罩、风杆、地锚、拉线等。

5 技术要求

5.1 外观与结构

5.1.1 仪器表面涂层均匀、无脱落现象，结构件应无裂痕或其他机械损伤。

5.1.2 操作面板上、接插件上文字符号应清晰、正确。零部件应安装正确，牢固可靠，不应有迟滞、卡死、松脱、变形等现象。

5.1.3 具有防盐雾处理工艺。

5.1.4 各部件之间的组装连接宜采用快速拆装结构、快速连接器。

5.2 功能

便携式自动气象站应具备以下功能：

——自动气象站系统结构及主要功能(采集、运算、存储、传输)应符合 GB/T 33703—2017 要求。

——三角支架分为三脚架和升降风杆两部分。三脚架三个脚撑开后应有限位装置用于固定支架，自然通风防辐射罩应安装在横臂上，横臂位于升降风杆固定部分。通过调节，升降杆最大高度可达 3 m。自动气象站及应用的部件应牢固地安装在三角支架上。针对抗风强度要求高的观测需求，可以使用地锚、钢钎、拉线等稳固三脚架。

5.3 测量性能

5.3.1 气压

测量范围：450 hPa～1100 hPa。

分辨力：0.1 hPa。

最大允许误差：±0.3 hPa。

5.3.2 湿度

测量范围：5% RH～100% RH。

分辨力：1% RH。

最大允许误差：±3% RH(≤80%)；±5% RH(>80%)。

5.3.3 风向

测量范围：0°～360°。

最大允许误差：±5°。

分辨力：3°。

5.3.4 风速

测量范围：0 m/s～60 m/s。

分辨力：0.1 m/s。

最大允许误差：±(0.5 m/s+0.03v)。

注：v 为风速，单位为米每秒(m/s)。

5.3.5 气温

测量范围：−50 ℃～+50 ℃。

分辨力：0.1 ℃。

最大允许误差：±0.2 ℃。

5.3.6 降水量

测量范围：≤4 mm/min。

分辨力：0.1 mm。

最大允许误差：±0.4 mm(≤10 mm)；±4%(>10 mm)。

5.4 时钟

宜采用GPS授时、网络授时等手段来获得更高的时钟精度。

5.5 电源

电源应具备以下功能：

——内置电源在能量充足后应能维持7天正常工作，且有补充能量的装置，如太阳能电池板及充电装置。

——电池安装应使电池泄漏的电解液不会接触到危险带电部件。电池电极应有绝缘保护装置，保护装置应能完全遮盖电极以及连接线的导电部分。

5.6 功耗

整机平均功耗：≤2.0 W。

5.7 环境适应性

5.7.1 工作条件

工作温度：−50 ℃～+60 ℃(电气部分)。

大气压力：500 hPa～1100 hPa 。

抗风能力：30 m/s，增加加固装置宜达到60 m/s。

5.7.2 振动

应能通过GB/T 6587—2012的振动试验。

5.7.3 盐雾试验

应能通过GB/T 2423.17—2008的96 h盐雾试验。

5.7.4 电磁兼容性

5.7.4.1 静电放电抗扰度

便携式自动气象站直流电源端口、数据端口、外壳端口的静电放电抗扰度至少应达到下列要求：

——接触放电:GB/T 17626.2 2 级,4 kV;
——空气放电:GB/T 17626.2 3 级,8 kV;
——性能判据:GB/T 18268.1—2010,B。

5.7.4.2 电快速瞬变脉冲群抗扰度

便携式自动气象站的电快速瞬变脉冲群抗扰度至少应达到下列要求:
——交流电源端口:GB/T 17626.4 电源端口 2 级,1 kV(5/50 ns,5 kHz);
——直流电源端口:GB/T 17626.4 电源端口 1 级,0.5 kV(5/50 ns,5 kHz);
——数据端口:GB/T 17626.4 I/O 端口 2 级,0.5 kV(5/50 ns,5 kHz);
——性能判据:GB/T 18268.1—2010,B。

5.7.4.3 浪涌(冲击)抗扰度

便携式自动气象站的浪涌(冲击)抗扰度应达到下列要求:
——交流电源端口:GB/T 17626.5 3 级,2 kV(线对地,1.2/50 μs、8/20 μs 组合波);
——直流电源端口:GB/T 17626.5 3 级,2 kV(线对地,1.2/50 μs、8/20 μs 组合波);
——数据端口:GB/T 17626.5 3 级,2 kV(线对地,1.2/50 μs、8/20 μs 组合波);
——性能判据:GB/T 18268.1—2010,B。

5.7.5 外壳防护等级

不应低于 GB 4208—2008 中给出的 IP65 等级。

5.8 可靠性

平均故障间隔时间(MTBF)最低可接收值(θ_1)大于 5000 h。

5.9 便携性

5.9.1 总则

便携式自动气象站具有重量轻、便于携带、方便运输和人工背负等特点,应配置专用的便携式包装箱,便携式包装箱的重量应计入设备总重量,包装箱(或背包)应具备牢固、便携、防水、可重复使用等特点。

5.9.2 尺寸

便携式自动气象站拆分的便携包装数不应超过 4 个,单个便携包装的最大长度不超过 1.6 m。

5.9.3 重量

应符合下列要求:
——采用便携包装后的自动气象站整套设备总重量应不超过 40 kg。
——采用便携包装后的单个包装的重量不应超过 15 kg,以不超过 10 kg 为宜。

5.9.4 附件

建议配备 GPS、指南针等设备,配件宜单独包装。

5.10 设计寿命

设备整机使用寿命为 8 年。

6 试验方法

6.1 环境条件

环境要求如下：

——环境温度：15 ℃～35 ℃；

——湿度：45% RH～75% RH。

6.2 外观检查

目测检查，必要时可采用计量器具。

6.3 功能检查

将三脚架固定好，检查其稳固性，连接便携式自动气象站各个部件，实际测量仪器安装高度等各项要求应符合 QX/T 61－2007 的要求。应在 30 分钟内完成常规安装及联机，并能正常运行，特殊环境下可顺延 30 分钟。

6.4 测量性能试验

6.4.1 气压测试

按 JJG(气象)001－2015 规定的检定方法进行气压测量性能测试，检定点为 500 hPa、600 hPa、700 hPa、800 hPa、900 hPa、1000 hPa、1100 hPa。

6.4.2 相对湿度测试

按 JJG(气象)003－2011 规定的检定方法进行湿度测量性能测试，检定点为 30% RH、50% RH、70% RH、80% RH、90% RH、98% RH。

6.4.3 风向测试

按 JJG(气象)004－2011 规定的检定方法进行风向传感器启动风速和测量性能测试，检定点为 0°～360°范围内每 10°一个点。

6.4.4 风速测试

按 JJG(气象)004－2011 规定的检定方法进行风速传感器启动风速和测量性能测试，检定点为 2 m/s、5 m/s、10 m/s、20 m/s、30 m/s、40 m/s。

6.4.5 气温测试

按 JJG(气象)002－2015 规定的检定方法进行气温测量性能测试，检定点为－50 ℃、－30 ℃、0 ℃、30 ℃、50 ℃。

6.4.6 降水量测试

按 JJG(气象)005－2015 规定的检定方法进行降水量测量性能测试，检定雨量为 10 mm、30 mm，雨强为 1 mm/min 和 4 mm/min。

6.5 电源

用以下方法检查：

——便携式自动气象站连续运行七天,检查数据质量;
——目视检查电池安装方式,目视检查电池电极绝缘保护装置。

6.6 功耗测试

用万用表分别测出工作电压和最大工作电流,计算最大功耗。

6.7 环境适应性试验

6.7.1 振动试验

按 GB/T 2423.10—2008 的有关规定进行,在互相垂直的三轴线方向进行正弦扫频试验:
——频率范围:10 Hz~60 Hz;位移:0.35 mm。
——频率范围:60 Hz~500 Hz;加速度:50 m/s^2。
——试验时间:30 min。
——试验结束后,观测仪外观和结构完好,无破裂、明显变形和松动等现象,加电通信工作正常。

6.7.2 盐雾试验

按 GB/T 2423.17—2008 的有关规定进行。试验使用高品质氯化钠,浓度为(5±1)%(质量百分比);pH 值为 6.5~7.2;温度为(35±2) ℃;沉降量为(1.0~2.0) ml/(80 cm^2 · h);喷雾时间:连续喷雾 48 h;观测仪位置:观测仪放置于试验箱中央和垂直 30°。试验后观测仪用清水冲洗恢复 1 h~2 h 后,观测仪表面无明显腐蚀、斑点,加电后观测仪应能正常工作。

6.7.3 电磁兼容性试验

6.7.3.1 静电放电抗扰度试验

按 GB/T 17626.2—2006 的试验方法,分别对交流电源端口、直流电源端口、控制和信号端口实施接触放电 4 kV、空气放电 8 kV 的抗扰度试验。

6.7.3.2 电快速瞬变脉冲群抗扰度试验

按 GB/T 17626.4—2008 的试验方法,分别对交流电源端口实施 2 kV(5/50 ns,5 kHz),对直流电源端口实施 2 kV(5/50 ns,5 kHz),对控制和信号端口实施 2 kV(5/50 ns,5 kHz)的抗扰度试验。

6.7.3.3 浪涌(冲击)抗扰度试验

按 GB/T 17626.5—2008 的试验方法,分别对交流电源端口施加 2 kV、对直流电源端口施加 2 kV、对控制和信号端口施加 1 kV 浪涌冲击抗扰度试验,试验位置为线对地,试验波形为 1.2/50 μs、8/20 μs 组合波。

6.7.4 冲水试验

按 GB/T 2423.38—2008 的试验 Rb2 的摆动管法有关规定进行冲水试验,要求:
——喷嘴角度:60°;
——管子摆动角度:60°;
——喷嘴直径:0.4 mm;
——水流量:0.1 L/min±0.005 L/min;
——近似水流压力:80 kPa;
——冲水时间:10 min~30 min;

——工作状态:非工作状态。

试验结束后,观测仪外观检查应文字标志清晰,表面无损伤,打开机壳后,内部应无渗水,通电后,能正常工作。

经过冲水试验,观测仪机箱外壳防护等级符合 5.7.5 要求。

6.8 可靠性试验

按 GB/T 11463—1989 的规定进行。

6.9 便携性试验

各部件收起后最大总长度尺寸不超过 1.6 m,其他部件能收储在总长度均小于 1.6 m 的箱体内,称量各部件重量,箱体数量、总重量和分箱体重量应符合 5.9 的要求。

6.10 设计寿命

按照便携式自动气象站设计寿命期限为准。

7 检验规则

7.1 检验分类

分为两类:

——鉴定检验;

——质量一致性检验。

7.2 检验分组

鉴定检验和质量一致性检验均分为下列七个检验组(A～G 组检验),检验内容主要包括:外观、测试性能、电气性能试验、环境试验、电磁兼容试验、便携性检验及可靠性检验。对应内容:

——A 组检验:外观与结构、功能检验。

——B 组检验:要素测量性能检验。

——C 组检验:电源、功耗检验。

——D 组检验:环境试验。

——E 组检验:电磁兼容性试验。

——F 组检验:便携性检验。

——G 组检验:可靠性试验。

7.3 检验项目

检验内容、检验类型以及相关要求条款的对应关系见表 1。

表 1 检验项目

序号	检验项目	鉴定检验	质量一致性检验	技术要求条文	试验方法条文
	A 组检验				
1	外观与结构	●	●	5.1	6.2
2	功能	●	●	5.2	6.3

表 1 检验项目(续)

序号	检验项目	鉴定检验	质量一致性检验	技术要求条文	试验方法条文
	B 组检验				
3	气压	●	●	5.3.1	6.4.1
4	相对湿度	●	●	5.3.2	6.4.2
5	风向	●	●	5.3.3	6.4.3
6	风速	●	●	5.3.4	6.4.4
7	气温	●	●	5.3.5	6.4.5
8	降水量	●	●	5.3.6	6.4.6
	C 组检验				
9	电源	●	●	5.5	6.5
10	功耗要求	●	●	5.6	6.6
	D 组检验				
11	振动	●	●	5.7.2	6.7.1
12	盐雾	●	○	5.7.3	6.7.2
13	冲水试验	●	○	5.7.5	6.7.4
	E 组检验				
14	电磁抗扰度	●	○	5.7.4	6.7.3
	F 组检验				
15	便携性	●	○	5.9	6.9
	G 组检验				
16	可靠性	⊙	⊙	5.8	6.8
注:●表示必须进行检验的项目;○表示需要时进行检验的项目;⊙表示客户指定时才进行的项目。					

7.4 检验设备

承制方可使用自己的或质量监督机构批准的适用于本标准规定检验要求的任何检验设备,这些设备应在检定有效期内。

7.5 缺陷的判定

7.5.1 缺陷分类

缺陷分致命缺陷、重缺陷和轻缺陷。

7.5.2 致命缺陷

对人身安全构成危险或严重损坏仪器基本功能的缺陷应判为致命缺陷。

7.5.3 重缺陷

重缺陷有:

——检测的性能特性的误差超过规定的极限。

——突然的电气失效或结构失效引起的仪器不能正常工作。

7.5.4 轻缺陷

发生故障时，无须更换元器件、零部件，仅作简单处理即能恢复仪器正常工作，这类故障判为轻缺陷。

7.6 鉴定检验

7.6.1 检验条件

鉴定检验在下列情况下进行：

——新产品定型时；

——主要设计、工艺、材料及元器件有重大变更时；

——停产两年以上再生产时。

7.6.2 检验项目

7.3 的全部项目。

7.6.3 检验方法

7.6.3.1 A 组检验

所有设备均进行 A 组检验。

7.6.3.2 B 组检验

用 A 组检验合格产品随机抽取 6 台设备进行 B 组检验。

新产品定型时，样机如少于 6 台，则可以用上述 A 组检验合格的设备进行检验。

7.6.3.3 C 组检验

用 B 组检验合格的 6 台设备进行 C 组检验。

新产品定型时，样机如少于 6 台，则可以用上述 B 组检验合格的设备进行检验。

7.6.3.4 D 组检验

在 C 组检验合格的 6 台设备中随机抽取 2 台进行 D 组检验。

新产品定型时，样机如少于 6 台，则可以用上述 C 组检验合格的设备进行检验。

7.6.3.5 E 组检验

C 组检验合格的设备中另外随机抽取 2 台进行 E 组检验。

样本较少时，则可以用上述 C 组检验合格的设备进行检验。

7.6.3.6 F 组检验

F 组检验仅在顾客要求时进行。

随机抽取 1 台设备进行 F 组检验。

7.6.3.7 G 组检验

G 组检验仅在顾客要求时进行。

随机抽取 1 台设备进行 G 组检验。

7.7 质量一致性检验

7.7.1 A 组检验

A 组检验是全数检验。

A 组检验中不允许出现致命缺陷,若出现则判 A 组检验不合格。

A 组检验中出现重缺陷或轻缺陷经返修再检验合格后判 A 组检验合格。

7.7.2 B 组检验

B 组检验是全数检验。

B 组检验中不允许出现致命缺陷,若出现则判 B 组检验不合格。

B 组检验中出现重缺陷或轻缺陷经返修再检验合格后判 B 组检验合格。

7.7.3 C 组检验

C 组检验每年进行一次。

年批量小于 100 台时,抽取 2 台;大于 100 台时,抽取 3 台。应在 A 组、B 组检验合格的样本中抽取。

抽样宜安排在完成生产计划 50%左右的时候。

若 C 组检验的重缺陷数小于或等于平均每台 1 次,且无致命缺陷时,则判 C 组检验合格。出现允许数量范围内的重缺陷或轻缺陷时允许修复后继续试验。

若 C 组检验的重缺陷数大于平均每台 1 次,或有致命缺陷时,则判 C 组检验不合格。

7.7.4 D 组检验

D 组检验的检验周期、抽样数量、抽样时间、合格判定同 C 组检验。

7.7.5 E 组检验

E 组检验按 GB/T 11463—1989 的有关规定进行。

7.7.6 质量一致性检验的合格判定

各组检验全部合格的产品才能判定为质量一致性检验合格。

质量一致性检验任一组检验不合格时,应终止检验,查明原因,整批采取改正措施。

再次抽样进行该组检验时,若重缺陷数大于平均每台 1 次,或再次出现致命缺陷时,则判定产品质量一致性检验不合格。此时应终止生产,报上级质量监督部门研究处理。

7.7.7 受试样本的处置

经 A、B 组非破坏试验检验判为合格的检验批中发现有缺陷的单位产品经返修和校正,并经再次检验合格后,可以交付。

经 C、D 组环境试验的样本不作合格品交付。

经 E 组可靠性检验的样本对其寿命终了和接近终了的元器件给予更换,并经 A、B 组检验合格后可以交付。

8 标志、包装、运输和贮存

8.1 标志

8.1.1 产品标志

应包括以下内容：

——制造厂名；

——产品名称和型号；

——出厂编号；

——出厂日期。

8.1.2 包装标志

应包括以下内容：

——产品名称、型号和数量；

——制造厂名；

——包装箱编号；

——外形尺寸；

——毛重；

——“小心轻放”“向上”“怕湿”“堆码”等符合 GB/T 191—2008 规定的标志。

8.2 包装

8.2.1 封存和包装场地应整洁，周围无腐蚀气体，并选择环境湿度较低的时机进行。产品包装前应保持表面清洁、无油渍、水渍和其他异物。包装箱应牢固，内有防潮湿、防振动措施。

8.2.2 每个包装箱内应有装箱清单、随机文件，提供安装使用的工具箱，应有使用说明书及检验合格证。

8.3 运输

8.3.1 运输过程中应防止剧烈振动、挤压、雨淋及化学物品侵蚀。

8.3.2 搬运时必须轻拿轻放，码放整齐，严禁滚动和抛掷。

8.4 贮存

包装好的产品应贮存在环境温度 −10 ℃～40 ℃、相对湿度小于 80％的室内，且周围无腐蚀性挥发物，无强电磁作用。

ICS 07.060
A 47
备案号：65852—2019

中华人民共和国气象行业标准

QX/T 456—2018

初霜冻日期早晚等级

Grades for first-frost date

2018-11-30 发布 2019-03-01 实施

中 国 气 象 局 发 布

前　　言

本标准按照 GB/T 1.1—2009 给出的规则起草。

本标准由全国气候与气候变化标准化技术委员会(SAC/TC 540)提出并归口。

本标准起草单位:国家气候中心。

本标准主要起草人:韩荣青、贾小龙。

初霜冻日期早晚等级

1 范围

本标准规定了初霜冻日期及其早晚等级划分。

本标准适用于初霜冻日期的监测、预报、预测和影响评估等业务以及科研工作。

2 术语和定义

下列术语和定义适用于本文件。

2.1

霜冻 frost

空气温度突然下降，地表温度骤降到 0 ℃以下，使农作物受到损害，甚至死亡。

注：霜冻是一种较为常见的农业气象灾害。

2.2

日最低温度 daily minimum temperature

一日(24 小时)内逐小时观测到的最低温度。

2.3

霜冻初日 first frost date

温暖季节向寒冷季节过渡期间，初次发生霜冻的日期。

注：按照霜冻初日达到的不同最低温度，又将霜冻初日分为轻霜冻初日、中霜冻初日和重霜冻初日。

2.4

轻霜冻初日 first light-frost date

温暖季节向寒冷季节过渡期间，气象观测站地面 0 cm 日最低温度第一次小于或等于 0 ℃时的日期。

注：参见附录 A 的表 A.1 中的轻霜冻初日气候值和均方差。

2.5

中霜冻初日 first moderate-frost date

温暖季节向寒冷季节过渡期间，气象观测站地面 0 cm 日最低温度第一次小于或等于－2 ℃时的日期。

注：参见附录 A 的表 A.1 中的中霜冻初日气候值和均方差。

2.6

重霜冻初日 first severe-frost date

温暖季节向寒冷季节过渡期间，气象观测站地面 0 cm 日最低温度第一次小于或等于－4 ℃时的日期。

注：参见附录 A 的表 A.1 中的重霜冻初日气候值和均方差。

2.7

气候标准期 climatological standard period

根据世界气象组织(WMO)规定，最近连续 3 个十年为气候标准期。

注 1：目前的气候标准期指 1981—2010 年时段，气候要素的值指气候标准期的平均值。

注 2：气候标准平均值的定义参见 QX/T 394—2017《东亚副热带夏季风监测指标》。

3 等级划分

3.1 累计百分排位

将某地气候标准期逐年霜冻初日数据从早(小)到晚(大)排序,即可得到某年霜冻初日累计百分排位。

任意一年霜冻初日的累计百分排位计算,见公式(1):

$$P_n = \frac{n}{N} \times 100\% \qquad \cdots\cdots(1)$$

式中:

P_n ——某一站点霜冻初日累计百分排位;

n ——从小到大排列序号;

N ——序列总个数。

3.2 等级及划分指标

按照累计百分排位(P_n),分别将轻、中、重霜冻初日的早晚划分为异常偏早、偏早、正常、偏晚、异常偏晚5个等级,见表1。

北方(35 °N以北)代表站轻、中、重霜冻初日不同等级对应的日期参见附录B的表B.1。

表1 初霜冻日期等级

等级名称	划分指标
异常偏早	$P_n \leqslant 10\%$
偏早	$P_n \leqslant 33\%$
正常	$33\% < P_n < 66\%$
偏晚	$66\% \leqslant P_n < 90\%$
异常偏晚	$P_n \geqslant 90\%$

附　录　A
(资料性附录)
北方代表站轻、中、重霜冻初日气候值和均方差

表 A.1　1981—2010 年北方 230 个观测站点轻、中和重霜冻初日气候值和均方差

省份	站名(区站号)	轻霜冻初日气候值	中霜冻初日气候值	重霜冻初日气候值	轻霜冻初日均方差	中霜冻初日均方差	重霜冻初日均方差
黑龙江	漠河(50136)	09-05	09-15	09-22	10	5	8
黑龙江	塔河(50246)	09-07	09-14	09-19	7	6	7
黑龙江	新林(50349)	09-08	09-16	09-22	7	7	8
黑龙江	呼玛(50353)	09-13	09-21	09-27	7	7	7
内蒙古	额尔古纳(50425)	09-05	09-12	09-20	7	6	8
内蒙古	图里河(50434)	08-29	09-07	09-15	10	8	8
黑龙江	加格达奇(50442)	09-14	09-23	10-02	7	7	8
黑龙江	爱辉(50468)	09-21	09-28	10-07	6	6	5
内蒙古	满洲里(50514)	09-12	09-18	09-23	6	7	9
内蒙古	海拉尔(50527)	09-15	09-22	09-29	6	8	7
内蒙古	小二沟(50548)	09-12	09-20	09-26	8	8	8
黑龙江	嫩江(50557)	09-17	09-23	10-03	7	7	7
黑龙江	孙吴(50564)	09-13	09-21	09-28	5	8	9
内蒙古	新巴尔虎右旗(50603)	09-19	09-25	10-01	7	6	7
内蒙古	新巴尔虎左旗(50618)	09-17	09-24	09-30	8	7	9
内蒙古	博克图(50632)	09-07	09-11	09-20	7	7	7
内蒙古	扎兰屯(50639)	09-20	09-26	10-03	8	8	10
黑龙江	北安(50656)	09-18	09-26	10-02	6	8	7
黑龙江	克山(50658)	09-21	09-27	10-02	7	8	8
黑龙江	富裕(50742)	09-26	10-02	10-08	8	9	8
黑龙江	齐齐哈尔(50745)	09-26	10-01	10-09	8	9	9
黑龙江	海伦(50756)	09-23	09-30	10-08	8	8	9
黑龙江	明水(50758)	09-24	09-30	10-10	7	8	9
黑龙江	伊春(50774)	09-21	09-30	10-07	5	8	9
黑龙江	富锦(50788)	09-30	10-06	10-16	6	6	7
内蒙古	索伦(50834)	09-16	09-23	09-27	7	8	8
内蒙古	乌兰浩特(50838)	09-23	09-30	10-10	8	8	8
黑龙江	泰来(50844)	09-28	10-05	10-13	8	8	9
黑龙江	北林(50853)	09-24	10-03	10-10	8	8	9

表 A.1　1981—2010 年北方 230 个观测站点轻、中和重霜冻初日气候值和均方差(续)

省份	站名(区站号)	轻霜冻初日气候值	中霜冻初日气候值	重霜冻初日气候值	轻霜冻初日均方差	中霜冻初日均方差	重霜冻初日均方差
黑龙江	安达(50854)	09-26	10-03	10-09	6	7	8
黑龙江	铁力(50862)	09-21	09-27	10-05	7	9	9
黑龙江	佳木斯(50873)	09-26	10-03	10-10	7	7	8
黑龙江	依兰(50877)	09-27	10-04	10-12	7	8	9
黑龙江	宝清(50888)	09-30	10-05	10-11	6	6	7
内蒙古	东乌珠穆沁(50915)	09-13	09-19	09-25	5	7	7
吉林	白城(50936)	09-27	10-04	10-11	8	8	9
吉林	乾安(50948)	09-29	10-05	10-12	8	9	9
吉林	前郭(50949)	09-31	10-11	10-17	7	8	7
黑龙江	哈尔滨(50953)	09-27	10-04	10-10	7	8	9
黑龙江	通河(50963)	09-25	10-04	10-12	7	8	10
黑龙江	尚志(50968)	09-24	10-01	10-09	8	8	8
黑龙江	鸡西(50978)	09-28	10-06	10-14	8	7	9
黑龙江	虎林(50983)	10-02	10-07	10-15	6	8	9
新疆	哈巴河(51053)	09-21	09-29	10-12	9	11	18
新疆	富蕴(51087)	09-18	09-26	10-02	8	8	11
新疆	塔城(51133)	09-19	09-30	10-15	9	12	15
新疆	和布克赛尔(51156)	09-04	09-14	09-21	9	9	10
新疆	青河(51186)	08-28	09-07	09-16	10	10	9
新疆	托里(51241)	09-17	09-27	10-10	11	13	9
新疆	克拉玛依(51243)	10-18	10-27	11-04	9	10	10
新疆	温泉(51330)	09-21	10-02	10-11	12	11	9
新疆	精河(51334)	10-01	10-09	10-15	8	9	13
新疆	乌苏(51346)	10-03	10-13	10-22	11	12	14
新疆	蔡家湖(51365)	09-18	09-26	10-07	11	12	14
新疆	奇台(51379)	09-22	10-03	10-15	10	11	8
新疆	伊宁(51431)	09-23	10-04	10-18	13	15	13
新疆	乌鲁木齐(51463)	10-02	10-13	10-23	14	13	16
新疆	达坂城(51477)	09-14	09-21	10-02	10	11	12
新疆	十三间房(51495)	10-14	10-20	10-27	12	14	16
新疆	库米什(51526)	10-12	10-18	10-24	9	9	9
新疆	焉耆(51567)	10-05	10-12	10-18	14	14	13
新疆	吐鲁番(51573)	10-22	10-28	11-06	8	9	9

表 A.1 1981—2010 年北方 230 个观测站点轻、中和重霜冻初日气候值和均方差(续)

省份	站名(区站号)	轻霜冻初日气候值	中霜冻初日气候值	重霜冻初日气候值	轻霜冻初日均方差	中霜冻初日均方差	重霜冻初日均方差
新疆	阿克苏(51628)	10-14	10-22	10-27	9	8	9
新疆	拜城(51633)	10-07	10-15	10-22	10	10	10
新疆	轮台(51642)	10-08	10-15	10-23	10	10	9
新疆	库车(51644)	10-14	10-23	10-30	9	7	8
新疆	库尔勒(51656)	10-09	10-14	10-19	10	9	7
新疆	喀什(51709)	10-17	10-21	10-25	8	7	9
新疆	巴楚(51716)	10-18	10-25	10-30	8	8	9
新疆	柯坪(51720)	10-15	10-23	10-29	12	7	8
新疆	阿拉尔(51730)	10-18	10-23	10-29	6	6	7
新疆	铁干里克(51765)	10-07	10-12	10-21	9	10	8
新疆	若羌(51777)	10-08	10-14	10-19	8	8	9
新疆	莎车(51811)	10-12	10-18	10-23	8	4	7
新疆	皮山(51818)	10-11	10-16	10-21	8	7	5
新疆	和田(51828)	10-13	10-19	10-23	8	5	7
新疆	民丰(51839)	10-03	10-09	10-15	7	8	5
新疆	且末(51855)	09-27	10-05	10-10	12	10	9
新疆	于田(51931)	10-08	10-14	10-19	8	6	6
新疆	哈密(52203)	09-29	10-12	10-17	11	8	9
内蒙古	额济纳旗(52267)	10-07	10-11	10-17	9	9	10
甘肃	马鬃山(52323)	09-14	09-23	10-02	9	8	8
内蒙古	拐子湖(52378)	10-08	10-13	10-20	7	9	9
甘肃	敦煌(52418)	10-04	10-10	10-18	9	9	10
甘肃	瓜州(52424)	09-27	10-05	10-10	9	8	7
甘肃	玉门镇(52436)	09-18	09-28	10-06	10	11	11
甘肃	鼎新(52446)	09-22	09-29	10-03	9	9	10
内蒙古	巴彦诺尔公(52495)	10-04	10-09	10-14	8	8	10
甘肃	酒泉(52533)	09-18	09-26	10-05	10	10	10
甘肃	高台(52546)	09-24	10-02	10-11	14	11	10
内蒙古	阿右旗(52576)	10-11	10-18	10-24	8	9	9
甘肃	张掖(52652)	09-30	10-06	10-14	10	10	9
甘肃	山丹(52661)	09-27	10-08	10-13	14	11	13
甘肃	永昌(52674)	09-20	10-02	10-10	9	10	10
甘肃	武威(52679)	10-07	10-16	10-25	9	10	7

表 A.1　1981—2010 年北方 230 个观测站点轻、中和重霜冻初日气候值和均方差（续）

省份	站名（区站号）	轻霜冻初日气候值	中霜冻初日气候值	重霜冻初日气候值	轻霜冻初日均方差	中霜冻初日均方差	重霜冻初日均方差
甘肃	民勤（52681）	10-03	10-11	10-16	8	10	11
甘肃	景泰（52797）	10-05	10-14	10-24	8	10	10
甘肃	靖远（52895）	10-07	10-19	10-27	10	9	10
甘肃	榆中（52983）	10-04	10-16	10-25	9	11	9
甘肃	临夏（52984）	10-11	10-23	10-31	9	7	9
甘肃	临洮（52986）	10-07	10-21	10-31	10	9	10
内蒙古	二连浩特（53068）	09-22	09-30	10-06	6	6	8
内蒙古	那仁宝力格（53083）	09-14	09-18	09-25	7	7	6
内蒙古	阿巴嘎旗（53192）	09-10	09-19	09-24	7	6	6
内蒙古	苏尼特左旗（53195）	09-19	09-24	10-03	6	6	6
内蒙古	海力素（53231）	09-26	10-03	10-11	9	9	9
内蒙古	朱日和（53276）	09-22	09-29	10-08	7	7	9
内蒙古	乌拉特中旗（53336）	09-20	09-26	10-03	8	10	11
内蒙古	达尔罕茂明安联合旗（53352）	09-18	09-25	10-03	7	8	8
内蒙古	杭锦后旗（53420）	10-02	10-06	10-15	9	9	11
内蒙古	包头市（53446）	09-28	10-06	10-15	7	10	9
内蒙古	呼和浩特（53463）	09-20	10-01	10-08	8	9	9
山西	右玉（53478）	09-17	09-29	10-05	9	9	10
内蒙古	集宁（53480）	09-15	09-21	10-01	9	9	9
山西	大同（53487）	09-28	10-05	10-12	9	8	9
内蒙古	吉兰太（53502）	10-06	10-13	10-19	9	10	9
内蒙古	临河（53513）	09-30	10-06	10-11	8	9	11
宁夏	惠农（53519）	10-04	10-11	10-17	10	10	10
内蒙古	鄂托克旗（53529）	09-28	10-04	10-09	9	9	11
内蒙古	东胜（53543）	09-24	10-02	10-11	8	8	11
山西	河曲（53564）	10-04	10-14	10-20	9	12	12
河北	蔚县（53593）	09-29	10-07	10-15	9	9	8
内蒙古	阿拉善左旗（53602）	10-01	10-07	10-14	9	9	11
宁夏	银川（53614）	10-05	10-13	10-20	11	11	11
宁夏	陶乐（53615）	10-07	10-13	10-18	11	11	10
陕西	榆林（53646）	10-03	10-13	10-22	10	12	13
山西	兴县（53664）	10-07	10-13	10-27	8	10	10
山西	原平（53673）	10-07	10-14	10-25	9	9	8

表 A.1 1981—2010 年北方 230 个观测站点轻、中和重霜冻初日气候值和均方差(续)

省份	站名(区站号)	轻霜冻初日气候值	中霜冻初日气候值	重霜冻初日气候值	轻霜冻初日均方差	中霜冻初日均方差	重霜冻初日均方差
河北	石家庄(53698)	10-30	11-09	11-16	7	8	9
宁夏	中宁(53705)	10-07	10-16	10-24	12	13	14
宁夏	盐池(53723)	09-29	10-08	10-14	8	10	11
陕西	吴旗(53738)	10-06	10-13	10-24	10	11	12
陕西	横山(53740)	10-04	10-14	10-22	8	10	12
陕西	绥德(53754)	10-08	10-16	10-27	9	10	11
山西	离石(53764)	10-09	10-16	10-26	11	13	13
山西	榆社(53787)	10-04	10-11	10-21	8	10	10
河北	邢台(53798)	11-02	11-08	11-16	7	8	9
宁夏	海原(53806)	09-30	10-10	10-20	8	10	8
宁夏	同心(53810)	10-09	10-19	10-26	10	10	11
宁夏	固原(53817)	09-29	10-11	10-23	9	11	12
甘肃	环县(53821)	10-10	10-19	10-26	10	10	10
陕西	延安(53845)	10-15	10-28	11-05	11	9	10
山西	隰县(53853)	10-07	10-16	10-28	10	8	10
山西	临汾(53868)	10-24	11-03	11-11	8	11	12
河南	安阳(53898)	10-30	11-08	11-18	8	9	8
宁夏	西吉(53903)	09-30	10-11	10-21	9	12	14
甘肃	崆峒(53915)	10-14	10-25	11-05	10	8	11
甘肃	西峰(53923)	10-12	10-24	11-05	11	11	11
陕西	长武(53929)	10-16	10-29	11-05	9	11	13
陕西	洛川(53942)	10-12	10-27	11-06	9	10	11
山西	运城(53959)	11-02	11-11	11-20	9	11	13
山西	阳城(53975)	10-19	10-29	11-06	11	10	11
河南	新乡(53986)	11-02	11-13	11-22	10	11	15
内蒙古	西乌珠穆沁(54012)	09-15	09-23	10-02	8	8	11
内蒙古	扎鲁特(54026)	09-25	10-01	10-12	8	8	7
内蒙古	巴林左旗(54027)	09-24	09-29	10-09	9	8	8
吉林	通榆(54041)	09-29	10-05	10-13	9	9	8
吉林	长岭(54049)	09-26	10-03	10-11	7	7	9
吉林	扶余(54063)	09-28	10-05	10-15	8	7	8
黑龙江	牡丹江(54094)	09-25	10-02	10-07	7	8	9
黑龙江	绥芬河(54096)	09-23	09-27	10-07	9	8	8

表 A.1　1981—2010 年北方 230 个观测站点轻、中和重霜冻初日气候值和均方差(续)

省份	站名(区站号)	轻霜冻初日气候值	中霜冻初日气候值	重霜冻初日气候值	轻霜冻初日均方差	中霜冻初日均方差	重霜冻初日均方差
内蒙古	锡林浩特(54102)	09-15	09-21	09-28	7	7	8
内蒙古	林西(54115)	09-22	10-01	10-11	7	6	7
内蒙古	开鲁(54134)	09-29	10-05	10-15	7	7	6
吉林	双辽(54142)	09-27	10-03	10-14	8	8	8
吉林	四平(54157)	10-02	10-08	10-16	8	10	9
吉林	长春(54161)	09-27	10-06	10-14	8	7	6
吉林	蛟河(54181)	09-28	10-06	10-15	8	8	10
吉林	敦化(54186)	09-21	09-29	10-09	7	9	7
内蒙古	赤峰(54218)	09-25	10-03	10-11	7	8	7
内蒙古	宝国吐(54226)	09-29	10-07	10-15	7	8	7
辽宁	彰武(54236)	10-04	10-14	10-20	8	7	7
辽宁	阜新(54237)	10-05	10-13	10-18	7	7	7
辽宁	开原(54254)	10-02	10-09	10-17	8	8	9
辽宁	清原(54259)	10-03	10-11	10-18	7	9	9
吉林	梅河口(54266)	09-29	10-07	10-15	8	8	11
吉林	靖宇(54276)	09-21	09-27	10-07	8	10	12
吉林	东岗(54284)	09-23	09-30	10-09	7	9	10
吉林	二道(54285)	09-23	09-29	10-09	10	15	16
吉林	延吉(54292)	09-30	10-04	10-13	8	7	10
河北	丰宁(54308)	09-29	10-08	10-17	8	8	7
辽宁	朝阳(54324)	10-05	10-14	10-20	8	7	9
辽宁	建平(54326)	10-04	10-12	10-19	7	7	7
辽宁	黑山(54335)	10-07	10-14	10-20	10	8	9
辽宁	锦州(54337)	10-10	10-18	10-24	9	8	9
辽宁	鞍山(54339)	10-13	10-19	10-28	8	9	11
辽宁	沈阳(54342)	10-09	10-18	10-24	8	7	9
辽宁	本溪(54346)	10-10	10-19	10-27	7	8	10
辽宁	抚顺(54351)	10-04	10-12	10-20	8	8	8
吉林	通化(54363)	10-04	10-11	10-16	8	10	9
吉林	临江(54374)	10-03	10-11	10-18	7	11	10
吉林	集安(54377)	10-04	10-13	10-22	6	10	9
河北	张家口(54401)	10-06	10-17	10-24	8	8	8
河北	怀来(54405)	10-09	10-19	10-26	8	8	7

表 A.1　1981—2010 年北方 230 个观测站点轻、中和重霜冻初日气候值和均方差(续)

省份	站名(区站号)	轻霜冻初日气候值	中霜冻初日气候值	重霜冻初日气候值	轻霜冻初日均方差	中霜冻初日均方差	重霜冻初日均方差
河北	承德(54423)	10-06	10-14	10-20	7	8	9
河北	遵化(54429)	10-17	10-27	11-05	7	8	10
河北	青龙(54436)	10-10	10-21	10-30	8	8	9
河北	秦皇岛(54449)	10-23	10-29	11-07	5	8	8
辽宁	绥中(54454)	10-13	10-21	10-31	7	9	11
辽宁	兴城(54455)	10-15	10-23	10-31	8	7	10
辽宁	熊岳(54476)	10-11	10-18	10-26	8	8	10
辽宁	岫岩(54486)	10-10	10-18	10-28	8	10	11
辽宁	宽甸(54493)	10-06	10-12	10-23	8	10	7
辽宁	丹东(54497)	10-14	10-23	10-31	7	8	10
北京	北京(54511)	10-22	10-30	11-09	7	9	9
河北	霸州(54518)	10-22	10-30	11-05	7	10	8
天津	天津(54527)	10-23	11-01	11-06	7	11	11
河北	乐亭(54539)	10-21	10-25	11-03	6	7	8
辽宁	瓦房店(54563)	10-17	10-26	11-01	6	7	8
辽宁	庄河(54584)	10-15	10-22	11-02	7	7	10
河北	保定(54602)	10-24	11-01	11-08	8	9	10
河北	饶阳(54606)	10-26	11-05	11-12	7	8	8
天津	塘沽(54623)	10-27	11-06	11-11	7	9	8
辽宁	大连(54662)	10-26	11-05	11-14	6	8	9
河北	南宫(54705)	10-25	11-05	11-11	8	9	10
山东	惠民(54725)	10-30	11-06	11-17	11	11	12
山东	东营(54736)	11-08	11-13	11-24	9	10	13
山东	长岛(54751)	11-13	11-23	12-05	9	7	10
山东	龙口(54753)	11-07	11-15	11-27	9	8	10
山东	威海(54774)	11-11	11-21	12-06	8	9	12
山东	成山头(54776)	11-21	12-01	12-14	6	9	11
山东	莘县(54808)	10-27	11-08	11-16	9	11	12
山东	济南(54823)	11-03	11-13	11-21	7	11	11
山东	沂源(54836)	10-25	11-01	11-10	8	9	12
山东	潍坊(54843)	10-29	11-06	11-13	7	9	11
山东	青岛(54857)	11-11	11-19	11-28	9	11	11
山东	海阳(54863)	11-03	11-13	11-23	8	9	8

表 A.1 1981—2010 年北方 230 个观测站点轻、中和重霜冻初日气候值和均方差（续）

省份	站名（区站号）	轻霜冻初日气候值	中霜冻初日气候值	重霜冻初日气候值	轻霜冻初日均方差	中霜冻初日均方差	重霜冻初日均方差
山东	兖州（54916）	10-29	11-06	11-16	8	12	11
山东	莒县（54936）	10-29	11-06	11-15	9	11	14
山东	日照（54945）	11-10	11-14	11-26	10	10	10

注：霜冻初日气候值以"月-日"表示；均方差单位为天（d）。

附 录 B
（资料性附录）
北方代表站轻、中、重霜冻初日早晚等级对应日期

表 B.1　1981—2010 年北方(35°N 以北)230 个观测站点轻、中、重霜冻初日早晚等级对应日期

省份	站名(区站号)	轻霜冻初日				中霜冻初日				重霜冻初日			
		异常偏早	偏早	偏晚	异常偏晚	异常偏早	偏早	偏晚	异常偏晚	异常偏早	偏早	偏晚	异常偏晚
黑龙江	漠河(50136)	08-23	09-01	09-10	09-15	09-08	09-13	09-17	09-20	09-13	09-18	09-25	09-29
黑龙江	塔河(50246)	08-27	09-04	09-10	09-13	09-06	09-11	09-16	09-21	09-11	09-15	09-21	09-29
黑龙江	新林(50349)	08-30	09-05	09-09	09-17	09-07	09-13	09-18	09-22	09-13	09-18	09-24	10-04
黑龙江	呼玛(50353)	09-07	09-11	09-16	09-20	09-13	09-18	09-22	09-29	09-15	09-21	09-30	10-07
内蒙古	额尔古纳(50425)	08-28	09-03	09-07	09-12	09-02	09-08	09-15	09-20	09-10	09-16	09-22	09-28
内蒙古	图里河(50434)	08-11	08-28	09-02	09-10	08-28	09-03	09-10	09-16	09-02	09-12	09-19	09-22
黑龙江	加格达奇(50442)	09-03	09-11	09-17	09-21	09-14	09-19	09-24	10-03	09-20	09-28	10-06	10-11
黑龙江	爱辉(50468)	09-13	09-17	09-22	09-28	09-19	09-26	10-01	10-07	09-29	10-04	10-09	10-12
内蒙古	满洲里(50514)	09-02	09-09	09-15	09-19	09-07	09-15	09-21	09-27	09-11	09-18	09-28	10-04
内蒙古	海拉尔(50527)	09-08	09-12	09-19	09-22	09-10	09-19	09-27	09-30	09-17	09-26	10-04	10-08
内蒙古	小二沟(50548)	08-31	09-10	09-14	09-19	09-10	09-15	09-23	09-30	09-16	09-21	09-28	10-07
黑龙江	嫩江(50557)	09-05	09-14	09-19	09-23	09-13	09-18	09-25	10-01	09-22	09-27	10-07	10-12
黑龙江	孙吴(50564)	09-07	09-11	09-17	09-20	09-12	09-17	09-22	10-03	09-14	09-23	10-01	10-09
内蒙古	新巴尔虎右旗(50603)	09-06	09-17	09-22	09-25	09-14	09-23	09-27	10-03	09-19	09-27	10-04	10-08
内蒙古	新巴尔虎左旗(50618)	09-06	09-15	09-20	09-27	09-14	09-19	09-28	10-03	09-15	09-26	10-05	10-10
内蒙古	博克图(50632)	08-30	09-04	09-08	09-16	09-01	09-08	09-14	09-19	09-09	09-17	09-25	09-28
内蒙古	扎兰屯(50639)	09-09	09-16	09-23	09-29	09-14	09-22	09-28	10-05	09-19	09-28	10-07	10-14

表 B.1 1981—2010 年北方(35°N 以北)230 个观测站点轻、中、重霜冻初日早晚等级对应日期(续)

省份	站名(区站号)	轻霜冻初日				中霜冻初日				重霜冻初日			
		异常偏早	偏早	偏晚	异常偏晚	异常偏早	偏早	偏晚	异常偏晚	异常偏早	偏早	偏晚	异常偏晚
黑龙江	北安(50656)	09-10	09-16	09-20	09-25	09-15	09-22	09-28	10-07	09-21	09-28	10-06	10-11
黑龙江	克山(50658)	09-11	09-18	09-22	09-28	09-14	09-22	09-28	10-07	09-20	09-27	10-06	10-12
黑龙江	富裕(50742)	09-16	09-21	09-27	10-07	09-20	09-27	10-06	10-12	09-28	10-05	10-12	10-18
黑龙江	齐齐哈尔(50745)	09-16	09-21	09-28	10-07	09-20	09-27	10-06	10-11	09-28	10-05	10-12	10-17
黑龙江	海伦(50756)	09-11	09-19	09-26	10-05	09-20	09-27	10-04	10-11	09-27	10-05	10-11	10-18
黑龙江	明水(50758)	09-14	09-20	09-25	10-05	09-20	09-27	10-05	10-09	09-27	10-06	10-13	10-21
黑龙江	伊春(50774)	09-14	09-19	09-22	09-26	09-20	09-27	10-02	10-10	09-22	10-03	10-10	10-18
黑龙江	富锦(50788)	09-21	09-28	10-02	10-08	09-28	10-03	10-09	10-13	10-08	10-12	10-18	10-27
内蒙古	索伦(50834)	09-07	09-11	09-19	09-23	09-13	09-19	09-25	10-04	09-16	09-23	09-28	10-08
内蒙古	乌兰浩特(50838)	09-11	09-19	09-25	09-30	09-20	09-26	10-04	10-10	09-27	10-06	10-12	10-19
黑龙江	泰来(50844)	09-17	09-25	09-30	10-07	09-23	10-02	10-09	10-13	09-28	10-11	10-16	10-25
黑龙江	北林(50853)	09-14	09-20	09-27	10-06	09-21	09-30	10-06	10-12	09-28	10-06	10-13	10-19
黑龙江	安达(50854)	09-16	09-22	09-28	10-03	09-21	09-28	10-07	10-13	09-27	10-06	10-13	10-16
黑龙江	铁力(50862)	09-13	09-15	09-22	09-28	09-14	09-22	09-29	10-11	09-21	09-30	10-08	10-16
黑龙江	佳木斯(50873)	09-16	09-21	09-28	10-06	09-22	09-30	10-06	10-12	09-28	10-06	10-13	10-19
黑龙江	依兰(50877)	09-16	09-24	09-29	10-07	09-23	09-28	10-08	10-14	09-28	10-08	10-16	10-23
黑龙江	宝清(50888)	09-21	09-27	10-01	10-07	09-27	10-01	10-08	10-13	10-02	10-07	10-14	10-19
内蒙古	东乌珠穆沁(50915)	09-05	09-09	09-15	09-19	09-10	09-16	09-21	09-29	09-13	09-20	09-29	10-04
吉林	白城(50936)	09-16	09-22	09-27	10-08	09-21	09-30	10-08	10-14	09-28	10-07	10-14	10-21
吉林	乾安(50948)	09-21	09-26	10-03	10-09	09-21	10-02	10-08	10-15	09-28	10-09	10-16	10-23
吉林	前郭(50949)	09-21	09-27	10-03	10-09	09-27	10-06	10-14	10-20	10-07	10-14	10-18	10-27

表 B.1　1981—2010 年北方(35°N 以北)230 个观测站点轻、中、重霜冻初日早晚等级对应日期(续)

省份	站名(区站号)	轻霜冻初日				中霜冻初日				重霜冻初日			
		异常偏早	偏早	偏晚	异常偏晚	异常偏早	偏早	偏晚	异常偏晚	异常偏早	偏早	偏晚	异常偏晚
黑龙江	哈尔滨(50953)	09-16	09-23	09-28	10-06	09-22	09-28	10-07	10-14	09-27	10-07	10-14	10-20
黑龙江	通河(50963)	09-16	09-21	09-27	10-05	09-22	10-01	10-07	10-14	09-27	10-07	10-14	10-26
黑龙江	尚志(50968)	09-14	09-19	09-26	10-06	09-21	09-27	10-03	10-12	09-28	10-05	10-14	10-18
黑龙江	鸡西(50978)	09-16	09-26	10-01	10-07	09-27	10-04	10-08	10-14	10-02	10-12	10-17	10-22
黑龙江	虎林(50983)	09-24	09-28	10-06	10-09	09-28	10-03	10-11	10-17	10-02	10-10	10-18	10-28
新疆	哈巴河(51053)	09-08	09-16	09-24	09-28	09-17	09-24	10-01	10-15	09-23	10-02	10-13	11-02
新疆	富蕴(51087)	09-06	09-15	09-21	09-27	09-16	09-23	09-28	10-02	09-17	09-27	10-02	10-15
新疆	塔城(51133)	09-03	09-16	09-24	09-29	09-15	09-24	10-02	10-14	09-27	10-08	10-18	11-01
新疆	和布克赛尔(51156)	08-26	09-01	09-05	09-16	08-31	09-08	09-19	09-25	09-04	09-16	09-27	10-02
新疆	青河(51186)	08-14	08-24	09-02	09-05	08-25	09-03	09-12	09-21	09-02	09-12	09-21	09-26
新疆	托里(51241)	09-01	09-09	09-22	09-30	09-04	09-25	09-30	10-12	09-29	10-03	10-13	10-19
新疆	克拉玛依(51243)	10-03	10-13	10-21	10-29	10-13	10-20	10-31	11-10	10-20	10-31	11-11	11-14
新疆	温泉(51330)	09-02	09-19	09-27	10-02	09-14	09-28	10-08	10-14	09-26	10-04	10-14	10-21
新疆	精河(51334)	09-18	09-27	10-04	10-10	09-28	10-03	10-12	10-19	10-02	10-09	10-15	10-30
新疆	乌苏(51346)	09-15	09-30	10-09	10-15	09-27	10-07	10-15	10-28	10-03	10-12	10-27	11-12
新疆	蔡家湖(51365)	09-02	09-14	09-22	10-02	09-07	09-20	09-30	10-12	09-16	09-28	10-13	10-28
新疆	奇台(51379)	09-05	09-17	09-27	10-02	09-18	09-29	10-09	10-15	10-03	10-10	10-17	10-27
新疆	伊宁(51431)	09-02	09-17	09-29	10-09	09-08	09-28	10-11	10-18	10-01	10-11	10-21	11-03
新疆	乌鲁木齐(51463)	09-07	09-28	10-09	10-16	09-28	10-05	10-17	10-27	10-08	10-14	10-24	11-17
新疆	达坂城(51477)	09-01	09-06	09-19	09-24	09-04	09-18	09-25	10-04	09-14	09-27	10-10	10-15
新疆	十三间房(51495)	09-27	10-10	10-18	10-31	10-03	10-13	10-23	11-11	10-04	10-17	10-29	11-20

表 B.1　1981—2010 年北方(35°N 以北)230 个观测站点轻、中、重霜冻初日早晚等级对应日期(续)

省份	站名(区站号)	轻霜冻初日				中霜冻初日				重霜冻初日			
		异常偏早	偏早	偏晚	异常偏晚	异常偏早	偏早	偏晚	异常偏晚	异常偏早	偏早	偏晚	异常偏晚
新疆	库米什(51526)	09-30	10-10	10-16	10-23	10-03	10-13	10-22	10-30	10-13	10-21	10-27	10-31
新疆	焉耆(51567)	09-16	10-01	10-10	10-22	09-26	10-03	10-18	10-31	10-05	10-10	10-21	11-06
新疆	吐鲁番(51573)	10-11	10-19	10-25	10-30	10-13	10-25	10-31	11-08	10-22	11-02	11-09	11-15
新疆	阿克苏(51628)	09-30	10-09	10-18	10-22	10-10	10-18	10-22	11-05	10-16	10-23	10-29	11-09
新疆	拜城(51633)	09-22	10-04	10-12	10-17	10-03	10-10	10-17	10-25	10-11	10-18	10-23	10-30
新疆	轮台(51642)	09-21	10-04	10-12	10-21	10-03	10-11	10-19	10-29	10-09	10-18	10-25	11-04
新疆	库车(51644)	10-03	10-09	10-16	10-21	10-16	10-19	10-23	10-31	10-20	10-26	11-01	11-10
新疆	库尔勒(51656)	09-26	10-03	10-12	10-21	10-02	10-10	10-16	10-22	10-11	10-16	10-22	10-26
新疆	喀什(51709)	10-08	10-12	10-19	10-27	10-11	10-17	10-22	10-29	10-13	10-21	10-27	11-03
新疆	巴楚(51716)	10-08	10-14	10-21	10-28	10-16	10-21	10-25	11-06	10-18	10-26	11-01	11-10
新疆	柯坪(51720)	10-08	10-12	10-19	10-24	10-13	10-20	10-23	11-02	10-18	10-24	10-30	11-08
新疆	阿拉尔(51730)	10-11	10-16	10-21	10-24	10-14	10-21	10-25	10-29	10-19	10-26	11-01	11-05
新疆	铁干里克(51765)	09-26	10-02	10-10	10-14	09-30	10-09	10-14	10-24	10-14	10-16	10-22	10-29
新疆	若羌(51777)	09-30	10-05	10-11	10-17	10-02	10-10	10-16	10-22	10-03	10-16	10-22	10-31
新疆	莎车(51811)	09-28	10-10	10-14	10-21	10-12	10-16	10-20	10-23	10-13	10-20	10-23	10-29
新疆	皮山(51818)	09-27	10-06	10-13	10-18	10-07	10-14	10-18	10-23	10-14	10-19	10-22	10-24
新疆	和田(51828)	09-28	10-12	10-17	10-21	10-13	10-16	10-20	10-24	10-16	10-21	10-23	10-29
新疆	民丰(51839)	09-24	09-30	10-05	10-11	09-27	10-04	10-11	10-22	10-07	10-13	10-17	10-22
新疆	且末(51855)	09-06	09-24	10-02	10-09	09-19	10-02	10-09	10-14	09-27	10-06	10-14	10-22
新疆	于田(51931)	09-26	10-04	10-10	10-18	10-05	10-12	10-16	10-22	10-11	10-17	10-21	10-24
新疆	哈密(52203)	09-06	09-27	10-04	10-10	09-30	10-07	10-16	10-22	10-03	10-11	10-21	10-28

表 B.1　1981—2010 年北方(35°N 以北)230 个观测站点轻、中、重霜冻初日早晚等级对应日期(续)

省份	站名(区站号)	轻霜冻初日				中霜冻初日				重霜冻初日			
		异常偏早	偏早	偏晚	异常偏晚	异常偏早	偏早	偏晚	异常偏晚	异常偏早	偏早	偏晚	异常偏晚
内蒙古	额济纳旗(52267)	09-25	10-03	10-11	10-22	09-28	10-07	10-14	10-23	10-01	10-14	10-23	10-26
甘肃	马鬃山(52323)	09-02	09-07	09-19	09-24	09-10	09-18	09-26	10-03	09-20	09-30	10-06	10-10
内蒙古	拐子湖(52378)	09-28	10-03	10-10	10-17	10-01	10-10	10-18	10-24	10-03	10-18	10-25	10-31
甘肃	敦煌(52418)	09-19	10-01	10-10	10-17	09-27	10-04	10-13	10-22	10-04	10-14	10-23	10-29
甘肃	瓜州(52424)	09-16	09-27	09-30	10-06	09-26	10-03	10-10	10-13	09-28	10-08	10-13	10-18
甘肃	玉门镇(52436)	09-05	09-15	09-21	09-30	09-12	09-22	10-02	10-11	09-19	10-03	10-11	10-20
甘肃	鼎新(52446)	09-07	09-18	09-24	10-02	09-18	09-24	10-03	10-10	09-20	09-28	10-11	10-14
内蒙古	巴彦诺尔公(52495)	09-23	09-30	10-07	10-12	09-26	10-05	10-13	10-18	09-27	10-07	10-19	10-25
甘肃	酒泉(52533)	09-05	09-16	09-20	10-01	09-09	09-22	09-30	10-10	09-20	09-30	10-07	10-22
甘肃	高台(52546)	09-06	09-20	09-28	10-10	09-18	09-27	10-07	10-14	09-28	10-06	10-16	10-23
内蒙古	阿右旗(52576)	09-28	10-05	10-14	10-22	10-05	10-14	10-22	10-28	10-08	10-21	10-27	11-02
甘肃	张掖(52652)	09-17	09-27	10-04	10-13	09-21	10-01	10-11	10-16	10-01	10-11	10-18	10-24
甘肃	山丹(52661)	09-17	09-22	10-03	10-10	09-22	10-02	10-14	10-22	09-24	10-08	10-19	10-31
甘肃	永昌(52674)	09-06	09-19	09-24	09-30	09-20	09-28	10-07	10-12	09-25	10-06	10-15	10-22
甘肃	武威(52679)	09-25	10-03	10-11	10-17	10-04	10-13	10-23	10-28	10-18	10-23	10-26	11-02
甘肃	民勤(52681)	09-20	09-29	10-07	10-13	09-26	10-04	10-16	10-23	09-28	10-11	10-19	10-29
甘肃	景泰(52797)	09-22	09-29	10-08	10-14	09-28	10-08	10-19	10-24	10-08	10-19	10-28	11-04
甘肃	靖远(52895)	09-20	10-04	10-13	10-18	10-04	10-15	10-24	10-31	10-09	10-21	10-31	11-08
甘肃	榆中(52983)	09-19	09-30	10-08	10-14	10-05	10-11	10-22	10-30	10-10	10-20	10-29	11-05
甘肃	临夏(52984)	09-30	10-07	10-16	10-23	10-17	10-20	10-24	11-02	10-20	10-25	11-02	11-11
甘肃	临洮(52986)	09-20	10-02	10-12	10-19	10-06	10-18	10-26	11-02	10-18	10-28	11-05	11-11

表 B.1　1981—2010 年北方(35°N 以北)230 个观测站点轻、中、重霜冻初日早晚等级对应日期(续)

省份	站名(区站号)	轻霜冻初日				中霜冻初日				重霜冻初日			
		异常偏早	偏早	偏晚	异常偏晚	异常偏早	偏早	偏晚	异常偏晚	异常偏早	偏早	偏晚	异常偏晚
内蒙古	二连浩特(53068)	09-12	09-19	09-26	09-29	09-20	09-27	10-02	10-07	09-26	10-03	10-08	10-17
内蒙古	那仁宝力格(53083)	09-06	09-10	09-17	09-23	09-08	09-13	09-21	09-26	09-17	09-20	09-27	10-03
内蒙古	阿巴嘎旗(53192)	09-02	09-06	09-13	09-19	09-09	09-16	09-20	09-26	09-16	09-20	09-27	10-02
内蒙古	苏尼特左旗(53195)	09-09	09-16	09-22	09-27	09-17	09-23	09-27	10-02	09-24	10-01	10-05	10-12
内蒙古	海力素(53231)	09-16	09-19	10-01	10-07	09-20	09-28	10-07	10-13	09-27	10-05	10-14	10-23
内蒙古	朱日和(53276)	09-11	09-18	09-26	10-01	09-21	09-27	10-03	10-07	09-26	10-03	10-12	10-18
内蒙古	乌拉特中旗(53336)	09-06	09-17	09-23	09-28	09-09	09-20	10-01	10-08	09-18	09-30	10-07	10-15
内蒙古	达尔罕茂明安联合旗(53352)	09-08	09-16	09-20	09-27	09-16	09-19	09-29	10-04	09-20	09-28	10-04	10-14
内蒙古	杭锦后旗(53420)	09-16	09-16	09-16	09-16	09-20	09-20	09-20	09-20	09-29	09-29	09-29	09-29
内蒙古	包头市(53446)	09-19	09-26	10-01	10-08	09-20	10-01	10-11	10-19	10-03	10-08	10-18	10-27
内蒙古	呼和浩特(53463)	09-09	09-17	09-22	10-02	09-19	09-26	10-04	10-14	09-27	10-04	10-11	10-18
山西	右玉(53478)	09-06	09-10	09-19	09-24	09-18	09-25	10-03	10-11	09-19	10-01	10-06	10-19
内蒙古	集宁(53480)	09-06	09-11	09-18	09-26	09-11	09-18	09-22	10-02	09-18	09-27	10-03	10-11
山西	大同(53487)	09-17	09-22	10-01	10-08	09-26	10-02	10-06	10-14	09-29	10-05	10-14	10-24
内蒙古	吉兰太(53502)	09-24	10-01	10-11	10-18	09-27	10-07	10-18	10-25	10-05	10-15	10-24	10-28
内蒙古	临河(53513)	09-18	09-28	10-03	10-09	09-24	10-02	10-08	10-15	09-27	10-03	10-15	10-25
宁夏	惠农(53519)	09-20	09-29	10-06	10-14	09-28	10-05	10-14	10-24	10-03	10-13	10-24	10-28
内蒙古	鄂托克旗(53529)	09-16	09-20	10-03	10-11	09-19	09-28	10-07	10-14	09-20	10-04	10-16	10-22
内蒙古	东胜(53543)	09-11	09-19	09-28	10-05	09-20	09-30	10-05	10-13	09-25	10-04	10-15	10-25
山西	河曲(53564)	09-20	09-30	10-05	10-15	09-27	10-05	10-17	10-31	10-05	10-13	10-25	11-03
河北	蔚县(53593)	09-18	09-25	10-02	10-11	09-24	10-02	10-08	10-19	10-01	10-13	10-19	10-24

表 B.1　1981—2010 年北方(35°N 以北)230 个观测站点轻、中、重霜冻初日早晚等级对应日期(续)

省份	站名(区站号)	轻霜冻初日				中霜冻初日				重霜冻初日			
		异常偏早	偏早	偏晚	异常偏晚	异常偏早	偏早	偏晚	异常偏晚	异常偏早	偏早	偏晚	异常偏晚
内蒙古	阿拉善左旗(53602)	09-18	09-26	10-05	10-13	09-26	10-02	10-13	10-18	09-26	10-07	10-16	10-28
宁夏	银川(53614)	09-20	10-01	10-08	10-17	09-26	10-06	10-18	10-27	10-02	10-16	10-25	10-31
宁夏	陶乐(53615)	09-20	10-03	10-10	10-18	09-30	10-06	10-18	10-25	10-03	10-14	10-23	10-28
陕西	榆林(53646)	09-19	09-28	10-05	10-14	09-26	10-05	10-17	10-28	10-04	10-15	10-26	11-06
山西	兴县(53664)	09-26	10-03	10-12	10-17	09-28	10-08	10-19	10-24	10-08	10-26	10-31	11-08
山西	原平(53673)	09-26	10-03	10-12	10-17	10-04	10-07	10-17	10-25	10-13	10-22	10-28	11-02
河北	石家庄(53698)	10-20	10-26	11-01	11-09	10-28	11-08	11-13	11-17	11-01	11-12	11-18	11-27
宁夏	中宁(53705)	09-22	09-28	10-11	10-24	09-27	10-06	10-24	11-01	10-04	10-18	10-30	11-13
宁夏	盐池(53723)	09-20	09-25	10-04	10-08	09-24	10-03	10-12	10-20	09-28	10-07	10-18	10-30
陕西	吴旗(53738)	09-20	10-01	10-09	10-20	09-26	10-08	10-18	10-26	10-06	10-17	10-30	11-08
陕西	横山(53740)	09-24	10-01	10-05	10-14	10-01	10-08	10-19	10-24	10-04	10-16	10-28	11-05
陕西	绥德(53754)	09-26	10-04	10-14	10-23	10-02	10-10	10-19	10-29	10-09	10-25	11-01	11-08
山西	离石(53764)	09-24	10-03	10-14	10-26	09-28	10-07	10-19	11-02	10-07	10-19	10-30	11-14
山西	榆社(53787)	09-24	09-29	10-05	10-14	09-28	10-06	10-15	10-25	10-04	10-17	10-26	10-31
河北	邢台(53798)	10-23	10-29	11-02	11-12	10-27	11-02	11-13	11-18	11-02	11-11	11-19	11-26
宁夏	海原(53806)	09-19	09-26	10-05	10-08	09-25	10-05	10-16	10-23	10-07	10-18	10-24	10-29
宁夏	同心(53810)	09-25	10-04	10-14	10-23	10-04	10-15	10-24	10-31	10-08	10-20	11-01	11-07
宁夏	固原(53817)	09-18	09-22	10-03	10-13	09-20	10-08	10-17	10-23	10-08	10-19	10-29	11-06
甘肃	环县(53821)	09-25	10-04	10-14	10-24	10-04	10-15	10-24	10-30	10-10	10-20	10-31	11-05
陕西	延安(53845)	09-28	10-11	10-19	10-29	10-16	10-24	11-01	11-06	10-24	11-01	11-12	11-17
山西	隰县(53853)	09-24	10-04	10-13	10-18	10-04	10-14	10-19	10-26	10-09	10-26	11-01	11-10

表 B.1　1981—2010 年北方(35°N 以北)230 个观测站点轻、中、重霜冻初日早晚等级对应日期(续)

省份	站名(区站号)	轻霜冻初日				中霜冻初日				重霜冻初日			
		异常偏早	偏早	偏晚	异常偏晚	异常偏早	偏早	偏晚	异常偏晚	异常偏早	偏早	偏晚	异常偏晚
山西	临汾(53868)	10-10	10-20	10-28	11-01	10-20	10-31	11-08	11-17	10-26	11-03	11-15	11-26
河南	安阳(53898)	10-17	10-27	11-02	11-08	10-26	11-02	11-14	11-18	11-08	11-14	11-20	11-27
宁夏	西吉(53903)	09-18	09-25	10-04	10-13	09-20	10-04	10-18	10-24	09-22	10-17	10-27	11-03
甘肃	崆峒(53915)	09-27	10-08	10-18	10-26	10-13	10-22	10-29	11-02	10-21	10-31	11-09	11-18
甘肃	西峰(53923)	09-27	10-05	10-16	10-26	10-08	10-19	10-26	11-08	10-25	10-30	11-08	11-17
陕西	长武(53929)	10-02	10-14	10-18	10-27	10-16	10-22	11-02	11-15	10-20	11-01	11-09	11-19
陕西	洛川(53942)	09-27	10-06	10-17	10-24	10-10	10-24	10-31	11-05	10-26	11-01	11-11	11-20
山西	运城(53959)	10-20	10-30	11-03	11-14	10-27	11-08	11-15	11-21	10-27	11-17	11-26	11-29
山西	阳城(53975)	10-04	10-15	10-25	11-01	10-17	10-26	11-02	11-08	10-24	11-01	11-11	11-19
河南	新乡(53986)	10-20	10-29	11-07	11-15	10-27	11-09	11-18	11-26	11-02	11-15	11-27	12-17
内蒙古	西乌珠穆沁(54012)	09-03	09-10	09-19	09-24	09-14	09-19	09-25	10-02	09-19	09-25	10-05	10-12
内蒙古	扎鲁特(54026)	09-15	09-22	09-27	10-04	09-21	09-27	10-04	10-11	10-05	10-08	10-14	10-20
内蒙古	巴林左旗(54027)	09-13	09-19	09-27	10-03	09-21	09-25	10-02	10-11	09-27	10-06	10-12	10-17
吉林	通榆(54041)	09-16	09-26	10-02	10-11	09-21	10-02	10-06	10-16	10-04	10-09	10-17	10-21
吉林	长岭(54049)	09-15	09-21	09-28	10-07	09-21	09-28	10-05	10-09	09-28	10-06	10-14	10-21
吉林	扶余(54063)	09-16	09-27	10-01	10-08	09-27	10-01	10-08	10-14	10-06	10-12	10-17	10-23
黑龙江	牡丹江(54094)	09-15	09-22	09-27	10-03	09-21	09-28	10-05	10-11	09-21	10-04	10-12	10-18
黑龙江	绥芬河(54096)	09-12	09-17	09-24	10-06	09-17	09-23	09-30	10-10	09-27	10-02	10-12	10-17
内蒙古	锡林浩特(54102)	09-06	09-10	09-18	09-23	09-11	09-17	09-24	10-02	09-19	09-23	09-30	10-05
内蒙古	林西(54115)	09-10	09-21	09-26	09-30	09-22	09-28	10-04	10-08	10-03	10-07	10-13	10-18
内蒙古	开鲁(54134)	09-21	09-24	10-02	10-08	09-22	10-04	10-08	10-14	10-06	10-13	10-17	10-20

表 B.1　1981—2010 年北方(35°N 以北)230 个观测站点轻、中、重霜冻初日早晚等级对应日期(续)

省份	站名(区站号)	轻霜冻初日				中霜冻初日				重霜冻初日			
		异常偏早	偏早	偏晚	异常偏晚	异常偏早	偏早	偏晚	异常偏晚	异常偏早	偏早	偏晚	异常偏晚
吉林	双辽(54142)	09-19	09-22	09-27	10-07	09-21	09-28	10-06	10-17	10-02	10-09	10-17	10-23
吉林	四平(54157)	09-21	09-28	10-04	10-12	09-22	10-03	10-12	10-20	10-05	10-13	10-17	10-29
吉林	长春(54161)	09-15	09-22	09-29	10-08	09-27	10-03	10-08	10-15	10-05	10-12	10-15	10-21
吉林	蛟河(54181)	09-16	09-24	10-01	10-09	09-22	10-04	10-11	10-13	10-03	10-09	10-20	10-26
吉林	敦化(54186)	09-13	09-17	09-23	09-29	09-20	09-24	10-01	10-12	09-28	10-05	10-13	10-17
内蒙古	赤峰(54218)	09-16	09-20	09-27	10-03	09-22	10-01	10-05	10-14	10-03	10-06	10-15	10-18
内蒙古	宝国吐(54226)	09-20	09-27	10-02	10-05	09-22	10-04	10-11	10-16	10-06	10-12	10-17	10-22
辽宁	彰武(54236)	09-21	10-02	10-06	10-15	10-04	10-12	10-16	10-20	10-11	10-16	10-21	11-01
辽宁	阜新(54237)	09-25	09-30	10-08	10-14	10-03	10-09	10-16	10-19	10-11	10-15	10-20	10-28
辽宁	开原(54254)	09-21	09-28	10-07	10-12	09-27	10-04	10-13	10-19	10-04	10-13	10-20	10-31
辽宁	清原(54259)	09-21	09-29	10-05	10-12	09-28	10-05	10-13	10-20	10-05	10-14	10-20	10-27
吉林	梅河口(54266)	09-16	09-25	10-02	10-08	09-22	10-03	10-12	10-17	10-02	10-12	10-20	10-30
吉林	靖宇(54276)	09-10	09-18	09-24	10-03	09-10	09-23	09-30	10-10	09-26	10-01	10-08	10-20
吉林	东岗(54284)	09-14	09-19	09-25	10-03	09-16	09-24	10-03	10-13	09-23	10-06	10-13	10-20
吉林	二道(54285)	09-10	09-18	09-25	10-04	09-16	09-22	09-30	10-09	09-23	10-02	10-12	10-17
吉林	延吉(54292)	09-21	09-26	10-03	10-12	09-26	09-29	10-07	10-12	10-03	10-07	10-14	10-22
河北	丰宁(54308)	09-18	09-25	10-03	10-08	09-25	10-05	10-11	10-18	10-09	10-14	10-20	10-26
辽宁	朝阳(54324)	09-25	10-01	10-07	10-17	10-03	10-11	10-17	10-22	10-11	10-14	10-22	11-01
辽宁	建平(54326)	09-25	10-02	10-06	10-14	09-29	10-11	10-17	10-20	10-09	10-17	10-22	10-26
辽宁	黑山(54335)	09-22	10-04	10-12	10-18	10-04	10-12	10-17	10-22	10-09	10-16	10-23	11-01
辽宁	锦州(54337)	09-28	10-04	10-14	10-23	10-05	10-14	10-20	10-28	10-13	10-18	10-27	11-07

表 B.1 1981—2010 年北方(35°N 以北)230 个观测站点轻、中、重霜冻初日早晚等级对应日期(续)

省份	站名(区站号)	轻霜冻初日				中霜冻初日				重霜冻初日			
		异常偏早	偏早	偏晚	异常偏晚	异常偏早	偏早	偏晚	异常偏晚	异常偏早	偏早	偏晚	异常偏晚
辽宁	鞍山(54339)	09-28	10-09	10-17	10-22	10-08	10-15	10-20	10-31	10-16	10-21	10-31	11-10
辽宁	沈阳(54342)	09-27	10-05	10-13	10-18	10-07	10-14	10-20	10-29	10-12	10-18	10-29	11-06
辽宁	本溪(54346)	09-28	10-06	10-13	10-17	10-09	10-14	10-20	10-30	10-16	10-22	10-30	11-10
辽宁	抚顺(54351)	09-22	09-29	10-07	10-15	09-28	10-08	10-15	10-20	10-12	10-16	10-20	11-01
吉林	通化(54363)	09-23	10-01	10-05	10-15	09-27	10-06	10-13	10-20	10-06	10-13	10-17	10-22
吉林	临江(54374)	09-22	09-28	10-05	10-12	09-27	10-06	10-14	10-26	10-06	10-14	10-20	10-29
吉林	集安(54377)	09-25	10-01	10-05	10-12	10-02	10-07	10-16	10-22	10-12	10-16	10-23	11-04
河北	张家口(54401)	09-26	10-02	10-08	10-14	10-04	10-14	10-19	10-25	10-12	10-19	10-26	11-03
河北	怀来(54405)	09-28	10-05	10-11	10-19	10-08	10-14	10-23	10-30	10-14	10-23	10-29	11-03
河北	承德(54423)	09-25	10-03	10-07	10-14	10-02	10-11	10-18	10-23	10-08	10-17	10-23	10-30
河北	遵化(54429)	10-05	10-13	10-20	10-25	10-16	10-22	11-01	11-05	10-20	11-01	11-09	11-17
河北	青龙(54436)	09-28	10-05	10-14	10-18	10-10	10-16	10-22	11-01	10-20	10-26	11-02	11-11
河北	秦皇岛(54449)	10-16	10-20	10-24	10-29	10-19	10-23	11-01	11-09	10-25	11-05	11-10	11-16
辽宁	绥中(54454)	10-04	10-10	10-17	10-20	10-08	10-17	10-23	10-30	10-17	10-26	11-02	11-12
辽宁	兴城(54455)	10-04	10-12	10-19	10-23	10-13	10-20	10-26	11-01	10-16	10-24	11-05	11-14
辽宁	熊岳(54476)	09-28	10-06	10-14	10-20	10-09	10-14	10-20	10-29	10-12	10-20	10-31	11-08
辽宁	岫岩(54486)	09-27	10-05	10-13	10-20	10-05	10-13	10-20	10-31	10-13	10-21	11-01	11-09
辽宁	宽甸(54493)	09-25	10-03	10-09	10-15	09-28	10-07	10-16	10-23	10-12	10-20	10-26	11-02
辽宁	丹东(54497)	10-05	10-12	10-17	10-21	10-13	10-17	10-26	11-02	10-16	10-26	11-02	11-15
北京	北京(54511)	10-12	10-19	10-24	11-01	10-17	10-26	11-02	11-09	10-28	11-06	11-12	11-17
河北	霸州(54518)	10-12	10-19	10-25	10-31	10-16	10-24	11-03	11-12	10-24	11-01	11-09	11-14

表 B.1　1981—2010 年北方(35°N 以北)230 个观测站点轻、中、重霜冻初日早晚等级对应日期(续)

省份	站名(区站号)	轻霜冻初日				中霜冻初日				重霜冻初日			
		异常偏早	偏早	偏晚	异常偏晚	异常偏早	偏早	偏晚	异常偏晚	异常偏早	偏早	偏晚	异常偏晚
天津	天津(54527)	10-12	10-20	10-25	11-01	10-16	10-26	11-07	11-14	10-24	11-01	11-11	11-17
河北	乐亭(54539)	10-13	10-19	10-23	10-29	10-16	10-21	10-26	11-05	10-22	10-29	11-08	11-12
辽宁	瓦房店(54563)	10-09	10-14	10-20	10-23	10-16	10-22	11-01	11-04	10-22	10-27	11-05	11-10
辽宁	庄河(54584)	10-05	10-13	10-18	10-21	10-13	10-19	10-23	11-01	10-20	10-26	11-06	11-14
河北	保定(54602)	10-13	10-21	10-26	11-01	10-19	10-28	11-03	11-15	10-28	11-02	11-10	11-18
河北	饶阳(54606)	10-17	10-22	10-29	11-02	10-26	11-01	11-09	11-14	10-31	11-09	11-16	11-20
天津	塘沽(54623)	10-20	10-24	10-29	11-07	10-22	11-02	11-09	11-16	10-29	11-09	11-13	11-17
辽宁	大连(54662)	10-17	10-23	10-29	11-03	10-25	11-01	11-09	11-15	10-31	11-10	11-17	11-27
河北	南宫(54705)	10-13	10-22	10-29	11-02	10-24	10-29	11-09	11-16	10-25	11-07	11-16	11-20
山东	惠民(54725)	10-13	10-24	11-06	11-12	10-24	10-31	11-09	11-16	11-02	11-12	11-19	12-03
山东	东营(54736)	10-23	10-23	10-23	10-23	10-29	10-29	10-29	10-29	10-29	10-29	10-29	10-29
山东	长岛(54751)	10-31	11-09	11-17	11-25	11-15	11-18	11-27	12-01	11-24	12-02	12-11	12-18
山东	龙口(54753)	10-24	11-02	11-12	11-18	11-01	11-14	11-19	11-23	11-14	11-21	11-28	12-11
山东	威海(54774)	10-31	11-07	11-16	11-19	11-09	11-16	11-25	12-02	11-21	12-01	12-08	12-21
山东	成山头(54776)	11-12	11-17	11-23	11-30	11-19	11-28	12-04	12-13	11-30	12-08	12-16	12-27
山东	莘县(54808)	10-11	10-25	10-30	11-07	10-24	11-02	11-12	11-21	10-27	11-10	11-20	11-28
山东	济南(54823)	10-24	10-29	11-06	11-12	10-27	11-09	11-18	11-27	11-09	11-15	11-27	12-05
山东	沂源(54836)	10-12	10-23	10-29	11-02	10-19	10-29	11-03	11-11	10-19	11-06	11-16	11-22
山东	潍坊(54843)	10-19	10-25	11-02	11-07	10-23	11-02	11-10	11-16	10-29	11-09	11-18	11-26
山东	青岛(54857)	10-30	11-05	11-13	11-25	11-04	11-12	11-22	12-02	11-17	11-22	12-01	12-07
山东	海阳(54863)	10-24	10-30	11-07	11-11	10-31	11-10	11-16	11-26	11-15	11-18	11-26	12-03

表 B.1　1981—2010 年北方(35°N 以北)230 个观测站点轻、中、重霜冻初日早晚等级对应日期(续)

省份	站名(区站号)	轻霜冻初日				中霜冻初日				重霜冻初日			
		异常偏早	偏早	偏晚	异常偏晚	异常偏早	偏早	偏晚	异常偏晚	异常偏早	偏早	偏晚	异常偏晚
山东	兖州(54916)	10-19	10-25	11-01	11-10	10-23	10-30	11-12	11-20	11-02	11-11	11-20	12-03
山东	莒县(54936)	10-13	10-26	11-02	11-10	10-24	10-30	11-11	11-19	10-25	11-09	11-22	12-02
山东	日照(54945)	10-29	11-05	11-14	11-22	11-01	11-09	11-19	11-27	11-16	11-19	11-28	12-07

注:对应日期以"月-日"表示。

参 考 文 献

[1] QX/T 394—2017 东亚副热带夏季风监测指标

[2] 段若溪,姜会飞.农业气象学[M].北京:气象出版社,2002:169-170

[3] 韩荣青,李维京,艾婉秀,等.中国北方初霜冻日期变化及其对农业的影响[J].地理学报,2010,65(5):525-532

[4] NOAA. Freeze/frost Data Report[R],1988

[5] World Meteorological Organization(WMO). Calculation of Monthly and Annual 30-Year Standard Normals[M]. WCDP-No. 10, WMO-TD No. 341,1989.

[6] World Meteorological Organization(WMO). The role of climatological normals in a changing climate[M]. WCDMP-No. 61, WMO-TD No. 1377,2007.

ICS 07.060
A 47
备案号：65853—2019

中华人民共和国气象行业标准

QX/T 457—2018

气候可行性论证规范　气象观测资料加工处理

Specifications for climatic feasibility demonstration—Processing meteorological observation data

2018-11-30 发布　　2019-03-01 实施

中 国 气 象 局　发 布

前　　言

本标准按照 GB/T 1.1—2009 给出的规则起草。

本标准由全国气候与气候变化标准化技术委员会(SAC/TC 540)提出并归口。

本标准起草单位:安徽省气象灾害防御技术中心、中国气象局公共气象服务中心、安徽省亳州市气象局、国家气候中心、陕西省气候中心、沈阳区域气候中心。

本标准主要起草人:程向阳、陶寅、温华洋、张永山、邱阳阳、侯威、张恬、唐为安、鞠晓雨、何冬燕、孙浩、孙娴、朱浩、龚强、汪明光、朱华亮、王凯、鲁俊、戴灿星。

气候可行性论证规范　气象观测资料加工处理

1　范围

本标准规定了气候可行性论证工作中气象观测资料加工处理的基本规定和方法。

本标准适用于气候可行性论证工作中气象观测资料的加工处理。

2　规范性引用文件

下列文件对于本文件的应用是必不可少的。凡是注日期的引用文件，仅注日期的版本适用于本文件。凡是不注日期的引用文件，其最新版本(包括所有的修改单)适用于本文件。

GB/T 34412—2017　地面标准气候值统计方法

GB/T 35237—2017　地面气象观测规范　自动观测

QX/T 62—2007　地面气象观测规范　第18部分：月地面气象记录处理和报表编制

QX/T 64—2007　地面气象观测规范　第20部分：年地面气象资料处理和报表编制

QX/T 65—2007　地面气象观测规范　第21部分：缺测记录的处理和不完整记录的统计

QX/T 118—2010　地面气象观测资料质量控制

3　术语和定义

下列术语和定义适用于本文件。

3.1

气候可行性论证　climatic feasibility demonstration

对与气候条件密切相关的规划和建设项目进行气候适宜性、风险性及可能对局地气候产生影响的分析、评估活动。

[QX/T 242—2014，定义3.4]

3.2

参证气象站　reference meteorological station

气象分析计算所参照具有长年代气象数据的国家气象观测站。

注：国家气象观测站包括GB 31221—2014中定义的国家基准气候站、国家基本气象站、国家一般气象站。

[QX/T 423—2018，定义3.1]

3.3

均一性　homogeneity

仅受天气、气候本身影响，不存在由于非自然原因造成相对于自然变率不可忽视的系统差异的资料序列所具有的一种性质。

注：如果气象记录序列仅仅是实际气候变化的反映，并不受台站迁移、仪器换型、台站环境变化、观测方式改变等因素影响，那么该序列就是均一的。

3.4

有效断点　effective breakpoint

因台站迁移、仪器换型、台站环境变化、观测方式改变等非天气、气候因素造成的资料序列的不连续点。

4 基本规定

对气候可行性论证工作中涉及的所有气象观测资料均应进行加工处理。加工处理基本流程见图1。

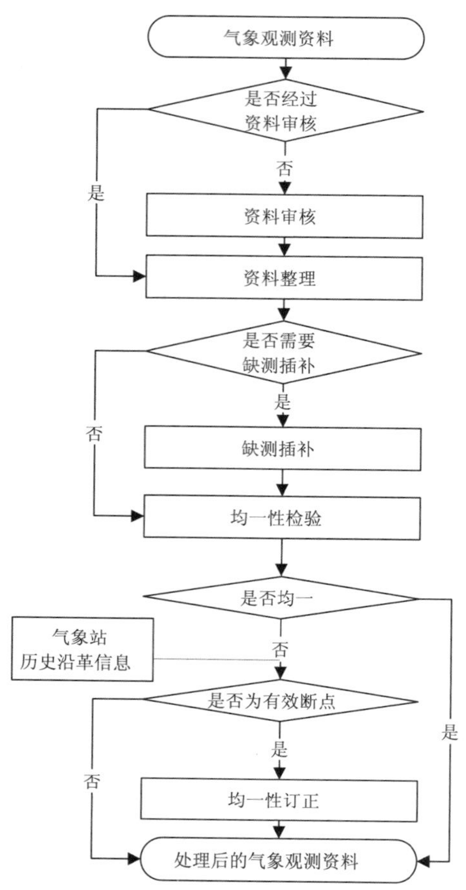

图1 气象观测资料加工处理基本流程

5 方法

5.1 资料审核与整理

5.1.1 地面气象观测资料

5.1.1.1 按照QX/T 118—2010中3.2的要求进行资料审核，包括格式检查、缺测检查、界限值检查、主要变化范围检查、内部一致性检查、时间一致性检查、空间一致性检查，并给出数据质量标识。

5.1.1.2 审核后的资料采用以下方法进行整理：

a) 日、月、年值数据的历年统计值按照QX/T 62—2007中第8章、第9章、第10章，QX/T 64—2007中第7章、第8章、第9章，以及QX/T 65规定的方法统计；

b) 日、月、年值数据的累年统计值按照GB/T 34412—2017中7.2规定的方法统计；

c) 时值数据按照GB/T 35237—2017中第5章规定的方法统计。

5.1.2 高空气象探测资料

5.1.2.1 根据气压、温度、湿度等要素曲线的正常趋势，并结合天气过程特征剔除明显错误值。

5.1.2.2 资料的审核与整理可参考5.1.1规定的方法进行处理。

5.2 缺测插补

5.2.1 地面气象观测资料

5.2.1.1 优先选择相关性较好（至少通过0.05的显著性水平检验）的邻近气象站作为参证气象站，选择其中未缺测同期观测资料进行插补。当有多个邻近气象站符合条件时，综合考虑选择相隔距离最小、海拔高度差最小的气象站；当邻近气象站均不符合条件时，依据气象要素本身前、后历年变化趋势进行插补。

5.2.1.2 根据气象要素特征选择合适的方法进行插补。主要方法参见附录A～附录C。

5.2.2 高空气象探测资料

5.2.2.1 风速、温度和湿度的缺测插补采用相邻上、下两个高度层对应要素按式(1)内插求取。

$$V = V_{down} + (V_{up} - V_{down}) \frac{T - T_{down}}{T_{up} - T_{down}} \quad \cdots\cdots(1)$$

式中：

V ——需内插高度层的风速、温度或湿度；

V_{down}——相邻下层的风速、温度或湿度；

V_{up} ——相邻上层的风速、温度或湿度；

T ——需内插高度层的探测时间；

T_{down}——相邻下层的探测时间；

T_{up} ——相邻上层的探测时间。

5.2.2.2 气压的缺测插补采用相邻上、下两个高度层对应要素按式(2)内插求取。

$$P = \exp\left[\ln P_{down} + (\ln P_{up} - \ln P_{down}) \frac{T - T_{down}}{T_{up} - T_{down}}\right] \quad \cdots\cdots(2)$$

式中：

P ——需内插高度层的气压；

P_{down}——相邻下层的气压；

P_{up} ——相邻上层的气压；

T ——需内插高度层的探测时间；

T_{down}——相邻下层的探测时间；

T_{up} ——相邻上层的探测时间。

5.3 均一性检验和订正

5.3.1 根据气象要素特征从滑动 t 检验、标准正态均一检验、惩罚最大 F 检验、惩罚最大 t 检验等方法中选择合适的方法进行均一性检验。主要方法参见附录D。

5.3.2 检验出的断点记录需结合气象站历史沿革信息，确定是否为有效断点。

5.3.3 因台站迁移造成的有效断点，采用迁站对比观测资料进行订正。

5.3.4 因仪器变更、观测规则改变等造成的有效断点，从周边选取相对均一的且处于同一气候区的参考序列进行订正。

5.3.5 根据气象要素的特征选择合适的方法进行均一性订正。具体方法参见附录A～附录C。

附　录　A
（资料性附录）
差值法

当被订正站和参证气象站相距很近时，两站间某些气候变量（通常如气温、气压和相对湿度等）的差值变化很小，几乎可以认为是一个常数。以 Y 表示被订正站某一需要做序列订正的气候变量，X 表示参证气象站同一气候变量，两站同期观测值的差值（Y 减去 X）记为 d，则对于被订正站 Y 需插补订正或均一性订正时段的公式为：

$$Y_t = X_t + d \qquad \text{(A.1)}$$

式中：

Y_t——被订正站 Y 需订正时段的变量值；

X_t——参证气象站 X 同期观测值；

d ——两站同期观测值的差值。

为了使差值订正的平均误差尽可能地减小，差值 d 实际上并不采用某一年两站气候变量之差，而是用可能得到的全部同期观测资料计算。

附 录 B
（资料性附录）
比值法

在同一大气环流控制下且相距很近的被订正站和参证气象站，其某些气候变量（如风速等）的比值是稳定的，几乎近似于一个常数。以 Y 表示被订正站某一需要做序列订正的气候变量，X 表示参证气象站同一气候变量，两站同期观测值的比值（Y 除以 X）记为 k，则对于被订正站 Y 需插补订正或均一性订正时段的公式为：

$$Y_t = kX_t \qquad \cdots\cdots(B.1)$$

式中：

Y_t——被订正站 Y 需订正时段的变量值；

k ——两站同期观测值的比值；

X_t——参证气象站 X 同期观测值。

附　录　C
（资料性附录）
回归方程法

一般来说，相邻测站的同一气候变量之间总存在着一定程度的统计相关。经验表明，这种相关通常是线性的或者是可以近似地看作是线性的。以 Y 表示被订正站某一需要作序列订正的气候变量，X 表示参证气象站同一气候变量，由于 X，Y 间的相关，可根据被订正站和参证气象站的同期观测资料，建立一元回归方程，依据 X 对 Y 做出估计。以 a 和 b 分别表示样本容量为 n 时得到的回归方程的回归常数和回归系数估计值，回归方程为：

$$Y_t = a + bX_t \quad \cdots\cdots\cdots\cdots(C.1)$$

式中：

Y_t——被订正站 Y 需订正时段的变量值；

a ——回归常数；

b ——回归系数；

X_t——参证气象站 X 同期观测值。

其中，回归系数 b 的计算公式为：

$$b = r\frac{S_Y}{S_X} \quad \cdots\cdots\cdots\cdots(C.2)$$

式中：

b ——回归系数；

r ——被订正站 Y 和参证气象站 X 的相关系数；

S_Y——被订正站 Y 的均方差；

S_X——参证气象站 X 的均方差。

回归常数 a 的计算公式为：

$$a = \overline{Y} - b\overline{X} \quad \cdots\cdots\cdots\cdots(C.3)$$

式中：

a ——回归常数；

$\overline{Y}$——被订正站 Y 的平均值；

b ——回归系数；

$\overline{X}$——参证气象站 X 的平均值。

附　录　D
（资料性附录）
均一性检验方法

D.1　滑动 t 检验

D.1.1　原理

滑动 t 检验是通过考察两组样本平均值的差异是否显著来检验突变。其基本思想是把某一气候序列中两个子序列均值有无显著差异看作来自两个总体均值有无显著差异的问题来检验。如果两个子序列的均值差异超过了一定的显著性水平，可以认为均值发生了质变，有突变发生。对于具有 n 个样本量的时间序列 x，人为设置某一时刻为基准点，基准点前后两个子序列 x_1 和 x_2 的样本分别为 n_1 和 n_2，两个子序列平均值分别为 $\bar{x}_1$ 和 $\bar{x}_2$，方差分别为 s_1^2 和 s_2^2。定义统计量：

$$t=\frac{\bar{x}_1-\bar{x}_2}{s\cdot\sqrt{\dfrac{1}{n_1}+\dfrac{1}{n_2}}} \qquad \cdots\cdots\cdots\cdots\cdots\cdots\text{(D.1)}$$

$$s=\sqrt{\frac{n_1 s_1^2+n_2 s_2^2}{n_1+n_2-2}} \qquad \cdots\cdots\cdots\cdots\cdots\cdots\text{(D.2)}$$

式(D.2)遵从自由度 $\nu=n_1+n_2-2$ 的 t 分布。

D.1.2　步骤

按以下步骤进行检验：

a)　确定基准点前后两子序列的长度，一般取相同长度，即 $n_1=n_2$。

b)　采取滑动的办法连续设置基准点，依次按式(D.1)计算统计量。由于进行滑动的连续计算，可得到统计量序列 $t_i[i=1,2,\cdots,n-(n_1+n_2)+1]$。

c)　给定显著性水平 a，查 t 分布表得到临界值 t_a，若 $|t_i|<t_a$，则认为基准点前后的两个子序列均值无显著差异，否则认为在基准点时刻出现了突变。

在编制程序计算时，滑动计算两个子序列的平均值 $\bar{x}_1$ 和 $\bar{x}_2$，相当于执行两个子序列的滑动平均过程。设子序列长度 $n_1=n_2=I_H$，以前 I_H 个数据之和为基数，依次减前一个数向后加一个数求平均，这是第一个子序列的滑动平均过程。第二个滑动平均是以第 I_H+1 个至 $2\times I_H$ 个数据之和为基数，再依次减前一个数向后加一个数求平均。再用滑动的方式依次计算两个子序列各自的方差。

D.1.3　结果分析

根据 t 统计量曲线上的点是否超过 t_a 值来判断序列是否出现过突变，如果出现过突变，确定出大致的时间。另外，根据诊断出的突变点分析突变前后序列的变化趋势。

D.2　标准正态均一检验

D.2.1　原理

标准正态均一检验（standard normal homogeneity test，SNHT）方法是利用邻近站作为参证气象站，用被检验站与参证气象站的差值或比值作为被检验序列来检验非均一性的参数检验方法，其不仅可以检验多个断点的情况，还可以检验除断点外的趋势的均一性。

D.2.2 步骤

D.2.2.1 参考序列和待检序列的构建

对被检验站气象要素的年值序列 x_i 做如下处理：

$$f(x_i) = x_i/\bar{x} \quad \cdots\cdots(D.3)$$

式中：

$\bar{x}$ ——被检验站的气象要素平均值。

对于参证气象站：

$$g(y_i) = \sum_{j=1}^{k} \nu_j \left(\frac{y_{ij}}{\bar{y}_j}\right) \Big/ \sum_{j=1}^{k} \nu_j \quad \cdots\cdots(D.4)$$

$$\nu_j = r_j^2 \quad \cdots\cdots(D.5)$$

式中：

k ——参证气象站的站数；

y_{ij} ——第 j 个参证气象站第 i 年的年平均值；

$\bar{y}_j$ ——第 j 个参证气象站的算术平均值；

r_j ——被检验站与第 j 个参证气象站之间的相关系数。

由年平均值序列，求出其比值序列 q_i ：

$$q_i = f(x_i)/g(y_i) \quad \cdots\cdots(D.6)$$

对 q_i 序列进行标准化处理，形成 z_i 序列：

$$z_i = (q_i - \bar{q})/s_q \quad \cdots\cdots(D.7)$$

式中：

$\bar{q}$ ——比值序列 q_i 的算术平均值；

s_q —— q_i 序列的标准差。

$$\begin{cases} \bar{z}_i = 0 \\ s(z_i) = 1 \end{cases} \quad \cdots\cdots(D.8)$$

即 z_i 序列呈平均值为 0、标准差为 1 的正态分布。

D.2.2.2 序列假设检验

序列假设检验遵循以下原则：

a) 如果 $\{z_i\}$ 序列无间断点，统计检验为：

$$零假设\ H: Z \in \mathbf{N}(0,1), \forall_i$$

式中：

$Z \in \mathbf{N}(0,1)$ ——正态分布。

b) 如果 $\{z_i\}$ 序列有一间断点且出现在序列 v 处，统计检验为：

$$H_1: \begin{cases} 对某些\ 1 \leqslant v \leqslant n\ 和\ u_1 \neq u_2\ 有\ i \leqslant v \\ Z \in \mathbf{N}(u_1,1) \quad i \leqslant v \\ Z \in \mathbf{N}(u_2,1) \quad i > v \end{cases} \quad \cdots\cdots(D.9)$$

式中：

v ——假设的间断点；

n ——样本数；

u_1 和 u_2 ——间断点 v 前后两个序列的平均值。

$$\begin{cases} u_1 = \bar{z}_1 \\ u_2 = \bar{z}_2 \\ \bar{z}_1 = \dfrac{1}{v}\sum_{i=1}^{v} z_i \\ \bar{z}_2 = \dfrac{1}{n-v}\sum_{i=v+1}^{n} z_i \end{cases} \quad \cdots\cdots(\text{D}.10)$$

$$\max_{\mu_1,\mu_2,v} \frac{(2\pi)^{-\frac{n}{2}} \mathrm{e}^{-\frac{1}{2}\left[\sum_{i=1}^{v}(z_i-\mu_1)^2+\sum_{i=v+1}^{n}(z_i-\mu_2)^2\right]}}{(2\pi)^{-\frac{n}{2}} \mathrm{e}^{-\frac{1}{2}\sum_{i=1}^{n} z_i^2}} > c \quad \cdots\cdots(\text{D}.11)$$

将式(D.10)代入式(D.11)得出：

$$\max_{1 \leqslant v < n}\left[v\bar{z}_1^2+(n-v)\bar{z}_2^2\right] > 2\ln c = c' \quad \cdots\cdots(\text{D}.12)$$

令 $T_v=\left[v\bar{z}_1^2+(n-v)\bar{z}_2^2\right]$，可构造检验统计量

$$T_0=\max_{1 \leqslant v < n}\{T_v\}=\max_{1 \leqslant v < n}\left[v\bar{z}_1^2+(n-v)\bar{z}_2^2\right] \quad \cdots\cdots(\text{D}.13)$$

根据式(D.13)可计算出检验统计量 T_{95} 序列，T_0 为该序列的最大值。当 T_0 大于某临界值水平 T_{95}，则该序列为该水平上的非均一，临界值与序列长度(n)有关，具体见表 D.1。

表 D.1 不同 n 值下的 T_{90} 和 T_{95} 值

n	25	26	27	28	29	30	31	32	33	34	35	36	37
T_{90}	6.55	6.58	6.60	6.63	6.66	6.69	6.71	6.74	6.77	6.79	6.82	6.85	6.88
T_{95}	7.75	7.78	7.81	7.85	7.88	7.91	7.94	7.97	8.01	8.04	8.07	8.10	8.13
n	38	39	40	41	42	43	44	45	46	47	48	49	50
T_{90}	6.91	6.93	6.96	6.99	7.02	7.05	7.08	7.11	7.14	7.16	7.19	7.22	7.25
T_{95}	8.17	8.20	8.23	8.26	8.29	8.33	8.36	8.39	8.42	8.45	8.49	8.52	8.55

D.3 惩罚最大 F 检验

D.3.1 原理

惩罚最大 F 检验(penalized maximal F test，PMFT)方法是基于惩罚最大 F 检验，经验性地考虑了时间序列的一阶滞后自相关，并且嵌入多元线性回归算法，运用回归检验算法来检验和订正包含一阶自回归误差的数据序列的多个间断点(平均突变)，可用于年、月、日三种时间尺度数据序列的均一性检验。

该方法是对二相回归方法的发展与改进，其考虑了时间序列的一阶滞后自相关，并嵌入回归检验算法，能够用于检验、订正包含一阶自回归误差的数据序列的多个间断点(平均突变)，通过一系列的实验，建立一个经验性的惩罚函数，以此来克服二相回归等检验方法中存在的错误报警率和检验能力的非均匀分布的问题。利用该方法进行间断点检验，可以不使用参考序列，避免了由于参考序列非均一带来的检验误差。

D.3.2 步骤

对于存在线性趋势 β 的时间序列 $\{X_t\}$，要检验 $t=k$ 时刻是否存在一个平均突变，

原假设：

$$H_0: X_t = \mu + \beta t + \varepsilon_t, t = 1,2,\cdots,n \qquad \cdots\cdots(D.14)$$

如果 $\{X_t\}$ 有一间断点且出现在序列 k 处，统计检验为：

$$H_A: \begin{cases} X_t = \mu_1 + \beta t + \varepsilon_t & t \leqslant k \\ X_t = \mu_2 + \beta t + \varepsilon_t & k-1 \leqslant t \leqslant n \end{cases} \qquad \cdots\cdots(D.15)$$

$\mu_1 \neq \mu_2$，当 H_A 为真时，k 点被称为间断点。$\Delta = |\mu_1 - \mu_2|$ 被称作平均突变的大小，最可能的间断点服从以下分布：

$$PF_{\max} = \max_{1\leqslant k\leqslant n-1} [P(k)F_c(k)] \qquad \cdots\cdots(D.16)$$

式中：

$P(k)$——建立的经验性的惩罚因子，该惩罚因子可以有效解决误报率的均匀分布问题。

$$F_c(k) = \frac{SSE_0 - SSE_A}{SSE_A/(n-3)} \qquad \cdots\cdots(D.17)$$

$$SSE_A = \sum_{t=1}^{k}(X_t - \hat{\mu}_1 + \hat{\beta}t)^2 + \sum_{t=k+1}^{n}(X_t - \hat{\mu}_2 + \hat{\beta}t)^2 \qquad \cdots\cdots(D.18)$$

$$SSE_0 = \sum_{t=1}^{k}(X_t - \hat{\mu}_0 + \hat{\beta}_0 t)^2 \qquad \cdots\cdots(D.19)$$

式中：

$\hat{\mu}_0$ 和 $\hat{\beta}_0$ ——在 $\mu_1 = \mu_2 = \mu$ 时的估计值。

当 $PF_{\max}$大于某临界值 T_{95}，则该序列为该水平上的非均一，临界值与序列长度(n)有关。

D.4 惩罚最大 t 检验

D.4.1 原理

惩罚最大 t 检验(penalized maximal t test，PMT)方法是利用正态化的待检序列中不同节点前后时段平均量偏移程度来寻找间断点。由于考虑了不同节点的相对位置，运用该方法可消除由于样本长度不同对检验结果造成的影响。该方法还引入经验性的惩罚函数，使得其对序列中部间断点的判断能力增强。

D.4.2 步骤

对于序列 $\{Z_i\}$，如果有一间断点且出现在序列 k 处（$1 \leqslant k \leqslant n$），则最可能的间断点服从以下分布：

$$P_t = \max_{1\leqslant k\leqslant n-1}\left\{P(k)\frac{n-2}{\sum\limits_{1\leqslant t\leqslant k}(z_t-\mu_2)^2 + \sum\limits_{k+1\leqslant t\leqslant n}(z_t-\mu_2)^2}\left[\frac{k(n-k)}{n}\right]^{1/2}|\mu_1-\mu_2|\right\} \qquad \cdots\cdots(D.20)$$

式中：

$P(k)$ ——建立的经验性的惩罚因子；

n ——样本数；

μ_1 和 μ_2——间断点 k 前后两个序列的平均值，且 $\mu_1 \neq \mu_2$ 。

当 P_t 大于信度 $\alpha = 0.05$ 、自由度为 $n-1$ 的临界值 P_t 时，则序列 $\{Z_i\}$ 存在断点 k 。

参 考 文 献

[1] GB 31221—2014 气象探测环境保护规范 地面气象观测站

[2] QX/T 22—2004 地面气候资料30年整编常规项目及其统计方法

[3] QX/T 37—2005 气象台站历史沿革数据文件格式

[4] QX/T 65—2017 地面气象观测规范 第21部分:缺测记录的处理和不完整记录的统计

[5] QX/T 74—2007 风电场气象观测及资料审核、订正技术规范

[6] QX/T 242—2014 城市总体规划气候可行性论证技术规范

[7] QX/T 369—2016 核电厂气象观测规范

[8] QX/T 423—2018 气候可行性论证规范 报告编制

[9] 黄嘉佑,李庆祥.气象数据统计分析方法[M].北京:气象出版社,2015

[10] 李庆祥.气候资料均一性研究导论[M].北京:气象出版社,2011

[11] 马开玉,丁裕国,屠其璞,等.气候统计原理与方法[M].北京:气象出版社,1993

[12] 熊安元,等.中国地面和高空气候变化数据产品研发技术[M].北京:气象出版社,2015

ICS 07.060
A 47
备案号：65857—2019

中华人民共和国气象行业标准

QX/T 458—2018

气象探测资料汇交规范

Specifications for submission of meteorological detection data

2018-12-12 发布　　2019-04-01 实施

中 国 气 象 局　发 布

前　　言

本标准按照 GB/T 1.1—2009 给出的规则起草。

本标准由全国气象防灾减灾标准化技术委员会(SAC/TC 345)提出并归口。

本标准起草单位:安徽省气象信息中心。

本标准主要起草人：盛绍学、温华洋、汪腊宝、邱康俊、王根、陈凤娇、朱华亮。

引　　言

本标准是气象信息服务市场监督管理标准体系的标准之一。为规范气象探测资料的汇交工作，制定本标准。

气象探测资料汇交规范

1 范围

本标准规定了气象探测资料汇交的内容、要求、方式与流程等。

本标准适用于气象探测资料的汇交。

2 规范性引用文件

下列文件对于本文件的应用是必不可少的。凡是注日期的引用文件，仅注日期的版本适用于本文件。凡是不注日期的引用文件，其最新版本(包括所有的修改单)适用于本文件。

GB/T 2260 中华人民共和国行政区划代码

GB/T 7027—2002 信息分类和编码的基本原则与方法

CY/T 28 装订质量要求及检验方法 平装

QX/T 37 气象台站历史沿革数据文件格式

QX/T 102—2009 气象资料分类与编码

QX/T 129—2011 气象数据传输文件命名

3 术语和定义

下列术语和定义适用于本文件。

3.1

气象探测 meteorological detection

利用科技手段对大气和近地层的大气物理过程、现象及其化学性质等进行的系统观察和测量。

3.2

气象探测资料 meteorological detection data

使用各种气象探测手段获取的大气状态、现象及变化过程的记录，以及衍生的记录。

3.3

元数据 metadata

关于数据的数据。

[GB/T 33674—2017，定义 3.2]

3.4

纸质文件 paper document

以纸张为载体，载有气象探测资料信息，利用数字、文字、图像和表格等形式表现，能够阅读的文件。

3.5

电子文件 electronic file

载有气象探测资料信息，能被计算机系统识别、处理，按照一定格式存储在磁带、磁盘、光盘或其他介质上，可在计算机等设备上阅读、处理，并可在通信网络上传送的文件。

注：改写 DA/T 0273—2015，定义 3.7。

3.6

汇交人　submitter

依法承担气象探测资料汇交义务，对汇交的气象探测资料负有责任的组织或个人。

注：包括在气象、农业、林业、交通、旅游、水利、环境、海洋、国土、地震和能源等行业部门、科研院所、高校及气象信息服务单位承担气象探测工作的组织或个人。

4　汇交内容

汇交的气象探测资料分为纸质文件和电子文件两种类型，包括下列内容：

a)　气象探测资料数据文件：包括原始气象探测要素数据记录文件、图像文件和视频文件，应汇交的气象探测资料数据文件可进一步按照资料内容和来源进行分类，分类方式参见附录A；

b)　气象探测资料元数据：包括气象探测资料元数据文件（见附录B中表B.1）和气象探测资料历史沿革数据文件（参见附录C）；

c)　气象探测资料说明文件：描述气象探测资料的目的与用途、数据格式、数据质量控制、加工处理方法、传输方式等信息的文件（见附录D中表D.1）；

d)　保证气象探测资料汇交工作有序开展的有关文件：包括气象探测资料汇交内容清单（见附录E中表E.1）、气象探测站（点、设备）列表清单（见表E.2）、汇交气象探测资料保护申请表（见表E.3）、汇交气象探测资料清单（见表E.4）、气象探测资料汇交凭证（见表E.5）等；

e)　其他相关资料：包括气象探测站（点、设备）建设运行审批、备案文件的原件或复制件，气象探测科学试验考察的项目任务书、合同书等依据性文件的原件或复制件，对汇交气象探测资料开展评审、验收和鉴定形成的相应结论性意见文件的原件或复制件。

5　汇交要求

5.1　基本要求

要求如下：

a)　汇交的气象探测资料应齐全、完整、真实可靠，内容信息和组织编排应符合国家、行业或本专业的技术规范和要求；

b)　汇交的气象探测资料的各类文件材料之间和各类载体的相关文件材料之间应保持内容信息的一致性，各文件之间的逻辑关系正确；

c)　纸质文件和电子文件均具备时，应优先汇交电子文件，宜按既定频次实时汇交。

5.2　电子文件汇交要求

要求如下：

a)　电子文件应是安全的、可利用的，所用载体应利于长期保管；

b)　文件命名、内容格式、质量和组织方式等应按附录F的要求进行汇交；不能按附录F的相关要求进行汇交的，应在气象探测资料说明文件中详细说明汇交资料的命名、内容格式、质量和组织方式等信息。

5.3　纸质文件汇交要求

要求如下：

a)　纸质文件内容应清晰易读，外观应平整洁净、无脏污，装订应牢固，各种标识清晰、完整、正确无误，复制件应与原件保持一致（包括内容、格式、样式、色彩、大小、版式等）；

b) 纸质文件的纸张与规格、装订、质量和目录应按附录G的要求进行汇交；不能按附录G的相关要求进行汇交的，应在说明文件中说明。

6 汇交方式

6.1 电子文件汇交方式

电子文件宜通过气象探测资料汇交共享平台汇交；无法通过气象探测资料汇交共享平台汇交的，利用移动硬盘、光盘等介质存储，采用载体运送方式（如邮寄、专人送达等）汇交。

6.2 纸质文件汇交方式

纸质文件采用载体运送方式（如邮寄、专人送达等）汇交。

7 汇交流程

7.1 样例材料准备

汇交人应准备汇交材料，包括：拟汇交气象探测资料数据文件选取的典型样例文件（若样例文件为纸质文件，应扫描形成相应电子图像文件，图像文件要求见F.3b)），相应的元数据文件和说明文件。若有需要保护的材料应填写气象探测资料保护申请表（见表E.3），提出需要保护的内容（如资料范围、保护期限、权限和理由等）。

7.2 提交样例材料

汇交人应按照第5章的要求准备汇交样例材料，通过气象探测资料汇交共享平台向气象资料管理机构提交。

7.3 样例材料审核

气象资料管理机构对汇交人提交的材料按照第5章的要求进行审核，审核不通过的，反馈汇交人，由汇交人进一步补充提交材料；审核通过的，气象资料管理机构与汇交人根据双方网络状况、汇交资料内容和频次等实际情况，确定汇交方式（平台实时汇交和载体运送非实时汇交等方式），汇交人按照第4章要求准备全部应汇交内容。

7.4 资料汇交

7.4.1 电子文件汇交

通过气象探测资料汇交共享平台按照既定频次汇交电子文件（如每小时、每日等）。汇交过程中，气象资料管理机构应及时跟踪反馈汇交资料的完整性、及时性和真实性（如每月、每季度）。按照双方约定完成某一时间段内资料的汇交（如汇交满1年），汇交人整理相应时段历史沿革文件，根据需要更新元数据文件和说明文件，通过气象探测资料汇交共享平台汇交。

采用载体运送汇交方式的，气象资料管理机构收到汇交资料后应填写汇交气象探测资料清单（见表E.4）返还汇交人。

7.4.2 纸质文件汇交

汇交人应对纸质文件进行分类整理、装盒（袋），提交气象资料管理机构，气象资料管理机构应填写汇交气象探测资料清单(见表 E.4)返还汇交人。

7.5 资料验收

7.5.1 一般要求

汇交的气象探测资料应接受气象资料管理机构的检查和验收,对验收不合格的气象探测资料,气象资料管理机构应通知汇交人补全资料或重新整理,汇交人应在规定的期限内补充修改完善后重新汇交。

7.5.2 验收内容

气象探测资料的验收包括下列内容:

a) 检查资料汇交的齐全性、完整性和汇交手续的完备性;
b) 检查纸质文件的纸张、规格、装订、信息质量、目录编排等的规范性;
c) 检查电子文件的可再利用性和载体的安全性;
d) 检查电子文件的命名、内容格式、质量和组织方式的正确性,所载信息的完整性,与说明文件之间的一致性。

7.6 领取汇交凭证

汇交的气象探测资料通过气象资料管理机构验收后,汇交人从接收资料的气象资料管理机构领取气象探测资料汇交凭证(见表 E.5)。

附 录 A
（资料性附录）
气象探测资料分类及明细

A.1 地面气象探测资料(代码 SURF)

通过各种探测手段获得的近地面气象探测资料及其综合分析衍生资料，包括采用固定或移动方式，通过地面气象探测、风能探测、近地面通量探测等获得的近地面气象探测资料。但不含单独使用卫星、雷达、模式分析、科学试验和考察等方式获得的地面气象探测资料。

A.2 高空气象探测资料(代码 UPAR)

通过各种探测手段获得的高空气象探测资料及其综合分析衍生资料，包括通过无线电探空、风廓线雷达、微波辐射计、激光雷达、全球导航卫星系统（Global Navigation Satellite System，GNSS）、专用飞机探测(含无人飞行载具)及商用飞机气象数据中继等获得的高空探测资料。但不含单独使用卫星、模式分析、科学试验和考察等方式获得的高空气象探测资料。

A.3 气象辐射探测资料(代码 RADI)

通过各种探测手段获得的辐射资料及其综合分析衍生资料，包括采用固定或移动方式，通过气象辐射探测、太阳能资源探测等获取的太阳辐射探测资料。但不含单独用卫星、科学试验和考察等方式获得的辐射气象探测资料。

A.4 海洋气象探测资料(代码 OCEN)

通过各种探测手段获得的海洋大气资料及其综合分析衍生资料，包括通过岸基、空基、海基移动或固定探测平台等获得的近海面大气、海洋表层、海洋深水探测资料。但不含单独使用卫星、模式分析、科学试验和考察等方式获得的海洋气象探测资料。

A.5 农业生态气象探测资料(代码 AGME)

通过各种探测手段获得的农作物、牧草、物候、农业气象灾害、植被物理化学特性、土壤物理化学特性资料，包括采用固定或移动方式，通过农业气象探测、农业气象试验、生态气象探测、土壤水分探(观)测等获得的农业和生态气象探测资料。但不含科学试验和考察等方式获得的农业气象探测资料。

A.6 环境气象探测资料(代码 CAWN)

采用固定或移动方式，通过大气本底探测、大气成分探测、沙尘暴探测、酸雨探测、大气环境探测等获得的大气物理、化学、光学探测资料。但不包含单独使用卫星等方式获得的环境气象探测资料。

A.7 气象灾害监测资料(代码 DISA)

反映台风、海啸、干旱、洪涝、冰雹等天气气候灾害的气象实况及其影响数据。

A.8 雷达气象探测资料(代码 RADA)

采用固定或移动方式,通过各种类型的天气雷达探测获得的气象资料。但不含单独使用卫星、科学试验和考察等方式获得的雷达气象探测资料。

A.9 卫星气象探测资料(代码 SATE)

通过各类气象卫星、资源卫星等探测获得的气象探测资料。

A.10 科学试验和考察探测资料(代码 SCEX)

在各类科学试验、教研教学和专项考察中探测或收集的各种气象探测资料。

附　录　B
(规范性附录)
气象探测资料元数据文件格式模板

表 B.1 为气象探测资料元数据文件格式模板。

表 B.1　气象探测资料元数据文件格式模板

<table>
<tr><th colspan="3">汇交资料标识信息</th></tr>
<tr><td>资料名称</td><td colspan="2">[汇交资料的名称]</td></tr>
<tr><td>资料摘要</td><td colspan="2">[资料的简要说明]</td></tr>
<tr><td>资料来源</td><td colspan="2">[资料的来源]</td></tr>
<tr><td>资料质量</td><td colspan="2">[对资料质量的总体评价,包括处理过程、质量状况描述等]</td></tr>
<tr><td>资料分类</td><td colspan="2">[参见附录 A]</td></tr>
<tr><td>更新频率</td><td colspan="2">[对汇交资料进行修改或补充的频率]</td></tr>
<tr><td rowspan="3">关键词</td><td>学科分类关键词</td><td>[见 QX/T 102—2009 中第 5 章]</td></tr>
<tr><td>地理范围关键词</td><td>[资料的地理范围]</td></tr>
<tr><td>层次关键词</td><td>[对于高空探测等涉及高空垂直位置的资料应描述]</td></tr>
<tr><td>空间分辨率</td><td colspan="2">[站点观测的站点数或卫星探测的空间分辨率]</td></tr>
<tr><td>参考系</td><td colspan="2">[资料使用的时间或空间参考系统]</td></tr>
<tr><td rowspan="2">时间标识</td><td>汇交时间</td><td>[YYYYMMDD]</td></tr>
<tr><td>制作类型</td><td>[原始观测、加工产品]</td></tr>
<tr><td>共享限制说明</td><td colspan="2">[是否可对外共享]</td></tr>
<tr><td rowspan="4">资料负责方</td><td>资料负责人</td><td></td></tr>
<tr><td>资料负责单位</td><td></td></tr>
<tr><td>资料负责人职务</td><td></td></tr>
<tr><td>资料负责人角色</td><td></td></tr>
<tr><td rowspan="7">联系信息</td><td>电话</td><td></td></tr>
<tr><td>传真</td><td></td></tr>
<tr><td>所在国家</td><td></td></tr>
<tr><td>所在城市</td><td></td></tr>
<tr><td>详细地址</td><td></td></tr>
<tr><td>邮政编码</td><td></td></tr>
<tr><td>E-mail</td><td></td></tr>
</table>

表 B.1 气象探测资料元数据文件格式模板(续)

元数据实体信息		
元数据标识符	[MD_数据代码，数据代码定义参见附录 A]	
元数据语言	[汉语、英语等]	
元数据字符集	[简体汉字、英语等]	
元数据制作日期	[YYYYMMDD]	
元数据标准	[采用的元数据格式标准]	
元数据标准版本	[采用的元数据格式标准的版本]	
元数据负责方	数据负责人	
	数据负责单位	
	数据负责人职务	
	数据负责人角色	
联系信息	电话	
	传真	
	所在国家	
	所在城市	
	详细地址	
	邮政编码	
	E-mail	

附 录 C
(资料性附录)
气象探测资料历史沿革数据文件格式模板

气象探测资料历史沿革数据文件要求见附录F中F.2.4.2,格式模板如下:

区站号(或站点ID)/省(自治区、直辖市)名简称/市(地区、自治州、盟)名简称/站(点、设备)所属机构/建站时间/撤站时间〈CR〉...

01/开始年月日/终止年月日/台站名称〈CR〉...

02/开始年月日/终止年月日/区站号(或站点ID)〈CR〉...

03/开始年月日/终止年月日/台站级别〈CR〉...

04/开始年月日/终止年月日/所属机构〈CR〉...

05[55]/开始年月日/终止年月日/纬度/经度/观测场海拔高度/地址/地理环境/距原址距离;方向

06/开始年月日/终止年月日/方位/障碍物名称/仰角/宽度角/距离〈CR〉...

07[77]/开始年月日/终止年月日/增[减]要素名称〈CR〉...

08/开始年月日/终止年月日/要素名称/仪器设备名称/仪器距地或平台高度/平台距观测场地面高度〈CR〉...

09/开始年月日/终止年月日/观测时制〈CR〉...

10/开始年月日/终止年月日/观测项目/观测时次/观测时间〈CR〉...

11/开始年月日/终止年月日/夜间守班情况〈CR〉...

12/开始年月日/终止年月日/其他变动事项说明〈CR〉...

13/图像文件名/图像文字说明〈CR〉...

14/开始年月日/终止年月日/观测记录载体说明〈CR〉...

15/开始年月日/终止年月日/观测规范名称及范本/颁发机构〈CR〉...

19/沿革数据来源〈CR〉...

20/文件编报人员/审核人员/编报日期=〈CR〉

附　录　D
（规范性附录）
气象探测资料说明文件格式模板

表 D.1 给出了气象探测资料说明文件格式模板。

表 D.1　气象探测资料说明文件格式模板

<table>
<tr><td colspan="4">汇交数据信息</td></tr>
<tr><td>数据名称</td><td colspan="3">[汇交数据的名称]</td></tr>
<tr><td colspan="4">汇交数据来源</td></tr>
<tr><td colspan="4">[汇交数据的来源]</td></tr>
<tr><td colspan="4">汇交数据实体</td></tr>
<tr><td rowspan="3">数据实体内容</td><td>实体文件名称</td><td colspan="2">[数据文件命名]</td></tr>
<tr><td>实体文件内容</td><td colspan="2">[数据文件数据内容]</td></tr>
<tr><td>特征值说明</td><td colspan="2">[对特征值表示方式的说明，格式为特征值 要素 含义]</td></tr>
<tr><td rowspan="3">数据存储信息</td><td>存储格式和读取</td><td colspan="2">[描述数据存储格式]</td></tr>
<tr><td>存储目录结构</td><td colspan="2">[数据存放目录结构及每个目录存放的文件内容]</td></tr>
<tr><td>数据总量</td><td colspan="2">[数据总量说明]</td></tr>
<tr><td rowspan="3">时间属性</td><td rowspan="2">时间范围</td><td>起始时间</td><td>[YYYYMMDD]</td></tr>
<tr><td>终止时间</td><td>[YYYYMMDD]</td></tr>
<tr><td>时间分辨率</td><td colspan="2">[观(探)测数据的时间频率，表示为小时、日、月、年等]</td></tr>
<tr><td rowspan="12">空间属性</td><td rowspan="5">地理范围</td><td>地面范围描述</td><td>[某行政区划、经纬度范围]</td></tr>
<tr><td>最西经度</td><td>[XXX. X[W/E]]</td></tr>
<tr><td>最东经度</td><td>[XXX. X[W/E]]</td></tr>
<tr><td>最北纬度</td><td>[XX. X[N/S]]</td></tr>
<tr><td>最南纬度</td><td>[XX. X[N/S]]</td></tr>
<tr><td>台站信息描述</td><td colspan="2">[站点观测数据应有的站点信息文件]</td></tr>
<tr><td>空间分辨率</td><td colspan="2">[站点观测的站点数或卫星探测的空间分辨率]</td></tr>
<tr><td rowspan="4">垂直范围</td><td>垂向最低</td><td>[对于高空观测等涉及高空垂直位置的数据应描述]</td></tr>
<tr><td>垂向最高</td><td>[对于高空观测等涉及高空垂直位置的数据应描述]</td></tr>
<tr><td>垂向度量单位</td><td>[对于高空观测等涉及高空垂直位置的数据应描述]</td></tr>
<tr><td>垂向基准名称</td><td>[对于高空观测等涉及高空垂直位置的数据应描述]</td></tr>
<tr><td>投影方式</td><td colspan="2">[涉及投影方式的数据应描术投影方式]</td></tr>
</table>

表 D.1　气象探测资料说明文件格式模板(续)

<table>
<tr><td>观测仪器</td><td colspan="2">[描述观测仪器的变更情况,包括观测仪器及起止时间,雷达数据的标定参数需要标出]</td></tr>
<tr><td>数据处理方法</td><td colspan="2">[描述数据处理方法,包括统计方法、特殊处理和其他需要说明的问题]</td></tr>
<tr><td rowspan="2">数据质量</td><td>质量控制方法</td><td>[质量控制方法的描述]</td></tr>
<tr><td>质量状况描述</td><td>[对数据质量的总体评价]</td></tr>
<tr><td>数据完整性</td><td colspan="2">[描述数据缺测情况,对缺失数据进行说明]</td></tr>
<tr><td colspan="3">汇交数据处理引用文献</td></tr>
<tr><td colspan="3"></td></tr>
<tr><td colspan="3">数据负责方及技术支持</td></tr>
<tr><td>数据负责人</td><td colspan="2"></td></tr>
<tr><td>数据负责单位</td><td colspan="2"></td></tr>
<tr><td>文档编撰者</td><td colspan="2"></td></tr>
<tr><td>文档编撰单位</td><td colspan="2"></td></tr>
<tr><td rowspan="6">技术支持</td><td>单位</td><td></td></tr>
<tr><td>电话</td><td></td></tr>
<tr><td>传真</td><td></td></tr>
<tr><td>E-mail</td><td></td></tr>
<tr><td>邮政编码</td><td></td></tr>
<tr><td>单位地址</td><td></td></tr>
<tr><td colspan="3">其他说明</td></tr>
<tr><td colspan="3">[数据使用过程中需要注意的问题等其他需要说明的问题,如为纸质文件还应描述纸质文件的纸张与规格、装订、质量和目录情况]</td></tr>
</table>

附　录　E
（规范性附录）
气象探测资料汇交清单模板

气象探测资料汇交时涉及各类表单共 5 个，其中，表 E.1 为气象探测资料汇交内容清单模板，表 E.2为气象探测站（点、设备）列表清单模板，表 E.3 为汇交气象探测资料保护申请表，表 E.4 为汇交气象探测资料清单模板，表 E.5 为气象探测资料汇交凭证模板。

表 E.1　气象探测资料汇交内容清单模板

序号	资料种类	资料名称	要素内容	空间范围	空间分辨率	时间范围	时间分辨率	资料量（MB 或页数）	资料文件数（册数）	更新频率	数据来源	备注

填表说明：

a) 资料种类：包括地面气象、高空气象、气象辐射、海洋气象、农业与生态气象、大气成分、雷达气象、卫星气象、气象灾害、科学实验和考察、气象台站历史沿革、其他等。

b) 要素内容：表示仪器观测的大气和下垫面状态的物理量。

c) 空间范围：为观（探）测资料的行政区划或经纬度范围；空间分辨率为站点观测资料的站点数或卫星探测资料的空间分辨率。

d) 时间范围：为观（探）测资料的起止时间，表示为 YYYY1MM1DD1-YYYY2MM2DD2，YYYY、MM、DD 分别表示年份、月份、日期；时间分辨率为观（探）测资料的时间频率，表示为小时、定时、日、月、年等。

e) 资料量（MB 或页数）、资料文件数（册数）：表示所汇交资料的电子文件（纸质文件）数据量（MB 或页数）和数据文件个数（册数），其中数据文件数不包括数据说明文档等文件个数。

f) 更新频率：包括每小时、每日、每月、每季、每半年、每年、不定期等。

g) 数据来源：表示获取数据的来源，例如自建气象站、船舶观测、飞机观测、微型观测设备等。

h) 备注：有关资料的其他属性特征描述，例如卫星资料，可填写卫星名称、卫星类型（极轨、静止）、卫星产品级别（L1、L2、L3）等描述。

表 E.2　气象探测站(点、设备)列表清单模板

省份	地市	县区	站名	站号	纬度 (° ′)	经度 (° ′)	海拔高度 (m)

填表说明：

a)　该模板适用于站点观测资料。

b)　省份、地市、县区表示气象探测站(点、设备)地理位置所在的省份、地市和县区。

c)　站名、站号表示气象探测部门为气象探测站(点、设备)设置的名称和编号。

d)　纬度、经度表示气象探测站(点、设备)的地理位置，南、北纬分别用数学符号“－”“＋”表示，“＋”填写时省略，“°”“′”分别占两位字符，“°”“′”位数不足高位补“0”，如：－3002 表示南纬 30°02′；东、西经分别用数学符号“＋”“－”表示，“＋”填写时省略，“°”占三位字符，“′”占两位字符，“°”“′”位数不足高位补“0”，如：09746 表示东经 97°46′。

e)　海拔高度以米(m)为单位，精确到 1 位小数，如 31.3 m。

表 E.3　汇交气象探测资料保护申请表模板

<table>
<tr><td>气象资料名称</td><td colspan="3"></td><td></td></tr>
<tr><td rowspan="2">气象资料来源信息</td><td>项目名称</td><td></td><td>项目编号</td><td></td></tr>
<tr><td>资金来源</td><td colspan="3">中央财政(　)　地方财政(　)　其他经费(　)</td></tr>
<tr><td>汇交人</td><td colspan="4"></td></tr>
<tr><td rowspan="2">汇交人联系方式</td><td>通信地址</td><td></td><td>邮政编码</td><td></td></tr>
<tr><td>联系人</td><td></td><td>联系电话</td><td></td></tr>
<tr><td>申请保护期限及共享范围</td><td colspan="4">汇交人签字或盖章
年　月　日</td></tr>
<tr><td>申请保护内容及依据</td><td colspan="4"></td></tr>
<tr><td rowspan="2">气象资料接收单位初审意见</td><td>接收人</td><td></td><td>接收时间</td><td></td></tr>
<tr><td colspan="4">签字或盖章
年　月　日</td></tr>
<tr><td>气象资料主管部门审核意见</td><td colspan="4">签字或盖章
年　月　日</td></tr>
<tr><td colspan="5">**说明**:本表一式三份,汇交人、气象资料接收单位和气象资料主管部门各一份。</td></tr>
</table>

表 E.4　汇交气象探测资料清单模板

<table>
<tr><td>汇交人</td><td colspan="4"></td></tr>
<tr><td>资料名称</td><td colspan="4"></td></tr>
<tr><td>资金来源</td><td colspan="4">中央财政（　） 地方财政（　） 自筹经费（　） 其他经费（　）</td></tr>
<tr><td>纸质文件</td><td>文档：　　册</td><td colspan="3">图片：　　册</td></tr>
<tr><td>电子文件</td><td>光盘：　　张</td><td>硬盘：　　个</td><td>U 盘：　　个</td><td>总量：　　MB</td></tr>
<tr><td colspan="5">备注：</td></tr>
<tr><td colspan="3">汇交人盖章
年　月　日</td><td colspan="2">接收人盖章
年　月　日</td></tr>
</table>

表 E.5　气象探测资料汇交凭证模板

<table>
<tr><td rowspan="4">汇交人基本信息</td><td colspan="2">汇交人</td><td colspan="2"></td><td>证件及号码</td><td></td></tr>
<tr><td colspan="2">通信地址</td><td colspan="2"></td><td>邮政编码</td><td></td></tr>
<tr><td colspan="2">联系人</td><td colspan="2"></td><td>联系电话</td><td></td></tr>
<tr><td colspan="2">E-mail</td><td colspan="4"></td></tr>
<tr><td>汇交方式</td><td colspan="6">□实时传输　□光盘　□移动硬盘　□纸质　□其他:________</td></tr>
<tr><td rowspan="5">汇交数据清单</td><td>序号</td><td>数据名称</td><td>要素</td><td>空间属性
(范围、分辨率)</td><td>时间属性
(范围、分辨率)</td><td>数据量
(MB或页数)</td></tr>
<tr><td></td><td></td><td></td><td></td><td></td><td></td></tr>
<tr><td></td><td></td><td></td><td></td><td></td><td></td></tr>
<tr><td></td><td></td><td></td><td></td><td></td><td></td></tr>
<tr><td colspan="6">可附页</td></tr>
<tr><td>汇交单位意见</td><td colspan="6">

汇交单位负责人(签字):　　　　年　　月　　日(单位盖章)</td></tr>
<tr><td rowspan="3">接收单位信息</td><td colspan="2">单位名称</td><td colspan="4"></td></tr>
<tr><td colspan="2">通信地址</td><td colspan="2"></td><td>邮政编码</td><td></td></tr>
<tr><td colspan="2">接收人</td><td colspan="2"></td><td>联系电话</td><td></td></tr>
<tr><td>接收单位意见</td><td colspan="6">

接收单位负责人(签字):　　　　年　　月　　日(单位盖章)</td></tr>
<tr><td colspan="7">**填表说明:**
a)　本证是汇交人履行汇交义务的证明,也是汇交人维护合法权益的凭证,请妥善保管。
b)　本表由汇交接收单位填写,一式两份。汇交人、接收单位各执一份。</td></tr>
</table>

附　录　F
（规范性附录）
气象探测资料电子文件汇交要求

F.1　命名要求

F.1.1　适用范围

命名适用于气象探测资料电子文件中的气象探测资料和元数据。气象探测数据说明文件、法律法规规定需要汇交的资料文件可以参考命名。

命名方法宜使用国务院气象主管机构已经颁布或印发的气象探测数据文件命名规范。

F.1.2　命名规则

F.1.2.1　结构

电子文件名由强制字段、自由字段和分割符组成。

强制字段描述文件的基本信息，是必选项，强制字段间用下划线“_”分割；自由字段描述文件的自定义信息，为可选项，自由字段之间用减号“－”分割。强制字段与自由字段之间用下划线“_”分割。

F.1.2.2　格式

电子文件名总长度不应超过256个字符，命名可使用的合法字符包括大写英文字母“A”—“Z”，数字“0”—“9”，以及减号“－”、下划线“_”和小数点“.”。电子文件命名示意图见图F.1。

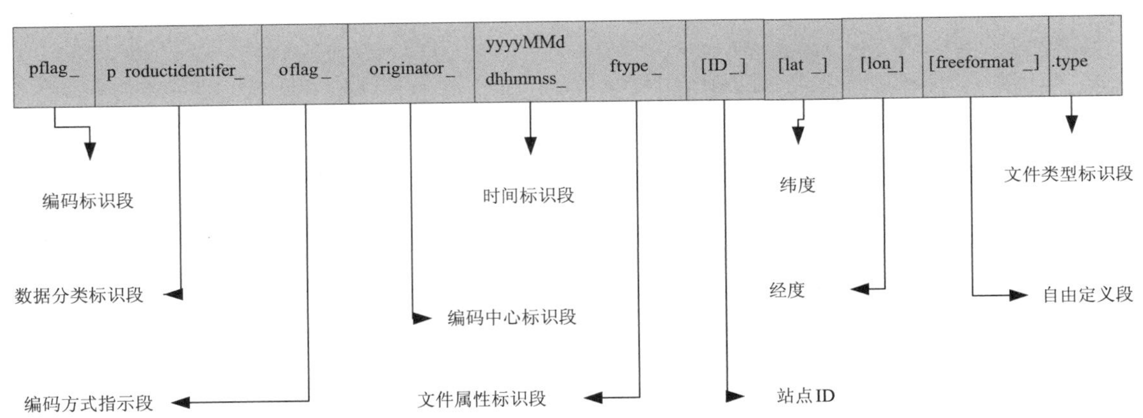

图F.1　气象探测资料电子文件命名示意图

F.1.3　字段含义

F.1.3.1　pflag

编码标识段，为强制字段，见QX/T 129—2011中3.3.1。

F.1.3.2　productidentifer

数据分类标识段，为强制字段，见QX/T 129—2011中3.3.2。

F.1.3.3 oflag

编码方式指示段,为强制字段,见 QX/T 129—2011 中 3.3.3。

F.1.3.4 originator

编码中心标识段,为强制字段,见 QX/T 129—2011 中 3.3.4,涉及区站号的用所在辖区区站号代替。

F.1.3.5 yyyyMMddhhmmss

时间标识段,为强制字段,见 QX/T 129—2011 中 3.3.5。

F.1.3.6 ftype

文件属性标识段,为强制字段,见 QX/T 129—2011 中 3.3.6。

F.1.3.7 ID

当该气象探测站(点、设备)无区站号时,该字段意为站点 ID,ID 字段为强制字段;有区站号时则省略。

ID 由 12 位数字组成,各位数字含义如下:

a) 前 4 位表示气象探测站(点、设备)所在省(自治区、直辖市)和市(地区、自治洲、盟),以 GB/T 2260 中规定的行政区划数字代码前 4 位表示,如安徽合肥以"3401"表示;
b) 第 5~8 位表示该气象探测站(点、设备)获得此 ID 年份,以 4 位数字表示,如"2016";
c) 第 9~12 位表示该气象探测站(点、设备)所在省(自治区、直辖市)该年度取得 ID 气象探测站(点、设备)的顺序编号,以 GB/T 7027—2002 中 8.2.1 规定的顺序码表示,如 1 以"0001"表示。

F.1.3.8 lat

气象探测站(点、设备)所在纬度,长度为 7 个字符,前 6 位表示具体纬度,按照度分秒记录,均为 2 位,未精确到秒时,秒固定记为 00,最后 1 位表征南纬和北纬,分别用英文大写字母"S"和"N"表示,如某地所在纬度为北纬 31 度 52 分 23 秒,记为 315223N。

对于记录天气实况的图像文件、视频文件该字段为强制字段。

F.1.3.9 lon

气象探测站(点、设备)所在经度,长度为 8 个字符,前 7 位表示具体经度,按照度分秒记录,其中,度为 3 位,分和秒均为 2 位,未精确到秒时,秒固定记为 00,最后 1 位表征东经和西经分别用英文大写字母"E"和"W"表示,如某地所在经度为东经 117 度 52 分 23 秒,记为 1175223E。

对于记录天气实况的图像文件、视频文件该字段为强制字段。

F.1.3.10 freeformat

自由字段,可根据不同数据,由生产中心参照要素、范围、高度、频次、时效等属性编码,字段之间以下划线"_"分割,自由字段总长度不超过 128 个字符。属性编码可参照 QX/T 102—2009 中第 5 章、QX/T 133—2011 中第 4 章、QX/T 124—2011 中 4.4 和 4.5 等相应编码,如气温编码为 TEM,最高气温编码为 MAX－TEM(用减号"－"分割)。

F.1.3.11 type

文件类型标识，强制字段，见 QX/T 129—2011 中 3.3.9。type 字段为最后一个字段，与前一个字段用小数点“.”分割。

示例：

安徽省合肥市某站点 ID 号为 340120160001 的探测站(点、设备)2016 年 5 月 6 日 12 时辐射观测资料的数据文件，该数据不符合 WMO(世界气象组织)编码规则，且为质控后的更正报(第一次更正)数据文件。其中合肥对应区站号为 58321。对应数据文件命名为：

Z_RADI_I_58321_20160506120000_O_340120160001_PQC_CCA.TXT

其中，各字段含义如下：

Z：表示不符合 WMO 编码规则；

RADI：为数据分类，意为辐射；

I：意为单站数据；

20160506120000：时间编码；

O：意为原始观测数据；

PQC：自由定义字段，意为经过了质量控制；

CCA：自由定义字段，意为是第一次更正报数据；

TXT：文件类型，意为文本文件。

该气象探测站(点、设备)所在位置为北纬 31 度 52 分，东经 117 度 17 分，2016 年 5 月 6 日 12 时探测的关于降水的天气现象的视频数据文件命名为：

Z_WLRD_I_58321_20160506120000_O_340120160001_315200N_1171700E_PRE－WEP.AVI

其中，各字段含义如下：

WLRD：意为视频类文件，对于视频文件经纬度信息为强制字段；

PRE－WEP：自由字段，PRE 为降水编码，WEP 为天气现象编码；

AVI：视频文件类型，意为 AVI 格式的视频文件。

F.2 格式要求

F.2.1 数据记录文件格式要求

气象探测数据记录文件保存的一般为可进行数值运算的气象探测数据，其格式要求如下：

a) 气象探测数据记录文件的文件存储应采用通用的文件格式，宜采用 TXT、XLS 等格式；
b) 宜使用国务院气象主管机构已经颁布或印发的气象探测数据文件格式相关规范，可参见 QX/T 418—2018、QX/T 427—2018 等的相关规定；
c) 所涉及的气象探测数据记录文件格式，国务院气象主管机构尚未颁布或印发的宜将其格式按照基本参数段、数据内容段、结束标识段三部分组织，各部分要求如下：
    1) 基本参数段：由气象探测站(点、设备)的区站号(站点 ID)、纬度、经度、设备海拔高度、部分对高度较为敏感设备传感器的海拔高度(如气压、风速等)和观测要素个数等基本信息组成，若文件无基本参数段，则应在元数据文件详细注明气象探测站(点、设备)的各时间段基本参数信息及其变化情况；
    2) 数据内容段：该部分宜参照 QX/T 119—2010 中 3.4 的规定进行自由定义，并在数据文件格式说明文件中予以说明；
    3) 结束标识段：该部分用于数据加工时计算机识别，可自由定义结束标识，并在数据文件格式说明文件中予以说明。

F.2.2 图像文件格式要求

气象探测资料图像文件保存的一般为某一天气现象实况及气象灾害等记录文件，图像文件宜采用压缩的JPEG、GIF、TIFF和BMP等格式。

F.2.3 视频文件格式要求

气象探测资料视频文件保存的一般为连续的一个时间段的天气现象实况及气象灾害等记录文件，视频文件宜采用压缩的WMF、AVI、rmvb、MP4和MOV等格式。

F.2.4 元数据文件格式要求

F.2.4.1 元数据文件

该类文件存储应采用通用的文件格式，宜采用TXT、DOC等格式(见表B.1)。

F.2.4.2 历史沿革数据文件

该类文件存储应采用通用的文件格式，宜采用TXT、DOC等格式(参见附录C)。地面气象探测资料历史沿革数据文件格式要求见QX/T 37，附录A中A.2—A.10对应的类别资料参考地面气象探测资料编制。气象探测站(点、设备)无区站号时，用站点ID代替。

F.2.5 说明文件汇交要求

应提交数据格式、数据质量控制及加工处理方法、传输方式、目的与用途等说明文件，文件宜采用DOC、PDF、HTML或XML等格式。具体格式见表D.1。

F.3 质量要求

要求如下：

a) 数据记录文件格式应与说明文件描述相一致，文件内容完整齐全；
b) 图像文件分辨率以信息清晰可读为原则，图像内容要求边界清晰，无重影、无变形、无斑点、网纹和雪花等噪声，特别对于纸质文件通过扫描、翻拍等手段形成的数字化图像文件，要求保留适度的页边距，页面应无视觉上的偏斜和人为或扫描产生的污迹；保持图像完整、不失真，不应有漏页、倒页和重页现象；
c) 视频文件像素的选择应保证图像清晰，声音清楚，音质良好，视频边界清晰，无重影，无变形，无杂音，无斑点、网纹和雪花等噪声；
d) 说明文件应内容表达清晰，语言简练。

F.4 组织要求

对于无特别要求的数据可按照如下步骤进行组织：

a) 每一份气象资料电子文件以一个独立的子目录(一级子目录)置于根目录下，子目录名即为该份资料的电子文档号(电子文档号由汇交人视情况自行确定，其长度不宜超过12个字符)，该份电子文档所有的电子文件均置于此子目录下；
b) 在一级子目录下按照一类资料一个子目录的原则再建立4个二级子目录，分别为database、metadata、documents和other。其中，database下面存放气象探测资料；metadata下面存放元数据和历史沿革数据文件，documents 下面存放为保证气象探测资料能够正常使用的各类说明文件和法律法规及有关技术标准的规定材料，other 下面存放汇交的其他数据文件，如汇交的气象探测资料目录清单；

c) 存放在各目录下的文件应保持原有的逻辑关系，不宜改变原有的目录结构。如果在二级或三级子目录下还需再建立其他的子目录，创建后应在说明文件中进行补充说明，其中，database 目录下面若需要进一步分类建立三级目录，目录名称则参照 A.1—A.10 的对应代码。

附 录 G
（规范性附录）
气象探测资料纸质文件汇交要求

G.1 纸张与规格

要求如下：

a) 气象探测资料所用纸张与规格大小应符合气象及本行业工作规范和归档要求（参见 QX/T 21—2004 中附录 A—I、QX/T 119—2010 中附录 A—C、QX/T 234—2014 中附录 A 和 QX/T 93—2017 中附录 A—B 等），同类记录表格应采用统一的格式和规格；

b) 图像类气象探测资料的纸质复印件应使用重量 70 g 以上的纸张，宜使用 100 g 及以上的纸张，宜使用 A4 幅面及以上纸张复印；

c) 气象探测资料中的各类说明文档，应采用重量 70 g 及以上的纸张打印或者复印。

G.2 装订

要求如下：

a) 气象探测资料纸质文件汇交时应装订成册，装订的方式、流程、材料和装订质量应符合 CY/T 28 的要求；

b) 装订成册的气象探测资料纸质文件应有封面、目录页及页码等，其中封面应包含有但不限于资料名称、汇交人和汇交时间等基本内容；

c) 装订成册的气象探测资料纸质文件，其边缘应整齐，装订线应离文字 10 mm 以上，不应遮盖文字信息；

d) 不应使用易锈蚀及易老化的材料装订，装订固定物不应高于文件厚度。

G.3 质量

要求如下：

a) 文件书写工整、内容清晰，不应有涂改痕迹；

b) 字迹着墨牢固均匀、不偏色、不褪色，不应使用圆珠笔、彩色笔等易褪色笔迹的材料书写；

c) 按规定进行记录和更正。

G.4 目录

气象探测资料纸质文件汇交时，其资料目录清单应按气象探测资料、元数据、说明文件和其他类的顺序编排，其中气象探测资料宜参照 A.1—A.10 对应的类别进一步分类编排。

参 考 文 献

[1] GB/T 33674—2017 气象数据集核心元数据
[2] DA/T 41—2008 原始地质资料立卷归档规则
[3] DZ/T 0273—2015 地质资料汇交规范
[4] QX/T 21—2004 农业气象观测记录年报数据文件格式
[5] QX/T 93—2017 气象数据归档格式 地面气象辐射
[6] QX/T 119—2010 气象数据归档格式 地面
[7] QX/T 124—2011 大气成分观测资料分类与编码
[8] QX/T 133—2011 气象要素分类与编码
[9] QX/T 234—2014 气象数据归档格式 探空
[10] QX/T 314—2016 气象信息服务单位备案规范
[11] QX/T 418—2018 高空气象观测数据格式 BUFR 编码
[12] QX/T 427—2018 地面气象观测数据格式 BUFR 编码
[13] 中国气象局.气象信息服务管理办法:中国气象局令第 2 号[Z],2015
[14] 中国气象局.气象探测资料汇交管理办法:气发〔2017〕31 号[Z],2017
[15] 国家气象信息中心.气象资料汇交服务指南[Z],2017

ICS 07.060
A 47
备案号：65858—2019

中华人民共和国气象行业标准

QX/T 459—2018

气象视频节目中国地图地理要素的选取与表达

Selection and expression of geographic elements on weather video china map

2018-12-12 发布

2019-04-01 实施

中 国 气 象 局 发 布

前　言

本标准按照 GB/T 1.1—2009 给出的规则起草。

本标准由全国气象防灾减灾标准化技术委员会气象影视分技术委员会(SAC/TC 345/SC 1)提出并归口。

本标准起草单位:中国气象局公共气象服务中心。

本标准主要起草人:谭思、张明、周笛、刘明霞、王慕华、张亚非、庞君如、李硕、马鑫。

引　言

地图在气象视频节目中使用率极高，随着观众对气象视频节目细节的重视，规范地图中地理要素的选取和表达势在必行。气象视频节目地图在制作和展示中具有较强的专业性和特殊性，为统一规范气象视频节目中国地图全图地理要素选取与表达，制定本标准。

气象视频节目中国地图地理要素的选取与表达

1 范围

本标准规定了气象视频节目中国地图上所显示的地形、河流、湖泊和境界等地理要素选取与表达的要求。

本标准适用于气象视频节目的中国地图全图制作。

2 规范性引用文件

下列文件对于本文件的应用是必不可少的。凡是注日期的引用文件,仅注日期的版本适用于本文件。凡是不注日期的引用文件,其最新版本(包括所有的修改单)适用于本文件。

GB 21139—2007 基础地理信息标准数据基本规定

SL 261—2017 湖泊代码

3 术语和定义

下列术语和定义适用于本文件。

3.1

数字高程模型 digital elevation model;DEM

以规则格网点的高程值表达地面起伏的数据集。

[GB/T 16820—2009,定义 7.83]

3.2

面状气象专题地图 area meteorological thematic map

气象信息以面状分布时所用的地图。

注:例如降水区域预报使用的地图。

3.3

点状气象专题地图 plot meteorological thematic map

气象信息以点状分布时所用的地图。

注:例如城市预报使用的地图。

3.4

RGB 值 RGB value

红(R)、绿(G)、蓝(B)3 种基色取值范围从 0(黑色)到白色(255)。

[QX/T 180—2013,定义 2.2]

4 地形选取与表达

4.1 选取

用于制作地形的数字高程模型应符合 GB 21139—2007 中 4.2 的要求。

中国全图应包括南海诸岛、钓鱼岛、赤尾屿等重要岛屿。

4.2 表达

宜采用 RGB 值(246,133,35)与 RGB 值(0,152,220)之间的颜色,参见附录 A 的图 A.1(彩)。

如果低海拔地区为暗色,则海拔越高配色越亮。色阶变化幅度可适度调整,但整体视觉效果应符合我国西高东低的基本地形特征。

5 河流选取与表达

5.1 选取

5.1.1 面状气象专题地图

应包括长江干流和黄河干流。

5.1.2 点状气象专题地图

应选取国务院水行政主管部门认定的一级、二级和三级河道。

5.2 表达

宜采用 RGB 值(53,57,77)与 RGB 值(59,202,174)之间的颜色,参见附录 B 的图 B.1(彩),透明度为 0.6～1,长江干流和黄河干流的颜色应与其他河流不同。

6 湖泊选取与表达

6.1 选取

6.1.1 面状气象专题地图

应包括青海湖、鄱阳湖、洞庭湖、太湖。

6.1.2 点状气象专题地图

应选取水面面积(不含国外部分)大于 500 km^2 的所有湖泊,选取依据见 SL 261—2017 第 4 章中水面面积数据。

6.2 表达

宜采用 RGB 值(53,57,77)与 RGB 值(59,202,174)之间的颜色,参见附录 B 的图 B.1(彩),透明度为 0.6～1。

7 境界选取与表达

7.1 选取

应包括国界、省级境界。

7.2 表达

中国国界,按照国务院批准发布的中国国界线画法标准样图绘制。东边绘出黑龙江与乌苏里江交汇处,西边绘出喷赤河南北流向的河段,北边绘出黑龙江最北江段,南边绘出曾母暗沙,用九段线绘出南海诸岛归属范围,南海诸岛可作为附图。

省级境界,按照国务院批准发布的行政区域界线标准画法图表示。

国界与省级境界的表达应在颜色和宽度上予以区分。

正式使用前送测绘地理信息主管部门履行报批手续。

附 录 A
(资料性附录)
地形色域

图 A.1(彩) 地形色域

附　录　B
(资料性附录)
河流与湖泊色域

RGB
(53,57,77)

RGB
(59,202,174)

图 B.1(彩)　河流与湖泊色域

参 考 文 献

[1] GB/T 12343.3—2009 国家基本比例尺地图编绘规范 第3部分:1∶500000 1∶1000000地形图编绘规范

[2] GB/T 16820—2009 地图学术语

[3] QX/T 180—2013 气象服务图形产品色域

[4] 国家测绘局.公开地图内容表示若干规定:国测法字〔2003〕1号[Z],2003年5月9日发布

ICS 07.060
A 47
备案号：65859—2019

中华人民共和国气象行业标准

QX/T 460—2018

卫星遥感产品图布局规范

Layout specifications for image of satellite remote sensing product

2018-12-12 发布　　2019-04-01 实施

中　国　气　象　局　发　布

前　　言

本标准按照 GB/T 1.1—2009 给出的规则起草。

本标准由全国卫星气象与空间天气标准化技术委员会(SAC/TC 347)提出并归口。

本标准起草单位:国家卫星气象中心。

本标准主要起草人:邵佳丽、韩秀珍、郑伟、高浩、刘诚、闫华。

卫星遥感产品图布局规范

1 范围

本标准规定了制作卫星遥感产品图的要素和布局要求。

本标准适用于卫星遥感产品图制作。

2 规范性引用文件

下列文件对于本文件的应用是必不可少的。凡是注日期的引用文件，仅注日期的版本适用于本文件。凡是不注日期的引用文件，其最新版本(包括所有的修改单)适用于本文件。

GB/T 2260 中华人民共和国行政区域代码

GB/T 15968 遥感影像平面图制作规范

GB/T 17278 数字地形图产品基本要求

GB/T 20257.1 国家基本比例尺地图图式 第1部分：1∶500 1∶1000 1∶2000 地形图图式

GB/T 20257.2 国家基本比例尺地图图式 第2部分：1∶5000 1∶10000 地形图图式

GB/T 20257.3 国家基本比例尺地图图式 第3部分：1∶25000 1∶50000 1∶100000 地形图图式

GB/T 20257.4 国家基本比例尺地图图式 第4部分：1∶250000 1∶500000 1∶1000000 地形图图式

GB 21139 基础地理信息标准数据基本规定

GB/T 24354 公共地理信息通用地图符号

3 术语和定义

下列术语和定义适用于本文件。

3.1

空间分辨率 spatial resolution

在扫描成像过程中一个光敏探测元件通过望远镜系统投射到地面上的直径或对应的视场角度。

[GB/T 14950—2009，定义 4.104]

3.2

基础地理信息数据 fundamental geographic information data

作为统一的空间定位框架和空间分析基础的地理信息数据，该数据反映和描述了地球表面测量控制点、水系、居民地及设施、交通、管线、境界与政区、地貌、植被与土质、地籍、地名等有关自然和社会要素的位置、形态和属性等信息。

[GB 21139—2007，定义 3.1]

4 图要素和布局要求

4.1 图要素

标题、遥感产品获取时间、遥感产品图像、图例、图像数据说明、比例尺、指北针、制图单位、外图廓线和内图廓线为图像必备要素，坐标网线及注记为图像可选要素。

4.2 布局要求

长宽应根据目标区大小和采用的比例尺确定，长宽比宜为 $\sqrt{2}$ ：1，不应大于 5：1。以 A4 页面为例，页边距、内外图廓线及遥感产品图像廓线间距如图 1 和图 2 所示，其他尺寸图像制作可依此基准按比例适当缩放。卫星遥感产品图布局见图 1 和图 2，示例分别参见附录 A 中图 A.1(彩)和图 A.2(彩)。

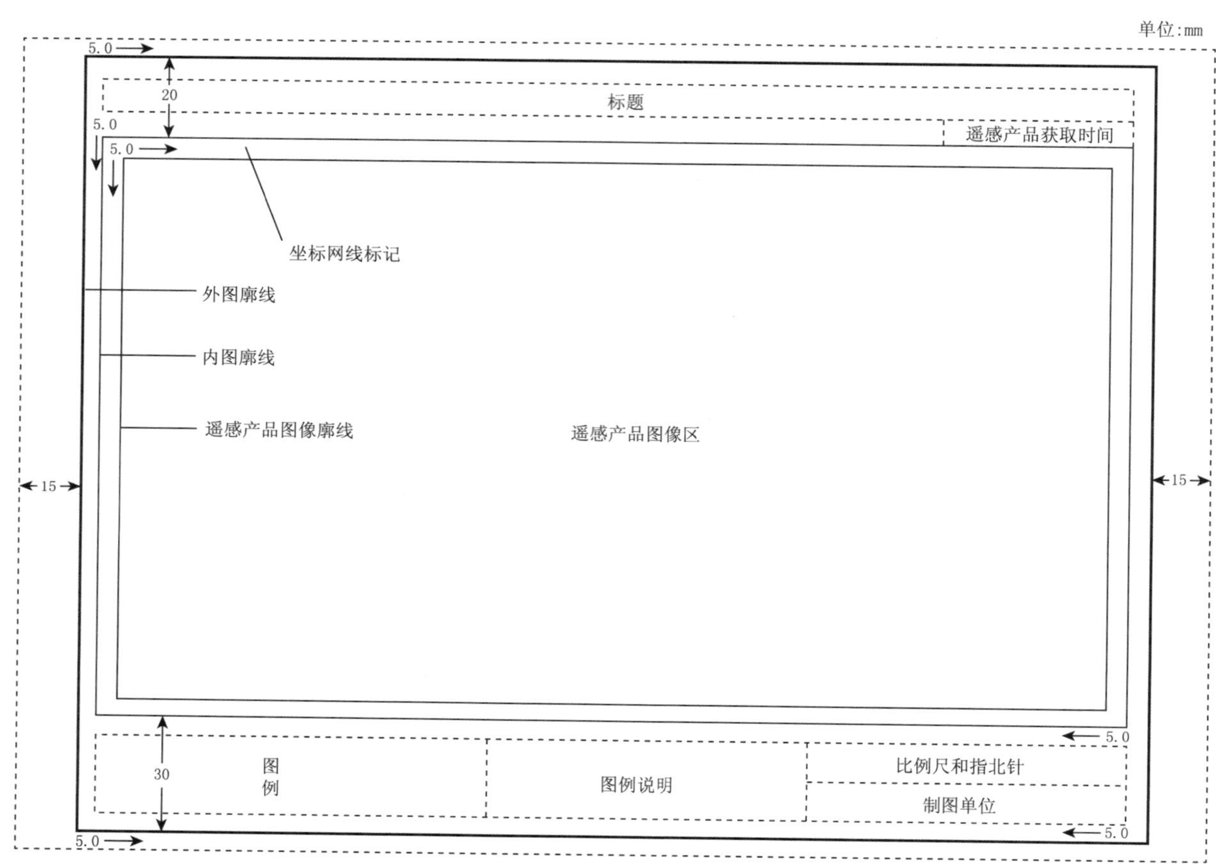

图 1 卫星遥感产品图布局(横版)

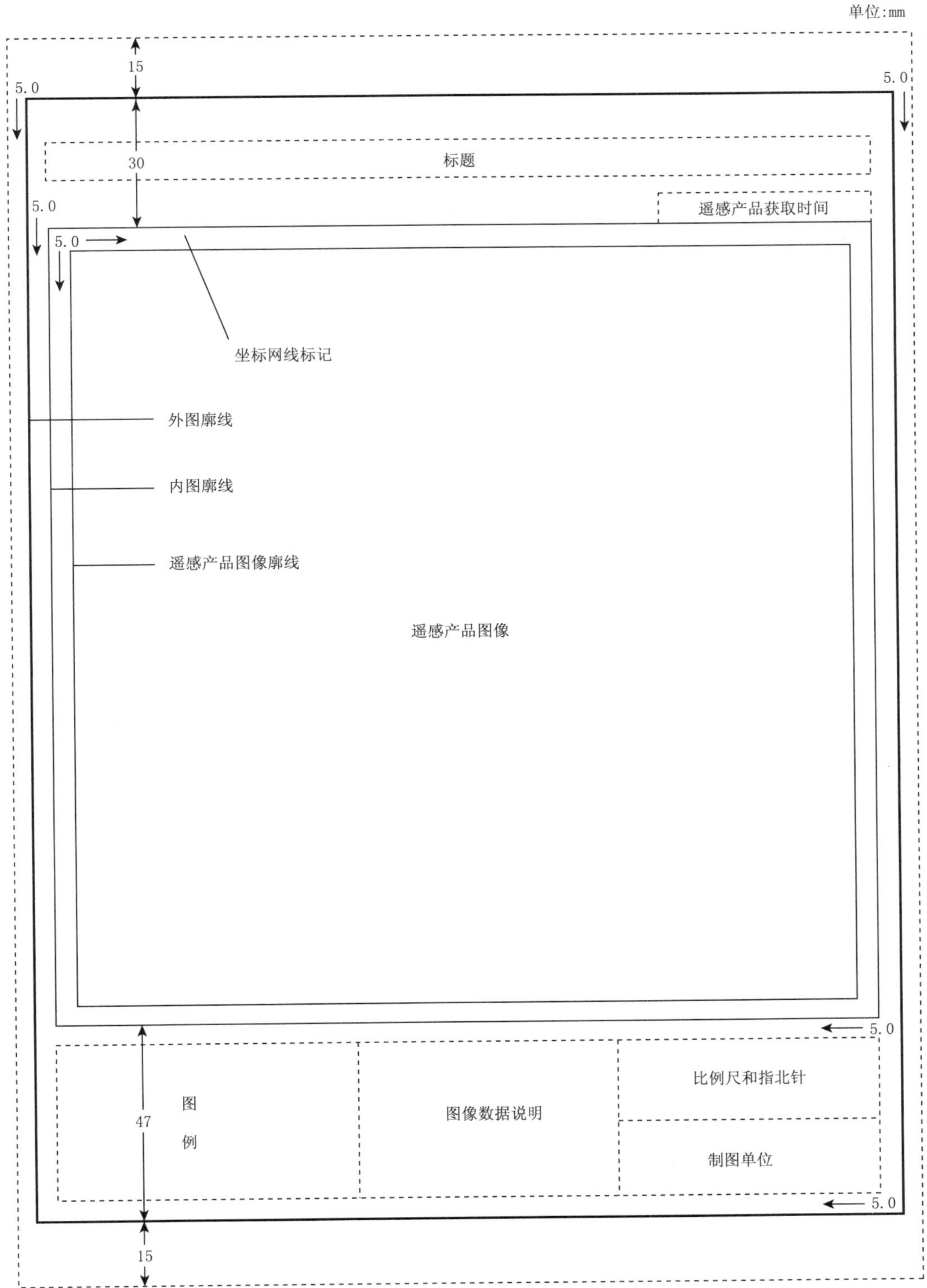

图2 卫星遥感产品图布局(竖版)

4.3 标题

标题内容按顺序包括卫星类型、监测区域、产品名称。确定标题时应注意不与其他图标题重名,标题字体样式见表1。

示例：

气象卫星密云水库水体变化专题图

表 1　标题字体样式

图幅尺寸	字体	字号	颜色	文字位置
A4	黑体、宋体	24	黑色	外图廓线与内图廓线之间，上下居中，左右居中

4.4　遥感产品获取时间

遥感产品获取时间应为卫星遥感观测时间，采用 24 小时制，遥感产品获取时间字体样式见表 2。

格式为：

YYYY 年 MM 月 DD 日 hh：mm（北京时或世界时），其中 YYYY、MM、DD、hh、mm 分别为年、月、日、时、分。

示例：

2017 年 05 月 24 日 13：10（北京时）

表 2　遥感产品获取时间字体样式

图幅尺寸	字体	字号	颜色	文字位置
A4	黑体、宋体	16	黑色	内图廓线上方，居右

4.5　外图廓线和内图廓线

依照比例尺分别按照 GB/T 20257.1、GB/T 20257.2、GB/T 20257.3、GB/T 20257.4 的规定执行。

4.6　遥感产品图像

4.6.1　基本要求

应位于整个图幅的中间位置。该区域应放置遥感影像并辅以一定的基础地理信息来表现制图对象地理空间分布和环境状况。

4.6.2　遥感产品图像廓线

遥感产品图像廓线样式见表 3。

表 3　遥感产品图像廓线样式

线样式	线宽度 mm	线颜色
————	0.3	黑色

4.6.3　遥感数据要求

按照 GB/T 15968 的规定执行。

4.6.4 基础地理信息数据要求

按照 GB 21139 的规定执行，根据 GB/T 2260 和 GB/T 17278 的要求叠加。以不遮挡图像上的有效信息为前提，宜包括国界线、省界线、地市界线、县界线、海岸线等可能出现视觉混淆区域的地理信息。

4.7 坐标网线及注记

根据遥感产品图像的投影方式，设置相应的经纬度网格信息，标上相应的经纬度信息，网格密度宜选为 0.5°、1°、2°、5°、10°。坐标网线叠加在遥感产品图像上，宜依照比例尺分别按照 GB/T 20257.1、GB/T 20257.2、GB/T 20257.3、GB/T 20257.4 的规定执行，坐标网线及注记文字和线样式见表 4。

表 4　坐标网线及注记文字和线样式

图幅尺寸	注记文字字体	注记文字字号	注记文字颜色	线样式	线宽度 mm	线颜色	注记文字位置
A4	黑体	9	黑色	---------	0.3	黄色或黑色	内图廓线和遥感产品图像廓线之间

4.8 图例

图例位于内图廓线左下角，背景色宜为白色。图例包括基础地理要素和专题要素，组织排布从高到低、从大到小排序。图例的符号应按照 GB/T 24354 的规定执行。图例的图框线样式与表 3 相同，图例字体样式见表 5。

表 5　图例字体样式

图幅尺寸	项目	字体	字号	颜色	文字位置
A4	标题	黑体	16	黑色	竖排文本，图例区域左侧，上下居中
A4	条目	黑体	12	黑色	图例区域内，居中

4.9 图像数据说明

图像数据说明位于图例右侧，背景色为白色，图像数据说明字体样式见表 6。格式如下，在不引起歧义的情况下可以适当增减：

a) 单、多通道合成图数据说明内容为：
   卫星/仪器：XX 卫星/XX 传感器；
   空间分辨率：XX m；
   投影方式：XX；
   合成方式：R(X1)，G(X2)，B(X3)；
   审图号：XX。

b) 专题图数据说明内容为：
   卫星/仪器：XX 卫星/XX 传感器；
   空间分辨率：XX m；
   投影方式：XX；
   审图号：XX。

XX 卫星/XX 传感器，以通用的简写英文表示，如：FY-3B/MERSI；XX m，通常以数字表示，如：250 m；投影方式：XX，以汉字或通用的简写英文表示，如：等经纬度投影，Lambert 投影；R(X1)，G(X2)，B(X3)分别表示仪器的通道号，如 R(3)，G(2)，B(1)；审图号：XX，由国务院测绘行政主管部门或者省级测绘行政主管部门编发。

表 6　图像数据说明字体样式

图幅尺寸	字体	字号	颜色	文字位置
A4	黑体	12	黑色	图像数据说明区域内，上下居中，左右居中

4.10　比例尺

比例尺应位于图线框内部右下角。应采用线比例尺。在铅垂和水平方向比例不同时，同一视图中标注不同的比例。依照比例尺分别按照 GB/T 20257.1、GB/T 20257.2、GB/T 20257.3、GB/T 20257.4 的规定执行。比例尺样式见表 7。

表 7　比例尺样式

图幅尺寸	字体	字号	颜色	符号样式	配色方案
A4	宋体	9	黑色	km 0 5 10 20	填充区域：黑色 非填充区域：白色 线颜色：黑色

4.11　指北针

指北针应位于比例尺右侧，样式见表 8。

表 8　指北针样式

名称	符号样式	配色方案
指北针	N	填充区域：黑色

4.12　制图单位

制图单位应填写单位名称或单位代号，内容依次为单位徽标(选填)、单位名称。单位名称宜为制图的法人单位名称。制图单位字体样式见表 9。

表 9　制图单位样式

图幅尺寸	字体	字号	颜色	文字位置
A4	黑体	12	黑色	制图单位区域，上下居中，居右

附 录 A
（资料性附录）
卫星遥感产品图布局示例

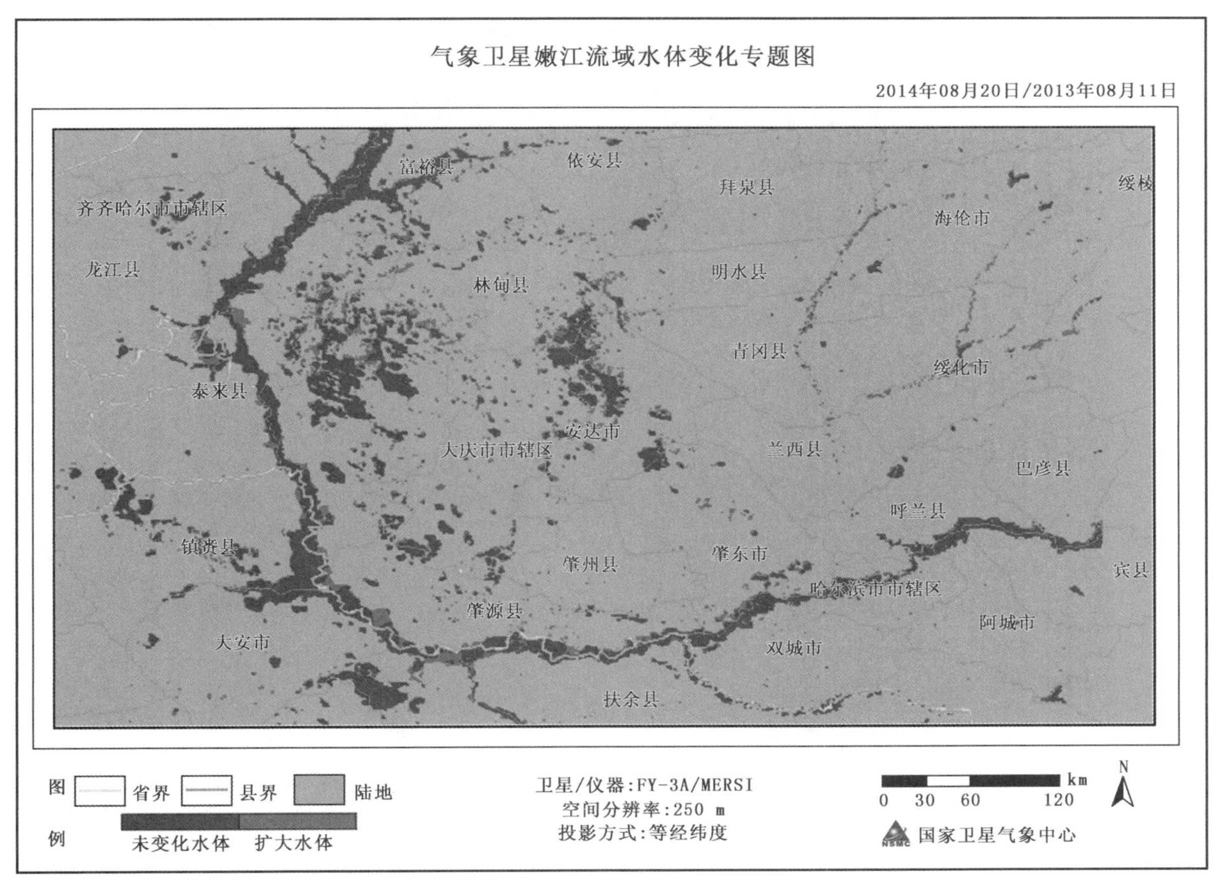

图 A.1（彩） 卫星遥感产品图布局（横版）

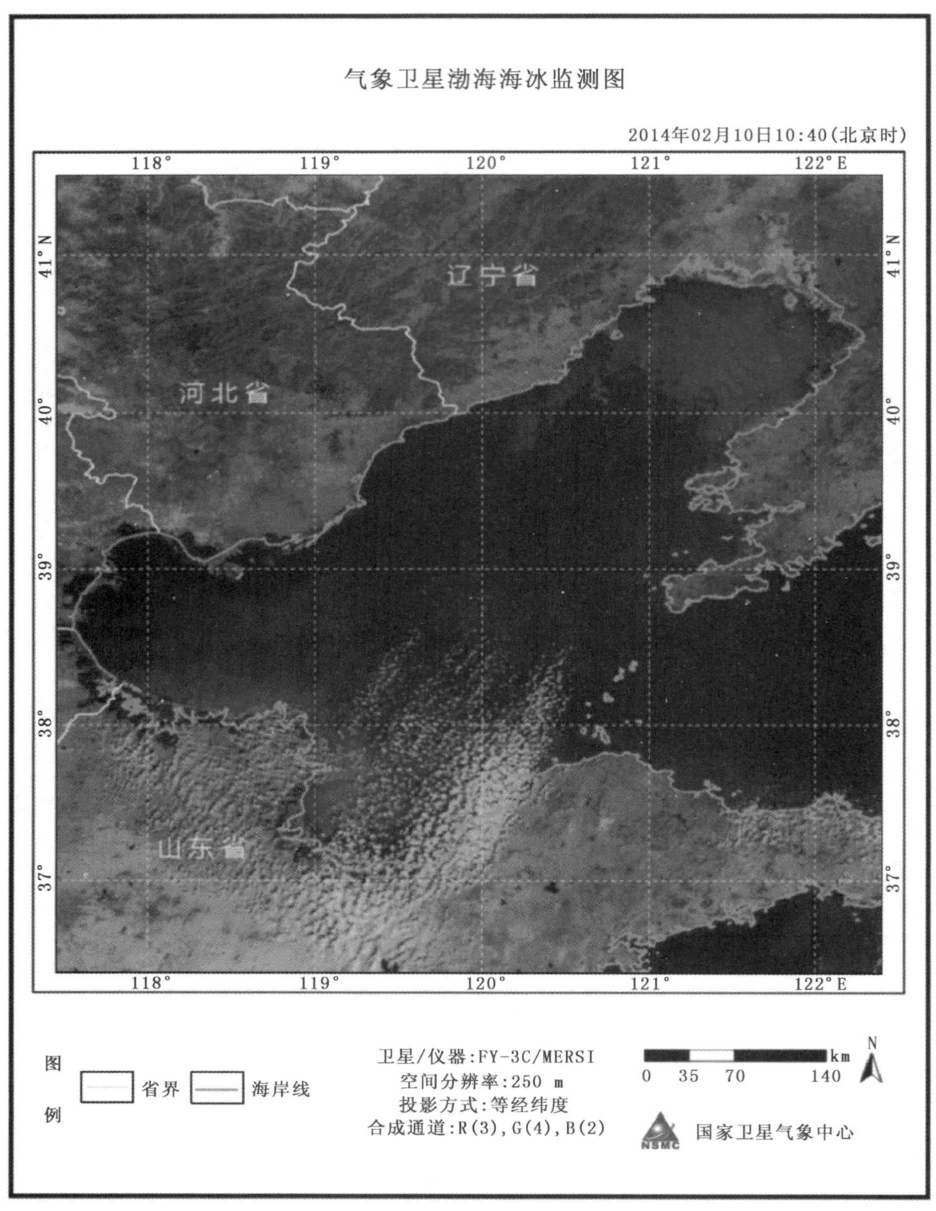

图 A.2(彩) 卫星遥感产品图布局(竖版)

参 考 文 献

[1] GB/T 14689—2008 技术制图 图纸幅面和格式
[2] GB/T 14950—2009 摄影测量与遥感术语
[3] GB/T 28923.1—2012 自然灾害遥感专题图产品制作要求 第1部分:分类、编码与制图

ICS 33.200
M 53
备案号：65860—2019

中华人民共和国气象行业标准

QX/T 461—2018

C 波段多普勒天气雷达

C-band Doppler weather radar

2018-12-12 发布　　2019-04-01 实施

中　国　气　象　局　发　布

前　言

本标准按照 GB/T 1.1—2009 给出的规则起草。

本标准由全国气象仪器与观测方法标准化技术委员会(SAC/TC 507)提出并归口。

本标准起草单位:北京敏视达雷达有限公司、中国气象局气象探测中心、成都信息工程大学、南京恩瑞特实业有限公司、安徽四创电子股份有限公司、成都锦江电子系统工程有限公司、中国电子科技集团公司第五十四研究所。

本标准主要起草人:刘强、张建云、虞海峰、吴艳锋、张持岸、邵楠、何建新、李忱、李佳、孙剑、张晓飞、蒋斌、张文静。

C 波段多普勒天气雷达

1 范围

本标准规定了地基固定式和移动式速调管发射机 C 波段多普勒天气雷达的通用要求，试验方法，检验规则，标识、标签和随行文件，包装、运输和贮存等要求。

本标准适用于地基固定式和移动式速调管发射机 C 波段多普勒天气雷达的设计、生产和验收。

2 规范性引用文件

下列文件对于本文件的应用是必不可少的。凡是注日期的引用文件，仅注日期的版本适用于本文件。凡是不注日期的引用文件，其最新版本(包括所有的修改单)适用于本文件。

GB/T 191—2008 包装储运图示标志

GB/T 2423.1 电工电子产品环境试验 第 2 部分:试验方法 试验 A:低温

GB/T 2423.2 电工电子产品环境试验 第 2 部分:试验方法 试验 B:高温

GB/T 2423.4 电工电子产品环境试验 第 2 部分:试验方法 试验 Db:交变湿热

GB 3784 电工术语 雷达

GB/T 13384—2008 机电产品包装通用技术条件

GB/T 21714 雷电防护

3 术语和定义

GB 3784 界定的以及下列术语和定义适用于本文件。

3.1

C 波段多普勒天气雷达 C-band Doppler weather radar

工作在 5.3 GHz～5.7 GHz 频率范围内，基于多普勒效应来测量大气中水成物粒子(云雨滴、冰晶、冰雹、雪花等)的回波强度、径向速度和速度谱宽等信息的天气雷达。

3.2

同相正交数据 in-phase and quadrature data

雷达接收机输出的模拟中频信号经过数字中频采样和正交解调后得到的时间序列数据。

3.3

基数据 base data

以同相正交数据作为输入，结合目标物位置信息和雷达参数经信号处理算法得到的数据。

3.4

气象产品 meteorological product

对基数据进行算法处理获得的表示雷达气象特征的数据、图像、文字等信息。

3.5

最小可测回波强度 minimum detectable echo intensity

雷达在一定距离上能探测到的最小反射率因子。

注:用来衡量雷达探测弱回波的能力，通常以 50 km 处能探测到的最小回波强度值(单位 dBz)作为参考值。

3.6

消隐　spot blanking

在天线运行的特定方位角/俯仰角区间关闭电磁发射的功能。

4　缩略语

下列缩略语适用于本文件。

A/D：模拟一数字(Analogue to Digital)

I/Q：同相正交 (In-phase and Quadrature)

MTBF：平均故障间隔(Mean Time Before Failure)

MTTR：平均修复时间(Mean Time To Repair)

PRF：脉冲重复频率(Pulse Repetition Frequency)

RHI：距离高度显示器(Range-Height Indicator)

SCR：信杂比(Signal to Clutter Ratio)

SQI：信号质量指数(Signal Quality Index)

WRA：气象雷达可用性(Weather Radar Availability)

5　通用要求

5.1　分类

C 波段多普勒天气雷达分为以下两类：

a)　固定式雷达：由天线罩、天线、伺服系统、发射机、接收机、信号处理、控制与监控、气象产品生成与显示终端等分系统组成；

b)　移动式雷达：由天线、伺服系统、发射机、接收机、信号处理、控制与监控、气象产品生成与显示终端、方舱与载车等分系统组成。

5.2　功能要求

5.2.1　一般要求

应具有下列功能：

a)　自动、连续运行和在线标校；

b)　本地、远程状态监视和控制；

c)　根据天气实况自动跟踪目标自适应观测；

d)　输出 I/Q 数据、基数据和气象产品三级数据。

5.2.2　控制和监控

5.2.2.1　扫描方式

应满足下列要求：

a)　支持平面位置显示、距离高度显示、体积扫描(以下简称“体扫”)、扇扫和任意指向扫描方式；

b)　扫描方位角、扫描俯仰角、扫描速度、脉冲重复频率和脉冲采样数等可通过软件设置；

c)　支持扫描任务调度功能，能按预设时间段和扫描方式进行程控运行。

5.2.2.2 观测模式

应满足下列要求：

a) 具有晴空、降水、强降水、高山等预制观测模式（各观测模式俯仰角、层数见表1），体扫周期不大于6 min，并能根据天气实况自动转换观测模式；

b) 能根据用户指令，对指定区域的风暴采用适当的观测模式进行跟踪观测；

c) 能按照设定的阈值自动切换观测模式，包括对冰雹区域进行RHI扫描，对龙卷和气旋区域进行自动改变PRF以避免二次回波的影响，对台风等强降水启动强降水观测模式等。

表1 观测模式参数配置表

观测模式	俯仰角层数	俯仰角/°
晴空模式	5	0.5，1.5，2.5，3.5，4.5
降水模式	9	0.5，1.5，2.4，3.4，4.3，6.0，9.9，14.6，19.5
强降水模式	14	0.5，1.5，2.4，3.4，4.3，5.3，6.2，7.5，8.7，10，12，14，16.7，19.5
高山模式	9	－0.5，0.5，1.5，2.8，3.8，5.5，9.5，14.1，19.0

5.2.2.3 机内自检设备和监控

应满足下列要求：

a) 机内自检设备和监控的参数应包括系统标定状态、天线伺服状态、接收机状态、发射机工作状态、灯丝电压及电流、线圈电压及电流、钛泵电流、阴极电压及电流、调制器、波导电弧、直流电源状态、馈线电压驻波比、波导内压力和湿度、天线罩门状态、发射机制冷风流量及风道温度、天线罩内温度、机房温度等；

b) 机内自检设备应具有系统报警功能，严重故障时应自动停机，同时自动存储和上传主要性能参数、工作状态和系统报警。

5.2.2.4 雷达及附属设备控制和维护

雷达应具有性能与状态监控单元，且满足下列要求：

a) 具有本地、远程监控和遥控能力，远程控制项目与本地相同，包括雷达开关机、观测模式切换、查看标定结果、修改适配参数等；

b) 自动上传基础参数（参见附录A中表A.1）、运行环境视频、附属设备状态参数，并能在本地和远程显示；

c) 完整记录雷达维护维修信息、关键器件出厂测试重要参数及更换信息，其中，维护维修信息包括适配参数变更、软件更迭、在线标定过程等；

d) 具有本地、远程视频监控雷达机房、天线罩内部、雷达站四周环境功能；

e) 具有雷达运行与维护的远程支持能力，包括对雷达系统参数进行远程监控和修改，对系统相位噪声、接收机灵敏度、动态范围和噪声系数等进行测试，控制天线进行运行测试、太阳法检查、指向空间目标协助雷达绝对标定等；

f) 具有远程软件升级功能。

5.2.2.5 关键参数在线分析

应满足下列要求：

a) 支持对线性通道定标常数、连续波测试信号、射频驱动测试信号、速调管输出测试信号等关键参数的稳定度和最大偏离度进行记录和分析等功能；
b) 具有对监测的所有实时参数超限报警提示功能；
c) 支持对监测参数和分析结果存储、回放、统计分析等功能。

5.2.2.6 实时显示

具有多画面实时逐径向显示回波强度、速度和谱宽的功能。

5.2.2.7 消隐功能

具有消隐区配置功能。

5.2.2.8 授时功能

能通过卫星授时或网络授时校准雷达数据采集计算机的时间，授时精度优于0.1 s。

5.2.3 标定和检查

5.2.3.1 自动

应具有自动在线标定和检查功能，并生成完整的文件记录，在结果超过预设门限时发出报警。自动在线标定和检查功能包括：
a) 强度标定；
b) 距离定位；
c) 发射机功率；
d) 速度；
e) 相位噪声；
f) 噪声电平；
g) 噪声温度/系数。

5.2.3.2 人工

应为人工进行下列检查提供测试接口和支持功能：
a) 发射机功率、输出脉冲宽度、输出频谱；
b) 发射和接收支路损耗；
c) 接收机最小可测功率、动态范围；
d) 天线座水平度；
e) 天线伺服扫描速度误差、加速度、运动响应；
f) 天线指向和接收链路增益；
g) 基数据方位角、俯仰角角码；
h) 地物杂波抑制能力；
i) 最小可测回波强度。

5.2.4 气象产品生成和显示

5.2.4.1 气象产品生成

生成的气象产品应包括：
a) 基本气象产品：平面位置显示、距离高度显示、等高平面位置显示、垂直剖面、组合反射率因子；

b) 物理量产品：回波顶高、垂直累积液态水含量、累积降水量；
c) 风暴识别产品：风暴单体识别和追踪、冰雹识别、中尺度气旋识别、龙卷涡旋特征识别、风暴结构分析；
d) 风场反演产品：速度方位显示、垂直风廓线、风切变。

5.2.4.2 气象产品格式

应满足相关气象产品格式标准和规范要求。

5.2.4.3 气象产品显示

应具有下列功能：
a) 多窗口显示产品图像，支持鼠标联动；
b) 产品窗口显示主要观测参数信息；
c) 产品图像能叠加可编辑的地理信息及符号产品；
d) 色标等级不少于 16 级；
e) 产品图像能矢量缩放、移动、动画显示等；
f) 鼠标获取地理位置、高度和数据值等信息。

5.2.5 数据存储和传输

应满足下列要求：
a) 支持多路存储和分类检索功能；
b) 数据传输采用传输控制协议/因特网互联协议(TCP/IP 协议)；
c) 支持压缩传输和存储；
d) 支持基数据逐径向以数据流方式传输；
e) 气象产品存储支持数据文件和图像两种输出方式。

5.3 性能要求

5.3.1 总体技术要求

5.3.1.1 雷达工作频率

按需要在 5.3 GHz～5.7 GHz 内选取。

5.3.1.2 雷达预热开机时间

应不大于 15 min。

5.3.1.3 距离范围

应满足下列要求：
a) 盲区距离：不大于 500 m；
b) 强度距离：不小于 400 km；
c) 速度距离：不小于 200 km；
d) 谱宽距离：不小于 200 km；
e) 高度距离：不小于 24 km。

5.3.1.4 角度范围

应满足下列要求：

a) 方位角:0°～360°;

b) 俯仰角:－2°～90°。

5.3.1.5 强度值范围

－35 dBz～75 dBz。

5.3.1.6 速度值范围

－48 m/s～48 m/s(采用速度退模糊技术)。

5.3.1.7 谱宽值范围

0 m/s～16 m/s。

5.3.1.8 测量误差

应满足下列要求:

a) 距离定位:不大于 50 m;

b) 方位角:不大于 0.05°;

c) 俯仰角:不大于 0.05°;

d) 强度:不大于 1 dBz;

e) 速度:不大于 1 m/s;

f) 谱宽:不大于 1 m/s。

5.3.1.9 分辨力

应满足下列要求:

a) 距离:不大于 150 m(窄脉冲);

b) 方位角:不大于 0.01°;

c) 俯仰角:不大于 0.01°;

d) 强度:不大于 0.5 dBz;

e) 速度:不大于 0.5 m/s;

f) 谱宽:不大于 0.5 m/s。

5.3.1.10 最小可测回波强度

应满足下列要求:

a) 固定式:在 50 km 处可探测的最小回波强度不大于－6.5 dBz;

b) 移动式:在 50 km 处可探测的最小回波强度不大于－3.5 dBz。

5.3.1.11 相位噪声

不大于 0.06°。

5.3.1.12 地物杂波抑制能力

不小于 60 dB。

5.3.1.13 天馈系统电压驻波比

不大于 1.5。

5.3.1.14 相位编码

对二次回波的恢复比例不低于60%。

5.3.1.15 可靠性

MTBF不小于1500 h。方位和俯仰齿轮轴承不低于10 a,汇流环不低于8 a,速调管不低于15000 h。

5.3.1.16 可维护性

MTTR不大于0.5 h。

5.3.1.17 可用性

WRA不小于96%。

5.3.1.18 功耗

不大于50 kW。

5.3.2 天线罩

应满足下列要求:

a) 采用随机分块的刚性截球状型式;

b) 具有良好的耐腐蚀性能和较高的机械强度,并进行疏水涂层处理;

c) 与天线口径比不小于1.5;

d) 双程射频损失不大于0.6 dB(功率);

e) 引入波束偏差(指向偏移角)不大于0.03°;

f) 引入波束展宽不大于3%。

5.3.3 天线

应满足下列要求:

a) 采用中心馈电旋转抛物面型式;

b) 采用水平线极化方式;

c) 固定式雷达波束宽度不大于1°,移动式雷达波束宽度不大于1.3°;

d) 固定式雷达第一旁瓣电平不大于-29 dB,10°以外远端旁瓣电平不大于-42 dB,移动式雷达第一旁瓣电平不大于-27 dB,10°以外远端旁瓣电平不大于-40 dB;

e) 固定式雷达功率增益不小于43 dB,移动式雷达功率增益不小于40 dB。

5.3.4 伺服系统

5.3.4.1 扫描方式

应支持平面位置显示、距离高度显示、体扫、扇扫和任意指向扫描方式。

5.3.4.2 扫描速度及误差

应满足下列要求:

a) 方位角扫描最大速度不小于60 (°)/s,误差不大于5%;

b) 俯仰角扫描最大速度不小于36 (°)/s,误差不大于5%。

5.3.4.3 扫描加速度

方位角扫描和俯仰角扫描最大加速度均不小于 15 $(°)/s^2$。

5.3.4.4 运动响应

俯仰角扫描从 0°移动到 90°时间不大于 10 s,方位角扫描从最大转速到停止时间不大于 3 s。

5.3.4.5 控制方式

支持下列两种控制方式：

a) 全自动；

b) 手动。

5.3.4.6 角度控制误差

方位角和俯仰角控制误差均不大于 0.05°。

5.3.4.7 天线空间指向误差

方位角和俯仰角指向误差均不大于 0.05°。

5.3.4.8 控制字长

不小于 14 bit。

5.3.4.9 角码数据字长

不小于 14 bit。

5.3.5 发射机

5.3.5.1 脉冲功率

不小于 250 kW。

5.3.5.2 脉冲宽度

应满足下列要求：

a) 窄脉冲：(1.00±0.10) μs；

b) 宽脉冲：(2.00±0.20) μs。

5.3.5.3 脉冲重复频率

应满足下列要求：

a) 窄脉冲：300 Hz～2000 Hz；

b) 宽脉冲：300 Hz～1000 Hz；

c) 具有 3/2,4/3 和 5/4 三种双脉冲重复频率功能。

5.3.5.4 频谱特性

工作频率±10 MHz 处不大于－60 dB。

5.3.5.5 输出极限改善因子

不小于 55 dB。

5.3.5.6 功率波动

24 h 功率检测的波动范围应满足下列要求：

a) 机内：不大于 0.4 dB；

b) 机外：不大于 0.3 dB。

5.3.6 接收机

5.3.6.1 最小可测功率

应满足下列条件：

a) 窄脉冲：不大于－108 dBm；

b) 宽脉冲：不大于－111 dBm。

5.3.6.2 噪声系数

不大于 3 dB。

5.3.6.3 线性动态范围

不小于 111 dB，拟合直线斜率应在 1.000±0.015 范围内，均方差不大于 0.5 dB。

5.3.6.4 数字中频 A/D 位数

不小于 16 bit。

5.3.6.5 数字中频采样速率

不小于 48 MHz。

5.3.6.6 接收机带宽

应满足下列要求：

a) 窄脉冲：(1.00±0.10)MHz；

b) 宽脉冲：(0.50±0.10)MHz。

5.3.6.7 频率源射频输出相位噪声

10 kHz 处不大于－130 dB/Hz。

5.3.6.8 移相功能

频率源具有移相功能。

5.3.7 信号处理

5.3.7.1 数据输出率

不低于脉冲宽度和接收机带宽匹配值。

5.3.7.2 处理模式

信号处理宜采用通用服务器软件化设计。

5.3.7.3 基数据格式

满足相关标准和规范要求，数据中包括元数据信息、在线标定记录、观测数据等。

5.3.7.4 数据处理和质量控制

应具有以下算法和功能：

a) 采用相位编码或其他过滤和恢复能力相当的方法退距离模糊；
b) 采用脉冲分组双 PRF 方法或其他相当方法退速度模糊，采用脉冲分组双 PRF 方式时，每个脉组的采样空间不大于天线波束宽度的 1/2；
c) 采用先动态识别再进行自适应频域滤波的方法进行杂波过滤；
d) 风电杂波抑制和恢复；
e) 电磁干扰过滤；
f) 可配置信号强度、SQI、SCR 等质量控制门限。

5.4 方舱与载车

应满足下列要求：

a) 载车具有调平装置和定位经纬度、海拔高度的功能；
b) 适应野外全天候工作；
c) 配备发电机组；
d) 方舱具有防雨、防尘、防腐措施；
e) 方舱应采取屏蔽和隔热措施；
f) 方舱配备空调；
g) 方舱具有逃生出口，并配备消防器材；
h) 方舱与载车能够满足公路运输的标准；
i) 防雷应满足 GB/T 21714 系列标准的要求。

5.5 环境适应性

5.5.1 一般要求

应满足下列要求：

a) 具有防尘、防潮、防霉、防盐雾、防虫措施；
b) 适应海拔 3000 m 及以上高度的低气压环境。

5.5.2 温度

应满足下列要求：

a) 室内：0 ℃～30 ℃；
b) 天线罩内：－40 ℃～55 ℃。

5.5.3 空气相对湿度

应满足下列要求：

a) 室内：15%～90%，无凝露；

b) 天线罩内：15%～95%，无凝露。

5.5.4 天线罩抗风和冰雪载荷

应满足下列要求：

a) 抗持续风能力不低于 55 m/s；

b) 抗阵风能力不低于 60 m/s；

c) 抗冰雪载荷能力不小于 220 kg/m^2。

5.5.5 移动式雷达抗风能力

应满足下列要求：

a) 工作状态：不低于 20 m/s；

b) 非工作状态：不低于 30 m/s。

5.6 电磁兼容性

应满足下列要求：

a) 具有足够的抗干扰能力，不因其他设备的电磁干扰而影响工作；

b) 与大地的连接安全可靠，有设备地线、动力电网地线和避雷地线，避雷针与雷达公共接地线使用不同的接地网；

c) 屏蔽体将被干扰物或干扰物包围封闭，屏蔽体与接地端子间电阻小于 0.1 Ω。

5.7 电源适应性

采用三相五线制，并满足下列要求：

a) 供电电压：三相(380±38) V；

b) 供电频率：(50±1.5) Hz。

5.8 互换性

同型号雷达的部件、组件和分系统应保证电气功能、性能和接口的一致性，均能在现场替换，并保证雷达正常工作。

5.9 安全性

5.9.1 一般要求

应满足下列要求：

a) 使用对环境无污染、不损害人体健康和设备性能的材料；

b) 保证人员及雷达的安全。

5.9.2 电气安全

应满足下列要求：

a) 电源线之间及与大地之间的绝缘电阻大于 1 MΩ；

b) 电压超过 36 V 处有警示标识和防护装置；

c) 高压储能电路有泄放装置；

d) 危及人身安全的高压在防护装置被去除或打开后自动切断；

e) 存在微波泄漏处有警示标识；

f) 配备紧急断电保护开关；

g) 天线罩门打开时，自动切断天线伺服供电。

5.9.3 机械安全

应满足下列要求：

a) 抽屉或机架式组件配备锁紧装置；

b) 机械转动部位及危险的可拆卸装置处有警示标识和防护装置；

c) 在架设、拆收、运输、维护、维修时，活动装置能锁定；

d) 天线俯仰角超过规定范围时，有切断电源和防碰撞的安全保护装置；

e) 天线伺服配备手动安全开关；

f) 室内与天线罩内之间有通信设备。

5.10 噪声

发射机和接收机的噪声应低于 85 dB(A)。

6 试验方法

6.1 试验环境条件

6.1.1 室内测试环境条件

室温在 15 ℃～25 ℃，空气相对湿度不大于 70%。

6.1.2 室外测试环境条件

空气温度在 5 ℃～35 ℃，空气相对湿度不大于 80%，风速不大于 5 m/s。

6.2 试验仪表和设备

试验仪表和设备见表 2。

表 2 试验仪表和设备

序号	设备名称	主要性能要求
1	信号源	频率：10 MHz～13 GHz 输出功率：－135 dBm～21 dBm
2	频谱仪	频率：10 MHz～13 GHz 最大分析带宽：不低于 25 MHz 精度：不低于 0.19 dB
3	功率计(含探头)	功率：－35 dBm～20 dBm 精度：不大于 0.1 dB
4	衰减器	频率：0 GHz～18 GHz 精度：不大于 0.8 dB 功率：不小于 2 W

表 2 试验仪表和设备(续)

序号	设备名称	主要性能要求
5	检波器	频率:5.1 GHz～5.75 GHz 灵敏度:1 mV/10 μW 最大输入功率:10 mW
6	示波器	带宽:不小于 200 MHz
7	矢量网络分析仪	频率:100 MHz～13 GHz 动态范围:不小于 135 dB 输出功率:不小于 15 dBm
8	噪声系数分析仪(含噪声源)	频率:10 MHz～7 GHz 测量范围:0 dB～20 dB 精度:不大于 0.15 dB
9	信号分析仪	频率:10 MHz～7 GHz 功率:－15 dBm～20 dBm 分析偏置频率:1 Hz～100 MHz 精度:不大于 3 dB
10	合像水平仪	刻度盘分划值:0.01 mm/m 测量范围:－10 mm/m～10 mm/m 示值误差:±0.01 mm/m(±1 mm/m 范围内) ±0.02 mm/m(±1 mm/m 范围外) 工作面平面性偏差:0.003 mm
11	标准喇叭天线	频率:5.3 GHz～5.7 GHz 增益:不低于 18 dB 精度:不大于 0.2 dB
12	转台伺服控制器	转动范围:方位角 0°～180°,俯仰角－1°～89°, 极化角 0°～360° 转动速度:0 (°)/s～0.5 (°)/s 定位精度:0.03°

6.3 分类

目测检查雷达的系统组成。

6.4 功能

6.4.1 一般要求

操作演示检查。

6.4.2 扫描方式

配置并运行扫描方式和任务调度,并检查结果。

6.4.3 观测模式

操作演示检查。

6.4.4 机内自检设备和监控

操作检查参数的显示,演示报警功能。

6.4.5 雷达及附属设备控制和维护

实际操作检查。

6.4.6 关键参数在线分析

实际操作检查。

6.4.7 实时显示

实际操作检查。

6.4.8 消隐功能

配置消隐区,测试当天线到达消隐区间内时发射机是否停止发射脉冲。

6.4.9 授时功能

实际操作检查授时功能和授时精度。

6.4.10 强度标定

演示雷达使用机内信号进行自动强度标定的功能,并在软件界面上查看标定结果。通过查看基数据中记录的强度标定值,检查标定结果是否应用到下一个体扫。

6.4.11 距离定位

实际操作检查雷达使用机内脉冲信号自动进行距离定位检查的功能。

6.4.12 发射机功率

实际操作检查雷达基于内置功率计的发射机功率自动检查功能。

6.4.13 速度

演示雷达使用机内信号进行速度自动检查的功能,检查软件界面显示的结果。

6.4.14 相位噪声

演示雷达的机内相位噪声自动检查的功能,检查软件界面显示的结果。

6.4.15 噪声电平

演示雷达噪声电平自动测量的功能,检查软件界面显示的结果。

6.4.16 噪声温度/系数

演示噪声温度/系数自动检查的功能,检查软件界面显示的结果。

6.4.17　发射机功率、输出脉冲宽度、输出频谱

检查雷达是否能使用机外仪表测量发射机功率、脉冲宽度和输出频谱。

6.4.18　发射和接收支路损耗

应采取下列两种方式之一进行：

a）使用信号源、频谱仪/功率计按下列步骤进行：

1）按图 1a)连接测试设备。

2）测量测试电缆 1 和 2 的损耗，分别记为 L_1 和 L_2。

3）发射机功率采样定向耦合器输入端口注入＋15 dBm 功率的信号，记为 A。

4）功率计测量天线输入端口功率，记为 P_0。

5）计算并记录发射支路损耗 L_t（分贝，dB），计算方法见式(1)：

$$L_t = A - P_0 - (L_1 + L_2) \quad \cdots\cdots(1)$$

式中：

A ——定向耦合器输入端口注入＋15 dBm 功率信号，单位为分贝毫瓦(dBm)；

P_0 ——天线输入端口功率，单位为分贝毫瓦(dBm)；

L_1、L_2——测试电缆 1 和 2 的损耗，单位为分贝(dB)。

6）按图 2a)连接测试设备。

7）天线端口注入＋15 dBm 功率信号，记为 B。

8）功率计测量低噪声放大器输入端口功率，记为 P_1。

9）计算并记录接收支路损耗 L_r（分贝，dB），计算方法见式(2)：

$$L_r = B - P_1 - (L_1 + L_2) \quad \cdots\cdots(2)$$

式中：

B ——天线端口注入＋15 dBm 功率信号，单位为分贝毫瓦(dBm)；

P_1 ——低噪声放大器输入端口功率，单位为分贝毫瓦(dBm)。

b）使用矢量网络分析仪按下列步骤进行：

1）校准矢量网络分析仪（含测试电缆及转接器）；

2）按图 1b)连接测试设备到发射支路测量点；

3）读取并记录发射支路损耗值 L_t；

4）重新校准矢量网络分析仪（含测试电缆及转接器）；

5）按图 2b)连接测试设备；

6）读取并记录接收支路损耗值 L_r。

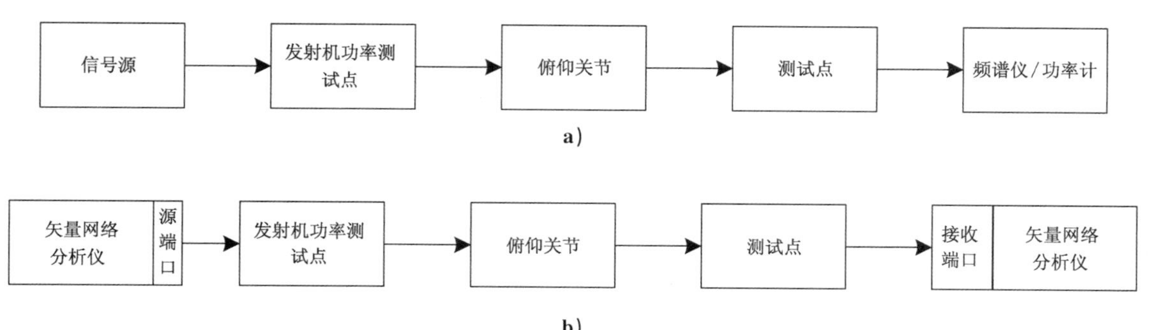

图 1　发射支路损耗测试示意图

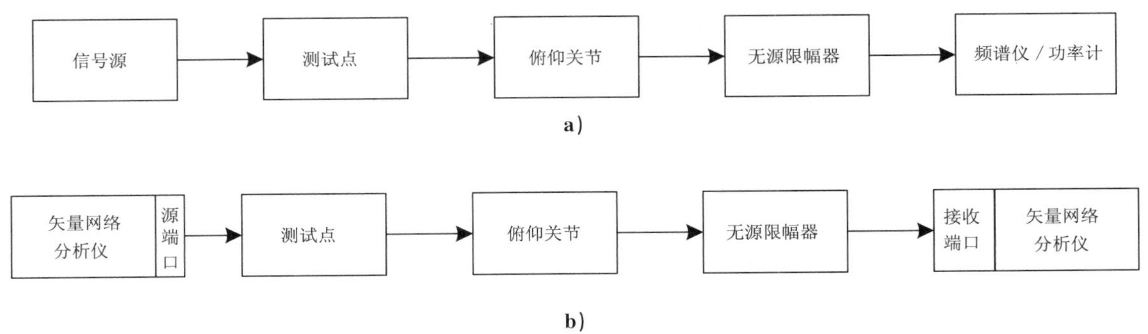

图 2　接收支路损耗测试示意图

6.4.19　接收机最小可测功率、动态范围

检查雷达是否能使用机外仪表测量接收机最小可测功率和动态范围。

6.4.20　天线座水平度

6.4.20.1　测试方法

按下列步骤进行测试：

a)　将天线停在方位角 0°位置；

b)　将合像水平仪按图 3 所示放置在天线转台上；

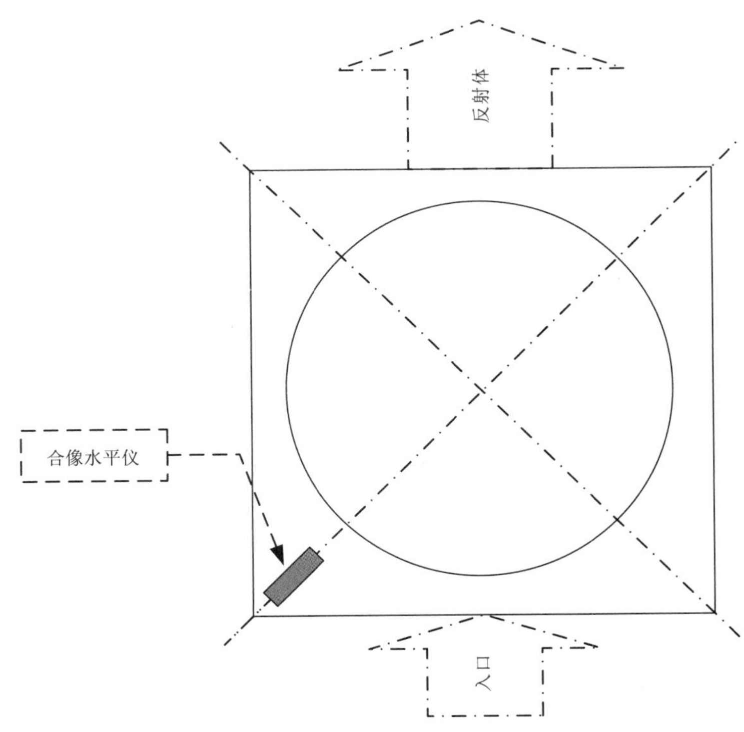

图 3　天线座水平度检查示意图

c)　调整合像水平仪达到水平状态，并记录合像水平仪的读数值，记为 M_0；

d)　控制天线停在方位角 45°位置；

e) 调整合像水平仪达到水平状态，并记录合像水平仪的读数值，记为 M_{45}；

f) 重复步骤 d)、e)，分别测得天线方位角在 90°、135°、180°、225°、270°、315°位置合像水平仪的读数值，依次记为 M_{90}，M_{135}，M_{180}，M_{225}，M_{270}，M_{315}。

6.4.20.2 数据处理

分别计算四组天线座水平度差值的绝对值 $|M_0-M_{180}|$、$|M_{45}-M_{225}|$、$|M_{90}-M_{270}|$ 和 $|M_{135}-M_{315}|$，其中最大值即为该天线座水平度。

6.4.21 天线伺服扫描速度误差、加速度、运动响应

检查雷达是否具有软件工具，进行天线伺服速度误差、加速度和运动响应的检查。

6.4.22 天线指向和接收链路增益

检查雷达是否具有太阳法工具，用于检查和标定天线指向和接收链路增益。

6.4.23 基数据方位角、俯仰角角码

随机抽样基数据并提取方位角和俯仰角角码，检查方位角相邻角码间隔是否不超过分辨力的 2 倍。检查同一仰角的俯仰角角码是否稳定在期望值±0.2°的范围之内。

6.4.24 地物杂波抑制能力

基于雷达输出的地物杂波过滤前和过滤后的回波强度数据，统计和检查低俯仰角（如 0.5°）的地物杂波滤波能力。

6.4.25 最小可测回波强度

检查基数据在 50 km 处探测的最小回波强度，统计不少于 10 个体扫低俯仰角的回波强度以获得最小可测回波强度。统计方法为检查所有径向距离为 50 km 的回波强度值，或使用其他距离上的最小强度值换算成 50 km 的值。

6.4.26 气象产品生成

逐条演示气象产品的生成。

6.4.27 气象产品格式

审阅气象产品格式文档和产品样例文件。

6.4.28 气象产品显示

操作演示检查。

6.4.29 数据存储和传输

操作演示检查。

6.5 性能

6.5.1 雷达工作频率

按下列步骤进行测试：

a） 按图 4 连接测试设备；
b） 开启发射机高压；
c） 使用频谱仪测量雷达工作频率；
d） 关闭发射机高压。

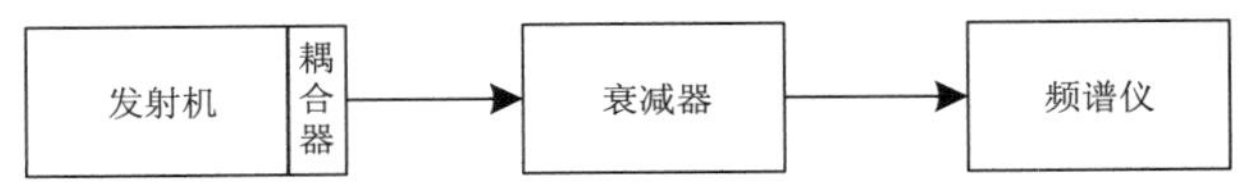

图 4 雷达工作频率测试示意图

6.5.2 雷达预热开机时间

秒表计时检查雷达从冷态开机预热到正常工作的时间。

6.5.3 距离范围

检查雷达的输出数据文件。

6.5.4 角度范围

控制雷达天线运行，检查运行范围。

6.5.5 强度值范围

检查雷达输出的数据文件。

6.5.6 速度值范围

检查雷达输出的数据文件。

6.5.7 谱宽值范围

检查雷达输出的数据文件或产品显示范围。

6.5.8 距离定位误差

使用信号源将时间延迟的 0.33 μs 脉冲信号注入雷达接收机并按 50 m 距离分辨力进行处理，检查雷达输出的反射率数据中的测试信号是否位于与延迟时间相匹配的距离库上。

6.5.9 方位角和俯仰角误差

6.5.9.1 测试方法

按下列步骤进行：
a） 用合像水平仪检查并调整天线座水平；
b） 设置正确的经纬度和时间；
c） 开启太阳法测试；
d） 记录测试结果。

6.5.9.2 数据处理

按下列步骤进行：

a) 比较理论计算的太阳中心位置和天线实际检测到的太阳中心位置，计算和记录雷达方位角和俯仰角误差；

b) 测试时要求太阳高度角在 8°～50°之间，系统时间误差不大于 1 s，天线座水平误差不大于 60″，雷达站经纬度误差不大于 1″；

c) 连续进行 10 次太阳法测试，并计算标准差作为方位角和俯仰角的误差。

6.5.10 强度误差

6.5.10.1 测试方法

按下列步骤进行：

a) 按图 5 连接设备；

b) 设置信号源使接收机注入功率为－40 dBm；

c) 根据雷达参数分别计算距离 5 km、50 km、100 km、150 km 和 200 km 的强度期望值，并记录；

d) 读取强度测量值，并记录；

e) 重复步骤 b)—d)，分别注入－90 dBm～－50 dBm(步进 10 dBm)测试信号，记录对应的期望值与测量值。

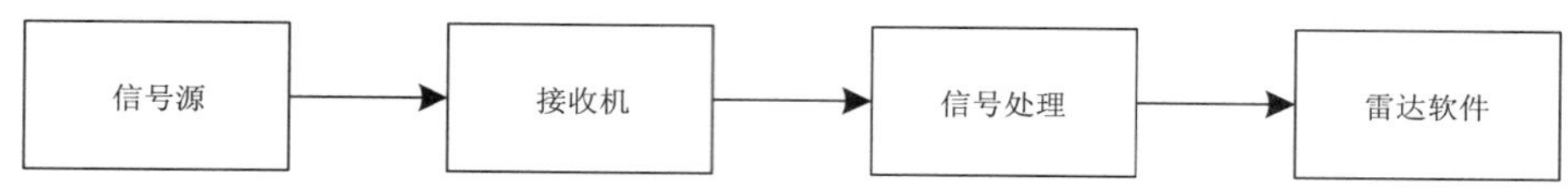

图 5 强度误差测试示意图

6.5.10.2 数据处理

按下列步骤进行：

a) 计算反射率的期望值 Z_{exp}(分贝，dB)，计算方法见式(3)：

$$Z_{exp} = 10\lg[(2.69 \times 10^{16}\lambda^2)/(P_t\tau G^2\theta\varphi)] + P_r + 20\lg R + L_\Sigma + RL_{at} \quad \cdots\cdots(3)$$

式中：

λ ——波长，单位为厘米(cm)；

P_t——发射脉冲功率，单位为千瓦(kW)；

τ ——脉宽，单位为微秒(μs)；

G ——天线增益，单位为分贝(dB)；

θ ——水平波束宽度，单位为度(°)；

φ ——垂直波束宽度，单位为度(°)；

P_r——输入信号功率，单位为分贝毫瓦(dBm)；

R ——距离，单位为千米(km)；

L_Σ——系统除大气损耗 L_{at} 外的总损耗(包括匹配滤波器损耗、收发支路总损耗和天线罩双程损耗)，单位为分贝(dB)；

L_{at}——大气损耗，单位为分贝每千米(dB/km)。

b) 分别计算注入功率－90 dBm ～－40 dBm(步进 10 dBm)对应的实测值和期望值之间的差值。

c) 选取所有差值中最大的值作为强度误差。

6.5.11　速度误差

6.5.11.1　测试方法

按下列步骤进行：

a）　按图 6 连接测试设备；

b）　设置信号源输出功率－40 dBm，频率为雷达工作频率；

c）　微调信号源输出频率，使读到的速度为 0 m/s，此频率记为 f_c；

d）　改变信号源输出频率为 f_c-f_r，其中 f_r 为脉冲重复频率；

e）　按 100 Hz 间隔，信号源输出频率从 f_c-f_r 到 f_c+f_r 步进，依次计算理论值 V_1，并读取对应的显示值 V_2；

f）　关闭信号源。

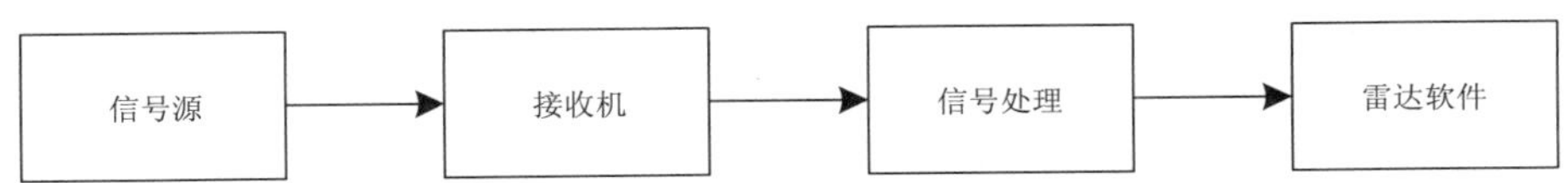

图 6　速度误差测试示意图

6.5.11.2　数据处理

按下列步骤进行：

a）　计算径向速度理论值 V_1（米每秒，m/s），计算方法见式(4)：

$$V_1=-(\lambda\times f_d)/2 \quad \cdots\cdots(4)$$

式中：

λ ——雷达波长，单位为米(m)；

f_d ——注入信号的频率与雷达工作频率 f_c 的差值，单位为赫兹(Hz)。

b）　分别计算出 f_d 从 f_c-f_r 到 f_c+f_r（步进 100 Hz）对应的 V_2 和 V_1 之间的差值；

c）　选取所有差值中绝对值最大的值作为速度误差。

6.5.12　谱宽误差

通过控制衰减器改变脉冲信号的幅度或其他方法生成期望谱宽的信号，将该信号注入接收机并记录实测的谱宽值，计算期望值和实测值之间的误差。

6.5.13　分辨力

方位角和俯仰角的分辨力通过角码记录文件检查，其他通过基数据文件检查。

6.5.14　最小可测回波强度

检查基数据（宽脉冲，脉冲采样个数为 32，无地物滤波）在 50 km 处探测的最小回波强度，统计不少于 10 个体扫低仰角的回波强度以获得最小可测回波强度。统计方法为检查所有径向距离为 50 km 的回波强度值（或者使用其他距离上的最小强度值换算成 50 km 的值），获得 50 km 处最小的回波强度值即为雷达的最小可测回波强度。

6.5.15 相位噪声

6.5.15.1 测试方法

按下列步骤进行：

a） 将发射机输出作为测试信号，经过微波延迟线注入接收机；

b） 开启发射机高压；

c） 采集并记录连续64个脉冲的I/Q数据；

d） 关闭发射机高压。

6.5.15.2 数据处理

计算I/Q复信号的相位标准差(度，°)，作为相位噪声 φ_{PN}，计算方法见式(5)：

$$\varphi_{PN}=\frac{180}{\pi}\sqrt{\frac{1}{N}\sum_{i=1}^{N}(\varphi_i-\bar{\varphi})^2} \quad \cdots\cdots(5)$$

式中：

φ_i ——I/Q复信号的相位，单位为弧度(rad)；

$\bar{\varphi}$ ——相位 φ_i 的平均值，单位为弧度(rad)。

6.5.16 地物杂波抑制能力

统计基数据低俯仰角(如0.5°)地物杂波过滤前后的回波强度差，超过60 dB的距离库数应不少于50个。

6.5.17 天馈系统电压驻波比

按下列步骤进行测试：

a） 按图7连接测试设备；

b） 控制天线俯仰角指向90°；

c） 使用矢量网络分析仪测量天馈系统电压驻波比。

图7 天馈系统电压驻波比测试示意图

6.5.18 相位编码

6.5.18.1 通过统计分析有二次回波的降水基数据来验证系统相位编码退距离模糊的能力。

6.5.18.2 统计低仰角的速度数据(如0.5°)，计算一次回波的最大探测距离 R_{max}(千米，km)，计算方法见式(6)：

$$R_{max}=C/(2\times f_{PRF}) \quad \cdots\cdots(6)$$

式中：

C ——光在真空中的传播速度，取 2.99735×10^8 m/s；

f_{PRF} ——当前俯仰角的脉冲重复频率，单位为赫兹(Hz)。

6.5.18.3 遍历所有速度数据的距离库，统计所有存在距离模糊的距离库数记为 B_a，退模糊算法有效的距离库数记为 B_v，计算二次回波的恢复比例 B_v/B_a。

6.5.19 可靠性

使用一个或一个以上雷达不少于半年的运行数据，统计系统的可靠性，结果用平均故障间隔(MTBF)表示。

6.5.20 可维护性

使用一个或一个以上雷达不少于半年的运行数据，统计系统的可维护性，结果用平均修复时间(MTTR)表示。

6.5.21 可用性

使用一个或一个以上雷达不少于半年的运行数据，计算系统的可用性 η_{WRA} (小时，h)，计算方法见式(7)：

$$\eta_{WRA} = \frac{T_w}{T_w + T_m + T_f} \times 100\% \qquad \cdots\cdots(7)$$

式中：

T_w ——累计工作时间，单位为小时(h)；

T_m ——累计故障维护时间，单位为小时(h)；

T_f ——累计排除故障时间，单位为小时(h)。

6.5.22 功耗

雷达开机连续运行，统计 1 h 用电量。

6.5.23 天线罩型式、尺寸与材料

检视和测量天线罩结构与材料。

6.5.24 天线罩双程射频损失

6.5.24.1 测试方法

按下列步骤进行：

a) 按图 8 连接测试设备，不安装天线罩；

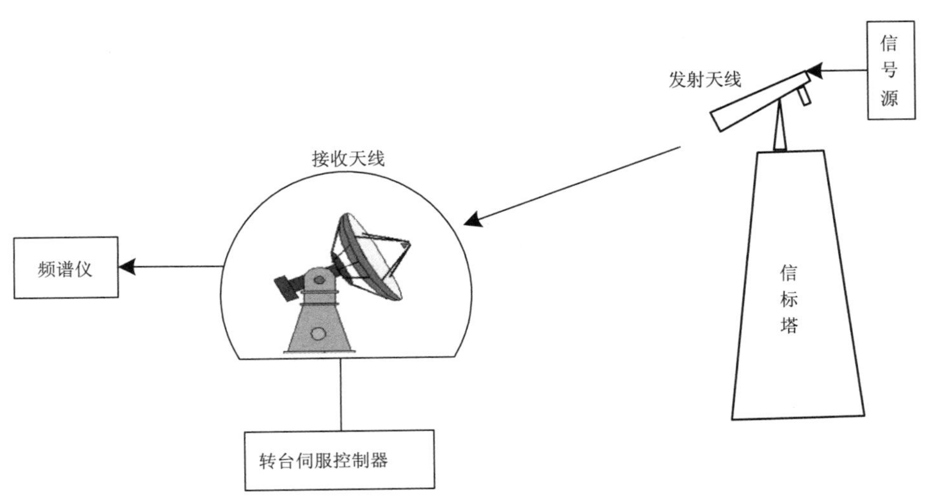

图 8 双程射频损失测试示意图

b) 分别选择 0°和 90°切面(对水平极化天线等同于 E 和 H 面),频率分别设置为 5.3 GHz、5.4 GHz、5.5 GHz、5.6 GHz 和 5.7 GHz;

c) 转动接收天线与发射天线对准,极化匹配;

d) 使用频谱仪测量接收信号强度,并记为 P_1;

e) 安装待测天线罩;

f) 使用频谱仪测量接收信号强度,并记为 P_2。

6.5.24.2 **数据处理**

计算天线罩的双程射频损失 L(分贝,dB),计算方法见式(8):

$$L = 2 \times (P_1 - P_2) \quad \cdots\cdots\cdots\cdots(8)$$

式中:

P_1、P_2——含义见 6.5.24.1,单位为分贝(dB)。

6.5.25 **天线罩引入波束偏差**

6.5.25.1 **测试方法**

按下列步骤进行:

a) 按图 9 连接测试设备,不安装天线罩;

b) 分别选择 0°和 90°切面(对水平极化天线等同于 E 和 H 面),频率分别设置为 5.3 GHz、5.4 GHz、5.5 GHz、5.6 GHz 和 5.7 GHz;

c) 转动接收天线与发射天线对准,极化匹配;

d) 记录当前转台伺服控制器的方位角和俯仰角,分别记为 A_{Z0} 和 E_{L0};

e) 安装待测天线罩;

f) 重复步骤 c);

g) 记录当前转台伺服控制器的方位角和俯仰角,分别记为 A_{Z1} 和 E_{L1}。

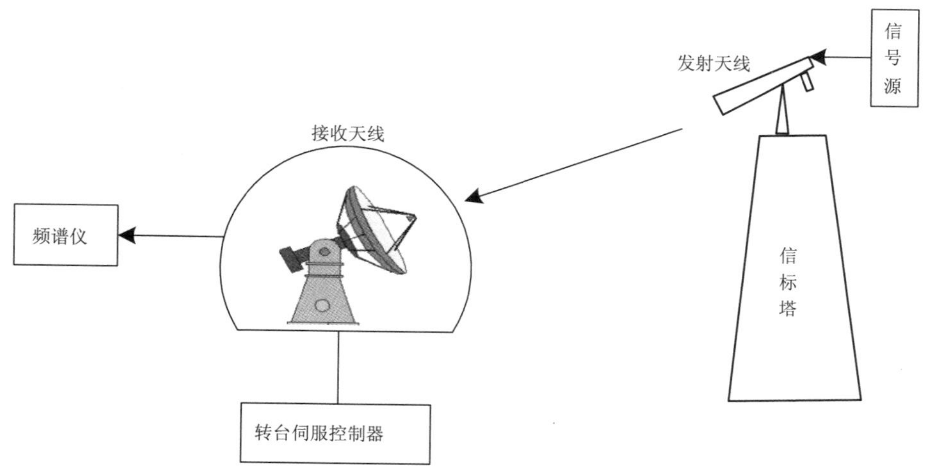

图 9 天线罩引入波束偏差测试示意图

6.5.25.2 **数据处理**

计算天线罩引入波束偏差 θ(度,°),计算方法见式(9):

$$\theta = \frac{1}{2} \times \cos^{-1} \sqrt{\cos(A_{Z0} - A_{Z1}) \times \cos(E_{L0} - E_{L1})} \quad \cdots\cdots(9)$$

式中：

A_{Z0}、A_{Z1}、E_{L0}、E_{L1}——含义见 6.5.25.1，单位为度(°)。

6.5.26 天线罩引入波束展宽

6.5.26.1 测试方法

按下列步骤进行：

a) 按图 10 连接测试设备，不安装天线罩；
b) 分别选择 0°和 90°切面(对水平极化天线等同于 E 和 H 面)，频率分别设置为 5.3 GHz、5.4 GHz、5.5 GHz、5.6 GHz 和 5.7 GHz；
c) 转动接收天线与发射天线对准，极化匹配；
d) 向右转动接收天线，每隔 0.01°使用频谱仪测量并记录信号强度，直至 4.5°；
e) 从极化匹配点向左转动接收天线，每隔 0.01°使用频谱仪测量并记录信号强度，直至 4.5°；
f) 安装待测天线罩；
g) 重复步骤 b)—e)。

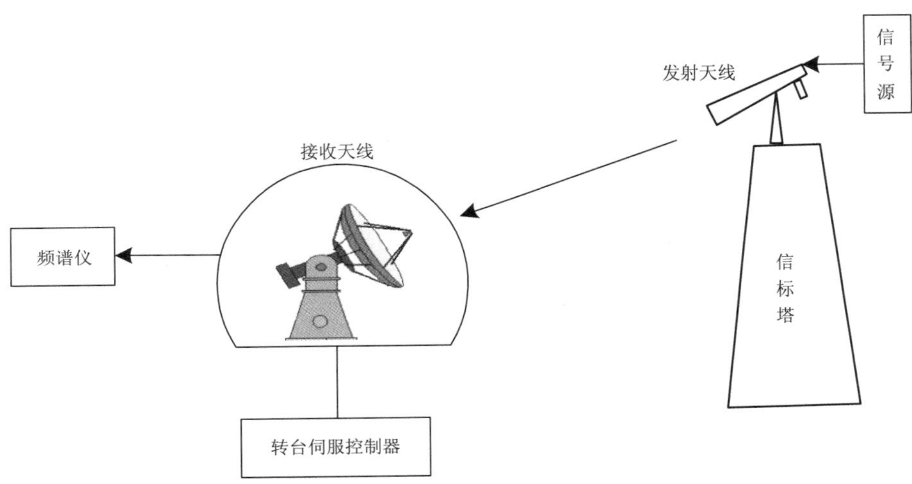

图 10 天线罩引入波束展宽测试示意图

6.5.26.2 数据处理

按下列步骤进行：

a) 绘制无天线罩测量的天线辐射方向图，在最强信号两侧分别读取功率下降 3 dB 点所对应的角度值，两者之和作为无天线罩时波束宽度，记为 θ_0；
b) 绘制有天线罩测量的天线辐射方向图，在最强信号两侧分别读取功率下降 3 dB 点所对应的角度值，两者之和作为有天线罩时波束宽度，记为 θ_1；
c) 计算天线罩的引入波束展宽 θ_d(度,°)，计算方法见式(10)：

$$\theta_d = \frac{\theta_1 - \theta_0}{\theta_0} \times 100\% \quad \cdots\cdots(10)$$

式中：

θ_0——含义见 6.5.26.2 a)，单位为度(°)；

θ_1——含义见 6.5.26.2 b)，单位为度(°)。

6.5.27 天线型式

目测检查。

6.5.28 天线极化方式

目测检查。

6.5.29 天线波束宽度

6.5.29.1 测试方法

按下列步骤进行：

a) 按图 11 连接测试设备；

b) 分别选择 0°和 90°切面(对水平极化天线等同于 E 和 H 面)，频率分别设置为 5.3 GHz、5.4 GHz、5.5 GHz、5.6 GHz 和 5.7 GHz；

c) 转动接收天线与发射天线对准，极化匹配；

d) 向右转动接收天线，每隔 0.01°使用频谱仪测量并记录信号强度，直至 4.5°；

e) 从极化匹配点向左转动接收天线，每隔 0.01°使用频谱仪测量并记录信号强度，直至 4.5°。

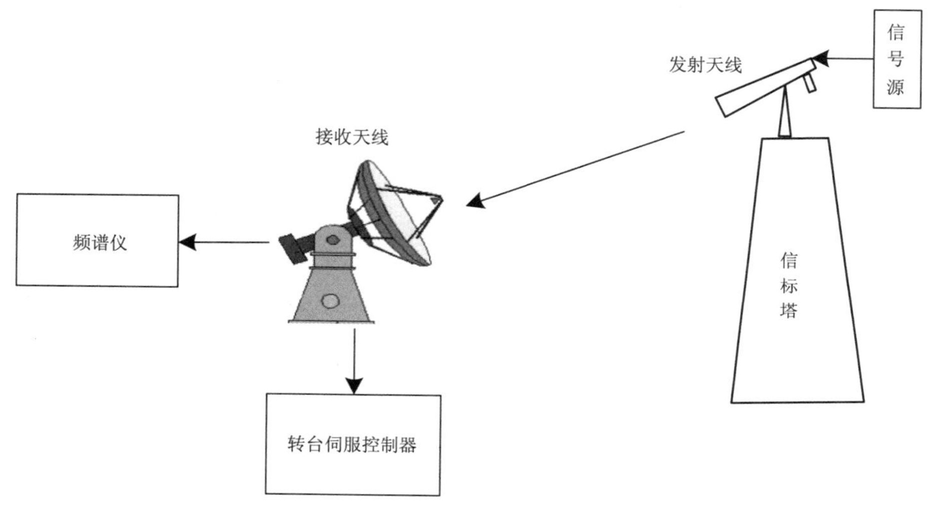

图 11 天线波束宽度测试示意图

6.5.29.2 数据处理

将测量结果绘制成天线辐射方向图(见图 12)，在最强信号(标注为 0 dB)两侧分别读取功率下降 3 dB点所对应的角度值(θ_1 和 θ_2)，两者之和作为天线波束宽度。

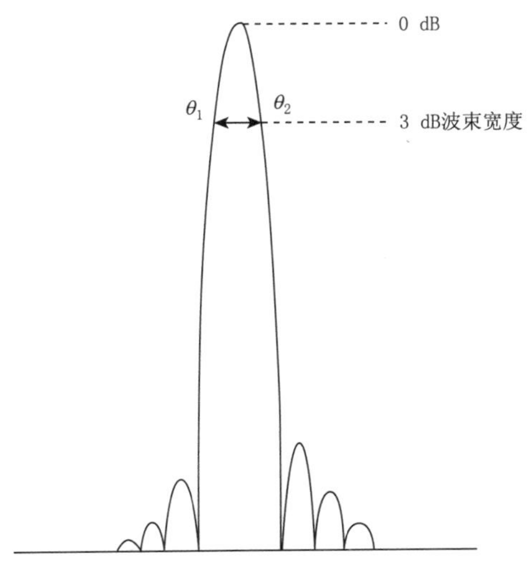

图 12　天线波束宽度测试结果示意图

6.5.30　天线旁瓣电平

6.5.30.1　测试方法

按下列步骤进行：

a）按图 13 连接测试设备；

b）分别选择 0°和 90°切面（对水平极化天线等同于 E 和 H 面），频率分别设置为 5.3 GHz、5.4 GHz、5.5 GHz、5.6 GHz 和 5.7 GHz；

c）转动接收天线与发射天线对准，极化匹配；

d）转动接收天线，用频谱仪记录天线功率频谱分布图。

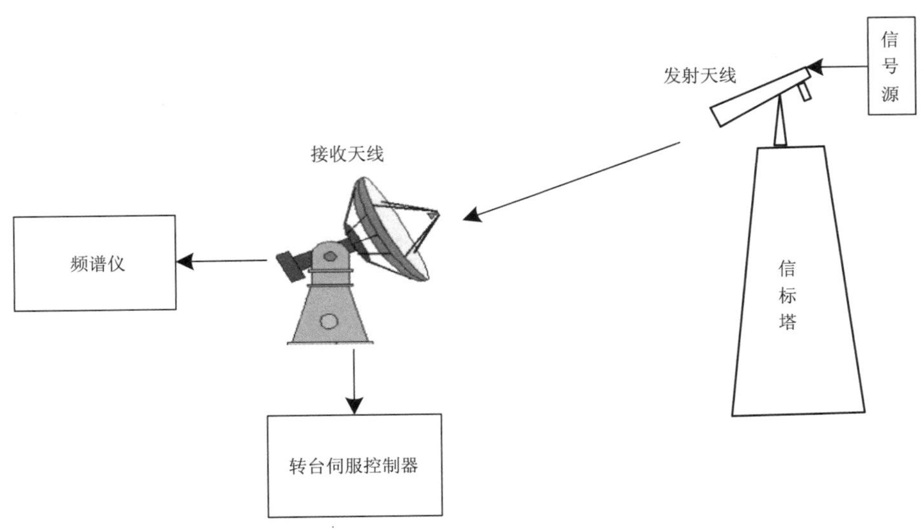

图 13　天线旁瓣电平测试示意图

6.5.30.2　数据处理

由天线功率频谱分布图测量主波束与第一旁瓣、远端旁瓣的功率差值即为天线旁瓣电平 S（分贝，

dB)，测试结果示意图见图 14，计算方法见式(11)：

$$S = L_{\theta} - L_{\theta 1} \qquad \cdots\cdots (11)$$

式中：

L_{θ} ——θ 处的电平值，单位为分贝毫瓦(dBm)；

$L_{\theta 1}$ ——θ_1 处的电平值，单位为分贝毫瓦(dBm)。

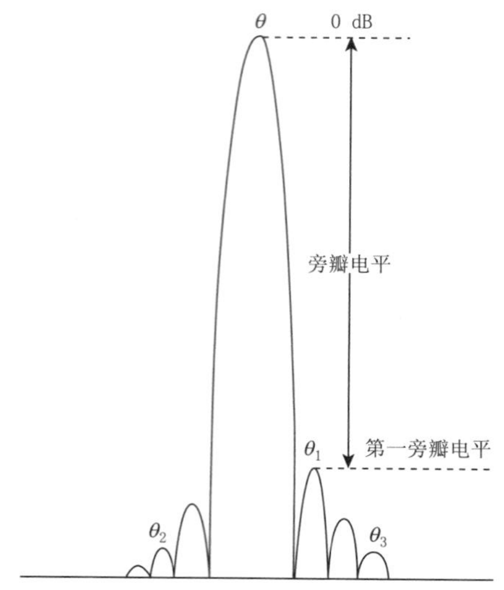

说明：

θ ——对应于主瓣功率峰值处的角度，单位为度(°)；

θ_1——对应于第一旁瓣功率峰值处的角度，单位为度(°)；

θ_2——对应于第二旁瓣功率峰值处的角度，单位为度(°)；

θ_3——对应于第三旁瓣功率峰值处的角度，单位为度(°)。

图 14　天线旁瓣电平测试结果示意图

6.5.31　天线功率增益

6.5.31.1　测试方法

按下列步骤进行：

a)　按图 15 连接测试设备；

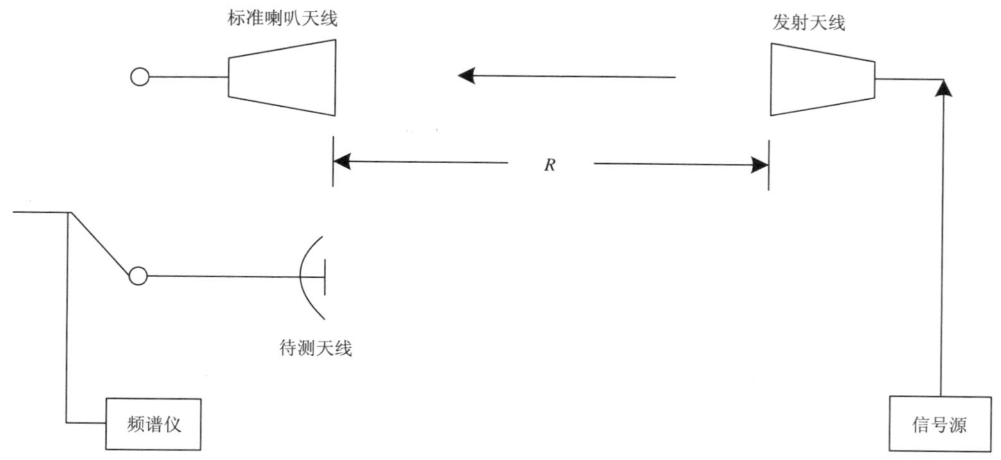

图 15　天线功率增益测试示意图

b) 分别选择 0°和 90°切面(对水平极化天线等同于 E 和 H 面),频率分别设置为 5.3 GHz、5.4 GHz、5.5 GHz、5.6 GHz 和 5.7 GHz;
c) 转动接收天线与发射天线对准,极化匹配;
d) 用频谱仪测量接收功率,并记为 P_1;
e) 用标准喇叭天线(增益为 G_0)替换待测天线;
f) 重复步骤 c)、d),读取频谱仪显示功率,并记为 P_2。

6.5.31.2 数据处理

计算天线增益 G(分贝,dB),计算方法见式(12):

$$G = G_0 + P_1 - P_2 \qquad \cdots\cdots(12)$$

式中:

G_0 ——标准喇叭天线增益,单位为分贝(dB);

P_1、P_2 ——含义见 6.5.31.1,单位为分贝毫瓦(dBm)。

6.5.32 扫描方式

实际操作检查。

6.5.33 扫描速度及误差

按下列步骤进行测试:

a) 运行雷达天线控制程序;
b) 设置方位角转速为 60 (°)/s;
c) 读取并记录天线伺服扫描方位角速度,计算误差;
d) 设置俯仰角转速为 36 (°)/s(或测试条件允许的最大转速);
e) 读取并记录天线伺服扫描俯仰角速度,计算误差;
f) 退出雷达天线控制程序。

6.5.34 扫描加速度

按下列步骤进行测试:

a) 运行雷达天线控制程序;
b) 控制天线方位角运动 180°;
c) 读取并计算天线伺服扫描方位角加速度;
d) 控制天线俯仰角运动 90°;
e) 读取并计算天线伺服扫描俯仰角加速度;
f) 退出雷达天线控制程序。

6.5.35 运动响应

按下列步骤进行测试:

a) 运行雷达天线控制程序;
b) 控制天线俯仰角从 0°移动到 90°;
c) 记录运动所需时间;
d) 控制天线方位角转速从 60 (°)/s 到停止;
e) 记录运动所需时间;
f) 退出雷达天线控制程序。

6.5.36 控制方式

实际操作检查。

6.5.37 角度控制误差

6.5.37.1 测试方法

按下列步骤进行：

a) 运行雷达天线控制程序；

b) 设置方位角 A_{Z0}（0°～360°，间隔 30°）；

c) 记录天线实际方位角 A_{Z1} ；

d) 设置俯仰角 E_{L0}（0°～90°，间隔 10°）；

e) 记录天线实际俯仰角 E_{L1} ；

f) 退出雷达天线控制程序。

6.5.37.2 数据处理

按下列步骤进行：

a) 计算并记录各方位角控制误差 ΔA_Z（度，°），计算方法见式(13)：

$$\Delta A_Z = A_{Z1} - A_{Z0} \qquad \cdots\cdots (13)$$

式中：

A_{Z0}、A_{Z1} ——含义见 6.5.37.1，单位为度(°)。

b) 取各方位角控制误差中最大值作为方位角控制误差。

c) 计算并记录各俯仰角控制误差 ΔE_L（度，°），计算方法见式(14)：

$$\Delta E_L = E_{L1} - E_{L0} \qquad \cdots\cdots (14)$$

式中：

E_{L0}、E_{L1} ——含义见 6.5.37.1，单位为度(°)。

d) 取各俯仰角控制误差中最大值作为俯仰角控制误差。

6.5.38 天线空间指向误差

天线空间指向误差测试与方位和俯仰角误差测试相同，测试方法和数据处理分别见 6.5.9.1 和 6.5.9.2。

6.5.39 控制字长

检查天线位置指令的控制分辨力，计算控制字长。

6.5.40 角码数据字长

检查天线返回角码的数据分辨力，计算角码字长。

6.5.41 发射机脉冲功率

按下列步骤进行测试：

a) 按图 16 连接测试设备；

b) 运行雷达控制软件，设置窄脉冲 300 Hz 重复频率；

c) 开启发射机高压；

d） 使用功率计测量并记录发射机脉冲峰值功率；
e） 关闭发射机高压；
f） 设置窄脉冲 1300 Hz 重复频率；
g） 重复步骤 c)—e)；
h） 设置宽脉冲 300 Hz 重复频率；
i） 重复步骤 c)—e)；
j） 设置宽脉冲 450 Hz 重复频率；
k） 重复步骤 c)—e)；
l） 退出雷达控制软件。

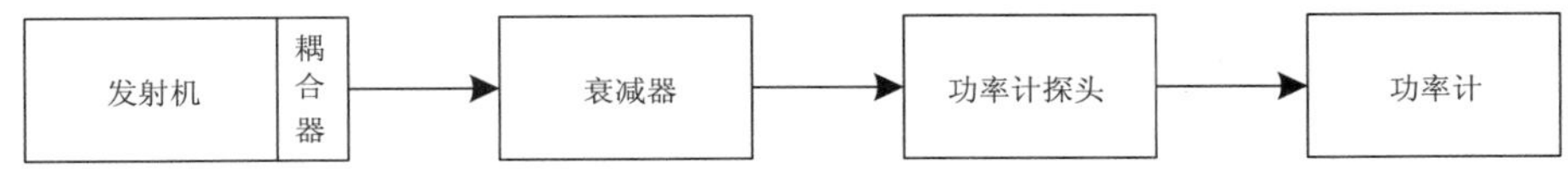

图 16　发射机脉冲功率测试示意图

6.5.42　发射机脉冲宽度

按下列步骤进行测试：
a） 按图 17 连接测试设备；
b） 运行雷达控制软件，设置窄脉冲 300 Hz 重复频率；
c） 开启发射机高压；
d） 使用示波器测量并记录发射机脉冲包络幅度 70％处宽度；
e） 关闭发射机高压；
f） 设置宽脉冲 300 Hz 重复频率；
g） 重复步骤 c)—e)；
h） 退出雷达控制软件。

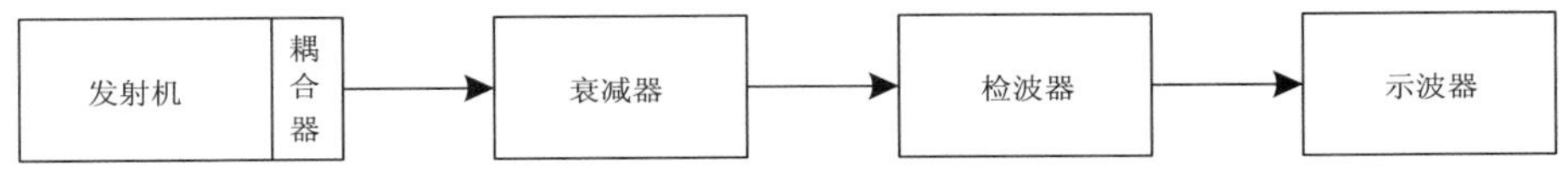

图 17　发射机脉冲宽度测试示意图

6.5.43　发射机脉冲重复频率

按下列步骤进行测试：
a） 按图 18 连接测试设备；
b） 运行雷达控制软件，设置窄脉冲 300 Hz 重复频率；
c） 开启发射机高压；
d） 使用示波器测量并记录脉冲重复频率；
e） 关闭发射机高压；
f） 设置窄脉冲 2000 Hz 重复频率；
g） 重复步骤 c)—e)；
h） 设置宽脉冲 300 Hz 重复频率；
i） 重复步骤 c)—e)；

j）设置宽脉冲 1000 Hz 重复频率；

k）重复步骤 c)—e)；

l）配置并记录窄脉冲 3/2,4/3 和 5/4 三种双脉冲重复频率；

m）退出雷达控制软件。

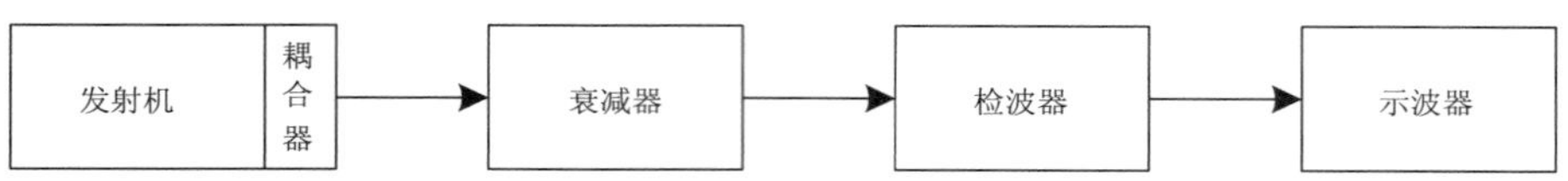

图 18 发射机脉冲重复频率测试示意图

6.5.44 发射机频谱特性

按下列步骤进行测试：

a）按图 19 连接测试设备；

b）运行雷达控制软件，设置宽脉冲 300 Hz 重复频率；

c）开启发射机高压；

d）使用频谱仪测量并记录发射机脉冲频谱－60 dB 处的宽度；

e）关闭发射机高压；

f）退出雷达控制软件。

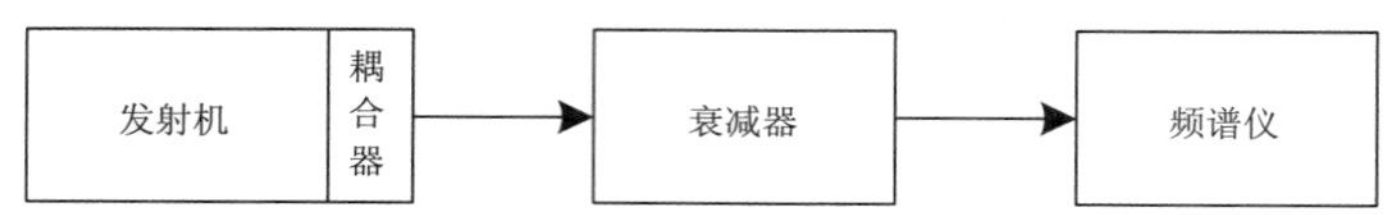

图 19 发射机频谱特性测试示意图

6.5.45 发射机输出极限改善因子

6.5.45.1 测试方法

按下列步骤进行：

a）按图 20 连接测试设备；

b）运行雷达控制软件，设置窄脉冲 300 Hz 重复频率；

c）开启发射机高压；

d）使用频谱仪测量发射机输出信号与噪声功率谱密度比值，并记为 R；

e）关闭发射机高压；

f）设置窄脉冲 2000 Hz 重复频率；

g）重复步骤 c)—e)；

h）退出雷达控制软件。

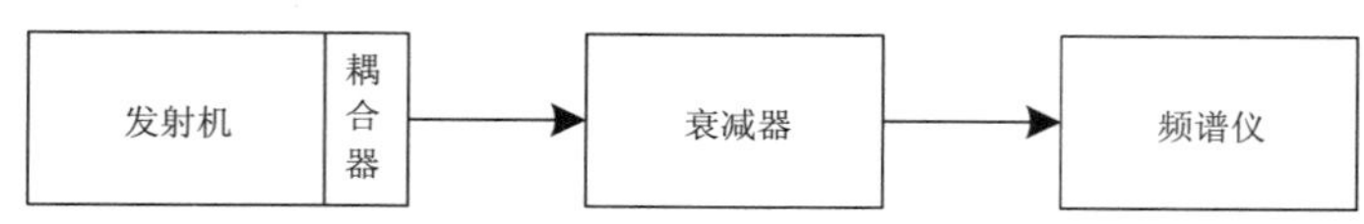

图 20 发射机输出极限改善因子测试示意图

6.5.45.2 数据处理

计算发射机输出极限改善因子 I(分贝,dB),计算方法见式(15):

$$I = R + 10\lg B - 10\lg F \qquad (15)$$

式中:

R ——发射机输出信号与噪声功率谱密度比值;

B ——频谱仪设置的分析带宽,单位为赫兹(Hz);

F ——发射信号的脉冲重复频率,单位为赫兹(Hz)。

6.5.46 发射机功率波动

6.5.46.1 测试方法

按下列步骤进行:

a) 按图 21 连接测试设备;
b) 雷达设置为降水模式连续运行 24 h;
c) 使用功率计每 2 h 测量并记录发射机输出功率 P_{t1};
d) 每 2 h 读取并记录机内测量的发射机输出功率 P_{t2};
e) 雷达设置为晴空模式连续运行 24 h;
f) 重复步骤 c)、d);
g) 退出雷达控制软件。

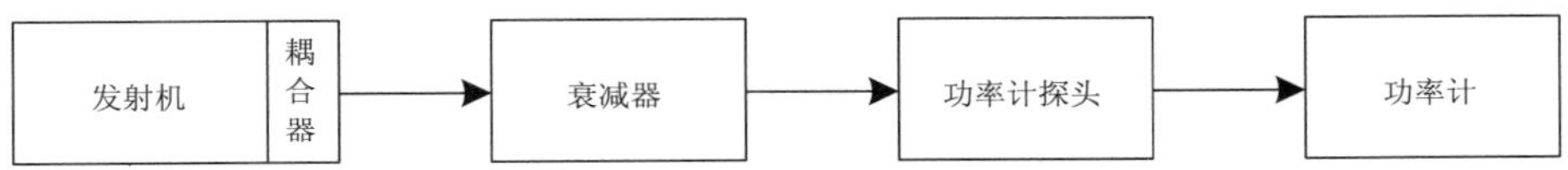

图 21 发射机功率波动测试示意图

6.5.46.2 数据处理

计算发射机机外和机内的功率波动 ΔP (分贝,dB),计算方法见式(16):

$$\Delta P = \left| 10\lg\left(\frac{P_{tmax}}{P_{tmin}}\right) \right| \qquad (16)$$

式中:

P_{tmax} ——为 P_{t1}、P_{t2} 中的最大值,单位为千瓦(kW);

P_{tmin} ——为 P_{t1}、P_{t2} 中的最小值,单位为千瓦(kW)。

6.5.47 接收机最小可测功率

按下列步骤进行测试:

a) 按图 22 连接测试设备;
b) 关闭信号源输出;
c) 运行雷达控制软件,记录窄脉冲噪声电平 P_{C1}(分贝毫瓦,dBm);
d) 打开信号源输出,注入接收机功率−115 dBm 并以 0.2 dBm 步进逐渐增加;
e) 读取功率电平 P_{H1},当 $P_{H1} \geqslant (P_{C1} + 3\ \text{dB})$时,记录当前输入功率值作为窄脉冲的最小可测功率;
f) 关闭信号源输出;

g) 记录宽脉冲噪声电平 P_{C2}(分贝毫瓦,dBm);

h) 打开信号源输出,注入接收机功率−118 dBm 并以 0.2 dBm 步进逐渐增加;

i) 读取功率电平 P_{H2},当 $P_{H2} \geqslant (P_{C2}+3\ \text{dB})$ 时,记录当前输入功率值作为宽脉冲的最小可测功率;

j) 关闭信号源;

k) 退出雷达控制软件。

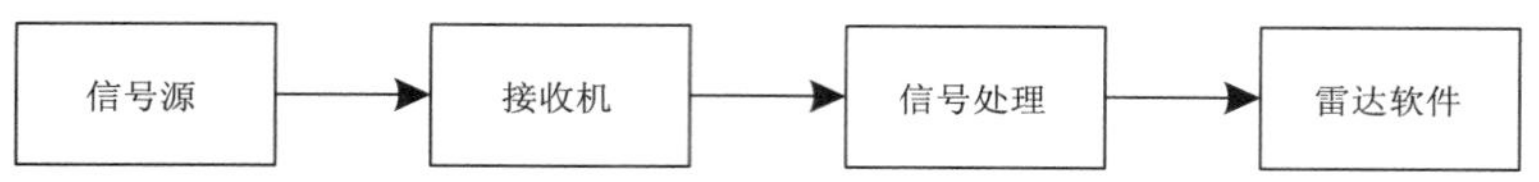

图 22 接收机最小可测功率测试示意图

6.5.48 接收机噪声系数

6.5.48.1 测试方法

按下列步骤进行:

a) 按图 23 连接测试设备;

b) 设置噪声系数分析仪,关闭噪声源输出;

c) 运行雷达控制软件,记录冷态噪声功率 A_1;

d) 设置噪声系数分析仪,打开噪声源输出;

e) 记录热态噪声功率 A_2;

f) 关闭噪声源输出,退出雷达控制软件。

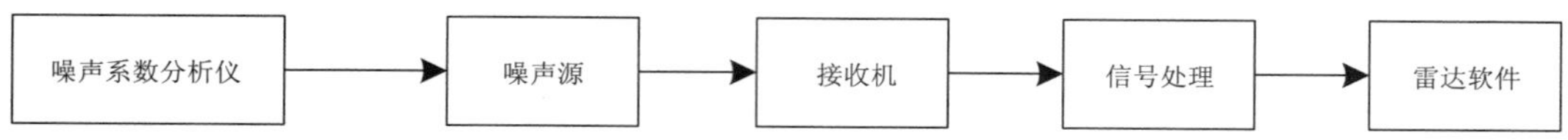

图 23 接收机噪声系数测试示意图

6.5.48.2 数据处理

计算接收机噪声系数 η_{NF}(分贝,dB),计算方法见式(17):

$$\eta_{NF} = R_{ENR} - 10\lg\left(\frac{A_2}{A_1} - 1\right) \qquad \cdots\cdots(17)$$

式中:

R_{ENR} ——噪声源的超噪比,单位为分贝(dB);

A_1 ——冷态噪声功率,单位为毫瓦(mW);

A_2 ——热态噪声功率,单位为毫瓦(mW)。

6.5.49 接收机线性动态范围

6.5.49.1 测试方法

按下列步骤进行:

a) 按图 24 连接测试设备;

b) 运行雷达控制软件,设置为宽脉冲模式;

c) 设置信号源输出功率−120 dBm,记录接收机输出功率值;

d） 以 1 dBm 步进增加到+10 dBm，重复记录接收机输出功率值；

e） 关闭信号源，退出雷达控制软件。

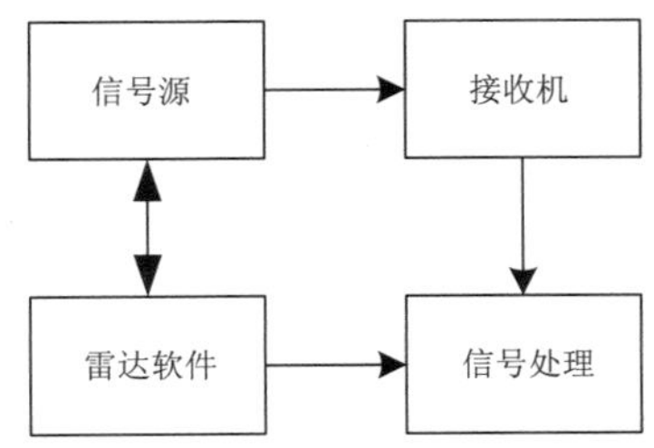

图 24 接收机线性动态范围测试示意图

6.5.49.2 数据处理

根据输入信号和接收机输出功率数据，采用最小二乘法进行拟合。由实测曲线与拟合直线对应点的输出数据差值不大于 1.0 dB 来确定接收机低端下拐点和高端上拐点，下拐点和上拐点所对应的输入信号功率值差值的绝对值为接收机线性动态范围。

6.5.50 接收机数字中频 A/D 位数

检查 A/D 芯片手册。

6.5.51 接收机数字中频采样速率

按下列步骤进行测试：

a） 按图 25 连接测试设备；

b） 使用示波器或频谱仪测量 A/D 变换器采样时钟频率。

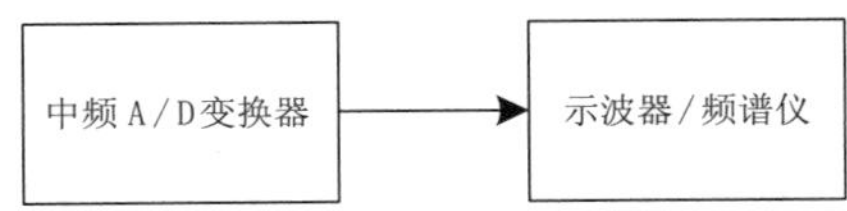

图 25 接收机数字中频采样速率测试示意图

6.5.52 接收机带宽

6.5.52.1 测试方法

按下列步骤进行：

a） 按图 26 连接测试设备；

b） 设置信号源工作频率为雷达工作中心频率，输出幅度为−50 dBm；

c） 雷达设置为窄脉冲模式；

d） 读取输出功率值记为 P_0；

e） 逐渐减小信号源输出频率（步进 10 kHz），直至读取功率值比 P_0 小 3 dB，此时的信号源输出频率记为 F_l；

f） 逐渐增大信号源输出频率（步进 10 kHz），直至读取功率值再次比 P_0 小 3 dB，此时的信号源输出频率记为 F_r；

g） 雷达设置为宽脉冲模式；

h) 重复步骤 d)—f)。

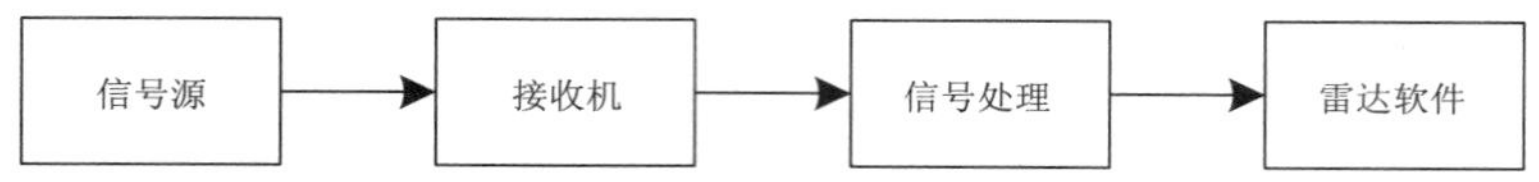

图 26 接收机带宽测试示意图

6.5.52.2 数据处理

分别计算宽脉冲和窄脉冲的接收机带宽 B(兆赫兹,MHz),计算方法见式(18):

$$B = F_r - F_l \qquad \cdots\cdots(18)$$

式中:

F_r、F_l——含义见 6.5.52.1,单位为兆赫兹(MHz)。

6.5.53 接收机频率源射频输出相位噪声

按下列步骤进行测试:

a) 按图 27 连接测试设备;

b) 打开频率源射频输出;

c) 使用信号分析仪测量并记录射频输出信号 10 kHz 处的相位噪声值;

d) 关闭频率源射频输出。

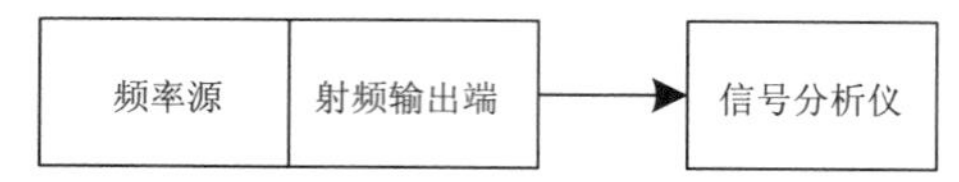

图 27 频率源射频输出相位噪声测试示意图

6.5.54 移相功能

操作控制频率源输出连续移相信号,检查雷达是否具有移相功能。

6.5.55 数据输出率

查看雷达 I/Q 数据文件,检查数据的距离分辨力。

6.5.56 处理模式

实际操作检查软件配置。

6.5.57 基数据格式

审阅基数据格式文档和基数据文件。

6.5.58 数据处理和质量控制

演示信号处理功能,并检查算法文档。

6.6 方舱与载车

演示检查方舱与载车的功能,并根据载车相关标准进行试验。

6.7 环境适应性

6.7.1 一般要求

目视检查防护措施。

6.7.2 温度

天线罩内的主要部件以及室内部件的温度环境适应能力试验方法按 GB/T 2423.1 和 GB/T 2423.2 的有关规定进行。

6.7.3 交变湿热

天线罩内的主要部件以及室内部件的湿度环境适应能力试验方法按 GB/T 2423.4 的有关规定进行。

6.7.4 天线罩抗风和冰雪载荷

使用专业仿真软件计算雷达天线罩的冰雪和风环境适应能力，并提供同型号天线罩实际抗风能力的案例。

6.7.5 移动式雷达抗风能力

仿真计算雷达的抗风适应能力，并提供同型号雷达实际抗风能力的案例。

6.8 电磁兼容性

测量屏蔽体接地电阻并目视检查。

6.9 电源适应性

通过调整供电电压和频率检查。

6.10 互换性

在现场抽取不少于 3 个的组件或部件，进行互换测试。

6.11 安全性一般要求

现场演示检查。

6.12 电气安全

现场演示检查和测量。

6.13 机械安全

现场演示检查。

6.14 噪声

距设备 1 m 处使用声压计测量。

7 检验规则

7.1 检验分类

检验分为：

a) 定型检验；

b) 出厂检验；

c) 现场检验。

7.2 检验设备

所使用的试验与检验设备应在检定有效期内。

7.3 检验项目

见附录 B 中表 B.1。

7.4 定型检验

7.4.1 检验条件

定型检验在下列情况下进行：

a) 新产品定型；

b) 主要设计、工艺、组件和部件有重大变更。

7.4.2 检验项目

见附录 B 中表 B.1。

7.4.3 判定规则

按下列步骤进行：

a) 所有定型检验项目全部符合附录 B 中表 B.1 的要求时，判定定型检验合格；

b) 在检验过程中发现不符合要求时，应暂停检验，被检方应迅速查明原因，采取有效可靠措施纠正后，可继续进行检验，并应对相关检验合格项再次检验。同一项目若经二次检验仍不合格，则本次检验不合格。

7.5 出厂检验

7.5.1 检验项目

见附录 B 中表 B.1。

7.5.2 判定规则

按下列步骤进行：

a) 所有出厂检验项目全部符合附录 B 中表 B.1 的要求时，判定出厂检验合格；

b) 在检验过程中发现不符合要求时，应暂停检验，被检方应迅速查明原因，采取有效可靠措施纠正后，可继续进行检验，并应对相关检验合格项再次检验。同一项目若经二次检验仍不合格，则本次检验不合格。

7.6 现场检验

7.6.1 检验项目

见附录B中表B.1。

7.6.2 判定规则

按下列步骤进行：

a) 所有现场检验项目全部符合附录B中表B.1的要求时，判定现场检验合格；

b) 在检验过程中发现不符合要求时，应暂停检验，被检方应迅速查明原因，采取有效可靠措施纠正后，可继续进行检验，并应对相关检验合格项再次检验。同一项目若经二次检验仍不合格，则本次检验不合格。

8 标识、标签和随行文件

8.1 产品标识

应包含下列标识：

a) 生产厂商；

b) 设备名称和型号；

c) 出厂序列号；

d) 出厂日期。

8.2 包装标识

应包含下列标识：

a) 包装箱编号；

b) 设备名称；

c) 生产厂商；

d) 外形尺寸；

e) 毛重；

f) “向上”“怕雨”“禁止堆码”等符合GB/T 191—2008规定的标识。

8.3 随行文件

应包括但不限于以下内容：

a) 产品合格证；

b) 产品说明书；

c) 产品电原理图；

d) 装箱单；

e) 随机备附件清单。

9 包装、运输和贮存

9.1 包装

应满足下列要求：

a) 符合陆地、空中或海上运输要求；

b) 遇一般震动、冲击和气压变化无损坏；

c) 尺寸、重量和材料符合 GB/T 13384—2008 的规定；

d) 每个包装箱内都有装箱单。

9.2 运输

运输过程中应做好剧烈震动、挤压、雨淋及化学物品侵蚀等防护措施；搬运时应轻拿轻放，码放整齐，应避免滚动和抛掷。

9.3 贮存

包装好的产品应贮存在环境温度−40 ℃～55 ℃、空气相对湿度小于90%的室内，且周围无腐蚀性挥发物。

附　录　A
(资料性附录)
雷达自动上传基础参数

表 A.1 给出了雷达自动上传基础参数。

表 A.1　雷达自动上传基础参数表

序号	类别	上传参数	单位	备注
1	雷达静态参数	雷达站号		
2		站点名称		
3		站点纬度		
4		站点经度		
5		天线高度	m	馈源高度
6		地面高度	m	
7		雷达类型		
8		软件版本号		雷达数据采集和监控软件
9		雷达工作频率	MHz	
10		天线增益	dB	
11		波束宽度	°	
12		发射馈线损耗	dB	
13		接收馈线损耗	dB	
14		其他损耗	dB	
15	雷达运行模式参数	日期		
16		时间		
17		体扫模式		
18		控制权标识		本控、遥控
19		系统状态		正常、可用、需维护、故障、关机
20		上传状态数据格式版本号		
21	雷达运行环境参数	机房内温度	℃	
22		发射机温度	℃	
23		天线罩内温度	℃	
24		机房内湿度	%RH	
25		发射机湿度	%RH	
26		天线罩内湿度	%RH	

表 A.1　雷达自动上传基础参数表(续)

序 号	类别	上传参数	单位	备 注
27	雷达在线定时标定参数	发射机输出信号标定期望值	dBz	
28		发射机输出信号标定测量值	dBz	
29		相位噪声	°	
30		滤波前功率	dBz	
31		滤波后功率	dBz	
32	雷达在线实时标定参数	发射机峰值功率	kW	
33		发射机平均功率	W	
34		天线峰值功率	kW	
35		天线平均功率	W	
36		发射机功率调零值		
37		天线功率调零值		
38		发射机和天线功率差	dB	
39		窄脉冲噪声电平	dB	
40		宽脉冲噪声电平	dB	
41		水平通道噪声温度/系数	K/dB	
42		窄脉冲系统标定常数		
43		宽脉冲系统标定常数		
44		反射率期望值	dBz	
45		反射率测量值	dBz	
46		速度期望值	m/s	
47		速度测量值	m/s	
48		谱宽期望值	m/s	
49		谱宽测量值	m/s	
50		脉冲宽度	μs	

附　录　B
（规范性附录）
检验项目、技术要求和试验方法

检验项目、技术要求和试验方法见表B.1。

表B.1　检验项目、技术要求和试验方法

序号	检验项目名称	技术要求条文号	试验方法条文号	定型检验	出厂检验	现场检验
5.1 分类						
1	分类	5.1	6.3	●	—	●
5.2 功能要求						
2	一般要求	5.2.1	6.4.1	●	●	●
3	扫描方式	5.2.2.1	6.4.2	●	●	●
4	观测模式	5.2.2.2	6.4.3	●	●	●
5	机内自检设备和监控	5.2.2.3	6.4.4	●	●	●
6	雷达及附属设备控制和维护	5.2.2.4	6.4.5	●	●	●
7	关键参数在线分析	5.2.2.5	6.4.6	●	●	●
8	实时显示	5.2.2.6	6.4.7	●	●	●
9	消隐功能	5.2.2.7	6.4.8	●	●	●
10	授时功能	5.2.2.8	6.4.9	●	●	●
11	强度标定	5.2.3.1a)	6.4.10	●	●	●
12	距离定位	5.2.3.1b)	6.4.11	●	●	●
13	发射机功率	5.2.3.1c)	6.4.12	●	●	●
14	速度	5.2.3.1d)	6.4.13	●	●	●
15	相位噪声	5.2.3.1e)	6.4.14	●	●	●
16	噪声电平	5.2.3.1f)	6.4.15	●	●	●
17	噪声温度/系数	5.2.3.1g)	6.4.16	●	●	●
18	发射机功率、输出脉冲宽度、输出频谱	5.2.3.2a)	6.4.17	●	●	●
19	发射和接收支路损耗	5.2.3.2b)	6.4.18	●	—	●
20	接收机最小可测功率、动态范围	5.2.3.2c)	6.4.19	●	●	●
21	天线座水平度	5.2.3.2d)	6.4.20	●	—	●
22	天线伺服扫描速度误差、加速度、运动响应	5.2.3.2e)	6.4.21	●	—	●
23	天线指向和接收链路增益	5.2.3.2f)	6.4.22	●	—	●

表 B.1 检验项目、技术要求和试验方法(续)

序号	检验项目名称	技术要求条文号	试验方法条文号	定型检验	出厂检验	现场检验
24	基数据方位角、俯仰角角码	5.2.3.2g)	6.4.23	●	—	●
25	地物杂波抑制能力	5.2.3.2h)	6.4.24	●	—	●
26	最小可测回波强度	5.2.3.2i)	6.4.25	●	—	●
27	气象产品生成	5.2.4.1	6.4.26	●	●	●
28	气象产品格式	5.2.4.2	6.4.27	●	●	●
29	气象产品显示	5.2.4.3	6.4.28	●	●	●
30	数据存储和传输	5.2.5	6.4.29	●	●	●
5.3.1 总体技术要求						
31	雷达工作频率	5.3.1.1	6.5.1	●	●	●
32	雷达预热开机时间	5.3.1.2	6.5.2	●	●	●
33	距离范围	5.3.1.3	6.5.3	●	—	—
34	角度范围	5.3.1.4	6.5.4	●	—	—
35	强度值范围	5.3.1.5	6.5.5	●	—	—
36	速度值范围	5.3.1.6	6.5.6	●	—	—
37	谱宽值范围	5.3.1.7	6.5.7	●	—	—
38	距离定位误差	5.3.1.8a)	6.5.8	●	—	—
39	方位角和俯仰角误差	5.3.1.8b) 5.3.1.8c)	6.5.9	●	—	●
40	强度误差	5.3.1.8d)	6.5.10	●	●	●
41	速度误差	5.3.1.8e)	6.5.11	●	●	●
42	谱宽误差	5.3.1.8f)	6.5.12	●	●	●
43	分辨力	5.3.1.9	6.5.13	●	—	—
44	最小可测回波强度	5.3.1.10	6.5.14	●	—	●
45	相位噪声	5.3.1.11	6.5.15	●	●	●
46	地物杂波抑制能力	5.3.1.12	6.5.16	●	—	●
47	天馈系统电压驻波比	5.3.1.13	6.5.17	●	●	—
48	相位编码	5.3.1.14	6.5.18	●	—	●
49	可靠性	5.3.1.15	6.5.19	●	—	—
50	可维护性	5.3.1.16	6.5.20	●	—	—
51	可用性	5.3.1.17	6.5.21	●	—	—
52	功耗	5.3.1.18	6.5.22	●	—	—

表 B.1 检验项目、技术要求和试验方法(续)

序号	检验项目 名称	技术要求 条文号	试验方法 条文号	定型检验	出厂检验	现场检验
5.3.2 天线罩						
53	型式、尺寸与材料要求	5.3.2a) 5.3.2b) 5.3.2c)	6.5.23	●	—	—
54	双程射频损失	5.3.2d)	6.5.24	●	—	—
55	引入波束偏差	5.3.2e)	6.5.25	●	—	—
56	引入波束展宽	5.3.2f)	6.5.26	●	—	—
5.3.3 天线						
57	天线型式	5.3.3a)	6.5.27	●	—	—
58	极化方式	5.3.3b)	6.5.28	●	—	—
59	波束宽度	5.3.3c)	6.5.29	●	●	—
60	旁瓣电平	5.3.3d)	6.5.30	●	●	—
61	功率增益	5.3.3e)	6.5.31	●	●	—
5.3.4 伺服系统						
62	扫描方式	5.3.4.1	6.5.32	●	●	●
63	扫描速度及误差	5.3.4.2	6.5.33	●	●	●
64	扫描加速度	5.3.4.3	6.5.34	●	●	●
65	运动响应	5.3.4.4	6.5.35	●	●	●
66	控制方式	5.3.4.5	6.5.36	●	●	●
67	角度控制误差	5.3.4.6	6.5.37	●	●	●
68	天线空间指向误差	5.3.4.7	6.5.38	●	●	●
69	控制字长	5.3.4.8	6.5.39	●	—	—
70	角码数据字长	5.3.4.9	6.5.40	●	—	—
5.3.5 发射机						
71	脉冲功率	5.3.5.1	6.5.41	●	●	●
72	脉冲宽度	5.3.5.2	6.5.42	●	●	●
73	脉冲重复频率	5.3.5.3	6.5.43	●	●	●
74	频谱特性	5.3.5.4	6.5.44	●	●	●
75	输出极限改善因子	5.3.5.5	6.5.45	●	●	●
76	功率波动	5.3.5.6	6.5.46	●	●	●
5.3.6 接收机						
77	最小可测功率	5.3.6.1	6.5.47	●	●	●
78	噪声系数	5.3.6.2	6.5.48	●	●	●

表 B.1 检验项目、技术要求和试验方法(续)

序号	检验项目名称	技术要求条文号	试验方法条文号	定型检验	出厂检验	现场检验
79	线性动态范围	5.3.6.3	6.5.49	●	●	●
80	数字中频 A/D 位数	5.3.6.4	6.5.50	●	—	—
81	数字中频采样速率	5.3.6.5	6.5.51	●	—	—
82	接收机带宽	5.3.6.6	6.5.52	●	—	—
83	频率源射频输出相位噪声	5.3.6.7	6.5.53	●	●	—
84	移相功能	5.3.6.8	6.5.54	●	●	●
5.3.7 信号处理						
85	数据输出率	5.3.7.1	6.5.55	●	—	—
86	处理模式	5.3.7.2	6.5.56	●	—	—
87	基数据格式	5.3.7.3	6.5.57	●	—	—
88	数据处理和质量控制	5.3.7.4	6.5.58	●	—	●
5.4 方舱与载车						
89	方舱与载车	5.4	6.6	●	—	—
5.5 环境适应性						
90	一般要求	5.5.1	6.7.1	●	—	●
91	温度	5.5.2	6.7.2	●	—	—
92	空气相对湿度	5.5.3	6.7.3	●	—	—
93	天线罩抗风和冰雪载荷	5.5.4	6.7.4	●	—	—
94	移动式雷达抗风能力	5.5.5	6.7.5	●	—	—
5.6 电磁兼容性						
95	电磁兼容性	5.6	6.8	●	—	—
5.7 电源适应性						
96	电源适应性	5.7	6.9	●	—	—
5.8 互换性						
97	互换性	5.8	6.10	●	—	—
5.9 安全性						
98	一般要求	5.9.1	6.11	●	—	●
99	电气安全	5.9.2	6.12	●	—	—
100	机械安全	5.9.3	6.13	●	—	—
5.10 噪声						
101	噪声	5.10	6.14	●	—	—
注:●为必检项目;—为不检项目。						

参 考 文 献

［1］ GB/T 12648—1990 天气雷达通用技术条件

［2］ 中国气象局. 新一代天气雷达系统功能规格需求书(C波段)［Z］,2010年8月

［3］ 国家发展改革委员会. 气象雷达发展专项规划(2017—2020年)［Z］,2017年5月2日

［4］ International Organization for Standardization. Meteorology—Weather radar: ISO/DIS 19926-1［Z］, 2017-11-22

［5］ World Meteorological Organization. Guide to Meteorological Instruments and Methods of Observation［EB/OL］,2014. https://library.wmo.int/index.php?lvl=notice_display&id=12407#.W627yyQzadF

ICS 33.200
M 53
备案号：65861—2019

中华人民共和国气象行业标准

QX/T 462—2018

C 波段双线偏振多普勒天气雷达

C-band dual linear polarization Doppler weather radar

2018-12-12 发布　　2019-04-01 实施

中 国 气 象 局　发 布

前　言

本标准按照 GB/T 1.1—2009 给出的规则起草。

本标准由全国气象仪器与观测方法标准化技术委员会(SAC/TC 507)提出并归口。

本标准起草单位:北京敏视达雷达有限公司、中国气象局气象探测中心、南京大学、成都信息工程大学、南京恩瑞特实业有限公司、安徽四创电子股份有限公司、成都锦江电子系统工程有限公司、中国电子科技集团公司第五十四研究所、上海之合玻璃钢有限公司。

本标准主要起草人:吴艳锋、虞海峰、张建云、刘强、张持岸、孙召平、邵楠、何建新、赵坤、李忱、李佳、张亚斌、张晓飞、蒋斌、张文静、金义洪。

C 波段双线偏振多普勒天气雷达

1 范围

本标准规定了地基固定式和移动式速调管发射机 C 波段双线偏振(双极化)多普勒天气雷达的通用要求,试验方法,检验规则,标识、标签和随行文件,包装、运输和贮存等要求。

本标准适用于地基固定式和移动式速调管发射机 C 波段双线偏振(双极化)多普勒天气雷达的设计、生产和验收。

2 规范性引用文件

下列文件对于本文件的应用是必不可少的。凡是注日期的引用文件,仅注日期的版本适用于本文件。凡是不注日期的引用文件,其最新版本(包括所有的修改单)适用于本文件。

GB/T 191—2008 包装储运图示标志

GB/T 2423.1 电工电子产品环境试验 第 2 部分:试验方法 试验 A:低温

GB/T 2423.2 电工电子产品环境试验 第 2 部分:试验方法 试验 B:高温

GB/T 2423.4 电工电子产品环境试验 第 2 部分:试验方法 试验 Db:交变湿热

GB 3784 电工术语 雷达

GB/T 13384—2008 机电产品包装通用技术条件

GB/T 21714 雷电防护

3 术语和定义

GB 3784 界定的以及下列术语和定义适用于本文件。

3.1

双线偏振 dual linear polarization

通过发射水平和垂直两种线偏振方式的电磁波并接收经过大气中云滴、雨滴、冰晶、雪花等粒子后向散射的电磁波,反演大气中云滴、雨滴、冰晶、雪花等粒子的偏振物理属性的技术。

3.2

同相正交数据 in-phase and quadrature data

雷达接收机输出的模拟中频信号经过数字中频采样和正交解调后得到的时间序列数据。

3.3

基数据 base data

以同相正交数据作为输入,结合目标物位置信息和雷达参数经信号处理算法得到的数据。

3.4

气象产品 meteorological product

对基数据进行算法处理获得的表示雷达气象特征的数据、图像、文字等信息。

3.5

最小可测回波强度 minimum detectable echo intensity

雷达在一定距离上能探测到的最小反射率因子。

注:用来衡量雷达探测弱回波的能力,通常以 50 km 处能探测到的最小回波强度值(单位 dBz)作为参考值。

3.6

消隐 spot blanking

在天线运行的特定方位角/俯仰角区间关闭电磁发射的功能。

4 缩略语

下列缩略语适用于本文件。

A/D:模拟一数字(Analogue to Digital)

I/Q:同相正交 (In-phase and Quadrature)

MTBF:平均故障间隔(Mean Time Before Failure)

MTTR:平均修复时间(Mean Time To Repair)

PPI:平面位置显示器(Plan Position Indicator)

PRF:脉冲重复频率(Pulse Repetition Frequency)

RHI:距离高度显示器(Range-Height Indicator)

SCR:信杂比(Signal to Clutter Ratio)

SQI:信号质量指数(Signal Quality Index)

WRA:气象雷达可用性(Weather Radar Availability)

5 通用要求

5.1 分类

C 波段双线偏振多普勒天气雷达分为以下两类:

a) 固定式雷达:由天线罩、天线、伺服系统、发射机、接收机、信号处理、控制与监控、气象产品生成与显示终端等分系统组成;

b) 移动式雷达:由天线、伺服系统、发射机、接收机、信号处理、控制与监控、气象产品生成与显示终端、方舱与载车等分系统组成。

5.2 功能要求

5.2.1 一般要求

应具有下列功能:

a) 自动、连续运行和在线标校;

b) 本地、远程状态监视和控制;

c) 根据天气实况自动跟踪目标自适应观测;

d) 输出 I/Q 数据、基数据和气象产品三级数据。

5.2.2 控制和监控

5.2.2.1 扫描方式

应满足下列要求:

a) 支持平面位置显示、距离高度显示、体积扫描(以下简称“体扫”)、扇扫和任意指向扫描方式;

b) 扫描方位角、扫描俯仰角、扫描速度、脉冲重复频率和脉冲采样数以及单偏振和双线偏振模式等可通过软件设置；

c) 支持扫描任务调度功能，能按预设时间段和扫描方式进行程控运行。

5.2.2.2 观测模式

应满足下列要求：

a) 具有晴空、降水、强降水、高山等预制观测模式（各观测模式俯仰角、层数见表1），体扫周期不大于6 min，并能根据天气实况自动转换观测模式；

b) 能根据用户指令，对指定区域的风暴采用适当的观测模式进行跟踪观测；

c) 能按照设定的阈值自动切换观测模式，包括对冰雹区域进行RHI扫描，对龙卷和气旋区域进行自动改变PRF以避免二次回波的影响，对台风等强降水启动强降水观测模式等。

表1 观测模式参数配置表

观测模式	俯仰角层数	俯仰角/°
晴空模式	5	0.5,1.5,2.5,3.5,4.5
降水模式	9	0.5,1.5,2.4,3.4,4.3,6.0,9.9,14.6,19.5
强降水模式	14	0.5,1.5,2.4,3.4,4.3,5.3,6.2,7.5,8.7,10,12,14,16.7,19.5
高山模式	9	−0.5,0.5,1.5,2.8,3.8,5.5,9.5,14.1,19.0

5.2.2.3 机内自检设备和监控

应满足下列要求：

a) 机内自检设备和监控的参数应包括系统标定状态、天线伺服状态、接收机状态、发射机工作状态、灯丝电压及电流、线圈电压及电流、钛泵电流、阴极电压及电流、调制器、波导电弧、直流电源状态、馈线电压驻波比、波导内压力和湿度、天线罩门状态、发射机制冷风流量及风道温度、天线罩内温度、机房温度等；

b) 机内自检设备应具有系统报警功能，严重故障时应自动停机，同时自动存储和上传主要性能参数、工作状态和系统报警。

5.2.2.4 雷达及附属设备控制和维护

雷达应具有性能与状态监控单元，且满足下列要求：

a) 具有本地、远程监控和遥控能力，远程控制项目与本地相同，包括雷达开关机、观测模式切换、查看标定结果、修改适配参数等；

b) 自动上传基础参数（参见附录A中表A.1）、运行环境视频、附属设备状态参数，并能在本地和远程显示；

c) 完整记录雷达维护维修信息、关键器件出厂测试重要参数及更换信息，其中，维护维修信息包括适配参数变更、软件更迭、在线标定过程等；

d) 具有本地、远程视频监控雷达机房、天线罩内部、雷达站四周环境功能；

e) 具有雷达运行与维护的远程支持能力，包括对雷达系统参数进行远程监控和修改，对系统相位噪声、接收机灵敏度、动态范围和噪声系数等进行测试，控制天线进行运行测试、太阳法检查、指向空间目标协助雷达绝对标定等；

f) 具有远程软件升级功能。

5.2.2.5 关键参数在线分析

应满足下列要求：

a) 支持对线性通道定标常数、连续波测试信号、射频驱动测试信号、速调管输出测试信号等关键参数的稳定度和最大偏离度进行记录和分析等功能；

b) 具有对监测的所有实时参数超限报警提示功能；

c) 支持对监测参数和分析结果存储、回放、统计分析等功能。

5.2.2.6 实时显示

具有多画面实时逐径向显示回波强度、速度和谱宽以及差分反射率因子、差分相移、差分相移率、相关系数、退偏振比的功能。

5.2.2.7 消隐功能

具有消隐区配置功能。

5.2.2.8 授时功能

能通过卫星授时或网络授时校准雷达数据采集计算机的时间，授时精度优于 0.1 s。

5.2.3 标定和检查

5.2.3.1 自动

应具有自动在线标定和检查功能，并生成完整的文件记录，在结果超过预设门限时发出报警。自动在线标定和检查功能包括：

a) 强度标定；

b) 距离定位；

c) 发射机功率；

d) 速度；

e) 相位噪声；

f) 噪声电平；

g) 噪声温度/系数；

h) 接收通道增益差；

i) 接收通道相位差。

5.2.3.2 人工

应为人工进行下列检查提供测试接口和支持功能：

a) 发射机功率、输出脉冲宽度、输出频谱；

b) 发射和接收支路损耗；

c) 接收机最小可测功率、动态范围；

d) 天线座水平度；

e) 天线伺服扫描速度误差、加速度、运动响应；

f) 天线指向和接收链路增益；

g) 基数据方位角、俯仰角角码；

h) 地物杂波抑制能力；

i) 最小可测回波强度；

j) 差分反射率标定。

5.2.4 气象产品生成和显示

5.2.4.1 气象产品生成

生成的气象产品应包括：

a) 基本气象产品：平面位置显示、距离高度显示、等高平面位置显示、垂直剖面、组合反射率因子，其中平面位置显示、距离高度显示和垂直剖面支持显示双偏振量；

b) 物理量产品：回波顶高、垂直累积液态水含量、累积降水量；

c) 风暴识别产品：风暴单体识别和追踪、冰雹识别、中尺度气旋识别、龙卷涡旋特征识别、风暴结构分析；

d) 风场反演产品：速度方位显示、垂直风廓线、风切变；

e) 双偏振反演产品：粒子相态识别、融化层识别、双偏振定量降水估测和滴谱反演。

5.2.4.2 气象产品格式

应满足相关气象产品格式标准和规范要求。

5.2.4.3 气象产品显示

应具有下列功能：

a) 多窗口显示产品图像，支持鼠标联动；

b) 产品窗口显示主要观测参数信息；

c) 产品图像能叠加可编辑的地理信息及符号产品；

d) 色标等级不少于 16 级；

e) 产品图像能矢量缩放、移动、动画显示等；

f) 鼠标获取地理位置、高度和数据值等信息。

5.2.5 数据存储和传输

应满足下列要求：

a) 支持多路存储和分类检索功能；

b) 数据传输采用传输控制协议/因特网互联协议(TCP/IP 协议)；

c) 支持压缩传输和存储；

d) 支持基数据逐径向以数据流方式传输；

e) 气象产品存储支持数据文件和图像两种输出方式。

5.3 性能要求

5.3.1 总体技术要求

5.3.1.1 雷达工作频率

按需要在 5.3 GHz～5.7 GHz 内选取。

5.3.1.2 雷达预热开机时间

应不大于 15 min。

5.3.1.3 双线偏振工作模式

雷达应选定以下两种工作模式之一：

a） 水平、垂直偏振同时发射和接收，并可水平偏振发射、水平和垂直偏振同时接收；

b） 水平偏振和垂直偏振交替发射和接收。

5.3.1.4 距离范围

应满足下列要求：

a） 盲区距离：不大于 500 m；

b） 强度距离：不小于 400 km；

c） 速度距离：不小于 200 km；

d） 谱宽距离：不小于 200 km；

e） 差分反射率因子距离：不小于 200 km；

f） 相关系数距离：不小于 200 km；

g） 差分传播相移距离：不小于 200 km；

h） 差分传播相移率距离：不小于 200 km；

i） 退偏振比距离：不小于 200 km；

j） 高度距离：不小于 24 km。

5.3.1.5 角度范围

应满足下列要求：

a） 方位角：0°～360°；

b） 俯仰角：－2°～90°。

5.3.1.6 强度值范围

－35 dBz～75 dBz。

5.3.1.7 速度值范围

－48 m/s～48 m/s（采用速度退模糊技术）。

5.3.1.8 谱宽值范围

0 m/s～16 m/s。

5.3.1.9 差分反射率因子值范围

－7.9 dB～7.9 dB。

5.3.1.10 相关系数值范围

0～1.0。

5.3.1.11 差分传播相移值范围

0°～360°。

5.3.1.12 差分传播相移率值范围

－2 (°)/km～10 (°)/km。

5.3.1.13 退偏振比值范围

—44 dB～6 dB。

5.3.1.14 测量误差

应满足下列要求：

a) 距离定位：不大于 50 m；
b) 方位角：不大于 0.05°；
c) 俯仰角：不大于 0.05°；
d) 强度：不大于 1 dBz；
e) 速度：不大于 1 m/s；
f) 谱宽：不大于 1 m/s；
g) 差分反射率因子：不大于 0.2 dB；
h) 相关系数：不大于 0.01；
i) 差分传播相移：不大于 3°；
j) 退偏振比：不大于 0.3 dB。

5.3.1.15 分辨力

应满足下列要求：

a) 距离：不大于 150 m(窄脉冲)；
b) 方位角：不大于 0.01°；
c) 俯仰角：不大于 0.01°；
d) 强度：不大于 0.5 dBz；
e) 速度：不大于 0.5 m/s；
f) 谱宽：不大于 0.5 m/s；
g) 差分反射率因子：不大于 0.1 dB；
h) 相关系数：不大于 0.005；
i) 差分传播相移：不大于 0.1°；
j) 差分传播相移率：不大于 0.1 (°)/km；
k) 退偏振比：不大于 0.1 dB。

5.3.1.16 最小可测回波强度

双线偏振工作模式下应满足下列要求：

a) 固定式：在 50 km 处可探测的最小回波强度不大于—3.5 dBz(双线偏振工作模式下，宽脉冲，脉冲采样个数为 32)；
b) 移动式：在 50 km 处可探测的最小回波强度不大于—1.5 dBz(双线偏振工作模式下，宽脉冲，脉冲采样个数为 32)。

5.3.1.17 相位噪声

不大于 0.06°。

5.3.1.18 地物杂波抑制能力

不小于 60 dB。

5.3.1.19 天馈系统电压驻波比

不大于 1.5。

5.3.1.20 发射和接收支路损耗

水平和垂直通道发射支路损耗差异不大于 0.3 dB,水平和垂直通道接收支路损耗差异不大于 0.3 dB。

5.3.1.21 相位编码

对二次回波的恢复比例不低于 60%。

5.3.1.22 可靠性

MTBF 不小于 1500 h。方位和俯仰齿轮轴承不低于 10 a,汇流环不低于 8 a,速调管不低于 15000 h。

5.3.1.23 可维护性

MTTR 不大于 0.5 h。

5.3.1.24 可用性

WRA 不小于 96%。

5.3.1.25 功耗

不大于 50 kW。

5.3.2 天线罩

应满足下列要求:

a) 采用随机分块的刚性截球状型式;
b) 具有良好的耐腐蚀性能和较高的机械强度,并进行疏水涂层处理;
c) 与天线口径比不小于 1.5;
d) 水平和垂直极化的双程射频损失均不大于 0.6 dB(功率);
e) 水平和垂直极化的引入波束偏差(指向偏移角)均不大于 0.03°;
f) 水平和垂直极化的引入波束展宽均不大于 3%;
g) 引入的交叉极化隔离度影响不大于 1 dB。

5.3.3 天线

应满足下列要求:

a) 采用中心馈电旋转抛物面型式;
b) 采用水平线极化和垂直线极化方式;
c) 固定式雷达的功率增益水平和垂直极化均不小于 43 dB,偏差不大于 0.3 dB,移动式雷达的功率增益水平和垂直极化均不小于 40 dB,偏差不大于 0.3 dB;
d) 固定式雷达的波束宽度水平和垂直极化均不大于 1°,移动式雷达的波束宽度水平和垂直极化均不大于 1.3°;
e) 双极化波束宽度差异在 3 dB 处不大于 0.1°,10 dB 处不大于 0.3°,20 dB 处不大于 0.5°;
f) 双极化波束指向一致性优于 0.05°;
g) 固定式雷达的旁瓣电平应满足第一旁瓣电平不大于 −29 dB,±2°处的旁瓣电平不大于 −29 dB,

±10°处的旁瓣电平不大于−38 dB,从±2°到±10°之间旁瓣电平不大于端点连线的值,±10°到±180°的旁瓣电平不大于−42 dB;

h) 移动式雷达的旁瓣电平应满足第一旁瓣电平不大于−27 dB,±2.6°处的旁瓣电平不大于−27 dB,±13°处的旁瓣电平不大于−36 dB,从±2.6°到±13°之间旁瓣电平不大于端点连线的值,±13°到±180°的旁瓣电平不大于−40 dB;

i) 交叉极化隔离度不小于35 dB;

j) 双极化正交度为90°±0.03°。

5.3.4 伺服系统

5.3.4.1 扫描方式

应支持平面位置显示、距离高度显示、体扫、扇扫和任意指向扫描方式。

5.3.4.2 扫描速度及误差

应满足下列要求:

a) 方位角扫描最大速度不小于60 (°)/s,误差不大于5%;

b) 俯仰角扫描最大速度不小于36 (°)/s,误差不大于5%。

5.3.4.3 扫描加速度

方位角扫描和俯仰角扫描最大加速度均不小于15 $(°)/s^2$。

5.3.4.4 运动响应

俯仰角扫描从0°移动到90°时间不大于10 s,方位角扫描从最大转速到停止时间不大于3 s。

5.3.4.5 控制方式

支持下列两种控制方式:

a) 全自动;

b) 手动。

5.3.4.6 角度控制误差

方位角和俯仰角控制误差均不大于0.05°。

5.3.4.7 天线空间指向误差

方位角和俯仰角指向误差均不大于0.05°。

5.3.4.8 控制字长

不小于14 bit。

5.3.4.9 角码数据字长

不小于14 bit。

5.3.5 发射机

5.3.5.1 脉冲功率

不小于 250 kW。

5.3.5.2 脉冲宽度

应满足下列要求：

a) 窄脉冲：(1.00±0.10) μs；

b) 宽脉冲：(2.00±0.20) μs。

5.3.5.3 脉冲重复频率

应满足下列要求：

a) 窄脉冲：300 Hz～2000 Hz；

b) 宽脉冲：300 Hz～1000 Hz；

c) 具有 3/2,4/3 和 5/4 三种双脉冲重复频率功能。

5.3.5.4 频谱特性

工作频率±10 MHz 处不大于－60 dB。

5.3.5.5 输出极限改善因子

不小于 55 dB。

5.3.5.6 功率波动

24 h 功率检测的波动范围应满足下列要求：

a) 机内：不大于 0.4 dB；

b) 机外：不大于 0.3 dB。

5.3.6 接收机

5.3.6.1 最小可测功率

双接收通道均满足下列条件：

a) 窄脉冲：不大于－108 dBm；

b) 宽脉冲：不大于－111 dBm。

5.3.6.2 噪声系数

双接收通道均不大于 3 dB，且差异不大于 0.3 dB。

5.3.6.3 线性动态范围

双接收通道均不小于 111 dB，拟合直线斜率应在 1.000±0.015 范围内，均方差不大于 0.5 dB。

5.3.6.4 数字中频 A/D 位数

不小于 16 bit。

5.3.6.5 数字中频采样速率

不小于 48 MHz。

5.3.6.6 接收机带宽

应满足下列要求：

a) 窄脉冲：(1.00±0.10) MHz；

b) 宽脉冲：(0.50±0.10) MHz。

5.3.6.7 频率源射频输出相位噪声

10 kHz 处不大于－130 dB/Hz。

5.3.6.8 移相功能

频率源具有移相功能。

5.3.7 信号处理

5.3.7.1 数据输出率

不低于脉冲宽度和接收机带宽匹配值。

5.3.7.2 处理模式

信号处理宜采用通用服务器软件化设计。

5.3.7.3 基数据格式

满足相关标准和规范要求，数据中包括元数据信息、双通道在线标定记录、观测数据、水平和垂直通道的信噪比和实时杂波识别信息等。

5.3.7.4 数据处理和质量控制

应具有以下算法和功能：

a) 采用相位编码或其他过滤和恢复能力相当的方法退距离模糊；

b) 采用脉冲分组双 PRF 方法或其他相当方法退速度模糊，采用脉冲分组双 PRF 方式时，每个脉组的采样空间不大于天线波束宽度的 1/2；

c) 采用先动态识别再进行自适应频域滤波的方法进行杂波过滤；

d) 采用多阶相关算法计算相关系数；

e) 风电杂波抑制和恢复；

f) 电磁干扰过滤；

g) 可配置信号强度、SQI、SCR 等质量控制门限。

5.4 方舱与载车

应满足下列要求：

a) 载车具有调平装置和定位经纬度、海拔高度的功能；

b) 适应野外全天候工作；

c) 配备发电机组；

d) 方舱具有防雨、防尘、防腐措施；
e) 方舱应采取屏蔽和隔热措施；
f) 方舱配备空调；
g) 方舱具有逃生出口，并配备消防器材；
h) 方舱与载车能够满足公路运输的标准；
i) 防雷应满足 GB/T 21714 系列标准的要求。

5.5 环境适应性

5.5.1 一般要求

应满足下列要求：

a) 具有防尘、防潮、防霉、防盐雾、防虫措施；
b) 适应海拔 3000 m 及以上高度的低气压环境。

5.5.2 温度

应满足下列要求：

a) 室内：0 ℃～30 ℃；
b) 天线罩内：－40 ℃～55 ℃。

5.5.3 空气相对湿度

应满足下列要求：

a) 室内：15％～90％，无凝露；
b) 天线罩内：15％～95％，无凝露。

5.5.4 天线罩抗风和冰雪载荷

应满足下列要求：

a) 抗持续风能力不低于 55 m/s；
b) 抗阵风能力不低于 60 m/s；
c) 抗冰雪载荷能力不小于 220 kg/m^2。

5.5.5 移动式雷达抗风能力

应满足下列要求：

a) 工作状态：不低于 20 m/s；
b) 非工作状态：不低于 30 m/s。

5.6 电磁兼容性

应满足下列要求：

a) 具有足够的抗干扰能力，不因其他设备的电磁干扰而影响工作；
b) 与大地的连接安全可靠，有设备地线、动力电网地线和避雷地线，避雷针与雷达公共接地线使用不同的接地网；
c) 屏蔽体将被干扰物或干扰物包围封闭，屏蔽体与接地端子间电阻小于 0.1 Ω。

5.7 电源适应性

采用三相五线制，并满足下列要求：

a) 供电电压：三相(380±38) V；
b) 供电频率：(50±1.5) Hz。

5.8 互换性

同型号雷达的部件、组件和分系统应保证电气功能、性能和接口的一致性，均能在现场替换，并保证雷达正常工作。

5.9 安全性

5.9.1 一般要求

应满足下列要求：
a) 使用对环境无污染、不损害人体健康和设备性能的材料；
b) 保证人员及雷达的安全。

5.9.2 电气安全

应满足下列要求：
a) 电源线之间及与大地之间的绝缘电阻大于 1 MΩ；
b) 电压超过 36 V 处有警示标识和防护装置；
c) 高压储能电路有泄放装置；
d) 危及人身安全的高压在防护装置被去除或打开后自动切断；
e) 存在微波泄漏处有警示标识；
f) 配备紧急断电保护开关；
g) 天线罩门打开时，自动切断天线伺服供电。

5.9.3 机械安全

应满足下列要求：
a) 抽屉或机架式组件配备锁紧装置；
b) 机械转动部位及危险的可拆卸装置处有警示标识和防护装置；
c) 在架设、拆收、运输、维护、维修时，活动装置能锁定；
d) 天线俯仰角超过规定范围时，有切断电源和防碰撞的安全保护装置；
e) 天线伺服配备手动安全开关；
f) 室内与天线罩内之间有通信设备。

5.10 噪声

发射机和接收机的噪声应低于 85 dB(A)。

6 试验方法

6.1 试验环境条件

6.1.1 室内测试环境条件

室温在 15 ℃～25 ℃，空气相对湿度不大于 70%。

6.1.2 室外测试环境条件

空气温度在 5 ℃～35 ℃,空气相对湿度不大于 80%,风速不大于 5 m/s。

6.2 试验仪表和设备

试验仪表和设备见表 2。

表 2 试验仪表和设备

序号	设备名称	主要性能要求
1	信号源	频率:10 MHz～13 GHz 输出功率:－135 dBm～21 dBm
2	频谱仪	频率:10 MHz～13 GHz 最大分析带宽:不低于 25 MHz 精度:不低于 0.19 dB
3	功率计(含探头)	功率:－35 dBm～20 dBm 精度:不大于 0.1 dB
4	衰减器	频率:0 GHz～18 GHz 精度:不大于 0.8 dB 功率:不小于 2 W
5	检波器	频率:5.1 GHz～5.75 GHz 灵敏度:1 mV/10 μW 最大输入功率:10 mW
6	示波器	带宽:不小于 200 MHz
7	矢量网络分析仪	频率:100 MHz～13 GHz 动态范围:不小于 135 dB 输出功率:不小于 15 dBm
8	噪声系数分析仪(含噪声源)	频率:10 MHz～7 GHz 测量范围:0 dB～20 dB 精度:不大于 0.15 dB
9	信号分析仪	频率:10 MHz～7 GHz 功率:－15 dBm～20 dBm 分析偏置频率:1 Hz～100 MHz 精度:不大于 3 dB
10	合像水平仪	刻度盘分划值:0.01 mm/m 测量范围:－10 mm/m～10 mm/m 示值误差:±0.01 mm/m(±1 mm/m 范围内) ±0.02 mm/m(±1 mm/m 范围外) 工作面平面性偏差:0.003 mm
11	标准喇叭天线	频率:5.3 GHz～5.7 GHz 增益:不低于 18 dB 精度:不大于 0.2 dB

表 2　试验仪表和设备(续)

序号	设备名称	主要性能要求
12	转台伺服控制器	转动范围:方位角 0°～180°,俯仰角 −1°～89°, 极化角 0°～360° 转动速度:0 (°)/s～0.5 (°)/s 定位精度:0.03°

6.3　分类

目测检查雷达的系统组成。

6.4　功能

6.4.1　一般要求

操作演示检查。

6.4.2　扫描方式

配置并运行扫描方式和任务调度,并检查结果。

6.4.3　观测模式

操作演示检查。

6.4.4　机内自检设备和监控

操作检查参数的显示,演示报警功能。

6.4.5　雷达及附属设备控制和维护

实际操作检查。

6.4.6　关键参数在线分析

实际操作检查。

6.4.7　实时显示

实际操作检查。

6.4.8　消隐功能

配置消隐区,测试当天线到达消隐区间内时发射机是否停止发射脉冲。

6.4.9　授时功能

实际操作检查授时功能和授时精度。

6.4.10　强度标定

演示雷达使用机内信号进行自动强度标定的功能,并在软件界面上查看标定结果。通过查看基数据中记录的强度标定值，检查标定结果是否应用到下一个体扫。

6.4.11 距离定位

实际操作检查雷达使用机内脉冲信号自动进行距离定位检查的功能。

6.4.12 发射机功率

实际操作检查雷达基于内置功率计的发射机功率自动检查功能。

6.4.13 速度

演示雷达使用机内信号进行速度自动检查的功能，检查软件界面显示的结果。

6.4.14 相位噪声

演示雷达的机内相位噪声自动检查的功能，检查软件界面显示的结果。

6.4.15 噪声电平

演示雷达噪声电平自动测量的功能，检查软件界面显示的结果。

6.4.16 噪声温度/系数

演示噪声温度/系数自动检查的功能，检查软件界面显示的结果。

6.4.17 接收通道增益差

演示检查雷达的自动在线双通道增益差检查功能，测试信号需经过旋转关节且连续 24 h 标定值的变化不大于 0.2 dB。

6.4.18 接收通道相位差

演示检查雷达的自动在线双通道相位差检查功能，测试信号需经过旋转关节且连续 24 h 标定值的变化不大于 3°。

6.4.19 发射机功率、输出脉冲宽度、输出频谱

检查雷达是否能使用机外仪表测量发射机功率、脉冲宽度和输出频谱。

6.4.20 发射和接收支路损耗

检查雷达是否具有接口以使用机外仪表检查发射和接收支路损耗。

6.4.21 接收机最小可测功率、动态范围

检查雷达是否能使用机外仪表测量接收机最小可测功率和动态范围。

6.4.22 天线座水平度

6.4.22.1 测试方法

按下列步骤进行测试：

a) 将天线停在方位角 0°位置；

b) 将合像水平仪按图 1 所示放置在天线转台上；

c) 调整合像水平仪达到水平状态，并记录合像水平仪的读数值，记为 M_0；

d) 控制天线停在方位角 45°位置；

e) 调整合像水平仪达到水平状态，并记录合像水平仪的读数值，记为 M_{45}；

f) 重复步骤 d)、e)，分别测得天线方位角在 90°、135°、180°、225°、270°、315°位置合像水平仪的读数值，依次记为 M_{90}，M_{135}，M_{180}，M_{225}，M_{270}，M_{315}。

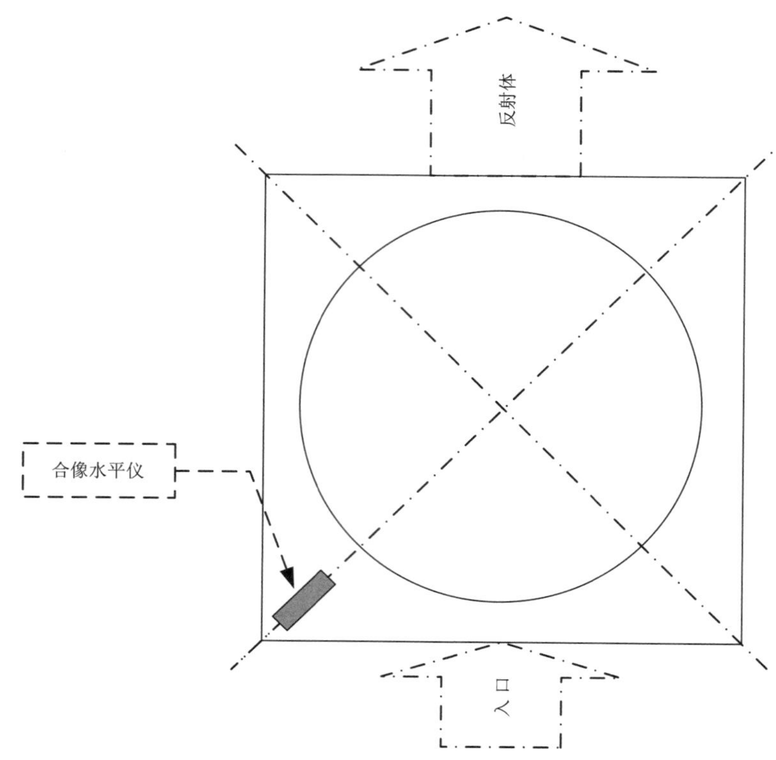

图 1 天线座水平度检查示意图

6.4.22.2 **数据处理**

分别计算四组天线座水平度差值的绝对值 $|M_0-M_{180}|$、$|M_{45}-M_{225}|$、$|M_{90}-M_{270}|$ 和 $|M_{135}-M_{315}|$，其中最大值即为该天线座水平度。

6.4.23 天线伺服扫描速度误差、加速度、运动响应

检查雷达是否具有软件工具，进行天线伺服速度误差、加速度和运动响应的检查。

6.4.24 天线指向和接收链路增益

检查雷达是否具有太阳法工具，用于检查和标定天线指向和接收链路增益。

6.4.25 基数据方位角、俯仰角角码

随机抽样基数据并提取方位角和俯仰角角码，检查方位角相邻角码间隔是否不超过分辨力的 2 倍。检查同一仰角的俯仰角角码是否稳定在期望值±0.2°的范围之内。

6.4.26 地物杂波抑制能力

基于雷达输出的地物杂波过滤前和过滤后的回波强度数据，统计和检查低俯仰角(如0.5°)的地物杂波滤波能力。

6.4.27 最小可测回波强度

检查基数据在50 km处探测的最小回波强度，统计不少于10个体扫低俯仰角的回波强度以获得最小可测回波强度。统计方法为检查所有径向距离为50 km的回波强度值，或使用其他距离上的最小强度值换算成50 km的值。

6.4.28 差分反射率标定

演示利用以下方法标定和检查系统差分反射率的功能：

a) 小雨法：选择小雨天气，将天线指向天顶(俯仰角为90°)进行PPI扫描，统计融化层以下降水粒子差分反射率因子的中值，作为偏差来标定雷达系统双通道回波功率的系统偏差；
b) Bragg散射法：以晴空Bragg散射回波为比较目标，检查和标定雷达差分反射率偏差；
c) 太阳功率法：将天线指向太阳，通过接收到的太阳功率来检查接收机双通道幅度差。

6.4.29 气象产品生成

逐条演示气象产品的生成。

6.4.30 气象产品格式

审阅气象产品格式文档和产品样例文件。

6.4.31 气象产品显示

操作演示检查。

6.4.32 数据存储和传输

操作演示检查。

6.5 性能

6.5.1 雷达工作频率

按下列步骤进行测试：

a) 按图2连接测试设备；
b) 开启发射机高压；
c) 使用频谱仪测量雷达工作频率；
d) 关闭发射机高压。

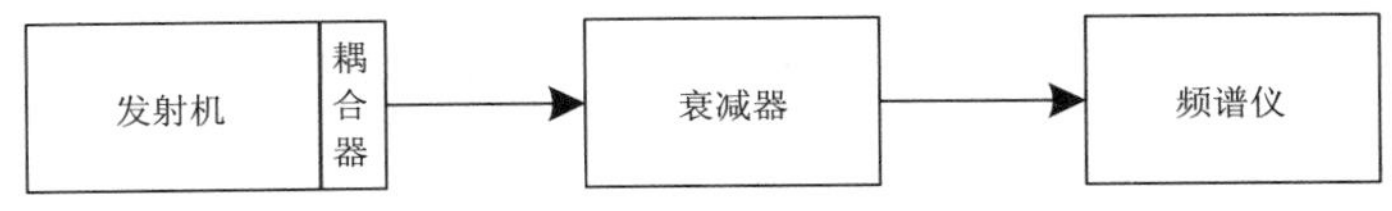

图2 雷达工作频率测试示意图

6.5.2 雷达预热开机时间

秒表计时检查雷达从冷态开机预热到正常工作的时间。

6.5.3 双线偏振工作模式

实际操作检查。

6.5.4 距离范围

检查雷达的输出数据文件。

6.5.5 角度范围

控制雷达天线运行，检查运行范围。

6.5.6 强度值范围

检查雷达输出的数据文件。

6.5.7 速度值范围

检查雷达输出的数据文件。

6.5.8 谱宽值范围

检查雷达输出的数据文件或产品显示范围。

6.5.9 差分反射率因子值范围

检查雷达输出的数据文件或产品显示范围。

6.5.10 相关系数值范围

检查雷达输出的数据文件或产品显示范围。

6.5.11 差分传播相移值范围

检查雷达输出的数据文件或产品显示范围。

6.5.12 差分传播相移率值范围

检查雷达输出的数据文件或产品显示范围。

6.5.13 退偏振比值范围

检查雷达输出的数据文件或产品显示范围。

6.5.14 距离定位误差

使用信号源将时间延迟的0.33 μs脉冲信号注入雷达接收机并按50 m距离分辨力进行处理，检查雷达输出的反射率数据中的测试信号是否位于与延迟时间相匹配的距离库上。

6.5.15 方位角和俯仰角误差

6.5.15.1 测试方法

按下列步骤进行：

a) 用合像水平仪检查并调整天线座水平；

b) 设置正确的经纬度和时间；

c) 开启太阳法测试；

d) 记录测试结果。

6.5.15.2 数据处理

按下列步骤进行：

a) 比较理论计算的太阳中心位置和天线实际检测到的太阳中心位置，计算和记录雷达方位角和俯仰角误差；

b) 测试时要求太阳高度角在 8°～50°之间，系统时间误差不大于 1 s，天线座水平误差不大于 60″，雷达站经纬度误差不大于 1″；

c) 连续进行 10 次太阳法测试，并计算标准差作为方位角和俯仰角的误差。

6.5.16 强度误差

6.5.16.1 测试方法

按下列步骤进行：

a) 按图 3 连接设备；

b) 设置信号源使接收机注入功率为－40 dBm；

c) 根据雷达参数分别计算距离 5 km、50 km、100 km、150 km 和 200 km 的强度期望值，并记录；

d) 读取强度测量值，并记录；

e) 重复步骤 b)—d)，分别注入－90 dBm～－50 dBm(步进 10 dBm)测试信号，记录对应的期望值与测量值。

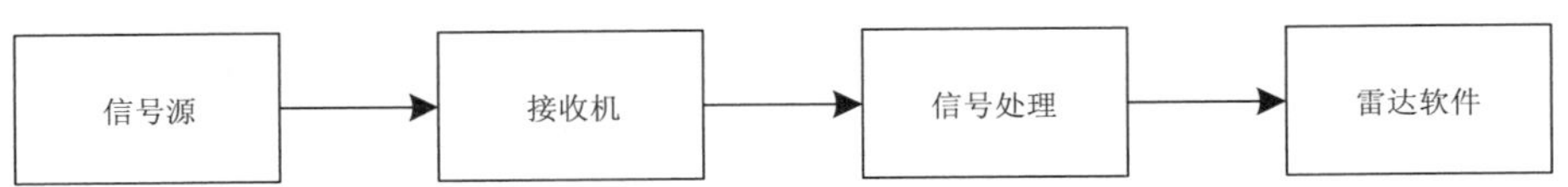

图 3 强度误差测试示意图

6.5.16.2 数据处理

按下列步骤进行：

a) 计算反射率的期望值 $Z_{\exp}$(分贝，dB)，计算方法见式(1)：

$$Z_{\exp} = 10\lg[(2.69 \times 10^{16}\lambda^2)/(P_t\tau G^2\theta\varphi)] + P_r + 20\lg R + L_\Sigma + RL_{at} \quad \cdots\cdots(1)$$

式中：

λ ——波长，单位为厘米(cm)；

P_t ——发射脉冲功率，单位为千瓦(kW)；

τ ——脉宽，单位为微秒(μs)；

G ——天线增益，单位为分贝(dB)；

θ ——水平波束宽度，单位为度(°)；

φ ——垂直波束宽度，单位为度(°)；

P_r ——输入信号功率，单位为分贝毫瓦(dBm)；

R ——距离，单位为千米(km)；

L_Σ ——系统除大气损耗 L_{at} 外的总损耗(包括匹配滤波器损耗、收发支路总损耗和天线罩双程损耗)，单位为分贝(dB)；

L_{at} ——大气损耗，单位为分贝每千米(dB/km)。

b) 分别计算注入功率−90 dBm～−40 dBm(步进 10 dBm)对应的实测值和期望值之间的差值。

c) 选取所有差值中最大的值作为强度误差。

6.5.17 速度误差

6.5.17.1 测试方法

按下列步骤进行：

a) 按图 4 连接测试设备；

b) 设置信号源输出功率−40 dBm，频率为雷达工作频率；

c) 微调信号源输出频率，使读到的速度为 0 m/s，此频率记为 f_c；

d) 改变信号源输出频率为 $f_c - f_r$，其中 f_r 为脉冲重复频率；

e) 信号源输出频率从 $f_c - f_r$ 到 $f_c + f_r$，步进 100 Hz，依次计算理论值 V_1，并读取对应的显示值 V_2；

f) 关闭信号源。

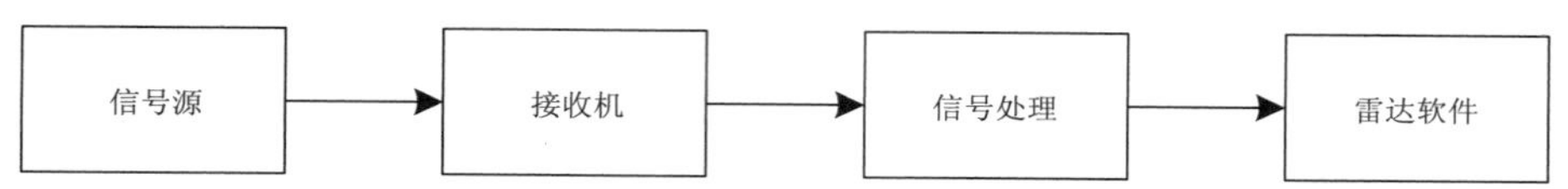

图 4 速度误差测试示意图

6.5.17.2 数据处理

按下列步骤进行：

a) 计算径向速度理论值 V_1(米每秒，m/s)，计算方法见式(2)：

$$V_1 = -(\lambda \times f_d)/2 \qquad \cdots\cdots(2)$$

式中：

λ ——雷达波长，单位为米(m)；

f_d ——注入信号的频率与雷达工作频率 f_c 的差值，单位为赫兹(Hz)。

b) 分别计算出 f_d 从 $f_c - f_r$ 到 $f_c + f_r$(步进 100 Hz)对应的 V_2 和 V_1 之间的差值。

c) 选取所有差值中绝对值最大的值作为速度误差。

6.5.18 谱宽误差

通过控制衰减器改变脉冲信号的幅度或其他方法生成期望谱宽的信号，将该信号注入接收机并记录实测的谱宽值，计算期望值和实测值之间的误差。

6.5.19 差分反射率因子误差

6.5.19.1 测试方法

按下列步骤进行：

a) 按图5连接设备；

b) 关闭发射机高压，运行雷达；

c) 打开信号源，注入−40 dBm的连续波信号；

d) 雷达运行双偏振模式并存储1个体扫基数据。

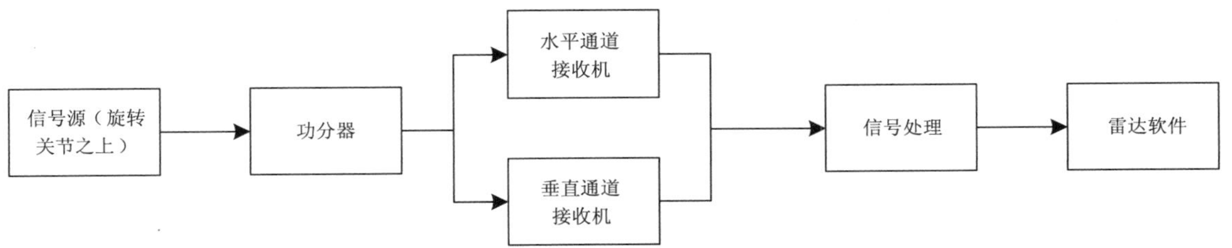

图5 差分反射率因子误差测试示意图

6.5.19.2 数据处理

读取体扫基数据中每个径向50 km处的差分反射率因子，并计算标准差。

6.5.20 相关系数误差

分析小雨条件下雷达探测的基数据，选择小雨区范围计算相关系数值的概率分布密度，以概率分布密度最大的相关系数值作为误差。

6.5.21 差分传播相移误差

6.5.21.1 测试方法

按下列步骤进行：

a) 按图6连接设备；

b) 关闭发射机高压，运行雷达；

c) 打开信号源，注入−40 dBm的连续波信号；

d) 雷达运行双偏振模式并存储1个体扫基数据。

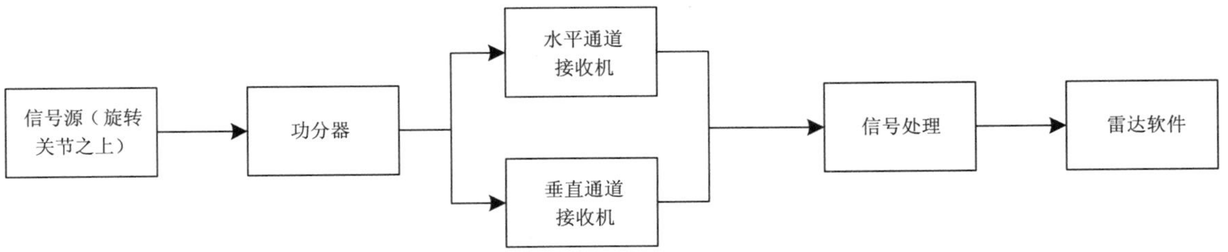

图6 差分传播相移误差测试示意图

6.5.21.2 **数据处理**

读取体扫基数据中每个径向 50 km 处的差分传播相移，并计算标准差。

6.5.22 **退偏振比误差**

6.5.22.1 **测试方法**

按下列步骤进行：

a) 按图 7 连接设备；

b) 关闭发射机高压，运行雷达；

c) 打开信号源，注入 −40 dBm 的连续波信号；

d) 雷达运行水平偏振发射、水平和垂直偏振同时接收模式，并存储 1 个体扫基数据。

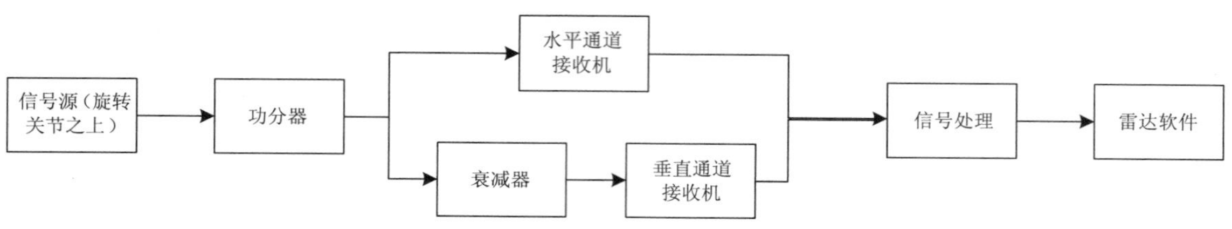

图 7 退偏振比测试示意图

6.5.22.2 **数据处理**

读取体扫基数据中每个径向 50 km 处的退偏振比，并计算标准差。

6.5.23 **分辨力**

方位角和俯仰角的分辨力通过角码记录文件检查，其他通过基数据文件检查。

6.5.24 **最小可测回波强度**

检查基数据（双线偏振宽脉冲，脉冲采样个数为 32，无地物滤波）在 50 km 处探测的最小回波强度，统计不少于 10 个体扫低仰角的回波强度以获得最小可测回波强度。统计方法为检查所有径向距离为 50 km 的回波强度值（或者使用其他距离上的最小强度值换算成 50 km 的值），获得 50 km 处最小的回波强度值即为雷达的最小可测回波强度。

6.5.25 **相位噪声**

6.5.25.1 **测试方法**

按下列步骤进行：

a) 将发射机输出作为测试信号，经过微波延迟线注入接收机；

b) 开启发射机高压；

c) 采集并记录连续 64 个脉冲的 I/Q 数据；

d) 关闭发射机高压。

6.5.25.2 **数据处理**

计算 I/Q 复信号的相位标准差（度，°），作为相位噪声 φ_{PN}，计算方法见式(3)：

$$\varphi_{PN}=\frac{180}{\pi}\sqrt{\frac{1}{N}\sum_{i=1}^{N}(\varphi_i-\overline{\varphi})^2} \qquad \cdots\cdots(3)$$

式中：

φ_i ——I/Q复信号的相位，单位为弧度(rad)；

$\overline{\varphi}$ ——相位 φ_i 的平均值，单位为弧度(rad)。

6.5.26 地物杂波抑制能力

统计基数据低俯仰角(如0.5°)地物杂波过滤前后的回波强度差，超过60 dB的距离库数应不少于50个。

6.5.27 天馈系统电压驻波比

按下列步骤进行测试：

a) 按图8连接测试设备；

b) 控制天线俯仰角指向90°；

c) 使用矢量网络分析仪测量天馈系统电压驻波比。

图8 天馈系统电压驻波比测试示意图

6.5.28 发射和接收支路损耗

6.5.28.1 测试方法

按照下列方式之一进行：

a) 使用信号源、频谱仪/功率计按下列步骤进行：
   1) 按图9a)连接测试设备；
   2) 测量测试电缆1和2的损耗，分别记为 L_1 和 L_2；
   3) 发射机功率测量点注入连续波信号，记为 A；
   4) 测量水平支路测量点功率，记为 P_0；
   5) 测量垂直支路测量点功率，记为 P_1；
   6) 按图10a)连接测试设备；
   7) 天线输出端口注入连续波信号，记为 B；
   8) 测量水平支路无源限幅器输出功率，记为 P_2；
   9) 测量垂直支路无源限幅器输出功率，记为 P_3。

b) 使用矢量网络分析仪按下列步骤进行：
   1) 校准矢量网络分析仪(含测试电缆及转接器)；
   2) 按图9b)连接测试设备到水平支路测量点；
   3) 读取水平发射支路损耗值，记为 L_{th}；
   4) 将矢量网络分析仪接收端口连接到垂直支路测量点；
   5) 读取垂直发射支路损耗值，记为 L_{tv}；
   6) 重新校准矢量网络分析仪(含测试电缆及转接器)；
   7) 按图10b)连接测试设备到水平支路无源限辐器输出口；

8) 读取水平接收支路损耗值，记为 L_{rh}；

9) 将矢量网络分析仪接收端口连接到垂直支路无源限辐器输出口；

10) 读取垂直接收支路损耗值，记为 L_{rv}。

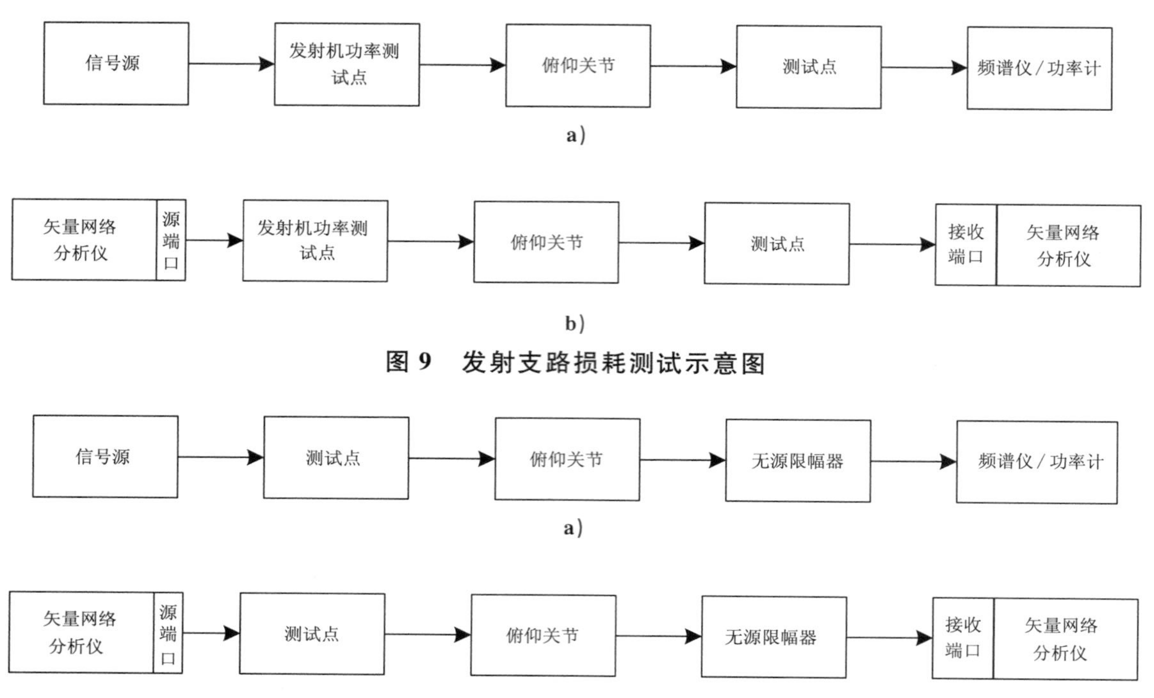

a)

b)

图 9　发射支路损耗测试示意图

a)

b)

图 10　接收支路损耗测试示意图

6.5.28.2　数据处理

使用信号源、频谱仪/功率计进行测试：

a) 计算水平发射支路损耗 L_{th}（分贝，dB），计算方法见式(4)：

$$L_{th} = A - P_0 - (L_1 + L_2) \quad \cdots\cdots(4)$$

式中：

A、P_0——含义见 6.5.28.1，单位为分贝毫瓦(dBm)；

L_1、L_2——含义见 6.5.28.1，单位为分贝(dB)。

b) 计算垂直发射支路损耗 L_{tv}（分贝，dB），计算方法见式(5)：

$$L_{tv} = A - P_1 - (L_1 + L_2) \quad \cdots\cdots(5)$$

式中：

P_1——含义见 6.5.28.1，单位为分贝毫瓦(dBm)。

c) 计算水平和垂直发射支路损耗差异 ΔL_t（分贝，dB），计算方法见式(6)：

$$\Delta L_t = |L_{th} - L_{tv}| \quad \cdots\cdots(6)$$

d) 计算水平接收支路损耗 L_{rh}（分贝，dB），计算方法见式(7)：

$$L_{rh} = B - P_2 - (L_1 + L_2) \quad \cdots\cdots(7)$$

式中：

B、P_2——含义见 6.5.28.1，单位为分贝毫瓦(dBm)。

e) 计算垂直接收支路损耗 L_{rv}（分贝，dB），计算方法见式(8)：

$$L_{rv} = B - P_3 - (L_1 + L_2) \qquad (8)$$

式中：

P_3——含义见 6.5.28.1，单位为分贝毫瓦(dBm)。

f) 计算水平和垂直接收支路损耗差异 ΔL_r（分贝，dB)，计算方法见式(9)：

$$\Delta L_r = |L_{rh} - L_{rv}| \qquad (9)$$

6.5.29 相位编码

6.5.29.1 通过统计分析有二次回波的降水基数据来验证系统相位编码退距离模糊的能力。

6.5.29.2 统计低仰角的速度数据(如 0.5°)，计算一次回波的最大探测距离 R_{max}（千米，km)，计算方法见式(10)：

$$R_{max} = C/(2 \times f_{PRF}) \qquad (10)$$

式中：

C ——光在真空中的传播速度，取 2.99735×10^8 m/s；

f_{PRF} ——当前俯仰角的脉冲重复频率，单位为赫兹(Hz)。

6.5.29.3 遍历所有速度数据的距离库，统计所有存在距离模糊的距离库数记为 B_a，退模糊算法有效的距离库数记为 B_v，计算二次回波的恢复比例 B_v/B_a。

6.5.30 可靠性

使用一个或一个以上雷达不少于半年的运行数据，统计系统的可靠性，结果用平均故障间隔(MT-BF)表示。

6.5.31 可维护性

使用一个或一个以上雷达不少于半年的运行数据，统计系统的可维护性，结果用平均修复时间(MTTR)表示。

6.5.32 可用性

使用一个或一个以上雷达不少于半年的运行数据，计算系统的可用性 η_{WRA}（小时，h)，计算方法见式(11)：

$$\eta_{WRA} = \frac{T_w}{T_w + T_m + T_f} \times 100\% \qquad (11)$$

式中：

T_w——累计工作时间，单位为小时(h)；

T_m——累计故障维护时间，单位为小时(h)；

T_f——累计排除故障时间，单位为小时(h)。

6.5.33 功耗

雷达开机连续运行，统计 1 h 用电量。

6.5.34 天线罩型式、尺寸与材料

检视和测量天线罩结构与材料。

6.5.35 天线罩双程射频损失

6.5.35.1 测试方法

按下列步骤进行：

a) 按图 11 连接测试设备，不安装天线罩；

b) 发射天线和接收天线均设置为水平极化模式，频率分别设置为 5.3 GHz、5.4 GHz、5.5 GHz、5.6 GHz 和 5.7 GHz；

c) 转动接收天线与发射天线对准，极化匹配；

d) 使用频谱仪测量接收信号强度，并记为 P_1；

e) 安装待测天线罩；

f) 使用频谱仪测量接收信号强度，并记为 P_2；

g) 发射天线和接收天线均设置为垂直极化模式，频率分别设置为 5.3 GHz、5.4 GHz、5.5 GHz、5.6 GHz 和 5.7 GHz；

h) 重复步骤 c)—f)。

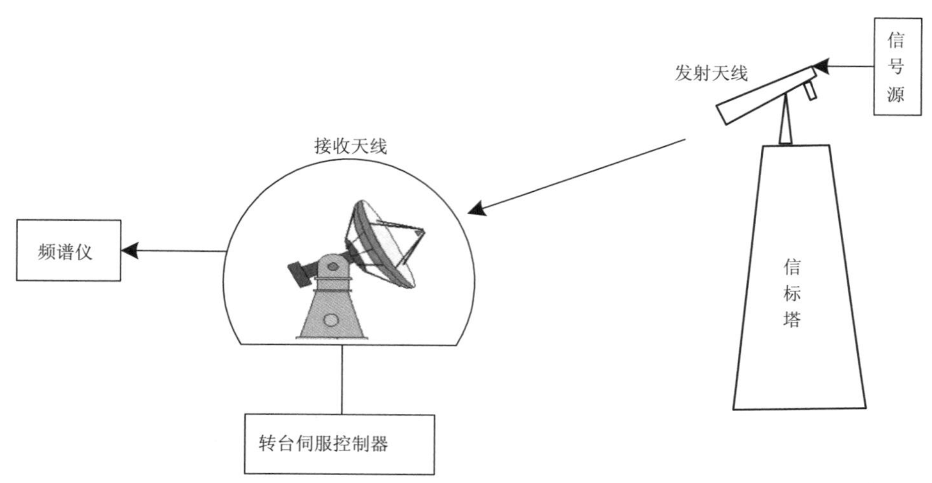

图 11 双程射频损失测试示意图

6.5.35.2 数据处理

计算天线罩的双程射频损失 L(分贝，dB)，计算方法见式(12)：

$$L = 2 \times (P_1 - P_2) \qquad \cdots\cdots(12)$$

式中：

P_1、P_2——含义见 6.5.35.1，单位为分贝(dB)。

6.5.36 天线罩引入波束偏差

6.5.36.1 测试方法

按下列步骤进行：

a) 按图 12 连接测试设备，不安装天线罩；

b) 发射天线和接收天线均设置为水平极化模式，频率分别设置为 5.3 GHz、5.4 GHz、5.5 GHz、5.6 GHz 和 5.7 GHz；

c) 转动接收天线与发射天线对准,极化匹配;

d) 记录当前转台伺服控制器的方位角和俯仰角,分别记为 A_{Z0} 和 E_{L0} ;

e) 安装待测天线罩;

f) 重复步骤 c);

g) 记录当前转台伺服控制器的方位角和俯仰角,分别记为 A_{Z1} 和 E_{L1} ;

h) 发射天线和接收天线均设置为垂直极化模式,频率分别设置为 5.3 GHz、5.4 GHz、5.5 GHz、5.6 GHz 和 5.7 GHz;

i) 重复步骤 c)—g)。

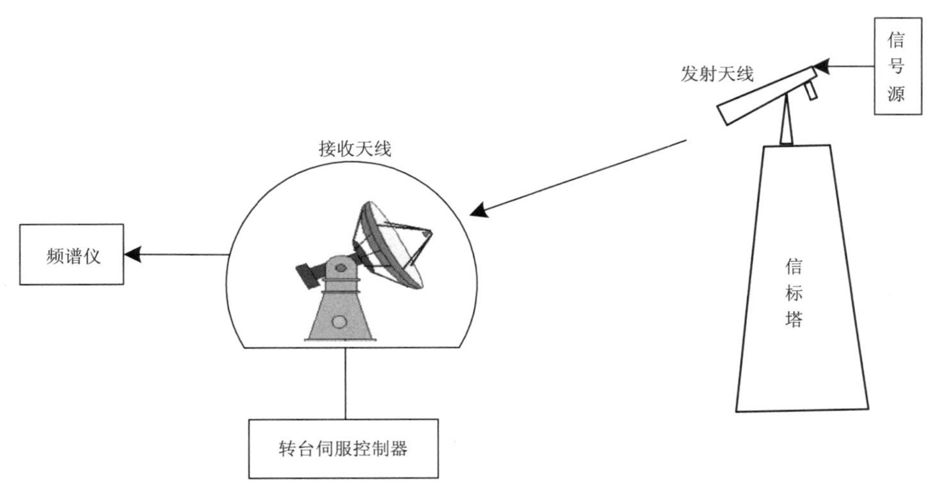

图 12 天线罩引入波束偏差测试示意图

6.5.36.2 数据处理

计算天线罩引入波束偏差 θ(度,°),计算方法见式(13):

$$\theta = \frac{1}{2} \times \cos^{-1} \sqrt{\cos(A_{Z0} - A_{Z1}) \times \cos(E_{L0} - E_{L1})} \qquad \cdots\cdots(13)$$

式中:

A_{Z0}、A_{Z1}、E_{L0}、E_{L1} ——含义见 6.5.36.1,单位为度(°)。

6.5.37 天线罩引入波束展宽

6.5.37.1 测试方法

按下列步骤进行:

a) 按图 13 连接测试设备,不安装天线罩;

b) 发射天线和接收天线均设置为水平极化模式,频率分别设置为 5.3 GHz、5.4 GHz、5.5 GHz、5.6 GHz 和 5.7 GHz;

c) 转动接收天线与发射天线对准,极化匹配;

d) 向右转动接收天线,每隔 0.01°使用频谱仪测量并记录信号强度,直至 4.5°;

e) 从极化匹配点向左转动接收天线,每隔 0.01°使用频谱仪测量并记录信号强度,直至 4.5°;

f) 安装待测天线罩;

g) 重复步骤 b)—e);

h) 发射天线和接收天线均设置为垂直极化模式，频率分别设置为 5.3 GHz、5.4 GHz、5.5 GHz、5.6 GHz 和 5.7 GHz；

i) 重复步骤 c)—g)。

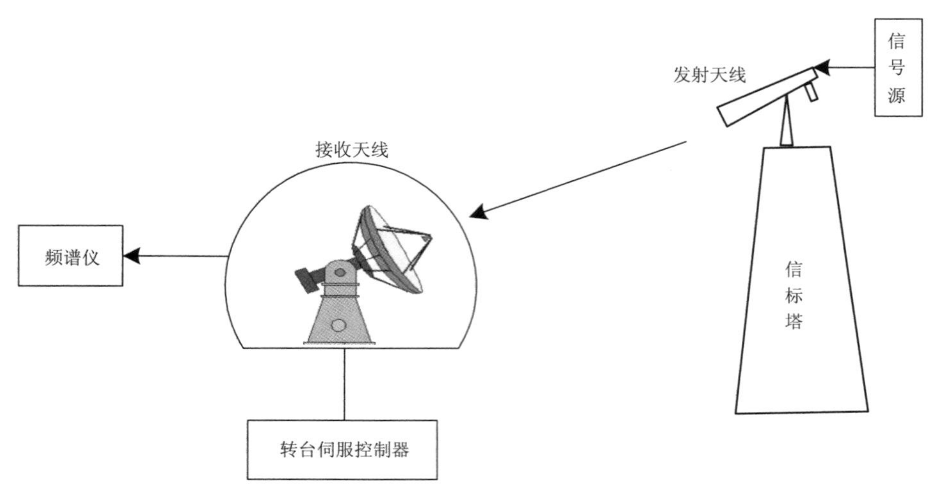

图 13 天线罩引入波束展宽测试示意图

6.5.37.2 数据处理

按下列步骤进行：

a) 绘制无天线罩测量的天线辐射方向图，在最强信号两侧分别读取功率下降 3 dB 点所对应的角度值，两者之和作为无天线罩时波束宽度，记为 θ_0。

b) 绘制有天线罩测量的天线辐射方向图，在最强信号两侧分别读取功率下降 3 dB 点所对应的角度值，两者之和作为有天线罩时波束宽度，记为 θ_1。

c) 计算天线罩的引入波束展宽 θ_d(度，°)，计算方法见式(14)：

$$\theta_d = \frac{\theta_1 - \theta_0}{\theta_0} \times 100\% \qquad \cdots\cdots(14)$$

式中：

θ_0——含义见 6.5.37.2a)，单位为度(°)；

θ_1——含义见 6.5.37.2b)，单位为度(°)。

6.5.38 天线罩交叉极化隔离度

6.5.38.1 测试方法

按下列步骤进行：

a) 按图 14 连接测试设备，不安装天线罩；

b) 发射天线设置为水平极化模式，信号源设置为雷达工作频率；

c) 转动接收天线与发射天线对准，水平极化匹配，使频谱仪接收的信号功率最大；

d) 频谱仪分别测量水平和垂直通道接收信号功率，记为 P_1 和 P_2；

e) 将发射天线设置为垂直极化模式；

f) 转动接收天线与发射天线对准，垂直极化匹配，使频谱仪接收的信号功率最大；

g) 频谱仪分别测量水平和垂直通道接收信号功率，记为 P_3 和 P_4；

h) 安装天线罩后，重复步骤 b)—g)，并记录相应功率值。

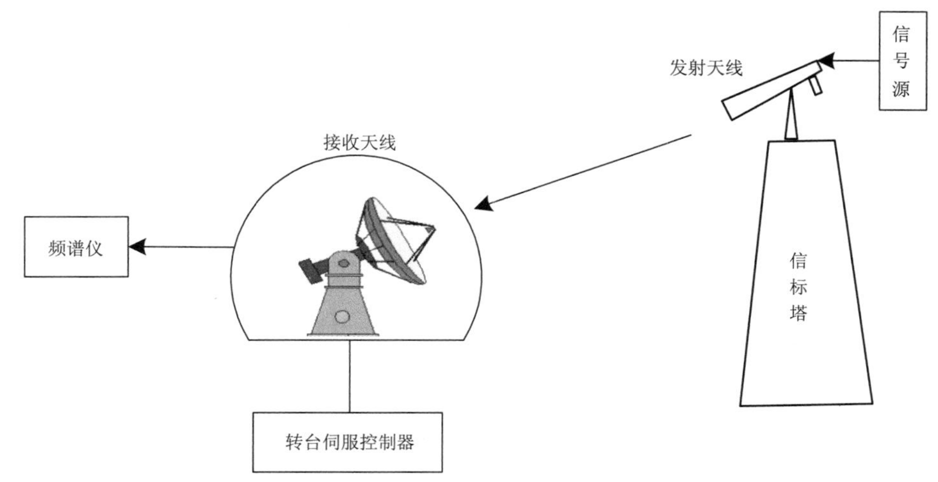

图 14 天线罩交叉极化隔离度测试示意图

6.5.38.2 数据处理

按下列步骤处理：

a) 计算天线水平极化的交叉极化隔离度 I_1（分贝，dB），计算方法见式(15)：

$$I_1 = P_1 - P_2 \quad \cdots\cdots\cdots\cdots(15)$$

式中：

P_1、P_2——含义见 6.5.38.1，单位为分贝毫瓦(dBm)。

b) 同样计算有天线罩状态下天线水平极化隔离度 I_3。

c) 计算天线垂直极化的交叉极化隔离度 I_2（分贝，dB），计算方法见式(16)：

$$I_2 = P_4 - P_3 \quad \cdots\cdots\cdots\cdots(16)$$

式中：

P_3、P_4——含义见 6.5.38.1，单位为分贝毫瓦(dBm)。

d) 同样计算带天线罩状态下天线垂直极化隔离度 I_4（分贝，dB）。

e) 计算有无天线罩情况下的交叉极化隔离度差值，水平极化差值 ΔI_h（分贝，dB），垂直极化差值 ΔI_v（分贝，dB），计算方法见式(17)、式(18)：

$$\Delta I_h = I_1 - I_3 \quad \cdots\cdots\cdots\cdots(17)$$

$$\Delta I_v = I_2 - I_4 \quad \cdots\cdots\cdots\cdots(18)$$

6.5.39 天线型式

目测检查。

6.5.40 天线极化方式

目测检查。

6.5.41 天线功率增益

6.5.41.1 测试方法

按下列步骤进行：

a) 按图15连接测试设备；

b) 发射天线和接收天线均设置为水平极化模式，频率分别设置为5.3 GHz、5.4 GHz、5.5 GHz、5.6 GHz和5.7 GHz；

c) 转动待测天线与发射天线对准，极化匹配；

d) 使用频谱仪测量接收功率，并记为P_1；

e) 用标准喇叭天线（增益为G_0）替换待测天线；

f) 重复步骤c)、d)，读取频谱仪显示功率，并记为P_2；

g) 将发射天线和接收天线均设置为垂直极化模式，频率分别设置为5.3 GHz、5.4 GHz、5.5 GHz、5.6 GHz和5.7 GHz；

h) 转动待测天线与发射天线对准，极化匹配；

i) 使用频谱仪测量接收功率，并记录为P_3；

j) 用标准喇叭天线（增益为G_0）替换待测天线；

k) 重复步骤h)—i)，读取频谱仪显示功率，并记录为P_4。

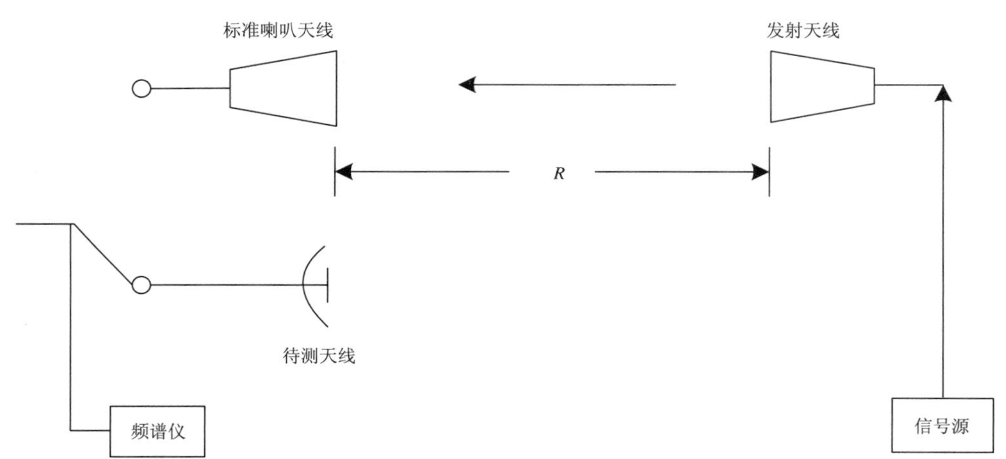

图15 天线功率增益测试示意图

6.5.41.2 数据处理

按下列步骤处理：

a) 计算天线水平极化增益G_1（分贝，dB），计算方法见式(19)：

$$G_1 = G_0 + P_1 - P_2 \qquad \cdots\cdots(19)$$

式中：

G_0 ——标准喇叭天线增益，单位为分贝(dB)；

P_1、P_2 ——含义见6.5.41.1，单位为分贝毫瓦(dBm)。

b) 计算天线垂直极化增益G_2（分贝，dB），计算方法见式(20)：

$$G_2 = G_0 + P_3 - P_4 \qquad \cdots\cdots(20)$$

式中：

P_3、P_4——含义见6.5.41.1，单位为分贝毫瓦(dBm)。

c) 计算天线水平、垂直极化增益差 ΔG(分贝，dB)，计算方法见式(21)：

$$\Delta G = |G_1 - G_2| \quad \cdots\cdots(21)$$

6.5.42 天线波束宽度

6.5.42.1 测试方法

按下列步骤进行：

a) 按图16连接测试设备；

b) 发射天线和接收天线均设置为水平极化模式，频率分别设置为5.3 GHz、5.4 GHz、5.5 GHz、5.6 GHz和5.7 GHz；

c) 转动接收天线与发射天线对准，极化匹配；

d) 向右转动接收天线，每隔0.01°使用频谱仪测量信号强度，直至4.5°，并记录；

e) 从极化匹配点向左转动接收天线，每隔0.01°使用频谱仪测量信号强度，直至4.5°，并记录；

f) 将发射天线和接收天线均设置为垂直极化模式，频率分别设置为5.3 GHz、5.4 GHz、5.5 GHz、5.6 GHz和5.7 GHz；

g) 重复步骤c)—e)。

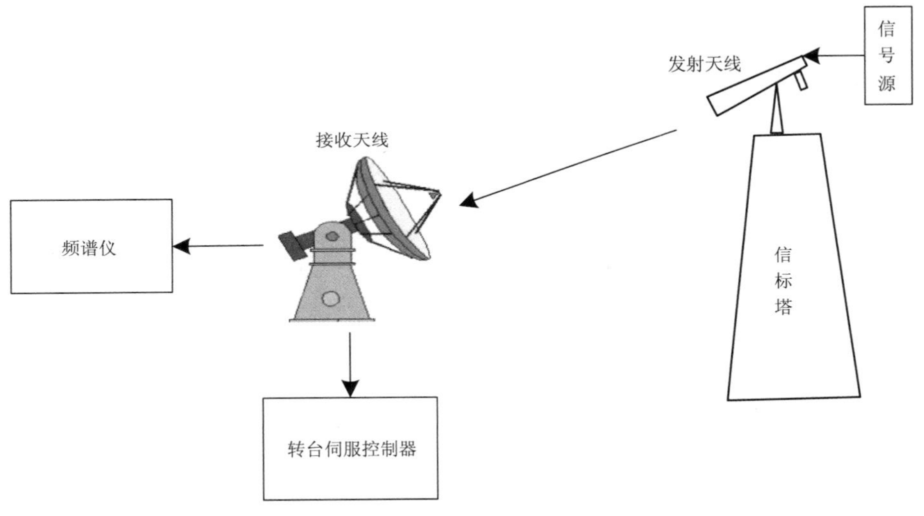

图16 天线波束宽度测试示意图

6.5.42.2 数据处理

将水平、垂直极化测量结果绘制成天线辐射方向图(见图17)，在最强信号(标注为0 dB)两侧分别读取下降3 dB点所对应的角度值(θ_1 和 θ_2)，分别计算两者之和作为天线水平和垂直极化波束宽度。

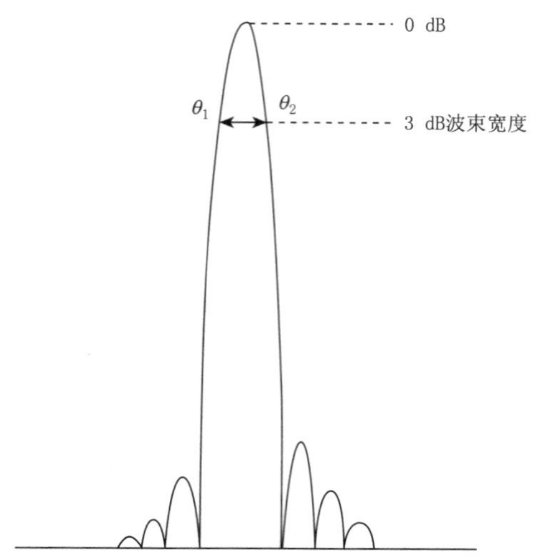

图 17　天线波束宽度测试结果示意图

6.5.43　双极化波束宽度差异

6.5.43.1　测试方法

按下列步骤进行：

a）按图 18 连接测试设备；

b）发射天线和接收天线均设置为水平极化模式，频率分别设置为 5.3 GHz、5.4 GHz、5.5 GHz、5.6 GHz 和 5.7 GHz；

c）转动接收天线与发射天线对准，极化匹配；

d）转动接收天线，频谱仪记录天线辐射方向图；

e）计算 3 dB 波束宽度，记为 H_1；

f）计算 10 dB 波束宽度，记为 H_2；

g）计算 20 dB 波束宽度，记为 H_3；

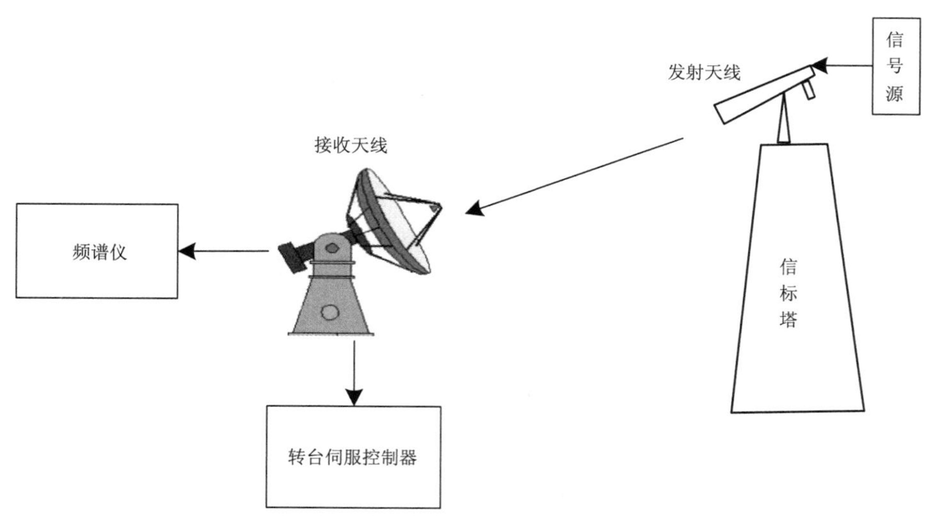

图 18　双极化波束宽度差异测试示意图

h) 发射天线和接收天线均设置为垂直极化模式，频率分别设置为 5.3 GHz、5.4 GHz、5.5 GHz、5.6 GHz 和 5.7 GHz；

i) 重复步骤 c)、d)；

j) 计算 3 dB 波束宽度，记为 V_1；

k) 计算 10 dB 波束宽度，记为 V_2；

l) 计算 20 dB 波束宽度，记为 V_3。

6.5.43.2 数据处理

按下列步骤处理：

a) 计算 3 dB 波束宽度差值 W_1(度,°)，计算方法见式(22)：

$$W_1 = |H_1 - V_1| \quad \cdots\cdots(22)$$

式中：

H_1、V_1——含义见 6.5.43.1，单位为度(°)。

b) 计算 10 dB 波束宽度差值 W_2(度,°)，计算方法见式(23)：

$$W_2 = |H_2 - V_2| \quad \cdots\cdots(23)$$

式中：

H_2、V_2——含义见 6.5.43.1，单位为度(°)。

c) 计算 20 dB 波束宽度差值 W_3(度,°)，计算方法见式(24)：

$$W_3 = |H_3 - V_3| \quad \cdots\cdots(24)$$

式中：

H_3、V_3——含义见 6.5.43.1，单位为度(°)。

6.5.44 双极化波束指向一致性

6.5.44.1 测试方法

按下列步骤进行：

a) 按图 19 连接测试设备；

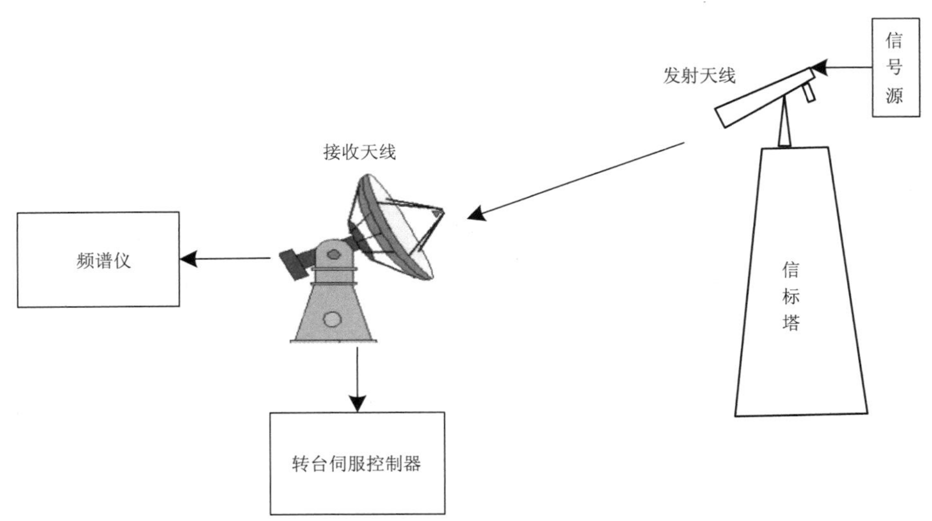

图 19 双极化波束指向一致性测试示意图

b) 发射天线和接收天线均设置为水平极化模式，频率分别设置为 5.3 GHz、5.4 GHz、5.5 GHz、

5.6 GHz 和 5.7 GHz；

c) 转动接收天线与发射天线对准，极化匹配；

d) 记录当前转台伺服控制器的方位角和俯仰角，分别为 A_{Z0} 和 E_{L0}；

e) 发射天线和接收天线均设置为垂直极化模式，频率分别设置为 5.3 GHz、5.4 GHz、5.5 GHz、5.6 GHz 和 5.7 GHz；

f) 转动接收天线与发射天线对准，极化匹配；

g) 记录当前转台伺服控制器的方位角和俯仰角，分别为 A_{Z1} 和 E_{L1}。

6.5.44.2 数据处理

计算天线双极化波束指向偏差 θ(度，°)，计算方法见式(25)：

$$\theta = \frac{1}{2} \times \cos^{-1} \sqrt{\cos(A_{Z0} - A_{Z1}) \times \cos(E_{L0} - E_{L1})} \qquad \cdots\cdots(25)$$

式中：

A_{Z0}、A_{Z1}、E_{L0}、E_{L1} ——含义见 6.5.44.1，单位为度(°)。

6.5.45 天线旁瓣电平

6.5.45.1 测试方法

按下列步骤进行：

a) 按图 20 连接测试设备；

b) 发射天线和接收天线均设置为水平极化模式，频率分别设置为 5.3 GHz、5.4 GHz、5.5 GHz、5.6 GHz 和 5.7 GHz；

c) 转动接收天线与发射天线对准，极化匹配；

d) 在±180°范围内转动接收天线，用频谱仪记录天线功率频谱分布图；

e) 发射天线和接收天线均设置为垂直极化模式，频率分别设置为 5.3 GHz、5.4 GHz、5.5 GHz、5.6 GHz 和 5.7 GHz；

f) 重复步骤 c)、d)。

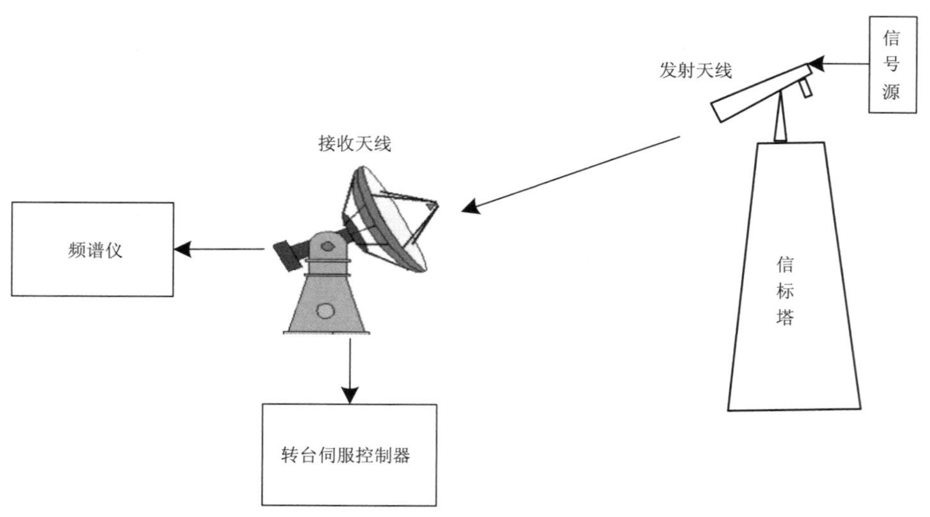

图 20 天线旁瓣电平测试示意图

6.5.45.2 **数据处理**

由天线水平、垂直极化功率频谱分布图，分别计算天线水平、垂直极化旁瓣电平值 S(分贝，dB)，测试结果示意图见图 21，计算方法见式(26)：

$$S = L_{\theta} - L_{\theta_1} \qquad \cdots\cdots(26)$$

式中：

L_{θ} ——θ 处的电平值，单位为分贝毫瓦(dBm)；

L_{θ_1} ——θ_1 处的电平值，单位为分贝毫瓦(dBm)。

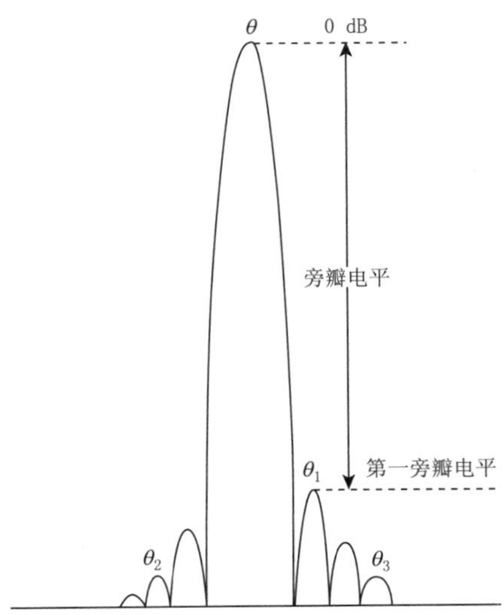

说明：

θ ——对应于主瓣功率峰值处的角度，单位为度(°)；

θ_1——对应于第一旁瓣功率峰值处的角度，单位为度(°)；

θ_2——对应于第二旁瓣功率峰值处的角度，单位为度(°)；

θ_3——对应于第三旁瓣功率峰值处的角度，单位为度(°)。

图 21 天线旁瓣电平测试结果示意图

6.5.46 **天线交叉极化隔离度**

6.5.46.1 **测试方法**

按下列步骤进行：

a) 按图 22 连接测试设备；

b) 发射天线设置为水平极化模式，信号源设置为工作频率；

c) 转动接收天线与发射天线对准，水平极化匹配；

d) 使用频谱仪分别测量水平和垂直通道接收信号功率，并记录为 P_1 和 P_2；

e) 将发射天线设置为垂直极化模式；

f) 转动接收天线与发射天线对准，垂直极化匹配；

g) 使用频谱仪分别测量水平和垂直通道接收信号功率，并记录为 P_3 和 P_4。

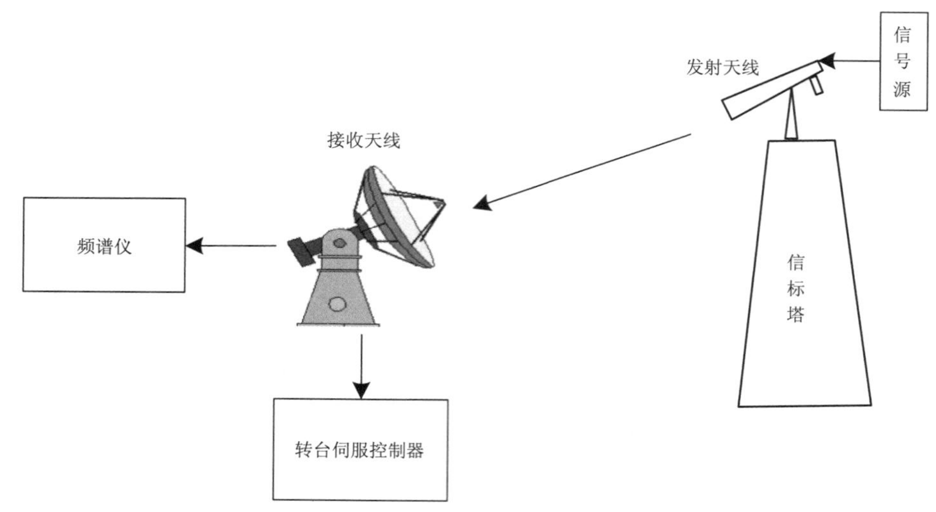

图 22　天线交叉极化隔离度测试示意图

6.5.46.2　数据处理

按下列步骤处理：

a)　计算天线水平极化状态下的交叉极化隔离度 I_1（分贝，dB），计算方法见式(27)：

$$I_1 = P_1 - P_2 \qquad \cdots\cdots(27)$$

式中：

P_1、P_2——含义见 6.5.46.1，单位为分贝毫瓦(dBm)。

b)　计算天线垂直极化状态下的交叉极化隔离度 I_2（分贝，dB），计算方法见式(28)：

$$I_2 = P_4 - P_3 \qquad \cdots\cdots(28)$$

式中：

P_3、P_4——含义见 6.5.46.1，单位为分贝毫瓦(dBm)。

6.5.47　双极化正交度

6.5.47.1　测试方法

按下列步骤进行：

a)　按图 23 连接测试设备；
b)　发射天线和接收天线均设置为水平极化模式，频率分别设置为 5.3 GHz、5.4 GHz、5.5 GHz、5.6 GHz 和 5.7 GHz；
c)　转动接收天线与发射天线对准，极化匹配；
d)　记录当前转台伺服控制器的极化角 T_0；
e)　发射天线和接收天线均设置为垂直极化模式，频率分别设置为 5.3 GHz、5.4 GHz、5.5 GHz、5.6 GHz 和 5.7 GHz；
f)　转动接收天线与发射天线对准，极化匹配；
g)　记录当前转台伺服控制器的极化角 T_1。

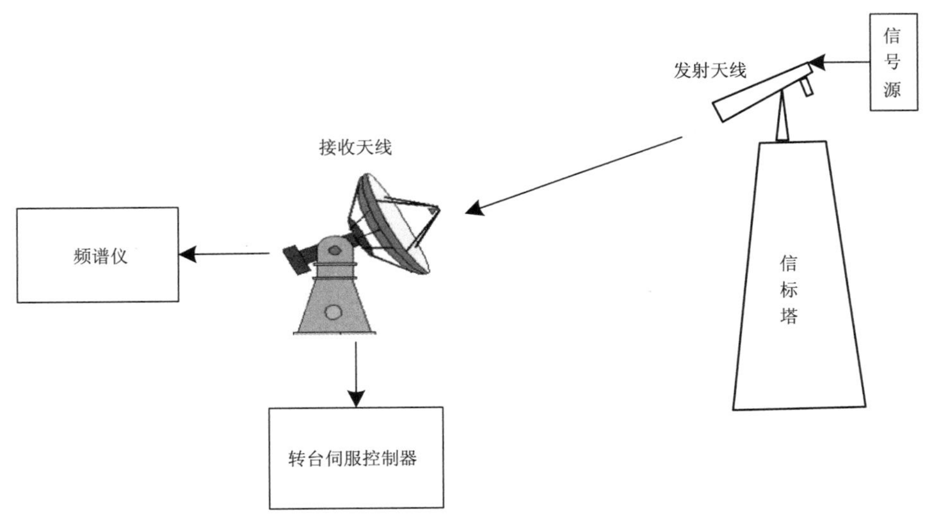

图 23 双极化正交性测试示意图

6.5.47.2 数据处理

计算天线双极化正交性偏差 θ(度,°),计算方法见式(29):

$$\theta = T_1 - T_0 \qquad (29)$$

式中:

T_0、T_1——含义见 6.5.47.1,单位为度(°)。

6.5.48 扫描方式

实际操作检查。

6.5.49 扫描速度及误差

按下列步骤进行测试:

a) 运行雷达天线控制程序;
b) 设置方位角转速为 60 (°)/s;
c) 读取并记录天线伺服扫描方位角速度,计算误差;
d) 设置俯仰角转速为 36 (°)/s(或测试条件允许的最大转速);
e) 读取并记录天线伺服扫描俯仰角速度,计算误差;
f) 退出雷达天线控制程序。

6.5.50 扫描加速度

按下列步骤进行测试:

a) 运行雷达天线控制程序;
b) 控制天线方位角运动 180°;
c) 读取并计算天线伺服扫描方位角加速度;
d) 控制天线俯仰角运动 90°;
e) 读取并计算天线伺服扫描俯仰角加速度;
f) 退出雷达天线控制程序。

6.5.51 运动响应

按下列步骤进行测试：

a） 运行雷达天线控制程序；

b） 控制天线俯仰角从 0°移动到 90°；

c） 记录运动所需时间；

d） 控制天线方位角转速从 60 (°)/s 到停止；

e） 记录运动所需时间；

f） 退出雷达天线控制程序。

6.5.52 控制方式

实际操作检查。

6.5.53 角度控制误差

6.5.53.1 测试方法

按下列步骤进行：

a） 运行雷达天线控制程序；

b） 设置方位角 A_{Z0} (0°～360°,间隔 30°)；

c） 记录天线实际方位角 A_{Z1} ；

d） 设置俯仰角 E_{L0} (0°～90°,间隔 10°)；

e） 记录天线实际俯仰角 E_{L1} ；

f） 退出雷达天线控制程序。

6.5.53.2 数据处理

按下列步骤进行：

a） 计算并记录各方位角控制误差 ΔA_Z (度,°),计算方法见式(30)：

$$\Delta A_Z = A_{Z1} - A_{Z0} \qquad \cdots\cdots(30)$$

式中：

A_{Z1}、A_{Z0} ——含义见 6.5.53.1,单位为度(°)。

b） 取各方位角控制误差中最大值作为方位角控制误差。

c） 计算并记录各俯仰角控制误差 ΔE_L (度,°),计算方法见式(31)：

$$\Delta E_L = E_{L1} - E_{L0} \qquad \cdots\cdots(31)$$

式中：

E_{L1}、E_{L0} ——含义见 6.5.53.1,单位为度(°)。

d） 取各俯仰角控制误差中最大值作为俯仰角控制误差。

6.5.54 天线空间指向误差

天线空间指向误差测试与方位和俯仰角误差测试相同,测试方法和数据处理分别见 6.5.15.1 和 6.5.15.2。

6.5.55 控制字长

检查天线位置指令的控制分辨力,计算控制字长。

6.5.56 角码数据字长

检查天线返回角码的数据分辨力，计算角码字长。

6.5.57 发射机脉冲功率

按下列步骤进行测试：

a) 按图 24 连接测试设备；
b) 运行雷达控制软件，设置窄脉冲 300 Hz 重复频率；
c) 开启发射机高压；
d) 使用功率计测量并记录发射机脉冲峰值功率；
e) 关闭发射机高压；
f) 设置窄脉冲 2000 Hz 重复频率；
g) 重复步骤 c)—e)；
h) 设置宽脉冲 300 Hz 重复频率；
i) 重复步骤 c)—e)；
j) 设置宽脉冲 1000 Hz 重复频率；
k) 重复步骤 c)—e)；
l) 退出雷达控制软件。

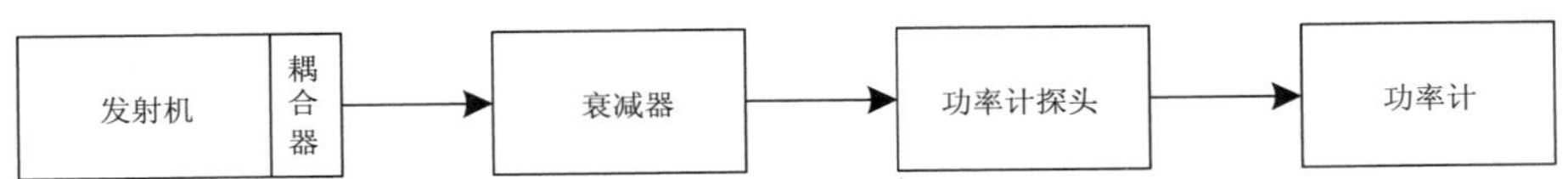

图 24 发射机脉冲功率测试示意图

6.5.58 发射机脉冲宽度

按下列步骤进行测试：

a) 按图 25 连接测试设备；
b) 运行雷达控制软件，设置窄脉冲 300 Hz 重复频率；
c) 开启发射机高压；
d) 使用示波器测量并记录发射机脉冲包络幅度 70%处宽度；
e) 关闭发射机高压；
f) 设置宽脉冲 300 Hz 重复频率；
g) 重复步骤 c)—e)；
h) 退出雷达控制软件。

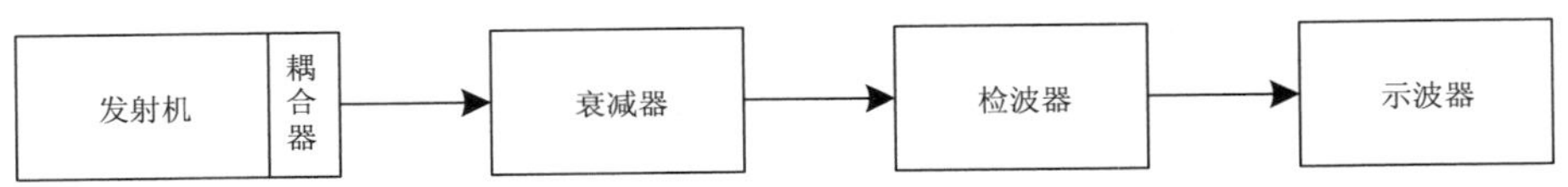

图 25 发射机脉冲宽度测试示意图

6.5.59 发射机脉冲重复频率

按下列步骤进行测试：

a) 按图 26 连接测试设备；

b) 运行雷达控制软件，设置窄脉冲 300 Hz 重复频率；

c) 开启发射机高压；

d) 使用示波器测量并记录脉冲重复频率；

e) 关闭发射机高压；

f) 设置窄脉冲 2000 Hz 重复频率；

g) 重复步骤 c)—e)；

h) 设置宽脉冲 300 Hz 重复频率；

i) 重复步骤 c)—e)；

j) 设置宽脉冲 1000 Hz 重复频率；

k) 重复步骤 c)—e)；

l) 配置并记录窄脉冲 3/2，4/3 和 5/4 三种双脉冲重复频率；

m) 退出雷达控制软件。

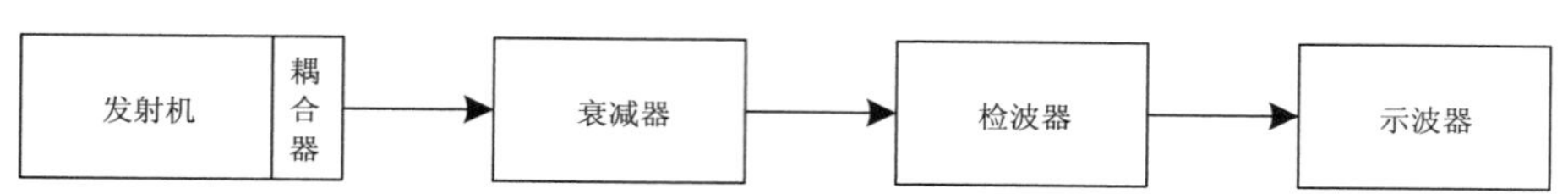

图 26 发射机脉冲重复频率测试示意图

6.5.60 发射机频谱特性

按下列步骤进行测试：

a) 按图 27 连接测试设备；

b) 运行雷达控制软件，设置宽脉冲 300 Hz 重复频率；

c) 开启发射机高压；

d) 使用频谱仪测量并记录发射机脉冲频谱－60 dB 处的宽度；

e) 关闭发射机高压；

f) 退出雷达控制软件。

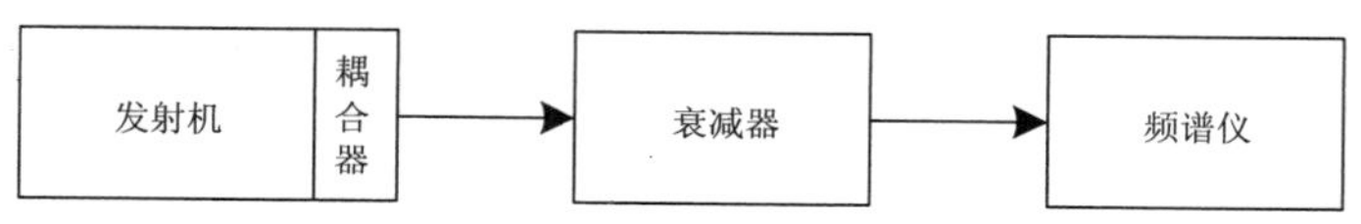

图 27 发射机频谱特性测试示意图

6.5.61 发射机输出极限改善因子

6.5.61.1 测试方法

按下列步骤进行：

a) 按图 28 连接测试设备；

b) 运行雷达控制软件，设置窄脉冲 300 Hz 重复频率；

c) 开启发射机高压；

d) 使用频谱仪测量发射机输出信号与噪声功率谱密度比值，并记为 R；

e) 关闭发射机高压；

f) 设置窄脉冲 2000 Hz 重复频率；

g) 重复步骤 c)—e)；

h) 退出雷达控制软件。

图 28 发射机输出极限改善因子测试示意图

6.5.61.2 数据处理

计算发射机输出极限改善因子 I(分贝，dB)，计算方法见式(32)：

$$I = R + 10\lg B - 10\lg F \qquad \cdots\cdots(32)$$

式中：

R ——发射机输出信号与噪声功率谱密度比值；

B ——频谱仪设置的分析带宽，单位为赫兹(Hz)；

F ——发射信号的脉冲重复频率，单位为赫兹(Hz)。

6.5.62 发射机功率波动

6.5.62.1 测试方法

按下列步骤进行：

a) 按图 29 连接测试设备；

b) 雷达设置为降水模式连续运行 24 h；

c) 使用功率计每 2 h 测量并记录发射机输出功率 P_{t1}；

d) 每 2 h 读取并记录机内测量的发射机输出功率 P_{t2}；

e) 雷达设置为晴空模式连续运行 24 h；

f) 重复步骤 c)、d)。

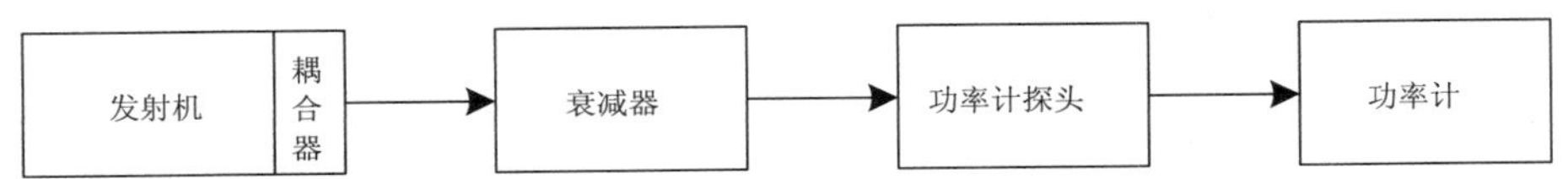

图 29 发射机功率波动测试示意图

6.5.62.2 数据处理

计算发射机机外和机内的功率波动 ΔP (分贝，dB)，计算方法见式(33)：

$$\Delta P = \left| 10\lg\left(\frac{P_{tmax}}{P_{tmin}}\right) \right| \qquad \cdots\cdots(33)$$

式中：

P_{tmax} ——为 P_{t1}、P_{t2} 中的最大值，单位为千瓦(kW)；

P_{tmin} ——为 P_{t1}、P_{t2} 中的最小值，单位为千瓦(kW)。

6.5.63 接收机最小可测功率

按下列步骤进行测试：

a） 按图30连接测试设备；

b） 关闭信号源输出；

c） 运行雷达控制软件，记录窄脉冲噪声电平 P_{C1}（分贝毫瓦，dBm）；

d） 打开信号源输出，注入接收机功率－115 dBm 并以0.2 dBm 步进逐渐增加；

e） 读取功率电平 P_{H1}，当 $P_{H1} \geqslant (P_{C1}+3\ \mathrm{dB})$ 时，记录当前输入功率值作为窄脉冲的最小可测功率；

f） 关闭信号源输出；

g） 记录宽脉冲噪声电平 P_{C2}（分贝毫瓦，dBm）；

h） 打开信号源输出，注入接收机功率－118 dBm 并以0.2 dBm 步进逐渐增加；

i） 读取功率电平 P_{H2}，当 $P_{H2} \geqslant (P_{C2}+3\ \mathrm{dB})$ 时，记录当前输入功率值作为宽脉冲的最小可测功率；

j） 关闭信号源；

k） 退出雷达控制软件。

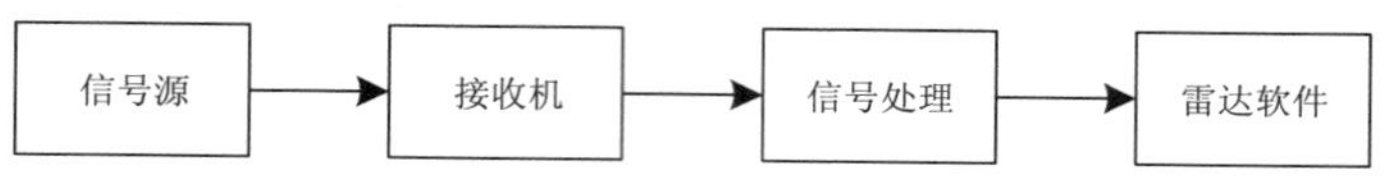

图30 接收机最小可测功率测试示意图

6.5.64 接收机噪声系数

6.5.64.1 测试方法

按下列步骤进行：

a） 按图31连接测试设备；

b） 设置噪声系数分析仪，关闭噪声源输出；

c） 运行雷达控制软件，记录水平和垂直通道的冷态噪声功率，分别记为 A_{1H} 和 A_{1V}；

d） 设置噪声系数分析仪，打开噪声源输出；

e） 记录水平和垂直通道的热态噪声功率，分别记为 A_{2H} 和 A_{2V}；

f） 关闭噪声源输出，退出雷达控制软件。

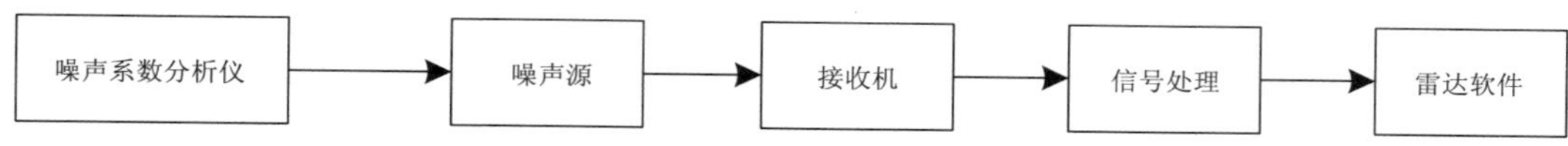

图31 接收机噪声系数测试示意图

6.5.64.2 数据处理

计算水平和垂直通道的接收机噪声系数 η_{NF}（分贝，dB），计算方法见式（34）：

$$\eta_{NF} = R_{ENR} - 10\lg(\frac{A_2}{A_1} - 1) \quad \cdots\cdots\cdots (34)$$

式中：

R_{ENR} ——噪声源的超噪比，单位为分贝(dB)；

A_1 ——冷态噪声功率，单位为毫瓦(mW)，计算水平通道的噪声系数时为 A_{1H}，计算垂直通道的噪声系数时为 A_{1V}；

A_2 ——热态噪声功率，单位为毫瓦(mW)，计算水平通道的噪声系数时为 A_{2H}，计算垂直通道的噪声系数时为 A_{2V}。

6.5.65 接收机线性动态范围

6.5.65.1 测试方法

按下列步骤进行：

a) 按图 32 连接测试设备；

b) 运行雷达控制软件，设置为宽脉冲模式；

c) 设置信号源输出功率－120 dBm，同时注入水平和垂直接收通道，记录接收机输出功率值；

d) 以 1 dBm 步进增加到＋10 dBm，重复记录接收机输出功率值；

e) 关闭信号源，退出雷达控制软件。

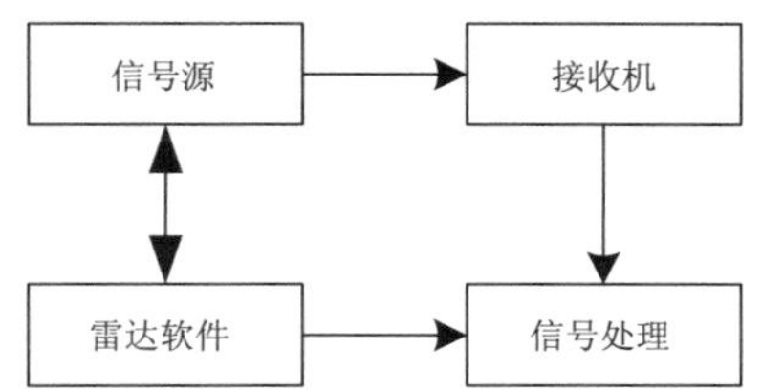

图 32 接收机线性动态范围测试示意图

6.5.65.2 数据处理

根据输入信号和接收机输出功率数据，采用最小二乘法进行拟合。由实测曲线与拟合直线对应点的输出数据差值不大于 1.0 dB 来确定接收机低端下拐点和高端上拐点，下拐点和上拐点所对应的输入信号功率值差值的绝对值为接收机线性动态范围。

6.5.66 接收机数字中频 A/D 位数

检查 A/D 芯片手册。

6.5.67 接收机数字中频采样速率

按下列步骤进行测试：

a) 按图 33 连接测试设备；

b) 使用示波器或频谱仪测量 A/D 变换器采样时钟频率。

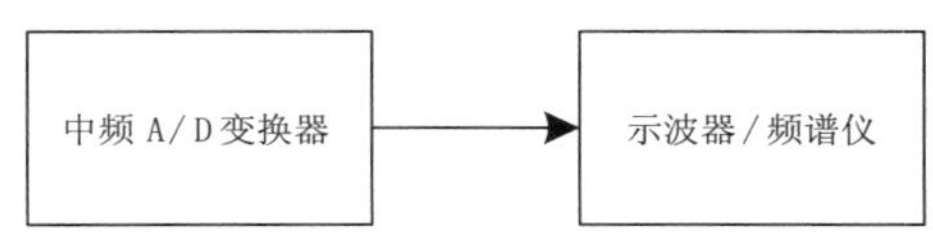

图 33 接收机数字中频采样速率测试示意图

6.5.68 接收机带宽

6.5.68.1 测试方法

按下列步骤进行：

a) 按图 34 连接测试设备；

b) 设置信号源工作频率为雷达工作中心频率，输出幅度为－50 dBm；

c) 雷达设置为窄脉冲模式；

d) 读取输出功率值记为 P_0；

e) 逐渐减小信号源输出频率(步进 10 kHz)，直至读取功率值比 P_0 小 3 dB，此时的信号源输出频率记为 F_1；

f) 逐渐增大信号源输出频率(步进 10 kHz)，直至读取功率值再次比 P_0 小 3 dB，此时的信号源输出频率记为 F_r；

g) 雷达设置为宽脉冲模式；

h) 重复步骤 d)—f)。

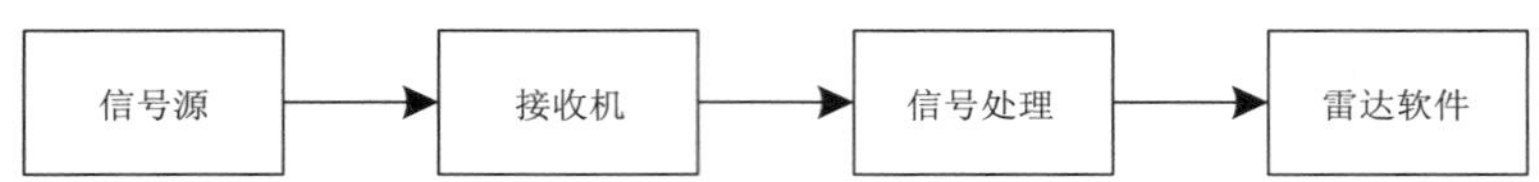

图 34 接收机带宽测试示意图

6.5.68.2 数据处理

分别计算宽脉冲和窄脉冲的接收机带宽 B(兆赫兹，MHz)，计算方法见式(35)：

$$B = F_r - F_1 \qquad \cdots\cdots(35)$$

式中：

F_r、F_1——含义见 6.5.68.1，单位为兆赫兹(MHz)。

6.5.69 接收机频率源射频输出相位噪声

按下列步骤进行测试：

a) 按图 35 连接测试设备；

b) 打开频率源射频输出；

c) 使用信号分析仪测量并记录射频输出信号 10 kHz 处的相位噪声值；

d) 关闭频率源射频输出。

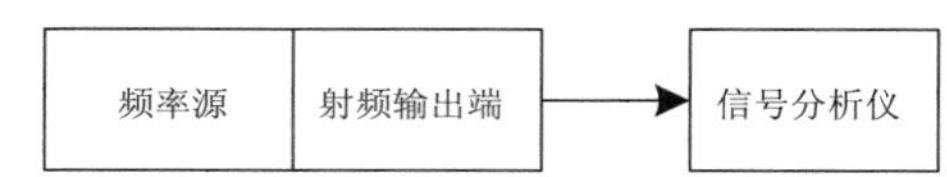

图 35 频率源射频输出相位噪声测试示意图

6.5.70 移相功能

操作控制频率源输出连续移相信号，检查雷达是否具有移相功能。

6.5.71 数据输出率

查看雷达 I/Q 数据文件，检查数据的距离分辨力。

6.5.72 处理模式

实际操作检查软件配置。

6.5.73 基数据格式

审阅基数据格式文档和基数据文件。

6.5.74 数据处理和质量控制

演示信号处理功能，并检查算法文档。

6.6 方舱与载车

演示检查方舱与载车的功能，并根据载车相关标准进行试验。

6.7 环境适应性

6.7.1 一般要求

目视检查防护措施。

6.7.2 温度

天线罩内的主要部件以及室内部件的温度环境适应能力试验方法按 GB/T 2423.1 和 GB/T 2423.2 的有关规定进行。

6.7.3 交变湿热

天线罩内的主要部件以及室内部件的湿度环境适应能力试验方法按 GB/T 2423.4 的有关规定进行。

6.7.4 天线罩抗风和冰雪载荷

使用专业仿真软件计算雷达天线罩的冰雪和风环境适应能力，并提供同型号天线罩实际抗风能力的案例。

6.7.5 移动式雷达抗风能力

仿真计算雷达的抗风适应能力，并提供同型号雷达实际抗风能力的案例。

6.8 电磁兼容性

测量屏蔽体接地电阻并目视检查。

6.9 电源适应性

通过调整供电电压和频率检查。

6.10 互换性

在现场抽取不少于 3 个的组件或部件，进行互换测试。

6.11 安全性一般要求

现场演示检查。

6.12 电气安全

现场演示检查和测量。

6.13 机械安全

现场演示检查。

6.14 噪声

距设备1 m处使用声压计测量。

7 检验规则

7.1 检验分类

检验分为：

a) 定型检验；

b) 出厂检验；

c) 现场检验。

7.2 检验设备

所使用的试验与检验设备应在检定有效期内。

7.3 检验项目

见附录B中表B.1。

7.4 定型检验

7.4.1 检验条件

定型检验在下列情况下进行：

a) 新产品定型；

b) 主要设计、工艺、组件和部件有重大变更。

7.4.2 检验项目

见附录B中表B.1。

7.4.3 判定规则

按下列步骤进行：

a) 所有定型检验项目全部符合附录B中表B.1的要求时，判定定型检验合格；

b) 在检验过程中发现不符合要求时，应暂停检验，被检方应迅速查明原因，采取有效可靠措施纠正后，可继续进行检验，并应对相关检验合格项再次检验。同一项目若经二次检验仍不合格，则本次检验不合格。

7.5 出厂检验

7.5.1 检验项目

见附录 B 中表 B.1。

7.5.2 判定规则

按下列步骤进行：

a) 所有出厂检验项目全部符合附录 B 中表 B.1 的要求时，判定出厂检验合格；

b) 在检验过程中发现不符合要求时，应暂停检验，被检方应迅速查明原因，采取有效可靠措施纠正后，可继续进行检验，并应对相关检验合格项再次检验。同一项目若经二次检验仍不合格，则本次检验不合格。

7.6 现场检验

7.6.1 检验项目

见附录 B 中表 B.1。

7.6.2 判定规则

按下列步骤进行：

a) 所有现场检验项目全部符合附录 B 中表 B.1 的要求时，判定现场检验合格；
b) 在检验过程中发现不符合要求时，应暂停检验，被检方应迅速查明原因，采取有效可靠措施纠正后，可继续进行检验，并应对相关检验合格项再次检验。同一项目若经二次检验仍不合格，则本次检验不合格。

8 标识、标签和随行文件

8.1 产品标识

应包含下列标识：

a) 生产厂商；
b) 设备名称和型号；
c) 出厂序列号；
d) 出厂日期。

8.2 包装标识

应包含下列标识：

a) 包装箱编号；
b) 设备名称；
c) 生产厂商；
d) 外形尺寸；
e) 毛重；
f) “向上”“怕雨”“禁止堆码”等符合 GB/T 191—2008 规定的标识。

8.3 随行文件

应包括但不限于以下内容：

a） 产品合格证；

b） 产品说明书；

c） 产品电原理图；

d） 装箱单；

e） 随机备附件清单。

9 包装、运输和贮存

9.1 包装

应满足下列要求：

a） 符合陆地、空中或海上运输要求；

b） 遇一般震动、冲击和气压变化无损坏；

c） 尺寸、重量和材料符合 GB/T 13384—2008 的规定；

d） 每个包装箱内都有装箱单。

9.2 运输

运输过程中应做好剧烈震动、挤压、雨淋及化学物品侵蚀等防护措施；搬运时应轻拿轻放，码放整齐，应避免滚动和抛掷。

9.3 贮存

包装好的产品应贮存在环境温度－40 ℃～55 ℃、空气相对湿度小于90％的室内，且周围无腐蚀性挥发物。

附 录 A
(资料性附录)
雷达自动上传基础参数

表 A.1 给出了雷达自动上传基础参数。

表 A.1 雷达自动上传基础参数表

序号	类别	上传参数	单位	备注
1	雷达静态参数	雷达站号		
2		站点名称		
3		站点纬度		
4		站点经度		
5		天线高度	m	馈源高度
6		地面高度	m	
7		雷达类型		
8		软件版本号		雷达数据采集和监控软件
9		雷达工作频率	MHz	
10		天线增益	dB	
11		水平波束宽度	°	
12		垂直波束宽度	°	
13		发射馈线损耗	dB	
14		接收馈线损耗	dB	
15		其他损耗	dB	
16	雷达运行模式参数	日期		
17		时间		
18		体扫模式		
19		控制权标识		本控、遥控
20		系统状态		正常、可用、需维护、故障、关机
21		上传状态数据格式版本号		
22		双偏振雷达标记		
23	雷达运行环境参数	机房内温度	℃	
24		发射机温度	℃	
25		天线罩内温度	℃	
26		机房内湿度	%RH	
27		发射机湿度	%RH	
28		天线罩内湿度	%RH	

表 A.1　雷达自动上传基础参数表(续)

序号	类别	上传参数	单位	备注
29	雷达在线定时标定参数	发射机输出信号标定期望值	dBz	
30		发射机输出信号标定测量值	dBz	
31		水平通道相位噪声	°	
32		垂直通道相位噪声	°	
33		水平通道滤波前功率	dBz	
34		水平通道滤波后功率	dBz	
35		垂直通道滤波前功率	dBz	
36		垂直通道滤波后功率	dBz	
37	雷达在线实时标定参数	发射机峰值功率	kW	
38		发射机平均功率	W	
39		水平通道天线峰值功率	kW	
40		水平通道天线平均功率	W	
41		垂直通道天线峰值功率	kW	
42		垂直通道天线平均功率	W	
43		发射机功率调零值		
44		水平通道天线功率调零值		
45		垂直通道天线功率调零值		
46		发射机和天线功率差	dB	
47		水平通道窄脉冲噪声电平	dB	
48		水平通道宽脉冲噪声电平	dB	
49		垂直通道窄脉冲噪声电平	dB	
50		垂直通道宽脉冲噪声电平	dB	
51		水平通道噪声温度/系数	K/dB	
52		垂直通道噪声温度/系数	K/dB	
53		窄脉冲系统标定常数		
54		宽脉冲系统标定常数		
55		反射率期望值	dBz	
56		反射率测量值	dBz	
57		速度期望值	m/s	
58		速度测量值	m/s	
59		谱宽期望值	m/s	
60		谱宽测量值	m/s	
61		脉冲宽度	μs	

附　录　B
（规范性附录）
检验项目、技术要求和试验方法

检验项目、技术要求和试验方法见表B.1。

表B.1　检验项目、技术要求和试验方法表

序号	检验项目名称	技术要求条文号	试验方法条文号	定型检验	出厂检验	现场检验
5.1　分类						
1	分类	5.1	6.3	●	—	●
5.2　功能要求						
2	一般要求	5.2.1	6.4.1	●	●	●
3	扫描方式	5.2.2.1	6.4.2	●	●	●
4	观测模式	5.2.2.2	6.4.3	●	●	●
5	机内自检设备和监控	5.2.2.3	6.4.4	●	●	●
6	雷达及附属设备控制和维护	5.2.2.4	6.4.5	●	●	●
7	关键参数在线分析	5.2.2.5	6.4.6	●	●	●
8	实时显示	5.2.2.6	6.4.7	●	●	●
9	消隐功能	5.2.2.7	6.4.8	●	●	●
10	授时功能	5.2.2.8	6.4.9	●	●	●
11	强度标定	5.2.3.1a)	6.4.10	●	●	●
12	距离定位	5.2.3.1b)	6.4.11	●	●	●
13	发射机功率	5.2.3.1c)	6.4.12	●	●	●
14	速度	5.2.3.1d)	6.4.13	●	●	●
15	相位噪声	5.2.3.1e)	6.4.14	●	●	●
16	噪声电平	5.2.3.1f)	6.4.15	●	●	●
17	噪声温度/系数	5.2.3.1g)	6.4.16	●	●	●
18	接收通道增益差	5.2.3.1h)	6.4.17	●	●	●
19	接收通道相位差	5.2.3.1i)	6.4.18	●	●	●
20	发射机功率、输出脉冲宽度、输出频谱	5.2.3.2a)	6.4.19	●	●	●
21	发射和接收支路损耗	5.2.3.2b)	6.4.20	●	—	●
22	接收机最小可测功率、动态范围	5.2.3.2c)	6.4.21	●	●	●
23	天线座水平度	5.2.3.2d)	6.4.22	●	—	●
24	天线伺服扫描速度误差、加速度、运动响应	5.2.3.2e)	6.4.23	●	—	●

表 B.1 检验项目、技术要求和试验方法表(续)

序号	检验项目 名称	技术要求 条文号	试验方法 条文号	定型检验	出厂检验	现场检验
25	天线指向和接收链路增益	5.2.3.2f)	6.4.24	●	—	●
26	基数据方位角、俯仰角角码	5.2.3.2g)	6.4.25	●	—	●
27	地物杂波抑制能力	5.2.3.2h)	6.4.26	●	—	●
28	最小可测回波强度	5.2.3.2i)	6.4.27	●	—	●
29	差分反射率标定	5.2.3.2j)	6.4.28	●	—	●
30	气象产品生成	5.2.4.1	6.4.29	●	●	●
31	气象产品格式	5.2.4.2	6.4.30	●	●	●
32	气象产品显示	5.2.4.3	6.4.31	●	●	●
33	数据存储和传输	5.2.5	6.4.32	●	●	●
5.3.1 总体技术要求						
34	雷达工作频率	5.3.1.1	6.5.1	●	●	●
35	雷达预热开机时间	5.3.1.2	6.5.2	●	●	●
36	双线偏振工作模式	5.3.1.3	6.5.3	●	●	●
37	距离范围	5.3.1.4	6.5.4	●	—	—
38	角度范围	5.3.1.5	6.5.5	●	—	—
39	强度值范围	5.3.1.6	6.5.6	●	—	—
40	速度值范围	5.3.1.7	6.5.7	●	—	—
41	谱宽值范围	5.3.1.8	6.5.8	●	—	—
42	差分反射率因子值范围	5.3.1.9	6.5.9	●	—	—
43	相关系数值范围	5.3.1.10	6.5.10	●	—	—
44	差分传播相移值范围	5.3.1.11	6.5.11	●	—	—
45	差分传播相移率值范围	5.3.1.12	6.5.12	●	—	—
46	退偏振比值范围	5.3.1.13	6.5.13	●	—	—
47	距离定位误差	5.3.1.14a)	6.5.14	●	—	—
48	方位角和俯仰角误差	5.3.1.14b) 5.3.1.14c)	6.5.15	●	—	●
49	强度误差	5.3.1.14d)	6.5.16	●	●	●
50	速度误差	5.3.1.14e)	6.5.17	●	●	●
51	谱宽误差	5.3.1.14f)	6.5.18	●	●	●
52	差分反射率因子误差	5.3.1.14g)	6.5.19	●	●	●
53	相关系数误差	5.3.1.14h)	6.5.20	●	—	●
54	差分传播相移误差	5.3.1.14i)	6.5.21	●	●	●
55	退偏振比误差	5.3.1.14j)	6.5.22	●	●	●

表 B.1 检验项目、技术要求和试验方法表(续)

序号	检验项目 名称	技术要求 条文号	试验方法 条文号	定型检验	出厂检验	现场检验
56	分辨力	5.3.1.15	6.5.23	●	—	—
57	最小可测回波强度	5.3.1.16	6.5.24	●	—	●
58	相位噪声	5.3.1.17	6.5.25	●	●	●
59	地物杂波抑制能力	5.3.1.18	6.5.26	●	—	●
60	天馈系统电压驻波比	5.3.1.19	6.5.27	●	●	—
61	发射和接收支路损耗	5.3.1.20	6.5.28	●	—	●
62	相位编码	5.3.1.21	6.5.29	●	—	●
63	可靠性	5.3.1.22	6.5.30	●	—	—
64	可维护性	5.3.1.23	6.5.31	●	—	—
65	可用性	5.3.1.24	6.5.32	●	—	—
66	功耗	5.3.1.25	6.5.33	●	—	—
5.3.2 天线罩						
67	型式、尺寸与材料要求	5.3.2a) 5.3.2b) 5.3.2c)	6.5.34	●	—	—
68	双程射频损失	5.3.2d)	6.5.35	●	—	—
69	引入波束偏差	5.3.2e)	6.5.36	●	—	—
70	引入波束展宽	5.3.2f)	6.5.37	●	—	—
71	交叉极化隔离度	5.3.2g)	6.5.38	●	—	—
5.3.3 天线						
72	天线型式	5.3.3a)	6.5.39	●	—	—
73	极化方式	5.3.3b)	6.5.40	●	—	—
74	功率增益	5.3.3c)	6.5.41	●	●	—
75	波束宽度	5.3.3d)	6.5.42	●	●	—
76	双极化波束宽度差异	5.3.3e)	6.5.43	●	●	—
77	双极化波束指向一致性	5.3.3f)	6.5.44	●	●	—
78	旁瓣电平	5.3.3g) 5.3.3h)	6.5.45	●	●	—
79	交叉极化隔离度	5.3.3i)	6.5.46	●	●	—
80	双极化正交度	5.3.3j)	6.5.47	●	●	—
5.3.4 伺服系统						
81	扫描方式	5.3.4.1	6.5.48	●	●	●
82	扫描速度及误差	5.3.4.2	6.5.49	●	●	●
83	扫描加速度	5.3.4.3	6.5.50	●	●	●

表 B.1 检验项目、技术要求和试验方法表(续)

序号	检验项目名称	技术要求条文号	试验方法条文号	定型检验	出厂检验	现场检验
84	运动响应	5.3.4.4	6.5.51	●	●	●
85	控制方式	5.3.4.5	6.5.52	●	●	●
86	角度控制误差	5.3.4.6	6.5.53	●	●	●
87	天线空间指向误差	5.3.4.7	6.5.54	●	●	●
88	控制字长	5.3.4.8	6.5.55	●	—	—
89	角码数据字长	5.3.4.9	6.5.56	●	—	—
5.3.5 发射机						
90	脉冲功率	5.3.5.1	6.5.57	●	●	●
91	脉冲宽度	5.3.5.2	6.5.58	●	●	●
92	脉冲重复频率	5.3.5.3	6.5.59	●	●	●
93	频谱特性	5.3.5.4	6.5.60	●	●	●
94	输出极限改善因子	5.3.5.5	6.5.61	●	●	●
95	功率波动	5.3.5.6	6.5.62	●	●	●
5.3.6 接收机						
96	最小可测功率	5.3.6.1	6.5.63	●	●	●
97	噪声系数	5.3.6.2	6.5.64	●	●	●
98	线性动态范围	5.3.6.3	6.5.65	●	●	●
99	数字中频 A/D 位数	5.3.6.4	6.5.66	●	—	—
100	数字中频采样速率	5.3.6.5	6.5.67	●	—	—
101	接收机带宽	5.3.6.6	6.5.68	●	—	—
102	频率源射频输出相位噪声	5.3.6.7	6.5.69	●	●	—
103	移相功能	5.3.6.8	6.5.70	●	●	●
5.3.7 信号处理						
104	数据输出率	5.3.7.1	6.5.71	●	—	—
105	处理模式	5.3.7.2	6.5.72	●	—	—
106	基数据格式	5.3.7.3	6.5.73	●	—	—
107	数据处理和质量控制	5.3.7.4	6.5.74	●	—	●
5.4 方舱与载车						
108	方舱与载车	5.4	6.6	●	—	—
5.5 环境适应性						
109	一般要求	5.5.1	6.7.1	●	—	—
110	温度	5.5.2	6.7.2	●	—	—
111	空气相对湿度	5.5.3	6.7.3	●	—	—

表 B.1 检验项目、技术要求和试验方法表(续)

序号	检验项目名称	技术要求条文号	试验方法条文号	定型检验	出厂检验	现场检验
112	天线罩抗风和冰雪载荷	5.5.4	6.7.4	●	—	—
113	移动式雷达抗风能力	5.5.5	6.7.5	●	—	—
5.6 电磁兼容性						
114	电磁兼容性	5.6	6.8	●	—	—
5.7 电源适应性						
115	电源适应性	5.7	6.9	●	—	—
5.8 互换性						
116	互换性	5.8	6.10	●	—	—
5.9 安全性						
117	一般要求	5.9.1	6.11	●	—	●
118	电气安全	5.9.2	6.12	●	—	—
119	机械安全	5.9.3	6.13	●	—	—
5.10 噪声						
120	噪声	5.10	6.14	●	—	—
注:●为必检项目;—为不检项目。						

参 考 文 献

[1] GB/T 12648—1990 天气雷达通用技术条件

[2] 中国气象局. 新一代天气雷达系统功能规格需求书(C波段)[Z],2010年8月

[3] 国家发展改革委员会. 气象雷达发展专项规划(2017—2020年)[Z],2017年5月2日

[4] International Organization for Standardization. Meteorology-Weather radar: ISO/DIS 19926-1[Z],2017-11-22

[5] World Meteorological Organization. Guide to Meteorological Instruments and Methods of Observation[EB/OL], 2014. https://library. wmo. int/index. php? lvl=notice_display&id=12407 #. W627yyQzadF

ICS 33.200
M 53
备案号：65862—2019

中华人民共和国气象行业标准

QX/T 463—2018

S波段多普勒天气雷达

S-band Doppler weather radar

2018-12-12 发布　　2019-04-01 实施

中国气象局　发布

前　　言

本标准按照GB/T 1.1—2009给出的规则起草。

本标准由全国气象仪器与观测方法标准化技术委员会(SAC/TC 507)提出并归口。

本标准起草单位:北京敏视达雷达有限公司、中国气象局气象探测中心、成都信息工程大学、南京恩瑞特实业有限公司、安徽四创电子股份有限公司、成都锦江电子系统工程有限公司、中国电子科技集团公司第五十四研究所。

本标准主要起草人:张持岸、张建云、吴艳锋、刘强、邵楠、何建新、李忱、李佳、王京、张晓飞、蒋斌、张文静。

S波段多普勒天气雷达

1 范围

本标准规定了速调管发射机S波段多普勒天气雷达的通用要求，试验方法，检验规则，标识、标签和随行文件，包装、运输和贮存等要求。

本标准适用于速调管发射机S波段多普勒天气雷达的设计、生产和验收。

2 规范性引用文件

下列文件对于本文件的应用是必不可少的。凡是注日期的引用文件，仅注日期的版本适用于本文件。凡是不注日期的引用文件，其最新版本(包括所有的修改单)适用于本文件。

GB/T 191—2008 包装储运图示标志

GB/T 2423.1 电工电子产品环境试验 第2部分：试验方法 试验A：低温

GB/T 2423.2 电工电子产品环境试验 第2部分：试验方法 试验B：高温

GB/T 2423.4 电工电子产品环境试验 第2部分：试验方法 试验Db：交变湿热

GB 3784 电工术语 雷达

GB/T 13384—2008 机电产品包装通用技术条件

3 术语和定义

GB 3784界定的以及下列术语和定义适用于本文件。

3.1

S波段多普勒天气雷达 S-band Doppler weather radar

工作在2.7 GHz～3.0 GHz频率范围内，基于多普勒效应来测量大气中水成物粒子(云雨滴、冰晶、冰雹、雪花等)的回波强度、径向速度和速度谱宽等信息的天气雷达。

3.2

同相正交数据 in-phase and quadrature data

雷达接收机输出的模拟中频信号经过数字中频采样和正交解调后得到的时间序列数据。

3.3

基数据 base data

以同相正交数据作为输入，结合目标物位置信息和雷达参数经信号处理算法得到的数据。

3.4

气象产品 meteorological product

对基数据进行算法处理获得的表示雷达气象特征的数据、图像、文字等信息。

3.5

最小可测回波强度 minimum detectable echo intensity

雷达在一定距离上能探测到的最小反射率因子。

注：用来衡量雷达探测弱回波的能力，通常以50 km处能探测到的最小回波强度值(单位dBz)作为参考值。

3.6

消隐　spot blanking

在天线运行的特定方位角/俯仰角区间关闭电磁发射的功能。

4　缩略语

下列缩略语适用于本文件。

A/D:模拟一数字(Analogue to Digital)

I/Q:同相正交 (In-phase and Quadrature)

MTBF:平均故障间隔(Mean Time Before Failure)

MTTR:平均修复时间(Mean Time To Repair)

PRF:脉冲重复频率(Pulse Repetition Frequency)

RHI:距离高度显示器(Range-Height Indicator)

SCR:信杂比(Signal to Clutter Ratio)

SQI:信号质量指数(Signal Quality Index)

WRA:气象雷达可用性(Weather Radar Availability)

5　通用要求

5.1　组成

雷达由天线罩、天线、伺服系统、发射机、接收机、信号处理、控制与监控、气象产品生成与显示终端等分系统组成。

5.2　功能要求

5.2.1　一般要求

应具有下列功能:

a)　自动、连续运行和在线标校;

b)　本地、远程状态监视和控制;

c)　根据天气实况自动跟踪目标自适应观测;

d)　输出 I/Q 数据、基数据和气象产品三级数据。

5.2.2　控制和监控

5.2.2.1　扫描方式

应满足下列要求:

a)　支持平面位置显示、距离高度显示、体积扫描(以下简称“体扫”)、扇扫和任意指向扫描方式;

b)　扫描方位角、扫描俯仰角、扫描速度、脉冲重复频率和脉冲采样数等可通过软件设置;

c)　支持扫描任务调度功能,能按预设时间段和扫描方式进行程控运行。

5.2.2.2　观测模式

应满足下列要求:

a)　具有晴空、降水、强降水、高山等预制观测模式(各观测模式俯仰角、层数见表 1),体扫周期不大于 6 min，并能根据天气实况自动转换观测模式；

b) 能根据用户指令，对指定区域的风暴采用适当的观测模式进行跟踪观测；

c) 能按照设定的阈值自动切换观测模式，包括对冰雹区域进行 RHI 扫描，对龙卷和气旋区域进行自动改变 PRF 以避免二次回波的影响，对台风等强降水启动强降水观测模式等。

表 1 观测模式参数配置表

观测模式	俯仰角层数	俯仰角/°
晴空模式	5	0.5,1.5,2.5,3.5,4.5
降水模式	9	0.5,1.5,2.4,3.4,4.3,6.0,9.9,14.6,19.5
强降水模式	14	0.5,1.5,2.4,3.4,4.3,5.3,6.2,7.5,8.7,10,12,14,16.7,19.5
高山模式	9	−0.5,0.5,1.5,2.8,3.8,5.5,9.5,14.1,19.0

5.2.2.3 机内自检设备和监控

应满足下列要求：

a) 机内自检设备和监控的参数应包括系统标定状态、天线伺服状态、接收机状态、发射机工作状态、灯丝电压及电流、线圈电压及电流、钛泵电流、阴极电压及电流、调制器、波导电弧、直流电源状态、馈线电压驻波比、波导内压力和湿度、天线罩门状态、发射机制冷风流量及风道温度、天线罩内温度、机房温度等；

b) 机内自检设备应具有系统报警功能，严重故障时应自动停机，同时自动存储和上传主要性能参数、工作状态和系统报警。

5.2.2.4 雷达及附属设备控制和维护

雷达应具有性能与状态监控单元，且满足下列要求：

a) 具有本地、远程监控和遥控能力，远程控制项目与本地相同，包括雷达开关机、观测模式切换、查看标定结果、修改适配参数等；

b) 自动上传基础参数（参见附录 A 中表 A.1）、运行环境视频、附属设备状态参数，并能在本地和远程显示；

c) 完整记录雷达维护维修信息、关键器件出厂测试重要参数及更换信息，其中，维护维修信息包括适配参数变更、软件更迭、在线标定过程等；

d) 具有本地、远程视频监控雷达机房、天线罩内部、雷达站四周环境功能；

e) 具有雷达运行与维护的远程支持能力，包括对雷达系统参数进行远程监控和修改，对系统相位噪声、接收机灵敏度、动态范围和噪声系数等进行测试，控制天线进行运行测试、太阳法检查、指向空间目标协助雷达绝对标定等；

f) 具有远程软件升级功能。

5.2.2.5 关键参数在线分析

应满足下列要求：

a) 支持对线性通道定标常数、连续波测试信号、射频驱动测试信号、速调管输出测试信号等关键参数的稳定度和最大偏离度进行记录和分析等功能；

b) 具有对监测的所有实时参数超限报警提示功能；

c) 支持对监测参数和分析结果存储、回放、统计分析等功能。

5.2.2.6 实时显示

具有多画面实时逐径向显示回波强度、速度和谱宽的功能。

5.2.2.7 消隐功能

具有消隐区配置功能。

5.2.2.8 授时功能

能通过卫星授时或网络授时校准雷达数据采集计算机的时间，授时精度优于 0.1 s。

5.2.3 标定和检查

5.2.3.1 自动

应具有自动在线标定和检查功能，并生成完整的文件记录，在结果超过预设门限时发出报警。自动在线标定和检查功能包括：

a） 强度标定；
b） 距离定位；
c） 发射机功率；
d） 速度；
e） 相位噪声；
f） 噪声电平；
g） 噪声温度/系数。

5.2.3.2 人工

应为人工进行下列检查提供测试接口和支持功能：

a） 发射机功率、输出脉冲宽度、输出频谱；
b） 发射和接收支路损耗；
c） 接收机最小可测功率、动态范围；
d） 天线座水平度；
e） 天线伺服扫描速度误差、加速度、运动响应；
f） 天线指向和接收链路增益；
g） 基数据方位角、俯仰角角码；
h） 地物杂波抑制能力；
i） 最小可测回波强度。

5.2.4 气象产品生成和显示

5.2.4.1 气象产品生成

生成的气象产品应包括：

a） 基本气象产品：平面位置显示、距离高度显示、等高平面位置显示、垂直剖面、组合反射率因子；
b） 物理量产品：回波顶高、垂直累积液态水含量、累积降水量；
c） 风暴识别产品：风暴单体识别和追踪、冰雹识别、中尺度气旋识别、龙卷涡旋特征识别、风暴结构分析；
d） 风场反演产品：速度方位显示、垂直风廓线、风切变。

5.2.4.2 气象产品格式

应满足相关气象产品格式标准和规范要求。

5.2.4.3 气象产品显示

应具有下列功能：

a) 多窗口显示产品图像，支持鼠标联动；
b) 产品窗口显示主要观测参数信息；
c) 产品图像能叠加可编辑的地理信息及符号产品；
d) 色标等级不少于 16 级；
e) 产品图像能矢量缩放、移动、动画显示等；
f) 鼠标获取地理位置、高度和数据值等信息。

5.2.5 数据存储和传输

应满足下列要求：

a) 支持多路存储和分类检索功能；
b) 数据传输采用传输控制协议/因特网互联协议（TCP/IP 协议）；
c) 支持压缩传输和存储；
d) 支持基数据逐径向以数据流方式传输；
e) 气象产品存储支持数据文件和图像两种输出方式。

5.3 性能要求

5.3.1 总体技术要求

5.3.1.1 雷达工作频率

按需要在 2.7 GHz～3.0 GHz 内选取。

5.3.1.2 雷达预热开机时间

应不大于 15 min。

5.3.1.3 距离范围

应满足下列要求：

a) 盲区距离：不大于 1 km；
b) 强度距离：不小于 460 km；
c) 速度距离：不小于 230 km；
d) 谱宽距离：不小于 230 km；
e) 高度距离：不小于 24 km。

5.3.1.4 角度范围

应满足下列要求：

a) 方位角：0°～360°；
b) 俯仰角：－2°～90°。

5.3.1.5 强度值范围

－35 dBz～80 dBz。

5.3.1.6 速度值范围

－48 m/s～48 m/s(采用速度退模糊技术)。

5.3.1.7 谱宽值范围

0 m/s～16 m/s。

5.3.1.8 测量误差

应满足下列要求：

a) 距离定位：不大于 50 m；
b) 方位角：不大于 0.05°；
c) 俯仰角：不大于 0.05°；
d) 强度：不大于 1 dBz；
e) 速度：不大于 1 m/s；
f) 谱宽：不大于 1 m/s。

5.3.1.9 分辨力

应满足下列要求：

a) 距离：不大于 250 m(窄脉冲)；
b) 方位角：不大于 0.01°；
c) 俯仰角：不大于 0.01°；
d) 强度：不大于 0.5 dBz；
e) 速度：不大于 0.5 m/s；
f) 谱宽：不大于 0.5 m/s。

5.3.1.10 最小可测回波强度

在 50 km 处可探测的最小回波强度不大于－7.5 dBz。

5.3.1.11 相位噪声

不大于 0.06°。

5.3.1.12 地物杂波抑制能力

不小于 60 dB。

5.3.1.13 天馈系统电压驻波比

不大于 1.5。

5.3.1.14 相位编码

对二次回波的恢复比例不低于 60％。

5.3.1.15 可靠性

MTBF 不小于 1500 h。方位和俯仰齿轮轴承不低于 10 a,汇流环不低于 8 a,速调管不低于 30000 h。

5.3.1.16 可维护性

MTTR 不大于 0.5 h。

5.3.1.17 可用性

WRA 不小于 96%。

5.3.1.18 功耗

不大于 60 kW。

5.3.2 天线罩

应满足下列要求:

a) 采用随机分块的刚性截球状型式;
b) 具有良好的耐腐蚀性能和较高的机械强度,并进行疏水涂层处理;
c) 与天线口径比不小于 1.3;
d) 双程射频损失不大于 0.3 dB(功率);
e) 引入波束偏差(指向偏移角)不大于 0.03°;
f) 引入波束展宽不大于 5%。

5.3.3 天线

应满足下列要求:

a) 采用中心馈电旋转抛物面型式;
b) 采用水平线极化方式;
c) 波束宽度不大于 1°;
d) 第一旁瓣电平不大于-29 dB,10°以外远端旁瓣电平不大于-42 dB;
e) 功率增益不小于 44 dB。

5.3.4 伺服系统

5.3.4.1 扫描方式

应支持平面位置显示、距离高度显示、体扫、扇扫和任意指向扫描方式。

5.3.4.2 扫描速度及误差

应满足下列要求:

a) 方位角扫描最大速度不小于 60 (°)/s,误差不大于 5%;
b) 俯仰角扫描最大速度不小于 36 (°)/s,误差不大于 5%。

5.3.4.3 扫描加速度

方位角扫描和俯仰角扫描最大加速度均不小于 15 $(°)/s^2$。

5.3.4.4 运动响应

俯仰角扫描从0°移动到90°时间不大于10 s，方位角扫描从最大转速到停止时间不大于3 s。

5.3.4.5 控制方式

支持下列两种控制方式：

a) 全自动；

b) 手动。

5.3.4.6 角度控制误差

方位角和俯仰角控制误差均不大于0.05°。

5.3.4.7 天线空间指向误差

方位角和俯仰角指向误差均不大于0.05°。

5.3.4.8 控制字长

不小于14 bit。

5.3.4.9 角码数据字长

不小于14 bit。

5.3.5 发射机

5.3.5.1 脉冲功率

不小于650 kW。

5.3.5.2 脉冲宽度

应满足下列要求：

a) 窄脉冲：(1.57±0.10) μs；

b) 宽脉冲：(4.70±0.25) μs。

5.3.5.3 脉冲重复频率

应满足下列要求：

a) 窄脉冲：300 Hz ～1300 Hz；

b) 宽脉冲：300 Hz ～450 Hz；

c) 具有3/2，4/3和5/4三种双脉冲重复频率功能。

5.3.5.4 频谱特性

工作频率±5 MHz处不大于－60 dB。

5.3.5.5 输出极限改善因子

不小于58 dB。

5.3.5.6 功率波动

24 h 功率检测的波动范围应满足下列要求：

a) 机内：不大于 0.4 dB；

b) 机外：不大于 0.3 dB。

5.3.6 接收机

5.3.6.1 最小可测功率

应满足下列条件：

a) 窄脉冲：不大于－110 dBm；

b) 宽脉冲：不大于－114 dBm。

5.3.6.2 噪声系数

不大于 3 dB。

5.3.6.3 线性动态范围

不小于 115 dB，拟合直线斜率应在 1.000±0.015 范围内，均方差不大于 0.5 dB。

5.3.6.4 数字中频 A/D 位数

不小于 16 bit。

5.3.6.5 数字中频采样速率

不小于 48 MHz。

5.3.6.6 接收机带宽

应满足下列要求：

a) 窄脉冲：(0.63±0.05) MHz；

b) 宽脉冲：(0.21±0.05) MHz。

5.3.6.7 频率源射频输出相位噪声

10 kHz 处不大于－138 dB/Hz。

5.3.6.8 移相功能

频率源具有移相功能。

5.3.7 信号处理

5.3.7.1 数据输出率

不低于脉冲宽度和接收机带宽匹配值。

5.3.7.2 处理模式

信号处理宜采用通用服务器软件化设计。

5.3.7.3 基数据格式

满足相关标准和规范要求，数据中包括元数据信息、在线标定记录、观测数据等。

5.3.7.4 数据处理和质量控制

应具有以下算法和功能：

a) 采用相位编码或其他过滤和恢复能力相当的方法退距离模糊；

b) 采用脉冲分组双 PRF 方法或其他相当方法退速度模糊，采用脉冲分组双 PRF 方式时，每个脉组的采样空间不大于天线波束宽度的 1/2；

c) 采用先动态识别再进行自适应频域滤波的方法进行杂波过滤；

d) 风电杂波抑制和恢复；

e) 电磁干扰过滤；

f) 可配置信号强度、SQI、SCR 等质量控制门限。

5.4 环境适应性

5.4.1 一般要求

应满足下列要求：

a) 具有防尘、防潮、防霉、防盐雾、防虫措施；

b) 适应海拔 3000 m 及以上高度的低气压环境。

5.4.2 温度

应满足下列要求：

a) 室内：0 ℃～30 ℃；

b) 天线罩内：－40 ℃～55 ℃。

5.4.3 空气相对湿度

应满足下列要求：

a) 室内：15％～90％，无凝露；

b) 天线罩内：15％～95％，无凝露。

5.4.4 天线罩抗风和冰雪载荷

应满足下列要求：

a) 抗持续风能力不低于 55 m/s；

b) 抗阵风能力不低于 60 m/s；

c) 抗冰雪载荷能力不小于 220 kg/m^2。

5.5 电磁兼容性

应满足下列要求：

a) 具有足够的抗干扰能力，不因其他设备的电磁干扰而影响工作；

b) 与大地的连接安全可靠，有设备地线、动力电网地线和避雷地线，避雷针与雷达公共接地线使用不同的接地网；

c) 屏蔽体将被干扰物或干扰物包围封闭，屏蔽体与接地端子间电阻小于 0.1 Ω。

5.6 电源适应性

采用三相五线制，并满足下列要求：

a) 供电电压：三相(380±38) V；

b) 供电频率：(50±1.5) Hz。

5.7 互换性

同型号雷达的部件、组件和分系统应保证电气功能、性能和接口的一致性，均能在现场替换，并保证雷达正常工作。

5.8 安全性

5.8.1 一般要求

应满足下列要求：

a) 使用对环境无污染、不损害人体健康和设备性能的材料；

b) 保证人员及雷达的安全。

5.8.2 电气安全

应满足下列要求：

a) 电源线之间及与大地之间的绝缘电阻大于 1 MΩ；

b) 电压超过 36 V 处有警示标识和防护装置；

c) 高压储能电路有泄放装置；

d) 危及人身安全的高压在防护装置被去除或打开后自动切断；

e) 存在微波泄漏处有警示标识；

f) 配备紧急断电保护开关；

g) 天线罩门打开时，自动切断天线伺服供电。

5.8.3 机械安全

应满足下列要求：

a) 抽屉或机架式组件配备锁紧装置；

b) 机械转动部位及危险的可拆卸装置处有警示标识和防护装置；

c) 在架设、拆收、运输、维护、维修时，活动装置能锁定；

d) 天线俯仰角超过规定范围时，有切断电源和防碰撞的安全保护装置；

e) 天线伺服配备手动安全开关；

f) 室内与天线罩内之间有通信设备。

5.9 噪声

发射机和接收机的噪声应低于 85 dB(A)。

6 试验方法

6.1 试验环境条件

6.1.1 室内测试环境条件

室温在 15 ℃～25 ℃,空气相对湿度不大于 70%。

6.1.2 室外测试环境条件

空气温度在 5 ℃～35 ℃,空气相对湿度不大于 80%,风速不大于 5 m/s。

6.2 试验仪表和设备

试验仪表和设备见表 2。

表 2 试验仪表和设备

序号	设备名称	主要性能要求
1	信号源	频率:10 MHz～13 GHz 输出功率:−135 dBm～21 dBm
2	频谱仪	频率:10 MHz～13 GHz 最大分析带宽:不低于 25 MHz 精度:不低于 0.19 dB
3	功率计(含探头)	功率:−35 dBm～20 dBm 精度:不大于 0.1 dB
4	衰减器	频率:0 GHz～18 GHz 精度:不大于 0.8 dB 功率:不小于 2 W
5	检波器	频率:2.5 GHz～3.5 GHz 灵敏度:1 mV/10 μW 最大输入功率:10 mW
6	示波器	带宽:不小于 200 MHz
7	矢量网络分析仪	频率:100 MHz～13 GHz 动态范围:不小于 135 dB 输出功率:不小于 15 dBm
8	噪声系数分析仪(含噪声源)	频率:10 MHz～7 GHz 测量范围:0 dB ～20 dB 精度:不大于 0.15 dB
9	信号分析仪	频率:10 MHz～7 GHz 功率:−15 dBm～20 dBm 分析偏置频率:1 Hz～100 MHz 精度:不大于 3 dB

表 2 试验仪表和设备(续)

序号	设备名称	主要性能要求
10	合像水平仪	刻度盘分划值:0.01 mm/m 测量范围:−10 mm/m～10 mm/m 示值误差:±0.01 mm/m(±1 mm/m 范围内) ±0.02 mm/m(±1 mm/m 范围外) 工作面平面性偏差:0.003 mm
11	标准喇叭天线	频率:2.7 GHz～3.1 GHz 增益:不低于 18 dB 精度:不大于 0.2 dB
12	转台伺服控制器	转动范围:方位角 0°～180°,俯仰角 −1°～89°, 极化角 0°～360° 转动速度:0 (°)/s～0.5 (°)/s 定位精度:0.03°

6.3 组成

目测检查雷达的系统组成。

6.4 功能

6.4.1 一般要求

操作演示检查。

6.4.2 扫描方式

配置并运行扫描方式和任务调度,并检查结果。

6.4.3 观测模式

操作演示检查。

6.4.4 机内自检设备和监控

操作检查参数的显示,演示报警功能。

6.4.5 雷达及附属设备控制和维护

实际操作检查。

6.4.6 关键参数在线分析

实际操作检查。

6.4.7 实时显示

实际操作检查。

6.4.8 消隐功能

配置消隐区，测试当天线到达消隐区间内时发射机是否停止发射脉冲。

6.4.9 授时功能

实际操作检查授时功能和授时精度。

6.4.10 强度标定

演示雷达使用机内信号进行自动强度标定的功能，并在软件界面上查看标定结果。通过查看基数据中记录的强度标定值，检查标定结果是否应用到下一个体扫。

6.4.11 距离定位

实际操作检查雷达使用机内脉冲信号自动进行距离定位检查的功能。

6.4.12 发射机功率

实际操作检查雷达基于内置功率计的发射机功率自动检查功能。

6.4.13 速度

演示雷达使用机内信号进行速度自动检查的功能，检查软件界面显示的结果。

6.4.14 相位噪声

演示雷达的机内相位噪声自动检查的功能，检查软件界面显示的结果。

6.4.15 噪声电平

演示雷达噪声电平自动测量的功能，检查软件界面显示的结果。

6.4.16 噪声温度/系数

演示噪声温度/系数自动检查的功能，检查软件界面显示的结果。

6.4.17 发射机功率、输出脉冲宽度、输出频谱

检查雷达是否能使用机外仪表测量发射机功率、输出脉冲宽度和输出频谱。

6.4.18 发射和接收支路损耗

应采取下列两种方式之一进行：

a） 使用信号源、频谱仪/功率计按下列步骤进行：
   1） 按图 1a)连接测试设备。
   2） 测量测试电缆 1 和 2 的损耗(dB)，分别记为 L_1 和 L_2。
   3） 发射机功率采样定向耦合器输入端口注入＋15 dBm 功率的信号，记为 A。
   4） 功率计测量天线输入端口功率，记为 P_0。
   5） 计算并记录发射支路损耗 L_t(分贝，dB)，计算方法见式(1)：

$$L_t = A - P_0 - (L_1 + L_2) \quad \cdots\cdots(1)$$

式中：

A ——定向耦合器输入端口注入＋15 dBm 功率信号，单位为分贝毫瓦(dBm)；

P_0 ——天线输入端口功率，单位为分贝毫瓦(dBm)；

L_1、L_2——测试电缆 1 和 2 的损耗，单位为分贝(dB)。

6) 按图 2a)连接测试设备。

7) 天线端口注入＋15 dBm 功率信号，记为 B。

8) 功率计测量低噪声放大器输入端口功率，记为 P_1。

9) 计算并记录接收支路损耗 L_r(分贝，dB)，计算方法见式(2)：

$$L_r = B - P_1 - (L_1 + L_2) \quad \cdots\cdots(2)$$

式中：

B ——天线端口注入＋15 dBm 功率信号，单位为分贝毫瓦(dBm)；

P_1——低噪声放大器输入端口功率，单位为分贝毫瓦(dBm)。

b) 使用矢量网络分析仪按下列步骤进行：

1) 校准矢量网络分析仪(含测试电缆及转接器)。

2) 按图 1b)连接测试设备到发射支路测量点。

3) 读取并记录发射支路损耗值 L_t。

4) 重新校准矢量网络分析仪(含测试电缆及转接器)。

5) 按图 2b)连接测试设备。

6) 读取并记录接收支路损耗值 L_r。

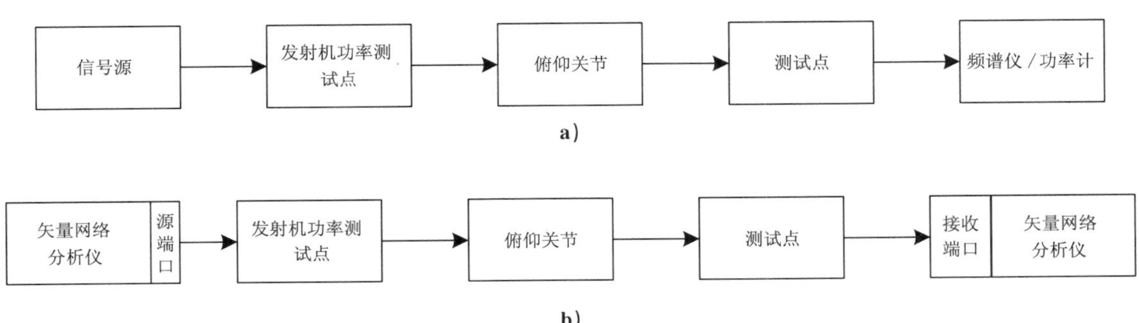

图 1 发射支路损耗测试示意图

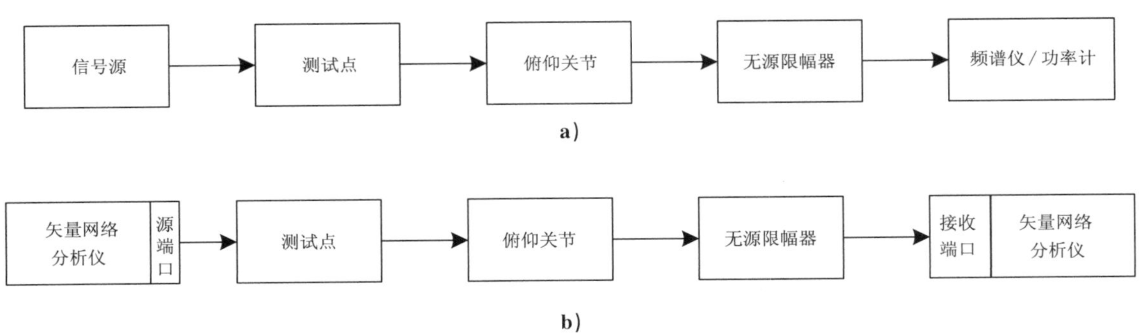

图 2 接收支路损耗测试示意图

6.4.19 接收机最小可测功率、动态范围

检查雷达是否能使用机外仪表测量接收机最小可测功率和动态范围。

6.4.20 天线座水平度

6.4.20.1 测试方法

按下列步骤进行测试：

a) 将天线停在方位角 0°位置；

b) 将合像水平仪按图 3 所示放置在天线转台上；

c) 调整合像水平仪达到水平状态，并记录合像水平仪的读数值，记为 M_0；

d) 控制天线停在方位角 45°位置；

e) 调整合像水平仪达到水平状态，并记录合像水平仪的读数值，记为 M_{45}；

f) 重复步骤 d)、e)，分别测得天线方位角在 90°、135°、180°、225°、270°、315°位置合像水平仪的读数值，依次记为 M_{90}，M_{135}，M_{180}，M_{225}，M_{270}，M_{315}。

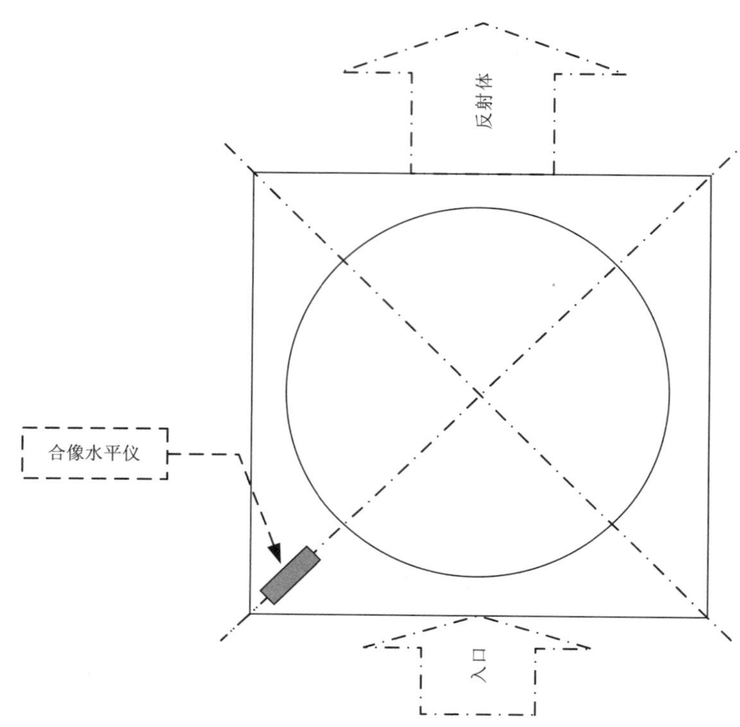

图 3 天线座水平度检查示意图

6.4.20.2 数据处理

分别计算四组天线座水平度差值的绝对值 $|M_0 - M_{180}|$、$|M_{45} - M_{225}|$、$|M_{90} - M_{270}|$ 和 $|M_{135} - M_{315}|$，其中最大值即为该天线座水平度。

6.4.21 天线伺服扫描速度误差、加速度、运动响应

检查雷达是否具有软件工具，进行天线伺服速度误差、加速度和运动响应的检查。

6.4.22 天线指向和接收链路增益

检查雷达是否具有太阳法工具，用于检查和标定天线指向和接收链路增益。

6.4.23 基数据方位角、俯仰角角码

随机抽样基数据并提取方位角和俯仰角角码，检查方位角相邻角码间隔是否不超过分辨力的2倍。检查同一仰角的俯仰角角码是否稳定在期望值±0.2°的范围之内。

6.4.24 地物杂波抑制能力

基于雷达输出的地物杂波过滤前和过滤后的回波强度数据，统计和检查低俯仰角（如0.5°）的地物杂波滤波能力。

6.4.25 最小可测回波强度

检查基数据在50 km处探测的最小回波强度，统计不少于10个体扫低俯仰角的回波强度以获得最小可测回波强度。统计方法为检查所有径向距离为50 km的回波强度值，或使用其他距离上的最小强度值换算成50 km的值。

6.4.26 气象产品生成

逐条演示气象产品的生成。

6.4.27 气象产品格式

审阅气象产品格式文档和产品样例文件。

6.4.28 气象产品显示

操作演示检查。

6.4.29 数据存储和传输

操作演示检查。

6.5 性能

6.5.1 雷达工作频率

按下列步骤进行测试：

a) 按图4连接测试设备；
b) 开启发射机高压；
c) 使用频谱仪测量雷达工作频率；
d) 关闭发射机高压。

图4 雷达工作频率测试示意图

6.5.2 雷达预热开机时间

秒表计时检查雷达从冷态开机预热到正常工作的时间。

6.5.3 距离范围

检查雷达的输出数据文件。

6.5.4 角度范围

控制雷达天线运行，检查运行范围。

6.5.5 强度值范围

检查雷达输出的数据文件。

6.5.6 速度值范围

检查雷达输出的数据文件。

6.5.7 谱宽值范围

检查雷达输出的数据文件或产品显示范围。

6.5.8 距离定位误差

使用信号源将时间延迟的 0.33 μs 脉冲信号注入雷达接收机并按 50 m 距离分辨力进行处理，检查雷达输出的反射率数据中的测试信号是否位于与延迟时间相匹配的距离库上。

6.5.9 方位角和俯仰角误差

6.5.9.1 测试方法

按下列步骤进行：

a) 用合像水平仪检查并调整天线座水平；
b) 设置正确的经纬度和时间；
c) 开启太阳法测试；
d) 记录测试结果。

6.5.9.2 数据处理

按下列步骤进行：

a) 比较理论计算的太阳中心位置和天线实际检测到的太阳中心位置，计算和记录雷达方位角和俯仰角误差；
b) 测试时要求太阳高度角在 8°～50°之间，系统时间误差不大于 1 s，天线座水平误差不大于 60″，雷达站经纬度误差不大于 1″；
c) 连续进行 10 次太阳法测试，并计算标准差作为方位角和俯仰角的误差。

6.5.10 强度误差

6.5.10.1 测试方法

按下列步骤进行：

a) 按图 5 连接设备；
b) 设置信号源使接收机注入功率为－40 dBm；
c) 根据雷达参数分别计算距离 5 km、50 km、100 km、150 km 和 200 km 的强度期望值，并记录；

d） 读取强度测量值，并记录；

e） 重复步骤 b）—d），分别注入－90 dBm～－50 dBm（步进 10 dBm）测试信号，记录对应的期望值与测量值。

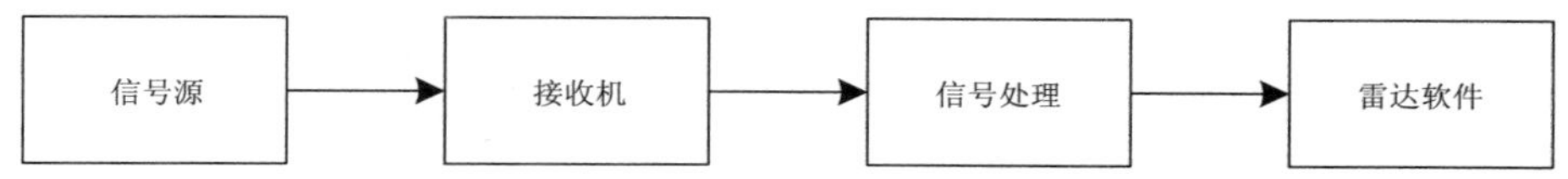

图 5　强度误差测试示意图

6.5.10.2　数据处理

按下列步骤进行：

a） 计算反射率的期望值 Z_{exp}（分贝，dB），计算方法见式(3)：

$$Z_{exp} = 10\lg[(2.69 \times 10^{16}\lambda^2)/(P_t \tau G^2 \theta\varphi)] + P_r + 20\lg R + L_\Sigma + RL_{at} \qquad \cdots\cdots(3)$$

式中：

λ ——波长，单位为厘米(cm)；

P_t ——发射脉冲功率，单位为千瓦(kW)；

τ ——脉宽，单位为微秒(μs)；

G ——天线增益，单位为分贝(dB)；

θ ——水平波束宽度，单位为度(°)；

φ ——垂直波束宽度，单位为度(°)；

P_r ——输入信号功率，单位为分贝毫瓦(dBm)；

R ——距离，单位为千米(km)；

L_Σ ——系统除大气损耗 L_{at} 外的总损耗（包括匹配滤波器损耗、收发支路总损耗和天线罩双程损耗），单位为分贝(dB)；

L_{at} ——大气损耗，单位为分贝每千米(dB/km)。

b） 分别计算注入功率－90 dBm ～－40 dBm（步进 10 dBm）对应的实测值和期望值之间的差值；

c） 选取所有差值中最大的值作为强度误差。

6.5.11　速度误差

6.5.11.1　测试方法

按下列步骤进行：

a） 按图 6 连接测试设备；

b） 设置信号源输出功率－40 dBm，频率为雷达工作频率；

c） 微调信号源输出频率，使读到的速度为 0 m/s，此频率记为 f_c；

d） 改变信号源输出频率为 f_c－1000Hz；

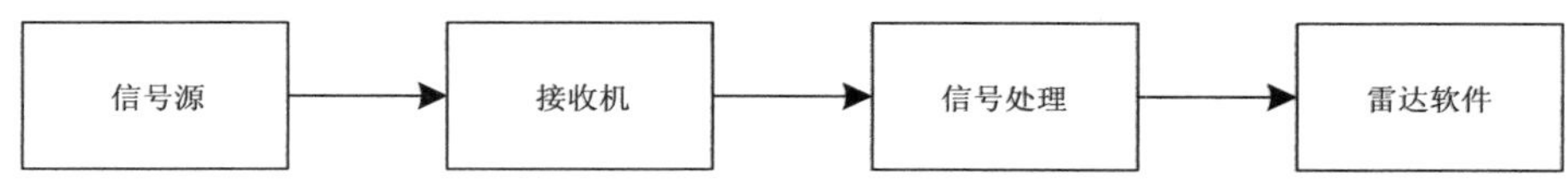

图 6　速度误差测试示意图

e） 按 100 Hz 间隔，信号源输出频率从 f_c－1000Hz 到 f_c＋1000Hz 步进，依次计算理论值 V_1，并读取对应的显示值 V_2；

f) 关闭信号源。

6.5.11.2 数据处理

按下列步骤进行：

a) 计算径向速度理论值 V_1（米每秒，m/s），计算方法见式(4)：

$$V_1 = -(\lambda \times f_d)/2 \qquad \cdots\cdots(4)$$

式中：

λ ——雷达波长，单位为米(m)；

f_d ——注入信号的频率与雷达工作频率 f_c 的差值，单位为赫兹(Hz)。

b) 分别计算出 f_d 从－1000 Hz 到＋1000 Hz(步进 100 Hz)对应的 V_2 和 V_1 之间的差值。

c) 选取所有差值中绝对值最大的值作为速度误差。

6.5.12 谱宽误差

通过控制衰减器改变脉冲信号的幅度或其他方法生成期望谱宽的信号，将该信号注入接收机并记录实测的谱宽值，计算期望值和实测值之间的误差。

6.5.13 分辨力

方位角和俯仰角的分辨力通过角码记录文件检查，其他通过基数据文件检查。

6.5.14 最小可测回波强度

检查基数据(宽脉冲，脉冲采样个数为 32，无地物滤波)在 50 km 处探测的最小回波强度，统计不少于 10 个体扫低仰角的回波强度以获得最小可测回波强度。统计方法为检查所有径向距离为 50 km 的回波强度值(或者使用其他距离上的最小强度值换算成 50 km 的值)，获得 50 km 处最小的回波强度值即为雷达的最小可测回波强度。

6.5.15 相位噪声

6.5.15.1 测试方法

按下列步骤进行：

a) 将发射机输出作为测试信号，经过微波延迟线注入接收机；

b) 开启发射机高压；

c) 采集并记录连续 64 个脉冲的 I/Q 数据；

d) 关闭发射机高压。

6.5.15.2 数据处理

计算 I/Q 复信号的相位标准差，作为相位噪声 φ_{PN}（度，°），计算方法见式(5)：

$$\varphi_{PN} = \frac{180}{\pi}\sqrt{\frac{1}{N}\sum_{i=1}^{N}(\varphi_i - \overline{\varphi})^2} \qquad \cdots\cdots(5)$$

式中：

φ_i ——I/Q 复信号的相位，单位为弧度(rad)；

$\overline{\varphi}$ ——相位 φ_i 的平均值，单位为弧度(rad)。

6.5.16 地物杂波抑制能力

统计基数据低俯仰角(如 0.5°)地物杂波过滤前后的回波强度差，超过 60 dB 的距离库数应不少于

50 个。

6.5.17 天馈系统电压驻波比

按下列步骤进行测试：

a) 按图 7 连接测试设备；

b) 控制天线俯仰角指向 90°；

c) 使用矢量网络分析仪测量天馈系统电压驻波比。

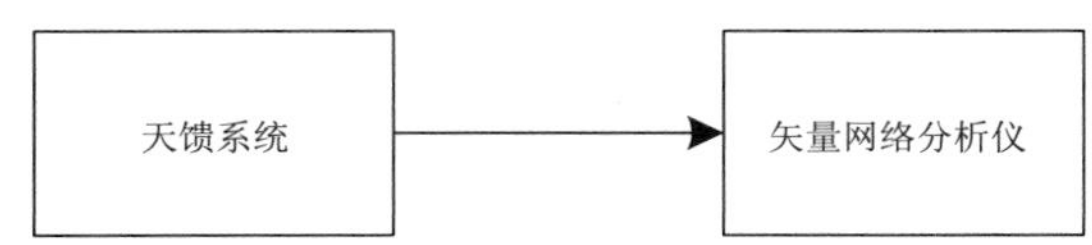

图 7 天馈系统电压驻波比测试示意图

6.5.18 相位编码

6.5.18.1 通过统计分析有二次回波的降水基数据来验证系统相位编码退距离模糊的能力。

6.5.18.2 统计低仰角的速度数据（如 0.5°），计算一次回波的最大探测距离 $R_{\max}$（千米，km），计算方法见式(6)：

$$R_{\max} = C/(2 \times f_{\mathrm{PRF}}) \qquad \cdots\cdots(6)$$

式中：

C ——光在真空中的传播速度，取 2.99735×10^8 m/s；

f_{PRF}——当前俯仰角的脉冲重复频率，单位为赫兹(Hz)。

6.5.18.3 遍历所有速度数据的距离库，统计所有存在距离模糊的距离库数记为 B_a，退模糊算法有效的距离库数记为 B_v，计算二次回波的恢复比例 B_v/B_a。

6.5.19 可靠性

使用一个或一个以上雷达不少于半年的运行数据，统计系统的可靠性，结果用平均故障间隔(MTBF)表示。

6.5.20 可维护性

使用一个或一个以上雷达不少于半年的运行数据，统计系统的可维护性，结果用平均修复时间(MTTR)表示。

6.5.21 可用性

使用一个或一个以上雷达不少于半年的运行数据，计算系统的可用性 η_{WRA}（小时，h），计算方法见式(7)：

$$\eta_{\mathrm{WRA}} = \frac{T_{\mathrm{w}}}{T_{\mathrm{w}} + T_{\mathrm{m}} + T_{\mathrm{f}}} \times 100\% \qquad \cdots\cdots(7)$$

式中：

T_{w}——累计工作时间，单位为小时(h)；

T_{m}——累计故障维护时间，单位为小时(h)；

T_{f}——累计排除故障时间，单位为小时(h)。

6.5.22 功耗

雷达开机连续运行，统计 1 h 用电量。

6.5.23 天线罩型式、尺寸与材料

检视和测量天线罩结构与材料。

6.5.24 天线罩双程射频损失

6.5.24.1 测试方法

按下列步骤进行：

a) 按图 8 连接测试设备，不安装天线罩；
b) 分别选择 0°和 90°切面(对水平极化天线等同于 E 和 H 面)，频率分别设置为 2.7 GHz、2.8 GHz、2.9 GHz 和 3.0 GHz；
c) 转动接收天线与发射天线对准，极化匹配；
d) 使用频谱仪测量接收信号强度，并记为 P_1；
e) 安装待测天线罩；
f) 使用频谱仪测量接收信号强度，并记为 P_2。

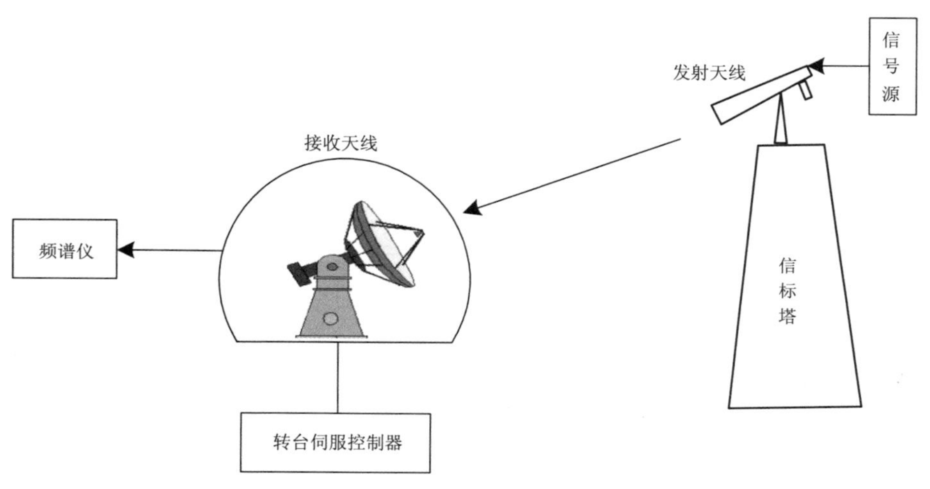

图 8 双程射频损失测试示意图

6.5.24.2 数据处理

计算天线罩的双程射频损失 L(分贝，dB)，计算方法见式(8)：

$$L = 2 \times (P_1 - P_2) \quad \cdots\cdots(8)$$

式中：

P_1、P_2——含义见 6.5.24.1，单位为分贝(dB)。

6.5.25 天线罩引入波束偏差

6.5.25.1 测试方法

按下列步骤进行：

a) 按图 9 连接测试设备，不安装天线罩；

b) 分别选择 0°和 90°切面(对水平极化天线等同于 E 和 H 面)，频率分别设置为 2.7 GHz、2.8 GHz、2.9 GHz 和 3.0 GHz；

c) 转动接收天线与发射天线对准，极化匹配；

d) 记录当前转台伺服控制器的方位角和俯仰角，分别记为 A_{Z0} 和 E_{L0} ；

e) 安装待测天线罩；

f) 重复步骤 c)；

g) 记录当前转台伺服控制器的方位角和俯仰角，分别记为 A_{Z1} 和 E_{L1} 。

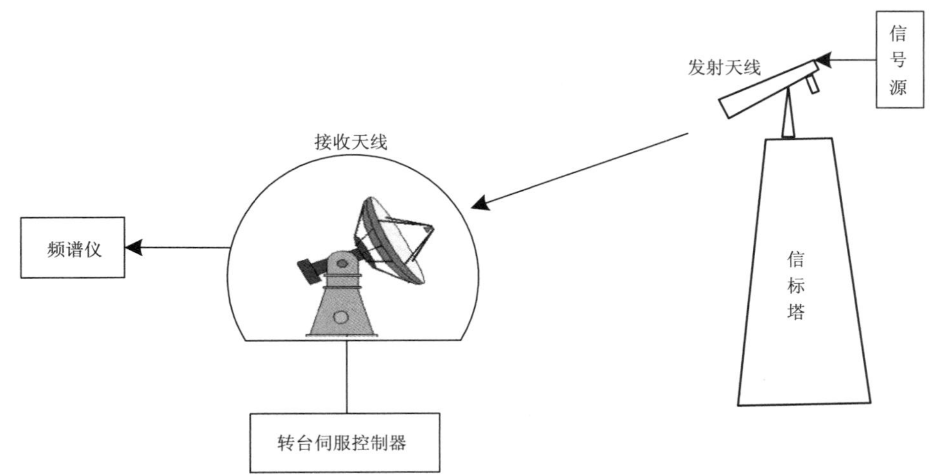

图 9 天线罩引入波束偏差测试示意图

6.5.25.2 数据处理

计算天线罩引入波束偏差 θ(度，°)，计算方法见式(9)：

$$\theta = \frac{1}{2} \times \cos^{-1} \sqrt{\cos(A_{Z0} - A_{Z1}) \times \cos(E_{L0} - E_{L1})} \qquad \cdots\cdots(9)$$

式中：

A_{Z0}、A_{Z1}、E_{L0}、E_{L1} ——含义见 6.5.25.1，单位为度(°)。

6.5.26 天线罩引入波束展宽

6.5.26.1 测试方法

按下列步骤进行：

a) 按图 10 连接测试设备，不安装天线罩；

b) 分别选择 0°和 90°切面(对水平极化天线等同于 E 和 H 面)，频率分别设置为 2.7 GHz、2.8 GHz、2.9 GHz 和 3.0 GHz；

c) 转动接收天线与发射天线对准，极化匹配；

d) 向右转动接收天线，每隔 0.01°使用频谱仪测量并记录信号强度，直至 4.5°；

e) 从极化匹配点向左转动接收天线，每隔 0.01°使用频谱仪测量并记录信号强度，直至 4.5°；

f) 安装待测天线罩；

g) 重复步骤 b)—e)。

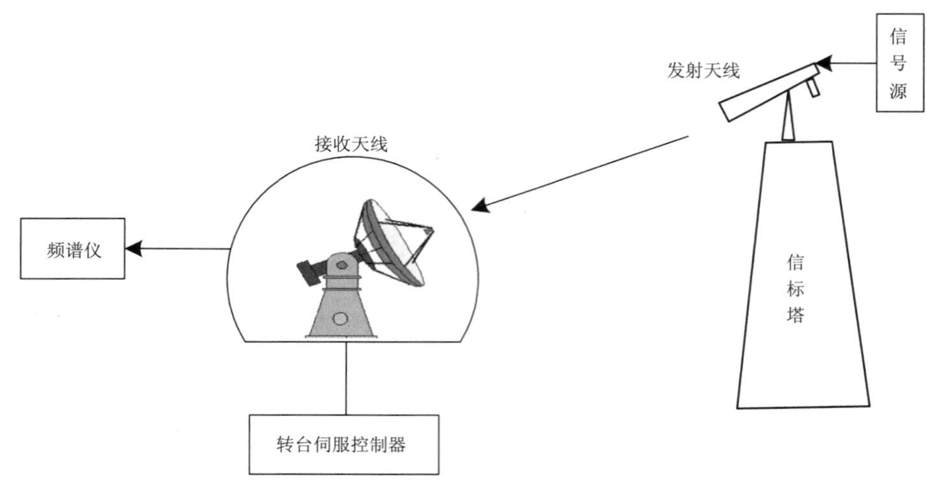

图 10 天线罩引入波束展宽测试示意图

6.5.26.2 数据处理

按下列步骤进行：

a) 绘制无天线罩测量的天线辐射方向图，在最强信号两侧分别读取功率下降 3 dB 点所对应的角度值，两者之和作为无天线罩时波束宽度，记为 θ_0；

b) 绘制有天线罩测量的天线辐射方向图，在最强信号两侧分别读取功率下降 3 dB 点所对应的角度值，两者之和作为有天线罩时波束宽度，记为 θ_1；

c) 计算天线罩的引入波束展宽 θ_d(度，°)，计算方法见式(10)：

$$\theta_d = \frac{\theta_1 - \theta_0}{\theta_0} \times 100\% \qquad \cdots\cdots(10)$$

式中：

θ_0——无天线罩时波束宽度，单位为度(°)；

θ_1——有天线罩时波束宽度，单位为度(°)。

6.5.27 天线型式

目测检查。

6.5.28 天线极化方式

目测检查。

6.5.29 天线波束宽度

6.5.29.1 测试方法

按下列步骤进行：

a) 按图 11 连接测试设备；

b) 分别选择 0°和 90°切面(对水平极化天线等同于 E 和 H 面)，频率分别设置为 2.7 GHz、2.8 GHz、2.9 GHz 和 3.0 GHz；

c) 转动接收天线与发射天线对准，极化匹配；

d） 向右转动接收天线，每隔 0.01°使用频谱仪测量并记录信号强度，直至 4.5°；

e） 从极化匹配点向左转动接收天线，每隔 0.01°使用频谱仪测量并记录信号强度，直至 4.5°。

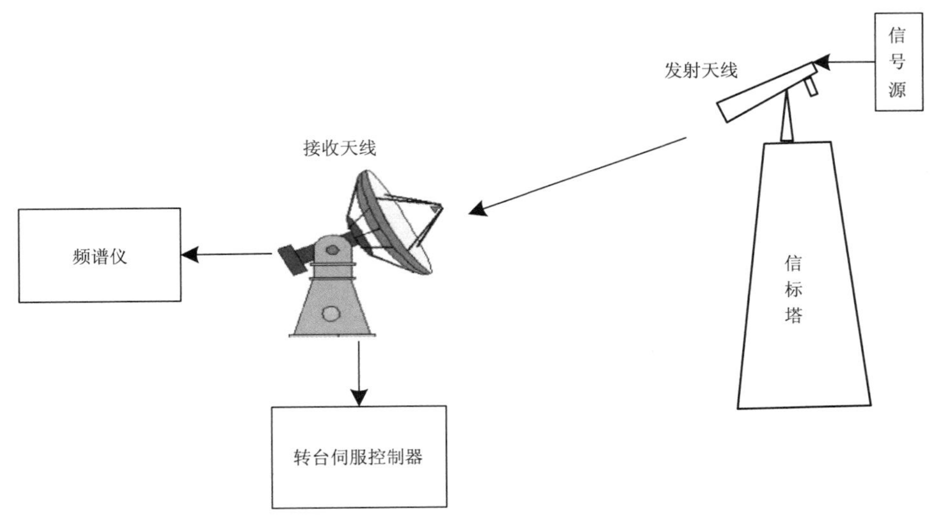

图 11 天线波束宽度测试示意图

6.5.29.2 数据处理

将测量结果绘制成天线辐射方向图（见图 12），在最强信号（标注为 0 dB）两侧分别读取功率下降 3 dB 点所对应的角度值（θ_1 和 θ_2），两者之和作为天线波束宽度。

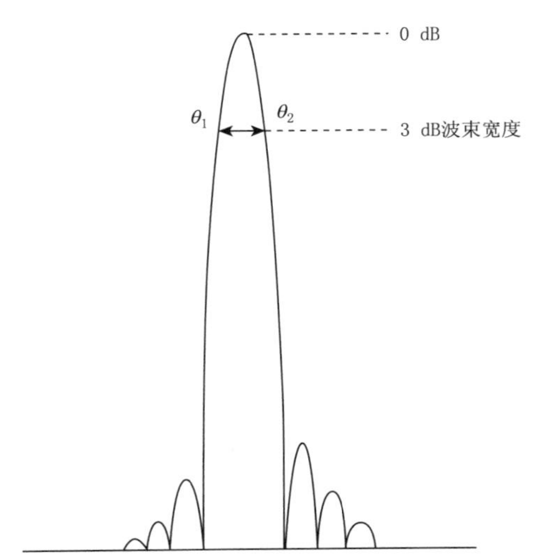

图 12 天线波束宽度测试结果示意图

6.5.30 天线旁瓣电平

6.5.30.1 测试方法

按下列步骤进行：

a） 按图 13 连接测试设备；

b） 分别选择 0°和 90°切面（对水平极化天线等同于 E 和 H 面），频率分别设置为 2.7 GHz、2.8 GHz、2.9 GHz 和 3.0 GHz；

c） 转动接收天线与发射天线对准，极化匹配；

d） 转动接收天线，用频谱仪记录天线功率频谱分布图。

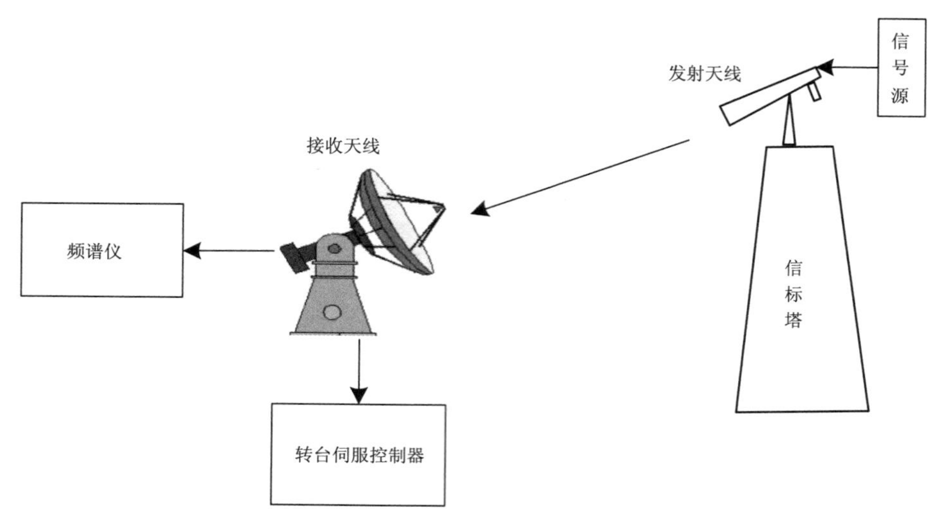

图 13　天线旁瓣电平测试示意图

6.5.30.2　数据处理

由天线功率频谱分布图测量主波束与第一旁瓣、远端旁瓣的功率差值即为天线旁瓣电平 S（分贝，dB），测试结果示意图见图 14，计算方法见式（11）：

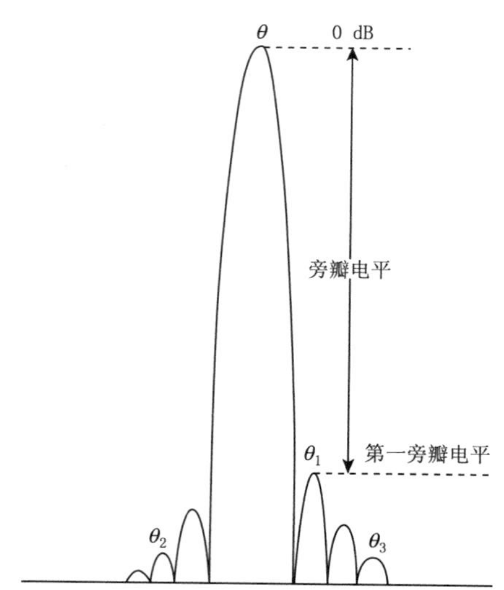

说明：

θ ——对应于主瓣功率峰值处的角度，单位为度（°）；

θ_1——对应于第一旁瓣功率峰值处的角度，单位为度（°）；

θ_2——对应于第二旁瓣功率峰值处的角度，单位为度（°）；

θ_3——对应于第三旁瓣功率峰值处的角度，单位为度（°）。

图 14　天线旁瓣电平测试结果示意图

$$S = L_{\theta} - L_{\theta_1} \tag{11}$$

式中：

L_{θ} ——θ 处的电平值，单位为分贝毫瓦(dBm)；

L_{θ_1}——θ_1 处的电平值，单位为分贝毫瓦(dBm)。

6.5.31 天线功率增益

6.5.31.1 测试方法

按下列步骤进行：

a) 按图15连接测试设备；

b) 分别选择0°和90°切面(对水平极化天线等同于E和H面)，频率分别设置为2.7 GHz、2.8 GHz、2.9 GHz和3.0 GHz；

c) 转动接收天线与发射天线对准，极化匹配；

d) 用频谱仪测量接收功率，并记为 P_1；

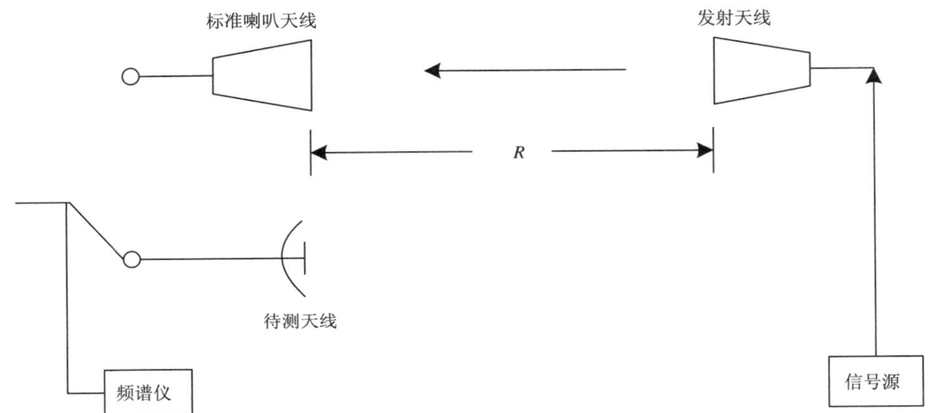

图15 天线功率增益测试示意图

e) 用标准喇叭天线(增益为 G_0)替换待测天线；

f) 重复步骤c)、d)，读取频谱仪显示功率，并记为 P_2。

6.5.31.2 数据处理

计算天线增益 G(分贝，dB)，计算方法见式(12)：

$$G = G_0 + P_1 - P_2 \tag{12}$$

式中：

G_0 ——标准喇叭天线增益，单位为分贝(dB)；

P_1、P_2——含义见6.5.31.1，单位为分贝毫瓦(dBm)。

6.5.32 扫描方式

实际操作检查。

6.5.33 扫描速度及误差

按下列步骤进行测试：

a） 运行雷达天线控制程序；

b） 设置方位角转速为 60 (°)/s；

c） 读取并记录天线伺服扫描方位角速度，计算误差；

d） 设置俯仰角转速为 36 (°)/s（或测试条件允许的最大转速）；

e） 读取并记录天线伺服扫描俯仰角速度，计算误差；

f） 退出雷达天线控制程序。

6.5.34 扫描加速度

按下列步骤进行测试：

a） 运行雷达天线控制程序；

b） 控制天线方位角运动 180°；

c） 读取并计算天线伺服扫描方位角加速度；

d） 控制天线俯仰角运动 90°；

e） 读取并计算天线伺服扫描俯仰角加速度；

f） 退出雷达天线控制程序。

6.5.35 运动响应

按下列步骤进行测试：

a） 运行雷达天线控制程序；

b） 控制天线俯仰角从 0°移动到 90°；

c） 记录运动所需时间；

d） 控制天线方位角转速从 60 (°)/s 到停止；

e） 记录运动所需时间；

f） 退出雷达天线控制程序。

6.5.36 控制方式

实际操作检查。

6.5.37 角度控制误差

6.5.37.1 测试方法

按下列步骤进行：

a） 运行雷达天线控制程序；

b） 设置方位角 A_{Z0} (0°～360°，间隔 30°)；

c） 记录天线实际方位角 A_{Z1} ；

d） 设置俯仰角 E_{L0} (0°～90°，间隔 10°)；

e） 记录天线实际俯仰角 E_{L1} ；

f） 退出雷达天线控制程序。

6.5.37.2 数据处理

按下列步骤进行：

a） 计算并记录各方位角控制误差 ΔA_Z (度，°)，计算方法见式(13)：

$$\Delta A_Z = A_{Z1} - A_{Z0} \qquad \cdots\cdots(13)$$

式中：

A_{Z0}、A_{Z1} ——含义见 6.5.37.1，单位为度（°）。

b） 取各方位角控制误差中最大值作为方位角控制误差；

c） 计算并记录各俯仰角控制误差 ΔE_L（度，°），计算方法见式（14）：

$$\Delta E_L = E_{L1} - E_{L0} \quad \cdots\cdots\cdots\cdots(14)$$

式中：

E_{L0}、E_{L1} ——含义见 6.5.37.1，单位为度（°）。

d） 取各俯仰角控制误差中最大值作为俯仰角控制误差。

6.5.38 天线空间指向误差

天线空间指向误差测试与方位和俯仰角误差测试相同，测试方法和数据处理分别见 6.5.9.1 和 6.5.9.2。

6.5.39 控制字长

检查天线位置指令的控制分辨力，计算控制字长。

6.5.40 角码数据字长

检查天线返回角码的数据分辨力，计算角码字长。

6.5.41 发射机脉冲功率

按下列步骤进行测试：

a） 按图 16 连接测试设备；
b） 运行雷达控制软件，设置窄脉冲 300 Hz 重复频率；
c） 开启发射机高压；
d） 使用功率计测量并记录发射机脉冲峰值功率；
e） 关闭发射机高压；
f） 设置窄脉冲 1300 Hz 重复频率；
g） 重复步骤 c）—e）；
h） 设置宽脉冲 300 Hz 重复频率；
i） 重复步骤 c）—e）；
j） 设置宽脉冲 450 Hz 重复频率；
k） 重复步骤 c）—e）；
l） 退出雷达控制软件。

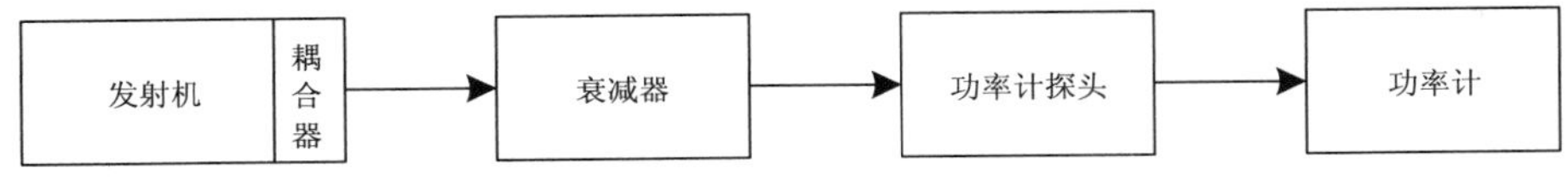

图 16 发射机脉冲功率测试示意图

6.5.42 发射机脉冲宽度

按下列步骤进行测试：

a） 按图 17 连接测试设备；

b) 运行雷达控制软件,设置窄脉冲 300 Hz 重复频率;
c) 开启发射机高压;
d) 使用示波器测量并记录发射机脉冲包络幅度 70%处宽度;
e) 关闭发射机高压;
f) 设置宽脉冲 300 Hz 重复频率;
g) 重复步骤 c)—e);
h) 退出雷达控制软件。

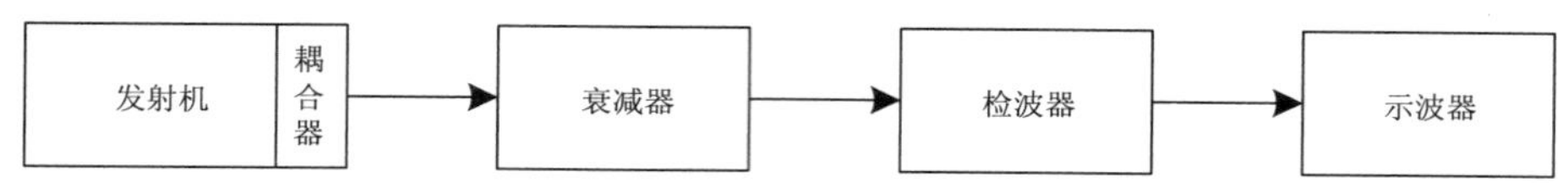

图 17 发射机脉冲宽度测试示意图

6.5.43 发射机脉冲重复频率

按下列步骤进行测试:

a) 按图 18 连接测试设备;
b) 运行雷达控制软件,设置窄脉冲 300 Hz 重复频率;
c) 开启发射机高压;
d) 使用示波器测量并记录脉冲重复频率;
e) 关闭发射机高压;
f) 设置窄脉冲 1300 Hz 重复频率;
g) 重复步骤 c)—e);
h) 设置宽脉冲 300 Hz 重复频率;
i) 重复步骤 c)—e);
j) 设置宽脉冲 450 Hz 重复频率;
k) 重复步骤 c)—e);
l) 配置并记录窄脉冲 3/2,4/3 和 5/4 三种双脉冲重复频率;
m) 退出雷达控制软件。

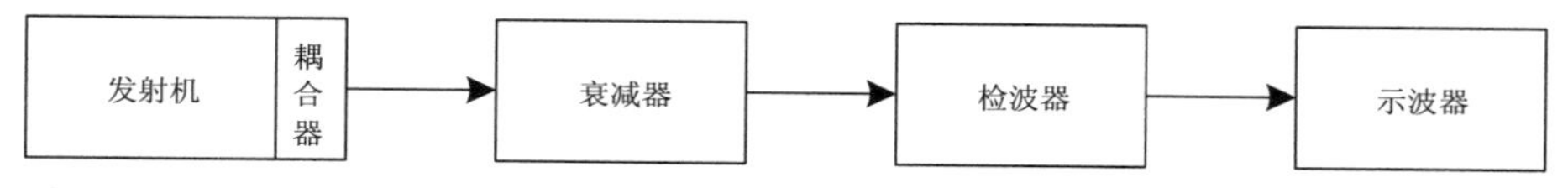

图 18 发射机脉冲重复频率测试示意图

6.5.44 发射机频谱特性

按下列步骤进行测试:

a) 按图 19 连接测试设备;

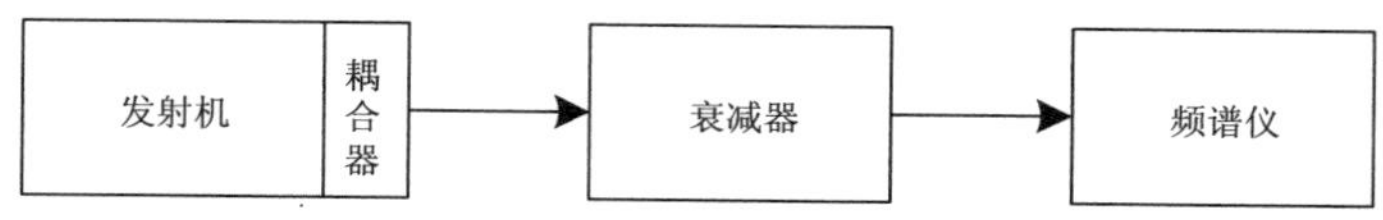

图 19 发射机频谱特性测试示意图

b) 运行雷达控制软件，设置宽脉冲 300 Hz 重复频率；
c) 开启发射机高压；
d) 使用频谱仪测量并记录发射机脉冲频谱－60 dB 处的宽度；
e) 关闭发射机高压；
f) 退出雷达控制软件。

6.5.45 发射机输出极限改善因子

6.5.45.1 测试方法

按下列步骤进行：

a) 按图 20 连接测试设备；
b) 运行雷达控制软件，设置窄脉冲 300 Hz 重复频率；
c) 开启发射机高压；
d) 使用频谱仪测量发射机输出信号与噪声功率谱密度比值，并记为 R；
e) 关闭发射机高压；
f) 设置窄脉冲 1300 Hz 重复频率；
g) 重复步骤 c)—e)；
h) 退出雷达控制软件。

图 20 发射机输出极限改善因子测试示意图

6.5.45.2 数据处理

计算发射机输出极限改善因子 I(分贝，dB)，计算方法见式(15)：

$$I = R + 10\lg B - 10\lg F \qquad (15)$$

式中：

R ——发射机输出信号与噪声功率谱密度比值；
B ——频谱仪设置的分析带宽，单位为赫兹(Hz)；
F ——发射信号的脉冲重复频率，单位为赫兹(Hz)。

6.5.46 发射机功率波动

6.5.46.1 测试方法

按下列步骤进行：

a) 按图 21 连接测试设备；

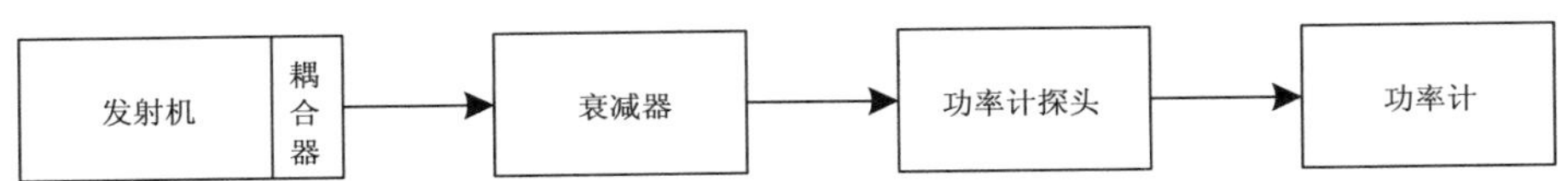

图 21 发射机功率波动测试示意图

b) 雷达设置为降水模式连续运行 24 h；

c) 使用功率计每 2 h 测量并记录发射机输出功率 P_{t1}；

d) 每 2 h 读取并记录机内测量的发射机输出功率 P_{t2}；

e) 雷达设置为晴空模式连续运行 24 h；

f) 重复步骤 c)、d)。

6.5.46.2 数据处理

计算发射机机外和机内的功率波动 ΔP（分贝，dB），计算方法见式(16)：

$$\Delta P = \left| 10\lg\left(\frac{P_{\text{tmax}}}{P_{\text{tmin}}}\right) \right| \qquad \cdots\cdots(16)$$

式中：

P_{tmax} ——为 P_{t1}、P_{t2} 中的最大值，单位为千瓦(kW)；

P_{tmin} ——为 P_{t1}、P_{t2} 中的最小值，单位为千瓦(kW)。

6.5.47 接收机最小可测功率

按下列步骤进行测试：

a) 按图 22 连接测试设备；

b) 关闭信号源输出；

c) 运行雷达控制软件，记录窄脉冲噪声电平 P_{C1}（分贝毫瓦，dBm）；

d) 打开信号源输出，注入接收机功率－117 dBm 并以 0.5 dBm 步进逐渐增加；

e) 读取功率电平 P_{H1}，当 $P_{H1} \geqslant (P_{C1}+3\ \text{dB})$ 时，记录当前输入功率值作为窄脉冲的最小可测功率；

f) 关闭信号源输出；

g) 记录宽脉冲噪声电平 P_{C2}（分贝毫瓦，dBm）；

h) 打开信号源输出，注入接收机功率－120 dBm 并以 0.5 dBm 步进逐渐增加；

i) 读取功率电平 P_{H2}，当 $P_{H2} \geqslant (P_{C2}+3\ \text{dB})$ 时，记录当前输入功率值作为宽脉冲的最小可测功率；

j) 关闭信号源；

k) 退出雷达控制软件。

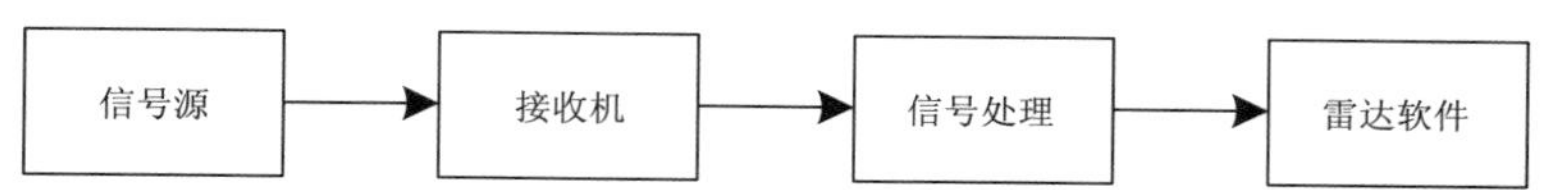

图 22 接收机最小可测功率测试示意图

6.5.48 接收机噪声系数

6.5.48.1 测试方法

按下列步骤进行：

a) 按图 23 连接测试设备；

b) 设置噪声系数分析仪，关闭噪声源输出；

c) 运行雷达控制软件，记录冷态噪声功率 A_1；

d) 设置噪声系数分析仪，打开噪声源输出；

e) 记录热态噪声功率 A_2；

f) 关闭噪声源输出，退出雷达控制软件。

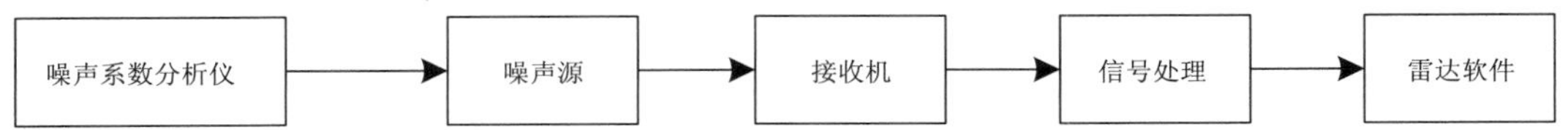

图 23 接收机噪声系数测试示意图

6.5.48.2 数据处理

计算接收机噪声系数 η_{NF}（分贝，dB），计算方法见式(17)：

$$\eta_{NF} = R_{ENR} - 10\lg(\frac{A_2}{A_1} - 1) \qquad \cdots\cdots(17)$$

式中：

R_{ENR} ——噪声源的超噪比，单位为分贝(dB)；

A_1 ——冷态噪声功率，单位为毫瓦(mW)；

A_2 ——热态噪声功率，单位为毫瓦(mW)。

6.5.49 接收机线性动态范围

6.5.49.1 测试方法

按下列步骤进行：

a) 按图 24 连接测试设备；

b) 运行雷达控制软件，设置为宽脉冲模式；

c) 设置信号源输出功率－120 dBm，记录接收机输出功率值；

d) 以 1 dBm 步进增加到＋10 dBm，重复记录接收机输出功率值；

e) 关闭信号源，退出雷达控制软件。

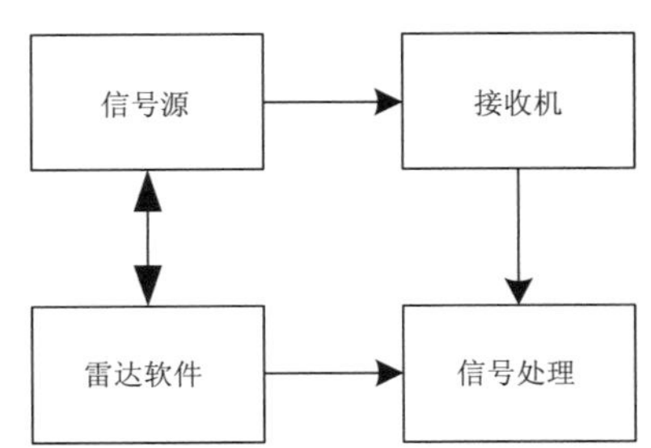

图 24 接收机线性动态范围测试示意图

6.5.49.2 数据处理

根据输入信号和接收机输出功率数据，采用最小二乘法进行拟合。由实测曲线与拟合直线对应点的输出数据差值不大于 1.0 dB 来确定接收机低端下拐点和高端上拐点，下拐点和上拐点所对应的输入信号功率值差值的绝对值为接收机线性动态范围。

6.5.50 接收机数字中频 A/D 位数

检查 A/D 芯片手册。

6.5.51 接收机数字中频采样速率

按下列步骤进行测试：

a) 按图 25 连接测试设备；

b) 使用示波器或频谱仪测量 A/D 变换器采样时钟频率。

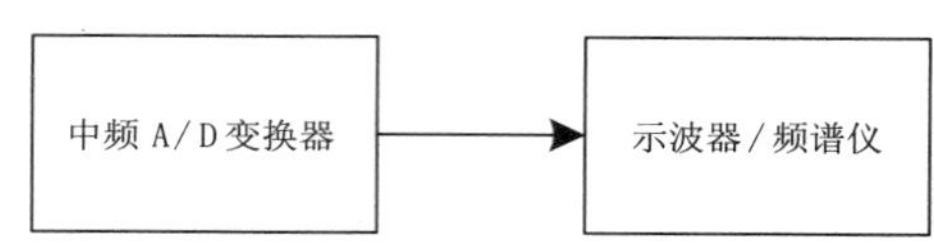

图 25 接收机数字中频采样速率测试示意图

6.5.52 接收机带宽

6.5.52.1 测试方法

按下列步骤进行：

a) 按图 26 连接测试设备；

b) 设置信号源工作频率为雷达工作中心频率，输出幅度为－50 dBm；

c) 雷达设置为窄脉冲模式；

d) 读取输出功率值记为 P_0；

e) 逐渐减小信号源输出频率(步进 10 kHz)，直至读取功率值比 P_0 小 3 dB，此时的信号源输出频率记为 F_l；

f) 逐渐增大信号源输出频率(步进 10 kHz)，直至读取功率值再次比 P_0 小 3 dB，此时的信号源输出频率记为 F_r；

g) 雷达设置为宽脉冲模式；

h) 重复步骤 d)—f)。

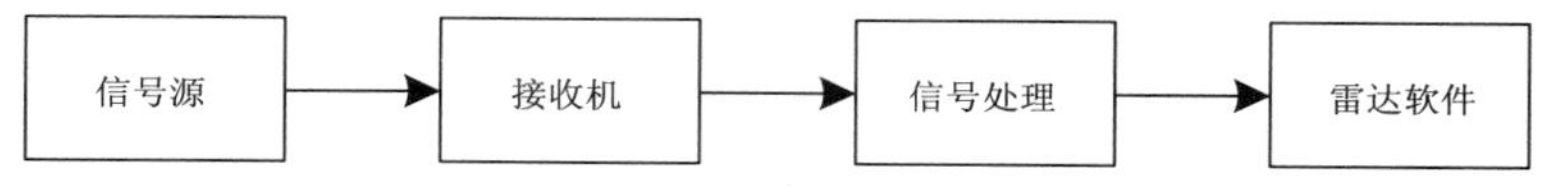

图 26 接收机带宽测试示意图

6.5.52.2 数据处理

分别计算宽脉冲和窄脉冲的接收机带宽 B(兆赫兹，MHz)，计算方法见式(18)：

$$B = F_r - F_l \qquad \cdots\cdots(18)$$

式中：

F_r、F_l——含义见 6.5.52.1，单位为兆赫兹(MHz)。

6.5.53 接收机频率源射频输出相位噪声

按下列步骤进行测试：

a) 按图 27 连接测试设备；

b) 打开频率源射频输出；

c) 使用信号分析仪测量并记录射频输出信号 10 kHz 处的相位噪声值；

d) 关闭频率源射频输出。

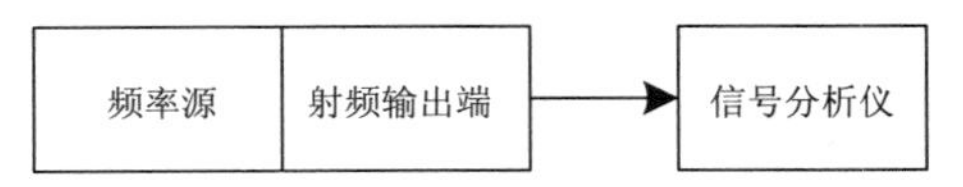

图 27　频率源射频输出相位噪声测试示意图

6.5.54　移相功能

操作控制频率源输出连续移相信号，检查雷达是否具有移相功能。

6.5.55　数据输出率

查看雷达 I/Q 数据文件，检查数据的距离分辨力。

6.5.56　处理模式

实际操作检查软件配置。

6.5.57　基数据格式

审阅基数据格式文档和基数据文件。

6.5.58　数据处理和质量控制

演示信号处理功能，并检查算法文档。

6.6　环境适应性

6.6.1　一般要求

目视检查防护措施。

6.6.2　温度

天线罩内的主要部件以及室内部件的温度环境适应能力试验方法按 GB/T 2423.1 和 GB/T 2423.2 的有关规定进行。

6.6.3　交变湿热

天线罩内的主要部件以及室内部件的湿度环境适应能力试验方法按 GB/T 2423.4 的有关规定进行。

6.6.4　天线罩抗风和冰雪载荷

使用专业仿真软件计算雷达天线罩的冰雪和风环境适应能力，并提供同型号天线罩实际抗风能力的案例。

6.7　电磁兼容性

测量屏蔽体接地电阻并目视检查。

6.8　电源适应性

通过调整供电电压和频率检查。

6.9 互换性

在现场抽取不少于3个的组件或部件,进行互换测试。

6.10 安全性一般要求

现场演示检查。

6.11 电气安全

现场演示检查和测量。

6.12 机械安全

现场演示检查。

6.13 噪声

距设备1 m处使用声压计测量。

7 检验规则

7.1 检验分类

检验分为:

a) 定型检验;

b) 出厂检验;

c) 现场检验。

7.2 检验设备

所使用的试验与检验设备应在检定有效期内。

7.3 检验项目

见附录B中表B.1。

7.4 定型检验

7.4.1 检验条件

定型检验在下列情况下进行:

a) 新产品定型;

b) 主要设计、工艺、组件和部件有重大变更。

7.4.2 检验项目

见附录B中表B.1。

7.4.3 判定规则

按下列步骤进行:

a) 所有定型检验项目全部符合附录B中表B.1的要求时,判定定型检验合格;

b) 在检验过程中发现不符合要求时,应暂停检验,被检方应迅速查明原因,采取有效可靠措施纠正后,可继续进行检验,并应对相关检验合格项再次检验,同一项目若经二次检验仍不合格,则本次检验不合格。

7.5 出厂检验

7.5.1 检验项目

见附录B中表B.1。

7.5.2 判定规则

按下列步骤进行:

a) 所有出厂检验项目全部符合附录B中表B.1的要求时,判定出厂检验合格;

b) 在检验过程中发现不符合要求时,应暂停检验,被检方应迅速查明原因,采取有效可靠措施纠正后,可继续进行检验,并应对相关检验合格项再次检验,同一项目若经二次检验仍不合格,则本次检验不合格。

7.6 现场检验

7.6.1 检验项目

见附录B中表B.1。

7.6.2 判定规则

按下列步骤进行:

a) 所有现场检验项目全部符合附录B中表B.1的要求时,判定现场检验合格;

b) 在检验过程中发现不符合要求时,应暂停检验,被检方应迅速查明原因,采取有效可靠措施纠正后,可继续进行检验,并应对相关检验合格项再次检验,同一项目若经二次检验仍不合格,则本次检验不合格。

8 标识、标签和随行文件

8.1 产品标识

应包含下列标识:

a) 生产厂商;

b) 设备名称和型号;

c) 出厂序列号;

d) 出厂日期。

8.2 包装标识

应包含下列标识:

a) 包装箱编号;

b) 设备名称;

c) 生产厂商;

d) 外形尺寸;

e） 毛重；

f） “向上”“怕雨”“禁止堆码”等符合 GB/T 191—2008 规定的标识。

8.3 随行文件

应包括但不限于以下内容：

a） 产品合格证；

b） 产品说明书；

c） 产品电原理图；

d） 装箱单；

e） 随机备附件清单。

9 包装、运输和贮存

9.1 包装

应满足下列要求：

a） 符合陆地、空中或海上运输要求；

b） 遇一般震动、冲击和气压变化无损坏；

c） 尺寸、重量和材料符合 GB/T 13384—2008 的规定；

d） 每个包装箱内都有装箱单。

9.2 运输

运输过程中应做好剧烈震动、挤压、雨淋及化学物品侵蚀等防护措施；搬运时应轻拿轻放，码放整齐，应避免滚动和抛掷。

9.3 贮存

包装好的产品应贮存在环境温度－40 ℃～55 ℃、空气相对湿度小于 90％的室内，且周围无腐蚀性挥发物。

附 录 A
（资料性附录）
雷达自动上传基础参数

表 A.1 给出了雷达自动上传基础参数。

表 A.1 雷达自动上传基础参数表

序号	类别	上传参数	单位	备注
1	雷达静态参数	雷达站号		
2		站点名称		
3		站点纬度		
4		站点经度		
5		天线高度	m	馈源高度
6		地面高度	m	
7		雷达类型		
8		软件版本号		雷达数据采集和监控软件
9		雷达工作频率	MHz	
10		天线增益	dB	
11		波束宽度	°	
12		发射馈线损耗	dB	
13		接收馈线损耗	dB	
14		其他损耗	dB	
15	雷达运行模式参数	日期		
16		时间		
17		体扫模式		
18		控制权标识		本控、遥控
19		系统状态		正常、可用、需维护、故障、关机
20		上传状态数据格式版本号		
21	雷达运行环境参数	机房内温度	℃	
22		发射机温度	℃	
23		天线罩内温度	℃	
24		机房内湿度	%RH	
25		发射机湿度	%RH	
26		天线罩内湿度	%RH	
27	雷达在线定时标定参数	发射机输出信号标定期望值	dBz	
28		发射机输出信号标定测量值	dBz	
29		相位噪声	°	

表 A.1 雷达自动上传基础参数表(续)

序号	类别	上传参数	单位	备注
30	雷达在线定时标定参数	滤波前功率	dBz	
31		滤波后功率	dBz	
32	雷达在线实时标定参数	发射机峰值功率	kW	
33		发射机平均功率	W	
34		天线峰值功率	kW	
35		天线平均功率	W	
36		发射机功率调零值		
37		天线功率调零值		
38		发射机和天线功率差	dB	
39		窄脉冲噪声电平	dB	
40		宽脉冲噪声电平	dB	
41		水平通道噪声温度/系数	K/dB	
42		窄脉冲系统标定常数		
43		宽脉冲系统标定常数		
44		反射率期望值	dBz	
45		反射率测量值	dBz	
46		速度期望值	m/s	
47		速度测量值	m/s	
48		谱宽期望值	m/s	
49		谱宽测量值	m/s	
50		脉冲宽度	μs	

附 录 B
（规范性附录）
检验项目、技术要求和试验方法

检验项目、技术要求和试验方法见表B.1。

表B.1 检验项目、技术要求和试验方法表

序号	检验项目名称	技术要求条文号	试验方法条文号	定型检验	出厂检验	现场检验
5.1 组成						
1	组成	5.1	6.3	●	—	●
5.2 功能要求						
2	一般要求	5.2.1	6.4.1	●	●	●
3	扫描方式	5.2.2.1	6.4.2	●	●	●
4	观测模式	5.2.2.2	6.4.3	●	●	●
5	机内自检设备和监控	5.2.2.3	6.4.4	●	●	●
6	雷达及附属设备控制和维护	5.2.2.4	6.4.5	●	●	●
7	关键参数在线分析	5.2.2.5	6.4.6	●	●	●
8	实时显示	5.2.2.6	6.4.7	●	●	●
9	消隐功能	5.2.2.7	6.4.8	●	●	●
10	授时功能	5.2.2.8	6.4.9	●	●	●
11	强度标定	5.2.3.1a)	6.4.10	●	●	●
12	距离定位	5.2.3.1b)	6.4.11	●	●	●
13	发射机功率	5.2.3.1c)	6.4.12	●	●	●
14	速度	5.2.3.1d)	6.4.13	●	●	●
15	相位噪声	5.2.3.1e)	6.4.14	●	●	●
16	噪声电平	5.2.3.1f)	6.4.15	●	●	●
17	噪声温度/系数	5.2.3.1g)	6.4.16	●	●	●
18	发射机功率、输出脉冲宽度、输出频谱	5.2.3.2a)	6.4.17	●	●	●
19	发射和接收支路损耗	5.2.3.2b)	6.4.18	●	—	●
20	接收机最小可测功率、动态范围	5.2.3.2c)	6.4.19	●	●	●
21	天线座水平度	5.2.3.2d)	6.4.20	●	—	●
22	天线伺服扫描速度误差、加速度、运动响应	5.2.3.2e)	6.4.21	●	—	●
23	天线指向和接收链路增益	5.2.3.2f)	6.4.22	●	—	●
24	基数据方位角、俯仰角角码	5.2.3.2g)	6.4.23	●	—	●
25	地物杂波抑制能力	5.2.3.2h)	6.4.24	●	—	●

表 B.1 检验项目、技术要求和试验方法表(续)

序号	检验项目名称	技术要求条文号	试验方法条文号	定型检验	出厂检验	现场检验
26	最小可测回波强度	5.2.3.2i)	6.4.25	●	—	●
27	气象产品生成	5.2.4.1	6.4.26	●	●	●
28	气象产品格式	5.2.4.2	6.4.27	●	●	●
29	气象产品显示	5.2.4.3	6.4.28	●	●	●
30	数据存储和传输	5.2.5	6.4.29	●	●	●
5.3.1 总体技术要求						
31	雷达工作频率	5.3.1.1	6.5.1	●	●	●
32	雷达预热开机时间	5.3.1.2	6.5.2	●	●	●
33	距离范围	5.3.1.3	6.5.3	●	—	—
34	角度范围	5.3.1.4	6.5.4	●	—	—
35	强度值范围	5.3.1.5	6.5.5	●	—	—
36	速度值范围	5.3.1.6	6.5.6	●	—	—
37	谱宽值范围	5.3.1.7	6.5.7	●	—	—
38	距离定位误差	5.3.1.8a)	6.5.8	●	—	—
39	方位角和俯仰角误差	5.3.1.8b) 5.3.1.8c)	6.5.9	●	—	●
40	强度误差	5.3.1.8d)	6.5.10	●	●	●
41	速度误差	5.3.1.8e)	6.5.11	●	●	●
42	谱宽误差	5.3.1.8f)	6.5.12	●	●	●
43	分辨力	5.3.1.9	6.5.13	●	—	—
44	最小可测回波强度	5.3.1.10	6.5.14	●	—	●
45	相位噪声	5.3.1.11	6.5.15	●	●	●
46	地物杂波抑制能力	5.3.1.12	6.5.16	●	—	●
47	天馈系统电压驻波比	5.3.1.13	6.5.17	●	●	—
48	相位编码	5.3.1.14	6.5.18	●	—	●
49	可靠性	5.3.1.15	6.5.19	●	—	—
50	可维护性	5.3.1.16	6.5.20	●	—	—
51	可用性	5.3.1.17	6.5.21	●	—	—
52	功耗	5.3.1.18	6.5.22	●	—	—
5.3.2 天线罩						
53	型式、尺寸与材料要求	5.3.2a) 5.3.2b) 5.3.2c)	6.5.23	●	—	—

表 B.1 检验项目、技术要求和试验方法表(续)

序号	检验项目名称	技术要求条文号	试验方法条文号	定型检验	出厂检验	现场检验
54	双程射频损失	5.3.2d)	6.5.24	●	—	—
55	引入波束偏差	5.3.2e)	6.5.25	●	—	—
56	引入波束展宽	5.3.2f)	6.5.26	●	—	—
5.3.3 天线						
57	天线型式	5.3.3a)	6.5.27	●	—	—
58	极化方式	5.3.3b)	6.5.28	●	—	—
59	波束宽度	5.3.3c)	6.5.29	●	●	—
60	旁瓣电平	5.3.3d)	6.5.30	●	●	—
61	功率增益	5.3.3e)	6.5.31	●	●	—
5.3.4 伺服系统						
62	扫描方式	5.3.4.1	6.5.32	●	●	●
63	扫描速度及误差	5.3.4.2	6.5.33	●	●	●
64	扫描加速度	5.3.4.3	6.5.34	●	●	●
65	运动响应	5.3.4.4	6.5.35	●	●	●
66	控制方式	5.3.4.5	6.5.36	●	●	●
67	角度控制误差	5.3.4.6	6.5.37	●	●	●
68	天线空间指向误差	5.3.4.7	6.5.38	●	●	●
69	控制字长	5.3.4.8	6.5.39	●	—	—
70	角码数据字长	5.3.4.9	6.5.40	●	—	—
5.3.5 发射机						
71	脉冲功率	5.3.5.1	6.5.41	●	●	●
72	脉冲宽度	5.3.5.2	6.5.42	●	●	●
73	脉冲重复频率	5.3.5.3	6.5.43	●	●	●
74	频谱特性	5.3.5.4	6.5.44	●	●	●
75	输出极限改善因子	5.3.5.5	6.5.45	●	●	●
76	功率波动	5.3.5.6	6.5.46	●	●	●
5.3.6 接收机						
77	最小可测功率	5.3.6.1	6.5.47	●	●	●
78	噪声系数	5.3.6.2	6.5.48	●	●	●
79	线性动态范围	5.3.6.3	6.5.49	●	●	●
80	数字中频 A/D 位数	5.3.6.4	6.5.50	●	—	—
81	数字中频采样速率	5.3.6.5	6.5.51	●	—	—
82	接收机带宽	5.3.6.6	6.5.52	●	—	—

表 B.1 检验项目、技术要求和试验方法表(续)

序号	检验项目 名称	技术要求 条文号	试验方法 条文号	定型检验	出厂检验	现场检验
83	频率源射频输出相位噪声	5.3.6.7	6.5.53	●	●	—
84	移相功能	5.3.6.8	6.5.54	●	●	●
5.3.7 信号处理						
85	数据输出率	5.3.7.1	6.5.55	●	—	—
86	处理模式	5.3.7.2	6.5.56	●	—	—
87	基数据格式	5.3.7.3	6.5.57	●	—	—
88	数据处理和质量控制	5.3.7.4	6.5.58	●	—	●
5.4 环境适应性						
89	一般要求	5.4.1	6.6.1	●	—	—
90	温度	5.4.2	6.6.2	●	—	—
91	空气相对湿度	5.4.3	6.6.3	●	—	—
92	天线罩抗风和冰雪载荷	5.4.4	6.6.4	●	—	—
5.5 电磁兼容性						
93	电磁兼容性	5.5	6.7	●	—	—
5.6 电源适应性						
94	电源适应性	5.6	6.8	●	—	—
5.7 互换性						
95	互换性	5.7	6.9	●	—	—
5.8 安全性						
96	一般要求	5.8.1	6.10	●	—	●
97	电气安全	5.8.2	6.11	●	—	●
98	机械安全	5.8.3	6.12	●	—	●
5.9 噪声						
99	噪声	5.9	6.13	●	—	—
注:●为必检项目;—为不检项目。						

参 考 文 献

［1］ GB/T 12648—1990 天气雷达通用技术条件

［2］ 中国气象局. 新一代天气雷达系统功能规格需求书:S 波段[Z],2010 年 8 月

［3］ 国家发展改革委员会. 气象雷达发展专项规划(2017—2020 年)[Z],2017 年 5 月 2 日

［4］ International Organization for Standardization. Meteorology-Weather radar: ISO/DIS 19926-1[Z], 2017-11-22

［5］ World Meteorological Organization. Guide to Meteorological Instruments and Methods of Observation[EB/OL], 2014. https://library. wmo. int/index. php? lvl=notice_display&id=12407 #. W627yyQzadF

ICS 33.200
M 53
备案号：65863—2019

中华人民共和国气象行业标准

QX/T 464—2018

S 波段双线偏振多普勒天气雷达

S-band dual linear polarization Doppler weather radar

2018-12-12 发布　　2019-04-01 实施

中 国 气 象 局　发 布

前　言

本标准按照GB/T 1.1—2009给出的规则起草。

本标准由全国气象仪器与观测方法标准化技术委员会(SAC/TC 507)提出并归口。

本标准起草单位:北京敏视达雷达有限公司、中国气象局气象探测中心、成都信息工程大学、南京恩瑞特实业有限公司、安徽四创电子股份有限公司、成都锦江电子系统工程有限公司、中国电子科技集团公司第五十四研究所。

本标准主要起草人:张建云、吴艳锋、刘强、张持岸、虞海峰、邵楠、何建新、李忱、李佳、崔劼、张晓飞、蒋斌、张文静。

S 波段双线偏振多普勒天气雷达

1 范围

本标准规定了速调管发射机 S 波段双线偏振(双极化)多普勒天气雷达的通用要求,试验方法,检验规则,标识、标签和随行文件,包装、运输和贮存等要求。

本标准适用于速调管发射机 S 波段双线偏振(双极化)多普勒天气雷达的设计、生产和验收。

2 规范性引用文件

下列文件对于本文件的应用是必不可少的。凡是注日期的引用文件,仅注日期的版本适用于本文件。凡是不注日期的引用文件,其最新版本(包括所有的修改单)适用于本文件。

GB/T 191—2008 包装储运图示标志

GB/T 2423.1 电工电子产品环境试验 第 2 部分:试验方法 试验 A:低温

GB/T 2423.2 电工电子产品环境试验 第 2 部分:试验方法 试验 B:高温

GB/T 2423.4 电工电子产品环境试验 第 2 部分:试验方法 试验 Db:交变湿热

GB 3784 电工术语 雷达

GB/T 13384—2008 机电产品包装通用技术条件

3 术语和定义

GB 3784 界定的以及下列术语和定义适用于本文件。

3.1

双线偏振 dual linear polarization

通过发射水平和垂直两种线偏振方式的电磁波并接收经过大气中云滴、雨滴、冰晶、雪花等粒子后向散射的电磁波,反演大气中云滴、雨滴、冰晶、雪花等粒子的偏振物理属性的技术。

3.2

同相正交数据 in-phase and quadrature data

雷达接收机输出的模拟中频信号经过数字中频采样和正交解调后得到的时间序列数据。

3.3

基数据 base data

以同相正交数据作为输入,结合目标物位置信息和雷达参数经信号处理算法得到的数据。

3.4

气象产品 meteorological product

对基数据进行算法处理获得的表示雷达气象特征的数据、图像、文字等信息。

3.5

最小可测回波强度 minimum detectable echo intensity

雷达在一定距离上能探测到的最小反射率因子。

注:用来衡量雷达探测弱回波的能力,通常以 50 km 处能探测到的最小回波强度值(单位 dBz)作为参考值。

3.6

消隐 spot blanking

在天线运行的特定方位角/俯仰角区间关闭电磁发射的功能。

4 缩略语

下列缩略语适用于本文件。

A/D:模拟—数字(Analogue to Digital)

I/Q:同相正交 (In-phase and Quadrature)

MTBF:平均故障间隔(Mean Time Before Failure)

MTTR:平均修复时间(Mean Time To Repair)

PPI:平面位置显示器(Plan Position Indicator)

PRF:脉冲重复频率(Pulse Repetition Frequency)

RHI:距离高度显示器(Range-Height Indicator)

SCR:信杂比(Signal to Clutter Ratio)

SQI:信号质量指数(Signal Quality Index)

WRA:气象雷达可用性(Weather Radar Availability)

5 通用要求

5.1 组成

雷达由天线罩、天线、伺服系统、发射机、接收机、信号处理、控制与监控、气象产品生成与显示终端等分系统组成。

5.2 功能要求

5.2.1 一般要求

应具有下列功能:

a) 自动、连续运行和在线标校;

b) 本地、远程状态监视和控制;

c) 根据天气实况自动跟踪目标自适应观测;

d) 输出 I/Q 数据、基数据和气象产品三级数据。

5.2.2 控制和监控

5.2.2.1 扫描方式

应满足下列要求:

a) 支持平面位置显示、距离高度显示、体积扫描(以下简称“体扫”)、扇扫和任意指向扫描方式;

b) 扫描方位角、扫描俯仰角、扫描速度、脉冲重复频率和脉冲采样数以及单偏振和双线偏振模式等可通过软件设置;

c) 支持扫描任务调度功能,能按预设时间段和扫描方式进行程控运行。

5.2.2.2 观测模式

应满足下列要求:

a) 具有晴空、降水、强降水、高山等预制观测模式(各观测模式俯仰角、层数见表1),体扫周期不大于6 min,并能根据天气实况自动转换观测模式;
b) 能根据用户指令,对指定区域的风暴采用适当的观测模式进行跟踪观测;
c) 能按照设定的阈值自动切换观测模式,包括对冰雹区域进行RHI扫描,对龙卷和气旋区域进行自动改变PRF以避免二次回波的影响,对台风等强降水启动强降水观测模式等。

表1 观测模式参数配置表

观测模式	俯仰角层数	俯仰角/°
晴空模式	5	0.5,1.5,2.5,3.5,4.5
降水模式	9	0.5,1.5,2.4,3.4,4.3,6.0,9.9,14.6,19.5
强降水模式	14	0.5,1.5,2.4,3.4,4.3,5.3,6.2,7.5,8.7,10,12,14,16.7,19.5
高山模式	9	−0.5,0.5,1.5,2.8,3.8,5.5,9.5,14.1,19.0

5.2.2.3 机内自检设备和监控

应满足下列要求:
a) 机内自检设备和监控的参数应包括系统标定状态、天线伺服状态、接收机状态、发射机工作状态、灯丝电压及电流、线圈电压及电流、钛泵电流、阴极电压及电流、调制器、波导电弧、直流电源状态、馈线电压驻波比、波导内压力和湿度、天线罩门状态、发射机制冷风流量及风道温度、天线罩内温度、机房温度等;
b) 机内自检设备应具有系统报警功能,严重故障时应自动停机,同时自动存储和上传主要性能参数、工作状态和系统报警。

5.2.2.4 雷达及附属设备控制和维护

雷达应具有性能与状态监控单元,且满足下列要求:
a) 具有本地、远程监控和遥控能力,远程控制项目与本地相同,包括雷达开关机、观测模式切换、查看标定结果、修改适配参数等;
b) 自动上传基础参数(参见附录A中表A.1)、运行环境视频、附属设备状态参数,并能在本地和远程显示;
c) 完整记录雷达维护维修信息、关键器件出厂测试重要参数及更换信息,其中,维护维修信息包括适配参数变更、软件更迭、在线标定过程等;
d) 具有本地、远程视频监控雷达机房、天线罩内部、雷达站四周环境功能;
e) 具有雷达运行与维护的远程支持能力,包括对雷达系统参数进行远程监控和修改,对系统相位噪声、接收机灵敏度、动态范围和噪声系数等进行测试,控制天线进行运行测试、太阳法检查、指向空间目标协助雷达绝对标定等;
f) 具有远程软件升级功能。

5.2.2.5 关键参数在线分析

应满足下列要求:
a) 支持对线性通道定标常数、连续波测试信号、射频驱动测试信号、速调管输出测试信号等关键参数的稳定度和最大偏离度进行记录和分析等功能;
b) 具有对监测的所有实时参数超限报警提示功能;

c） 支持对监测参数和分析结果存储、回放、统计分析等功能。

5.2.2.6 实时显示

具有多画面实时逐径向显示回波强度、速度和谱宽以及差分反射率因子、差分相移、差分相移率、相关系数、退偏振比的功能。

5.2.2.7 消隐功能

具有消隐区配置功能。

5.2.2.8 授时功能

能通过卫星授时或网络授时校准雷达数据采集计算机的时间，授时精度优于 0.1 s。

5.2.3 标定和检查

5.2.3.1 自动

应具有自动在线标定和检查功能，并生成完整的文件记录，在结果超过预设门限时发出报警。自动在线标定和检查功能包括：

a） 强度标定；
b） 距离定位；
c） 发射机功率；
d） 速度；
e） 相位噪声；
f） 噪声电平；
g） 噪声温度/系数；
h） 接收通道增益差；
i） 接收通道相位差。

5.2.3.2 人工

应为人工进行下列检查提供测试接口和支持功能：

a） 发射机功率、输出脉冲宽度、输出频谱；
b） 发射和接收支路损耗；
c） 接收机最小可测功率、动态范围；
d） 天线座水平度；
e） 天线伺服扫描速度误差、加速度、运动响应；
f） 天线指向和接收链路增益；
g） 基数据方位角、俯仰角角码；
h） 地物杂波抑制能力；
i） 最小可测回波强度；
j） 差分反射率标定。

5.2.4 气象产品生成和显示

5.2.4.1 气象产品生成

生成的气象产品应包括：

a) 基本气象产品：平面位置显示、距离高度显示、等高平面位置显示、垂直剖面、组合反射率因子，其中平面位置显示、距离高度显示和垂直剖面支持显示双偏振量；
b) 物理量产品：回波顶高、垂直累积液态水含量、累积降水量；
c) 风暴识别产品：风暴单体识别和追踪、冰雹识别、中尺度气旋识别、龙卷涡旋特征识别、风暴结构分析；
d) 风场反演产品：速度方位显示、垂直风廓线、风切变；
e) 双偏振反演产品：粒子相态识别、融化层识别、双偏振定量降水估测和滴谱反演。

5.2.4.2 气象产品格式

应满足相关气象产品格式标准和规范要求。

5.2.4.3 气象产品显示

应具有下列功能：
a) 多窗口显示产品图像，支持鼠标联动；
b) 产品窗口显示主要观测参数信息；
c) 产品图像能叠加可编辑的地理信息及符号产品；
d) 色标等级不少于16级；
e) 产品图像能矢量缩放、移动、动画显示等；
f) 鼠标获取地理位置、高度和数据值等信息。

5.2.5 数据存储和传输

应满足下列要求：
a) 支持多路存储和分类检索功能；
b) 数据传输采用传输控制协议/因特网互联协议（TCP/IP 协议）；
c) 支持压缩传输和存储；
d) 支持基数据逐径向以数据流方式传输；
e) 气象产品存储支持数据文件和图像两种输出方式。

5.3 性能要求

5.3.1 总体技术要求

5.3.1.1 雷达工作频率

按需要在2.7 GHz～3.0 GHz内选取。

5.3.1.2 雷达预热开机时间

应不大于15 min。

5.3.1.3 双线偏振工作模式

雷达应选定以下两种工作模式之一：
a) 水平、垂直偏振同时发射和接收，并可水平偏振发射、水平和垂直偏振同时接收；
b) 水平偏振和垂直偏振交替发射和接收。

5.3.1.4 距离范围

应满足下列要求：

a) 盲区距离:不大于 1 km;
b) 强度距离:不小于 460 km;
c) 速度距离:不小于 230 km;
d) 谱宽距离:不小于 230 km;
e) 差分反射率因子距离:不小于 230 km;
f) 相关系数距离:不小于 230 km;
g) 差分传播相移距离:不小于 230 km;
h) 差分传播相移率距离:不小于 230 km;
i) 退偏振比距离:不小于 230 km;
j) 高度距离:不小于 24 km。

5.3.1.5 角度范围

应满足下列要求:
a) 方位角:0°～360°;
b) 俯仰角:－2°～90°。

5.3.1.6 强度值范围

－35 dBz～80 dBz。

5.3.1.7 速度值范围

－48 m/s～48 m/s(采用速度退模糊技术)。

5.3.1.8 谱宽值范围

0 m/s～16 m/s。

5.3.1.9 差分反射率因子值范围

－7.9 dB～7.9 dB。

5.3.1.10 相关系数值范围

0～1.0。

5.3.1.11 差分传播相移值范围

0°～360°。

5.3.1.12 差分传播相移率值范围

－2 (°)/km～10 (°)/km。

5.3.1.13 退偏振比值范围

－44 dB～6 dB。

5.3.1.14 测量误差

应满足下列要求:
a) 距离定位:不大于 50 m;

b） 方位角：不大于 0.05°；
c） 俯仰角：不大于 0.05°；
d） 强度：不大于 1 dBz；
e） 速度：不大于 1 m/s；
f） 谱宽：不大于 1 m/s；
g） 差分反射率因子：不大于 0.2 dB；
h） 相关系数：不大于 0.01；
i） 差分传播相移：不大于 3°；
j） 退偏振比：不大于 0.3 dB。

5.3.1.15 分辨力

应满足下列要求：

a） 距离：不大于 250 m（窄脉冲）；
b） 方位角：不大于 0.01°；
c） 俯仰角：不大于 0.01°；
d） 强度：不大于 0.5 dBz；
e） 速度：不大于 0.5 m/s；
f） 谱宽：不大于 0.5 m/s；
g） 差分反射率因子：不大于 0.1 dB；
h） 相关系数：不大于 0.005；
i） 差分传播相移：不大于 0.1°；
j） 差分传播相移率：不大于 0.1 (°)/km；
k） 退偏振比：不大于 0.1 dB。

5.3.1.16 最小可测回波强度

双线偏振工作模式下，在 50 km 处可探测的最小回波强度不大于－4.5 dBz。

5.3.1.17 相位噪声

不大于 0.06°。

5.3.1.18 地物杂波抑制能力

不小于 60 dB。

5.3.1.19 天馈系统电压驻波比

不大于 1.5。

5.3.1.20 发射和接收支路损耗

水平和垂直通道发射支路损耗差异不大于 0.2 dB，水平和垂直通道接收支路损耗差异不大于 0.2 dB。

5.3.1.21 相位编码

对二次回波的恢复比例不低于 60%。

5.3.1.22 可靠性

MTBF 不小于 1500 h。方位和俯仰齿轮轴承不低于 10 a，汇流环不低于 8 a，速调管不低于 30000 h。

5.3.1.23 可维护性

MTTR 不大于 0.5 h。

5.3.1.24 可用性

WRA 不小于 96%。

5.3.1.25 功耗

不大于 60 kW。

5.3.2 天线罩

应满足下列要求：

a) 采用随机分块的刚性截球状型式；
b) 具有良好的耐腐蚀性能和较高的机械强度，并进行疏水涂层处理；
c) 与天线口径比不小于 1.3；
d) 水平和垂直极化的双程射频损失均不大于 0.3 dB(功率)；
e) 水平和垂直极化的引入波束偏差(指向偏移角)均不大于 0.03°；
f) 水平和垂直极化的引入波束展宽均不大于 5%；
g) 引入的交叉极化隔离度影响不大于 1 dB。

5.3.3 天线

应满足下列要求：

a) 采用中心馈电旋转抛物面型式；
b) 采用水平线极化和垂直线极化方式；
c) 功率增益水平和垂直极化均不小于 44 dB，偏差不大于 0.3 dB；
d) 波束宽度水平和垂直极化均不大于 1°；
e) 双极化波束宽度差异在 3 dB 处不大于 0.1°，10 dB 处不大于 0.3°，20 dB 处不大于 0.5°；
f) 双极化波束指向一致性优于 0.05°；
g) 旁瓣电平应满足第一旁瓣电平不大于－29 dB，±2°处的旁瓣电平不大于－29 dB，±10°处的旁瓣电平不大于－38 dB，从±2°到±10°之间旁瓣电平不大于端点连线的值，±10°到±180°的旁瓣电平不大于－42 dB；
h) 交叉极化隔离度不小于 35 dB；
i) 双极化正交度为 90°±0.03°。

5.3.4 伺服系统

5.3.4.1 扫描方式

应支持平面位置显示、距离高度显示、体扫、扇扫和任意指向扫描方式。

5.3.4.2 扫描速度及误差

应满足下列要求：

a) 方位角扫描最大速度不小于 60 (°)/s，误差不大于 5%；
b) 俯仰角扫描最大速度不小于 36 (°)/s，误差不大于 5%。

5.3.4.3 扫描加速度

方位角扫描和俯仰角扫描最大加速度均不小于 15 (°)/s^2。

5.3.4.4 运动响应

俯仰角扫描从 0°移动到 90°时间不大于 10 s，方位角扫描从最大转速到停止时间不大于 3 s。

5.3.4.5 控制方式

支持下列两种控制方式：

a) 全自动；

b) 手动。

5.3.4.6 角度控制误差

方位角和俯仰角控制误差均不大于 0.05°。

5.3.4.7 天线空间指向误差

方位角和俯仰角指向误差均不大于 0.05°。

5.3.4.8 控制字长

不小于 14 bit。

5.3.4.9 角码数据字长

不小于 14 bit。

5.3.5 发射机

5.3.5.1 脉冲功率

不小于 650 kW。

5.3.5.2 脉冲宽度

应满足下列要求：

a) 窄脉冲：(1.57±0.10) μs；

b) 宽脉冲：(4.70±0.25) μs。

5.3.5.3 脉冲重复频率

应满足下列要求：

a) 窄脉冲：300 Hz ～1300 Hz；

b) 宽脉冲：300 Hz ～450 Hz；

c) 具有 3/2，4/3 和 5/4 三种双脉冲重复频率功能。

5.3.5.4 频谱特性

工作频率±5 MHz 处不大于－60 dB。

5.3.5.5 输出极限改善因子

不小于 58 dB。

5.3.5.6 功率波动

24 h 功率检测的波动范围应满足下列要求：

a) 机内：不大于 0.4 dB；

b) 机外：不大于 0.3 dB。

5.3.6 接收机

5.3.6.1 最小可测功率

双接收通道均满足下列条件：

a) 窄脉冲：不大于－110 dBm；

b) 宽脉冲：不大于－114 dBm。

5.3.6.2 噪声系数

双接收通道均不大于 3 dB，且差异不大于 0.3 dB。

5.3.6.3 线性动态范围

双接收通道均不小于 115 dB，拟合直线斜率应在 1.000±0.015 范围内，均方差不大于 0.5 dB。

5.3.6.4 数字中频 A/D 位数

不小于 16 bit。

5.3.6.5 数字中频采样速率

不小于 48 MHz。

5.3.6.6 接收机带宽

应满足下列要求：

a) 窄脉冲：(0.63±0.05) MHz；

b) 宽脉冲：(0.21±0.05) MHz。

5.3.6.7 频率源射频输出相位噪声

10 kHz 处不大于－138 dB/Hz。

5.3.6.8 移相功能

频率源具有移相功能。

5.3.7 信号处理

5.3.7.1 数据输出率

不低于脉冲宽度和接收机带宽匹配值。

5.3.7.2 处理模式

信号处理宜采用通用服务器软件化设计。

5.3.7.3 基数据格式

满足相关标准和规范要求,数据中包括元数据信息、双通道在线标定记录、观测数据、水平和垂直通道的信噪比和实时杂波识别信息等。

5.3.7.4 数据处理和质量控制

应具有以下算法和功能:

a) 采用相位编码或其他过滤和恢复能力相当的方法退距离模糊;
b) 采用脉冲分组双 PRF 方法或其他相当方法退速度模糊,采用脉冲分组双 PRF 方式时,每个脉组的采样空间不大于天线波束宽度的 1/2;
c) 采用先动态识别再进行自适应频域滤波的方法进行杂波过滤;
d) 采用多阶相关算法计算相关系数;
e) 风电杂波抑制和恢复;
f) 电磁干扰过滤;
g) 可配置信号强度、SQI、SCR 等质量控制门限。

5.4 环境适应性

5.4.1 一般要求

应满足下列要求:

a) 具有防尘、防潮、防霉、防盐雾、防虫措施;
b) 适应海拔 3000 m 及以上高度的低气压环境。

5.4.2 温度

应满足下列要求:

a) 室内:0 ℃～30 ℃;
b) 天线罩内:－40 ℃～55 ℃。

5.4.3 空气相对湿度

应满足下列要求:

a) 室内:15%～90%,无凝露;
b) 天线罩内:15%～95%,无凝露。

5.4.4 天线罩抗风和冰雪载荷

应满足下列要求:

a) 抗持续风能力不低于 55 m/s;
b) 抗阵风能力不低于 60 m/s;
c) 抗冰雪载荷能力不小于 220 kg/m^2。

5.5 电磁兼容性

应满足下列要求:

a) 具有足够的抗干扰能力,不因其他设备的电磁干扰而影响工作;
b) 与大地的连接安全可靠,有设备地线、动力电网地线和避雷地线,避雷针与雷达公共接地线使用不同的接地网;
c) 屏蔽体将被干扰物或干扰物包围封闭,屏蔽体与接地端子间电阻小于 0.1 Ω。

5.6 电源适应性

采用三相五线制,并满足下列要求:
a) 供电电压:三相(380±38) V;
b) 供电频率:(50±1.5) Hz。

5.7 互换性

同型号雷达的部件、组件和分系统应保证电气功能、性能和接口的一致性,均能在现场替换,并保证雷达正常工作。

5.8 安全性

5.8.1 一般要求

应满足下列要求:
a) 使用对环境无污染、不损害人体健康和设备性能的材料;
b) 保证人员及雷达的安全。

5.8.2 电气安全

应满足下列要求:
a) 电源线之间及与大地之间的绝缘电阻大于 1 MΩ;
b) 电压超过 36 V 处有警示标识和防护装置;
c) 高压储能电路有泄放装置;
d) 危及人身安全的高压在防护装置被去除或打开后自动切断;
e) 存在微波泄漏处有警示标识;
f) 配备紧急断电保护开关;
g) 天线罩门打开时,自动切断天线伺服供电。

5.8.3 机械安全

应满足下列要求:
a) 抽屉或机架式组件配备锁紧装置;
b) 机械转动部位及危险的可拆卸装置处有警示标识和防护装置;
c) 在架设、拆收、运输、维护、维修时,活动装置能锁定;
d) 天线俯仰角超过规定范围时,有切断电源和防碰撞的安全保护装置;
e) 天线伺服配备手动安全开关;
f) 室内与天线罩内之间有通信设备。

5.9 噪声

发射机和接收机的噪声应低于 85 dB(A)。

6 试验方法

6.1 试验环境条件

6.1.1 室内测试环境条件

室温在 15 ℃～25 ℃，空气相对湿度不大于 70%。

6.1.2 室外测试环境条件

空气温度在 5 ℃～35 ℃，空气相对湿度不大于 80%，风速不大于 5 m/s。

6.2 试验仪表和设备

试验仪表和设备见表 2。

表 2 试验仪表和设备

序号	设备名称	主要性能要求
1	信号源	频率：10 MHz～13 GHz 输出功率：－135 dBm～21 dBm
2	频谱仪	频率：10 MHz～13 GHz 最大分析带宽：不低于 25 MHz 精度：不低于 0.19 dB
3	功率计(含探头)	功率：－35 dBm～20 dBm 精度：不大于 0.1 dB
4	衰减器	频率：0 GHz～18 GHz 精度：不大于 0.8 dB 功率：不小于 2 W
5	检波器	频率：2.5 GHz～3.5 GHz 灵敏度：1 mV/10 μW 最大输入功率：10 mW
6	示波器	带宽：不小于 200 MHz
7	矢量网络分析仪	频率：100 MHz～13 GHz 动态范围：不小于 135 dB 输出功率：不小于 15 dBm
8	噪声系数分析仪(含噪声源)	频率：10 MHz～7 GHz 测量范围：0 dB～20 dB 精度：不大于 0.15 dB
9	信号分析仪	频率：10 MHz～7 GHz 功率：－15 dBm～20 dBm 分析偏置频率：1 Hz～100 MHz 精度：不大于 3 dB

表 2 试验仪表和设备(续)

序号	设备名称	主要性能要求
10	合像水平仪	刻度盘分划值:0.01 mm/m 测量范围:−10 mm/m～10 mm/m 示值误差:±0.01 mm/m(±1 mm/m 范围内) ±0.02 mm/m(±1 mm/m 范围外) 工作面平面性偏差:0.003 mm
11	标准喇叭天线	频率:2.7 GHz～3.1 GHz 增益:不低于 18 dB 精度:不大于 0.2 dB
12	转台伺服控制器	转动范围:方位角 0°～180°,俯仰角 −1°～89°, 极化角 0°～360° 转动速度:0 (°)/s～0.5 (°)/s 定位精度:0.03°

6.3 组成

目测检查雷达的系统组成。

6.4 功能

6.4.1 一般要求

操作演示检查。

6.4.2 扫描方式

配置并运行扫描方式和任务调度,并检查结果。

6.4.3 观测模式

操作演示检查。

6.4.4 机内自检设备和监控

操作检查参数的显示,演示报警功能。

6.4.5 雷达及附属设备控制和维护

实际操作检查。

6.4.6 关键参数在线分析

实际操作检查。

6.4.7 实时显示

实际操作检查。

6.4.8 消隐功能

配置消隐区，测试当天线到达消隐区间内时发射机是否停止发射脉冲。

6.4.9 授时功能

实际操作检查授时功能和授时精度。

6.4.10 强度标定

演示雷达使用机内信号进行自动强度标定的功能，并在软件界面上查看标定结果。通过查看基数据中记录的强度标定值，检查标定结果是否应用到下一个体扫。

6.4.11 距离定位

实际操作检查雷达使用机内脉冲信号自动进行距离定位检查的功能。

6.4.12 发射机功率

实际操作检查雷达基于内置功率计的发射机功率自动检查功能。

6.4.13 速度

演示雷达使用机内信号进行速度自动检查的功能，检查软件界面显示的结果。

6.4.14 相位噪声

演示雷达的机内相位噪声自动检查的功能，检查软件界面显示的结果。

6.4.15 噪声电平

演示雷达噪声电平自动测量的功能，检查软件界面显示的结果。

6.4.16 噪声温度/系数

演示噪声温度/系数自动检查的功能，检查软件界面显示的结果。

6.4.17 接收通道增益差

演示检查雷达的自动在线双通道增益差检查功能，测试信号需经过旋转关节且连续 24 h 标定值的变化不大于 0.2 dB。

6.4.18 接收通道相位差

演示检查雷达的自动在线双通道相位差检查功能，测试信号需经过旋转关节且连续 24 h 标定值的变化不大于 3°。

6.4.19 发射机功率、输出脉冲宽度、输出频谱

检查雷达是否能使用机外仪表测量发射机功率、脉冲宽度和输出频谱。

6.4.20 发射和接收支路损耗

检查雷达是否具有接口以使用机外仪表检查发射和接收支路损耗。

6.4.21 接收机最小可测功率、动态范围

检查雷达是否能使用机外仪表测量接收机最小可测功率和动态范围。

6.4.22 天线座水平度

6.4.22.1 测试方法

按下列步骤进行测试：

a) 将天线停在方位角 0°位置；

b) 将合像水平仪按图 1 所示放置在天线转台上；

c) 调整合像水平仪达到水平状态，并记录合像水平仪的读数值，记为 M_0；

d) 控制天线停在方位角 45°位置；

e) 调整合像水平仪达到水平状态，并记录合像水平仪的读数值，记为 M_{45}；

f) 重复步骤 d)、e)，分别测得天线方位角在 90°、135°、180°、225°、270°、315°位置合像水平仪的读数值，依次记为 M_{90}，M_{135}，M_{180}，M_{225}，M_{270}，M_{315}。

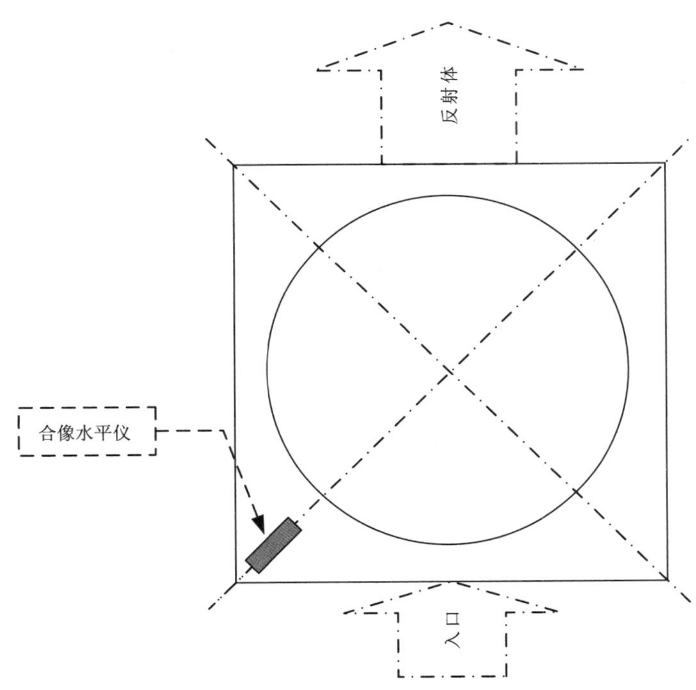

图 1 天线座水平度检查示意图

6.4.22.2 数据处理

分别计算四组天线座水平度差值的绝对值$|M_0-M_{180}|$、$|M_{45}-M_{225}|$、$|M_{90}-M_{270}|$和$|M_{135}-M_{315}|$，其中最大值即为该天线座水平度。

6.4.23 天线伺服扫描速度误差、加速度、运动响应

检查雷达是否具有软件工具，进行天线伺服速度误差、加速度和运动响应的检查。

6.4.24 天线指向和接收链路增益

检查雷达是否具有太阳法工具,用于检查和标定天线指向和接收链路增益。

6.4.25 基数据方位角、俯仰角角码

随机抽样基数据并提取方位角和俯仰角角码,检查方位角相邻角码间隔是否不超过分辨力的 2 倍。检查同一仰角的俯仰角角码是否稳定在期望值±0.2°的范围之内。

6.4.26 地物杂波抑制能力

基于雷达输出的地物杂波过滤前和过滤后的回波强度数据,统计和检查低俯仰角(如 0.5°)的地物杂波滤波能力。

6.4.27 最小可测回波强度

检查基数据在 50 km 处探测的最小回波强度,统计不少于 10 个体扫低俯仰角的回波强度以获得最小可测回波强度。统计方法为检查所有径向距离为 50 km 的回波强度值,或使用其他距离上的最小强度值换算成 50 km 的值。

6.4.28 差分反射率标定

演示利用以下方法标定和检查系统差分反射率的功能:

a) 小雨法:选择小雨天气,将天线指向天顶(俯仰角为 90°)进行 PPI 扫描,统计融化层以下降水粒子差分反射率因子的中值,作为偏差来标定雷达系统双通道回波功率的系统偏差;
b) Bragg 散射法:以晴空 Bragg 散射回波为比较目标,检查和标定雷达差分反射率偏差;
c) 太阳功率法:将天线指向太阳,通过接收到的太阳功率来检查接收机双通道幅度差。

6.4.29 气象产品生成

逐条演示气象产品的生成。

6.4.30 气象产品格式

审阅气象产品格式文档和产品样例文件。

6.4.31 气象产品显示

操作演示检查。

6.4.32 数据存储和传输

操作演示检查。

6.5 性能

6.5.1 雷达工作频率

按下列步骤进行测试:

a) 按图 2 连接测试设备;
b) 开启发射机高压;
c) 使用频谱仪测量雷达工作频率;

d） 关闭发射机高压。

图 2 雷达工作频率测试示意图

6.5.2 雷达预热开机时间

秒表计时检查雷达从冷态开机预热到正常工作的时间。

6.5.3 双线偏振工作模式

实际操作检查。

6.5.4 距离范围

检查雷达的输出数据文件。

6.5.5 角度范围

控制雷达天线运行，检查运行范围。

6.5.6 强度值范围

检查雷达输出的数据文件。

6.5.7 速度值范围

检查雷达输出的数据文件。

6.5.8 谱宽值范围

检查雷达输出的数据文件或产品显示范围。

6.5.9 差分反射率因子值范围

检查雷达输出的数据文件或产品显示范围。

6.5.10 相关系数值范围

检查雷达输出的数据文件或产品显示范围。

6.5.11 差分传播相移值范围

检查雷达输出的数据文件或产品显示范围。

6.5.12 差分传播相移率值范围

检查雷达输出的数据文件或产品显示范围。

6.5.13 退偏振比值范围

检查雷达输出的数据文件或产品显示范围。

6.5.14 距离定位误差

使用信号源将时间延迟的 0.33 μs 脉冲信号注入雷达接收机并按 50 m 距离分辨力进行处理，检查雷达输出的反射率数据中的测试信号是否位于与延迟时间相匹配的距离库上。

6.5.15 方位角和俯仰角误差

6.5.15.1 测试方法

按下列步骤进行：

a） 用合像水平仪检查并调整天线座水平；
b） 设置正确的经纬度和时间；
c） 开启太阳法测试；
d） 记录测试结果。

6.5.15.2 数据处理

按下列步骤进行：

a） 比较理论计算的太阳中心位置和天线实际检测到的太阳中心位置，计算和记录雷达方位角和俯仰角误差；
b） 测试时要求太阳高度角在 8°～50°之间，系统时间误差不大于 1 s，天线座水平误差不大于 60″，雷达站经纬度误差不大于 1″；
c） 连续进行 10 次太阳法测试，并计算标准差作为方位角和俯仰角的误差。

6.5.16 强度误差

6.5.16.1 测试方法

按下列步骤进行：

a） 按图 3 连接设备；
b） 设置信号源使接收机注入功率为－40 dBm；
c） 根据雷达参数分别计算距离 5 km、50 km、100 km、150 km 和 200 km 的强度期望值，并记录；
d） 读取强度测量值，并记录；
e） 重复步骤 b)—d)，分别注入－90 dBm～－50 dBm(步进 10 dBm)测试信号，记录对应的期望值与测量值。

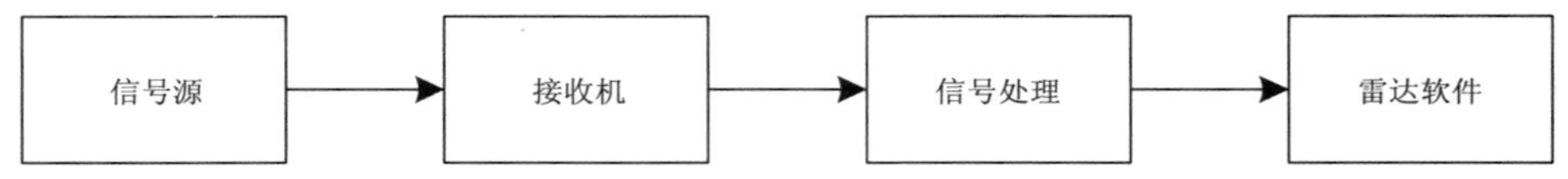

图 3　强度误差测试示意图

6.5.16.2 数据处理

按下列步骤进行：

a） 计算反射率的期望值 Z_{exp}(分贝，dB)，计算方法见式(1)：

$$Z_{exp} = 10\lg[(2.69 \times 10^{16}\lambda^2)/(P_t \tau G^2 \theta\varphi)] + P_r + 20\lg R + L_\Sigma + RL_{at} \quad \cdots\cdots(1)$$

式中：

λ ——波长，单位为厘米(cm)；
P_t——发射脉冲功率，单位为千瓦(kW)；
τ ——脉宽，单位为微秒(μs)；
G ——天线增益，单位为分贝(dB)；
θ ——水平波束宽度，单位为度(°)；
φ ——垂直波束宽度，单位为度(°)；
P_r——输入信号功率，单位为分贝毫瓦(dBm)；
R ——距离，单位为千米(km)；
L_Σ——系统除大气损耗 L_{at} 外的总损耗(包括匹配滤波器损耗、收发支路总损耗和天线罩双程损耗)，单位为分贝(dB)；
L_{at}——大气损耗，单位为分贝每千米(dB/km)。

b) 分别计算注入功率－90 dBm ～－40 dBm(步进 10 dBm)对应的实测值和期望值之间的差值。
c) 选取所有差值中最大的值作为强度误差。

6.5.17 速度误差

6.5.17.1 测试方法

按下列步骤进行：

a) 按图 4 连接测试设备；
b) 设置信号源输出功率－40 dBm，频率为雷达工作频率；
c) 微调信号源输出频率，使读到的速度为 0 m/s，此频率记为 f_c；
d) 改变信号源输出频率为 f_c－1000 Hz；
e) 信号源输出频率从 f_c－1000 Hz 到 f_c＋1000 Hz，步进 100 Hz，依次计算理论值 V_1，并读取对应的显示值 V_2；
f) 关闭信号源。

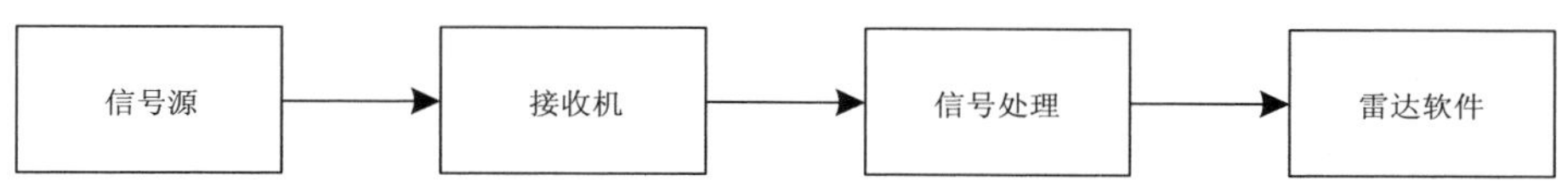

图 4 速度误差测试示意图

6.5.17.2 数据处理

按下列步骤进行：

a) 计算径向速度理论值 V_1(米每秒，m/s)，计算方法见式(2)：

$$V_1 = -(\lambda \times f_d)/2 \quad \cdots\cdots(2)$$

式中：

λ ——雷达波长，单位为米(m)；
f_d——注入信号的频率与雷达工作频率 f_c 的差值，单位为赫兹(Hz)。

b) 分别计算出 f_d 从－1000 Hz 到＋1000 Hz(步进 100 Hz)对应的 V_2 和 V_1 之间的差值。
c) 选取所有差值中绝对值最大的值作为速度误差。

6.5.18 谱宽误差

通过控制衰减器改变脉冲信号的幅度或其他方法生成期望谱宽的信号，将该信号注入接收机并记录实测的谱宽值，计算期望值和实测值之间的误差。

6.5.19 差分反射率因子误差

6.5.19.1 测试方法

按下列步骤进行：

a） 按图5连接设备；
b） 关闭发射机高压，运行雷达；
c） 打开信号源，注入−40 dBm的连续波信号；
d） 雷达运行双偏振模式并存储1个体扫基数据。

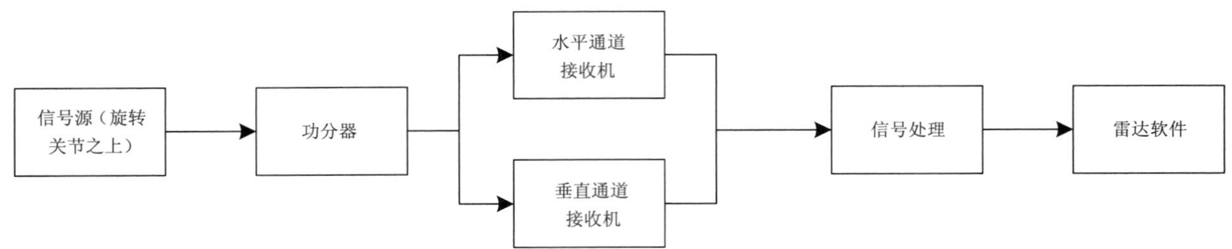

图5 差分反射率因子误差测试示意图

6.5.19.2 数据处理

读取体扫基数据中每个径向50 km处的差分反射率因子，并计算标准差。

6.5.20 相关系数误差

分析小雨条件下雷达探测的基数据，选择小雨区范围计算相关系数值的概率分布密度，以概率分布密度最大的相关系数值作为误差。

6.5.21 差分传播相移误差

6.5.21.1 测试方法

按下列步骤进行：

a） 按图6连接设备；
b） 关闭发射机高压，运行雷达；
c） 打开信号源，注入−40 dBm的连续波信号；
d） 雷达运行双偏振模式并存储1个体扫基数据。

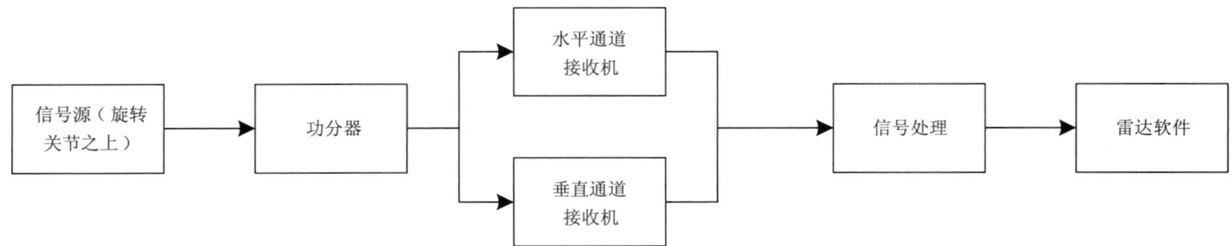

图6 差分传播相移误差测试示意图

6.5.21.2 数据处理

读取体扫基数据中每个径向 50 km 处的差分传播相移,并计算标准差。

6.5.22 退偏振比误差

6.5.22.1 测试方法

按下列步骤进行:

a) 按图 7 连接设备;

b) 关闭发射机高压,运行雷达;

c) 打开信号源,注入 −40 dBm 的连续波信号;

d) 雷达运行水平偏振发射、水平和垂直偏振同时接收模式,并存储 1 个体扫基数据。

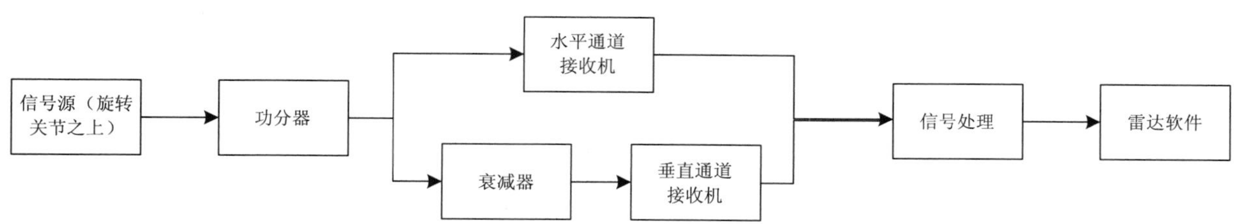

图 7 退偏振比测试示意图

6.5.22.2 数据处理

读取体扫基数据中每个径向 50 km 处的退偏振比,并计算标准差。

6.5.23 分辨力

方位角和俯仰角的分辨力通过角码记录文件检查,其他通过基数据文件检查。

6.5.24 最小可测回波强度

检查基数据(双线偏振宽脉冲,脉冲采样个数为 32,无地物滤波)在 50 km 处探测的最小回波强度,统计不少于 10 个体扫低仰角的回波强度以获得最小可测回波强度。统计方法为检查所有径向距离为 50 km 的回波强度值(或者使用其他距离上的最小强度值换算成 50 km 的值),获得 50 km 处最小的回波强度值即为雷达的最小可测回波强度。

6.5.25 相位噪声

6.5.25.1 测试方法

按下列步骤进行:

a) 将发射机输出作为测试信号,经过微波延迟线注入接收机;

b) 开启发射机高压;

c) 采集并记录连续 64 个脉冲的 I/Q 数据;

d) 关闭发射机高压。

6.5.25.2 数据处理

计算 I/Q 复信号的相位标准差,作为相位噪声 φ_{PN}(度,°),计算方法见式(3):

$$\varphi_{\mathrm{PN}}=\frac{180}{\pi}\sqrt{\frac{1}{N}\sum_{i=1}^{N}(\varphi_i-\overline{\varphi})^2} \qquad \cdots\cdots(3)$$

式中：

φ_i ——I/Q 复信号的相位，单位为弧度（rad）；

$\overline{\varphi}$ ——相位 φ_i 的平均值，单位为弧度（rad）。

6.5.26 地物杂波抑制能力

统计基数据低俯仰角（如 0.5°）地物杂波过滤前后的回波强度差，超过 60 dB 的距离库数应不少于 50 个。

6.5.27 天馈系统电压驻波比

按下列步骤进行测试：

a) 按图 8 连接测试设备；

b) 控制天线俯仰角指向 90°；

c) 使用矢量网络分析仪测量天馈系统电压驻波比。

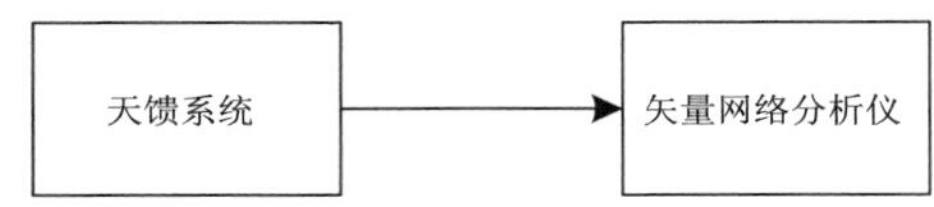

图 8 天馈系统电压驻波比测试示意图

6.5.28 发射和接收支路损耗

6.5.28.1 测试方法

按照下列方式之一进行：

a) 使用信号源、频谱仪/功率计按下列步骤进行：
   1) 按图 9a）连接测试设备；
   2) 测量测试电缆 1 和 2 的损耗，分别记为 L_1 和 L_2；
   3) 发射机功率测量点注入连续波信号，记为 A；
   4) 测量水平支路测量点功率，记为 P_0；
   5) 测量垂直支路测量点功率，记为 P_1；
   6) 按图 10a）连接测试设备；
   7) 天线输出端口注入连续波信号，记为 B；
   8) 测量水平支路无源限幅器输出功率，记为 P_2；
   9) 测量垂直支路无源限幅器输出功率，记为 P_3。

b) 使用矢量网络分析仪按下列步骤进行：
   1) 校准矢量网络分析仪（含测试电缆及转接器）；
   2) 按图 9b）连接测试设备到水平支路测量点；
   3) 读取水平发射支路损耗值，记为 L_{th}；
   4) 将矢量网络分析仪接收端口连接到垂直支路测量点；
   5) 读取垂直发射支路损耗值，记为 L_{tv}；
   6) 重新校准矢量网络分析仪（含测试电缆及转接器）；
   7) 按图 10b）连接测试设备到水平支路无源限辐器输出口；

8） 读取水平接收支路损耗值，记为 L_{rh}；

9） 将矢量网络分析仪接收端口连接到垂直支路无源限幅器输出口；

10） 读取垂直接收支路损耗值，记为 L_{rv}。

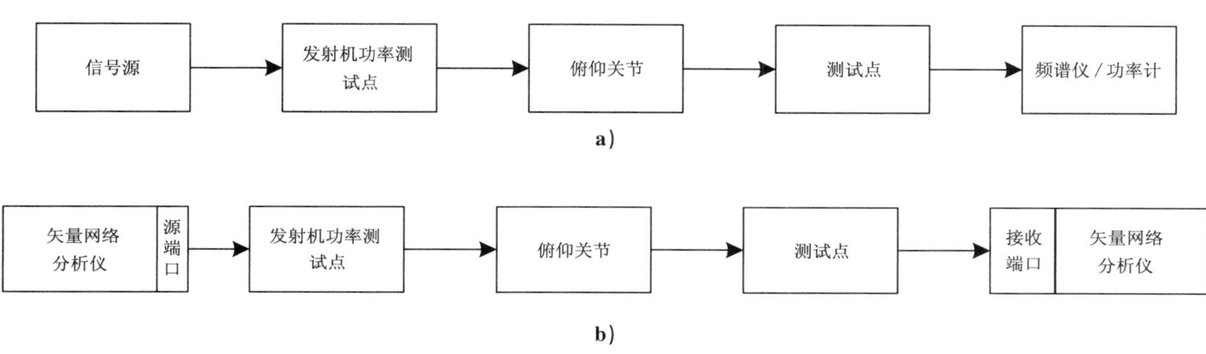

图 9 发射支路损耗测试示意图

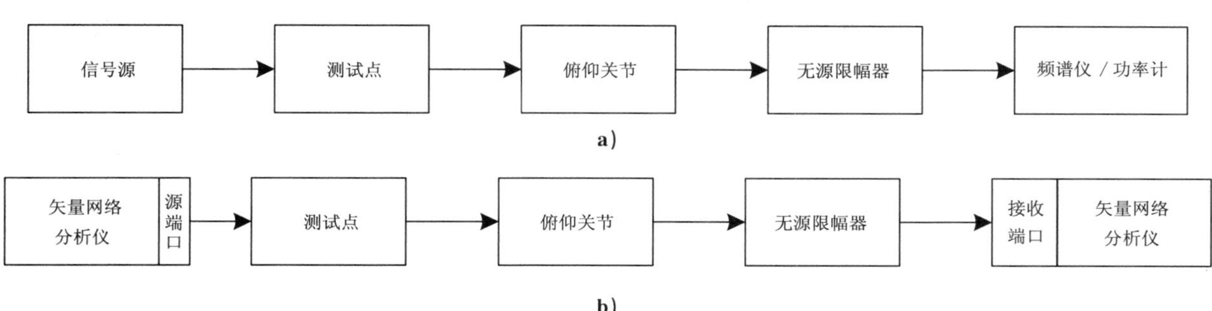

图 10 接收支路损耗测试示意图

6.5.28.2 数据处理

使用信号源、频谱仪/功率计进行测试：

a） 计算水平发射支路损耗 L_{th}（分贝，dB），计算方法见式(4)：

$$L_{th} = A - P_0 - (L_1 + L_2) \qquad \cdots\cdots(4)$$

式中：

A、P_0——含义见 6.5.28.1，单位为分贝毫瓦(dBm)；

L_1、L_2——含义见 6.5.28.1，单位为分贝(dB)。

b） 计算垂直发射支路损耗 L_{tv}（分贝，dB），计算方法见式(5)：

$$L_{tv} = A - P_1 - (L_1 + L_2) \qquad \cdots\cdots(5)$$

式中：

P_1——含义见 6.5.28.1，单位为分贝毫瓦(dBm)。

c） 计算水平和垂直发射支路损耗差异 ΔL_t（分贝，dB），计算方法见式(6)：

$$\Delta L_t = |L_{th} - L_{tv}| \qquad \cdots\cdots(6)$$

d） 计算水平接收支路损耗 L_{rh}（分贝，dB），计算方法见式(7)：

$$L_{rh} = B - P_2 - (L_1 + L_2) \qquad \cdots\cdots(7)$$

式中：

B、P_2——含义见 6.5.28.1，单位为分贝毫瓦(dBm)。

e） 计算垂直接收支路损耗 L_{rv}（分贝，dB），计算方法见式(8)：

$$L_{rv} = B - P_3 - (L_1 + L_2) \qquad \cdots\cdots(8)$$

式中：

P_3——含义见 6.5.28.1，单位为分贝毫瓦(dBm)。

f) 计算水平和垂直接收支路损耗差异 ΔL_r(分贝，dB)，计算方法见式(9)：

$$\Delta L_r = |L_{rh} - L_{rv}| \quad \cdots\cdots(9)$$

6.5.29 相位编码

6.5.29.1 通过统计分析有二次回波的降水基数据来验证系统相位编码退距离模糊的能力。

6.5.29.2 统计低仰角的速度数据(如 0.5°)，计算一次回波的最大探测距离 R_{max}(千米，km)，计算方法见式(10)：

$$R_{max} = C/(2 \times f_{PRF}) \quad \cdots\cdots(10)$$

式中：

C ——光在真空中的传播速度，取 2.99735×10^8 m/s；

f_{PRF} ——当前俯仰角的脉冲重复频率，单位为赫兹(Hz)。

6.5.29.3 遍历所有速度数据的距离库，统计所有存在距离模糊的距离库数记为 B_a，退模糊算法有效的距离库数记为 B_v，计算二次回波的恢复比例 B_v/B_a。

6.5.30 可靠性

使用一个或一个以上雷达不少于半年的运行数据，统计系统的可靠性，结果用平均故障间隔(MTBF)表示。

6.5.31 可维护性

使用一个或一个以上雷达不少于半年的运行数据，统计系统的可维护性，结果用平均修复时间(MTTR)表示。

6.5.32 可用性

使用一个或一个以上雷达不少于半年的运行数据，计算系统的可用性 η_{WRA} (小时，h)，计算方法见式(11)：

$$\eta_{WRA} = \frac{T_w}{T_w + T_m + T_f} \times 100\% \quad \cdots\cdots(11)$$

式中：

T_w——累计工作时间，单位为小时(h)；

T_m——累计故障维护时间，单位为小时(h)；

T_f——累计排除故障时间，单位为小时(h)。

6.5.33 功耗

雷达开机连续运行，统计 1 h 用电量。

6.5.34 天线罩型式、尺寸与材料

检视和测量天线罩结构与材料。

6.5.35 天线罩双程射频损失

6.5.35.1 测试方法

按下列步骤进行：

a) 按图 11 连接测试设备，不安装天线罩；

b) 发射天线和接收天线均设置为水平极化模式，频率分别设置为 2.7 GHz、2.8 GHz、2.9 GHz 和 3.0 GHz；

c) 转动接收天线与发射天线对准，极化匹配；

d) 使用频谱仪测量接收信号强度，并记为 P_1；

e) 安装待测天线罩；

f) 使用频谱仪测量接收信号强度，并记为 P_2；

g) 发射天线和接收天线均设置为垂直极化模式，频率分别设置为 2.7 GHz、2.8 GHz、2.9 GHz 和 3.0 GHz；

h) 重复步骤 c)—f)。

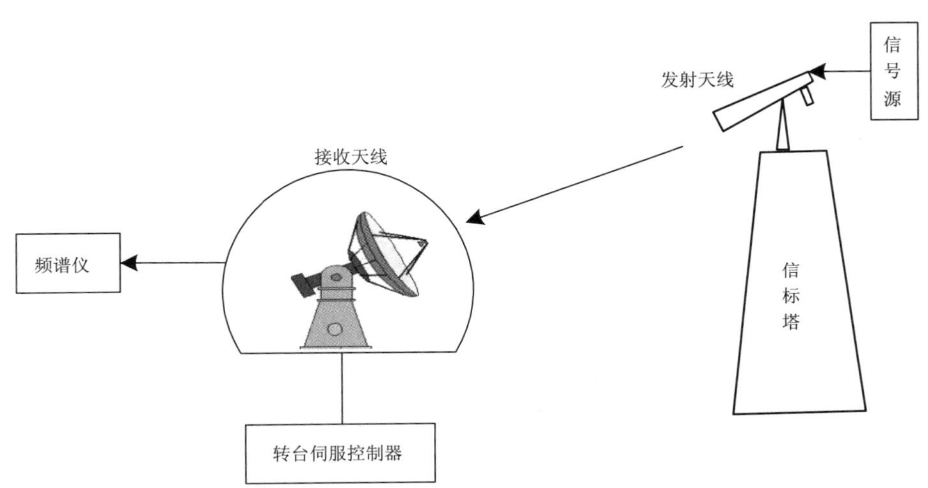

图 11 双程射频损失测试示意图

6.5.35.2 数据处理

计算天线罩的双程射频损失 L(分贝，dB)，计算方法见式(12)：

$$L = 2 \times (P_1 - P_2) \tag{12}$$

式中：

P_1、P_2——含义见 6.5.35.1，单位为分贝(dB)。

6.5.36 天线罩引入波束偏差

6.5.36.1 测试方法

按下列步骤进行：

a) 按图 12 连接测试设备，不安装天线罩；

b) 发射天线和接收天线均设置为水平极化模式，频率分别设置为 2.7 GHz、2.8 GHz、2.9 GHz 和 3.0 GHz；

c）转动接收天线与发射天线对准，极化匹配；

d）记录当前转台伺服控制器的方位角和俯仰角，分别记为 A_{Z0} 和 E_{L0} ；

e）安装待测天线罩；

f）重复步骤 c)；

g）记录当前转台伺服控制器的方位角和俯仰角，分别记为 A_{Z1} 和 E_{L1} ；

h）发射天线和接收天线均设置为垂直极化模式，频率分别设置为 2.7 GHz、2.8 GHz、2.9 GHz 和 3.0 GHz；

i）重复步骤 c)—g)。

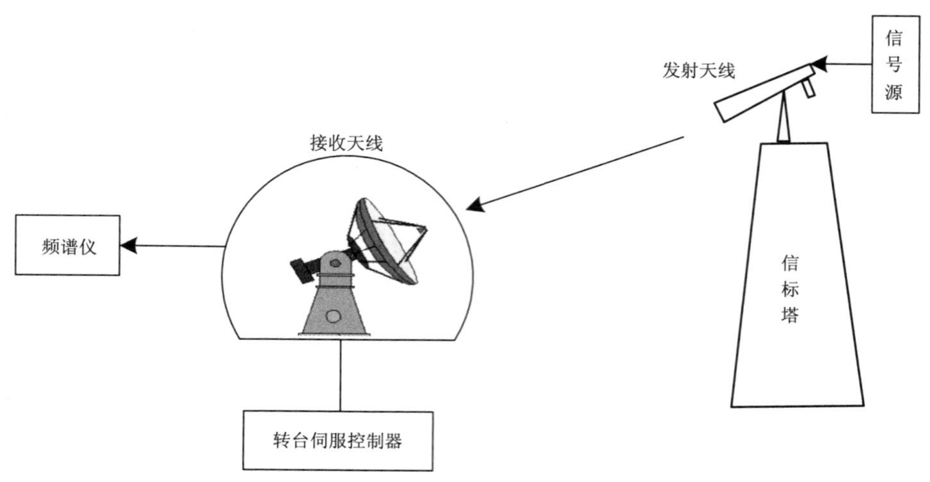

图 12　天线罩引入波束偏差测试示意图

6.5.36.2　数据处理

计算天线罩引入波束偏差 θ(度，°)，计算方法见式(13)：

$$\theta = \frac{1}{2} \times \cos^{-1} \sqrt{\cos(A_{Z0} - A_{Z1}) \times \cos(E_{L0} - E_{L1})} \quad \cdots\cdots(13)$$

式中：

A_{Z0}、A_{Z1}、E_{L0}、E_{L1} ——含义见 6.5.36.1，单位为度(°)。

6.5.37　天线罩引入波束展宽

6.5.37.1　测试方法

按下列步骤进行：

a）按图 13 连接测试设备，不安装天线罩；

b）发射天线和接收天线均设置为水平极化模式，频率分别设置为 2.7 GHz、2.8 GHz、2.9 GHz 和 3.0 GHz；

c）转动接收天线与发射天线对准，极化匹配；

d）向右转动接收天线，每隔 0.01°使用频谱仪测量并记录信号强度，直至 4.5°；

e）从极化匹配点向左转动接收天线，每隔 0.01°使用频谱仪测量并记录信号强度，直至 4.5°；

f）安装待测天线罩；

g）重复步骤 b)—e)；

h）发射天线和接收天线均设置为垂直极化模式，频率分别设置为 2.7 GHz、2.8 GHz、2.9 GHz

和 3.0 GHz；

i) 重复步骤 c)—g)。

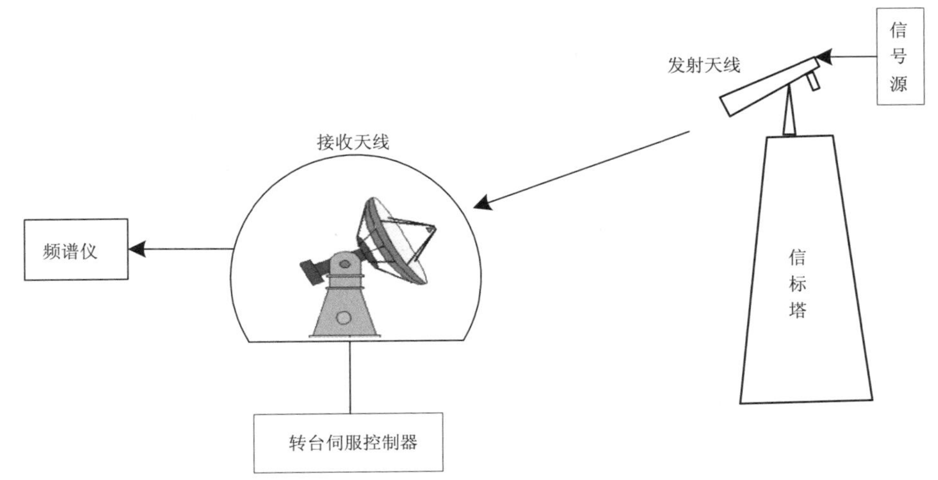

图 13 天线罩引入波束展宽测试示意图

6.5.37.2 数据处理

按下列步骤进行：

a) 绘制无天线罩测量的天线辐射方向图，在最强信号两侧分别读取功率下降 3 dB 点所对应的角度值，两者之和作为无天线罩时波束宽度，记为 θ_0；

b) 绘制有天线罩测量的天线辐射方向图，在最强信号两侧分别读取功率下降 3 dB 点所对应的角度值，两者之和作为有天线罩时波束宽度，记为 θ_1；

c) 计算天线罩的引入波束展宽 θ_d(度，°)，计算方法见式(14)：

$$\theta_d = \frac{\theta_1 - \theta_0}{\theta_0} \times 100\% \quad \cdots\cdots\cdots(14)$$

式中：

θ_0 ——含义见 6.5.37.2 a)，单位为度(°)；

θ_1 ——含义见 6.5.37.2 b)，单位为度(°)。

6.5.38 天线罩交叉极化隔离度

6.5.38.1 测试方法

按下列步骤进行：

a) 按图 14 连接测试设备，不安装天线罩；

b) 发射天线设置为水平极化模式，信号源设置为雷达工作频率；

c) 转动接收天线与发射天线对准，水平极化匹配，使频谱仪接收的信号功率最大；

d) 频谱仪分别测量水平和垂直通道接收信号功率，记为 P_1 和 P_2；

e) 将发射天线设置为垂直极化模式；

f) 转动接收天线与发射天线对准，垂直极化匹配，使频谱仪接收的信号功率最大；

g) 频谱仪分别测量水平和垂直通道接收信号功率，记为 P_3 和 P_4；

h) 安装天线罩后，重复步骤 b)—g)，并记录相应功率值。

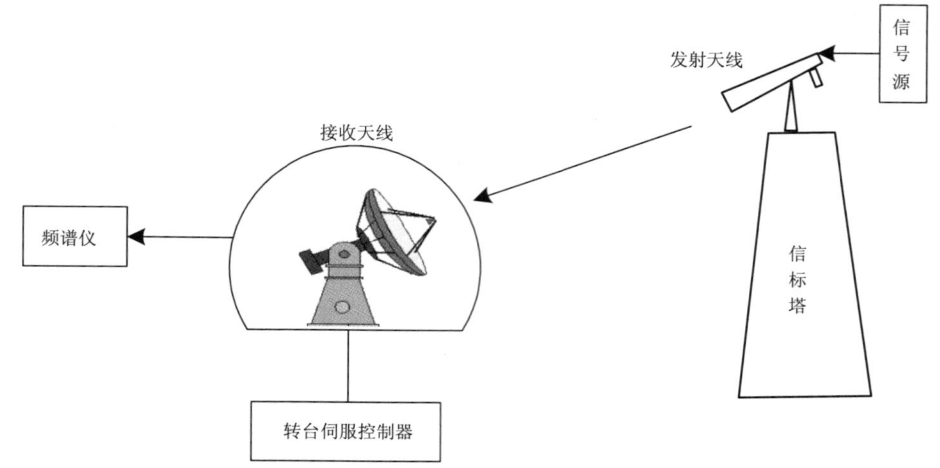

图 14　天线罩交叉极化隔离度测试示意图

6.5.38.2　数据处理

按下列步骤处理：

a）计算天线水平极化的交叉极化隔离度 I_1（分贝，dB），计算方法见式(15)：

$$I_1 = P_1 - P_2 \qquad (15)$$

式中：

P_1、P_2——含义见 6.5.38.1，单位为分贝毫瓦（dBm）。

b）同样计算有天线罩状态下天线水平极化隔离度 I_3。

c）计算天线垂直极化的交叉极化隔离度 I_2（分贝，dB），计算方法见式(16)：

$$I_2 = P_4 - P_3 \qquad (16)$$

式中：

P_3、P_4——含义见 6.5.38.1，单位为分贝毫瓦（dBm）。

d）同样计算带天线罩状态下天线垂直极化隔离度 I_4（分贝，dB）。

e）计算有无天线罩情况下的交叉极化隔离度差值，水平极化差值 ΔI_h（分贝，dB），垂直极化差值 ΔI_v（分贝，dB），计算方法见式(17)、式(18)：

$$\Delta I_h = I_1 - I_3 \qquad (17)$$

$$\Delta I_v = I_2 - I_4 \qquad (18)$$

6.5.39　天线型式

目测检查。

6.5.40　天线极化方式

目测检查。

6.5.41　天线功率增益

6.5.41.1　测试方法

按下列步骤进行：

a）按图 15 连接测试设备；

b）发射天线和接收天线均设置为水平极化模式，频率分别设置为 2.7 GHz、2.8 GHz、2.9 GHz

和 3.0 GHz；

c) 转动待测天线与发射天线对准，极化匹配；

d) 使用频谱仪测量接收功率)，并记为 P_1；

e) 用标准喇叭天线(增益为 G_0)替换待测天线；

f) 重复步骤 c)、d)，读取频谱仪显示功率，并记为 P_2；

g) 将发射天线和接收天线均设置为垂直极化模式，频率分别设置为 2.7 GHz、2.8 GHz、2.9 GHz 和 3.0 GHz；

h) 转动待测天线与发射天线对准，极化匹配；

i) 使用频谱仪测量接收功率，并记录为 P_3；

j) 用标准喇叭天线(增益为 G_0)替换待测天线；

k) 重复步骤 h)—i)，读取频谱仪显示功率，并记录为 P_4。

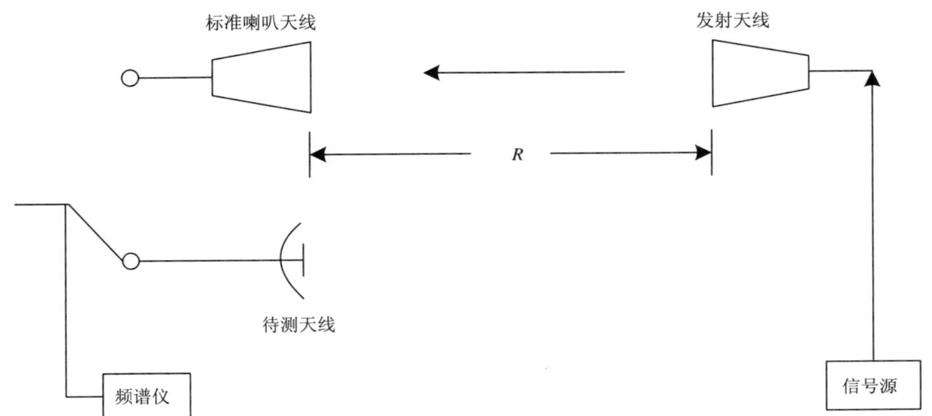

图 15 天线功率增益测试示意图

6.5.41.2 数据处理

按下列步骤处理：

a) 计算天线水平极化增益 G_1(分贝，dB)，计算方法见式(19)：

$$G_1 = G_0 + P_1 - P_2 \tag{19}$$

式中：

G_0 ——含义见 6.5.41.1，单位为分贝(dB)；

P_1、P_2——含义见 6.5.41.1，单位为分贝毫瓦(dBm)。

b) 计算天线垂直极化增益 G_2(分贝，dB)，计算方法见式(20)：

$$G_2 = G_0 + P_3 - P_4 \tag{20}$$

式中：

P_3、P_4——含义见 6.5.41.1，单位为分贝毫瓦(dBm)。

c) 计算天线水平、垂直极化增益差 ΔG(分贝，dB)，计算方法见式(21)：

$$\Delta G = |G_1 - G_2| \tag{21}$$

6.5.42 天线波束宽度

6.5.42.1 测试方法

按下列步骤进行：

a) 按图 16 连接测试设备；

b) 发射天线和接收天线均设置为水平极化模式，频率分别设置为 2.7 GHz、2.8 GHz、2.9 GHz 和 3.0 GHz；

c) 转动接收天线与发射天线对准，极化匹配；

d) 向右转动接收天线，每隔 0.01°使用频谱仪测量信号强度，直至 4.5°，并记录；

e) 从极化匹配点向左转动接收天线，每隔 0.01°使用频谱仪测量信号强度，直至 4.5°，并记录；

f) 将发射天线和接收天线均设置为垂直极化模式，频率分别设置为 2.7 GHz、2.8 GHz、2.9 GHz 和 3.0 GHz；

g) 重复步骤 c)—e)。

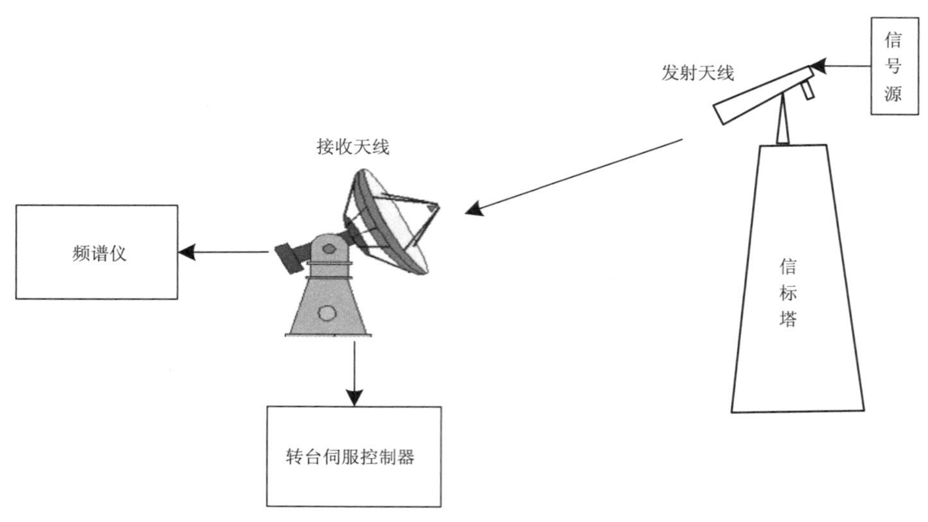

图 16　天线波束宽度测试示意图

6.5.42.2　数据处理

将水平、垂直极化测量结果绘制成天线辐射方向图（见图 17），在最强信号（标注为 0 dB）两侧分别读取下降 3 dB 点所对应的角度值（θ_1 和 θ_2），分别计算两者之和作为天线水平和垂直极化波束宽度。

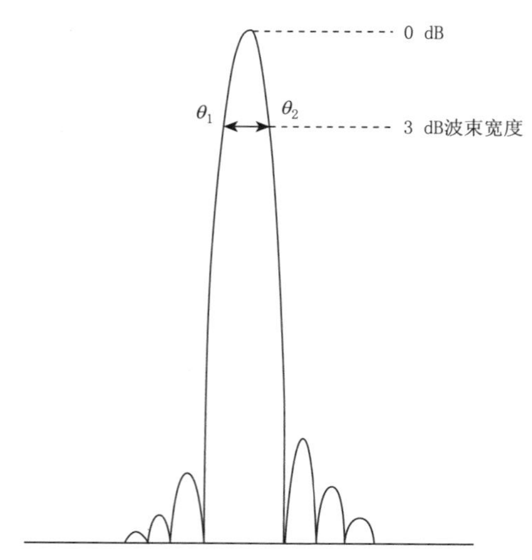

图 17　天线波束宽度测试结果示意图

6.5.43 双极化波束宽度差异

6.5.43.1 测试方法

按下列步骤进行：

a) 按图 18 连接测试设备；

b) 发射天线和接收天线均设置为水平极化模式，频率分别设置为 2.7 GHz、2.8 GHz、2.9 GHz 和 3.0 GHz；

c) 转动接收天线与发射天线对准，极化匹配；

d) 转动接收天线，频谱仪记录天线辐射方向图；

e) 计算 3 dB 波束宽度，记为 H_1；

f) 计算 10 dB 波束宽度，记为 H_2；

g) 计算 20 dB 波束宽度，记为 H_3；

h) 发射天线和接收天线均设置为垂直极化模式，频率分别设置为 2.7 GHz、2.8 GHz、2.9 GHz 和 3.0 GHz；

i) 重复步骤 c)、d)；

j) 计算 3 dB 波束宽度，记为 V_1；

k) 计算 10 dB 波束宽度，记为 V_2；

l) 计算 20 dB 波束宽度，记为 V_3。

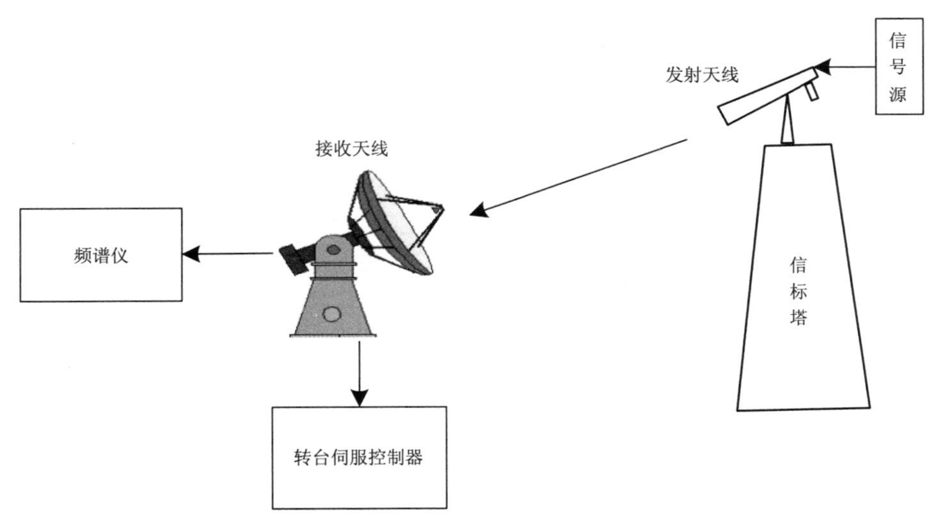

图 18 双极化波束宽度差异测试示意图

6.5.43.2 数据处理

按下列步骤处理：

a) 计算 3 dB 波束宽度差值 W_1(度,°)，计算方法见式(22)：

$$W_1 = |H_1 - V_1| \quad\cdots\cdots(22)$$

式中：

H_1、V_1——含义见 6.5.43.1，单位为度(°)。

b) 计算 10 dB 波束宽度差值 W_2(度,°)，计算方法见式(23)：

$$W_2 = |H_2 - V_2| \quad\cdots\cdots(23)$$

式中：

H_2、V_2——含义见 6.5.43.1，单位为度(°)。

c) 计算 20 dB 波束宽度差值 W_3(度，°)，计算方法见式(24)：

$$W_3 = |H_3 - V_3| \quad \cdots\cdots(24)$$

式中：

H_3、V_3——含义见 6.5.43.1，单位为度(°)。

6.5.44 双极化波束指向一致性

6.5.44.1 测试方法

按下列步骤进行：

a) 按图 19 连接测试设备；
b) 发射天线和接收天线均设置为水平极化模式，频率分别设置为 2.7 GHz、2.8 GHz、2.9 GHz 和 3.0 GHz；
c) 转动接收天线与发射天线对准，极化匹配；
d) 记录当前转台伺服控制器的方位角和俯仰角，分别记为 A_{Z0} 和 E_{L0}；
e) 发射天线和接收天线均设置为垂直极化模式，频率分别设置为 2.7 GHz、2.8 GHz、2.9 GHz 和 3.0 GHz；
f) 转动接收天线与发射天线对准，极化匹配；
g) 记录当前转台伺服控制器的方位角和俯仰角，分别记为 A_{Z1} 和 E_{L1}。

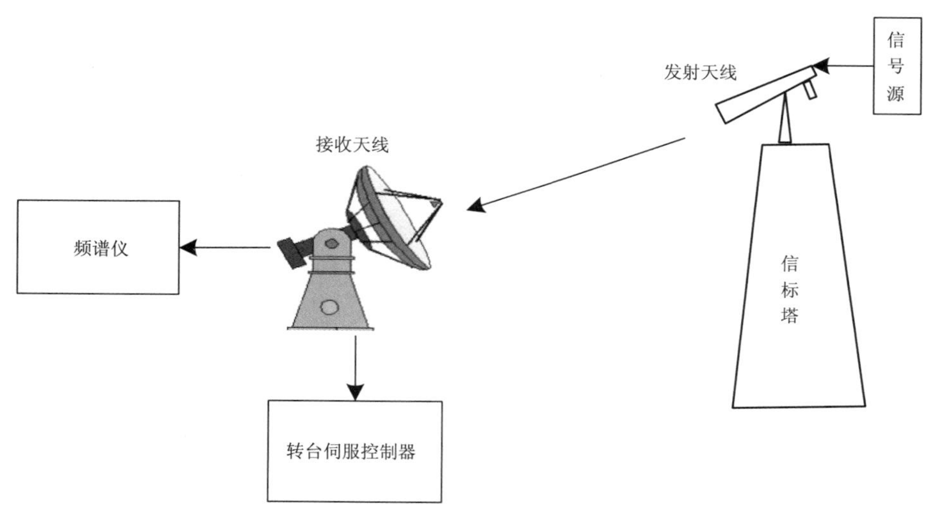

图 19 双极化波束指向一致性测试示意图

6.5.44.2 数据处理

计算天线双极化波束指向偏差 θ(度，°)，计算方法见式(25)：

$$\theta = \frac{1}{2} \times \cos^{-1} \sqrt{\cos(A_{Z0} - A_{Z1}) \times \cos(E_{L0} - E_{L1})} \quad \cdots\cdots(25)$$

式中：

A_{Z0}、A_{Z1}、E_{L0}、E_{L1} ——含义见 6.5.44.1，单位为度(°)。

6.5.45 天线旁瓣电平

6.5.45.1 测试方法

按下列步骤进行：

a) 按图20连接测试设备；

b) 发射天线和接收天线均设置为水平极化模式，频率分别设置为2.7 GHz、2.8 GHz、2.9 GHz和3.0 GHz；

c) 转动接收天线与发射天线对准，极化匹配；

d) 在±180°范围内转动接收天线，用频谱仪记录天线功率频谱分布图；

e) 发射天线和接收天线均设置为垂直极化模式，频率分别设置为2.7 GHz、2.8 GHz、2.9 GHz和3.0 GHz；

f) 重复步骤c)、d)。

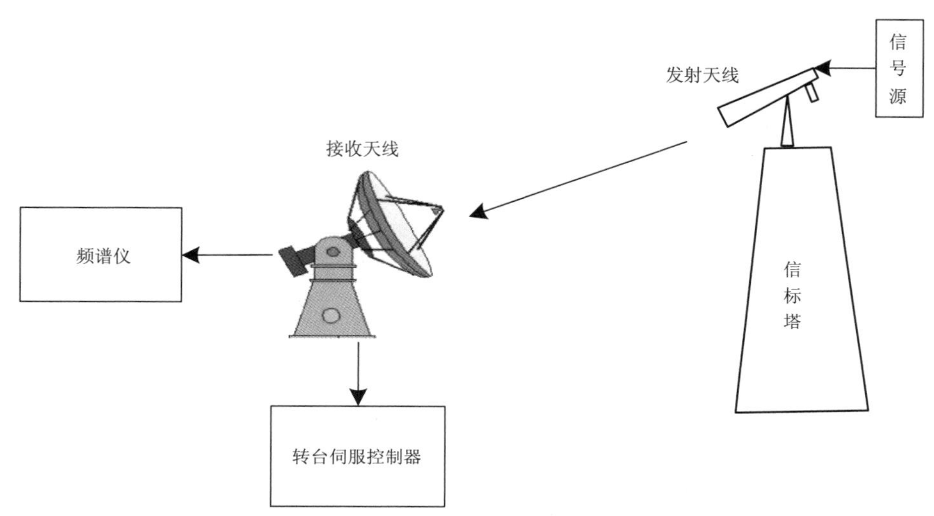

图20 天线旁瓣电平测试示意图

6.5.45.2 数据处理

由天线水平、垂直极化功率频谱分布图，分别计算天线水平、垂直极化旁瓣电平值 S(分贝，dB)，测试结果示意图见图21，计算方法见式(26)：

$$S = L_{\theta} - L_{\theta_1} \qquad \cdots\cdots(26)$$

式中：

L_{θ} ——θ 处的电平值，单位为分贝毫瓦(dBm)；

L_{θ_1} ——θ_1 处的电平值，单位为分贝毫瓦(dBm)。

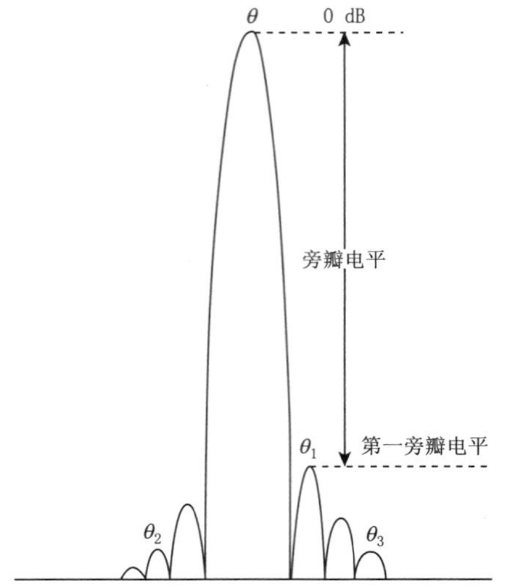

说明：

θ ——对应于主瓣功率峰值处的角度，单位为度(°)；

θ_1 ——对应于第一旁瓣功率峰值处的角度，单位为度(°)；

θ_2 ——对应于第二旁瓣功率峰值处的角度，单位为度(°)；

θ_3 ——对应于第三旁瓣功率峰值处的角度，单位为度(°)。

图 21　天线旁瓣电平测试结果示意图

6.5.46　天线交叉极化隔离度

6.5.46.1　测试方法

按下列步骤进行：

a）按图 22 连接测试设备；

b）发射天线设置为水平极化模式，信号源设置为工作频率；

c）转动接收天线与发射天线对准，水平极化匹配；

d）使用频谱仪分别测量水平和垂直通道接收信号功率，并记录为 P_1 和 P_2；

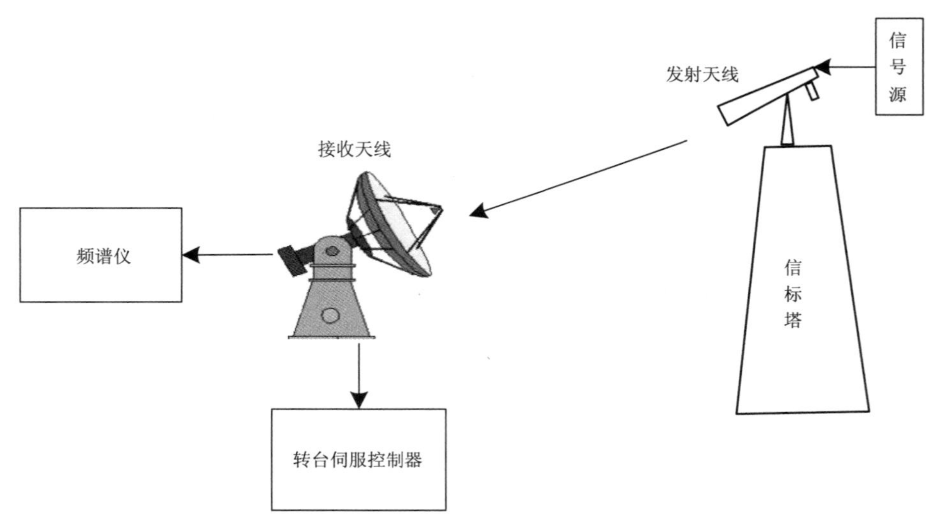

图 22　天线交叉极化隔离度测试示意图

e） 将发射天线设置为垂直极化模式；

f） 转动接收天线与发射天线对准，垂直极化匹配；

g） 使用频谱仪分别测量水平和垂直通道接收信号功率，并记录为 P_3 和 P_4。

6.5.46.2 数据处理

按下列步骤处理：

a） 计算天线水平极化状态下的交叉极化隔离度 I_1（分贝，dB），计算方法见式(27)：

$$I_1 = P_1 - P_2 \quad \cdots\cdots(27)$$

式中：

P_1、P_2——含义见 6.5.46.1，单位为分贝毫瓦(dBm)。

b） 计算天线垂直极化状态下的交叉极化隔离度 I_2（分贝，dB），计算方法见式(28)：

$$I_2 = P_4 - P_3 \quad \cdots\cdots(28)$$

式中：

P_3、P_4——含义见 6.5.46.1，单位为分贝毫瓦(dBm)。

6.5.47 双极化正交度

6.5.47.1 测试方法

按下列步骤进行：

a） 按图 23 连接测试设备；

b） 发射天线和接收天线均设置为水平极化模式，频率分别设置为 2.7 GHz、2.8 GHz、2.9 GHz 和 3.0 GHz；

c） 转动接收天线与发射天线对准，极化匹配；

d） 记录当前转台伺服控制器的极化角 T_0；

e） 发射天线和接收天线均设置为垂直极化模式，频率分别设置为 2.7 GHz、2.8 GHz、2.9 GHz 和 3.0 GHz；

f） 转动接收天线与发射天线对准，极化匹配；

g） 记录当前转台伺服控制器的极化角 T_1。

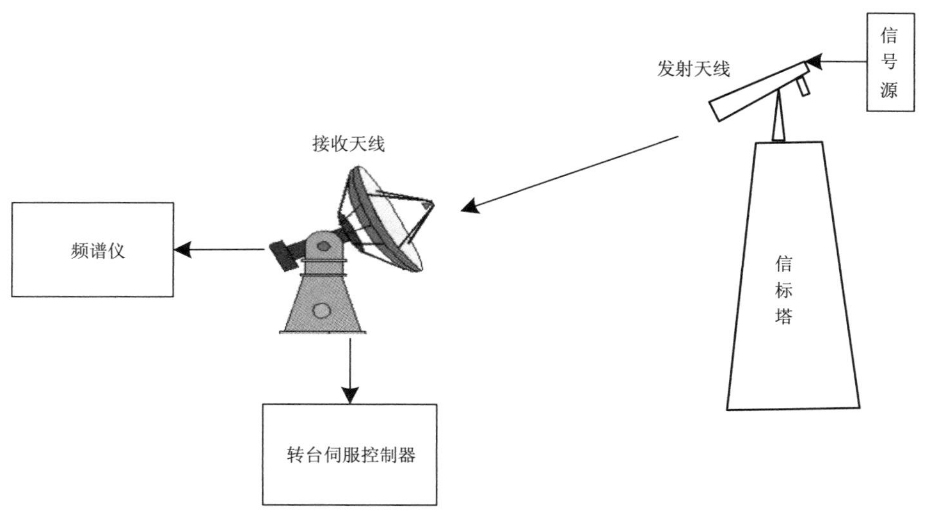

图 23 双极化正交性测试示意图

6.5.47.2 数据处理

计算天线双极化正交性偏差 θ(度,°),计算方法见式(29):

$$\theta = T_1 - T_0 \qquad \cdots\cdots(29)$$

式中:

T_0、T_1——含义见 6.5.47.1,单位为度(°)。

6.5.48 扫描方式

实际操作检查。

6.5.49 扫描速度及误差

按下列步骤进行测试:

a) 运行雷达天线控制程序;
b) 设置方位角转速为 60 (°)/s;
c) 读取并记录天线伺服扫描方位角速度,计算误差;
d) 设置俯仰角转速为 36 (°)/s(或测试条件允许的最大转速);
e) 读取并记录天线伺服扫描俯仰角速度,计算误差;
f) 退出雷达天线控制程序。

6.5.50 扫描加速度

按下列步骤进行测试:

a) 运行雷达天线控制程序;
b) 控制天线方位角运动 180°;
c) 读取并计算天线伺服扫描方位角加速度;
d) 控制天线俯仰角运动 90°;
e) 读取并计算天线伺服扫描俯仰角加速度;
f) 退出雷达天线控制程序。

6.5.51 运动响应

按下列步骤进行测试:

a) 运行雷达天线控制程序;
b) 控制天线俯仰角从 0°移动到 90°;
c) 记录运动所需时间;
d) 控制天线方位角转速从 60 (°)/s 到停止;
e) 记录运动所需时间;
f) 退出雷达天线控制程序。

6.5.52 控制方式

实际操作检查。

6.5.53 角度控制误差

6.5.53.1 测试方法

按下列步骤进行：

a) 运行雷达天线控制程序；

b) 设置方位角 A_{Z0}（0°～360°,间隔 30°）；

c) 记录天线实际方位角 A_{Z1} ；

d) 设置俯仰角 E_{L0}（0°～90°,间隔 10°）；

e) 记录天线实际俯仰角 E_{L1} ；

f) 退出雷达天线控制程序。

6.5.53.2 数据处理

按下列步骤进行：

a) 计算并记录各方位角控制误差 ΔA_Z（度,°）,计算方法见式(30)：

$$\Delta A_Z = A_{Z1} - A_{Z0} \qquad \cdots\cdots(30)$$

式中：

A_{Z0} 、A_{Z1} —— 含义见 6.5.53.1,单位为度(°)。

b) 取各方位角控制误差中最大值作为方位角控制误差。

c) 计算并记录各俯仰角控制误差 ΔE_L（度,°）,计算方法见式(31)：

$$\Delta E_L = E_{L1} - E_{L0} \qquad \cdots\cdots(31)$$

式中：

E_{L0}、E_{L1} ——含义见 6.5.53.1,单位为度(°)。

d) 取各俯仰角控制误差中最大值作为俯仰角控制误差。

6.5.54 天线空间指向误差

天线空间指向误差测试与方位和俯仰角误差测试相同,测试方法和数据处理分别见 6.5.15.1 和 6.5.15.2。

6.5.55 控制字长

检查天线位置指令的控制分辨力,计算控制字长。

6.5.56 角码数据字长

检查天线返回角码的数据分辨力,计算角码字长。

6.5.57 发射机脉冲功率

按下列步骤进行测试：

a) 按图 24 连接测试设备；

b) 运行雷达控制软件,设置窄脉冲 300 Hz 重复频率；

c) 开启发射机高压；

d) 使用功率计测量并记录发射机脉冲峰值功率；

e) 关闭发射机高压；

f) 设置窄脉冲 1300 Hz 重复频率；

g) 重复步骤 c)—e);
h) 设置宽脉冲 300 Hz 重复频率;
i) 重复步骤 c)—e);
j) 设置宽脉冲 450 Hz 重复频率;
k) 重复步骤 c)—e);
l) 退出雷达控制软件。

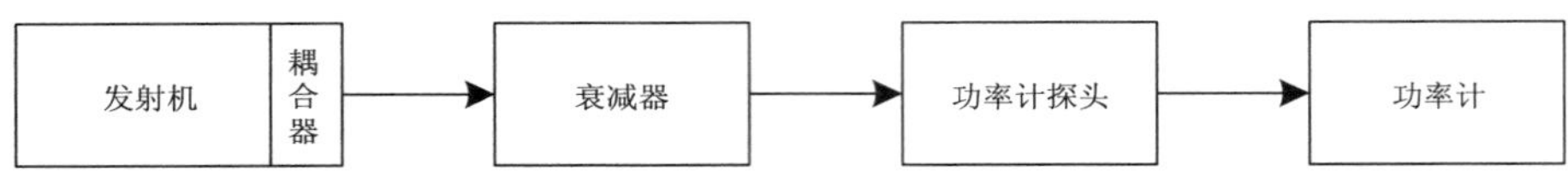

图 24　发射机脉冲功率测试示意图

6.5.58　发射机脉冲宽度

按下列步骤进行测试:
a) 按图 25 连接测试设备;
b) 运行雷达控制软件,设置窄脉冲 300 Hz 重复频率;
c) 开启发射机高压;
d) 使用示波器测量并记录发射机脉冲包络幅度 70%处宽度;
e) 关闭发射机高压;
f) 设置宽脉冲 300 Hz 重复频率;
g) 重复步骤 c)—e);
h) 退出雷达控制软件。

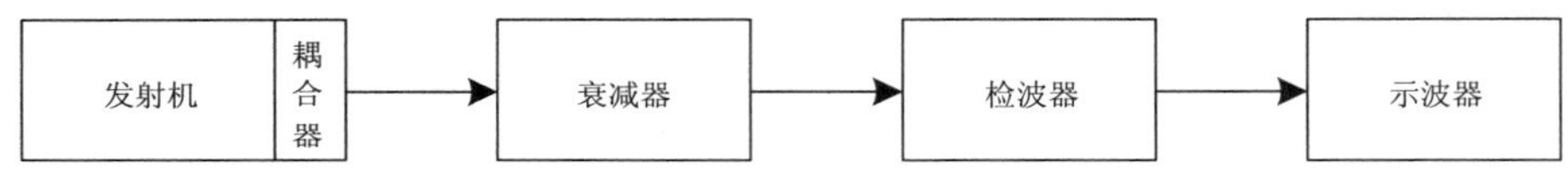

图 25　发射机脉冲宽度测试示意图

6.5.59　发射机脉冲重复频率

按下列步骤进行测试:
a) 按图 26 连接测试设备;
b) 运行雷达控制软件,设置窄脉冲 300 Hz 重复频率;
c) 开启发射机高压;
d) 使用示波器测量并记录脉冲重复频率;
e) 关闭发射机高压;
f) 设置窄脉冲 1300 Hz 重复频率;
g) 重复步骤 c)—e);
h) 设置宽脉冲 300 Hz 重复频率;
i) 重复步骤 c)—e);
j) 设置宽脉冲 450 Hz 重复频率;
k) 重复步骤 c)—e);
l) 配置并记录窄脉冲 3/2,4/3 和 5/4 三种双脉冲重复频率;

m）退出雷达控制软件。

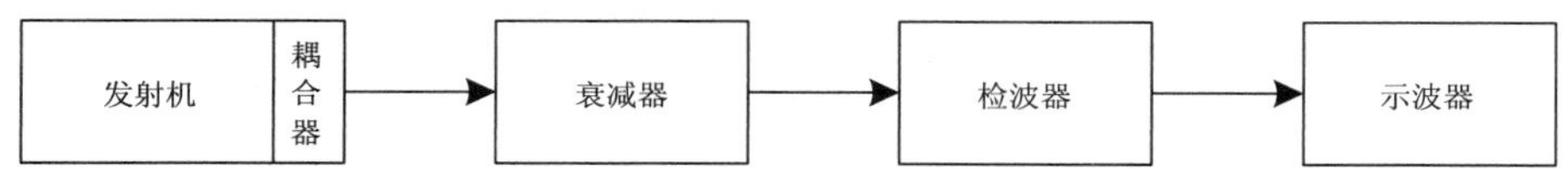

图 26　发射机脉冲重复频率测试示意图

6.5.60　发射机频谱特性

按下列步骤进行测试：

a）按图 27 连接测试设备；

b）运行雷达控制软件，设置宽脉冲 300 Hz 重复频率；

c）开启发射机高压；

d）使用频谱仪测量并记录发射机脉冲频谱－60 dB 处的宽度；

e）关闭发射机高压；

f）退出雷达控制软件。

图 27　发射机频谱特性测试示意图

6.5.61　发射机输出极限改善因子

6.5.61.1　测试方法

按下列步骤进行：

a）按图 28 连接测试设备；

b）运行雷达控制软件，设置窄脉冲 300 Hz 重复频率；

c）开启发射机高压；

d）使用频谱仪测量发射机输出信号与噪声功率谱密度比值，并记为 R；

e）关闭发射机高压；

f）设置窄脉冲 1300 Hz 重复频率；

g）重复步骤 c)—e)；

h）退出雷达控制软件。

图 28　发射机输出极限改善因子测试示意图

6.5.61.2　数据处理

计算发射机输出极限改善因子 I（分贝，dB），计算方法见式（32）：

$$I = R + 10\lg B - 10\lg F \quad \cdots\cdots(32)$$

式中：

R ——发射机输出信号与噪声功率谱密度比值；
B ——频谱仪设置的分析带宽，单位为赫兹(Hz)；
F ——发射信号的脉冲重复频率，单位为赫兹(Hz)。

6.5.62 发射机功率波动

6.5.62.1 测试方法

按下列步骤进行：

a) 按图 29 连接测试设备；
b) 雷达设置为降水模式连续运行 24 h；
c) 使用功率计每 2 h 测量并记录发射机输出功率 P_{t1}；
d) 每 2 h 读取并记录机内测量的发射机输出功率 P_{t2}；
e) 雷达设置为晴空模式连续运行 24 h；
f) 重复步骤 c)、d)。

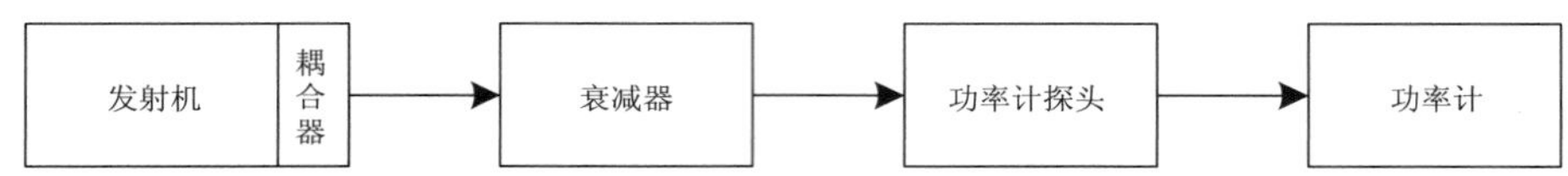

图 29 发射机功率波动测试示意图

6.5.62.2 数据处理

计算发射机机外和机内的功率波动 ΔP（分贝，dB），计算方法见式(33)：

$$\Delta P = \left| 10\lg\left(\frac{P_{tmax}}{P_{tmin}}\right) \right| \quad \cdots\cdots(33)$$

式中：
P_{tmax} ——为 P_{t1}、P_{t2} 中的最大值，单位为千瓦(kW)；
P_{tmin} ——为 P_{t1}、P_{t2} 中的最小值，单位为千瓦(kW)。

6.5.63 接收机最小可测功率

按下列步骤进行测试：

a) 按图 30 连接测试设备；
b) 关闭信号源输出；
c) 运行雷达控制软件，记录窄脉冲噪声电平 P_{C1}（分贝毫瓦，dBm）；
d) 打开信号源输出，注入接收机功率－117 dBm 并以 0.5 dBm 步进逐渐增加；
e) 读取功率电平 P_{H1}，当 $P_{H1} \geqslant (P_{C1} + 3\ \text{dB})$ 时，记录当前输入功率值作为窄脉冲的最小可测功率；
f) 关闭信号源输出；
g) 记录宽脉冲噪声电平 P_{C2}（分贝毫瓦，dBm）；
h) 打开信号源输出，注入接收机功率－120 dBm 并以 0.5 dBm 步进逐渐增加；
i) 读取功率电平 P_{H2}，当 $P_{H2} \geqslant (P_{C2} + 3\ \text{dB})$ 时，记录当前输入功率值作为宽脉冲的最小可测功率；
j) 关闭信号源；
k) 退出雷达控制软件。

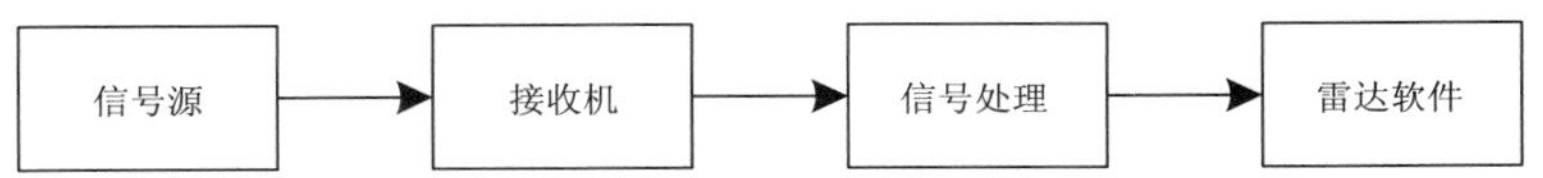

图 30 接收机最小可测功率测试示意图

6.5.64 接收机噪声系数

6.5.64.1 测试方法

按下列步骤进行：

a) 按图 31 连接测试设备；

b) 设置噪声系数分析仪，关闭噪声源输出；

c) 运行雷达控制软件，记录水平和垂直通道的冷态噪声功率，分别记为 A_{1H} 和 A_{1V}；

d) 设置噪声系数分析仪，打开噪声源输出；

e) 记录水平和垂直通道的热态噪声功率，分别记为 A_{2H} 和 A_{2V}；

f) 关闭噪声源输出，退出雷达控制软件。

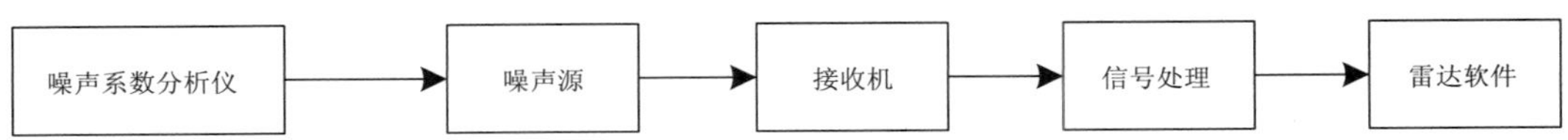

图 31 接收机噪声系数测试示意图

6.5.64.2 数据处理

计算水平和垂直通道的接收机噪声系数 η_{NF}（分贝，dB），计算方法见式(34)：

$$\eta_{NF} = R_{ENR} - 10\lg(\frac{A_2}{A_1} - 1) \qquad \cdots\cdots(34)$$

式中：

R_{ENR} ——噪声源的超噪比，单位为分贝(dB)；

A_1 ——冷态噪声功率，单位为毫瓦(mW)，计算水平通道的噪声系数时为 A_{1H}，计算垂直通道的噪声系数时为 A_{1V}；

A_2 ——热态噪声功率，单位为毫瓦(mW)，计算水平通道的噪声系数时为 A_{2H}，计算垂直通道的噪声系数时为 A_{2V}。

6.5.65 接收机线性动态范围

6.5.65.1 测试方法

按下列步骤进行：

a) 按图 32 连接测试设备；

b) 运行雷达控制软件，设置为宽脉冲模式；

c) 设置信号源输出功率－120 dBm，同时注入水平和垂直接收通道，记录接收机输出功率值；

d) 以 1 dBm 步进增加到＋10 dBm，重复记录接收机输出功率值；

e) 关闭信号源，退出雷达控制软件。

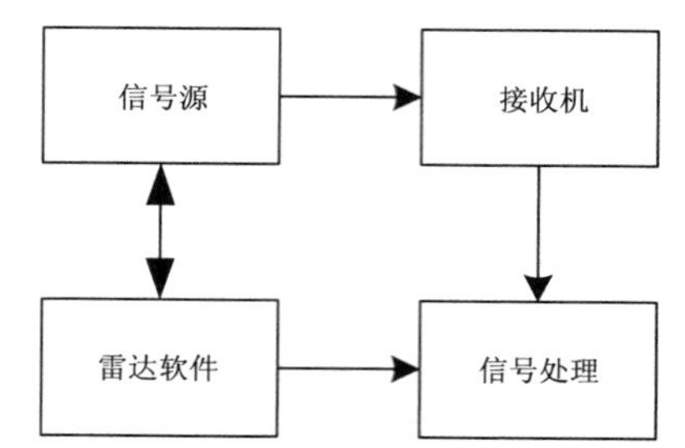

图 32　接收机线性动态范围测试示意图

6.5.65.2　数据处理

根据输入信号和接收机输出功率数据，采用最小二乘法进行拟合。由实测曲线与拟合直线对应点的输出数据差值不大于 1.0 dB 来确定接收机低端下拐点和高端上拐点，下拐点和上拐点所对应的输入信号功率值差值的绝对值为接收机线性动态范围。

6.5.66　接收机数字中频 A/D 位数

检查 A/D 芯片手册。

6.5.67　接收机数字中频采样速率

按下列步骤进行测试：

a)　按图 33 连接测试设备；

b)　使用示波器或频谱仪测量 A/D 变换器采样时钟频率。

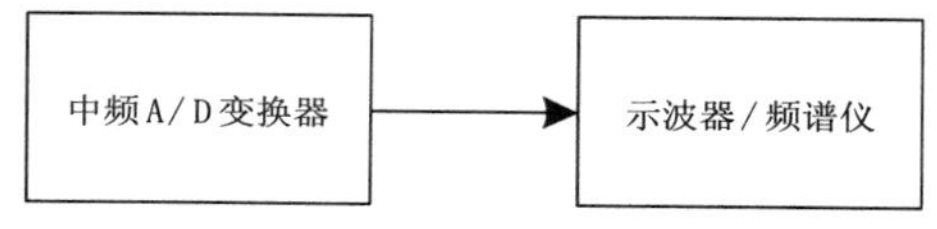

图 33　接收机数字中频采样速率测试示意图

6.5.68　接收机带宽

6.5.68.1　测试方法

按下列步骤进行：

a)　按图 34 连接测试设备；

b)　设置信号源工作频率为雷达工作中心频率，输出幅度为－50 dBm；

c)　雷达设置为窄脉冲模式；

d)　读取输出功率值记为 P_0；

e)　逐渐减小信号源输出频率(步进 10 kHz)，直至读取功率值比 P_0 小 3 dB，此时的信号源输出频率记为 F_l；

f)　逐渐增大信号源输出频率(步进 10 kHz)，直至读取功率值再次比 P_0 小 3 dB，此时的信号源输出频率记为 F_r；

g)　雷达设置为宽脉冲模式；

h)　重复步骤 d)—f)。

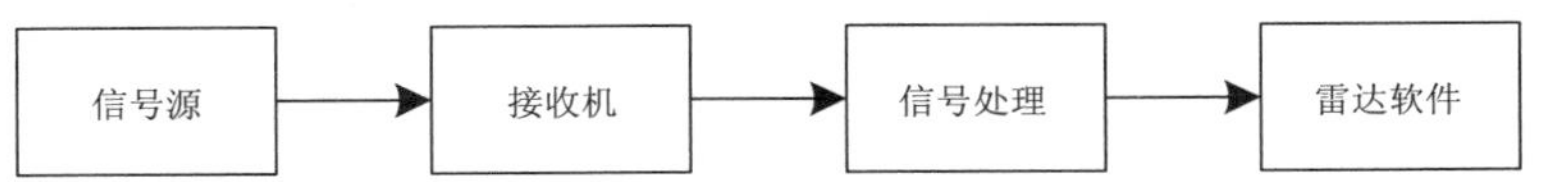

图 34　接收机带宽测试示意图

6.5.68.2　数据处理

分别计算宽脉冲和窄脉冲的接收机带宽 B(兆赫兹,MHz),计算方法见式(35):

$$B = F_r - F_l \qquad \cdots\cdots(35)$$

式中:

F_r、F_l——含义见 6.5.68.1,单位为兆赫兹(MHz)。

6.5.69　接收机频率源射频输出相位噪声

按下列步骤进行测试:

a)　按图 35 连接测试设备;
b)　打开频率源射频输出;
c)　使用信号分析仪测量并记录射频输出信号 10 kHz 处的相位噪声值;
d)　关闭频率源射频输出。

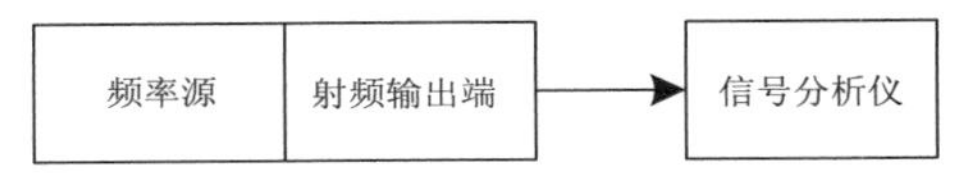

图 35　频率源射频输出相位噪声测试示意图

6.5.70　移相功能

操作控制频率源输出连续移相信号,检查雷达是否具有移相功能。

6.5.71　数据输出率

查看雷达 I/Q 数据文件,检查数据的距离分辨力。

6.5.72　处理模式

实际操作检查软件配置。

6.5.73　基数据格式

审阅基数据格式文档和基数据文件。

6.5.74　数据处理和质量控制

演示信号处理功能,并检查算法文档。

6.6　环境适应性

6.6.1　一般要求

目视检查防护措施。

6.6.2 温度

天线罩内的主要部件以及室内部件的温度环境适应能力试验方法按 GB/T 2423.1 和 GB/T 2423.2 的有关规定进行。

6.6.3 交变湿热

天线罩内的主要部件以及室内部件的湿度环境适应能力试验方法按 GB/T 2423.4 的有关规定进行。

6.6.4 天线罩抗风和冰雪载荷

使用专业仿真软件计算雷达天线罩的冰雪和风环境适应能力，并提供同型号天线罩实际抗风能力的案例。

6.7 电磁兼容性

测量屏蔽体接地电阻并目视检查。

6.8 电源适应性

通过调整供电电压和频率检查。

6.9 互换性

在现场抽取不少于 3 个的组件或部件，进行互换测试。

6.10 安全性一般要求

现场演示检查。

6.11 电气安全

现场演示检查和测量。

6.12 机械安全

现场演示检查。

6.13 噪声

距设备 1 m 处使用声压计测量。

7 检验规则

7.1 检验分类

检验分为：

a） 定型检验；

b） 出厂检验；

c） 现场检验。

7.2 检验设备

所使用的试验与检验设备应在检定有效期内。

7.3 检验项目

见附录 B 中表 B.1。

7.4 定型检验

7.4.1 检验条件

定型检验在下列情况下进行：

a) 新产品定型；

b) 主要设计、工艺、组件和部件有重大变更。

7.4.2 检验项目

见附录 B 中表 B.1。

7.4.3 判定规则

按下列步骤进行：

a) 所有定型检验项目全部符合附录 B 中表 B.1 的要求时，判定定型检验合格；

b) 在检验过程中发现不符合要求时，应暂停检验，被检方应迅速查明原因，采取有效可靠措施纠正后，可继续进行检验，并应对相关检验合格项再次检验。同一项目若经二次检验仍不合格，则本次检验不合格。

7.5 出厂检验

7.5.1 检验项目

见附录 B 中表 B.1。

7.5.2 判定规则

按下列步骤进行：

a) 所有出厂检验项目全部符合附录 B 中表 B.1 的要求时，判定出厂检验合格；

b) 在检验过程中发现不符合要求时，应暂停检验，被检方应迅速查明原因，采取有效可靠措施纠正后，可继续进行检验，并应对相关检验合格项再次检验。同一项目若经二次检验仍不合格，则本次检验不合格。

7.6 现场检验

7.6.1 检验项目

见附录 B 中表 B.1。

7.6.2 判定规则

按下列步骤进行：

a) 所有现场检验项目全部符合附录 B 中表 B.1 的要求时，判定现场检验合格；

b) 在检验过程中发现不符合要求时，应暂停检验，被检方应迅速查明原因，采取有效可靠措施纠正后，可继续进行检验，并应对相关检验合格项再次检验。同一项目若经二次检验仍不合格，则本次检验不合格。

8 标识、标签和随行文件

8.1 产品标识

应包含下列标识：

a) 生产厂商；

b) 设备名称和型号；

c) 出厂序列号；

d) 出厂日期。

8.2 包装标识

应包含下列标识：

a) 包装箱编号；

b) 设备名称；

c) 生产厂商；

d) 外形尺寸；

e) 毛重；

f) “向上”“怕雨”“禁止堆码”等符合 GB/T 191—2008 规定的标识。

8.3 随行文件

应包括但不限于以下内容：

a) 产品合格证；

b) 产品说明书；

c) 产品电原理图；

d) 装箱单；

e) 随机备附件清单。

9 包装、运输和贮存

9.1 包装

应满足下列要求：

a) 符合陆地、空中或海上运输要求；

b) 遇一般震动、冲击和气压变化无损坏；

c) 尺寸、重量和材料符合 GB/T 13384—2008 的规定；

d) 每个包装箱内都有装箱单。

9.2 运输

运输过程中应做好剧烈震动、挤压、雨淋及化学物品侵蚀等防护措施；搬运时应轻拿轻放，码放整齐，应避免滚动和抛掷。

9.3 贮存

包装好的产品应贮存在环境温度－40 ℃～55 ℃、空气相对湿度小于90％的室内，且周围无腐蚀性挥发物。

附　录　A
（资料性附录）
雷达自动上传基础参数

表 A.1 给出了雷达自动上传基础参数。

表 A.1　雷达自动上传基础参数表

序号	类别	上传参数	单位	备注
1	雷达静态参数	雷达站号		
2		站点名称		
3		站点纬度		
4		站点经度		
5		天线高度	m	馈源高度
6		地面高度	m	
7		雷达类型		
8		软件版本号		雷达数据采集和监控软件
9		雷达工作频率	MHz	
10		天线增益	dB	
11		水平波束宽度	°	
12		垂直波束宽度	°	
13		发射馈线损耗	dB	
14		接收馈线损耗	dB	
15		其他损耗	dB	
16	雷达运行模式参数	日期		
17		时间		
18		体扫模式		
19		控制权标识		本控、遥控
20		系统状态		正常、可用、需维护、故障、关机
21		上传状态数据格式版本号		
22		双偏振雷达标记		
23	雷达运行环境参数	机房内温度	℃	
24		发射机温度	℃	
25		天线罩内温度	℃	
26		机房内湿度	%RH	
27		发射机湿度	%RH	
28		天线罩内湿度	%RH	

表 A.1 雷达自动上传基础参数表(续)

序号	类别	上传参数	单位	备注
29	雷达在线定时标定参数	发射机输出信号标定期望值	dBz	
30		发射机输出信号标定测量值	dBz	
31		水平通道相位噪声	°	
32		垂直通道相位噪声	°	
33		水平通道滤波前功率	dBz	
34		水平通道滤波后功率	dBz	
35		垂直通道滤波前功率	dBz	
36		垂直通道滤波后功率	dBz	
37	雷达在线实时标定参数	发射机峰值功率	kW	
38		发射机平均功率	W	
39		水平通道天线峰值功率	kW	
40		水平通道天线平均功率	W	
41		垂直通道天线峰值功率	kW	
42		垂直通道天线平均功率	W	
43		发射机功率调零值		
44		水平通道天线功率调零值		
45		垂直通道天线功率调零值		
46		发射机和天线功率差	dB	
47		水平通道窄脉冲噪声电平	dB	
48		水平通道宽脉冲噪声电平	dB	
49		垂直通道窄脉冲噪声电平	dB	
50		垂直通道宽脉冲噪声电平	dB	
51		水平通道噪声温度/系数	K/dB	
52		垂直通道噪声温度/系数	K/dB	
53		窄脉冲系统标定常数		
54		宽脉冲系统标定常数		
55		反射率期望值	dBz	
56		反射率测量值	dBz	
57		速度期望值	m/s	
58		速度测量值	m/s	
59		谱宽期望值	m/s	
60		谱宽测量值	m/s	
61		脉冲宽度	μs	

附　录　B
（规范性附录）
检验项目、技术要求和试验方法

检验项目、技术要求和试验方法见表B.1。

表B.1　检验项目、技术要求和试验方法表

序号	检验项目 名称	技术要求 条文号	试验方法 条文号	定型检验	出厂检验	现场检验
5.1　组成						
1	组成	5.1	6.3	●	—	●
5.2　功能要求						
2	一般要求	5.2.1	6.4.1	●	●	●
3	扫描方式	5.2.2.1	6.4.2	●	●	●
4	观测模式	5.2.2.2	6.4.3	●	●	●
5	机内自检设备和监控	5.2.2.3	6.4.4	●	●	●
6	雷达及附属设备控制和维护	5.2.2.4	6.4.5	●	●	●
7	关键参数在线分析	5.2.2.5	6.4.6	●	●	●
8	实时显示	5.2.2.6	6.4.7	●	●	●
9	消隐功能	5.2.2.7	6.4.8	●	●	●
10	授时功能	5.2.2.8	6.4.9	●	●	●
11	强度标定	5.2.3.1a)	6.4.10	●	●	●
12	距离定位	5.2.3.1b)	6.4.11	●	●	●
13	发射机功率	5.2.3.1c)	6.4.12	●	●	●
14	速度	5.2.3.1d)	6.4.13	●	●	●
15	相位噪声	5.2.3.1e)	6.4.14	●	●	●
16	噪声电平	5.2.3.1f)	6.4.15	●	●	●
17	噪声温度/系数	5.2.3.1g)	6.4.16	●	●	●
18	接收通道增益差	5.2.3.1h)	6.4.17	●	●	●
19	接收通道相位差	5.2.3.1i)	6.4.18	●	●	●
20	发射机功率、输出脉冲宽度、输出频谱	5.2.3.2a)	6.4.19	●	●	●
21	发射和接收支路损耗	5.2.3.2b)	6.4.20	●	—	●
22	接收机最小可测功率、动态范围	5.2.3.2c)	6.4.21	●	●	●
23	天线座水平度	5.2.3.2d)	6.4.22	●	—	●
24	天线伺服扫描速度误差、 加速度、运动响应	5.2.3.2e)	6.4.23	●	—	●
25	天线指向和接收链路增益	5.2.3.2f)	6.4.24	●	—	●

表 B.1　检验项目、技术要求和试验方法表(续)

序号	检验项目名称	技术要求条文号	试验方法条文号	定型检验	出厂检验	现场检验
26	基数据方位角、俯仰角角码	5.2.3.2g)	6.4.25	●	—	●
27	地物杂波抑制能力	5.2.3.2h)	6.4.26	●	—	●
28	最小可测回波强度	5.2.3.2i)	6.4.27	●	—	●
29	差分反射率标定	5.2.3.2j)	6.4.28	●	—	●
30	气象产品生成	5.2.4.1	6.4.29	●	●	●
31	气象产品格式	5.2.4.2	6.4.30	●	●	●
32	气象产品显示	5.2.4.3	6.4.31	●	●	●
33	数据存储和传输	5.2.5	6.4.32	●	●	●
5.3.1　总体技术要求						
34	雷达工作频率	5.3.1.1	6.5.1	●	●	●
35	雷达预热开机时间	5.3.1.2	6.5.2	●	●	●
36	双线偏振工作模式	5.3.1.3	6.5.3	●	●	●
37	距离范围	5.3.1.4	6.5.4	●	—	—
38	角度范围	5.3.1.5	6.5.5	●	—	—
39	强度值范围	5.3.1.6	6.5.6	●	—	—
40	速度值范围	5.3.1.7	6.5.7	●	—	—
41	谱宽值范围	5.3.1.8	6.5.8	●	—	—
42	差分反射率因子值范围	5.3.1.9	6.5.9	●	—	—
43	相关系数值范围	5.3.1.10	6.5.10	●	—	—
44	差分传播相移值范围	5.3.1.11	6.5.11	●	—	—
45	差分传播相移率值范围	5.3.1.12	6.5.12	●	—	—
46	退偏振比值范围	5.3.1.13	6.5.13	●	—	—
47	距离定位误差	5.3.1.14a)	6.5.14	●	—	—
48	方位角和俯仰角误差	5.3.1.14b) 5.3.1.14c)	6.5.15	●	—	●
49	强度误差	5.3.1.14d)	6.5.16	●	●	●
50	速度误差	5.3.1.14e)	6.5.17	●	●	●
51	谱宽误差	5.3.1.14f)	6.5.18	●	●	●
52	差分反射率因子误差	5.3.1.14g)	6.5.19	●	●	●
53	相关系数误差	5.3.1.14h)	6.5.20	●	—	●
54	差分传播相移误差	5.3.1.14i)	6.5.21	●	●	●
55	退偏振比误差	5.3.1.14j)	6.5.22	●	●	●
56	分辨力	5.3.1.15	6.5.23	●	—	—

表 B.1 检验项目、技术要求和试验方法表(续)

序号	检验项目名称	技术要求条文号	试验方法条文号	定型检验	出厂检验	现场检验
57	最小可测回波强度	5.3.1.16	6.5.24	●	—	●
58	相位噪声	5.3.1.17	6.5.25	●	●	●
59	地物杂波抑制能力	5.3.1.18	6.5.26	●	—	●
60	天馈系统电压驻波比	5.3.1.19	6.5.27	●	●	—
61	发射和接收支路损耗	5.3.1.20	6.5.28	●	—	●
62	相位编码	5.3.1.21	6.5.29	●	—	●
63	可靠性	5.3.1.22	6.5.30	●	—	—
64	可维护性	5.3.1.23	6.5.31	●	—	—
65	可用性	5.3.1.24	6.5.32	●	—	—
66	功耗	5.3.1.25	6.5.33	●	—	—
5.3.2 天线罩						
67	型式、尺寸与材料要求	5.3.2a) 5.3.2b) 5.3.2c)	6.5.34	●	—	—
68	双程射频损失	5.3.2d)	6.5.35	●	—	—
69	引入波束偏差	5.3.2e)	6.5.36	●	—	—
70	引入波束展宽	5.3.2f)	6.5.37	●	—	—
71	交叉极化隔离度	5.3.2g)	6.5.38	●	—	—
5.3.3 天线						
72	天线型式	5.3.3a)	6.5.39	●	—	—
73	极化方式	5.3.3b)	6.5.40	●	—	—
74	功率增益	5.3.3c)	6.5.41	●	●	—
75	波束宽度	5.3.3d)	6.5.42	●	●	—
76	双极化波束宽度差异	5.3.3e)	6.5.43	●	●	—
77	双极化波束指向一致性	5.3.3f)	6.5.44	●	●	—
78	旁瓣电平	5.3.3g)	6.5.45	●	●	—
79	交叉极化隔离度	5.3.3h)	6.5.46	●	●	—
80	双极化正交度	5.3.3i)	6.5.47	●	●	—
5.3.4 伺服系统						
81	扫描方式	5.3.4.1	6.5.48	●	●	●
82	扫描速度及误差	5.3.4.2	6.5.49	●	●	●
83	扫描加速度	5.3.4.3	6.5.50	●	●	●
84	运动响应	5.3.4.4	6.5.51	●	●	●

表 B.1 检验项目、技术要求和试验方法表(续)

序号	检验项目名称	技术要求条文号	试验方法条文号	定型检验	出厂检验	现场检验
85	控制方式	5.3.4.5	6.5.52	●	●	●
86	角度控制误差	5.3.4.6	6.5.53	●	●	●
87	天线空间指向误差	5.3.4.7	6.5.54	●	●	●
88	控制字长	5.3.4.8	6.5.55	●	—	—
89	角码数据字长	5.3.4.9	6.5.56	●	—	—
5.3.5 发射机						
90	脉冲功率	5.3.5.1	6.5.57	●	●	●
91	脉冲宽度	5.3.5.2	6.5.58	●	●	●
92	脉冲重复频率	5.3.5.3	6.5.59	●	●	●
93	频谱特性	5.3.5.4	6.5.60	●	●	●
94	输出极限改善因子	5.3.5.5	6.5.61	●	●	●
95	功率波动	5.3.5.6	6.5.62	●	●	●
5.3.6 接收机						
96	最小可测功率	5.3.6.1	6.5.63	●	●	●
97	噪声系数	5.3.6.2	6.5.64	●	●	●
98	线性动态范围	5.3.6.3	6.5.65	●	●	●
99	数字中频 A/D 位数	5.3.6.4	6.5.66	●	—	—
100	数字中频采样速率	5.3.6.5	6.5.67	●	—	—
101	接收机带宽	5.3.6.6	6.5.68	●	—	—
102	频率源射频输出相位噪声	5.3.6.7	6.5.69	●	●	—
103	移相功能	5.3.6.8	6.5.70	●	●	●
5.3.7 信号处理						
104	数据输出率	5.3.7.1	6.5.71	●	—	—
105	处理模式	5.3.7.2	6.5.72	●	—	—
106	基数据格式	5.3.7.3	6.5.73	●	—	—
107	数据处理和质量控制	5.3.7.4	6.5.74	●	—	●
5.4 环境适应性						
108	一般要求	5.4.1	6.6.1	●	—	—
109	温度	5.4.2	6.6.2	●	—	—
110	空气相对湿度	5.4.3	6.6.3	●	—	—
111	天线罩抗风和冰雪载荷	5.4.4	6.6.4	●	—	—
5.5 电磁兼容性						
112	电磁兼容性	5.5	6.7	●	—	—

表 B.1 检验项目、技术要求和试验方法表(续)

序号	检验项目 名称	技术要求 条文号	试验方法 条文号	定型检验	出厂检验	现场检验
5.6 电源适应性						
113	电源适应性	5.6	6.8	●	—	—
5.7 互换性						
114	互换性	5.7	6.9	●	—	—
5.8 安全性						
115	一般要求	5.8.1	6.10	●	—	●
116	电气安全	5.8.2	6.11	●	—	—
117	机械安全	5.8.3	6.12	●	—	—
5.9 噪声						
118	噪声	5.9	6.13	●	—	—
注:●为必检项目;—为不检项目。						

参 考 文 献

［1］ GB/T 12648—1990 天气雷达通用技术条件

［2］ 中国气象局．新一代天气雷达系统功能规格需求书(S 波段)[Z],2010 年 8 月

［3］ 国家发展改革委员会．气象雷达发展专项规划(2017—2020 年)[Z],2017 年 5 月 2 日

［4］ International Organization for Standardization. Meteorology-Weather radar：ISO/DIS 19926-1[Z],2017-11-22

［5］ World Meteorological Organization. Guide to Meteorological Instruments and Methods of Observation[EB/OL],2014. https://library.wmo.int/index.php?lvl=notice_display&id=12407#.W627yyQzadF

ICS 07.060
A 47
备案号：65864—2019

中华人民共和国气象行业标准

QX/T 465—2018

区域自动气象站维护技术规范

Technical specifications for maintenance of regional automatic weather station

2018-12-12 发布　　2019-04-01 实施

中 国 气 象 局　发 布

前　言

本标准按照 GB/T 1.1—2009 给出的规则起草。

本标准由全国气象仪器与观测方法标准化技术委员会(SAC/TC 507)提出并归口。

本标准起草单位:深圳市国家气候观象台、广东省气象探测数据中心、新疆维吾尔自治区气象技术装备保障中心。

本标准主要起草人:庄红波、敖振浪、高瑞泉、江崟、黄晓、周钦强。

区域自动气象站维护技术规范

1 范围

本标准规定了区域自动气象站维护的一般要求与维护周期、流程、内容及记录等要求。

本标准适用于区域自动气象站维护技术工作。

2 规范性引用文件

下列文件对于本文件的应用是必不可少的。凡是注日期的引用文件，仅注日期的版本适用于本文件。凡是不注日期的引用文件，其最新版本(包括所有的修改单)适用于本文件。

GB 31221—2014 气象探测环境保护规范 地面气象观测站

GB/T 33703—2017 自动气象站观测规范

GB/T 35221—2017 地面气象观测规范 总则

GB 50057—2010 建筑物防雷设计规范

QX 4—2015 气象台(站)防雷技术规范

QX 30—2004 自动气象站场室防雷技术规范

3 术语和定义

GB 31221—2014、GB 50057—2010 界定的以及下列术语和定义适用于本文件。

3.1

区域自动气象站 regional automatic weather station

根据中小尺度灾害性天气预警、大中城市、特殊地区和专属经济区的气象和环境预报服务需求，在国家级观测站布局的基础上，根据当地经济社会发展需要采用自动气象站建设的观测站，是国家气象观测站的重要补充。

4 一般要求

4.1 维护人员应培训合格，遵循操作流程，维护过程中应确保作业人员的人身安全。

4.2 宜选择晴好天气开展维护工作，避开整点发报时间或其他重要服务时段，尽可能缩短维护时设备停运时间。

4.3 维护前按照要求带齐必要的备品备件和维护仪表、工具(参见附录 A)。

4.4 维护前应了解站点的地理位置、周边环境、设备要素和传感器配置等情况。应记录维护前、后设备运行状态。

4.5 维护过程中不应带电拔插、安装、清洁设备。

4.6 在维护中遇故障时应逐级检查、准确定位、及时处置，对于当场无法排除的故障，应及时报告业务管理部门，采取其他应急保障措施，确保数据的连续性，并做好记录(参见附录 B)。

4.7 做好维护前、后以及关键节点的拍照记录工作(参见附录 B)。

4.8 维护结束后，应做好维护记录与备案。

5 维护周期

5.1 定期维护

5.1.1 汛期前、汛期结束后1个月内应至少维护一次，汛期期间应至少每2个月维护一次，海岛、石油平台、高山等特殊站可每3个月维护一次。

5.1.2 在条件允许的地区，可适当增加维护次数。

5.2 不定期维护

5.2.1 当出现故障时，一般要求在36 h内排除故障，原则上不得超过72 h。海岛及石油平台等特殊站的故障排除时间，由当地管理部门规定。有条件的地区，宜缩短上述故障排除时间。故障排除后应进行相应的不定期维护。

5.2.2 重大灾害性天气、重要气象保障活动前应按照相关要求进行维护。

6 维护流程

应按图1所示流程进行维护。

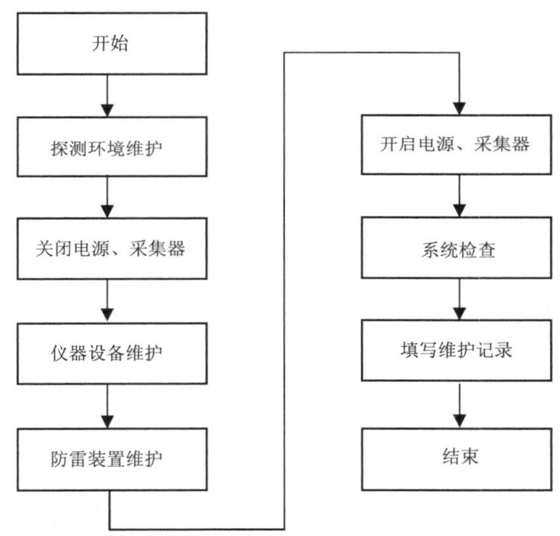

图1 维护流程图

7 维护内容及要求

7.1 维护内容

包括探测环境、仪器设备、防雷装置等维护。

7.2 探测环境维护

探测环境维护的项目、内容和要求见表1。

表 1　区域自动气象站探测环境维护

序号	项目	内容	要求
1	周边环境	观察观测场周边建筑物、下垫面等情况	应符合 GB 31221—2014 关于区域气象观测站的规定 对照历史资料，发现变化较大的，需详细记录，同时向当地气象主管机构报告 拍照记录站点八方位环境，记录周围环境变化
		检查观测场周边树木生长情况	符合 GB 31221—2014 的规定 对照要求，修剪周边影响气象观测的树枝等
2	观测场	检查观测场内环境	清除杂物、杂草，保持观测场平整
3	其他	检查围栏、标牌、风杆等	对围栏、标牌、风杆进行维护，确保围栏、标牌无破损，整洁 标牌悬挂端正、醒目 风杆及拉线牢固

7.3　仪器设备维护

仪器设备维护的项目、内容和技术要求见表 2。

表 2　区域自动气象站仪器设备维护

序号	项目	维护内容	技术要求
1	翻斗式雨量传感器	清洁雨量筒内外壁和过滤器	保持雨量筒内外壁整洁，过滤器无尘沙、小虫等杂物
		清洁各翻斗	保持翻斗、节流管道畅顺 保持翻斗灵活，应无阻滞感，翻斗轴游隙正常、轴承无异物、翻斗无变形或磨损
		检查干簧管	用万用表检查干簧管，确保通断正常
		检查线缆	保持线缆外皮无老化、破损
		检查接头	保持接头无松动，外观无破损
		检查调试仪器的水平	保持器身稳定，器口无变形且保持水平，底座保持水平，固定螺丝确保通断正常牢固
		检查雨量筒盖子	根据启用/停止时间，揭开(盖上)雨量筒盖，记录状态
		检查检定、校准、核查的有效期	检定、校准符合 GB/T 35221—2017 的规定，保持在有效期内，记录有效日期 核查保持在一年的有效期内，记录有效日期
2	百叶箱(或防辐射罩)及支架	清洁百叶箱(或防辐射罩)	保持整洁，如遇顶、内部和壁缝中有异物时，要小心用毛刷扫除干净；保持支架牢固
3	温度传感器	清洁外表面(保护罩)	用毛刷或干毛巾进行清洁外观，保持外表面(保护罩)无破损，整洁
		检查线缆	保持线缆外皮无老化、破损
		检查接头	保持接头无松动，外观无破损

表 2　区域自动气象站仪器设备维护(续)

序号	项目	维护内容	技术要求
3	温度传感器	检查检定、校准、核查的有效期	检定、校准符合 GB/T 35221—2017 的规定,保持在有效期内,记录有效日期 核查保持在一年的有效期内,记录有效日期
4	湿度传感器	清洁外表面(保护罩)	用毛刷或干毛巾进行清洁外观,保持外表面(保护罩)无破损,清洁
		检查线缆	保持线缆外皮无老化、破损
		检查接头	保持接头无松动,外观无破损
		检查检定、校准、核查的有效期	检定、校准符合 GB/T 35221—2017 的规定,保持在有效期内,记录有效日期 核查保持在一年的有效期内,记录有效日期
5	风速风向传感器	清洁风杯和风向标	保持外观整洁,无变形、破损 保持转向灵活、平稳
		检查横臂	保持横臂水平,指北方位正确
		检查线缆	保持线缆外皮无老化、破损
		检查接头	保持接头无松动,外观无破损
		检查检定、校准、核查的有效期	检定、校准符合 GB/T 35221—2017 的规定,保持在有效期内,记录有效日期 核查保持在一年的有效期内,记录有效日期
6	气压传感器	清洁传感器外表面	保持外观整洁,无变形、破损
		疏通传感器气孔口	保持气孔口无异物,与外部空气连通 如有干燥剂,检查并更换
		检查线缆	保持线缆外皮无老化、破损
		检查接头	保持接头无松动,外观无破损
		检查检定、校准、核查的有效期	检定、校准符合 GB/T 35221—2017 的规定,保持在有效期内,记录有效日期 核查保持在一年的有效期内,记录有效日期
7	能见度传感器	清洁外表面及镜面	保持外观整洁,无变形、破损 使用专用的皮吹和镜头纸对镜头进行擦拭,保持镜面光亮清洁,无斑点
		检查加热装置	用万用表检查,保持加热模块的线路处于通路状态
		检查线缆	保持线缆外皮无老化、破损
		检查接头	保持接头无松动,外观无破损
		检查检定、校准、核查的有效期	检定、校准符合 GB/T 35221—2017 的规定,保持在有效期内,记录有效日期 核查保持在一年的有效期内,记录有效日期
8	采集器(箱)	清洁外表面和内部	用毛刷清洁,保持内、外观整洁,无变形、破损
		检查线缆	保持线缆外皮无老化、破损,接口牢固可靠

表 2　区域自动气象站仪器设备维护(续)

序号	项目	维护内容	技术要求
8	采集器(箱)	检查接头	保持接头无松动,外观无破损
9	通信单元	清洁外表面	保持外观整洁,无变形、破损
		检查线缆	保持线缆外皮无老化、破损
		检查接头	保持接头无松动,外观无破损
10	供电系统	清洁和检查太阳能板、风能发电机	保持外观整洁,无变形、破损 保持太阳能板方位、俯仰符合要求 断开太阳能板和采集器之间的连线,用万用表测量其输出电压,确保在正常输出电压范围内,记录测量值 保持风能发电机的风叶转动灵活平稳
		检查固定支架	保持支架牢靠,太阳能板和风能发电机牢固
		检查蓄电池	保持外观整洁,无变形、破损,无漏液,接线柱无氧化 用万用表测量其输出电压,保持符合标称值,记录测量值
		检查充电控制器	保持外观整洁,无变形、破损
		检查电源总开关、分线开关	保持控制灵活,顺畅
		检查线缆	保持线缆外皮无老化、破损
		检查接头	保持接头无松动,外观无破损

7.4　防雷装置维护

防雷装置维护的项目、内容和技术要求见表 3。

表 3　区域自动气象站防雷装置维护

序号	项目	维护内容	技术要求
1	外部防雷装置	查接闪器、避雷针	符合 QX 30—2004 规定 保持结构牢固,绝缘杆无破损
		检查引下线	保持引下线无锈蚀和破损,接头牢固无松动
		检查接地电阻	符合 QX 30—2004 规定,接地电阻不宜大于 4 Ω 若土壤电阻率大于 1000 Ω·m,可适当放宽其接地电阻值要求
2	内部防雷装置	检查等电位连接	符合 QX 4—2015 规定 保持电气连通,连接牢固无松动
		检查屏蔽线	符合 QX 4—2015 规定 保持电气连通,连接牢固无松动
		检查电涌保护器(有交流供电)	符合 QX 4—2015 规定 保持电气连通,连接牢固无松动 外观整洁,无变形、破损
3	防雷检测报告	核查防雷检测报告	符合 GB/T 33703—2017 的规定,保持防雷在有效期内

7.5 系统检查

当完成仪器设备、防雷装置维护后，应开启总电源，检查采集器是否处于正常工作状态，核对站点参数，确保采集器时间准确，检查通信单元指示灯是否正常闪烁，充电控制器指示灯是否正常。确保现场采集器工作正常，数据上传中心站服务器正常，数据要素无缺失。

8 维护记录

8.1 维护工作结束后，应及时收集、整理、归档相关资料，并填报《区域自动气象站维护报告》(参见附录 B)，提交备案。

8.2 有条件的地区，宜对维护的工作流程进行信息化、智能化管理，提高维护效率和设备可用性。

附 录 A
(资料性附录)
维护工具列表

维护工具及规格参数等见表 A.1。

表 A.1 维护工具列表

序号	名称	规格参数	数量	状态
1	数字万用表	便携式,三位半及以上	1 个	
2	RS232 转 USB 串口线	USB2.0,长度 1.5 m	1 根	
3	串口调试工具	串行通信接口调试连线及软件	1 套	
4	指北针	便携式,表盘直径约 60 mm	1 个	
5	水平尺	长度不少于 300 mm	1 把	
6	螺丝刀	一字 3＊75 mm,十字 3＊75 mm 一字 6＊150 mm,十字 6＊150 mm	4 把	
7	钢丝钳	长度 8 in	1 把	
8	尖嘴钳	长度 8 in	1 把	
9	剥线钳	长度 7 in	1 把	
10	钢卷尺	长度 5 m	1 把	
11	活动扳手	总长度 200 mm,总长度 300 mm	2 把	
12	内六角扳手	平头,不少于 9 件	1 套	
13	套筒扳手	连接口宽度为 1/4 英寸(6.3 mm)的一套	1 套	
14	游标卡尺	数显游标卡尺测量范围 300 mm	1 把	
15	电工胶布	无铅、阻燃、耐低温	2 卷	
16	羊角锤	长度约 285 mm	1 把	
17	数显测电笔	便携式,具夜视显示功能	1 支	
18	屏蔽电缆线	国标纯铜,长度 100 m, RVVP2＊2.5 mm^2,RVVP2＊0.3 mm^2,RVVP4＊0.3 mm^2,RVVP8＊0.3 mm^2,RVVP12＊0.3 mm^2	5 卷	
19	人字梯	便携式,铝合金,高度约 1.8 m	1 个	
20	安全绳	长度 20 m,直径∅10.5 mm,2 个保险扣	2 根	
21	笔记本电脑		1 台	

附　录　B
（资料性附录）
区域自动气象站维护报告

表 B.1 给出了区域自动气象站维护报告的项目内容及要求。

表 B.1　区域自动气象站维护报告

<table>
<tr><td colspan="2">站名：</td><td>站号：</td><td>维护开始时间：　　年　月　日　时　分</td></tr>
<tr><td colspan="2">设备型号：</td><td colspan="2">维护要素：□温 □湿 □压 □风 □雨 □能见度</td></tr>
<tr><td colspan="2">维护项目</td><td>维护项目内容及要求</td><td>维护情况及处理结果</td></tr>
<tr><td rowspan="5">一、探测环境维护</td><td rowspan="2">周边环境</td><td>观察观测场周边建筑物、下垫面等情况（对照历史资料，发现变化较大的，需详细记录，同时向当地气象主管机构报告；拍照记录站点八方位环境）</td><td></td></tr>
<tr><td>检查观测场周边树木生长情况（对照要求，修剪周边影响气象观测的树枝等）</td><td></td></tr>
<tr><td>观测场</td><td>检查观测场内环境（清除杂物、杂草，保持观测场平整）</td><td></td></tr>
<tr><td>其他</td><td>检查围栏、标牌、风杆等（对围栏、标牌、风杆进行维护，确保围栏、标牌无破损，整洁；标牌悬挂端正、醒目；风杆及拉线牢固）</td><td></td></tr>
<tr style="display:none"><td></td></tr>
<tr><td rowspan="6">二、仪器设备维护</td><td rowspan="6">翻斗式雨量传感器</td><td>清洁雨量筒内外壁和过滤器（保持雨量筒内外壁整洁，过滤器无尘沙、小虫等杂物）</td><td></td></tr>
<tr><td>清洁各翻斗（保持翻斗、节流管道畅顺；保持翻斗灵活，应无阻滞感，翻斗轴游隙正常、轴承无异物、翻斗无变形或磨损）</td><td></td></tr>
<tr><td>检查干簧管（用万用表检查干簧管，确保通断正常）</td><td></td></tr>
<tr><td>检查线缆（保持线缆外皮无老化、破损）</td><td></td></tr>
<tr><td>检查接头（保持接头无松动，外观无破损）</td><td></td></tr>
<tr><td>检查调试仪器的水平（保持器身稳定，器口无变形且保持水平，底座保持水平，固定螺丝牢固）</td><td></td></tr>
</table>

表 B.1 区域自动气象站维护报告(续)

维护项目		维护项目内容及要求	维护情况及处理结果
二、仪器设备维护	翻斗式雨量传感器	检查雨量筒盖子 (根据启用/停止时间,揭开(盖上)雨量筒盖,记录状态)	盖子状态:□ 揭开 □ 盖上
		检查检定、校准、核查的有效期 (保持在有效期内,记录有效日期)	有效期:
	百叶箱(或防辐射罩)及支架	清洁百叶箱(或防辐射罩) (保持整洁,如遇顶、内部和壁缝中有异物时,要小心用毛刷扫除干净;保持支架牢固)	
	温度传感器	清洁外表面(保护罩) (用毛刷或干毛巾进行清洁外观,保持外表面(保护罩)无破损,整洁)	
		检查线缆 (保持线缆外皮无老化、破损)	
		检查接头 (保持接头无松动,外观无破损)	
		检查检定、校准、核查的有效期 (保持在有效期内,记录有效日期)	有效期:
	湿度传感器	清洁外表面(保护罩) (用毛刷或干毛巾进行清洁外观,保持外表面(保护罩)无破损,清洁)	
		检查线缆 (保持线缆外皮无老化、破损)	
		检查接头 (保持接头无松动,外观无破损)	
		检查检定、校准、核查的有效期 (保持在有效期内,记录有效日期)	有效期:
	风速风向传感器	清洁风杯和风向标 (保持外观整洁,无变形、破损;保持转向灵活、平稳)	
		检查横臂 (保持横臂水平,指北方位正确)	
		检查线缆 (保持线缆外皮无老化、破损)	
		检查接头 (保持接头无松动,外观无破损)	
		检查检定、校准、核查的有效期 (保持在有效期内,记录有效日期)	有效期:

表 B.1 区域自动气象站维护报告(续)

<table>
<tr><th colspan="2">维护项目</th><th>维护项目内容及要求</th><th>维护情况及处理结果</th></tr>
<tr><td rowspan="16">二、仪器设备维护</td><td rowspan="5">气压传感器</td><td>清洁传感器外表面
(保持外观整洁,无变形、破损)</td><td></td></tr>
<tr><td>疏通传感器气孔口
(保持气孔口无异物,与外部空气连通;如有干燥剂,检查并更换)</td><td></td></tr>
<tr><td>检查线缆
(保持线缆外皮无老化、破损)</td><td></td></tr>
<tr><td>检查接头
(保持接头无松动,外观无破损)</td><td></td></tr>
<tr><td>检查检定、校准、核查的有效期
(保持在有效期内,记录有效日期)</td><td>有效期:</td></tr>
<tr><td rowspan="5">能见度传感器维护</td><td>清洁外表面及镜面
(保持外观整洁,无变形、破损;使用专用的皮吹和镜头纸对镜头进行擦拭,保持镜面光亮清洁,无斑点)</td><td></td></tr>
<tr><td>检查加热装置
(用万用表检查,保持加热模块的线路处于通路状态)</td><td></td></tr>
<tr><td>检查线缆
(保持线缆外皮无老化、破损)</td><td></td></tr>
<tr><td>检查接头
(保持接头无松动,外观无破损)</td><td></td></tr>
<tr><td>检查检定、校准、核查的有效期
(保持在有效期内,记录有效日期)</td><td>有效期:</td></tr>
<tr><td rowspan="3">采集器</td><td>清洁外表面和内部
(用毛刷清洁,保持内、外观整洁,无变形、破损)</td><td></td></tr>
<tr><td>检查线缆
(保持线缆外皮无老化、破损,接口牢固可靠)</td><td></td></tr>
<tr><td>检查接头
(保持接头无松动,外观无破损)</td><td></td></tr>
<tr><td rowspan="3">通信单元</td><td>清洁外表面
(保持外观整洁,无变形、破损)</td><td></td></tr>
<tr><td>检查线缆
(保持线缆外皮无老化、破损)</td><td></td></tr>
<tr><td>检查接头
(保持接头无松动,外观无破损)</td><td></td></tr>
</table>

表 B.1　区域自动气象站维护报告(续)

维护项目		维护项目内容及要求	维护情况及处理结果
二、仪器设备维护	供电系统	清洁和检查太阳能板、风能发电机 (保持外观整洁,无变形、破损;保持太阳能板方位、俯仰符合要求。断开太阳能板和采集器之间的连线,用万用表测量其输出电压,确保在正常输出电压范围内,记录测量值;保持风能发电机的风叶转动灵活平稳)	太阳能板开路电压：　V 风能开路电压：　V
		检查固定支架 (保持支架牢靠,太阳能板和风能发电机牢固)	
		检查蓄电池 (保持外观整洁,无变形、破损,无漏液,接线柱无氧化;用万用表测量其输出电压,保持符合标称值,记录测量值)	开路电压：　V
		检查充电控制器 (保持外观整洁,无变形、破损)	
		检查电源总开关、分线开关 (保持控制灵活,顺畅)	
		检查线缆 (保持线缆外皮无老化、破损)	
		检查接头 (保持接头无松动,外观无破损)	
三、防雷装置维护	外部防雷装置	检查接闪器、避雷针 (保持结构牢固;绝缘杆无破损)	
		检查引下线 (保持引下线无锈蚀和破损,接头牢固无松动)	
		检查接地电阻 (接地电阻不宜大于 4 Ω;若土壤电阻率大于 1000 Ω·m,可适当放宽其接地电阻值要求)	避雷针接地电阻：　Ω 设备接地电阻：　Ω
	内部防雷装置	检查等电位连接 (保持电气连通,连接牢固无松动)	
		屏蔽线 (保持电气连通,连接牢固无松动)	
		电涌保护器(有交流供电) (保持电气连通,连接牢固无松动;外观整洁,无变形、破损)	检查有效标志
	检测报告	检查检测报告 (保持在有效期内,记录有效日期)	有效期：

表 B.1　区域自动气象站维护报告(续)

<table>
<tr><th colspan="2">维护项目</th><th>维护项目内容及要求</th><th>维护情况及处理结果</th></tr>
<tr><td rowspan="4">四、系统检查</td><td rowspan="4">整体系统检查</td><td>加电后检查采集器
(检查采集器是否处于正常工作状态，核对站点参数，确保采集器时间准确)</td><td>站号：
时间误差：</td></tr>
<tr><td>检查加电后通信模块
(检查通信单元指示灯是否正常闪烁)</td><td></td></tr>
<tr><td>检查充电控制器指示灯是否正常。
(检查指示灯是否正常)</td><td>充电器输出电压：　　V</td></tr>
<tr><td>检查中心站实时数据
(确保现场采集器工作正常，数据上传中心站服务器正常，数据要素无缺失)</td><td></td></tr>
<tr><td>五、站点八方位照片</td><td colspan="3">N　　NE　　E　　ES

S　　WS　　W　　WN</td></tr>
<tr><td colspan="4">维护员签名：

维护结束时间：</td></tr>
</table>

参 考 文 献

[1] 中国气象局综合观测司.观测司关于印发新型自动气象站维护规范(试行)等有关规范的函[Z],2015年10月26日发布

[2] 中国气象局综合观测司.观测司关于印发自动气象站保障暂行规定的函[Z],2012年10月19日发布

[3] 中国气象局综合观测司.关于印发气象装备技术保障手册——自动气象站的通知[Z],2011年5月31日发布

[4] 中国气象局综合观测司.观测司关于印发区域自动气象站现场核查方法(试行)的通知[Z],2014年8月9日发布

[5] 中国气象局综合观测司.关于印发区域气象观测站建设指导意见的函[Z],2009年10月10日发布

ICS 07.060
N 95
备案号：65865—2019

中华人民共和国气象行业标准

QX/T 466—2018

微型固定翼无人机机载气象探测系统技术要求

Technical requirements for meteorological observation system carrying on micro fixed wing of unmanned aerial vehicle

2018-12-12 发布　　2019-04-01 实施

中　国　气　象　局　发　布

前　言

本标准按照 GB/T 1.1—2009 给出的规则起草。

本标准由全国气象仪器与观测方法标准化技术委员会(SAC/TC 507)提出并归口。

本标准起草单位:中国气象局气象探测中心、黑龙江省气象局人工影响天气办公室。

本标准主要起草人:李杨、马舒庆、官福顺、荆俊山。

微型固定翼无人机机载气象探测系统技术要求

1 范围

本标准规定了微型固定翼无人机机载气温、空气湿度和气压探测系统的组成和技术要求。

本标准适用于微型固定翼无人机气象要素探测系统的设计和应用。

2 规范性引用文件

下列文件对于本文件的应用是必不可少的。凡是注日期的引用文件,仅注日期的版本适用于本文件。凡是不注日期的引用文件,其最新版本(包括所有的修改单)适用于本文件。

GJB 150.18A—2009 军用装备实验室环境试验方法 第18部分 冲击试验

GJB 1389A—2005 系统电磁兼容性要求 系统内电磁兼容性

QX/T 234—2014 气象数据归档格式 探空

3 术语和定义

下列术语和定义适用于本文件。

3.1

微型固定翼无人机 micro fixed wing of unmanned aerial vehicle

能够一次或多次使用,可自行控制或远程导引,可携带有效载荷(小于30 kg),起飞重量小于100 kg的一种固定翼无人机。

4 系统组成及功能

4.1 组成

主要由温度、湿度、气压等传感器,数据采集处理、通信、电池等模块,以及无人机定位系统组成。

4.2 功能

能够实时测量大气温度、湿度和气压等数据,通过数据采集和通信模块,实时将温度、湿度、气压等气象数据传送至地面。

5 技术要求

5.1 外观和结构

应符合下列要求:

——系统结构紧凑,便于安装;

——结构件安装牢靠,紧固件无松动,传感器的感应部分与机体无接触;

——表面清洁、无损伤,涂层或电镀层无脱落或腐蚀性斑点;

——印记、标识等清晰、完整；
——电气部分应做防潮、防霉、防寒处理。

5.2 安装

应符合下列要求：
——传感器应安装在无人机机舱内，安装位置应避开气动热、辐射热、气动压力等影响；
——温度和湿度传感器应安装在能够真实反映大气温度和湿度的防护罩内；
——气压传感器应尽量避免气流的直接影响。

5.3 电磁兼容性

应符合 GJB 1389A—2005 中 5.3 表 6 的要求。

5.4 电池

宜使用 9 V～15 V 的锂电池，连续工作时间应大于 8 h。

5.5 数据采集、存储和传输

应符合下列要求：
——数据采集频次：1 Hz；
——数据存储时长：≥24 h；
——数据传输速率：9600 bps 或 19200 bps。

5.6 尺寸和重量

5.6.1 系统尺寸

长：小于 20 cm；
宽：小于 10 cm；
高：小于 10 cm。

5.6.2 系统总重量

总重量小于 1000 g(除电池外)，其中，传感器重量小于 100 g。

5.7 测量性能指标

应符合表 1 规定的性能指标要求。

表 1 要素测量性能指标

测量要素	测量范围	分辨力	最大允许误差
气温	−60 ℃～50 ℃	0.1 ℃	±0.3 ℃
相对湿度	5%～100%	1%	±4%(≤80%)
			±8%(>80%)
气压	300 hPa～1060 hPa	0.1 hPa	±1 hPa

5.8 环境适应性

温度：−60 ℃～50 ℃；
相对湿度：90%(35 ℃)；
气压：300 hPa～1060 hPa；
振动：10 Hz～2000 Hz；
冲击：符合 GJB 150.18A 的 7.2.1.4 的要求。

5.9 数据格式

符合 QX/T 234—2014 中的数据格式要求。

参 考 文 献

[1] QX/T 36—2005 GTS1 型数字探空仪 性能参数

[2] 中国气象局.常规高空气象观测业务规范[M].北京:气象出版社,2010

[3] World Meteorological Organization. Guide to Meteorological Instruments and Methods of Observation:WMO No. 8[Z],2014

ICS 07.060
N 95
备案号：65866—2019

中华人民共和国气象行业标准

QX/T 467—2018

微型下投式气象探空仪技术要求

Technical requirements for micro meteorological dropsonde

2018-12-12 发布　　2019-04-01 实施

中国气象局　发布

前　　言

本标准按照 GB/T 1.1—2009 给出的规则起草。

本标准由全国气象仪器与观测方法标准化技术委员会(SAC/TC 507)提出并归口。

本标准起草单位:中国气象局气象探测中心、黑龙江省气象局人工影响天气办公室、中国航天科工集团第二研究院二十三所。

本标准主要起草人:李杨、马舒庆、官福顺、荆俊山、彭文武。

微型下投式气象探空仪技术要求

1 范围

本标准规定了微型下投式气象探空仪的组成和技术要求。

本标准适用于无人机等下投式气象探空仪的设计和应用。

2 规范性引用文件

下列文件对于本文件的应用必不可少。凡是注日期的引用文件，仅注日期的版本适用于本文件。凡是不注日期的引用文件，其最新版本(包括所有的修改单)适用于本文件。

QX/T 234—2014 气象数据归档格式 探空

3 术语和定义

下列术语和定义适用于本文件。

3.1

微型下投式探空仪 micro dropsonde

从高空投放且重量较轻的，能够测量从投放位置至地面或海面的温度、湿度、气压等气象要素的探测仪器。

4 系统组成及功能

4.1 组成

主要由温度、湿度、气压等传感器，数据采集处理、卫星导航定位、射频通信、电池等模块，以及专用降落伞组成。

4.2 功能

采用专用降落伞减慢其大气下降速率，能够测量从投放位置到地面或海面的气压、温度、相对湿度等的大气廓线。

5 技术要求

5.1 外观和结构

应符合下列要求：

——探空仪表面清洁、无变形、无明显划痕；

——传感器的元器件焊接和结构件的安装牢固可靠，紧固件无松动，塑料件无开裂、变形现象；

——印记、标识等清晰、完整。

5.2 最大探测高度

不低于 6 km。

5.3 卫星导航接收机

应符合下列要求：
——数据更新：每秒 1 次；
——数据输出：时间、经度、纬度、高度、速度；
——定位性能：定位时间小于或等于 1 min；重新捕获时间小于或等于 10 s；
——最大允许误差：水平：10 m；垂直：16 m。

5.4 射频通信

应符合下列要求：
——载波频率：400 MHz～406 MHz，频点可选；
——调制方式：频率键控调制（FSK）；
——发射功率：小于或等于 100 mW。

5.5 电池

应保证探空仪正常工作 30 min 以上。

5.6 探空仪重量

重量：小于或等于 500 g（含电池）。

5.7 专用降落伞

应符合下列要求：
——负载重量：大于或等于 500 g；
——伞重量：小于或等于 50 g；
——下降速度：小于 15 m/s；
——下降时有良好的气动稳定性。

5.8 环境适应性

应符合下列要求：
——温度：－60 ℃～50 ℃；
——相对湿度：0％～100％；
——气压：300 hPa～1060 hPa。

5.9 测量性能指标

探测项目包括温度、相对湿度、气压，主要性能指标应符合表 1 的要求。

表 1　气象要素测量性能指标

测量要素	测量范围	分辨力	最大允许误差
气温	−60 ℃～50 ℃	0.1 ℃	±0.3 ℃
湿度	5%～100%	1%	±4%(≤80%)
			±8%(>80%)
气压	300 hPa～1060 hPa	0.1 hPa	±1.5 hPa

5.10　数据格式

符合 QX/T 234—2014 中的数据格式要求。

参 考 文 献

［1］ 中国气象局.常规高空气象观测业务规范[M].北京：气象出版社，2010

［2］ World Meteorological Organization. Guide to Meteorological Instruments and Methods of Observation：WMO No. 8[Z]，2014

ICS 07.060
B 18
备案号：65867—2019

中华人民共和国气象行业标准

QX/T 468—2018

农业气象观测规范　水稻

Specifications for agrometeorological observation—Rice

2018-12-12 发布　　　　2019-04-01 实施

中 国 气 象 局　发 布

前　　言

本标准按照 GB/T 1.1—2009 给出的规则起草。

本标准由全国农业气象标准化技术委员会(SAC/TC 539)提出并归口。

本标准起草单位:武汉农业气象试验站、武汉区域气候中心、中国气象科学研究院、黄石市气象局。

本标准主要起草人:杨文刚、王涵、刘世玺、刘可群、柯凡、孟翠丽、黄永学、马玉平、干昌林。

农业气象观测规范　水稻

1　范围

本标准规定了水稻农业气象观测原则、观测地段和水稻发育期、生长状况、生长量、产量结构及品质分析、主要田间工作记载、主要农业气象灾害、病虫害等项目的观测分析内容、观测时次、形态特征指标、观测方法和观测结果的记载记录格式等。

本标准适用于水稻的农业气象观测。

2　规范性引用文件

下列文件对于本文件的应用是必不可少的。凡是注日期的引用文件，仅注日期的版本适用于本文件。凡是不注日期的引用文件，其最新版本(包括所有的修改单)适用于本文件。

GB 5009.5—2016　食品安全国家标准　食品中蛋白质的测定

GB/T 15683—2008　大米　直链淀粉含量的测定

GB/T 17891—2017　优质稻谷

GB/T 21719—2008　稻谷整精米率检验法

GB/T 27959—2011　南方水稻、油菜和柑橘低温灾害

GB/T 34967—2017　北方水稻低温冷害等级

3　术语和定义

下列术语和定义适用于本文件。

3.1

平行观测　parallel observation

观测作物发育进程、生长状况和产量构成要素的同时，观测作物生长环境的物理要素。

[QX/T 299—2015，定义 3.1]

3.2

观测地段　observation plot

定期进行作物发育进程、生长状况和产量构成要素观测的相对固定的田间样地。

注：改写 QX/T 299—2015，定义 3.2。

3.3

植株密度　plant density

单位土地面积上植株的数量。水稻植株密度分蘖前指单位面积的株数，分蘖后指单位面积的茎数。

注 1：单位以株(茎)数每平方米表示。

注 2：改写 QX/T 299—2015，定义 3.4。

3.4

植株含水率　plant water content

植株所含水分重量占其鲜重的百分数。

[QX/T 299—2015，定义 3.6]

3.5

直链淀粉含量　amylose content

试样中直链淀粉占试样的质量分数。

[GB/T 17891—2017,定义 3.4]

3.6

垩白度　chalkiness degree

垩白米粒的垩白面积总和占试样米粒面积总和的百分比。

[GB/T 17891—2017,定义 3.3]

3.7

整精米率　head rice yield

整精米占净稻谷试样的质量分数。

[GB/T 21719—2008,定义 3.3]

4　观测原则与观测地段

4.1　观测原则

4.1.1　平行观测原则

水稻农业气象观测应遵从平行观测的原则。当地气象观测站的基本气象观测,一般可作为平行观测的气象部分,水稻观测地段的气象条件应与气象观测场保持基本一致。水稻田间小气候的观测应在观测地段的农田中进行。

4.1.2　点和面结合原则

在固定的观测地段进行系统观测,同时在水稻发育的关键时期以及在气象灾害、病虫害发生时,应进行较大范围的农业气象调查,以弥补观测地段的局限、增强观测的代表性。

4.2　观测地段

4.2.1　地段选择要求

观测地段的选择应符合以下要求:

a) 观测地段应具有典型性,代表当地气候、土壤、地形、地势、主要耕作制度、种植管理方式和产量水平。地段要保持相对稳定,如需调整应选择与原来观测地段条件较为一致的农田。

b) 观测品种应为当地的主栽品种。

c) 观测地段面积一般应有 1 hm^2,不小于 0.1 hm^2。确有困难可选择在同一种作物成片种植的较小地块上。通常应选择在大面积的种植区域内观测。

d) 观测地段距林缘、建筑物、道路(公路和铁路)、水塘等的最短距离应在 20 m 以上。应远离河流、水库等大型水体,尽量减少小气候的影响,避开灌溉机井。

e) 生育状况调查应选择能反映当地水稻生长状况和产量水平的不同类型的田块。农业气象灾害和病虫害的调查应在能反映不同受灾程度的田块上进行,不限于观测地段的水稻品种。

4.2.2　观测地段分区

将观测地段按其田块形状分成面积基本相等的 4 个区,作为 4 个重复,按顺序编号,各项观测在 4 个区内分别进行;应绘制观测地段分区和各类观测的分布示意图。

4.2.3 观测地段资料

观测地段资料内容如下：

a) 观测地段综合平面示意图，内容包括：
   1) 观测地段的位置、编号；
   2) 气象观测场的位置；
   3) 观测地段的环境条件，如村庄、树林、果园、山坡、河流、沟渠、湖泊、水库及铁路、公路和田间大道的位置；
   4) 其他建筑物和障碍物的方位和高度。
b) 观测地段说明，内容包括：
   1) 地段编号；
   2) 土地使用单位名称或个人姓名；
   3) 地段所在地的地形（山地、丘陵、平原或盆地）、地势（坡地的坡向、坡度等）及面积（hm^2）；
   4) 地段距气象观测场的直线距离、方位和海拔高度差；
   5) 地段环境条件，如房屋、树林、水体、道路等的方位和距离；
   6) 地段的种植制度及前茬作物，包括熟制、轮作作物和前茬名称；
   7) 地段灌溉条件，包括有无灌溉条件、保证程度及水源和灌溉设施；
   8) 地段地下水位深度（埋深），记“大于或等于 2 m”或“小于 2 m”；
   9) 地段土壤状况，包括土壤质地（砂土、壤土、黏土、沙壤土等）、土壤酸碱度（酸性、中性、碱性）和肥力（上、中、下）情况等；
   10) 地段产量水平：分上、中上、中、中下、下五级记载；与当地近 5 年平均产量相比，≥20％为上，≥10％且＜20％为中上，＜10％且＞－10％以内为中，≤－10％且＞－20％为中下，≤－20％为下。
c) 观测地段综合平面示意图和地段情况说明，按照台站基本档案的有关规定存档。观测地段如重新选定，应编制相应的地段资料。

5 发育期观测

5.1 观测的发育期

播种期、出苗期、三叶期、移栽期、返青期、分蘖期、拔节期、孕穗期、抽穗期、乳熟期、成熟期。直播水稻不观测移栽期、返青期。

5.2 各发育期的形态特征

各发育期相应的形态特征见表 1。

表 1 水稻各发育期的形态特征

序号	发育期	形态特征
1	出苗期	从芽鞘中生出第一片不完全叶。
2	三叶期	从第二片完全叶的叶鞘中，出现了全部展开的第三片完全叶。
3	返青期	移栽后叶色转青，心叶重新展开或出现新叶（上午叶尖有水珠出现），用手将植株轻轻上提，有阻力。
4	分蘖期	叶鞘中露出新生分蘖的叶尖，叶尖露出长约 0.5 cm～1.0 cm。

表1 水稻各发育期的形态特征(续)

序号	发育期	形态特征
5	拔节期	茎基部茎节开始伸长,形成有显著茎秆的茎节为拔节。拔节高度距最高生根节长度早稻为1.0 cm,中稻为1.5 cm,晚稻为2.0 cm。
6	孕穗期	剑叶全部露出叶鞘。
7	抽穗期	穗子顶端从剑叶叶鞘中露出。有的稻穗从叶鞘旁呈弯曲状露出。
8	乳熟期	当穗子顶部的籽粒达到正常谷粒的大小,颖壳充满乳浆状内含物,籽粒呈绿色。
9	成熟期	籼稻稻穗上有80%以上,粳稻有90%以上的谷粒呈现该品种固有的颜色。

5.3 观测要求

5.3.1 观测点位置

在观测地段4个区内,各选有代表性的一个点,作上标记并编号,发育期观测在此进行。观测点之间应保持一定距离,使之不在同一行上,测点距田地边缘的最近距离大于2 m,尽量避免边际影响。不能将测点选在田头、道路旁和入水口、排水口处。

5.3.2 观测点面积

移栽:移栽前0.5 m×0.5 m;移栽后宽3行、每行长包括20穴;

直播:1 m×1 m。

5.3.3 观测时间

从播种当日开始到成熟期结束。一般隔日观测,旬末必须进行巡视观测,抽穗期每日观测。若规定观测的相邻两个发育期间隔时间较长,在不漏测发育期的前提下,可逢5和旬末巡视观测,临近发育期时立即恢复隔日观测。一般发育期在下午观测,抽穗期在上午观测。

5.3.4 观测植株选择

移栽:移栽前,观测植株不固定,每个观测点取25株;移栽后,固定植株观测,每个观测点连续固定5穴,拔节期每个测点取10个大茎进行观测。

直播:观测植株不固定,每次观测各点取25个株(茎)。

分蘖前以株为单位观测,分蘖后以茎为单位观测。

5.4 发育期的确定

各发育期分别按下述方法确定:

a) 播种期以实际播种日期,移栽期以实际移栽日期记载。
b) 出苗期、返青期、乳熟期、成熟期根据表1中的形态特征目测确定,以整个地段水稻为对象,目测判断50%的植株进入该发育期的日期。
c) 三叶期、分蘖期、拔节期、孕穗期、抽穗期以进入发育期的百分率确定。当观测植株上出现某一发育期特征时,即为该个体进入了某一发育期。地段水稻群体进入发育期,以观测的总株数中进入发育期的株数所占的百分率确定,记载时取整数,小数四舍五入。第一次大于或等于10%时为发育始期,大于或等于50%时为发育普遍期,大于或等于80%为发育末期。一般发育期观测到普遍期为止，但抽穗期还应记载末期（即齐穗期）。

d） 分蘖期观测以本田为主，如果在秧田中已有分蘖，应记载分蘖开始期和普遍期，记入备注栏内。

5.5 特殊情况处理

如遇下述特殊情况分别处理，并记入备注栏：

a） 水稻因品种等原因，进入某发育期的植株比例达不到10%或50%时，如果连续3次观测进入该发育期的植株数总增长量不超过5%则停止观测，因天气原因所造成的上述情况，仍应观测记载；
b） 如某次观测结果出现发育期百分率有倒退现象，应立即重新观测，检查观测是否有误或观测植株是否缺乏代表性或是否受灾，以后一次观测结果为准；
c） 因品种、栽培措施、灾害等原因，有的发育期未出现或发育期出现异常现象，应予记载；
d） 在规定观测时间遇有妨碍田间观测的天气或旱地灌溉时可推迟观测，过后应及时进行补测。

6 生长状况观测

6.1 观测项目

观测项目包括植株高度、植株密度、产量因素和大田生长观测调查。

6.2 观测时间

各项目的观测时间及相关规定如下：

a） 移栽水稻在移栽前三天内、返青期、拔节期、抽穗期、乳熟期进行密度观测；直播水稻在三叶期、拔节期、抽穗期、乳熟期进行密度观测；
b） 移栽水稻在移栽前三天内、拔节期、乳熟期进行高度观测；直播水稻在三叶期、拔节期、乳熟期进行高度观测；
c） 在抽穗期观测一次枝梗数；
d） 在乳熟期观测结实粒数。

6.3 植株高度的测量

6.3.1 一般规定

高度测量值以厘米（cm）为单位，小数四舍五入，取整数记载。

6.3.2 植株高度的测定方法

在观测地段4个区中各选择距田地边缘2 m以上、植株生长高度具有代表性的1个测点，每个测点随机取10株（茎），共40株（茎）。拔节期及其以前，从地面量至植株叶子伸直后的最高叶尖；拔节期以后，量至最上部一片展开叶子的基部叶枕，抽穗后量至穗顶（不包括芒长）。

6.4 植株密度的测定

6.4.1 一般规定

测定每平方米株（茎）数，密度测定运算过程及计算结果均取二位小数。

6.4.2 移栽密度测定

6.4.2.1 测点选择

第一次密度测定时在每个发育期测点附近，各选有代表性的一个测点，做上标志(标记)，以后每次密度测定都在此进行。乳熟期密度测定时，每个区增加1个点，共8个点。测点距田地边缘需在2 m以上。如果测点失去代表性时，应另选测点，并注明原因。

移栽前每个测点取0.25 m^2(0.5 m×0.5 m)，数其中株(茎)数，4个测点总株(茎)数除以测定总面积，即为1 m^2 内株(茎)数。

6.4.2.2 1 m内行数

每个测点量出10个行距(1行～11行)的宽度，数出水稻行距数；宽度以米(m)为单位，4个测点总行距数除以所量总宽度，即为平均1 m内行数。

6.4.2.3 1 m内株(茎)数

每个测点连续量出10个穴距的长度(测量方法同1 m内行数测定)，数出其中的株(茎)数，各测点株(茎)数之和除以所量的总长度，即为1 m内株(茎)数。乳熟期在8个测点测定总茎数和有效茎数(每茎正常籽粒≥5粒为有效茎)，由8个测点求得平均1 m内株(茎)数和有效茎数。

6.4.2.4 1 m^2 株(茎)数

平均1 m内行数乘以平均1 m内株(茎)数。

6.4.3 直播密度测定

在每个发育期观测点附近选择1个测点，测点距田地边缘需在2 m以上。如果测点失去代表性时，应另选测点，并注明原因。每个测点取0.25 m^2(0.5 m×0.5 m)，数其中株(茎)数，由4个测点之和计算1 m^2 内株(茎)数。

6.5 产量因素测定

6.5.1 测定时间

一次枝梗数在抽穗普遍期测定，结实粒数在乳熟期测定。

6.5.2 取样地点和取样数量

在观测地段4个发育期观测点附近，每测点选有代表性的5穴，每穴任取2个有效茎。

6.5.3 一次枝梗数的测定

对40茎样品分别计数由穗轴的穗节长出的一次枝梗的数量，计算每穗平均，以个为单位，取一位小数。

6.5.4 结实粒数的测定

对40茎样品分别计数每穗上正常灌浆籽粒数，计算每穗平均，以个为单位，取一位小数。

6.6 生长状况评定

6.6.1 评定时间和方法

评定时间：生长状况评定在每个发育普遍期进行。

评定方法：目测评定。以整个观测地段全部水稻为对象，与全县（市、区）范围对比，当年与历年对比，综合评定水稻生长状况，按照6.6.2的苗情评定标准进行评定。前后两次评定结果出现变化时，要注明原因。

6.6.2 评定标准

水稻苗情分为三种类型，见表2。

表2 水稻苗情划分

类别	生长状况及形态
一类	生长状况优良。植株健壮，密度均匀适中，高度整齐，叶色正常，出穗齐，空秕率低；没有或仅有轻微气象灾害或病虫害，对生长影响极小；预计产量高于近5年平均产量年景的水平。
二类	生长状况较好或中等。植株密度不太均匀，有少量缺苗现象，株（茎）数稍偏低，生长高度欠整齐，出穗较齐，空秕率较低；植株遭受气象灾害或病虫害较轻；预计产量可达到近5年平均产量年景的水平。
三类	生长状况不好或较差。植株密度不均匀，植株矮小，高度不整齐，缺苗严重；分蘖数明显偏少，出穗不齐，空秕率高；气象灾害或病虫害对其有明显的抑制或产生严重危害；预计产量低于近5年平均产量年景的水平。

6.7 大田生长状况观测调查

6.7.1 观测调查地点

在县级范围内，作物高、中、低产量水平的地区选择三类有代表性的地块（以观测地段代表一种产量水平，另选两种产量水平地块）。可结合农业部门苗情调查分片点进行，调查点选定后保持相对固定。

6.7.2 观测调查时间和项目

在观测地段作物进入某发育普遍期后3天内进行，拔节期调查高度、密度；抽穗期调查高度、有效茎数、一次枝梗数。

6.7.3 调查方法

各项目的观测调查方法按6.3、6.4、6.5的规定执行。

7 生长量观测

7.1 观测项目

叶面积、地上生物量和灌浆速率。

7.2 观测时间

各项目的观测时间及相关规定如下：

a) 叶面积、地上生物量测定在三叶期、移栽前 3 天内、本田分蘖期、拔节期、抽穗期、乳熟期进行；

b) 灌浆速率测定从抽穗普遍期后第 10 天开始，每 5 日(间隔 4 天)一次，至成熟期为止；

c) 取样时间为上午 6 h～12 h。

7.3 观测仪器和工具

恒温干燥箱、电子天平(规格：感量 0.01 g、载重 100 g～3000 g)、便携式叶面积仪(性能：单次测量范围 0 cm^2～2000 cm^2；最大允许误差±1.5 cm^2，$S\leqslant 20$ cm^2；±2.5 %，$S>20$ cm^2；分辨力 0.1 cm^2)、直尺、铲、剪刀、样品袋、标签。

7.4 取样方法及数量

在观测地段上，在各区发育期测点附近取 10 株(茎)，共 40 株(茎)，沿茎基部剪下，装入样品袋内包好，取样后半小时内运回，及时分析处理。当天从 40 株(茎)总样本中任取 20 株(茎)测定其叶面积，然后将叶片放回样本中进行地上生物量的测定。

7.5 叶面积测定

7.5.1 面积系数法

7.5.1.1 叶面积校正系数

当观测地段更换品种时，需要进行叶面积校正系数的测定。在水稻返青至抽穗期间，在地段中间连续取 10 茎，每茎上、中、下各采 1 片叶，用直尺量取每片叶的长度和叶片最宽处的宽度，求出各叶片长宽乘积之和，再用坐标纸法、求积仪法或扫描法测定所有叶片的叶面积。所有叶片叶面积之和除以叶片长宽乘积之和即为叶面积校正系数，取二位小数。

叶面积校正系数按式(1)计算：

$$K=\frac{1}{n}\sum_{i=1}^{n}\frac{S_i}{L_i\times D_i} \qquad \cdots\cdots(1)$$

式中：

K ——叶面积校正系数；

n ——叶片数，单位为片；

S_i ——叶面积，单位为平方厘米(cm^2)；

L_i ——叶片长度，单位为厘米(cm)；

D_i ——叶片宽度，单位为厘米(cm)。

叶片长度、叶片宽度、叶面积均取一位小数。叶面积校正系数计算结果取二位小数。

在没有实际测算叶面积校正系数的情况下，可以采用经验值 0.83。

7.5.1.2 叶面积测量与计算

测量方法如下：

a) 分株(茎)测量绿色叶片长、宽，方法同 7.5.1.1，单株(茎)叶面积按式(2)计算：

$$S_1=\frac{1}{m}\sum_{i=1}^{n}K\times L_i\times D_i \qquad \cdots\cdots(2)$$

式中：

S_1 ——单株(茎)叶面积，单位为平方厘米每株(茎)；

m ——取样株(茎)数，单位为株(茎)；

n ——取样植株(茎)的全部叶片数，单位为片；

K ——叶面积校正系数；
L_i ——叶片长度，单位为厘米(cm)；
D_i ——叶片宽度，单位为厘米(cm)。

单株(茎)叶面积取一位小数。

b) 1 m^2 叶面积按式(3)计算：

$$S_2 = S_1 \times D_p \qquad \cdots\cdots(3)$$

式中：

S_2 ——1 m^2 叶面积，单位为平方厘米每平方米(cm^2/m^2)；
S_1 ——单株(茎)叶面积，单位为平方厘米每株(茎)；
D_p ——植株密度，单位为株(茎)每平方米。

1 m^2 叶面积取一位小数。

7.5.1.3 叶面积指数的计算

叶面积指数按式(4)计算：

$$LAI = \frac{S_2}{S} \qquad \cdots\cdots(4)$$

式中：

LAI —— 叶面积指数；
S_2 ——1 m^2 叶面积值，单位为平方厘米每平方米(cm^2/m^2)。
S ——取值为 10000，单位为平方厘米每平方米(cm^2/m^2)。

叶面积指数取一位小数。

7.5.2 叶面积仪测定法

将 20 株(茎)样本绿色叶片剪下，用叶面积仪扫描测量累计所有叶片面积；或采用便携式叶面积仪不离体扫描测量。以平方厘米(cm^2)为单位，取一位小数。计算单株(茎)叶面积、1 m^2 叶面积和叶面积指数，方法同 7.5.1.2 和 7.5.1.3。

7.6 地上生物量测定

7.6.1 测定方法

7.6.1.1 分器官测定鲜重

将取样植株按叶片、叶鞘、茎、穗各器官进行分类，分别放入挂上标签经过称重的样品袋内称重，其重量减去样品袋重即为器官样本鲜重。每个样本袋标签上记明品种名称、器官、袋重。如一个器官有几个袋应加以注明。样品袋应选用透气性的纸袋等，不应选用塑料型样品袋。

7.6.1.2 分器官烘干、称重

将样本袋放入恒温干燥箱内加温，在 105 ℃杀青 30 min，以后维持在 70 ℃～80 ℃，6 h～12 h 后进行第一次称重，以后每小时称重一次，当样本前后两次重量差小于或等于 5‰时，该样本不再烘烤。烘烤温度和时间根据样本大小、老嫩程度等掌握。开始时 1 h，以后 2 h 通风翻动一次，尽量排出箱内水分，如样本较多、恒温干燥箱容积小，可称出鲜重后先杀青，然后分批烘干。烘干后样本称出连袋干重。以最后一次重量减去样品袋重为器官样本干重。

7.6.2 计算

7.6.2.1 株(茎)器官鲜、干重

样本分器官鲜、干重除以取样株(茎)数为株(茎)器官鲜、干重,单位为克(g),取二位小数。

7.6.2.2 株(茎)鲜、干重

株(茎)器官鲜重合计为株(茎)鲜重,株(茎)器官干重合计为株(茎)干重,单位为克(g),取一位小数。

7.6.2.3 1 m^2 植株地上生物量重

株(茎)鲜、干重乘以 1 m^2 株(茎)数为 1 m^2 植株(茎)地上鲜、干生物重,单位为克每平方米(g/m^2),取一位小数。

7.6.2.4 植株含水率

植株含水率分器官含水率和植株地上部含水率,计算公式分别见式(5)、式(6):

$$OWC = \frac{FWO - DWO}{FWO} \times 100\% \qquad \cdots\cdots(5)$$

式中:

OWC —— 器官含水率,单位为百分比(%);

FWO —— 株(茎)器官鲜重,单位为克(g);

DWO —— 株(茎)器官干重,单位为克(g)。

器官含水率取一位小数。

$$PWC = \frac{FWP - DWP}{FWP} \times 100\% \qquad \cdots\cdots(6)$$

式中:

PWC —— 植株地上部含水率,单位为百分比(%);

FWP —— 株(茎)鲜重,单位为克(g);

DWP —— 株(茎)干重,单位为克(g)。

植株地上部含水率取一位小数。

7.6.2.5 生长率

生长率以 1 m^2 土地上每日植株地上干生物增长量表示,计算公式见式(7):

$$GR_i = \frac{DW_i - DW_{i-1}}{DN} \qquad \cdots\cdots(7)$$

式中:

GR_i —— 第 i 次测定时的生长率,单位为克每平方米天($g/(m^2 \cdot d)$);

DW_i —— 第 i 次测定的 1 m^2 植株地上干生物重,单位为克(g);

DW_{i-1} —— 第 $i-1$ 次测定的 1 m^2 植株地上干生物重,单位为克(g);

DN —— 第 $i-1$ 次至第 i 次测定的间隔日数,单位为天(d)。

生长率取一位小数。

7.7 灌浆速率测定

7.7.1 取样观测方法

7.7.1.1 定穗

抽穗期在观测地段 4 个区的发育期观测点附近选定同日抽穗，穗大小相仿的 200 穗，挂牌定穗、注明日期。

7.7.1.2 取样

抽穗普遍期后 10 天开始取样(比如 3 日为抽穗普遍期，第一次取样时间为 13 日)。每次从所定穗中取 20 穗(每区 5 穗)。

7.7.1.3 籽粒烘干称重

取下籽粒后，数其总粒数，然后放入样品袋称其鲜重，在恒温干燥箱内烘烤。烘烤温度、时间及称重按 7.6.1.2 的规定。

7.7.2 计算

7.7.2.1 含水率

每次取样时计算籽粒含水率，计算公式见式(8)：

$$GWC = \frac{FWG - DWG}{FWG} \times 100\% \qquad \cdots\cdots(8)$$

式中：

GWC ——籽粒含水率，单位为百分比(%)；

FWG ——取样籽粒鲜重，单位为克(g)；

DWG ——取样籽粒干重，单位为克(g)。

籽粒含水率取二位小数。

7.7.2.2 灌浆速率

第二次取样开始计算灌浆速率，计算公式见式(9)：

$$FR_i = \frac{DWG_i/GN_i - DWG_{i-1}/GN_{i-1}}{DN} \times 1000 \qquad \cdots\cdots(9)$$

式中：

FR_i ——第 i 次测定时的灌浆速率，单位为克每千粒天；

DWG_i ——第 i 次取样籽粒干重，单位为克(g)；

GN_i ——第 i 次取样样本籽粒数，单位为粒；

DWG_{i-1} ——第 $i-1$ 次取样籽粒干重，单位为克(g)；

GN_{i-1} ——第 $i-1$ 次取样样本籽粒数，单位为粒；

DN ——第 $i-1$ 次至第 i 次测定的间隔日数，单位为天(d)。

灌浆速率取二位小数。

8 产量结构及品质分析

8.1 一般规定

8.1.1 分析项目

产量结构分析项目包括穗粒数、穗结实粒数、空壳率、秕谷率、千粒重、理论产量、株成穗数、成穗率、茎秆重、籽粒与茎秆比，并调查地段实产。品质分析主要进行籽粒直链淀粉含量、垩白度分析。

8.1.2 取样时间、数量和方法

在水稻成熟后、收获前，在8个密度测点中，每个测点连续取5穴共40穴，沿茎基部剪下取回。先数出样本总茎数，再将有效穗连同穗柄剪下，数其总穗数，从中有代表性的取50个穗，供穗粒数、穗结实粒数、空壳率、秕谷率分析用。然后将40穴其余样本脱粒，将籽粒（含已抽出的50穗）、茎秆（含脱粒穗轴）晒干，用于千粒重、茎秆重、籽粒与茎秆比分析。从晾晒干燥的籽粒中取500 g用于品质分析。应注意观测样本的保管，及时进行各项分析。

8.1.3 仪器和用具

感量0.01 g，载重3000 g天平一台。收获、脱粒、晾晒等加工必需的工具。

8.2 分析方法与计算

8.2.1 穗粒数、穗结实粒数、空壳率、秕谷率

从选取的50穗中数出结实粒数、空壳粒（子房未膨大或膨大呈透明薄膜状而无淀粉者）数、秕谷粒（有淀粉但充实程度不到正常籽粒的三分之二）数，三者之和为穗粒数。总穗粒数、结实粒数除以总穗数求出平均穗粒数、平均穗结实粒数；空壳率、秕谷率分别为空壳粒数、秕谷粒数占穗粒数的百分比。在数粒数时先通过落粒痕迹数出脱落粒数（统计结实粒），再全部脱粒。平均穗粒数（粒）、平均穗结实粒数（粒），取一位小数；空壳率（%）、秕谷率（%），取整数。

8.2.2 株成穗数

乳熟期测定的有效茎数与返青期测定茎数（作为基本苗）的比值，取二位小数。

8.2.3 成穗率

乳熟期测定的有效茎数占拔节期测定的总茎数（作为最高茎数）的百分比，取整数。

8.2.4 茎秆重

40穴样本植株脱粒晒干后，称其茎秆重量，除以总茎数，得单茎重，再乘以乳熟期测定的1 m^2 茎数。单位以克每平方米表示，取二位小数。

8.2.5 千粒重

样本籽粒晾晒后，于其中不加选择的取二组1000粒，分别称重。两组重量相差不大于平均值的3%时，平均重即为千粒重。如差值超过3%，再取1000粒称重，用最为接近的两组重量平均作为千粒重（克每千粒），取二位小数。

8.2.6 理论产量

理论产量为产量结构分析测定的穗结实粒数、千粒重和乳熟期测定的单位面积有效茎数的乘积，计算公式见式(10)：

$$TY = \frac{SGN \times TGW \times EP}{100} \qquad \cdots\cdots(10)$$

式中：

TY ——理论产量，单位为千克每公顷(kg/hm^2)；

SGN ——取样平均穗结实粒数，单位为粒每穗；

TGW——千粒重，单位为克每千粒；

EP ——乳熟期单位面积有效茎数，单位为茎每平方米。

理论产量取一位小数。

8.2.7 地段实产

地段实产是观测地段平均实际单产，由观测地段实际收获籽粒产量除以地段面积得出，单位为千克每公顷(kg/hm^2)，取一位小数。

8.2.8 籽粒与茎秆比

籽粒与茎秆比为40穴样品籽粒干重与样品茎秆干重的比值，计算公式见式(11)：

$$GSR = \frac{DWG}{DWS} \qquad \cdots\cdots(11)$$

式中：

GSR ——籽粒与茎秆比；

DWG——取样40穴籽粒干重，单位为克(g)；

DWS——取样40穴茎秆干重，单位为克(g)。

籽粒与茎秆比取二位小数。

8.2.9 籽粒品质分析

8.2.9.1 直链淀粉含量测定

测定水稻籽粒直链淀粉含量。测定原理：将大米粉碎至细粉以破坏淀粉的胚乳结构，使其易于完全分散及糊化，并对粉碎试样脱脂，脱脂后的试样分散在氢氧化钠溶液中，向一定量的试样分散液中加入碘试剂，然后使用分光光度计于720 nm处测定显色复合物的吸光度。

取样和测定按照GB/T 15683—2008的规定进行。

8.2.9.2 垩白度测定

测定水稻籽粒垩白度。垩白度的测定方法主要有两种：感官检验法和图像处理测定法。感官检验法：逐粒目测垩白投影面积占整米粒投影面积的百分率，其平均值为垩白米粒垩白大小，重复一次，两次结果取平均值，垩白大小乘以试样中垩白米粒粒数与试样粒数的比值即为样品垩白度的值；图像处理测定法：利用数字图像采集装置采集被测样品的数字图像信息，通过图像分析软件自动计算，得到样品米粒垩白总面积占样品总面积的百分比，即为样品垩白度的值。

取样和测定按照GB/T 17891—2017的规定进行。

8.2.9.3 蛋白质含量测定

测定水稻籽粒蛋白质含量。测定原理：试样在900 ℃～1200 ℃高温下燃烧，燃烧过程中产生混合气体，其中的碳、硫等干扰气体和盐类被吸收管吸收，氮氧化物被全部还原成氮气，形成的氮气气流通过热导检测器（TCD）进行检测。

取样和测定按照 GB 5009.5—2016 中的第 14—19 条的规定进行。

8.2.9.4 整精米率

测定水稻籽粒整精米粒。测定原理：净稻谷经实验砻谷机脱壳后得到糙米，将糙米用实验碾米机磨成加工精度为国家标准三级大米，除去糠粉后，分拣出整精米并称重，计算整精米占净稻谷试样的质量分数。

取样和测定按照 GB/T 21719—2008 的规定进行。

9 主要田间工作记载

9.1 观测记载时间

在发育期观测的同时，进行观测地段上的田间工作记载。观测人员到达观测地段时，如果田间操作已经结束，应立即向操作人员详细了解，并结合观测地段内作物状况的变化及时补记。

9.2 记载项目和内容

田间工作记载按表 3 的记载项目和内容进行记载，同一项目进行多次的，分别记载。

表 3 水稻田间工作记载项目和内容

记载项目	整地	播种	移栽	施肥	灌溉	喷药	排水	收获
记载内容	日期、深度（cm）、方式、是否均匀	开始与结束日期，播种量（kg/hm^2）、播种深度（cm），播种方式（撒播，移栽）	开始与结束日期	日期、数量（kg/hm^2）、肥料名称、施肥方式（底肥或追肥、撒或喷）、当日天气	日期、方式（机灌、沟灌）、灌溉量（mm）	日期、目的（防病、治虫、除草、生长调节剂）、浓度与数量、当日天气	日期、方式	日期、收割方式（机收、人收）、收割质量、当日天气

10 主要农业气象灾害、病虫害的观测和调查

10.1 主要农业气象灾害观测

10.1.1 观测种类

重点观测对水稻危害大、涉及范围广、发生频率高的主要农业气象灾害，包括：干旱、洪涝、高温热害、低温冷害、连阴雨、风灾、雹灾。

10.1.2 观测地点和时间

地点：在作物观测地段进行；

时间：灾害发生后及时进行，至受害症状不再加重为止，隔天观测 1 次。

10.1.3 观测记载项目

发生灾害的名称、灾害的开始日期和终止日期、受害症状(植株形态特征)、受害程度(危害等级)、受灾期间天气气候情况。

10.1.4 观测和记载方法

见附录A。

10.2 主要水稻病虫害观测

10.2.1 一般要求

病虫害观测主要以水稻是否受害为依据。病害观测发病情况,虫害则主要观测危害情况,一般不作病虫繁殖过程的追踪观测。

10.2.2 观测种类

对发生范围广,危害严重的主要病虫害进行观测:稻瘟病、稻飞虱、螟虫、稻纵卷叶螟等。

10.2.3 观测地点和时间

地点:在作物观测地段上进行;

时间:有病虫害发生应当立即进行观测记载,直至该病虫害不再蔓延或加重为止,同时记载地段周围情况。

10.2.4 观测方法

观测地段目测到有病虫害发生时,在4个区内每区随机选择25株(茎)观测水稻的病情虫害。计算受病虫危害的株(茎)百分率。

10.2.5 记载内容

10.2.5.1 受害的发育期及病虫害名称

记载病虫害发生时的水稻所处发育期,病虫害名称记载中文学名,不应记录成当地的俗名。

10.2.5.2 受害症状

记载受害器官(分根、茎、叶、穗、籽粒等)及受害特征。各种病虫害的危害特点和作物受害特征应以文字简单描述。

10.2.5.3 受害程度

记载地段受害株(茎)百分率;如果地段受害不均匀,还应估计和记载受害、死亡面积占整个地段面积的比例。

10.2.5.4 防治措施

记载灾前灾后采取的主要措施。

10.3 农业气象灾害和病虫害调查

10.3.1 一般要求

当在县级行政区域内发生对水稻生产影响大、范围广的气象灾害及主要病虫害时应开展农业气象灾害和病虫害调查。

10.3.2 调查项目

10.3.2.1 调查点受灾情况

灾害名称、受害期、代表灾情类型、受害症状、受害程度、成灾面积和比例、灾前灾后采取的主要措施、预计对产量的影响、成灾的其他原因、减产趋势估计、调查地块实产等。

10.3.2.2 县级行政区域内受灾情况

县级行政区域内灾情类型、受灾主要乡镇、成灾面积和比例、并发的主要灾害、造成的其他损失、资料来源。

10.3.2.3 调查点及调查作物的基本情况

调查日期、地点、位于气象站的方向和距离、地形、地势、前茬作物、水稻品种类型、所处发育期、生产水平等。

10.3.3 调查方法

采用实地调查和访问相结合的方法。在灾害发生后选择能反映本次灾害的不同灾情等级(轻、中、重)的自然村进行实地调查(如观测地段代表某一灾情等级,则只需另选两种调查点)。调查在灾情有代表性的田块上进行。受害症状和受害程度见附录A的规定。调查时间以不漏测所应调查的内容,并能满足气象服务需要为原则,根据不同季节、不同灾害由台站自行掌握,一般在灾害发生的当天(或第二天)及受害症状不再变化时各进行一次。

11 观测簿表填写及各发育期观测项目

所有观测和分析内容均应按规定填写农气观测簿和表,具体填写方法见附录B。各发育期观测项目参见附录C。簿表样式参见附录D。

附　录　A
（规范性附录）
主要农业气象灾害记载方法及内容

A.1　受害起止日期

A.1.1　干旱、洪涝以作物出现受害症状时记为灾害开始期，受害部位症状消失或不再发展时记为终止日期，其中灾害如有加重应进行记载。

A.1.2　高温热害、低温冷害以气象条件达到灾害指标首日记为灾害发生开始日期，以气象条件回到各地灾害指标以外的首日记为终止日期。

A.1.3　连阴雨、风灾、雹灾以灾害现象发生日期记为灾害开始日期，以灾害现象停止日期记为终止日期；风灾、雹灾还应记载天气过程开始和终止时间（以时或分计）。以台站气象观测记录为准。

A.2　受害症状和受害程度

A.2.1　干旱

记录田间干旱情况及水稻受害的器官（根、茎、叶、穗、籽粒等）外部形态、颜色及生长动态的变化，并按照表A.1判断受害程度。

表A.1　水稻干旱灾害等级症状

等级	类型	农田及作物形态		
		播种期	移栽期	生长发育阶段
0	无旱	水田可适时整地，稻田有适当的水层	秧苗栽插顺利，秧苗成活率大于90％	叶片自然伸展，生长正常
1	轻旱	因旱不能适时整地，水稻本田期不能及时按需供水	栽插用水不足，秧苗成活率为80％～90％	因旱叶片上部卷起
2	中旱	因旱水稻田断水，开始出现干裂	因旱不能插秧；秧苗成活率为60％～80％	因旱叶片白天凋萎
3	重旱	因旱水稻田干裂	因旱不能插秧；秧苗成活率为50％～60％	因旱有死苗、叶片枯萎、果实脱落现象
4	特旱	因旱水稻田开裂严重	因旱不能插秧；秧苗成活率小于50％	因旱植株干枯死亡

A.2.2　洪涝

受害症状如下：

a）洪水冲刷农田，植株被冲走；田地内积水；植株被淹没；

b）叶、茎、穗、籽粒变色、枯萎霉烂。

A.2.3 高温热害

A.2.3.1 受害症状

水稻上部功能叶变黄早衰，灌浆期缩短，灌浆速度变慢。

A.2.3.2 受害指标

早稻在薄膜育秧期日最高气温≥26 ℃时受到高温危害，膜内幼苗受害；抽穗开花期时遇到连续三天日最高气温≥35 ℃或日平均气温≥30 ℃时，花粉发育受影响和开花授粉受精不良。灌浆结实期时的指标则是日最高气温≥35 ℃或日平均气温≥30 ℃。

A.2.4 低温冷害

A.2.4.1 受害症状

受害症状如下：

a) 烂种：稻种只长芽不长根，种芽倒卧，胚乳变质、腐烂；
b) 烂根：根部呈透明状，根芽呈现黄褐色，芽腐烂变软；
c) 死苗：秧苗心叶先呈棕色，后逐渐卷曲枯萎，根部腐烂变为黑褐色，整株青枯；
d) 抽穗困难，穗子上出现麻壳等。

A.2.4.2 受害指标

A.2.4.2.1 南方水稻低温冷害指标

按照 GB/T 27959—2011 中第 3 章的规定，南方水稻低温冷害按水稻不同生长阶段可分为：倒春寒、五月低温、八月低温和寒露风。

a) 倒春寒：双季早稻播种到育秧期间旬平均气温低于该旬常年平均值 2 ℃以上，并低于前旬平均气温，可称之为倒春寒；
b) 五月低温：双季早稻分蘖期至幼穗分化期连续 5 d 或以上日平均气温≤20 ℃；
c) 八月低温：长江中下游地区一季稻抽穗扬花期遭遇日平均气温≤23℃连续 3 d 或以上；
d) 寒露风：双季晚稻抽穗扬花期间日平均气温≤20 ℃连续 3 d 或以上。寒露风等级的划分以日平均气温、日最低气温、雨日为基础，分为干冷型、湿冷型两大类，并各分为轻度、重度两个等级。各级对应的日平均气温、日最低气温、雨日见表 A.2。

表 A.2 寒露风等级划分表

<table>
<tr><th rowspan="2">寒露风等级</th><th colspan="2">干冷型</th><th colspan="3">湿冷型</th></tr>
<tr><th>日平均气温</th><th>日最低气温</th><th>日平均气温</th><th>日最低气温</th><th>雨日</th></tr>
<tr><td rowspan="2">轻度</td><td>≤22 ℃
持续≥3 d</td><td>>16 ℃</td><td rowspan="2">≤23 ℃
持续≥3 d</td><td rowspan="2">>16 ℃</td><td rowspan="2">≥1 d</td></tr>
<tr><td>或≤22 ℃
持续 2 d</td><td>≤16 ℃</td></tr>
<tr><td rowspan="2">重度</td><td>≤20 ℃
持续≥3 d</td><td>>16 ℃</td><td rowspan="2">≤21 ℃
持续≥3 d</td><td rowspan="2">≤16 ℃</td><td rowspan="2">≥2 d</td></tr>
<tr><td>或≤20 ℃
持续 2 d</td><td>≤16 ℃</td></tr>
</table>

A.2.4.2.2 北方水稻低温冷害指标

按照 GB/T 34967—2017 中 4.1 和第 5 章的规定，北方水稻低温冷害根据危害特点及受害症状，可分为延迟型低温冷害和障碍性低温冷害，其气象指标分别见表 A.3 和表 A.4。

表 A.3 北方水稻延迟型低温冷害气象指标

等级	早熟区		中熟区		晚熟区	
	移栽—安全齐穗期	移栽—安全成熟期	移栽—安全齐穗期	移栽—安全成熟期	移栽—安全齐穗期	移栽—安全成熟期
轻度	$-50\leqslant\Delta\sum T_{10}<-40$	$-60\leqslant\Delta\sum T_{10}<-50$	$-60\leqslant\Delta\sum T_{10}<-50$	$-70\leqslant\Delta\sum T_{10}<-60$	$-7\leqslant\Delta\sum T_{10}<-60$	$-80\leqslant\Delta\sum T_{10}<-70$
中度	$-60\leqslant\Delta\sum T_{10}<-50$	$-70\leqslant\Delta\sum T_{10}<-60$	$-70\leqslant\Delta\sum T_{10}<-60$	$-80\leqslant\Delta\sum T_{10}<-70$	$-80\leqslant\Delta\sum T_{10}<-70$	$-90\leqslant\Delta\sum T_{10}<-80$
重度	$\Delta\sum T_{10}<-60$	$\Delta\sum T_{10}<-70$	$\Delta\sum T_{10}<-70$	$\Delta\sum T_{10}<-80$	$\Delta\sum T_{10}<-80$	$\Delta\sum T_{10}<-90$

注 1：水稻生育期为普遍期，即 50%的水稻达到该生育期的日期。

注 2：$\Delta\sum T_{10}$是指生长季≥10 ℃活动积温差值。

表 A.4 北方水稻障碍型低温冷害气象指标

等级	早熟区		中熟区		晚熟区	
	孕穗期	抽穗扬花期	孕穗期	抽穗扬花期	孕穗期	抽穗扬花期
轻度	连续 2 d $T_a\leqslant16.0$ ℃	连续 3 d $T_b\leqslant18.0$ ℃ 或连续 2 d $T_b\leqslant17.0$ ℃	连续 2 d $T_a\leqslant17.0$ ℃	连续 3 d $T_b\leqslant19.0$ ℃ 或连续 2 d $T_b\leqslant18.0$ ℃	连续 2 d $T_a\leqslant17.5$ ℃	连续 3 d $T_b\leqslant19.5$ ℃ 或连续 2 d $T_b\leqslant18.5$ ℃
中度	连续 3 d $T_a\leqslant16.0$ ℃ 或连续 2 d $T_a\leqslant15.0$ ℃	连续 4 d $T_b\leqslant18.0$ ℃ 或连续 3 d $T_b\leqslant17.0$ ℃ 或连续 2 d $T_b\leqslant16.0$ ℃	连续 3 d $T_a\leqslant17.0$ ℃ 或连续 2 d $T_a\leqslant16.0$ ℃	连续 4 d $T_b\leqslant19.0$ ℃ 或连续 3 d $T_b\leqslant18.0$ ℃ 或连续 2 d $T_b\leqslant17.0$ ℃	连续 3 d $T_a\leqslant17.5$ ℃ 或连续 2 d $T_a\leqslant16.5$ ℃	连续 4 d $T_b\leqslant19.5$℃ 或连续 3 d $T_b\leqslant18.5$ ℃ 或连续 2 d $T_b\leqslant16.0$℃
重度	连续 4 d 以上 $T_a\leqslant16.0$ ℃，或连续 3 d 以上 $T_a\leqslant15.0$ ℃	连续 5 d 以上 $T_b\leqslant18.0$ ℃，或连续 4 d 以上 $T_b\leqslant17.0$ ℃，或连续 3 d 以上 $T_b\leqslant16.0$ ℃	连续 4 d 以上 $T_a\leqslant17.0$ ℃，或连续 3 d 以上 $T_a\leqslant16.0$ ℃	连续 5 d 以上 $T_b\leqslant19.0$ ℃，或连续 4 d 以上 $T_b\leqslant18.0$ ℃，或连续 3 d 以上 $T_b\leqslant17.0$ ℃	连续 4 d 以上 $T_a\leqslant17.5$ ℃，或连续 3 d 以上 $T_a\leqslant16.5$ ℃	连续 5 d 以上 $T_b\leqslant19.5$ ℃，或连续 4 d 以上 $T_b\leqslant18.5$ ℃，或连续 3 d 以上 $T_b\leqslant17.5$ ℃

注：T_a为抽穗前 20 d 内的日平均气温，T_b为抽穗后 10 d 内的日平均气温。

A.2.5 连阴雨

A.2.5.1 春季连阴雨

一般危害早稻的播种、出苗，容易造成早稻烂秧，具体指标见表 A.5。

表 A.5 南方早稻播种育秧期低温阴雨指标

等级	指标	出现时间
轻	阴雨寡照条件下，日平均气温≤12 ℃且持续 3 d～5 d	3 月至 4 月
中	阴雨寡照条件下，日平均气温≤12 ℃且持续 6 d～9 d；或日平均气温≤10 ℃且持续 3 d 以上	
重	阴雨寡照条件下，日平均气温≤12 ℃且持续 10 d 以上；或日平均气温≤8 ℃且持续 3 d 以上	

A.2.5.2 秋季连阴雨

一般发生在 9 月至 10 月，易造成晚稻籽粒发芽霉烂，具体指标见表 A.6。

表 A.6 晚稻收获期阴雨指标

出现时间	指标
8 月下旬至 11 月中旬，以 9 月至 10 月为主要时段	连续阴雨日≥3 d

A.2.6 风灾

受害症状如下：

a) 根部倒伏（以 15°、45°、60°、90°记载）；

b) 茎秆折断；

c) 叶子撕破。

A.2.7 雹灾

受害症状如下：

a) 叶子被击破、打落；

b) 植株倒伏、茎秆折断、死亡；

c) 冰雹堆积植株遭受冻害。

A.3 受灾期间天气气候情况

灾害发生后，记载实际出现使水稻受害的天气和土壤情况，过程持续时间和特征量。各种灾害的记载内容见表 A.7。

表 A.7 水稻农业气象灾害期间的天气气候情况

灾害名称	天气气候情况记载内容
干旱	最长连续无降水日数、干旱期间的降水量和天数、水田连续断水天数
洪涝	过程降水量、连续降水日数、田间积水日数、最大积水深度
高温热害	持续日数、过程平均最高气温、极端最高气温及日期
低温冷害	持续日数、过程平均最高气温、极端最高气温及日期
连阴雨	连续阴雨日数、过程降水量
风灾	过程平均风速、最大风速及日期、开始和终止时间(以时或分计)
雹灾	最大冰雹直径、冰雹密度或积雹厚度、开始和终止时间(以时或分计)

A.4 灾害记录调查方法

如本次灾害进行了县级范围受灾数据的调查,则记载县级范围受灾情况。记载内容参照“全国气象灾情收集上报技术规范(气减函〔2018〕60 号)”,根据调查实际情况记载,以文字和数字的方式记录调查获取到的详细资料。如面上数据资料来自其他部门,应注明资料来源。

附 录 B
（规范性附录）
农气观测簿表的填写

B.1 农气簿-1-1 的填写

B.1.1 总则

农气簿-1-1 供填写水稻生育状况观测原始记录用，要随身携带边观测边记录。

B.1.2 封面

封面按下述规定填写：

a） 省、自治区、直辖市和台站名称：填写台站所在的省、自治区、直辖市。台站名称应按上级业务主管部门命名填写。
b） 品种名称：按照农业科技部门鉴定的名称填写。
c） 品种类型：填写水稻（常规稻、杂交稻，籼稻、粳稻、糯稻，双季早稻、双季晚稻、一季稻）。
d） 栽培方式：按当地实际栽培方式填写“移栽、直播”两种栽培方式中的一种。
e） 起止日期：第一次使用簿的日期为开始日期；最后一次使用簿的日期为结束日期。

B.1.3 观测地段说明和测点分布图

观测地段填写规定如下：

a） 观测地段说明：按照 4.2.3 规定的观测地段资料内容逐项填入。
b） 地段分区和测点分布图：将地段的形状、分区及发育期、植株高度、密度、产量因素等测点标在图上，以便观测。

B.1.4 发育期观测记录

发育期观测记录规定如下：

a） 发育期：记载发育期名称，观测时未出现下一发育期记“未”。
b） 观测总株数：需统计百分率的发育期记载 4 个测点观测的总株数。
c） 进入发育期株数：分别填写 4 个测点观测植株中，进入发育期的株数，并计算总和及百分率。
d） 生长状况评定：按照 6.7 的规定记录。

B.1.5 植株高度记录

高度测量记录规定如下：

a） 记录高度测量时所处的发育期。
b） 分 4 个区按序逐株（茎）测量植株高度，记入植株高度记录栏相应序号下，并计算合计及平均。

B.1.6 植株密度测定记录

密度测量记录规定如下：

a） 记录密度测定时所处的发育期。
b） 测定过程项目按如下要求记录：
    1） 直播：直接在双线下填写“测定面积”“所含株（茎）数”；

2） 1 m 内行、株（茎）数：双线上填写通过“量取长度”和“所含行距数”总和计算的 1 m 内行数。双线下填通过“量取长度”和“所含行距数”总和计算的 1 m 内株（茎）数。

B.1.7 产量因素测定记录

产量因素测定记录规定如下：

a） 项目：记载产量因素测定项目名称；

b） 单株测定值：规定需分株测定的项目则分株记载，不需分株测定的项目可分区记载。

B.1.8 大田生育状况观测调查记录

大田生育状况观测调查记录规定如下：

a） 地点：填写观测调查所在乡、村、组及田地所在单位或个人名称；

b） 田地生产水平：按照上、中、下三级填写；

c） 播种、收获日期、单产：填写田地所在单位或个人调查记录资料；

d） 日期：实际观测调查日期；

e） 发育期：目测记载观测调查田地作物所处发育期，以未进入某发育期、始期、普遍期、发育期已过等记载；

f） 高度、密度和产量因素：测定项目，分别记于植株高度、密度和产量因素测定记录页，备注栏注明为大田生育状况观测调查记录，测定结果抄入大田生育状况观测调查页内，备注栏应注明品种类型、熟性、栽培方式；

g） 生长状况评定：记载观测调查田地生长状况评定结果。

B.1.9 产量结构及品质分析记录

产量结构及品质分析记录规定如下：

a） 结实粒数进行逐株测量后填入产量结构分析单项纪录表内。

b） 各项分析记录按照 8.1.1 分析项目的先后次序逐项填入产量结构及品质分析纪录表。

c） 分析计算过程记入分析计算步骤栏，计算最后结果记入分析结果栏。

d） 地段实收面积、总产量：地段实收面积以公顷为单位，其总产量以千克为单位。

e） 籽粒品质分析结果记录分析项目名称、单位、分析方法和结果。

B.1.10 主要田间工作记载

按 9.2 的规定进行。

B.1.11 观测地段农业气象灾害和病虫害观测记录

观测地段农业气象灾害和病虫害观测记录规定如下：

a） 灾害名称：农业气象灾害按 10.1 规定和普遍采用的名称进行记载，病虫害按 10.2 规定和植保部门的名称进行记载。不得采用俗名。农业气象灾害和病虫害按出现先后次序记载。如果同时出现两种或以上灾害，按先重后轻记载，若分不清，可综合记载。

b） 受害起止日期：记载农业气象灾害或病虫害发生的开始期、终止期。有的灾害受害过程中有发展也应观测记载，以便确定农业气象灾害严重日期和病虫害猖獗期。突发性灾害天气，以时或分记录。

c） 天气气候情况：农业气象灾害按表 A.3 中规定内容记载，病虫害不记载此项。

B.1.12 农业气象灾害和病虫害调查记录

农业气象灾害和病虫害调查记录规定如下：

a） 按“农业气象灾害和病虫害调查记录”表格的要求，参照观测地段灾害填写有关规定，逐项记载。未包括的但对造成灾害有影响的内容，在成灾的其他原因栏中进行分析记载。
b） 灾害在县级行政区域内的分布，分别记载各种灾害不同为害等级的区乡镇名。
c） 成灾面积和比例，统计记录县级行政区域成灾面积和比例，受害未成灾则不统计。
d） 并发自然灾害，记录由于某种灾害发生而引发的其他灾害。

B.2 农气簿-1-2 的填写

B.2.1 植株叶面积测定记录

叶面积测定记录规定如下：

a） 测定时期：填写测定时的发育期。
b） 校正系数：根据测定结果填写。
c） 株（茎）号：填写样本号。
d） 长、宽、面积：采用面积法测定时，填写长、宽和叶面积。
e） 合计：填写单株（茎）各叶片面积之和。
f） 单株（茎）叶面积、1 m^2 叶面积和叶面积指数：当所有样本株（茎）测定结束后，统计记载。
g） 计算叶面积校正系数的测定记录，记入植株叶面积测定记录页，在备注栏中注明。

B.2.2 植株干鲜生物量测定记录

干鲜生物量测定记录规定如下：

a） 样本数：填写测定的样本株数。
b） 袋重：填写装分器官样本的空袋重量，若某器官样本量大、采用多个袋装时，填写各袋总重量。
c） 样本总重：填写分器官的总鲜重和总干重，其合计为样本总鲜重和总干重。干重称量多次，依次填入，最后一次为干重记录，并计算合计。
d） 株（茎）重：填写分器官重除样本株（茎）数所得值，其合计为株（茎）鲜、干重。
e） 1 m^2 株（茎）重：填写株（茎）分器官鲜、干重分别乘 1 m^2 株（茎）数的积，其合计为 1 m^2 株（茎）鲜、干重。
f） 植株地上部含水率：以样本分器官总鲜、干重计算分器官含水率记入相应栏，以样本总鲜、干重计算株（茎）含水率并记入合计栏。
g） 生长率：以单株（茎）分器官干重计算分器官生长率并记入相应栏，以单株（茎）干重计算单株（茎）生长率，并记入合计栏。

B.3 农气表-1 的填写

B.3.1 一般规定

一般填写规定如下：

a） 农气表-1 的内容抄自农气簿-1-1 和农气簿-1-2 相应栏。
b） 地址、北纬、东经、观测场海拔高度抄自台站气表-1。
c） 各项记录统计填写最后的结果。

B.3.2 填写说明

填写说明如下：

a) 发育期

按照发育期出现的先后次序填写发育期名称，并填写始期、普遍期的日期。

播种到成熟天数，从播种的第二天算起至成熟期的当天的天数。

b) 生长高度、密度、生长状况

抄自农气簿-1-1 观测地段植株高度测量、密度测定、生长状况评定记录页。各项测定值填入规定测定的发育期相应栏下。

c) 产量因素

发育期栏填写产量因素测定时所处的发育期名称，项目栏按 6.6 规定填入测定项目和单位，数值栏抄自农气簿-1-1 有关产量因素的测定结果。

d) 产量结构

项目栏按 8.1.1 规定项目顺序填入并注明单位。测定值栏抄自农气簿-1-1 分析结果栏的数值。地段实产抄自农气簿-1-1 相应栏。

e) 观测地段农业气象灾害和病虫害

1) 农业气象灾害和病虫害观测记录根据农气簿-1-1 相应栏的记录，对同一灾害过程先进行归纳整理，再抄入记录表。先填农业气象灾害，再填病虫害，中间以横线隔开。

2) 受害起止日期，大多数灾害记载开始和终止日期，有的灾害有发展、加重，农业气象灾害填写灾害严重的日期，病虫害填写猖獗期。突发性天气灾害应记到小时或分。

f) 主要田间工作记载

逐项抄自农气簿-1-1 相应栏。若某项田间工作进行多次，且无差异，可归纳在同一栏填写。

g) 生长量测定

抄自农气簿-1-2 相应栏。植株或器官鲜、干重记入同一栏内，上面为鲜重，下面为干重，中间以斜线分开。

h) 农业气象灾害和病虫害调查

1) 按照农气表-1 的格式内容，将农气簿-1-1 同一过程的农业气象灾害或病虫害各点调查内容综合整理填写在一个日期内。

2) 调查日期，各点如不是同一天调查，则记录调查起止日期。

3) 灾害在县级行政区域内的分布应分别注明此次灾害受害轻、中、重的区乡镇的名称。

4) 灾情综合评定，就县级范围内本次灾情与历年比较及其对产量的影响，按轻、中、重记载。

5) 资料来源，注明提供县级范围调查资料的单位名称。

i) 观测地段说明

抄自农气簿-1-1。

附 录 C
(资料性附录)
各发育期观测项目

表 C.1 给出了各发育期观测项目。

表 C.1 各发育期观测项目

序号	发育期	观测记录项目
1	播种期	播种日期
2	出苗期	发育期、生长状况评定
3	三叶期	发育期、生长状况评定、植株密度、叶面积、地上生物量
4	移栽期	发育期、生长状况评定、植株密度、植株高度、叶面积、地上生物量
5	返青期	发育期、生长状况评定、植株密度
6	分蘖期	发育期、生长状况评定、植株密度、叶面积、地上生物量
7	拔节期	发育期、生长状况评定、植株密度、植株高度、叶面积、大田生长状况调查、地上生物量
8	孕穗期	发育期、生长状况评定
9	抽穗期	发育期、生长状况评定、植株密度、叶面积、大田生长状况调查、地上生物量、一次枝梗数、灌浆速率
10	乳熟期	发育期、生长状况评定、植株密度、植株高度、叶面积、地上生物量、结实粒数、灌浆速率
11	成熟期	发育期、生长状况评定、灌浆速率
12	收获期	产量结构及品质分析、地段实产调查
注:农业气象灾害和病虫害在出现后进行地段观测和大田调查;在观测发育期的同时作田间工作记载。		

附　录　D
（资料性附录）
农业气象观测簿及报表格式

D.1　图 D.1 给出了农气簿-1-1 的样式。

农气簿-1-1

作物生育状况观测记录簿

省、自治区、直辖市 ______________________

台站名称 ______________________

作物名称 ______________________

品种名称 ______________________

品种春化特性 ______________________

栽培方式 ______________________

开始日期______________________

结束日期______________________

年　　月　　日至　　　年　　月　　日

印制单位

图 D.1　农气簿-1-1 样式

观 测 地 段 说 明

1. ______

2. ______

3. ______

4. ______

5. ______

6. ______

7. ______

8. ______

9. ______

10. ______

图 D.1　农气簿-1-1 样式(续)

图 D.1 农气簿-1-1 样式(续)

发育期观测记录

观测日期（月.日）	发育期	观测总株数	进入发育期株数						生长状况评定（类）	观测	校对
			1	2	3	4	总和	（%）			
备注											

图 D.1　农气簿-1-1 样式（续）

植株高度测量记录

测量日期	月　　日				月　　日			
发育期								
观测项目	植株高度(cm)				植株高度(cm)			
测点与株号	1	2	3	4	1	2	3	4
1								
2								
3								
4								
5								
6								
7								
8								
9								
10								
合计								
总和								
平均								
备注								

观测员 ________　________

校对员 ________　________

图 D.1　农气簿-1-1样式(续)

植株密度测定记录

测定日期（月.日）	发育期	测定过程项目	测点				总和	1 m内行株数	1 m^2 株数
			1	2	3	4			
备注									

观测员 ________ ________ ________ ________ ________

校对员 ________ ________ ________ ________ ________

图 D.1 农气簿-1-1 样式（续）

产量因素测定记录

<table>
<tr><td>日期
（月.日）</td><td>项目
（单位）</td><td>测点</td><td colspan="10">单株测定值</td></tr>
<tr><td rowspan="5"></td><td rowspan="5"></td><td>1</td><td></td><td></td><td></td><td></td><td></td><td></td><td></td><td></td><td></td><td></td></tr>
<tr><td>2</td><td></td><td></td><td></td><td></td><td></td><td></td><td></td><td></td><td></td><td></td></tr>
<tr><td>3</td><td></td><td></td><td></td><td></td><td></td><td></td><td></td><td></td><td></td><td></td></tr>
<tr><td>4</td><td></td><td></td><td></td><td></td><td></td><td></td><td></td><td></td><td></td><td></td></tr>
<tr><td colspan="2">合 计</td><td colspan="4"></td><td colspan="2">平 均</td><td colspan="3"></td></tr>
<tr><td rowspan="5"></td><td rowspan="5"></td><td>1</td><td></td><td></td><td></td><td></td><td></td><td></td><td></td><td></td><td></td><td></td></tr>
<tr><td>2</td><td></td><td></td><td></td><td></td><td></td><td></td><td></td><td></td><td></td><td></td></tr>
<tr><td>3</td><td></td><td></td><td></td><td></td><td></td><td></td><td></td><td></td><td></td><td></td></tr>
<tr><td>4</td><td></td><td></td><td></td><td></td><td></td><td></td><td></td><td></td><td></td><td></td></tr>
<tr><td colspan="2">合 计</td><td colspan="4"></td><td colspan="2">平 均</td><td colspan="3"></td></tr>
<tr><td colspan="13"></td></tr>
<tr><td rowspan="2">苗情
评定</td><td>发育期</td><td></td><td></td><td></td><td></td><td></td></tr>
<tr><td>分 类</td><td></td><td></td><td></td><td></td><td></td></tr>
<tr><td>备注</td><td colspan="12"></td></tr>
</table>

观测员 ________ ________

校对员 ________ ________

图 D.1 农气簿-1-1 样式（续）

大田生育状况观测调查记录

地点 ____________________

田地生产水平 ____________________

作物品种名称 ____________________

播种日期 ____________________ 收获日期 ____________________

收获单产（kg/hm²）____________________

日期（月．日）	观测调查项目									生长状况评定（类）
	发育期	高度（cm）	密度（株（茎）/m²）	产量因素						
				项目（单位）	数值	项目（单位）	数值	项目（单位）	数值	
备注										

观测员 ________ ________ ________

校对员 ________ ________ ________

图 D.1 农气簿-1-1 样式（续）

产量结构分析单项记录

项目			项目			项目		
单位			单位			单位		
合计			合计			合计		
平均			平均			平均		
备注								

分析日期________年____月____日至____月____日

分析　__________　__________　__________

校对　__________　__________　__________

图 D.1　农气簿-1-1 样式(续)

产量结构分析记录

项目	单位	分析计算步骤	分析结果
地段实收面积(hm^2)		地段总产量(kg)		地段实收单产(kg/hm^2)	

分析 ________ ________ ________

校对 ________ ________ ________

品质分析记录

项目	单位	分析结果

分析 ________ ________ ________

校对 ________ ________ ________

图 D.1　农气簿-1-1 样式(续)

田间工作记载

项目	日期	方法和工具	数量、质量和效果	观测	校对

观测地段农业气象灾害和病虫害观测记录

观测日期（月.日）	灾害名称	受害起止日期	天气气候情况	受害症状	受害程度 受害、死亡株数/总株数					器官受害程度（%）	灾前灾后采取的主要措施	预计对产量的影响	地段代表灾情类型	此种灾情类型在县级范围内分布及灾害的主要区乡镇名称、数量，受灾面积及比例
					1	2	3	4	平均					

观测 ________ ________ ________ 校对 ________ ________ ________

图 D.1　农气簿-1-1 样式(续)

农业气象灾害和病虫害调查记录

调查日期 (月.日)			县级行政区域内成灾面积和比例(单作物和多种作物)		
灾害名称			并发的自然灾害		
受害起止日期			造成的其他损失		
调查点灾情类型 (轻、中、重)			资料来源		
受灾症状			调查点名称(乡、村),位于气象站的方向、距离(km)		
受害程度 (植株、器官)			地形、地势		
成灾面积 和比例			作物品种名称		
灾前、灾后采取的主要措施			播种期及前茬作物		
对减产趋势 估计(%)			所处发育期		
成灾的其 他原因			土壤状况(质地、酸碱度)		
实产 (户主姓名)			产量水平(上、中、下)		
此种灾害类型在县级行政区域内分布及受灾害的主要区、乡名称、数量			品种冬春性、栽培方式		
			备注		

图 D.1　农气簿-1-1 样式(续)

D.2 图 D.2 给出了农气簿-1-2 的样式。

农气簿-1-2

植株叶面积测定记录

测定日期____________ 测定时期____________ 校正系数____________

株号											
长	宽	面积	长	宽	面积	长	宽	面积	长	宽	面积
合计			合计			合计			合计		
单株叶面积(cm^2)					1 m^2 株数			叶面积指数			
备注											

观测 ________ ________ 校对 ________ ________

图 D.2 农气簿-1-2 样式

植株地上生物量测定记录

测定时期 ________　　　　样本数 ________　　　　重量单位:克

测定项目	分器官		叶片	叶 鞘	茎	穗	合 计
样本总重	袋重						
	鲜重						
	干重	1 次					
		2 次					
		3 次					
株重							
1 m^2 株重							
植株含水率(%)							
生长率(g/(m^2 · d))							

观测 ________ ________　　校对 ________ ________

图 D.2　农气簿-1-2 样式(续)

D.3 图 D.3 给出了农气表-1 的样式。

农气表-1
区站号
档案号

作物生育状况观测记录报表

作物名称 ______________________ 品种名称 ______________________

品种春化特性、栽培方式 ______________________________________

__________ 年

省、自治区、直辖市 ______________________________________

台站名称 ______________________________________

地　　址 ______________________________________

北　　纬 __________ ° __________ ′ 东　　经 __________ ° __________ ′

海拔高度 ______________________________________ m

台 站 长 ______________________ 抄　　录 ______________________

观　　测 ______________________ 校　　对 ______________________

预　　审 ______________________ 审　　核 ______________________

寄出时间　　　　　　年　　　　月　　　　日

图 D.3　农气表-1 样式

<table>
<tr><td rowspan="4">发育期
（月.日）</td><td>名称</td><td></td><td></td><td></td><td></td><td></td><td></td><td></td><td></td><td></td><td></td><td></td><td rowspan="4">播种到成熟天数</td><td colspan="4">主要田间工作记录</td></tr>
<tr><td>始期</td><td></td><td></td><td></td><td></td><td></td><td></td><td></td><td></td><td></td><td></td><td></td><td>项目</td><td>起止日期</td><td>方法和工具</td><td>数量、质量、效果</td></tr>
<tr><td>普遍期</td><td></td><td></td><td></td><td></td><td></td><td></td><td></td><td></td><td></td><td></td><td></td><td></td><td></td><td></td><td></td></tr>
<tr><td>末期</td><td></td><td></td><td></td><td></td><td></td><td></td><td></td><td></td><td></td><td></td><td></td><td></td><td></td><td></td><td></td></tr>
<tr><td colspan="2">生长状况（类）</td><td></td><td></td><td></td><td></td><td></td><td></td><td></td><td></td><td></td><td></td><td></td><td rowspan="2">地段实收面积（hm^2）</td><td></td><td></td><td></td><td></td></tr>
<tr><td colspan="2">生长高度（cm）</td><td></td><td></td><td></td><td></td><td></td><td></td><td></td><td></td><td></td><td></td><td></td><td></td><td></td><td></td><td></td></tr>
<tr><td colspan="2">密度（株（茎）/m^2）</td><td></td><td></td><td></td><td></td><td></td><td></td><td></td><td></td><td></td><td></td><td></td><td></td><td></td><td></td><td></td><td></td></tr>
<tr><td rowspan="3">产量因素</td><td>发育期</td><td></td><td></td><td></td><td></td><td></td><td></td><td></td><td></td><td></td><td></td><td></td><td rowspan="3">地段实收单产（kg/hm^2）</td><td></td><td></td><td></td><td></td></tr>
<tr><td>项目（单位）</td><td></td><td></td><td></td><td></td><td></td><td></td><td></td><td></td><td></td><td></td><td></td><td></td><td></td><td></td><td></td></tr>
<tr><td>数值</td><td></td><td></td><td></td><td></td><td></td><td></td><td></td><td></td><td></td><td></td><td></td><td></td><td></td><td></td><td></td></tr>
<tr><td rowspan="2">产量结构</td><td>项目（单位）</td><td></td><td></td><td></td><td></td><td></td><td></td><td></td><td></td><td></td><td></td><td></td><td rowspan="2"></td><td></td><td></td><td></td><td></td></tr>
<tr><td>数值</td><td></td><td></td><td></td><td></td><td></td><td></td><td></td><td></td><td></td><td></td><td></td><td></td><td></td><td></td><td></td></tr>
</table>

<table>
<tr><td rowspan="2">观测地段农业气象灾害和病虫害</td><td>观测日期（月.日）</td><td>灾害名称</td><td>受害起止日期</td><td>天气气候情况</td><td>受害症状</td><td>受害程度</td><td>灾前灾后采取的主要措施</td><td>对产量的影响情况</td></tr>
<tr><td></td><td></td><td></td><td></td><td></td><td></td><td></td><td></td></tr>
</table>

图 D.3　农气表-1 样式（续）

农业气象灾害和病虫害调查						观测地段说明
调查日期 （月.日）						
灾害名称						
受害起止日期						
灾害分布在县级行政区域内哪些主要区、乡						
本县级行政区域成灾面积及其面积比例（单项和各种作物）						
作物受害症状						
受害程度						
灾前灾后采取的主要措施						
灾情综合评定						
减产情况						
其他损失						纪要
成灾其他原因分析						
资料来源						

图 D.3　农气表-1 样式（续）

<table>
<tr><td colspan="13">生 长 量 测 定</td></tr>
<tr><td rowspan="2">测定日期（月.日）</td><td colspan="2">叶面积（cm²）</td><td rowspan="2">叶面积指数</td><td colspan="6">植株鲜/干重(g)</td><td rowspan="2">含水率（%）</td><td rowspan="2">生长率（g/(m²·d)）</td><td>县级行政区域平均产量（kg/hm²）</td></tr>
<tr><td>单株（茎）</td><td>1 m²</td><td>叶片</td><td>叶鞘</td><td>茎</td><td>穗</td><td>整株（茎）合计</td><td>1 m²</td><td></td></tr>
<tr><td></td><td></td><td></td><td></td><td></td><td></td><td></td><td></td><td></td><td></td><td></td><td></td><td>与上年比增减产百分比</td></tr>
<tr><td></td><td></td><td></td><td></td><td></td><td></td><td></td><td></td><td></td><td></td><td></td><td></td><td rowspan="4"></td></tr>
<tr><td></td><td></td><td></td><td></td><td></td><td></td><td></td><td></td><td></td><td></td><td></td><td></td></tr>
<tr><td></td><td></td><td></td><td></td><td></td><td></td><td></td><td></td><td></td><td></td><td></td><td></td></tr>
<tr><td></td><td></td><td></td><td></td><td></td><td></td><td></td><td></td><td></td><td></td><td></td><td></td></tr>
<tr><td></td><td colspan="12">生育期间农业气象条件鉴定：</td></tr>
</table>

图 D.3 农气表-1 样式(续)

参 考 文 献

[1] GB/T 20481—2006 气象干旱等级

[2] QX/T 182—2013 水稻冷害评估技术规范

[3] QX/T 299—2015 农业气象观测规范 冬小麦

[4] 中国气象局.农业气象观测规范[M].北京:气象出版社,1993

[5] 郑大玮,郑大琼,刘虎城.农业减灾实用技术手册[M].杭州:浙江科学技术出版社,2005

[6] 杨文钰,屠乃美. 作物栽培学各论[M].北京:中国农业出版社,2011

[7] 黄义德,姚维传.作物栽培学[M].北京:中国农业出版社,2002

[8] 李刚华,丁艳锋,薛利红,等. 利用叶绿素计(SPAD-502)诊断水稻氮素营养和推荐追肥的研究进展[J].植物营养与肥料学报,2005,11(3):412-416

[9] 张金恒,王珂,王人潮.叶绿素计 SPAD-502 在水稻氮素营养诊断中的应用[J].西北农林科技大学学报,2003,31(2):177-180

ICS 07.060
A 47
备案号：65868—2019

中华人民共和国气象行业标准

QX/T 469—2018

气候可行性论证规范　总则

Specifications for climatic feasibility demonstration—General

2018-12-12 发布　　2019-04-01 实施

中　国　气　象　局　　发　布

前　言

本标准按照 GB/T 1.1—2009 给出的规则起草。

本标准由全国气候与气候变化标准化技术委员会(SAC/TC 540)提出并归口。

本标准起草单位:中国气象局公共气象服务中心、陕西省气候中心、广西壮族自治区气象服务中心。

本标准主要起草人:孙娴、宋丽莉、雷杨娜、黄卓、全利红、薛春芳、苏志。

气候可行性论证规范　总则

1　范围

本标准规定了规划和建设等项目开展气候可行性论证的工作流程、方案编制、资料收集、参证气象站选取、现场气象观测、资料处理、论证内容与方法、报告编制与评审的要求。

本标准适用于规划和建设项目的气候可行性论证，其他项目可参考使用。

2　规范性引用文件

下列文件对于本文件的应用是必不可少的。凡是注日期的引用文件，仅注日期的版本适用于本文件。凡是不注日期的引用文件，其最新版本（包括所有的修改单）适用于本文件。

QX/T 118—2010　地面气象观测资料质量控制

QX/T 457—2018　气候可行性论证规范　气象观测资料加工处理

3　术语和定义

下列术语和定义适用于本文件。

3.1

气候可行性论证　climatic feasibility demonstration

对与气候条件密切相关的规划和建设等项目进行气候适宜性、风险性及可能对局地气候产生影响的分析、评估活动。

[QX/T 242—2014，定义 3.4]

3.2

参证气象站　reference meteorological station

气象分析计算所参照或引用的具有长年代气象观测数据的国家气象观测站。

注 1：长年代一般不少于 30 年。

注 2：国家气象观测站包括 GB 31221—2014 中定义的国家基准气候站、国家基本气象站和国家一般气象站。

注 3：改写 QX/T 423—2018，定义 3.1。

3.3

专用气象站　dedicated meteorological station

为工程项目选址或者其建设项目获取气象要素值而设立的气象观测站。

注：专用气象站的观测项目和年限根据设站目的而定，包括地面气象观测场、观测塔和其他特种观测设施等。

[QX/T 423—2018，定义 3.2]

3.4

关键气象因子　key meteorological factor

对规划和建设等项目的气候适宜性和风险性有重大影响的单个气象要素或多个气象要素的组合。

注：改写 QX/T 423—2018，定义 3.3。

3.5

再分析资料　reanalysis data

利用资料同化技术把多种类、多来源的观测资料与数值模式产品进行融合和最优集成制作出的气象客观分析资料。

3.6

数值模拟　numerical simulation

在一定的控制条件下，利用适宜的数值模式，模拟项目所在区域的气象条件及其变化情况。

注：改写 QX/T 242—2014，定义 3.5。

3.7

工程气象参数　engineering meteorological parameter

用于规划和建设项目工程设计的气象特征值。

3.8

有效数据完整率　effective data integrity rate

η

一定时间段内，有效数据数目占该时段内应测数据总数目的百分比。

$$\eta=\frac{N_{\mathrm{Y}}-N_{\mathrm{Q}}-N_{\mathrm{W}}}{N_{\mathrm{Y}}}\times 100\%$$

式中：

N_{Y}——应测数据总数目；

N_{Q}——缺测数据数目；

N_{W}——无效数据数目。

注：有效数据完整率用百分率（%）表示。

4　工作流程

4.1　根据项目特点，确定开展气候可行性论证的时间，通常应在项目规划、选址或可行性研究阶段进行；也可根据项目需求，在项目的其他阶段分别开展。

4.2　根据项目特点、相关规范要求以及当地气象灾害特征，确定气候可行性论证关键气象因子和论证内容，编制工作大纲或实施方案，并征求项目委托方和项目总设计方意见。

4.3　根据论证项目所属行业的规范、导则、技术标准，收集气象资料、项目资料、相关行业资料等，并对所收集的资料进行处理等。

4.4　进行区域气候特征分析、关键气象因子分析、工程气象参数计算、气象灾害风险性评估，也可根据需求开展规划和建设项目对局地气候环境的影响分析。

4.5　编制气候可行性论证报告。

4.6　对气候可行性论证报告进行评审，确保结论可靠及科学。

5　方案编制

5.1　应在开展论证工作之前编制工作方案。

5.2　开展需求调查，确定论证重点和范围，必要时进行现场踏勘分析。

5.3　确定技术路线，形成论证工作方案，主要包括：任务由来、编制依据、资料要求、数据处理方法、论证重点及方法等。如需现场观测，应对选址和观测要素等做出详细说明。

6 资料收集

6.1 基本要求

6.1.1 资料应真实、可靠、完整，对项目所在区域具有较好的代表性。

6.1.2 应优先收集符合国家技术标准的资料，并说明资料来源。

6.2 气象资料

6.2.1 项目所在区域及周边的气象站信息，以及参证气象站和专用气象站的相关气象资料。

6.2.2 项目所在区域及周边的气象灾害资料及对应灾情资料。

6.2.3 上述资料无法满足项目需求时，可收集其他气象资料，如再分析资料，模式模拟结果，卫星遥感、雷达探测及探空观测气象资料等。

6.3 项目及相关行业资料

6.3.1 项目的背景信息和资料，包括项目所在地的基础地理数据及高分辨率的地形数据，项目的可行性研究报告或项目建议书、项目相关论证研究成果等。

6.3.2 与气候可行性论证有关的项目所属行业的规范、导则、技术标准等。

6.3.3 项目的相关行业资料、社会经济资料、环境资料和灾害灾情资料等。相关行业包括民政、能源、海洋、城建、规划、水文、环保、交通等。

7 参证气象站选取

7.1 应优先选用距离较近、具有类似气候特征的国家气象观测站作为参证气象站，若没有符合条件的参证气象站，可考虑用其他气象站代替，但应在基础建设、观测仪器选型和安装、观测方法等方面符合相关气象观测标准，且其观测资料经过严格审核。

7.2 参证气象站应与规划和建设项目区域处于同一气候区，下垫面特征相似，对影响项目的关键气象因子具有最优代表性。如设有专用气象站，则应选取与专用气象站的关键气象因子相关性好的气象站作为参证气象站。可针对影响规划和建设项目的关键气象因子代表性，选择一个或多个参证气象站。

7.3 应对参证气象站历史沿革进行考证和说明，一般应选择观测场址一直保持不变或变迁次数较少且探测环境较好的气象站。

7.4 工程气象参数中涉及重现期计算时，应优先选取资料长度不少于30年且观测时段连续的气象站作为参证气象站。

8 现场气象观测

8.1 参证气象站数据不能满足项目气候可行性论证需要的、项目相关工程气象参数是现有规范无法涵盖的，应开展专用气象观测。

8.2 专用气象站选址应具有项目区域代表性，周围环境应相对空旷平坦，应考虑施工建设的可行性、观测运行管理的可操作性。

8.3 应根据气候可行性论证项目的特点、相关规范要求及当地气候条件和气象灾害特征，选取设置观测的气象要素。

8.4 观测期限设置应满足项目需求。观测期限宜不少于1周年或一个完整观测周期，当不满足项目关键气象要素代表性时，应延长观测。

8.5　气象仪器选型、检定和观测运维及数据采集与处理等应满足项目需求，应符合气象及相关行业相关标准的技术要求和规定。

8.6　观测期限内，观测资料的有效数据完整率应不低于90%。

9　资料处理

9.1　基本要求

9.1.1　气象资料加工处理应包含完整性检查、可靠性审查、质量控制、资料统计、缺测插补、均一性检验和订正等。

9.1.2　应根据气候可行性论证项目气象资料要求及获取的气象资料情况，按照相关的标准规范选择相应的资料加工处理方法。

9.1.3　气候可行性论证中使用的高分辨率中、小尺度数值模式资料和再分析资料等各类气象资料均需经过科学的质量检验、分析和评估。

9.2　历史气象资料

9.2.1　应对历史气象数据进行均一性检验，数据前后不一致时应进行均一性订正或放弃使用。

9.2.2　对历史气象数据中的异常数据应进行专门调查，判断其合理性。

9.2.3　对缺测及不合理数据应按照《气候可行性论证规范　气象观测资料加工处理》(QX/T 457—2018)进行插补订正。

9.2.4　气象资料的统计分析方法应符合气象行业标准或规范要求。

9.3　专用气象站观测资料

9.3.1　应按照QX/T 118—2010中的要求对专用气象站观测资料进行质量控制。

9.3.2　应从各观测要素是否齐全、符合月份日数的观测记录条数、有极值观测的是否出现极值纪录及极值出现时间记录等方面对观测数据进行完整性审核。

9.3.3　按照各气象要素可能出现的极值范围进行要素极值的合理性审核。

9.3.4　对资料序列中的缺测和可疑记录要进行标注，根据气象缺测和可疑数据处理的相关规范，对缺测和可疑数据进行处理。

9.3.5　采用《气候可行性论证规范　气象观测资料加工处理》(QX/T 457—2018)中的方法对专用气象站缺测资料进行插补。

9.4　再分析资料和数值模拟资料

9.4.1　应对再分析资料进行质量检验与评估。

9.4.2　应对再分析资料和数值模拟资料的技术框架、模拟生成过程、同化或融合的实测资料以及时间和空间分辨率等进行考察分析，判别其可靠性。

9.4.3　应将再分析资料和数值模拟资料与参证气象站或专用气象站观测数据进行对比分析，判别其可靠性，并给出适用性说明。

9.4.4　再分析资料和数值模拟资料的时间和空间分辨率以及数据精度均应满足规划和建设项目气候可行性论证需要。

10 论证内容和方法

10.1 内容

10.1.1 根据规划和建设项目相关规范及当地的气候适宜特点和气象灾害特征，进行关键气象因子统计和分析。

10.1.2 根据规划和建设项目设计及运行要求，进行工程气象参数计算及分析。

10.1.3 对规划和建设项目可能产生影响的气象灾害进行分析。

10.1.4 根据需求，进行规划和建设项目实施后对局地气候环境的影响分析。

10.1.5 给出规划和建设项目的论证结论及结论适用性和不确定性分析。

10.2 方法

10.2.1 采用的气候可行性论证方法应科学合理，符合现行的国家或者有关行业、地方标准、规范和规程要求。

10.2.2 合理选择新技术新方法开展规划和建设项目气候可行性论证，应进行多种方法对比分析，确保结论的正确性和可靠性。

10.2.3 项目涉及工程安全性参数重现期计算时，应进行概率分析拟合验证，合理选择和推荐概率拟合函数。

10.2.4 应用数值模拟资料时，应根据影响项目的关键气象因子及相应的天气气候特点，确定数值模拟的天气过程或代表性时间段；应采用资料同化方法，充分融合模拟范围内气象观测资料；应利用相应的实测数据对模式模拟数据进行检验分析，并明确数值模拟结论的适用性和可靠性。

11 报告编制与评审

11.1 编制

11.1.1 要保证论证报告内容的真实性、科学性、完整性、准确性和适用性。报告文字应表述清晰、简明，计算、分析准确，附件、图表、计量单位规范，论证结论充分、可行。

11.1.2 气候可行性论证报告应包括项目任务由来、项目基本情况、高影响天气及关键气象因子分析以及论证结论、结论适用性分析等。

11.1.3 根据需求，宜包含项目实施后对局地气候环境产生影响的评估。

11.1.4 宜包含项目背景、参考文献、附录及其他补充说明内容等。

11.2 评审

11.2.1 采用数据的合理性和代表性。

11.2.2 论证报告对相关国家或行业标准、规范的符合性。

11.2.3 论证报告依据的理论或技术方法的合理性、科学性。

11.2.4 论证报告论证结论的科学性、正确性。

参 考 文 献

[1] GB 31221—2014 气象探测环境保护规范 地面气象观测站
[2] GB/T 35221—2017 地面气象观测规范 总则
[3] QX/T 22—2004 地面气候资料 30 年整编常规项目及其统计方法
[4] QX/T 65—2007 地面气象观测规范 第 21 部分:缺测记录的处理和不完整记录的统计
[5] QX/T 66—2007 地面气象观测规范 第 22 部分:观测记录质量控制
[6] QX/T 242—2014 城市总体规划气候可行性论证技术规范
[7] QX/T 423—2018 气候可行性论证规范 报告编制
[8] 中国气象局.气候可行性论证管理办法:中国气象局第 18 号令[Z],2008 年 12 月 1 日

ICS 07.060
A 47
备案号：65869—2019

中华人民共和国气象行业标准

QX/T 470—2018

暴雨诱发灾害风险普查规范　山洪

Specifications for risk investigation into disaster induced by rainstorm —Flash flood

2018-12-12 发布　　2019-04-01 实施

中 国 气 象 局　发 布

前　言

本标准按照 GB/T 1.1—2009 给出的规则起草。

本标准由全国气候与气候变化标准化技术委员会(SAC/TC 540)提出并归口。

本标准起草单位:国家气候中心。

本标准主要起草人:李莹、高歌、姜彤、章国材、孟玉婧。

暴雨诱发灾害风险普查规范　山洪

1　范围

本标准规定了暴雨诱发的山洪灾害风险普查数据收集工作的基本要求、内容、方法和流程。

本标准适用于暴雨诱发的山洪灾害风险的评估、预警、区划等业务以及科研工作。

2　规范性引用文件

下列文件对于本文件的应用是必不可少的。凡是注日期的引用文件，仅注日期的版本适用于本文件。凡是不注日期的引用文件，其最新版本(包括所有的修改单)适用于本文件。

QX/T 428—2018　暴雨诱发灾害风险普查规范　中小河流洪水

3　术语和定义

下列术语和定义适用于本文件。

3.1

山洪　flash flood

历时很短而洪峰流量较大的山区骤发性洪水。

[GB/T 50095—2014，定义 2.3.24.5]

3.2

山洪沟　flash flood ditch

容易发生山洪的山丘区小流域。

注：流域面积一般小于 200 km^2

3.3

山洪灾害风险　flash flood disaster risk

山洪对影响区域生命、财产、社会经济等造成危害的可能性。

3.4

风险普查　risk investigation

对产生风险的致灾因子及其危险性、承灾体及其暴露度和脆弱性、防灾减灾能力等重要相关信息的收集、调查。

[QX/T 428—2018，定义 3.4]

3.5

隐患点　potential danger area

易受山洪影响并可能造成较大伤害和损失的地点。

注：改写 QX/T 428—2018，定义 3.5。

4 基本要求

4.1 普查原则

4.1.1 按照每条山洪沟建档并全面普查，重点调查山洪易发区域和山洪隐患点。

4.1.2 应注重相关部门数据信息收集和实地调查相结合。

4.1.3 应对山洪沟流域边界与内容的匹配性及数据的准确性、逻辑性和空间一致性等方面进行逐级质量核查，确保数据可靠。

4.2 资料采集

4.2.1 水文、气象和灾情资料均为有记录或上次普查以来的资料。

4.2.2 人口及社会经济资料按国家或各级地方政府规定的基准年份收集，若无法收集基准年份相关数据，应收集与基准年份接近的最新数据代替。

4.2.3 如没有特殊要求，应收集最新资料。各类资料收集时应记载具体来源及原始制作和收集时间。

4.3 数据更新

4.3.1 自然环境、社会经济、隐患点位置、工程和基础设施等发生变化时，应及时收集或实地调查获取最新资料进行信息更新。

4.3.2 行政区划发生变化时，应记载变化情况。

5 普查内容

5.1 基础信息

5.1.1 行政区划图，至少精确到乡镇边界。

5.1.2 河网水系图、地形图、地质图、土地利用图等，其中地形图应采用 1∶5 万分辨率或更高精度。

5.1.3 内容涉及 5.2 中基本状况的基础地理信息图和专业专题图。

5.1.4 山洪重点防治区高分辨率遥感影像图。

5.2 基本状况

5.2.1 山洪沟流域基本情况（见附录 A 的表 A.1）。

5.2.2 山洪沟流域内行政区划基本情况（见附录 A 的表 A.2）。以村（社区）为单位。

5.2.3 山洪沟流域内人口和社会经济情况（见附录 A 的表 A.3）。以村（社区）为单位。

5.2.4 山洪沟流域内基础设施情况，包括：公路、铁路的类型、总长度和固定资产，桥梁总数和固定资产，以及通信网、能源、水利设施和市政工程的数量和固定资产等（见附录 A 的表 A.4）。以村（社区）为单位。

5.2.5 山洪沟流域内隐患点调查情况（见附录 A 的表 A.5），主要为易受山洪影响的承灾体的数量和价值量及地理位置经纬度信息、海拔高度等。

5.2.6 山洪沟流域内水利工程基本情况（见附录 A 的表 A.6 和表 A.7），主要包括堤防、水库等水利工程的位置、工程建设标准、特征水位值、潜在影响社会经济情况、防汛调度管理措施等。

5.2.7 山洪沟流域内土地利用情况（见附录 A 的表 A.8）。以村（社区）为单位。

5.2.8 山洪沟流域内土壤类型情况（见附录 A 的表 A.9），包括表层土壤类型、质地、孔隙度、结构、剖面分层情况等。以村（社区）为单位。

5.3 气象、水文信息

5.3.1 山洪沟流域内或邻近气象(雨量)站情况(见附录A的表A.10)。

5.3.2 山洪沟流域内或邻近水文(水位)站情况(见附录A的表A.11)。

5.3.3 站点降水、水位以及流量观测数据。时间尺度为分钟(min)、小时(h)、日(d)等。

5.3.4 流域内各站历史上发生的历次山洪过程水文要素摘录。

5.4 历史灾情

5.4.1 山洪沟流域内历次山洪灾害损失情况(见附录A的表A.12)。

5.4.2 县级历年山洪灾害损失情况(见附录A的表A.13)。以县级行政区为单位,时间尺度为年(a)。

5.5 预警指标及防灾措施

5.5.1 预警指标(见附录A的表A.14)。

5.5.2 防灾措施情况(见附录A的表A.15)。以村(社区)为单位。

6 普查方法

6.1 历史文献检索法。通过对历史文献、部门年鉴进行检索查询获得数据信息、线索。

6.2 成果调研法。对已开展的相关工作和研究成果进行调研,通过合作、共享、专家咨询等方式采集信息。

6.3 实地调查法。通过到普查点实地进行观察、测量、咨询、问卷调查等形式获取信息。

6.4 遥感和地理信息分析法。从遥感图像、地理信息中识别和提取、加工、分析获取相关信息。

7 普查流程

7.1 对普查工作进行总体设计、组织安排,按照普查内容进行初步调研,制定数据采集方案。

7.2 基于基础地理信息完成山洪沟流域边界提取,并结合当地实际情况进行流域边界核查。

7.3 对山洪沟进行命名和编码(见附录B)。

7.4 根据普查内容和数据采集方案进行数据收集、整理、质量核查、录入对应表格、复核、汇交、归档。

附　录　A
（规范性附录）
山洪灾害风险普查信息

表 A.1—表 A.15 为暴雨诱发的山洪灾害风险普查中使用的各种表格，其中有关行政区代码、中小河流代码、山洪沟代码、水库代码、堤防（段）代码的编制规范见附录 B。

表 A.1　山洪沟流域基本情况

填表字段	单位	记录	填表说明
山洪沟名称			
山洪沟代码			
所在中小河流名称			
所在中小河流代码			
流域面积	km^2		流域地面分水线与河口断面之间所包围的平面面积，精确到 0.1 km^2
主沟总长度	m		精确到 0.1 m
主沟平均宽度	m		精确到 0.1 m
主沟平均深度	m		精确到 0.1 m
山洪沟起始经度	° ′ ″		格式为×××°××′××″
山洪沟起始纬度	° ′ ″		格式为×××°××′××″
山洪沟沟口经度	° ′ ″		格式为×××°××′××″
山洪沟沟口纬度	° ′ ″		格式为×××°××′××″
（一）分段主沟宽度			不同区域有明显变化的地方分段填写
开始经度	° ′ ″		格式为×××°××′××″
开始纬度	° ′ ″		格式为×××°××′××″
结束经度	° ′ ″		格式为×××°××′××″
结束纬度	° ′ ″		格式为×××°××′××″
分段主沟宽度	m		精确到 0.1 m
（二）分段主沟深度			不同区域有明显变化的地方分段填写
开始经度	° ′ ″		格式为×××°××′××″
开始纬度	° ′ ″		格式为×××°××′××″
结束经度	° ′ ″		格式为×××°××′××″
结束纬度	° ′ ″		格式为×××°××′××″
分段主沟深度	m		精确到 0.1 m
（三）分段主沟沟床比降			不同区域有明显变化的地方分段填写
开始经度	° ′ ″		格式为×××°××′××″
开始纬度	° ′ ″		格式为×××°××′××″

表 A.1 山洪沟流域基本情况(续)

填表字段	单位	记录	填表说明
结束经度	° ′ ″		格式为×××°××′××″
结束纬度	° ′ ″		格式为×××°××′××″
分段主沟沟床比降	以千分率(‰)表示		
(四)横断面			以图片形式给出,文件名命名为:山洪沟_section_编号.jpg,不同区域有明显变化的地方分段填写
横断面编号			
开始经度	° ′ ″		格式为×××°××′××″
开始纬度	° ′ ″		格式为×××°××′××″
结束经度	° ′ ″		格式为×××°××′××″
结束纬度	° ′ ″		格式为×××°××′××″
备注			
资料来源			

填表人:________ 复核人:________ 审查人:________ 联系电话:____________ 填写单位:________________

填表日期:________年____月____日

表 A.2 山洪沟流域内行政区划基本情况

填表字段	单位	记录	填表说明
山洪沟代码			
省名			包括省、自治区、直辖市、特别行政区
市名			包括市、地区、自治州、盟
县名			包括县、自治县、县级市、旗、自治旗、市辖区、林区、特区
乡名			包括乡、镇、街道、苏木
村(社区)名			精确到村(社区)
村(社区)代码			包含行政从属关系信息
村(社区)经度	° ′ ″		格式为×××°××′××″,以村委会(社区居委会)为准
村(社区)纬度	° ′ ″		格式为×××°××′××″,以村委会(社区居委会)为准
海拔高度	m		精确到0.1 m,以村委会(社区居委会)为准
基本概况			用文字简单描述山洪沟涉及区域内各村(社区)的地理位置、经济、文化、历史以及水文、气象、山洪防治区、防灾救灾能力、主要交通等情况
备注			
资料来源			

填表人:________ 复核人:________ 审查人:________ 联系电话:____________ 填写单位:________________

填表日期:________年____月____日

表 A.3 山洪沟流域内人口和社会经济情况

填表字段	单位	记录	填表说明
山洪沟代码			
村(社区)名			精确到村(社区)
村(社区)代码			包含行政从属关系信息
调查年份			格式为 yyyy
土地面积	km^2		国土面积,精确到 0.1 km^2
耕地面积	km^2		精确到 0.1 km^2
城镇人口数	人		
乡村人口数	人		
总人口数	人		
常住人口数	人		
65 岁及以上人口数	人		
65 岁及以上人口比例	以百分率(%)表示		
14 岁及以下人口数	人		
14 岁及以下人口比例	以百分率(%)表示		
家庭户数	户		
房屋数	间		
地区生产总值	万元		
工业总产值	万元		
农业总产值	万元		
备注			
资料来源			

填表人:________ 复核人:________ 审查人:________ 联系电话:____________ 填写单位:________________

填表日期:________年____月____日

表 A.4 山洪沟流域内基础设施情况

填表字段	单位	记录	填表说明
山洪沟代码			
村(社区)名			精确到村(社区)
村(社区)代码			
调查年份			格式为 yyyy
(一)过境公路			选填项
公路类型			包括国道、省道、县级以下公路以及高速公路

表 A.4 山洪沟流域内基础设施情况(续)

填表字段	单位	记录	填表说明
公路总长度	km		
公路固定资产	万元		如无原始资料,根据单价及长度估算
(二)过境铁路			选填项
铁路类型			铁路类型包括高速铁路、普通铁路。高速铁路,简称“高铁”,是指通过改造原有线路,使营运速率达到 200 km/h 以上,或者专门修建新的“高速新线”,使营运速率达到 250 km/h 以上的铁路系统,高速铁路以外的其他铁路归入普通铁路统计
铁路总长度	km		
铁路固定资产	万元		如无原始资料,根据单价及长度估算
(三)桥梁			选填项
桥梁总数	座		
桥梁固定资产	万元		如无原始资料,根据单价及座数估算
(四)通信网			
通信网设备数量	台(套)		通信网设备包括交换设备、接入设备等
通信网设备固定资产	万元		
通信传输设备长度	皮长公里		通信传输设备包括光缆、电缆等
通信传输设备固定资产	万元		
基站数	个		
基站固定资产	万元		
通信网地下管道数量	管孔		
通信网地下管道固定资产	万元		
通信总固定资产	万元		
(五)能源			选填项
220 kV 及以上电压等级电网长度	km		
220 kV 及以上电压等级电网固定资产	万元		
220 kV 以下电压等级电网长度	km		
220 kV 以下电压等级电网固定资产	万元		
电网总长度	km		
电网总固定资产	万元		
电厂座数	座		包括火电厂、风电厂、水电厂、核电厂、太阳能电厂等
电厂总装机容量	kW		

表 A.4　山洪沟流域内基础设施情况(续)

填表字段	单位	记录	填表说明
电厂总固定资产	万元		
气井数量	个		
气井固定资产	万元		
油井数量	个		
油井固定资产	万元		
输油管道长度	km		
输油管道固定资产	万元		
天然气管线长度	km		
天然气管线固定资产	万元		
(六)水利设施			选填项
人饮设施(备)数量	个		
人饮设施(备)固定资产	万元		
水渠长度	km		
水渠固定资产	万元		
水利设施总固定资产	万元		
(七)市政工程			选填项
交通枢纽数量	座		
交通枢纽固定资产	万元		
水厂数量	座		
水厂固定资产	万元		
供水管网长度	km		
供水管网固定资产	万元		
排水管网长度	km		
排水管网固定资产	万元		
供气管网长度	km		
供气管网固定资产	万元		
备注			
资料来源			

填表人:________　复核人:________　审查人:________　联系电话:____________　填写单位:________________

填表日期:________年____月____日

表 A.5　山洪沟流域内隐患点调查情况

填表字段	单位	记录	填表说明
山洪沟代码			
村(社区)名			
村(社区)代码			
隐患点名称			可选多个隐患点，按每个隐患点填写：居民区、学校、医院等人群聚集地，企业、商铺、停车场等社会经济活动集中点，道路桥梁、电网、通信网等关键生命线等。若为企业，选年产值超过1000万元，且具有危险性的、可能带来二次污染的典型大企业
隐患点类型			填写：村庄、社区、学校、幼儿园、医院、企业、桥梁、公路、铁路、机场、电网(含变电站等)、通信网、停车场、房屋、农田、其他等。若为企业，应单选采矿业、制造业、建筑业或其他。若为公路，应单选高速公路、国道或省道。若为电网，应单选低压或高压。若为房屋，应单选钢筋水泥结构、砖混结构、土木结构、土坯结构。若为桥梁，应给出桥梁材质
起点经度	° ′ ″		格式为×××°××′××″。承灾体类型若为线型，如公路、电网、铁路、通信网，则起点、终点信息均填写，可分段；若为点状型，则仅填写起点信息
起点纬度	° ′ ″		格式为×××°××′××″
起点海拔高度	m		
终点经度	° ′ ″		格式为×××°××′××″
终点纬度	° ′ ″		格式为×××°××′××″
终点海拔高度	m		
隐患点面积	km^2		
人口数	人		隐患点涉及的人口数，若为学校则为教职工与学生数之和；若为医院则为医辅职工与日平均就医人数之和
固定资产	万元		选填项
年产值	万元		若为企业应选填
危险品名称			选填项，若隐患点涉及危险品，如化学品、放射性物品等，填写其主要种类名称
主要作物类型			
耕地面积	km^2		
防灾减灾措施			用文字简要说明具体措施及运行情况，如：医院可填写床位数。没有填“无”
备注			隐患点类型为桥梁，说明桥梁抗洪设计标准等
资料来源			

填表人：________　复核人：________　审查人：________　联系电话：____________　填写单位：________________

填表日期：________年____月____日

表 A.6　山洪沟流域内堤防基本情况

填表字段	单位	记录	填表说明
山洪沟代码			
堤防名称			如果一条堤防的高度和类型有明显变化，要分段填写
堤防(段)代码			
堤防类型			土堤、石堤、混凝土堤、其他等
起点经度	° ′ ″		格式为×××°××′××″
起点纬度	° ′ ″		格式为×××°××′××″
终点经度	° ′ ″		格式为×××°××′××″
终点纬度	° ′ ″		格式为×××°××′××″
堤防长度	m		
堤顶高程	m		给出此段堤顶高程最小值
一般堤高	m		填写“××～××”
设计洪水位	m		堤防遇设计洪水时，在指定断面测点处达到的最高水位
保证洪水位	m		能保证防洪工程或防护区安全运行的最高洪水位
警戒水位	m		可能造成防洪工程或防护区出现险情的河流和其他水体的水位
设计流量	m^3/s		设计洪水位对应的流量
保证流量	m^3/s		保证水位对应的流量
警戒流量	m^3/s		警戒水位对应的流量
保护耕地面积	km^2		设计洪水位(潮位)以下保护的耕地面积，当两个及以上堤防(段)保护同一地区时，应分别填写
保护人口	人		设计洪水位(潮位)以下保护的人口，当两个及以上堤防(段)保护同一地区时，应分别填写
备注			如有维护管理信息，在备注栏给出
资料来源			

填表人：________　复核人：________　审查人：________　联系电话：____________　填写单位：________________

填表日期：________年____月____日

表 A.7　山洪沟流域内水库基本情况

填表字段	单位	记录	填表说明
山洪沟代码			
水库名称			
水库代码			
水库经度	° ′ ″		格式为×××°××′××″
水库纬度	° ′ ″		格式为×××°××′××″

表 A.7 山洪沟流域内水库基本情况(续)

填表字段	单位	记录	填表说明
水库类型			填写大(1)型、大(2)型、中型、小(1)型和小(2)型
管理单位			水库的管理单位
建成年份			格式为 yyyy
集水面积	km^2		水库坝址以上的水库集水面积,精确到 0.1 km^2
总库容	万 m^3		校核洪水位以下的水库容积,精确到 0.01 万 m^3
设计洪水位	m		水库遇设计标准洪水时,在坝前达到的最高水位(大中型水库填写,小型水库可不填),精确到 0.01 m
校核洪水位	m		水库遇校核洪水时,在坝前达到的最高水位,精确到 0.01 m
防洪高水位	m		水库遇下游防护对象设防洪水时,在坝前达到的最高水位,精确到 0.01 m
死水位	m		水库在正常运行情况下,允许消落到的最低水位,精确到 0.01 m
正常蓄水位	m		也称正常高水位、兴利水位,是水库在正常运行情况下,为满足设计的兴利要求应蓄到的最高水位,精确到 0.01 m
汛限水位	m		水库防洪限制水位的简称,即水库汛期洪水到来前,坝前允许兴利蓄水的上限水位,精确到 0.01 m
调洪库容	万 m^3		校核洪水位至防洪限制水位之间的水库容积(大中型水库填写,小型水库可不填),精确到 0.01 万 m^3
防洪库容	万 m^3		防洪高水位至防洪限制水位之间的水库容积(大中型水库填写,小型水库可不填),精确到 0.01 万 m^3
坝体类型			主坝的具体类型,如混凝土重力坝、双曲拱坝、碾压式土石坝、均质土坝、黏土心墙坝、面板堆石坝、水力充填坝、水坠坝等
坝长	m		水库主坝的坝顶两端之间沿坝轴线计算的长度(如拱坝,指坝顶弧线的长度),精确到 0.1 m
坝高	m		精确到 0.01 m
坝顶高程	m		水库正常溢洪道的堰顶高程,精确到 0.01 m
溢洪道型式			包括正槽、侧槽、井式、虹吸等
溢洪道高程	m		精确到 0.01 m
溢洪道最大泄量	m^3/s		精确到 1 m^3/s
设计洪水频率			水库设计洪水的发生频率,即设计洪水为几年一遇
校核洪水频率			水库校核洪水的发生频率,即校核洪水为几年一遇

表 A.7　山洪沟流域内水库基本情况(续)

填表字段	单位	记录	填表说明
现状洪水频率			水库现状能够防御的最大洪水的发生频率,即现状洪水为几年一遇
设计泄流能力	m^3/s		当水库水位达到设计洪水位时所对应的水库最大泄流能力,精确到 1 m^3/s
校核泄流能力	m^3/s		当水库水位达到校核洪水位时所对应的水库最大泄流能力,精确到 1 m^3/s
安全泄流能力	m^3/s		水库下游防洪控制站允许的最大安全泄量,精确到 1 m^3/s
调度主管部门			汛期对水库防洪运用有调度和决策权限的单位名称
近期安全鉴定日期			水库大坝最近一次安全鉴定/复核的时间,填写格式为 yyyymmdd
安全类别			水库大坝安全鉴定/复核后得到的安全类别,填写Ⅰ、Ⅱ、Ⅲ
水库病险情况			从大坝、泄洪设施、输水设施、白蚁危害、管理设施等方面阐述水库主要病险情况,以及其他影响水库安全的主要问题
潜在影响社会经济情况			文字描述下游影响人口总数,以及铁路、公路、城镇、人口聚集区、耕地等距水库距离、影响情况等
预警设施手段			水库与下游之间重要防护目标如城镇、重要设施等的预警手段及设施情况
防汛调度方案			文字描述
备注			
资料来源			

填表人:________　复核人:________　审查人:________　联系电话:____________　填写单位:________________

填表日期:________年____月____日

表 A.8　山洪沟流域内土地利用情况

填表字段	单位	记录	填表说明
山洪沟代码			
村(社区)名			精确到村(社区)
村(社区)代码			
调查年份			格式为 yyyy
总面积	km^2		精确到 0.1 km^2,下同
(一)基本农田			

表 A.8　山洪沟流域内土地利用情况(续)

填表字段	单位	记录	填表说明
水田	km^2		精确到 0.1 km^2
梯坪地	km^2		精确到 0.1 km^2
坝地	km^2		精确到 0.1 km^2
坡耕地	km^2		精确到 0.1 km^2
农田总计	km^2		精确到 0.1 km^2
(二)林地			
有林地	km^2		精确到 0.1 km^2
经果林	km^2		精确到 0.1 km^2
疏残林	km^2		精确到 0.1 km^2
幼林	km^2		精确到 0.1 km^2
林地总计	km^2		精确到 0.1 km^2
(三)其他			
草地	km^2		精确到 0.1 km^2
荒山荒坡	km^2		精确到 0.1 km^2
水域	km^2		精确到 0.1 km^2
非生产用地	km^2		作为活动场所和建筑物基地的面积,精确到 0.1 km^2
难利用地	km^2		精确到 0.1 km^2
林草覆盖率	以百分率(%)表示		
森林覆盖率	以百分率(%)表示		
备注			若直接收集到最新的地理信息数据或高精度卫星遥感数据,不必填表,也可按照其面积所占总面积的比例进行估算填写
资料来源			

填表人:________　复核人:________　审查人:________　联系电话:__________　填写单位:______________
填表日期:________年____月____日

表 A.9　山洪沟流域内土壤类型情况

填表字段	单位	记录	填表说明
山洪沟代码			
村(社区)名			精确到村(社区)
村(社区)代码			
表层土壤类型			分为水稻土、潮土、石灰土、紫色土、黄壤、黄棕壤、棕壤等

表 A.9　山洪沟流域内土壤类型情况(续)

填表字段	单位	记录	填表说明
质地			指土壤颗粒的组合特征,分为沙土、壤土和黏土等
孔隙度			单位土壤总容积中的孔隙容积,反映土壤疏松和紧实的程度
结构			指土壤颗粒胶结情况,分为团粒结构、块状结构、核状结构、柱状结构、棱柱状结构、片状结构等
剖面分层情况			文字描述土壤垂直剖面分层情况,按××～××cm 分类描述每层土壤的类型、质地和结构
备注			若直接收集到最新的地理信息数据或高精度卫星遥感数据,不必填表
资料来源			

填表人:________　复核人:________　审查人:________　联系电话:____________　填写单位:________________

填表日期:________年____月____日

表 A.10　山洪沟流域内或邻近气象(雨量)站情况

填表字段	单位	记录	填表说明
山洪沟代码			
村(社区)名			精确到村(社区)
村(社区)代码			
站名			
站号			
站点经度	° ′ ″		格式为×××°××′××″
站点纬度	° ′ ″		格式为×××°××′××″
站点海拔高度	m		精确到 0.01 m
台站类型			分为基准站、基本站、一般站和区域自动站
观测要素			包括气温、气压、湿度、风、降水量、日照时数、辐射等,变量之间用顿号隔开
建站时间			格式为 yyyymm;不详部分以 00 补位
观测年限			如果仍在观测,填写"建站至今";如果已经撤站,填写撤站时间,填写格式为 yyyymm;不详部分以 00 补位
站点归属部门			
是否流域内			站点在流域内填"是",不在流域内填"否"
备注			观测仪器设备的说明(包括精度),对迁站情况进行详细说明
资料来源			

填表人:________　复核人:________　审查人:________　联系电话:____________　填写单位:________________

填表日期:________年____月____日

表 A.11　山洪沟流域内或邻近水文(水位)站情况

填表字段	单位	记录	填表说明
山洪沟代码			
村(社区)名			精确到村(社区)
村(社区)代码			
站名			
站号			
站点经度	°　′　″		格式为×××°××′××″
站点纬度	°　′　″		格式为×××°××′××″
站点海拔高度	m		精确到 0.01 m
流域面积	km^2		水位站填写－1,精确到 0.1 km^2
观测要素			流量、水位等,变量之间用顿号隔开
防汛水位	m		精确到 0.01 m
警戒水位	m		精确到 0.01 m
保证水位	m		精确到 0.01 m
基面	m		计算水位和高程的起始面,不同地区所用基面不同,精确到 0.01 m
历史最低水位	m		精确到 0.01 m
历史最高水位	m		精确到 0.01 m
5 年重现期对应的水位	m		精确到 0.01 m
10 年重现期对应的水位	m		精确到 0.01 m
30 年重现期对应的水位	m		精确到 0.01 m
50 年重现期对应的水位	m		精确到 0.01 m
100 年重现期对应的水位	m		精确到 0.01 m
历史最大流量	m^3/s		精确到 0.01 m^3/s
历史最大流量出现的时间			格式为 yyyymmddhh;若具体时间不详,可通过反查历史资料确定时间,以 00 补位
雨-洪关系			填写关系式或提供曲线图片,标注图片名称,文件名命名为:山洪沟代码_rain_flood.jpg
站点归属部门			
是否流域内			站点在流域内填是,不在流域内填否
备注			填写水位-流量关系等;观测仪器设备的说明(包括精度)等相关信息
资料来源			

填表人:________　复核人:________　审查人:________　联系电话:____________　填写单位:________________

填表日期:________年____月____日

表 A.12 山洪沟流域内历次山洪灾害损失情况

填表字段	单位	记录	填表说明
山洪沟代码			
山洪发生时间			洪水漫出堤坝，认为是一次山洪的开始，填写格式为"yyyymmddhh"；若山洪发生具体时间不详，可通过反查历史资料确定具体时间，以00补位
山洪结束时间			山洪发生后，水位低于堤坝认为是一次山洪的结束，填写格式为"yyyymmddhh"；若山洪发生具体时间不详，可通过反查历史资料确定具体时间，以00补位
受淹村(社区)名			精确到村(社区)
受淹村(社区)代码			
(一)淹没信息采集			(一)至(七)为按山洪过程及影响乡镇收集淹没信息和灾情
过程最大淹没面积	km^2		基于村(社区)填写，精确到0.0001 km^2
过程淹没持续时间	h		基于村(社区)填写
(二)采集点淹没信息和灾情			
采集点名称			遭受淹没的采集点的名称
采集点经度	° ′ ″		格式为×××°××′××″
采集点纬度	° ′ ″		格式为×××°××′××″
采集点海拔高度	m		精确到0.01 m
采集点最大淹没水深	m		按照漫水洪痕高度填写，精确到0.01 m
采集点淹没开始时间			格式为yyyymmddhh
采集点淹没结束时间			格式为yyyymmddhh
采集点最大淹没水深出现的时间	h		若历史灾情为天(d)，换算成小时(h)填写
采集点影响信息描述			文字描述
(三)居民区受灾情况			
居民区受灾面积	km^2		精确到0.0001 km^2
损坏房屋	间		
倒塌房屋	间		
受灾人口	人		
紧急转移安置人口	人		
死亡人口	人		
失踪人口	人		
当年总人口	人		
受淹信息			文字描述受淹区域、受淹程度等
(四)农业受灾情况			

表 A.12　山洪沟流域内历次山洪灾害损失情况(续)

填表字段	单位	记录	填表说明
主要作物类型			
受灾面积	km^2		精确到 0.0001 km^2
绝收面积	km^2		精确到 0.0001 km^2
农业经济损失	万元		精确到 0.1 万元
(五)工业受灾情况			
工业经济损失	万元		精确到 0.1 万元
受灾情况			文字描述
主要受灾工业企业信息			文字描述受灾企业名称、位置以及是否有潜在危害等
(六)基础设施受灾情况			
学校受灾情况			文字描述学校位置、受灾信息
医疗卫生机构受灾情况			文字描述医疗卫生机构位置、受灾信息
(七)受灾情况汇总			
直接经济损失	万元		一次山洪过程受灾的全部经济损失,精确到 0.1 万元
雨情水情描述			文字描述降水、水情过程等,包括降水、流量、水位等信息
详细灾情描述			文字描述农业、工业、交通、通信、能源、旅游、基础设施等社会经济各方面的损失和影响(尽量用定量数据描述),典型事件的溃口位置(经纬度信息)和发生时间,以及分蓄洪区的泄洪情况等
备注			
资料来源			

填表人:________　复核人:________　审查人:________　联系电话:____________　填写单位:______________

填表日期:________年____月____日

表 A.13　县级历年山洪灾害损失情况

填表字段	单位	记录	填表说明
县(自治县、县级市、市辖区、旗、自治旗)名			以县级行政区为单位填写
县(自治县、县级市、市辖区、旗、自治旗)代码			乡镇、村补位 000000
受灾年份			格式为 yyyy
受灾次数	次		
受灾人口	人次		
死亡人口	人		
损坏房屋	间		

表 A.13 县级历年山洪灾害损失情况(续)

填表字段	单位	记录	填表说明
倒塌房屋	间		
农业受灾面积	km^2		精确到 0.01 km^2
农业绝收面积	km^2		精确到 0.01 km^2
农业直接经济损失	万元		精确到 0.1 万元
总直接经济损失	万元		精确到 0.1 万元
当年地区生产总值	万元		精确到 0.1 万元
备注			
资料来源			

填表人:________ 复核人:________ 审查人:________ 联系电话:____________ 填写单位:________________
填表日期:________年____月____日

表 A.14 预警指标

填表字段	单位	记录	填表说明
山洪沟代码			
预警点名称			逐条山洪沟、逐个预警点填写
预警点经度	° ′ ″		格式为×××°××′××″
预警点纬度	° ′ ″		格式为×××°××′××″
准备转移预警指标时效	h		时效选 0.5 h,1 h,…,24 h 等
不同时效准备转移预警指标	mm		各时效准备转移预警指标对应的(面)雨量
准备转移预警指标监测站名及水位	m		格式为:站名(水位米),如:李庄(12.10 m),精确到 0.01 m
立即转移预警指标时效	h		时效选 0.5 h,1 h,…,24 h 等
不同时效立即转移预警指标	mm		各时效立即转移预警指标对应的(面)雨量
立即转移预警指标监测站名及水位	m		格式为:站名(水位米),如:李庄(12.10 m),精确到 0.01 m
区域内人数	人		预警区域内涉及的人数
关联监测站点名称			参与预警降水量计算的站点,给出站名、站号及所属部门,如不清楚可填写附近站点,如:北京,54511,气象;……,水文等
指标来源			
备注			
资料来源			

填表人:________ 复核人:________ 审查人:________ 联系电话:____________ 填写单位:________________
填表日期:________年____月____日

表 A.15 防灾措施情况

填表字段	单位	记录	填表说明
山洪沟代码			
村(社区)名			
村(社区)代码			
有无监测手段			填写“有”或“无”
有无预警手段			填写“有”或“无”
有无应急救灾预案			填写“有”或“无”
有无救灾社会团体			填写“有”或“无”
有无政策法规			填写“有”或“无”
备注			文字描述通信网的覆盖范围、尚未覆盖范围,当前的警报措施以及是否满足山洪防治需要,目前在防治山洪方面已制定的防灾预案、防灾经验、采取的一些救灾措施、存在的问题等
资料来源			

填表人:________ 复核人:________ 审查人:________ 联系电话:____________ 填写单位:________________

填表日期:________年____月____日

附　录　B
（规范性附录）
代码编制规范

附录 A 中表格涉及的代码有行政区划代码、中小河流代码、山洪沟代码、水库代码、堤防（段）代码。其中，行政区划代码编制规范见 QX/T 428—2018 中 B.1；中小河流代码编制规范见 QX/T 428—2018 中 B.2；水库代码编制规范见 QX/T 428—2018 中 B.3；堤防（段）代码编制规范见 QX/T 428—2018 中 B.4。

山洪沟代码用 13 位大写英文字母和阿拉伯数字的组合码表示，格式为：BTFFSLDDNNNNY，各字段含义如下：

BTFFSLDD：表示所在的中小河流编码，见 QX/T 428—2018 中 B.2 的规定。

NNNN：4 位数字或字母，表示该流域内某个山洪沟的编号，N 取值范围为 0～9、A～Y。

Y：1 位大写字母，表示山洪沟，取值 A。

参 考 文 献

［1］ GB/T 2260—2007 中华人民共和国行政区划代码

［2］ GB/T 50095—2014 水文基本术语和符号标准

［3］ SL 213—2012 水利工程代码编制规范

［4］ SL 249—2012 中国河流代码

［5］ SL 259—2000 中国水库名称代码

［6］ 中华人民共和国国家统计局.统计用区划代码:国家统计局令第14号[Z],2010年6月2日

［7］ 中华人民共和国国家统计局.统计用区划和城乡划分代码[EB/OL].(2019-01-31).http://www.stats.gov.cn/tjsj/tjbz/tjyqhdmhcxhfdm/

［8］ 张容焱,章国材,章毅之.暴雨诱发的山洪风险预警服务业务技术指南[M].北京:气象出版社,2015

QX/T 85—2018 雷电灾害风险评估技术规范

表 A.2 评估指标的危险等级

危险等级	g	说明
Ⅰ级	[0,2)	低风险
Ⅱ级	[2,4)	较低风险
Ⅲ级	[4,6)	中等风险
Ⅳ级	[6,8)	较高风险
Ⅴ级	[8,10]	高风险

g 值与对应风险(用色标表示)的关系如下:

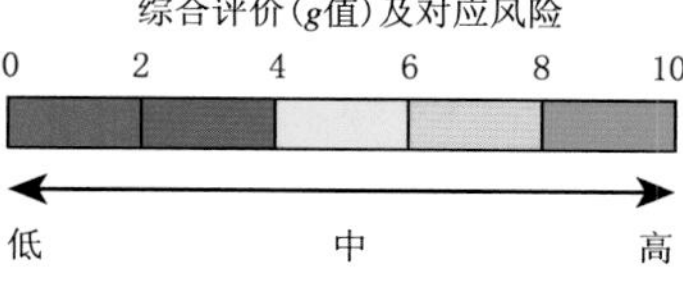

QX/T 443—2018 气象行业标志

图 1 图形示意图

中国气象

图 2 中文字体示意图

CHINA METEOROLOGY

图 3　英文字体示意图

中国气象
CHINA METEOROLOGY

图 4　横式组合 1 示意图

中国气象

图 5　横式组合 2 示意图

中国　气象

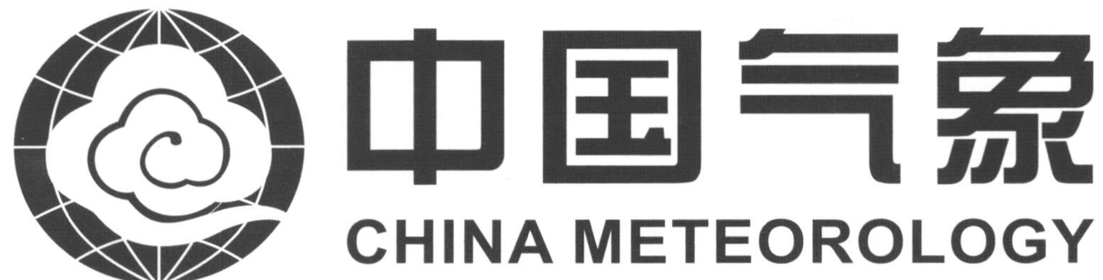

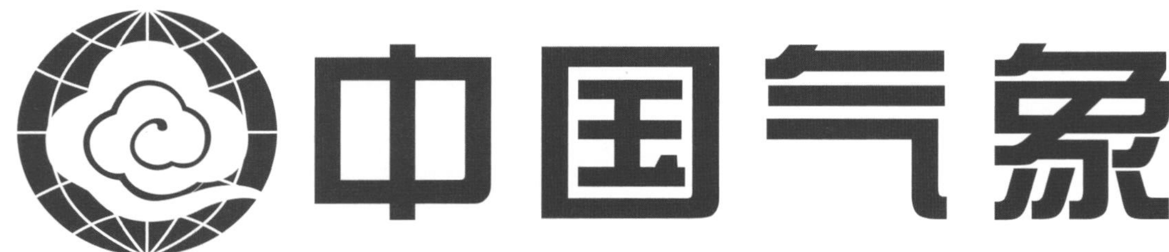

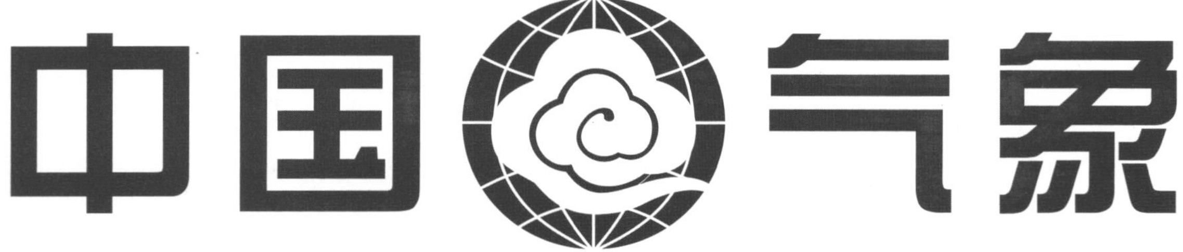

图 6　横式组合 3 示意图

图 7　竖式组合 1 示意图

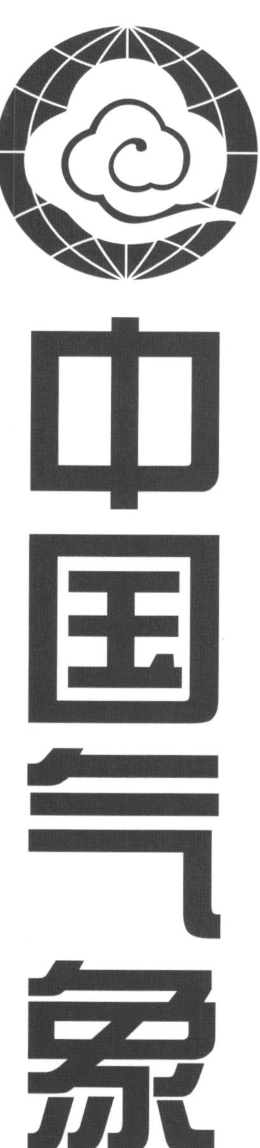

图 8　竖式组合 2 示意图

图 9　中置式组合 1 示意图

图 10　中置式组合 2 示意图

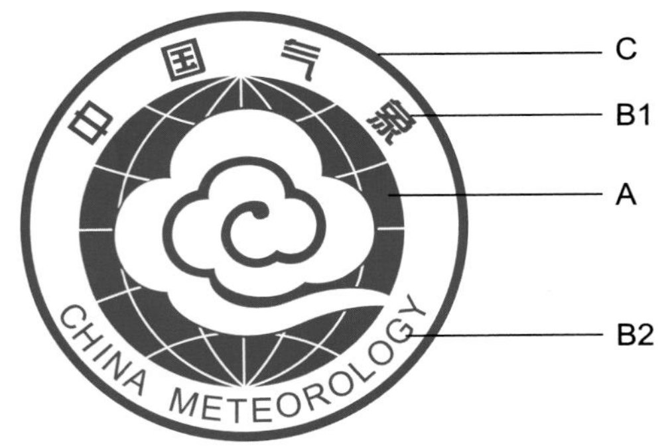

说明：

A——图形标志；

B1——文字部分上区；

B2——文字部分下区；

C——边框。

图 11　同心圆式组合示意图

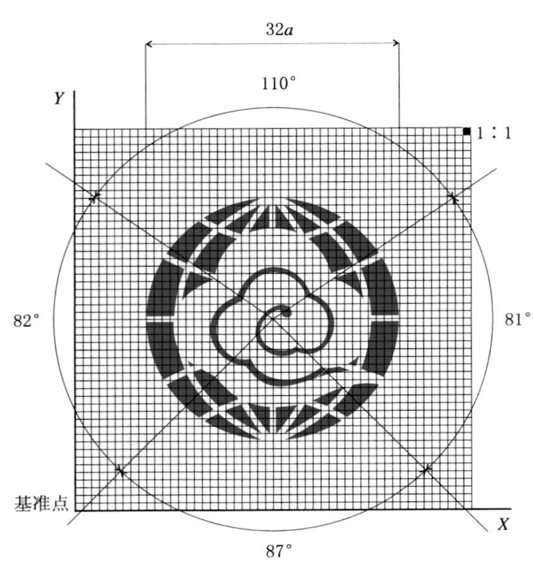

说明：a——绘图基础单元格。

图 A.1　图形的坐标网格图

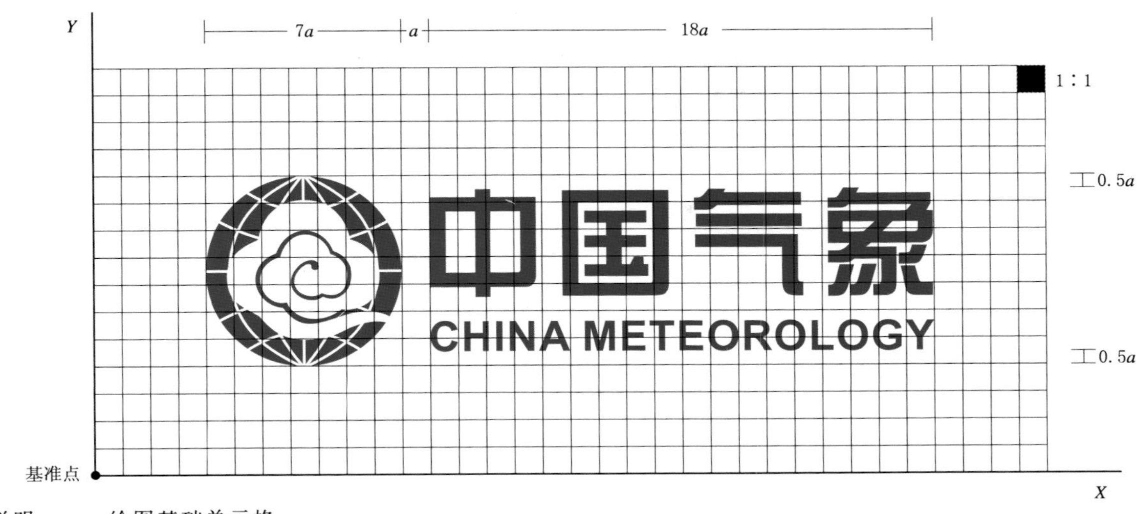

说明：a——绘图基础单元格。

图 A.2　横式组合 1 的坐标网格图

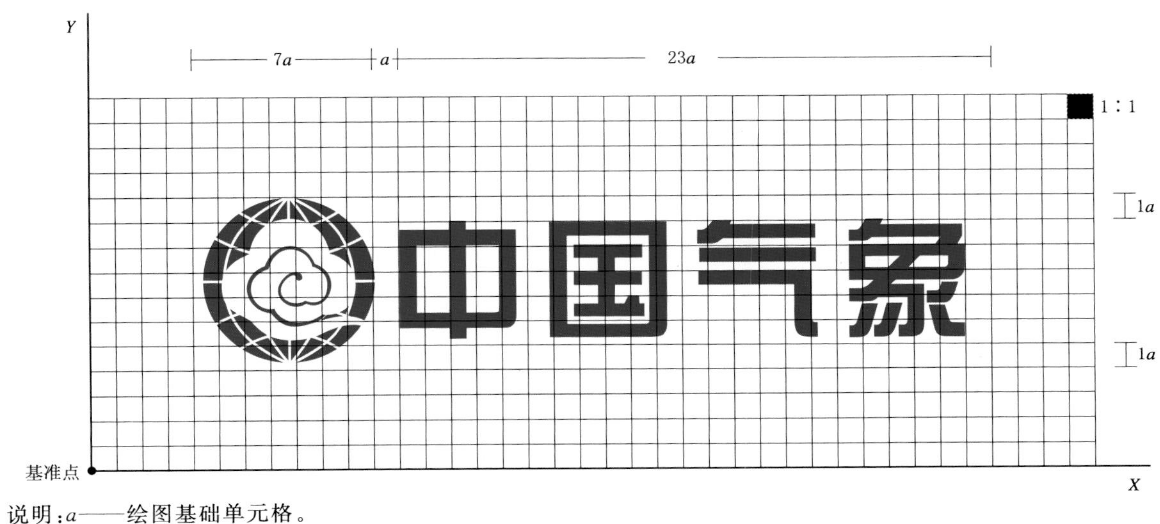

说明：a——绘图基础单元格。

图 A.3　横式组合 2 的坐标网格图

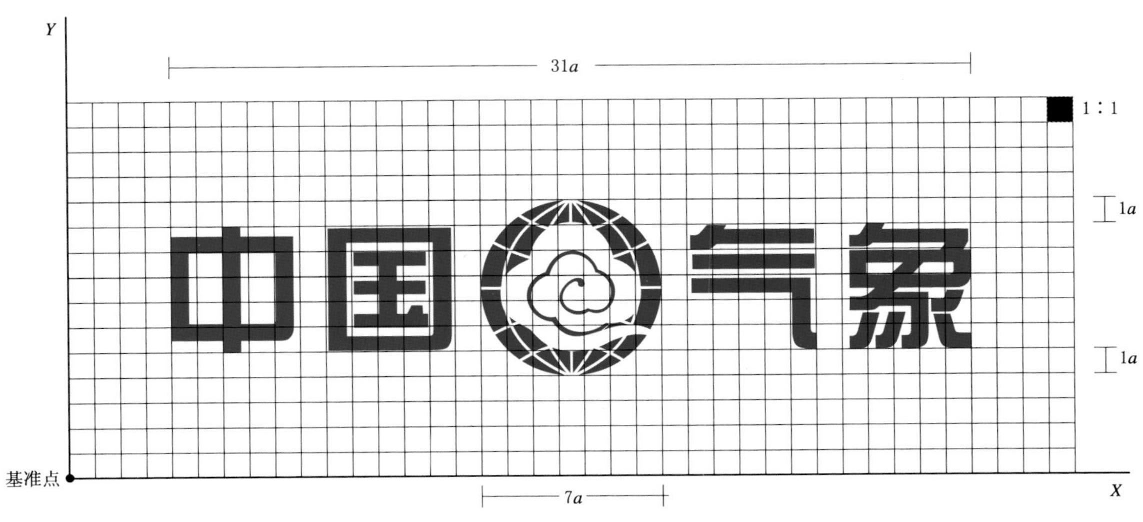

图 A.4　横式组合 3 的坐标网格图

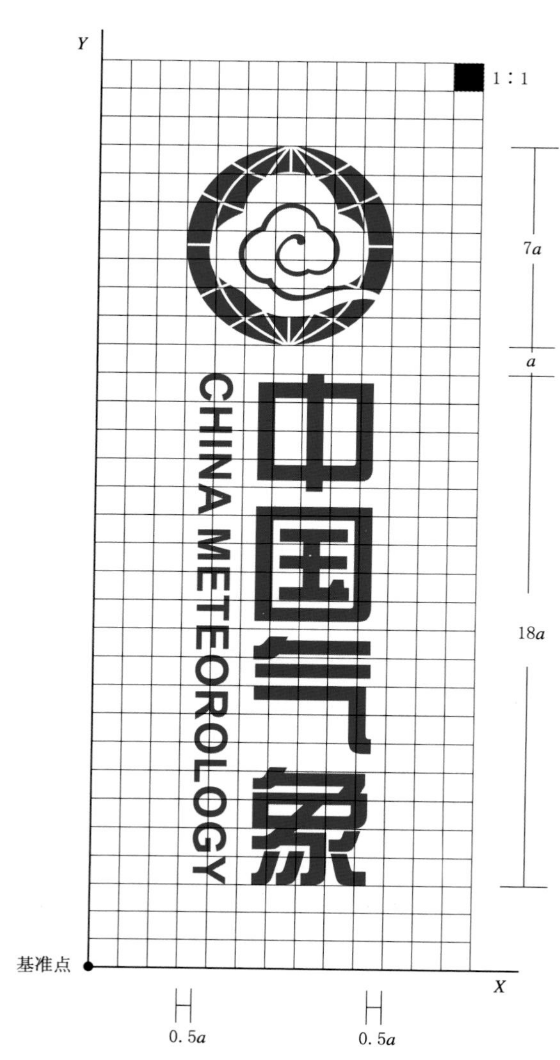

图 A.5　竖式组合 1 的坐标网格图

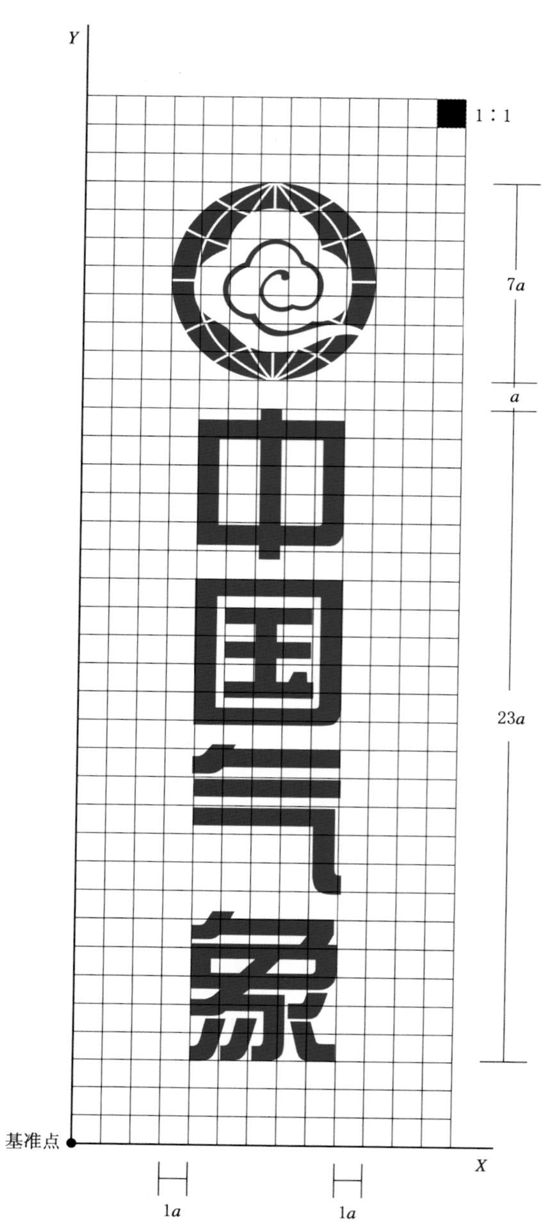

图 A.6　竖式组合 2 的坐标网格图